住房城乡建设部土建类学科专业"十三五"规划教材

高等学校城乡规划学科专业指导委员会规划推荐教材

城乡规划方法导论

毕凌岚　编著

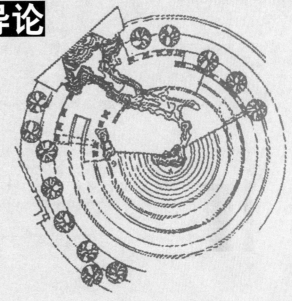

中国建筑工业出版社

图书在版编目（CIP）数据

城乡规划方法导论 / 毕凌岚编著. —北京：中国建筑工业出
版社，2016.5
住房城乡建设部土建类学科专业"十三五"规划教材
高等学校城乡规划学科专业指导委员会规划推荐教材
ISBN 978-7-112-19319-6

Ⅰ.①城…　Ⅱ.①毕…　Ⅲ.①城乡规划 – 高等学校 – 教材
Ⅳ.①TU984

中国版本图书馆CIP数据核字（2016）第066770号

本教材是住房城乡建设部土建类学科专业"十三五"规划教材、高等学校城乡规划学科专业指导委
员会规划推荐教材，主要包含城乡规划职业定位，规划师基本素质构成，城乡规划研究思维特点，城乡规
划编制的科学逻辑，最基本的具体信息收集、分析方法和城乡规划领域常用成熟方法的介绍，以及如何进
行研究方案设计等内容。本教材可以作为全国高等学校城乡规划专业的教学用书，也可供城乡规划行业相
关从业人员参考。

为更好地支持本课程的教学，我们向使用本书的教师免费提供教学课件，有需要者请与出版社联系，邮箱：
jgcabpbeijing@163.com。

责任编辑：杨　虹　尤凯曦
责任校对：姜小莲

住房城乡建设部土建类学科专业"十三五"规划教材
高等学校城乡规划学科专业指导委员会规划推荐教材

城乡规划方法导论
毕凌岚　编著
＊
中国建筑工业出版社出版、发行（北京海淀三里河路9号）
各地新华书店、建筑书店经销
北京嘉泰利德公司制版
北京圣夫亚美印刷有限公司印刷
＊
开本：787×1092毫米　1/16　印张：28³/₄　字数：803千字
2018年4月第一版　2018年4月第一次印刷
定价：59.00元（赠课件）
ISBN 978-7-112-19319-6
　　（28588）

序

—Foreword—

方法是一种思维工具。方法研究既要求严谨态度和缜密逻辑，同时也要求研究者持有正确立场和价值观。一个学科的方法，自学科生成的理论基础出发，依托学科构建逻辑，形成学科的系列认知程序和操作模式。方法运用总与价值观相映成辉。方法运用得当既可提升对客观事实的认知效率，更可成为理论转化为实践的利器。对于任何学科的生存发育，其方法研究都至关重要。

不同学科领域和学科不同发展阶段，方法包含的具体内容存在差异。早期的城乡规划领域着重研究物质空间建设，因此方法学习的重点在于技术体系，强调如何具体操作。随着学科发展，城乡规划不再局限于空间建构本身，而是如何基于空间资源调配社会、经济运行和维护生态平衡——开展研究不仅仅需要基于自然科学逻辑的认知推理思维训练和具体操作方法，更需要研究者有正确的价值观和社会责任感，由此保证研究和实践的立场正确。因此现在城乡规划学科领域的方法系统，涵盖价值观、思维方法和具体方法三个重要的组成部分。

我国城镇化过去30年的快速发展，也要求城乡规划从专注于物质空间建设规律研究，向物质空间与城乡社会经济环境的协同发展、建构创新中国特色的城乡规划学整体体系转变。为此，城乡规划学科专业人才的培养必然提出新的要求。在《高等学校城乡规划本科指导性专业规范》的编撰过程中，为了响应规划人才的时代需求，我们结合既有教学体系的特点，在人才培养目标的陈述和人才基本素养、能力构成等方面特别加强了对价值观、社会责任感、团队意识和创新思维的要求。与此同时，还在相应的知识点中做出了细节规定。专指委在全面了解全国城乡规划专业办学基本情况的摸底调查中发现：城乡规划专业因旺盛的人才需求在过去十年间得以迅速发展，但是教学水平差异巨大。许多教学质量较好的学校，已经意识到人才需求变化带来的挑战，主动通过调整课程计划、授课内容和教学方式强化方法教学。然而，大多数院校却依然是沿袭传统模式，缺乏系统性的方法教学设计，尤其缺乏针对价值观和思维方式的必要教学环节。

《城乡规划方法导论》教材是高校城乡规划专指委推荐教材之一，主要包含城乡规划职业定位，规划师基本素质构成，城乡规划研究思维特点，城乡规划编制的科学逻辑，最基本的具体信息搜集、分析方法和城乡规划领域常用成熟方法的介绍，以及如何进行研究方案设计等内容。该教材力图用最小篇幅涵盖城乡规划学科领域方法体系3大部分的核心内容，是一本"工具型"的教材。针对目前许多后发工科类院校缺失系统性方法教学设计的现状，它能够对专业领域方法在价值观、思维、相应知识和具体技能等方面进行补充，较好地弥补原来"大建筑平台"下"城乡规划"专业课程体系方法课程的内容缺失，从而完善方法教学体系。

毕凌岚教授就城乡规划方法教学的现状及其发展与我作过多年共事和探讨，此成为编写的初衷，自然有我的完全理解和内心赞赏。毕教授多年致力于城乡规划方法教学与研究，从最初规划设计实践操作方法的课程试验，发展至今对于城乡规划方法的教学系统设计的整体关注。本教材的编写伴随着我国城乡规划学科的发展，历经十个春秋，期间数易其稿，其内容丰富而充实。我十分期待此教材的出版及其教学效果。为此，欣然命笔，是为序。

2015 年初夏
天安园

目　录

—Contents—

自序：如何使用这本书——给教师的建议

自序要点

■ 城乡规划方法教学体系的构建

■ 本教材的章节重点

　　《城乡规划方法导论》这本教材的编写动力源于我本人作为一名城乡规划专业学生在学习过程中和后来作为规划从业者在研究、实践过程中的感悟——从本科到硕士继而到攻读博士学位，随着自身专业、相关领域知识和技能的积累，我却日益感觉到新知探索和知识运用过程中各种方法缺失带来的掣肘。因此，不得不在后续过程中通过自学加以弥补。然而，这种补充方式让我在方法学习过程中具有很大的盲目性，往往是一个时期流行什么就关注什么，对于真正的方法运用中需要注意的最基本的问题却认识得不够透彻，以至于有时严重影响了研究效率。通过二十余年的积累，我才逐渐理解城乡规划方法设计与运用中一些最基本的原理与原则。

　　与此同时，作为一名城乡规划专业领域的教师，基于自己的困惑，我想到了这个问题是否也是业界各位同仁所共同面临的问题，于是针对学生和业界人士做了一些非正式的调查，相应的结论告诉我：事实上城乡规划专业的学生"不论是从事规划设计、技术管理还是其他相关行业，他们根据实际情况灵活处理和解决相关问题的能力，是其能否很好地适应职业角色的关键。一个合格的规划工作者仅仅掌握学科知识是远远不够的，必须具有基本研究和解决问题的能力。"[1] 习得方法与掌握技能对于城乡规划领域从业者而言，在其成长过程中具有与不断积累知识同等重要甚至更为重要的作用——惟有掌握相应的方法与技能，才能更有效率地不断自我充实，从而适应城乡规划专业工作对象复杂、多变的现实状况。因此，方法学习对于城乡规划专业的学生具有重要意义。"掌握城市规划中调查、统计、分析、评价和决策的常用方法"[2] 是城乡规划专业教育中重要的环节，也是本专业"授之以渔"的核心。

　　历经十余年的方法教学实践，我们认识到城乡规划方法的习得，不可能通过一门课程完成，而是需要一个通过精心设计的方法教学系统来配合完成。以我院[3] 城乡规划专业为例，我们的课程体系在系统层面上划分为三个阶段——学科基础教育阶段、专业基础教育阶段和专业深化教育阶段。方法教学需要由浅而深，深入浅出地逐步推进，在不同的教学阶段，方法教学的重点和目标是不同的。因此，方法课程体系的构建需要与教学阶段相配合，结合每一阶段学生的特点进行设计，并根据每个教学阶段的教学重点，确定该阶段方法课程体系的构成、相互配合关系和授课重点（图 0-1）。

　　一个具有整体性的教学系统需要相应的核心课程，"城乡规划方法"课程的设置正是基于这样的目的。它是整个教学系统的关键，具有穿针引线的作用。从城乡规划学生成长的特点来看，我们建议在五年制的第四年春季学期开设这一课程。这时学生正处在系统进行专业知识和技能修习的关键期，需要一门系统性解释各种知识、方法和技能在城乡规划从业者能力构建系统中相应作用的课程。与此同时，这门课程对学生在专业认知和思维方式方面的理论铺垫，利于学生后续到各地规划院进行实习过程中尽快切入职业角色。

---

① 毕凌岚．城市规划专业方法教学体系的构建 [C]．站点·2010，城乡规划专业基础教学研讨会论文集．北京：中国建筑工业出版社，2010，5.
② 参见《全国高等学校土建类专业本科教育培养目标和培养方案及主干课程教学基本要求》，文中此处也用的是简称。
③ 指西南交通大学建筑学院。

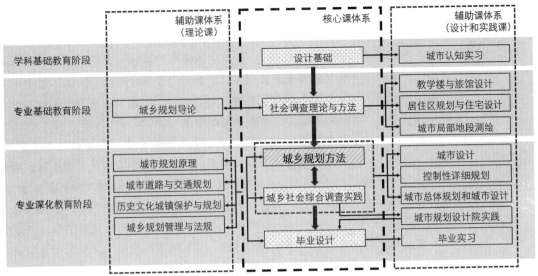

图 0-1　西南交通大学建筑学院城乡规划专业方法核心课板块构成

《城乡规划方法导论》教材编写是基于城乡规划方法教学系统的整体建设，针对城乡规划教育教学体系中理论教学与实践教学相互配合的各种纵、横贯穿的教学脉络的需要。因此，它更像是一部最基础的"工具书"。其包含的内容会在整个教学过程中不同阶段、不同课程中有所涉及或者进行实践运用。这也是为什么原计划25万字的教材陆陆续续扩充到了近40万字的原因。教材共包含以下内容：

第1章是前言，内容是"规划的哲思"。简要介绍了什么是规划，解释了人类为什么需要规划，介绍了城乡规划理论体系的构建以及作为城乡规划师的基本素质及理论素养。

第2章是"城乡规划研究的思维特色和基本程序"。包含对各种思维方法在城乡规划领域运用状况的简介，阐述了城乡研究及规划编制过程中思维逻辑特点，城乡规划研究的层次和基本类型，并深入解析了城乡规划理论性研究和实践性研究的阶段划分及其研究重点。最后，介绍了我国城乡规划体系与城乡规划编制体系的构成。

第3章是"规划研究信息收集方法的类型及特点"。重点包括各类信息收集方法的概念、特点、具体操作流程及应用要点，以及各类信息收集方法的适用性，涉及文献研究、实地研究、调查研究、实验调查的信息汇集和采集方法。

第4章是"信息分析的基本方法和操作要点"。包括三部分内容，首先是基础资料整理的类型及其主要操作方法，包括文字资料、数字资料以及调查资料整理的原则与技巧。其次介绍了基本分析方法的逻辑及原则，对统计分析、比较与分类、分解与综合这三种基本分析方法的特点、运用与具体操作方式予以介绍；第三简要介绍了常用深层解析方法，包括矛盾、因果、系统、结构—功能四种方法的特点及其操作要点。

第5章是"典型研究方法范例"。讲述了空间注记法、叠图分析法、动线分析法、AHP层次分析法、ISM解释模型法、KJ法、SD法（语义分析法）、SWOT法、空间句法、使用后评估法、生态足迹分析法等十一种城乡规划领域常见的成熟研究方法，分别介绍了各种基本研究方法的渊源、设计思路和特点，它们的研究程序和操作方法以及它们常见的运用领域。

第6章是"规划研究方法设计"。重点陈述城乡规划领域进行研究方法设计的基本原则，研究设计的基本流程及其操作设计要点，以及如何制定研究计划。

最后是附录，包括城镇总体规划和控制性详细规划前期调查研究及资料收集的主要内容及方法，以及城乡规划分析图的绘制要点。

从篇章设计来看，第1章与第2章的内容是针对城乡规划从业者的职业定位，讲述这一领域业界成员基本的素养和能力构成、从业过程中基本的思维逻辑和判断原则的生成和基础规划工作的基本流程。这对于城乡规划专业学生进行职业认知、拟定自我成长计划，以及对自己的成长状况进行判断提供了相应的参考。第3章~5章主要讲授城乡规划领域常用的各种信息收集、整理、分析和判断方法，学生掌握这些基本方法后，可以立刻活学活用辅助他们其他课程的学习，例如许多设计实践课都需要在文献收集和调查分析基础上进行前期研究。第6章则是强调更高层次的方法运用，学生可以根据教材的建议设计自己的研究方案和计划，这对于他们后续毕业设计和论文有所帮助，并为可能的研究生阶段学习奠定基本的方法基础。

本教材的内容串接了城乡规划本科教育各个阶段的方法学习重点，因此可以作为初涉城乡规划领域人士的一本方法参考书或者工具书。为了配合这种需要，教材编写时设计了更为灵活的阅读方式——对于那些只要求着重了解某些方法或者某个具体方法运用环节知识的人，可以通过既定的"专题"、"案例"、"知识点"和"小技巧"来进行定点查阅。对于许多长期从事规划实践和研究的学者而言，这本教材的具体内容也许过于浅显，但这种浅显是基于入门学习的需要，便于初涉研究的人建立后续深入学习的基础。方法本身并不深奥，贵在灵活运用和善于运用。

本教材的编写得到了城乡规划方法教学团队成员的大力支持，并设计了整本教材的编写结构。毕凌岚负责前言和第2、第4、第6章的全部内容以及第1章的主要内容、第5章1~3节和附录3的编写工作和最终的统稿工作；冯月负责了第5章4~11节、附录1~2和第1章的一些内容的具体编写工作；刘一杰负责了第3章的具体编写工作。唐由海、钟毅和崔叙为第2、第5章内容编写提供了许多有用的方法素材；于洋对全文进行了校对。另外，感谢2011~2013级城乡规划专业的硕士研究生同学，他们协助进行了文献收集、整理以及附图、附表的绘制和整理等大量事务性工作。

城乡规划方法教材是一本重要教材，鄙人才疏学浅，本教材必定存在许多不足之处，还望读者不吝赐教，以利后续的教材修编。

编者
2014 年 12 月 31 日

第1章 前言：规划的哲思

本章要点：

- 什么是规划，人类为什么需要规划？
- 城乡规划理论体系的构建。
- 城乡规划师的基本素质及理论素养。

1.1 为什么要有规划？规划是什么？

人因为思考，才会对"未来"这种不确定性产生恐惧。

人们需要规划，是为了克服对未来不确定性的恐惧。通过"规划"把"未来"变成可预见的"已知"。

规划是对"未来"的思考过程，它包括对"未来的设想"和"如何从现在到未来"两个部分，也就是"目标描述"和"行动计划"两大要件。通俗说就是"想一想，怎么做"！

人虽然是万物之灵，但其演进依然脱离不了自然规律的制约。这些自然规律作用于人类产生和发展的过程，一直影响到现代人类的心理规律和行为模式。例如：人类对"死亡"的恐惧源于构建生物链网的捕食机制[①]。这种机制使得许多生物之间都具有"非生既死"的关系。因为这种生存竞赛是很多生物都必须面临的挑战，所以对死亡的恐惧也是求生本能之一。这种本能就是人类恐惧感的根源。但是，人的恐惧与其他生物的恐惧相比有一些差异：其他生物只有在生存切实受到威胁时才会产生恐惧感，唯独人类会在衣食无忧的境遇下忧心忡忡。这种"杞人忧天"的恐惧模式之所以产生，可能与人会"思考"有关——人通过理性的思维活动把零碎的客观经验"交织"在一起，在还没有生存压力的时候就考虑到未来可能面对的压力，由此而产生忧惧。也是基于这种忧惧，人类才会未雨绸缪，也因此产生了所谓的"规划"。

专题 1-1：思想与规划

（1）生存与思考，"生命无常"是思想之源？

"人"也许是目前地球上我们唯一明确知道的具有"思想"的动物。思想是人们思维活动上升到理性层面的结果。思想来源于思考——它根植于对过去事实的感性积累，经过所谓逻辑、理性的判断，最终形成的某种"模式化"的认识。

那么人们为什么会思考？纵观过往，你会发现常规的思考大多源于人的"好奇心"，也就是基于已知对未知进行探究并推理的过程。人为什么会关注未知呢？从生物进化的角度看，对未知了解有助于人们获取更多的资源，获得更多的生存机会。与此同时，促进人思考的另一动力是对死亡的"恐惧"，怎么才能尽可

[①] 地球生态系统平衡的维持依赖众多内在机制，其中最为重要的是生物链网（食物链网）的构建。生物链网的构建是生态系统物种层面最为重要的内在机制，它的建构形成物种之间的种间关系。种间关系分为八种类型：捕食、采食、竞争、中性、共生、寄生（拟寄生）、附生、合作。其中最为常见的是采食、捕食、中性和竞争四类。以种群整体的角度去看待生物链网，它的构建强化了不同物种间的相互依存关系。特别是强化了最极端的捕食和被捕食对象之间的相互依存关系。例如：狼以鹿为食。在这一对关系中，表面看起来鹿似乎总是处于被吃掉的境遇，属于弱者；但如果狼捕不到鹿，狼同样也会面临死亡。在这样的机制作用下，狼和鹿动态的平衡是维护整个森林生态系统平衡所必须的。但是从生物个体，也就是一只确定的狼或者一头确定的鹿所处的角度来看这个捕食机制，就是纯粹的生死问题了——对于鹿而言，逃脱是生，反之是死；对于狼而言，捕到鹿是生，总是失败就是死。这就是在不同的层面上看待同一问题会有不同结论的根源。

能地规避死亡，活得更长更久？生死的互动，促使人们不断探索外部环境，思考环境与自身互动的机制。但是，死亡对于绝大多数人而言，都是不可明确预知和预测的。这种对死的恐惧逐渐转化为人类对"未知"和"无法掌控"的恐惧。

人们思考的核心又是什么呢？其实不外乎"生与死"：一为生，"我（们）从哪里来？"；一为死，"我（们）到哪里去？"。再不，就是由此衍生的主体与环境问题，"我（们）是谁？"，"我（们）为什么在这里？""这里又是哪里？"等。人们经过观察和思考，发现凡事总有好坏，利己则为好、不利己则是坏。最坏的结果就是死。虽然众人不得不接受了"人终有一死"的事实。但在从生而死的必然过程中，他们又开始比较：为什么有些人活得长久，有些人一生短暂？为什么有的人一生顺利，有些人命运多舛？亦或是这件事先是有利的，后来又不知为什么变得不利了，亦或反之？总之，这种塞翁失马、焉知非福的情境在人们心目中是最难以琢磨的。因此，这些现象都会进一步强化人们对"不确定"性的恐惧。

从这个角度反思可以发现人类基于生物本能对死亡恐惧[①]，继而产生对死亡来临不确定性的恐惧；又在此基础上衍生为对人生过程不确定性的忧虑。为了克服不确定性带来的忧惧，人们力图通过种种方法将不确定变为确定。在这个由思而行的过程中，积极方面表现为人们通过各种知识的积累，总结客观事物发展规律，将众多未知变为知之——这就是知识的积累。用既有知识通过理性思考，按照一定的逻辑解释世界，构建唯物思考的基础，形成"科学"；消极的方面则体现在当人们面临既有知识不能解释和预测的情况时，人们又会再一次陷入"焦虑"。为了在未知状况下解决"不可解释"的问题，人们设想出了"命运"这样的潜在机制。更是创造出了像"上帝"、"安拉"、"佛"、"玉皇"等一批左右人和人所认知世界的神明，将客观事物和人生境遇的种种不确定性归结为神明的暗中操纵。由神明主宰的普遍联系法则构筑了主观、唯心的宇宙运行逻辑，在此基础上产生了宗教。因此，不论是科学还是宗教，解释世界的核心就是源于人们这种掌控自身命运的心理需要。这也许就是最初人类为什么要思考的原因，同时也是思想产生的根源。

(2) 由思而行，思行互动——效率是核心。

想来想去，又是为了什么？仅仅"我思故我在"对于物质世界而言不是真实的存在。人类要生存只有思考是不行的，而必须通过具体的行动获得资源。自然资源的有限性和分布不均匀的状态，迫使生物演进的核心成为怎么高效地获得资源。生物行为演化同样经历了从无规律到有规律的过程，相关规律事实上正是为了高效获取资源，增加"活下去"的机会。人类的思行互动，

---

① "恐惧"从个体的角度而言，也许是不利的。但是从生物进化的角度看待"恐惧"，却是一个正向动力。管理学中著名的"鲶鱼效应"就是基于这种机制：挪威人在跨洋运输活沙丁鱼的过程中，发现即使保证了氧气和饵料的供给，沙丁鱼的死亡率依然很高。但是在沙丁鱼群中混入少量的天敌鲶鱼后，沙丁鱼因为害怕被吃掉而不停地游动，从而保持了活力，大大降低了运输过程中的死亡率。可见适度的"恐惧"有利于生物个体保持内在的活力，形成正向演进的动力。优胜劣汰是保持生物种群与环境契合的内在机制之一。"生于忧患、死于安乐"就是从人类的角度对这一规律的描述。

在根本上追求的目标是统一的，就是提高生存资源获取的效率，由此获得更多的生存保障。

行动过程中，最令人担心的依然是不确定性。"盲动"无疑会浪费资源，对不确定性的恐惧心理的产生既然是基于人类演进的生存本能，这种心理状态就会对人类的行为模式产生内在而长远的影响。当人们面对一个复杂任务时，通常会根据已有知识制定一个"行动计划"——简单地讲就是"想一想，怎么做"，周密的思考是提升行动效率的前提。但同时我们也发现，这个"计划"除了每一个行动步骤的具体方法之外，还有很重要的一个组成部分——"预期目标"，也就是虚拟的结果。如果没有这个虚拟的结果，即便再是极尽详细的具体行动策略，也会让人们觉得心中没底。正是在这种心理模式影响下，人们会倾向于在行动之前先给自己设定目标（未来），用这种虚拟的确定性来克服恐惧，让自己勇于行动、善于行动。

（3）"想一想，怎么做"就是规划。

基于人类思考和行动关系的分析，可以发现我们需要"规划"的根源。人们对"规划"的心理需要源自需要克服"不确定性"的恐惧；而对"规划"的行为需要则是在于如何提升获取生存资源的效率。正是这样的内在机制造就了人们"规划人生"的普遍行为模式。

在这里我们再回头看一看"规划"的相关概念：

《新华词典》的解释是"比较长远的分阶段实现的计划"[1]；《辞海》中说"规划（规画）是谋划；筹划。……，后亦指较全面或长远的计划。"[2]百度百科中解释如下："规划，意即进行比较全面的长远的发展计划，是对未来整体性、长期性、基本性问题的思考、考量和设计未来整套行动的方案"[3]。可以看到在汉语的语境里，不约而同地都用"计划"这个词语来解释"规划"。所谓"计划"在《新华词典》中解释为"①在一定时间内对所进行的工作预先拟定的办法、步骤等。②订计划。③打算。考虑。"[4]《辞海》中"计划"是"人们为了达到一定目的，对未来时期的活动所作的部署和安排。"[5]因此，从上述概念中的共同性来分析"规划"，它有下列要点：一是对未来的思考；二是目标；三是达成目标的行动方案。排除一些诸如"长远"之类的对未来进行描述的时间定语之后，所有的概念都落实到了"方法"、"方案"、"筹划"、"步骤"之类的"行动程序"上，说白了就是针对未来的某件事怎么做！

在英语的语境中，对应于"规划"有个重要的词"plan"。《牛津英汉高阶双解字典》中，对"plan"的解释分为名词和动词两个条目。其中作为名词，"plan"第一个意思是"Intention, something that you intend to do or achieve."直译为"意图"，也就是"想做的事"；它的第二个意思是"Arrangement, a set of things

---

① 新华词典（1988年修订版），商务印书馆，1989年9月第2版，1991年11月北京第16次印刷，324页。
② 《辞海》1989年第1版，上海辞书出版社，1996年11月第10次印刷，3777页。
③ "规划"概念的百度网址——http：//baike.baidu.com/view/126021.htm
④ 新华词典（1988年修订版），商务印书馆，1989年9月第2版，1991年11月北京第16次印刷，418页。
⑤ 《辞海》1989年第1版，上海辞书出版社，1996年11月第10次印刷，1000页。

to do in order to achieve something, especially one that has been considered in detail in advance." 也就是"某种安排"，具体就是"达成目标的行动方案"。当然在我们熟悉的基于物质空间的城乡规划、建筑学、园林景观领域，"plan"作为专业术语，大家可能更为熟悉它的第三个和第四个意思，"Map, detail map of a building, town, etc." 和 "Drawing, a detailed drawing of a machine, building, etc. that shows its size, shape and measurements.";而作为动词，"plan"首先是 "Make arrangement, to make detail arrangement for something you want to do in the future." 也就是"谋划"，指"对未来进行具体、细致的行动安排"，其次是 "Intend/Expect, to intend or expect to do something." 表达的是"意欲"也就是"想要做某件事。"或者是对某件事的"期待"。"plan"作为动词的第三个意思同样更为我们熟悉，"Design, to make a design or an outline for something." 也就是为了达成某个目的而专门做的"设计"、"策划"、"安排"、"组织"等。与"plan"相关还有一个重要的英语词汇"planning"，这个动名词形式直接强调的就是 "the act or process of making plans for something" 也就是制定规划的过程。①

由此，我们发现正如百度词条中谈及：说到"规划"时，人们总是第一时间联想到基于物质空间领域的"设计"或者"安排"。这种思维惯性可能与"plan"引入过程中，常作为建筑和机械类学科的专业词汇为人们所强调有关。这种所谓的伴随"科学技术"发展的词汇专门化倾向，往往使得我们忽视了一个词汇的本意。其实无论是中文的"规划"还是英文的"plan"，从本义的角度看一方面就是"对未来的愿景（期望）"，另一方面则是"为达成目标而进行的筹划。"因此，"规划"是一个由思而行的过程，最简单的描述就是"想一想，怎么做"。

知识点 1-1：概念辨析——理想、幻想与空想

有关规划的哲学思考，需要理解几个关键的词语："理想"、"幻想"和"空想"。遗憾的是作为这么重要的一个经常被挂在口边一个词汇，基本工具书《新华字典》[1]和《辞海》[2]中居然没有"理想"对应词条进行专门解释。只有"理想"作为组合定语在某些词汇中的解释。例如："理想化"、"理想社会"、"理想气体"中所谓的"理想"是基于现实的一种提升和提炼，指的是对某一事物研究过程中合理地排出一些相对影响较小因素之后的一种状态，也包含在意识形态中的合理美化。百度百科[3]中对理想的解释是"……理想是人们在实践中形成的、有可能实现的、对未来社会和自身发展的向往与追求，是人们的世界观、人生观和价值观在奋斗目标上的集中体现。"和"理想是对事物的合理想象或希望（是符合道理的，跟空想、幻想不同）。"因此，按照中文组词规律，将之拆分为"理"和"想"进行分别考证：首先"理"有众多解释，抛开其中与本词汇不相干的动词内容，所谓"理"强调的是"客观规律"；而"想"

---

① 牛津英汉高阶双解字典（第6版）[Z]. 商务印书馆、牛津大学出版社，2004年6月，1306-1307。

则首先指思考，其次是想象，第三是希望和打算。综合人们在使用"理想"一词的语境，我们理解"理想"一词应该是指：人们基于客观现实和相关规律对于未来发展进行思考后，形成的希望和打算。相比较于"幻想"，"理想"的区别就在于它是基于现实的；对应于"空想"，"理想"强调的是可实现性。

资料来源：

[1] 商务印书馆 1998 年修订版，2001 年第 171 次印刷。

[2] 上海辞书出版社，1989 年版，1996 年第 11 次印刷。

[3] http：//baike.baidu.com/link?url=UH64f4eTflrv_RehbaITi-5r9EBrIW7RO7wSEoqEz6Yngm-Vec668MsW3pU9FTbmY）

由此，规划产生的心理溯源在于：人们需要一个可以预计的未来，来克服对未来不确定性的恐惧。用一个人们自己设定的"未来"来克服和引导现实的不确定性。而规划本身存在的价值在于"提升人们的行动效率"。因此"规划"是对与人（个人、社群或是人类社会整体）相关的某事未来的美好设想和行动方案。规划既是思维的过程，也是行动的纲领。它通常且至少包含以下两个部分的要件（图 1-1）。

①可以被行动参与者理解的目标：其内容通常是描述未来的景象。具体的呈现模式可以是语言文字的描述也可以是直观的理念图。

需要特别注意的是，规划不是"空想"，更不是"幻想"，因此规划的目标不是"空穴来风"，而确实是以现实为基础的，是一种"理想"。这种"理想"是遵循客观事物发展规律的，通过人们的某种努力，假以时日在未来就有可能成为现实的。它必然是基于严密的思考才能获得的。

②达成目标的途径或者行动方案：也就是怎样才能从现在到未来。具体的呈现模式往往是一个个行动计划。

行动计划将告诉参与"规划"的每个人怎么做。正是有了这个行动计划，"规划"才不会沦为"空想"和"幻想"。因此"行动计划"是"规划"的核心，也是从现实到未来的桥梁。一个有效的行动计划将最大限度地向参与者具体解释由现在到未来的具体步骤，这里将包括依据时间进程需要设计的行动阶段；每个阶段的具体目标；每个阶段的具体行动方案——要做什么、怎么做等。当然，如果达成目标的具体行动方案已经是参与此事件的人们的共有常识，行动方案的描述往往会将之省略，仅对其中具有创新性和探索性的部分进行深入解释。

目标 | 会当凌绝顶 一览众山小！

4 准备勇攀高峰到达山顶，此时你依然可以选择步行攀登，亦或刚才蝶泳了劲乘坐抬椅…

3 穿过小河到达山脚，此时你可以乘坐一叶扁舟，亦或…蝶泳过去…

2 跨过小桥到达岸边（也许你会驻足欣赏片刻美景…）

1 步行出发至岸边…

路径

行动方案

图 1-1 规划构成要件示意

图片来源：作者自绘，徐丽文制作。

1.2 规划的作用是什么？规划帮助人们解决哪几个问题？

　　基于前文对人类演进过程中心理历程的剖析，我们知道了人们需要"规划"的心理根源在于需要"克服对未来不可知的恐惧。"人们通过规划的缜密思考，勾画出对未来的设想，同时基于现实制定达成目标的行动方案，从而找到努力的方向和处理行动过程中各种"突发"状况的事实基础与标准。由此便可以排除迷茫，心无旁骛地将精力投注于达成目标的过程中了，从而避免"盲动"和"无所适从"。因此规划是一种方法，一种帮助人们寻找努力方向和途径的方法。

　　俗语云："人无远虑，必有近忧。"如果没有对未来的设想和相应的行动方案，对一个体而言就是"得过且过"，对于群体而言则将无法有效组织集体行动，从而浪费形成群体所带来的组织效率和资源集约效应。因此"看见遥远的未来"不仅仅是一种心理需要和慰藉，同时也是形成凝聚力和提升行动效率的运行需要。由此，制定并执行规划的过程也是人们从无知到有知，人们的行为从无序到有序，行事效率逐步提升的过程。基于上述理解，规划将帮助人们解决以下几个问题（图1-2）。

图纸说明：任何目标的都可以按照这样七个步骤来逐步达成。一道招牌菜的练就也是如此——人生何处不规划？"了解事物"、"发现规律"是任何一个行动的前提，也相当于是"前期研究"；"设想未来"则是目标确立的过程，可以想见一个切合实际的目标必然与前两个阶段的积淀密不可分；"知晓过程"、"掌握关键"是对整个行动方案的拟订，相当于通常的"规划文案"制作；最后"付诸实践"、"灵活应变"则是将理想化为现实的具体行动。

图1-2 规划七步骤之笑解图
图片来源：作者自绘，徐丽文制作。

①认识过去和现在：规划不是"幻想"，它的制定必须以事实为依据。因此要基于现状展望未来，首先必须要弄明白过去怎样，现在又怎样。

②掌握事物发展规律：规划不是"空想"，它的制定是为了使现状经过人们的某种努力能够成为某个"美好"的未来——由此可实施性是其作为行动指导计划的本质特征。因为要保证这种可实施性，规划制定者必须知晓从过去到现在的发展轨迹，并以此推演指向未来的可能途径，所以制定规划就必须掌握和熟知相关事务的发展规律。

③设想美好的未来：目标必须是美好的，才能吸引人们为之奋斗。基于常识我们都可以想见"前途一片黑暗，看不到希望时"人们的停滞不前，或者就此放弃努力。尽管事物发展对于人类而言存在有利和不利两种可能，但是规划寻求的就是按照人们所期望的方向引导事物发展。因此，规划所描绘的美好未来必然与现时代人们所热切期待的内容相关。同时，这个设想的核心在于：这种美好不是幻想或者空想，而具有实现的可能。

④了解发展的潜力和约束：虽然现时代的人类已经具有了改变世界的巨大能力，但是我们依然不能忽视"世界发展并不完全以人类的意志为转移"这一事实。并不是有了美好的愿望，并为之努力了，愿望就一定能够实现。但是制定规划就是为了更大限度地促成愿望的达成，那么在这一过程中就更不能"一叶障目"——因为美好的愿景，而忽视了现实中那些不利于愿景实现的因素。在制定规划的过程中，分析显见的短板和发现潜在的不利因素是重要的任务之一。与此同时，我们也必须更深入地了解现在具有的优势以及潜力，这就是寻求发展过程中的"知己知彼"。

⑤推演发展进程，明确其关键和要点：规划为寻求从现实到未来的道路，必须基于现状按照相关规律对发展过程进行模拟和推演。这个过程的目的一方面在于了解发展进程中各因素间的相互作用机制，另一方面则在于寻找化解不利因素影响的破解之道。这是一个动态模拟的过程，会涉及众多要素之间的转化和互动。其核心在于寻找促进事物演化发展的关键和要点，也就是"事半功倍"的"着力点"，以及贯穿现实和未来的"主轴线"。需要特别注意的是，关键必然是与时间进程相对应的，而相应的要点也往往具有"时效"性。

⑥制定行动计划：在充分掌握事物本质及其发展规律的基础上，规划将制定行动计划来实现目标。事实上制定行动计划是规划的核心和首要任务——无论掌握事实、规律，推演发展进程还是制定目标，都是为了最终能够付诸行动。制定行动计划也许是整个规划中最复杂，且最为艰难的步骤。一则因为可能达成目标的途径很多，所谓"条条大路通罗马"，但是究竟走哪条？同时，尽管可能有多种可供选择的途径，但是基于现实条件，适用于现实状况的道路到底有哪些？怎样才能作出"恰当"的决定？二则因为每个途径所需调配的资源和耗费的时间都并不一样，在既定的期望之下（这既可能是领导的意愿，也有可能是民众的期许），不可否认人们都希望"一蹴而就"，能够付出最少、耗时最少、得到最多。尤其是处在一个"目标责任"主导的急功近利的社会环境之下，面对一个"理想"人们有多大耐心"等待"其顺理成章地达成？三则因为不同的途径可能面临的偶然因素各不相同，如何应变才能引导事物发展指向既定目标？事实上，"未雨绸缪"究竟能够在多大程度上保

障规划顺利执行是每个行动计划中最为"纠结"的部分，也是影响行动计划效力发挥的关键。

划分行动阶段：制定计划不能"只看到一个遥远的方向，抓个馒头就上路"，也不能"眉毛胡子一把抓"，不分轻重缓急同时推进。通过前期的现实认知和规律掌握，由过去推演未来——制定计划须遵循事物发展的客观规律和有机整体性，把握关键要素的演变及其进程节点划分行动阶段。这样有利于将一个宏大的战略性目标合理拆分为与行动阶段相对应的阶段性战术目标，从而有利于每个阶段内具体行动措施的制定，并同时具备了对行动有效性的检验标准——是否达到阶段目标，因此，划分行动阶段不是一个随意的安排，而是一个缜密的思考过程。这里涉及三个要件：基于发展规律的总体脉络；基于主导因素的阶段划分；基于节点控制的战术（阶段）目标。

考虑时间要素："前途是光明的，过程是漫长的"。对于宏大的目标，时间概念会变得十分模糊——许多规划会超越人类的寿命，其制定者也无法看到最终的成果。超过 50 年的"远景规划"如果只就目标而言，对于普通人而言有点类似"幻想"，因此它存在的价值更多是在于宏观方向的指引。一个指导具体行动的"规划"是具有时效性的——这个时效性受两方面因素限制。一是事物本身的发展规律。例如：俗语云"十年树木，百年树人"，一棵树要成材必须以十年为单位来衡量它的成长；而一座能够育人的大学校园，需要以百年为单位去积累和塑造。这不是什么单纯大把投注资金就能够达成的。又例如酿酒，必须遵循酒曲的自然生长规律和酒的陈化、醇化规律，所谓捷径的化学"勾兑"注定是廉价且有害的。"时间"也就是东坡先生说"火候足时它自美[1]"的自然过程。实效性的二是规划具有一个与计划执行"寿命[2]"相匹配的时间段，这个时段能够最大限度地将行动付诸实施，或者至少促成规划启动，步入轨道。以城乡规划领域最重要的法定规划——总体规划为例。它的法定时限是 20 年[3]，但是就目前的事实而言，真正对于发展更重要的是其中 5 年期的近期规划。一般地方政府对于近期规划甚至要求要落实到具体项目，这就是直接引导建设发展。这其中潜在的因素也是与政府任期相关[4]。因此制定规划时，拟定具体行动计划需重点考虑的时间要素包括以下两点：计划每个阶段的时间分配应遵循事物自然发展规律，人力促成不能脱离实际；计划的前几个阶段需要配合可执行的客观状况进行安排，以保证启动实施。

资源统筹利用：要达成目标需要的付出都可以归为资源。不仅仅包括可以直观

---

[1] 苏东坡因"乌台诗案"牵连于北宋神宗元丰三年贬黄州时，著《猪肉颂》："净洗锅，少着水，柴头罨烟焰不起。待它自熟莫催它，火候足时它自美。黄州好猪肉，价贱如泥土。富者不肯吃，贫者不解煮。早晨起来打两碗，饱得自家君莫管。"描述作"东坡肉"的诀窍，讲究的就是一个顺应自然的过程。

[2] 这个"寿命"，不是指具体的规划编制者能够活多少年，而是指与规划执行力相匹配的时间，如果规划已经不能推动实施，即便再合理、科学，也失去了价值。

[3] 根据《中华人民共和国城乡规划法》（2007 年 10 月 28 日第十届全国人民代表大会常务委员会第三十次会议通过）第十七条："……城市总体规划、镇总体规划的规划期限一般为二十年。城市总体规划还应当对城市更长远的发展作出预测性安排。"

[4] 根据《中华人民共和国地方各级人民代表大会和地方各级人民政府组织法》，第五十八条：地方各级人民政府每届任期五年。按照一般程序上的交接和理顺工作需要消耗的时间计算，一个政府实际有效力的工作时间约在四年左右。

看到的物质性资源，还包括人类社会构建和文明发展过程中形成和创造的非物质性资源。甚至时间本身也是一种资源。有些资源是有形的，人们很容易关注到；有些资源是有市场价值的，人们很容易通过比较获得经济概念。但是一个具有实操性的计划，需要全面统筹各种资源——有形的、无形的、有价的、无价的、硬性的、软性的等等。尤其是那些在通常考虑范围之外的资源状况，有可能才是"决定木桶能装多少水"的关键。例如：经济发展对于环境资源状况的考虑不能仅仅看有哪些资源可以直接利用——也就是转化为市场价值，同时也要看有哪些资源会制约资源转化。这些限制性的资源被破坏之后，往往会带来巨大损失。同时资源调配还要与时间计划相配合，不同发展阶段需要的资源状况不同，一方面既要明确各个阶段需要的核心资源是什么，有针对性地强化调配；另一方面需要有长远眼光，以防止某些资源过度损耗和不当破坏，保障资源的可持续利用。因此，资源调配是实现计划中极其重要的一个步骤，"兵马未动，粮秣先行"。对此需要重点考虑以下三点：一是整理可能涉及资源的类型，尤其是那些无形的、无价的、易损的、不可再生的、软质的和潜在的资源；二是配合时间进程调配资源，提升资源的利用效率；三是秉承可持续发展原则，防止资源滥用、浪费。

⑦制定应变方案：虽然人类一直以来都希望能通过积累知识、掌握规律来推演未来，以引导自身的各种行为，但是基于人类能力的有限性，我们也不得不承认，不可能预知所有变化。因此不能指望一切事情都会按照你所"预定"的发展方向发展，毕竟这个世界充满了变数。当然我们既不能因为变化是必然的，就不做任何"打算"得过且过，那样充其量是一种现状维持。也不能执着于既定方针"以不变应万变"，毕竟当外部环境或者内部条件已然变化了，还执拗于原有路线，那样只能南辕北辙。在这种状况下，一个好的规划需要对可能发生的变化有一定的设想和准备，这是为了保证达成目标而进行的过程控制。例如：国民经济发展规划中对经济增长速度的预期，是一个重要的规划目标和指标。但是在既定发展周期中，实际的增长速度有可能高于指标或者低于指标，经济增速过快或者过缓都会影响社会其他方面的平稳运行。因此，制定规划时就需要同时应对经济增长过快或者过缓的预案，以便及时采取措施进行调解。

总之，从规划本身存在的意义来看：要达成相应的目标必须要经历了解事物、发现规律、设想未来、知晓过程、掌握关键、付诸行动和灵活应变七个要件。正是这七个要件在告诉人们什么是"规划"的同时，也阐释了规划能够帮人们具体做些什么。而规划存在的价值除了能够就未来的状况"答疑解惑"（此为核心价值）之外，还能够避免"迷茫"而带来行动效率的提升。

专题1-2：从民众对现状规划实施不满解读规划与变化的关系

随着科学发展和技术水平的提升，人类实现目标的手段、途径越来越多，达成目标所耗费的时间也越来越少——应该说现在与过去相比，"规划"的可实施性已经大大加强。然而，就是在所谓的"规划目标"越来越容易达成的状况下，规划本身的作用却越来越多地被人们质疑。

（1）规划只是"嘴上说说、纸上画画、墙上挂挂"？

目前规划常规的表述方式与民众可认知和理解的方式存在巨大差异，造成了规划"浮云效应"。例如：我们所看到向公众公布的各种行业规划和社会经济发展综合规划，着重推出的往往是"规划思路"，宣传时也只着重于描述规划期末（规划时限到来时）的状况和数字指标。而更具体的内容需要到专门的地方查阅"规划纲要"。即是"纲要"其中对具体怎样实施要么是规划，本身只有比较笼统地方向和原则性陈述，要么是一系列看起来非常宏伟的项目集成，要么是需要另外的专项规划予以配合。这对于普通民众来说很难直观理解，不免流于形式，感觉过于空泛。以《四川省国民经济与社会发展十二五规划纲要》①为例：除去一系列背景分析和原则制定，最重要的是"第三章：发展目标"中的内容——诸如"……全省生产总值年均增长12%左右，2015年突破3万亿元大关，人均生产总值达到3.5万元左右，……到2015年，三次产业结构调整为10.2∶50.8∶39，城镇化率达到48%左右"等等。其后的第二篇到第十一篇，共计40章的内容都是经济和社会发展各个领域的目标细化和结合地方特色的原则阐释。虽然每个章节也往往附上一些重点实施项目表，但是并未说明这些重点项目与这个规划的逻辑关系。人们只能从这种罗列状态中去臆测，即通过这些项目的具体实施来推进相应规划的实现（见表1-1）。

《四川省国民经济与社会发展十二五规划纲要》篇章内容一览表　　表1-1

篇号	主要内容	具体章节
一	指导思想和发展目标	1.规划背景；2.指导思想；3.发展目标
二	加强基础设施建设	4.加快建设西部交通枢纽；5.加强水利设施建设；6.提升能源保障能力；7.加强信息网络建设
三	推动产业结构优化升级	8.大力发展战略性新兴产业；9.发展壮大特色优势产业；10.加快发展现代服务业；11.推动产业集中集约集群发展
四	加快社会主义新农村建设	12.改善农业农村的发展条件；13.大力发展现代农业；14.加快现代新村建设；15.努力增加农民收入；16.全面推进统筹城乡改革发展
五	促进区域协调发展和城镇化健康发展	17.优化主体功能区布局；18.促进五大经济区协调发展；19.加快民族地区、革命老区和贫困地区发展；20.积极稳妥推进新型城镇化
六	实施科教兴川和人才强省战略	21.增强科技创新能力；22.加快教育改革发展；23.推动人才强省建设
七	加强社会建设和改善民生	24.积极扩大就业；25.调整收入分配关系；26.完善社会保障体系；27.提高人民健康水平；28.全面做好人口工作；29.加强和创新社会管理；30.推进民主和法制建设；31.加强国防动员能力建设
八	加快文化强省建设	32.提高社会文明程度；33.繁荣文化事业；34.发展文化产业；35.推进文化传承和创新
九	深化改革扩大开放	35.深化体制改革；36.扩大对外开放；37.加强区域合作

---

① 资料来源：参见四川省人民政府官方网站，根据 http：//www.sc.gov.cn/，四川在线 http：//sichuan.scol.com.cn/dwzw/content 的具体内容编写。

续表

篇号	主要内容	具体章节
十	加强生态建设和环境保护	38. 推进生态建设；39. 加强资源节约和管理；40. 大力发展循环经济
十一	推进地震灾区发展振兴	41. 促进灾区民生改善；42. 加快产业发展振兴；43. 加强灾区生态环境修复
十二	规划实施	44. 加强政策引导；45. 完善规划实施机制

　　规划"落空"与不同的对象对规划实施的理解和评判标准有关。同样以《四川省国民经济与社会发展十二五规划纲要》为例，具体字面上直接体现为实施策略的第十二篇，分两章，共计2282字，却几乎没有任何具体内容：在第44章"加强政策引导"中只有"扩大消费需求、保持投资增长、加强产业政策调控、增强公共财政能力"四条几乎放之四海皆准的原则性阐述。而第45章"完善规划实施机制"虽然也附有一个"十二五重点专项规划目录"作为规划实施的具体说明。除此之外同样只有"健全规划体系、加强规划衔接、完善目标考核、规划实施监督评估"四点原则性的具体内容。基于这种实施描述，也难怪普通民众对规划本身的作用产生怀疑——因为"不管天上的星星怎样耀眼迷人，那也要够得着才行"。一个说得天花乱坠，不可能实施的规划无异于"空想"。因此，这时基于普通民众对"规划"所应该阐述内容的理解与制定和执行规划的相关政府机构的理解存在巨大差异——政府机构和相关部门是以附表中所列项目执行状况来衡量规划实施，而民众则往往是基于自身的感性理解和所公布的指标中与自己相关的部分去进行评判的，所以二者在执行期满之后对同一规划的评价往往相去甚远。

　　远期规划目标被近期实施项目逐渐架空和带偏，从而造成规划失效。在我们所熟悉的城乡物质空间规划行业内，目前规划实施也往往更多依赖于结合项目实施拟定的近期规划。一些发展期限较长的规划，如：总体规划（20年期）通常只是作为一些"虚拟"发展方向的参考。这种过于务实的状况，使得总体规划本身引导未来发展的作用不断弱化，无法统筹全局，从而造成近期发展事实上处于失控状况——往往只是头疼医头、脚疼医脚，缺乏远见。例如：许多城市为了保障城市环境质量，在总体规划编制时往往结合自然山水特征都划定一系列城市尺度的"绿廊"、"绿楔"、"绿心"，来保障城镇整体空间形态结构健康发展。然而，这些"绿廊"、"绿楔"、"绿心"往往在一系列合法、合规的近期建设规划实施后消失了。这还是基于城镇社会经济发展的需要。某届政府要招商引资，促进地方经济发展。被投资者（尤其是实力雄厚的）看中的"不宜开发建设"的生态用地，不论对于城镇居民的长远福祉具有多么重要的价值，都几乎无一例外地通过"近期建设规划"被目光短浅地"廉价"转让了。累积经历了一个相对长久的时段之后，回过头来对比当初的规划，我们看到的是面目全非。一些规划编制者呕心沥血、严密推理的总体规划被一个个"宏伟"的具体项目所"蚕食"，最后城镇"板结"成"混凝土森林"。正是这样严峻的结果使得这样的顺口溜流传："规划、规划，纸上画画、墙上挂挂。"我们不能简单地责备政府促进地方社会、经济发展的实施逻辑，但是我们也必须正视这种合情、合理的规划失控带来的严重后果。这一后果在事实而言是城乡人居环境的恶化，在于规划编制而言——由于实施不力造成公信力的消失，将带来整个行业从业者的荣誉感丧失，规划师职业道德底线降低，严重时将导致整个行业的迷失。

（2）"规划"与变化的关系。

现时代的中国对于"规划"而言是最好的时代，但是也是最糟糕的时代。社会、经济的高速发展让很多编制规划的人能够突破"漫长"发展建设周期的时间限制，"提前"看到规划成果。可是当以往"可望而不可即"的建设成果摆在自己面前的时候，又有多少规划师能够肯定地告诉自己，这就是自己所在的团队当初呕心沥血所绘制的"宏伟蓝图"，或者现实在多大程度上贯彻了当初规划构思的基本原则。还是已经被实施得"面目全非"，甚至和当初的基本原则"背道而驰"了。于是，有"好饰者"这样对规划失效进行解释——"规划只是基于当时状况下作出的预测，现在客观环境都变了，规划执行成果也就必然不同于原先的蓝图。否则就僵化了……"貌似如果建设成果符合原先的规划预期，反而不正常。这是一种怎样自欺欺人的逻辑。事实上，如果规划不能引导客观事物的发展，规划存在的核心价值将被颠覆——既然规划都是无用的，职业规划师又有什么存在的必要呢？要解开这个疙瘩，就必须明了从主观的"规划"到客观的"变化"之间的关系。

1）"规划"是主观的，"变化"是客观的。

"规划"首先是人们对未来的设想，因此不论制定规划时多么强调以事实为基础、遵循客观事物发展规律，"规划"依然脱离不了人们的主观意愿。尤其为了使得"规划"具有相应的感召力，往往会遵循"理想化"的原则——推演规划实施、制定行动计划时，有意无意地提升有利因素的影响力，弱化不利因素，设想各个要素之间处于最佳协同状况等。这种合情合理的编制行为使得"规划"带有固有的"主观性"；其次，限于对客观事物发展相关知识积累的阶段性，人们不可能在编制规划时，就完全洞悉所有可能发生的一切变化，对于其中尚不知晓的部分，人们也不得不通过一些必须的"主观推测"来进行填补。因此这又使得规划编制具有囿于知识有限性的"主观性"。基于上述两点，"规划"的主观性是一个不能被否认的事实。

但同时因"规划"引导而产生的变化也是无可否认的客观事实——我们知道这种变化是现实对规划的某种响应，而且这种响应的产生并不完全由"规划"决定。通常对比变化与规划目标之间的差异，是评价"规划"是否成功或者有效的重要指标。客观辩证地看待"规划"与变化的关系，可以得出一系列结论：①一个与规划目标贴合的变化结果是对"规划"的正面响应，意味着规划有效；②一个与规划目标相去甚远的变化结果，显然不是对"规划"的正常响应，意味着规划失效；③一个与规划目标部分贴合的变化结果可能是对规划产生部分响应的结果，响应部分有效，没有响应的部分规划失效。事实上，大多数规划与变化的对应关系都是第三种状况。

2）规划通常有两种模式：目标导向型和过程控制型

过去的规划常常以绘制"终极蓝图"为核心——也就是目标导向型规划。因为有些时代更重要的需要一个"灯塔"来指引发展方向，所以一旦目标确定，甚至会不惜一切代价来促成"终极蓝图"实现。例如：秦国为了巩固政权修建长城，倾全国之力为之，甚至不管社会经济发展的实际状况如何，不予变通，因此才留下"苛政"之名，最终民怨沸腾以至于被颠覆。又例如中华人民共和国成立之初，为了实现尽快提振国民经济的目标，加快第二产发展（尤其是重工业）的目标，城乡建设均围绕工业设施需要开展。这种"先生产、后生活"的规划理念，虽然在当时保障了中华人民共和国建设初期的工业腾飞，达到了既定的规划目标，但是却也造成了后来城镇空间结构混乱、城镇环境污染等一系列问题。因此在"目标导向"时代，规划制定强调的就是"终极蓝图"——而这个终极蓝图的生成某种程度上虽然也是依托客观事实和事物发展规律的，但往往是将所有因素的影响都设定为最佳状况。一旦有某个关键因素被忽视，或者在运行过程中出现最佳状况之外的情况，往往很难及时调整。这种规划的应变能力较弱。因此，"终极蓝图"模式的目标导向型规划通常是产生和适用于发展相对缓慢亦或运行平稳的自然和社会环境状况之下。

在急剧变化的社会经济背景下，因为影响规划实施的不可预知因素过多，即使是资深的"终极蓝图"制定者对于它在多大程度上能够代表我们的未来也是心中无数。事实上，排除近些年来因为经济、社会"超常"发展诸多不定因素造成的规划变更过于频繁所带来的公信力下降因素之外，即使一些历经系列详细论证、仔细推演、郑重思考后的规划成果投诸实施之后，其建设成果对规划目标的响应程度也不高。当然就客观事物的发展规律而言，变化是永恒的，不变是暂时的。那种期望客观事物完全按照规划发展的想法本身就是不切实际的。因此"终极蓝图"式的目标导向型规划对于引导事物发展的作用效力越来越受到质疑。近年来，在物质空间领域有从"终极蓝图"向"过程控制"转换的说法。所谓过程控制，就是"目标"的存在是为了指引大的战略发展方向。而实际控制的重点在于因势利导地配合现实进行发展，即强调具体"战术"。这种"过程控制"发展模式的核心在于"控制"，即明确每个阶段的基本目标和发展红线（不能违反的原则）和发展节奏，至于具体先发、后发秩序，完全可以根据具体情况进行相应调整。衡量过程控制型规划的成功与否，并不强调对所有目标的绝对实现，而是追求现实发展路径与规划路径的拟合。

规划存在的根本价值是为了促成未来的变化，因此规划与现实可能的变化之间是具有逻辑联系的。这也是为什么人们需要规划的原因。但是因为人类并不具备掌控所有未知因素的能力，所以并非所有变化都会如人所愿，这也是客观的事实。事实上，无论是目标导向型规划还是过程控制型规划，为了保证规划对现实发展具有真正的指导作用，都必须根据现实作出及时调整。因此，面对规划实施效果与既定规划目标的差异，我们应该有科学的态度，并且以科学的态度合理地看待规划调整（图1-3）。

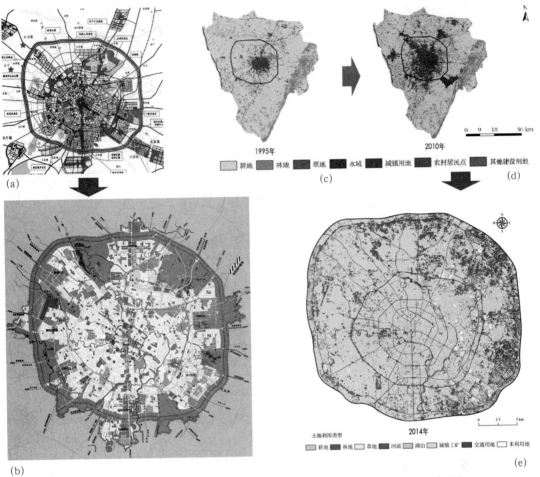

(a) 1995 年版成都市总体规划之用地布局规划图；(b) 2011 年成都市近期规划用地布局图；
(c)(d)(e) 1995 年、2010 年、2014 年成都市土地利用现状图。

图 1-3　成都市总体规划与实施成效的对比差异

图片来源：1995 年版成都市总体规划用地布局图来自百度文库，http://wenku.baidu.com/link?url=Pyi_mRNN5oR0T-BK_oQRTd2HOPiZmfbXesnKR-RA1bTZggGKesE9pXxHjGEMtBUBkBK-dKUiyh7VIcc3_0kEsqtxntR1jQbEBfnrPSDPgcG&qq-pf-to=pcqq.c2c；2011 年版近期规划用地布局图来自百度文库，http://wenku.baidu.com/link?url=p-j4tfmsBPZIkH6xItSR5KYYoMTRSfm0-vYyyUw9UYhRFMqu7AZjZGEBT3y9k4J_fmNcoJVJZfPraTM0sUqKOmSsVNy4ahjxlD6pA6jS25O&qq-pf-to=pcqq.c2c；1995 年、2010 年用地现状来自任文利，江东，董东林，黄耀欢，林刚.成都市城市扩张遥感监测及演变特征研究[J].甘肃科学报，2014，26（2）；2014 年用地现状图来自 2014 级城乡规划学硕士研究生成都市中心区生态本底调查小组。

1.3　什么是城乡规划？

（1）城乡规划是针对城乡物质空间环境建设问题的"事物"性规划

我们已经就"规划"产生的哲学根源进行了探讨，也解析了规划的客观作用以及它自身的构成要件。随着人类社会运行的发展，其社会、经济、文化体系的构建日益复杂，"规划"的作用越来越突出，制定并执行"规划"的领域也越来越多。因为"规划"针对未来，所以制定"规划"通常与发展相关；而"规划"的语境多都针对复杂系统，因此其应用也集中于这些领域。目前，我国实施的"规划"主要有三种类型：一种是针对"人"的规划，也就是个人或者某个人类社会组织机构的成长和发展思路。从小的方面说，个人理想（未来的职业、兴趣）的实现就是这种规划的典型。而影响比较大的则是一些社会部门的发展规划，例如：什么样的机构要怎样扩充，怎样组织，不同单位间的关系要如何构建和运作等等。第二种是针对"事物"的规划，也就是具体怎样促成与人类相关的客观事物向人们所期望的样子转变。从小的方面说，每个人对自己家园的建设设想（房子多大、要几个房间）就是代表。而影响较大的就是一些与硬质（物质）或者软质（非物质和精神）环境建设相关的规划。例如：社会经济领域的产业发展规划、文化领域的精神文明建设规划、生态环境的保护规划等。第三种是综合型规划，也就是既涵盖对"人"的组织，也包括对相关事物发展的设想。举一个小例子，就是每个人的家庭计划：既包括对未来家庭构建的设想（家里有几口人，要几个孩子，是否几代同住），也包括对家的环境建设的设想（多大的房屋面积、环境怎样、在城市的什么区位等），更包括对其经济基础的设定（家庭经济收入、构成等）。对于我国而言，各个地方的"国民经济与社会综合化发展规划"就是一个典型的综合型规划。

那么"城乡规划"是什么类型的规划呢？2008年1月1日开始正式实施的《中华人民共和国城乡规划法》（以下简称《城乡规划法》）第二条中对于"城乡规划"的定义为"本法所称城乡规划，包括城镇体系规划、城市规划、镇规划、乡规划和村庄规划。城市规划、镇规划分为总体规划和详细规划。详细规划分为控制性详细规划和修建性详细规划"，这里的"规划"已经不是指规划这一方法过程，而是将规划编制所形成的成果作为一个既定的名词来进行指定。因此要深入理解"城乡规划"的内涵，我们必须进一步从"城乡规划"的法定工作内容入手来进行分析：在《城乡规划法》第二条中，首先有这样的陈述"……在规划区内进行建设活动，必须遵守本法。"因此"城乡规划"的引导对象是"人类的建设活动"，也就是达成规划目标的途径是"人类的建设活动"。根据第十七、十八条的具体内容[1]，"城乡规划"针对的是城乡地区各种与人类社会、经济、文化活动相关的自然和人建空间环境，也就是通常所说的物质空间环境。进行"城乡规划"的目的就是通过"人类的建设活动"，以获得更加美好、更适合人类发展需要的物质空间。因此从这个角度出发，"城乡规划"属于针对"事物"的规划类型。

（2）城乡规划理论体系的建构

前文我们曾经从"规划"存在的意义剖析过要达成相应目标，一个可以行之有效的"规划"必须具有七个要件（了解事物、发现规律、设想未来、知晓过程、掌握关键、付诸行动和灵活应变）。就本节我们所看到的《城乡规划法》中所论及的规划，其涉及的主要内容集中在"设想未来"、"掌握关键"两个方面。也就是说，虽然从法定内容上分析我们对规划的理解貌似还停留于目标导向的"蓝图式"规划，但是结合《城市规划编制办法》和各个地方制定的"XX规划编制技术规范"、"编制办法"及"编制导则"中的具体要求，熟悉其技术工作流程的人都知道规划的制定必须经

---

① "城市总体规划、镇总体规划的内容应当包括：城市、镇的发展布局，功能分区，用地布局，综合交通体系，禁止、限制和适宜建设的地域范围，各类专项规划等。"；"乡规划、村庄规划的内容应当包括：规划区范围，住宅、道路、供水、排水、供电、垃圾收集、畜禽养殖场所等农村生产、生活服务设施、公益事业等各项建设的用地布局、建设要求，以及对耕地等自然资源和历史文化遗产保护、防灾减灾等的具体安排。乡规划还应当包括本行政区域内的村庄发展布局。"

历"现场踏勘"、"基础资料收集"、"专题研究"等步骤，这就是事实上的"了解事物"、"发现规律"和"知晓过程"。因此，一个科学合理的具体城乡规划项目，在既定的规划发展期限内要达成相应的目标，也必须完备七个要件。以下基于制定规划的七个要件的构成，探讨"城乡规划理论"的构建问题。

进行城乡规划活动，是为了获得更为美好、更适合人类社会发展的物质空间。这个物质空间将承载人类所有的经济、社会和文化活动，是以自然环境为基础、由人类利用各种资源建设而成的。随着人类社会的演进，其社会组成和需求也日益复杂——单一的空间不可能满足人类社会存在、运行和发展的所有需求，因此承载人类各种活动的"人建空间"必然走向复杂化和系统化。影响人建空间的主导因素来自两个方面：人类社会发展的空间需要；人类物质空间建设技术。前者是潜在的内因，后者决定空间形态的外在具体呈现。这需要各个领域的知识进行支撑。

在技术能力相对落后的时期，建设技术对空间体系构建的约束力是刚性的。因此在那个时期，"城乡规划"的核心是如何适应相应物质空间建造技术的要求，即服从既定物质空间具体建造技术的约束——"城乡规划"理论是在既定的空间建设能力限制下，如何尽可能组织城乡空间以满足相应历史阶段社会、经济、文化发展需求。因此，那个阶段的"城乡规划"被深深地打上了建设活动本身的烙印，所有不切合建造可能性的设想都是空想和幻想。那时"功能适应空间"，"城乡规划"理论从属于"建筑学"。

科技发展提升了人类塑造物质空间的能力，使得结合功能本身来建设更有使用效率的物质空间容器成为可能。当"空间适应功能"的可能性越来越大的时候，"城乡规划"理论的发展也开始逐渐脱离对建造技术本身的依附，转而专注于经济、社会、文化以及与自然协调发展对物质空间系统生成和建构的内在影响规律的探索。由此，"城乡规划理论"将逐渐形成由"城乡理论"和"规划理论"两个组成部分的状况——这两个部分都以城乡为研究对象，但是其关注的重点是存在巨大差异的 [①]。正如张庭伟先生所阐释，"城乡理论"的基础理论多是借鉴经济学、政治学、社会学、生态学、地理学等领域的研究成果，其重点在于探讨城乡物质空间生成的内在动力机制，往往是源自于城乡发展不同阶段中出现的相关问题，也就是相关领域知识在城乡问题中的应用，很少直接针对如何进行具体规划。而"规划理论"则是人类为具体解决相关问题，引导城乡物质空间发展的方法探索，也就是具体用于指导制定规划方案。当然，一如该文中的阐释，"城乡理论"更像医学中的"生理学"、"病理学"，而"规划理论"则像是"内科"、"外科"、"中医科"。它们具有不可分割的内在联系。

正如前文论述，制约城乡物质空间发展的因素来自于两个方面：一是需求控制，人类社会发展会对城乡物质空间提出功能要求。二是建设手段控制，首先是科技手段能够造就怎样的空间，其次是造就的空间能够多大程度上适应功能需求。而随着人类社会演进，各种社会、经济、文化、生态关系日益复杂，由此对物质

---

① 该思路参见张庭伟. 梳理城市规划理论——城市规划作为一级学科的理论问题 [J]. 城市规划, 2012, 36（4）：9-18。原文只谈及了"城市规划理论"的发展历程，本文在此基础上补充了相应的村镇规划理论的部分。

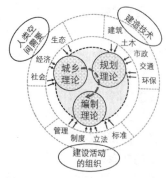

图 1-4　规划理论体系建构逻辑
图片来源：作者自绘，付鎏竹制作。

空间本身的适应性要求越来越高，对空间这一功能容器的要求也越来越多。二者之间始终难于做到"完美"匹配，交互演进，由此在不同发展阶段衍生出众多城乡问题。而作为引导城乡物质空间发展的"规划"必须建立在了解事实、掌握规律的基础之上，因此城乡规划理论的主要内容，不论是所谓的"城乡理论"还是"规划理论"都是以发现相关事实和演进规律为核心，无论是人类社会发展对城乡物质空间的需要还是空间系统构建本身。

针对目前有关城乡规划本身究竟应该是社会性的"公共政策"还是具体空间性的"建设导引"的问题。张庭伟先生指出"城市规划是空间化了的公共政策，"也就是"落实到空间的具体的城市政策。"例如：目前为解决中低收入阶层居住问题的廉租房政策，在城市规划层面上的贯彻——这种不那么符合"经济"规律的空间策略，更多是基于对现阶段社会平稳发展的考虑。虽然在目前西方规划理论研究者更为重视"规划"的公共政策性，强调城市问题的社会属性，但是至少在目前这个阶段，对于依然处于弥补物质空间百年以来严重匮乏的建设膨胀期的中国而言，规划的"空间"本体论依然是理论核心。事实上，任何关于空间的公共政策决定的都是人类主导的"空间资源"分配问题，尤其是"优质资源"的分配。即便是在空间资源已经极大丰富的状况下，例如已经高度城镇化的欧洲，依然也无法摆脱"空间"本身制约，因为空间本身具有"异质性"，也处在不断变化之中。

"规划理论"除了研究规划学科自身以外，还有一部分研究的内容是针对"规划"本身，也就是"如何制定规划"和"为何制定规划"。关于如何制定规划，是现在处于城乡规划行业中的规划师门几乎每天都在重复的工作，即面对具体的规划任务（即定社会、经济、文化、生态发展目标的物质空间需要）怎么做的问题。这主要在于基于既定目标的逻辑生成和方法运用。至于为何做规划，它的核心是"规划目标给定之后，如何落实规划目标的问题"，包含同门类的规划具体的内容和引导。这些内容往往会随着城乡发展而不断变化，反映了城乡物质空间需求和空间供给之间复杂的阶段需要。同时，还包含对规划行业的发展历史、基本目标、社会功能、工作程序的研究，探讨城乡规划存在的合理性以及规划师所应该秉持的价值观和职业操守。这最后的一个部分本身讨论的是城乡规划学科自身存在的哲理性问题，往往与具体的城乡规划活动存在较远的距离（图 1-4）。

1.4　规划师是怎样炼成的？

（1）规划师究竟做什么"营生"？

规划师在现代是一种职业，这种职业的特点是帮助别人作出决策（规划）。现代规划师们的职责是利用自己的专业知识和方法，就某件事情（即可能是针对某人，也可能针对某物）帮助咨询者分析这件事中相应诉求实现的可能性，并对实现这种诉求提出意见和建议（包括途径），以供咨询者作出自己的决策。因此规划师的职责是帮助别人分析，告诉咨询者各种发展的可能，而不是替别人拿主意、做决定。规划师在整个"规划到决策"的逻辑关系中，是"谋士"而不是"决策者"。

(2) 谁的"城镇"？！

所有规划师中最特殊、也是影响力最大的一类"城乡规划师"（原来称为"城市规划师"①）。物质空间建设即使在科技先进、经济发达的状况下，也不是一件来得轻松的事，因此在经济不够发达、建设方法相对落后的时代，人居环境的构建是一件必须慎重对待的非常重要的事，于家如此、于国更是如此。

以我国古代都城建设为例，根据孙施文教授基于《周礼》对我国古代城市规划制度的研究：原先为大家耳熟能详的记述②不过是对都城建成之后形式的描述，类似于"终极蓝图"中所展示的空间形象而已，类似现在的渲染图或者效果图。真正的规划过程是分解在不同官位具体的职责之中（表1-2）：首先，"地官"之"大司徒"在利国安民的原则指导下负责"都城选址和定京畿"，当然这还是在"夏官"中执测量执法的"土方氏"的协助下完成的。而是否迁都则由"秋官"中掌邦刑的"小司寇"征询万民意见和"春官"中掌邦礼的"大卜"问过鬼神之后才能决定；其次，都城内部的布局分别由"夏官"中的"量人"、"土方氏"，"地官"中的"载师"以及"春官"中的"小宗伯"、"天官"中的"内宰"等各司其职进行设置。其中"量人"负责安排各种设施（主要包括交通、防御、市政等）。"夏官"中"土方氏"和"地官"中的"载师"来划分居住用地。"春官"的"小宗伯"因"掌邦礼"而负责安排宗庙、社稷等重要祭祀设施。"天官"中的"内宰"来负责考虑何处设肆（市场）。就具体工作内容分析，早在周朝时我国的城乡规划体制已经是一个非常复杂的系统，所有的职官体系都与之相关。纵观当时相关规定，城乡规划过程中不同的工作内容，因目的和标准不一，由职官体系中不同的部门负责。其中，"量人"发挥着最为关键的作用，他综合各个部门的要求，掌管着"建国之法"，可以看作当时具体制定规划者。而"匠人"则专司建造，也就是实施规划。在其他等级城镇和乡村的建设中亦是如此。尤其需要强调的是，真正决定城乡规划是否实施、怎样实施的确是"王"和"后"，也就是最高统治者。虽然通过历史文献的记述，我们了解到中国古代著名城市的具体规划和建造的负责人并非当时的最高统治者，例如：唐长安是基于隋大兴城的基础上建成的，而它的总设计师是宇文恺；又如明清北京是建于元大都的基础上，他的总规划师是刘秉忠，水系规划由郭守敬完成等。但是我们不能忽视这些"总规划师"是受谁的委托，宇文恺背后的隋文帝、刘秉忠和郭守敬背后的元世祖……因此，我们再次发问——从造城设市的缘起来看，城市是谁的城市？城乡规划究竟谁能最终决策？

---

① 1999年我国开始与国际接轨推行"注册城市规划师"制度。因此狭义的"城市规划师"是指通过了全国注册城市规划师考试，取得了"注册城市规划时职业资格证书"并注册登记后，从事城市规划工作的专业技术人员。

② 《周礼·考工记》中记载"匠人营国，方九里，旁三门。国中九径九纬，经涂九轨。左祖右社，面朝后市。市朝一夫。"

《周礼》中记载的有关城市规划事务的职官系列及其职责 　　表1-2

	是否迁都		选址	功能布局	地块划分	功能区内组织			建造
						公共设施		居住区	
	问鬼神	询万民				市场	社稷		
职官	大卜	小司寇	大司徒 小司徒	量人	土方氏	内宰	小宗伯	载师、县师、遂人	匠人
部门	春	秋	地	夏	夏	天	春	地	冬
职责	礼	刑	教	政	政	治	礼	教	事
	以和邦国 以谐万民 以事鬼神	以诘邦国 以纠万民 以除盗贼	以安邦国 以宁万民 以怀宾客	以服邦国 以正万民 以聚百物	以服邦国 以正万民 以聚百物	以平邦国 以均万民 以节财用	以和邦国 以谐万民 以事鬼神	以安邦国 以宁万民 以怀宾客	以富邦国 以养万民 以生百物
王的职责："辨方正位，体国经野"；后的职责：建市、设市的决策者									

表格来源：孙施文．《周礼》中的中国古代城市规划制度[J]．城市规划，2012，36（8）13，表1．根据文章内容有增加。

再来看古代西方的状况，我们研究规划思想史和理论发展史，会看到一系列必须记住的名字：古希腊的希波达摩斯、古罗马的维特鲁威、文艺复兴时期的阿尔伯蒂等，这些冠以"建筑师"或者"艺术家"名义从事城镇规划，并在规划史青史留名的巨匠们，是否真的就是他们决定了哪些证明他们理论存在的城镇呢？我们不能忘记，米利都规划是受当时该城的全体公民委托，要求在短期内对战争毁坏的城市进行重建；维特鲁威的《建筑十书》是献给伟大的罗马皇帝奥古斯都；而阿尔伯蒂的建成作品多是为当时的教廷服务……因此，我们知道这些规划理论界的巨匠们，即使他们的作品能够基本上原本反映自己的规划理论思想，他依然不是这座城镇的"主人"。除非这个城镇的"规划师"正好、恰好是最高统治者本身，例如：古埃及新王朝时期的阿玛纳城，由当时国王阿曼赫特普亲自规划设计，并亲自督导建设，耗费十年最终建成。此城一扫当时古埃及城镇阴森、压抑的氛围，气势恢宏，城市设计体现了"太阳城"的寓意。但由于这位伟大的君王建城时含有进行宗教改革的政治寓意，国王逝世后，宗教改革失败，该城因受到底比斯阿蒙祭司的"诅咒"，导致居民逃离而最终被废弃[①]。

由此可见，在当时不同的社会制度之下，许多城镇可能是"神的城市"、"王的城市"、"民众的城市"，却不会是规划师的城市。作为规划师（巫师、祭司、匠人），他们所做的是运用所掌握的规划理论和知识、技能，根据当时的自然环境、社会经济状况（基础条件），为委托者（国王、皇帝、人民）描绘"心中理想蓝图"，并就如何将"蓝图"变为现实提出施行建议。而城池、乡镇最终能够建成并承载相应的人类活动，虽有规划师的智慧贡献（可能还是关键性的），却是只有决策者才能决定——至少是决策者才能发动当时社会，调集人力物力投诸实施。说得更清楚一些，"规划师的城"是仅仅存在于城乡规划理论研究中的"虚拟城市"，这不是一种悲哀，而是作为城乡规划师执业的事实——规划师应居于幕后。永远不可能有建筑师在光环下的荣耀！只是这些成功的规划师和他们成果的作品被后人记取，人们才会认定这些城镇是"某个规划师"的城镇，尽管事实上一个"城镇的成功"可能有复杂的"天

---

① 相关内容参见：沈玉麟．外国城市建设史[M]．北京：中国建筑工业出版社，2002．

图 1-5-1 "神的城市"古希腊雅典

图片来源：毕凌岚. 城市生态系统空间形态与规划
[M]. 北京：中国建筑工业出版社，2007.7：16 图 1-2
神圣的雅典卫城，原始图片来自"上帝之眼"网站——
杨·阿尔蒂斯作品。

图 1-5-2 "王的城市"明清北京

图片来源：来源网页：www.takefoto.cn，马文晓：
鸟瞰北京成长（紫禁城系列）3.jpg。

图 1-5-3 "民众的城市"现代堪培拉

图片来源：http://www.zj.xinhuanet.com/photo/
2013-03/11/c_114974213_2.htm。

时、地利、人和"等各种其他因素。

（3）现代城乡规划中的"人群"关系。

剖析现代城乡物质空间建设活动中涉及的各类人群之间的关系，对于未来的城乡规划从业者更好地理解这一职业对于整个社会的作用极为重要。这也是规划师职业道德构建的基础。

古时"神的城镇"和"王的城镇"阶段，那时"规划师"面对的情况要简单一些：城镇是"王"或者"神"的，能够对如何建造这个城镇进行决策的不是"王"就是"神"（或者神的代理人）。虽然中国的古籍中时有提及"筑城以卫君、造廓以守民"，但是"普天之下，莫非王土，率土之滨，莫非王臣"的时代，"国君乃民之父母"，因此也就代"草民"们做主了。"规划师"们需要做的就是结合自己的专业知识将"王"和"神"的想法贯彻到位，反映到物质空间之中就算尽职尽责。而且因为古代城镇的功能相对简单、建造技术也受到限制，除了交由"神明"做主的部分必须凭借"巫师"、"祭司"、"国师"之类神职人员完成之外，其余部分大多是由建筑师和工匠完成——因此在那时，并无真正意义上的"规划师"。

现代的城镇已不再是"神"的居所、"王"的堡垒，而是承载各种人类活动（社会、经济、文化）的容器，是一个构建复杂的生态系统，涉及因素众多，不同的发展阶段，主导因素也不尽相同。然而不论是哪种性质的城镇都属于人居环境，其建造和发展的核心都是围绕着"人"，需"以人为本"。城镇成为"市民的城镇"，但并不是所有人都能够对城镇空间的建设直接发挥作用，他们需要"代理人"来替他们打点城镇发展过程中的各种问题。这就是以"市长"为代表的政府机构，它们具有相应的决策权和管理权。然而他们并不具有掌握城市发展各个方面的专门知识，他们需要懂得这些的人来替他们谋划，于是"规划师"应运而生。因此现代城镇的发展与三类人密切相关：其一是"市民"，当然现实中的市民构成极为复杂，可以按照人类社会构建的纵向和横向组织关系[①]划分为许多类型"社群"，不同的社群对城镇物质空间发展往往会具有不同的期望和要求；其二是代理市民管理城镇的"机构"的成员，现

---

① 人类社会结构可以由一定的结构参数来加以定量描述。结构参数就是人们的属性，分为两类，一是类别参数，如性别、宗教、种族、职业等，它从水平方向对社会位置进行区分；二是等级参数，如收入、财富、教育、权力等，它从垂直方向对社会位置进行区分。这两类参数之间可以相互交叉，也可以相互合并，从而使社会结构的类型显得更加复杂多样。——参见：毕凌岚. 城市生态系统物质空间与规划[M]. 北京：中国建筑工业出版社，2007：79.

在通常是城镇政府；其三则是作为"谋士"的规划师。事实上，规划师们的组织则成是非常复杂的，基于"谋士"的职责，他们必须听取市民的需要，并分析其中合理的部分；向"代理"市民决策的机构"解释"市民的需要，并协助"代理"机构制定策略和实施方案。按照正常的逻辑：规划师负责按照城镇发展的客观规律制定在当下自然、社会、经济发展状况下的建议方案，代管城镇的政府机构决策具体采纳的方案，并将之付诸实施，他们共同的依据是"市民"的需要，并应该以向"市民"提供更好的生活环境为目标（图1-6）。

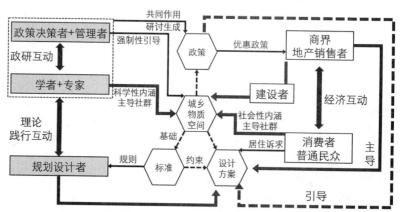

图1-6 城乡规划相关社群关系及其物质空间应力机制
图片来源：作者自绘，李润瑶、徐萌制作。

现实的城镇规划中所涉及的三类人的关系并不如此单纯，因社会运行状况还会衍生出其他的相关社群。以我国为例：计划经济时代，城镇物质空间改善的建设资金几乎全部来源于各种税收，是所谓的"取之于民，用之于民"。三种人群关系比较纯粹，规划师所接受的委托大多来源于政府，接受委托之后去深入了解所委托事务的相应规律、聆听民意（这个比较宽泛），制定建议方案；进入社会主义市场经济时期之后，我国城镇步入超常规发展时期，城乡环境建设需要的大量资金仅靠税收无法支撑，因此政府需通过市场吸纳投资进行城乡环境建设。由政府向市民提供住房和各种空间建设公共物品的机制逐渐转由市场通过房地产业发展来供给，因此社群关系中又增加了一个通过市场获利的"房地产商"群体或者更为宽泛、涉及更多行业的被称为"投资商"的群体。不同社群的诉求是不同的，城乡环境建设的运作机制也因此变得复杂起来。城乡环境建设"以人（市民）为本"的核心往往在这个过程中因为"投资者"的获利需要而在以经济发展为主导的阶段被决策者忘却或者被架空，由此产生众多城镇社会问题。如何平衡和控制"社会需要"和"商人逐利"也由此成为作为"谋士"的规划师们在制定城乡规划方案时，必须考虑的内容和面对的挑战。

事实上在城乡物质空间建设的过程中，规划师社群内部因其工作重点不同又划分为以下几种类型：①规划设计师——针对具体的城乡物质空间建设项目编制规划方案；②规划管理者——管理（包括组织编制、审定和监督实施）针对"空间需要"编制的规划方案，汇集相关技术文件和城镇基础资料及信息，以及为各种相关社群提供咨询服务；③规划研究者——研究城镇发展过程中各种与城镇物质空间建设相关的问题，并从中发现事实、总结规律；④社区规划服务者——主要从事两种类型的工作。其一，对普通民众解释专业性规划内容，其二，从普通民众中收集他们的"空间"需要，发现与规划建设相关的各种城市问题，为下一步的空间建设以及决策提供基础资料。在西方发达国家，有这种专门的"社区规划建设服务者"，例如在日本有些规划师长期"驻扎"于社区，跟踪社区发展能够长达50年。但是在一些规划专业人才相对缺乏的发展中地区，通常比较缺乏这种致力于社区服务的专业技术人员。在我国也是如此，这部分工作通常由临时的志愿者或者学者在做相关课题研究的过程中顺带完成，因此无法达成对于区域从规划到建设、使用的发展过程连续监控，规划管理等在系统性、有效性以及研究信息的完整获取都存在一定的问题（图1-7）。

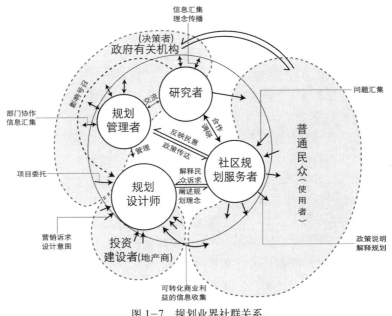

图1-7　规划业界社群关系
图片来源：作者自绘，付鑾竹制作。

城镇建设与发展是一个动态过程，因此城镇物质空间建设活动需要通过某种机制获取反馈信息，来进行不断调整，使物质空间适应城镇功能的需要。这种反馈最直接的体现就是各种各样的"城市问题"。由于普通民众并不知道城乡规划从规划制定到物质空间环境建成的过程中复杂的运作机制（包括决策和建设），往往一旦出现问题就将矛头指向操刀制定方案的规划师。有时，当一些决策过程中出现问题的时候，"代理者"也将责任推到规划师身上。而对于"投资者"而言，未能满足他们获利需要的规划方案，自然不会被认为是好的规划。因此有规划师们感叹——规划师是"职业背黑锅"者。随着互联网信息平台的发展，越来越多的规划师开始利用这种信息公开的渠道向社会各界解析规划编制与决策实施之间复杂的影响机制，以期获得社会各阶层的更多理解和支持。

（4）规划师的职业道德

从城乡人居环境建设所涉及人群的社会关系中判断，规划师并不能为城乡人居环境的具体建设真正"决定"① 什么。前文已经分析了规划师职业定位的源起——在唯上决策的时代，"规划师"们不过是职业"捉刀"者，为神明捉刀，为王者捉刀，为城镇的"所有者"捉刀。虽然在这个过程中，"规划师"也会考虑一些在权力构架体系中几乎没有发言权的社会群体的需要，但是他这样做的目的绝对不是为这些社群服务，而是协助"上位者"保持城镇的平稳运行。一旦这些社群的需要和"上位者"的需要发生冲突的时候，他们的利益大多数时候被牺牲了。例如：在卡洪城的布局中，底层民众的居住区位处在相对条件最差的区域。但是在现代城市，因为社群关系发生了巨大的变化，规划师与服务对象之间的关系极为复杂，职业重心不再仅仅是一个相对简单的"捉刀者"，而成为不同社群之间进行沟通的一个具有专业知识的"媒介"和"协调人"，正是这种兼有"上传下达"、"技术咨询"、"实施方略制定"、"技术管控"等复合性职能，规划师的意见和建议对于平衡各个社群对城乡物质空间建设不同的诉求极为关键，由此对于其职业道德和执业准则也提出了特殊要求——不能单纯"唯上"（对应于社会地位）、"唯权"（对应于权力）、"唯钱"（对应于经济关系），而必须保持相对"中立"，"唯真"、"唯实"，强调公平与协调。

从城乡物质空间环境建设的目的进行判断，毋庸置疑在这个过程中，规划师的确发挥着重要作用。建设美好城乡人居环境的核心是"以人为本"——这里的"人"并非指个体或者是某些特定社群，而是一个抽象的"整体"，意指包含每个个体。然而每个社群甚至个体事实上的需求是千差万别的，并且通过复杂的社会、经济、文化行为转化为具体的城市建设要求，如何规划怎么才不"以偏概全"，防止局部利益架空整体利益。规划师在执业过程中，面临最多的就是分辨、权衡六组关系：首先是远期与近期，其次是局部与整体，第三是少数与多数，第四是保护与发展，第五是传承与更新，第六是循序渐进与跨越发展。城乡社会组成中的社群因其各自的利益和需要，在判断这样六组关系时都有自己不同的价值取向。如何全面、均衡地协调各个社群的合理需要，并为以整体存在的人类社会的未来发展协调好时空进程，这就是规划师的职责所在——他们必须以事实为基础、遵循事物演进的客观规律来进行分析和判断，并尽量把相关的意见和建议提供给决策层。同时，运用规划师所掌握的技术工作领域的权力，尽力履行自己的职责，推动城乡物质空间建设的成果有利于人类共同的未来。

我们不能忽视的另外一个问题：每一个规划师自身都是一个活生生有血有人的人，他有自己的成长和生活的环境背景，对于不同的事物同样也具有自己的价值取向、观点和认识。不可否认，他自然而然地会通过自己的工作表达他对城乡物质空间建设与发展的想法。规划师群体本身也是一个有着整体利益的社群，同时他们也属于相应的社会阶层，对于同样生活在城乡物质空间中的人，对于城乡发展也有基于自身的意愿和诉求。既然从事这样的特定工作，如何在这样的工作中进行合理的自我表达是规划师需要仔细考虑的问题。

市场经济背景下，规划编制活动本身也是一种技术性的经济活动，是许多规划师（尤其是主要从事规划编制的群体）赖以安身立命的"营生"。这里有一个矛盾

---

① 真正的建设活动，可能决定于所有者自身，例如农民对自己房舍的建设；也可能决定于权力部门，例如政府机构代民决策城市文化中心的建设；也可能决定于投资者，例如开发商决定自己的楼盘如何建设。

的地方：出钱请规划师编制规划的"人"（或者机构），往往并不是这个物质空间的最终使用者——他们需要这个规划方案来获得经济利益或者实现政绩，因此他们的要求往往会与使用者的真正需要存在一些显见或者潜在的冲突。规划师在编制规划的过程中，往往面临协调两者冲突的困局——有规划师吐槽：某些政府官员为了让相应的方案符合自己的设想，可以一轮又一轮地"组织"专家评审，直到方案达成自己所有的利益诉求 ①。或者直接更换规划师团队，让那些更乐意"全面"、"无条件"执行自己意愿的规划师来承担任务，而一些开发商则更是直接以工作报酬相挟持，如果编制方案没有达成要求，就拖欠甚至不付规划师劳动报酬。当然，一名合格的规划师必须提升自己的技术业务水平，使得自己能够尽职尽责地用一个科学、合理的技术方案"最大限度"地兼顾各方诉求，但是当一个具体的规划设计项目的"东家"（有可能是开发商，也有可能是政府机构）的要求明显地有损未来的使用者或者是本地区民众共同的未来时，规划师出于职业道德，有义务告知委托方，并通过技术程序进行坚持——通常这是非常艰难的。因此，在欧美发达地区都基于规划师工作的特殊性，由当地的协会或者学会制定相应的"职业道德规范"——要求规划师在工作过程中既要维护业主正当的利益诉求，同时亦必须坚守基于人类可持续发展未来和兼顾社会整体需求的底线 ②。以此将分散的弱势规划师群体联合成为整体：一方面以规划师社群整体"发声"与"当权者"和"出钱者"对话，另一方面也通过执业制度对规划师的个人行为进行适当约束。

总之，规划师们在编制规划的过程中，不论任务本身是来源于"当权者"还是"出钱者"，他们都必须站在更高、更全面的视角，用更长远的眼光来对未来进行系统预测。由此在这样一个利益博弈的局面中，规划师们必须代那些无法发声者合理表达他们的意愿。与此同时，规划师们也要基于维护人类整体的利益，防止对赖以生存环境资源的破坏——也就是规划师们要代无法发声的社会弱势群体而言、代自然而言。这种代言是一个崇高的委托，它没有基于金钱交易的经济关系——是基于作为"人类"这一物种的整体利益，也是现代城乡规划师职业存在的核心价值。作为掌握科学技术的专业人士，他们必须明白技术的运用必须有所顾忌——对于规划师而言这种禁忌就是"技术运用的目的必须是为了保障公众安全和避免伤害公众利益的后果产生。"③ 在此基础上，我们总结出规划师执业修养的四条原则。

规划师执业修养之一：敬畏自然。人类目前的技术尚无法使我们成为星际迷航中的太空游牧者，也就是我们无法在破坏了地球环境之后逃之夭夭。因此最好明白谁是真正的主宰。为了人类在地球上可持续地栖居，最好仔细了解自然与人居环境之间的相互作用关系，并以一种理性的虔诚态度将之贯彻到未来的工作之中。

规划师执业修养之二：尊重历史。人类之所以成为万物之灵，就在于进化过程中的强力经验积累。语言文字都因此而生，这赋予人类无与伦比的适应性。让你牢记从哪里来，指导你未来怎样走。因为历史的积累，才从猿到人，从蒙昧到文明。

---

① 参见城市规划师的微博"逆袭战"——从封闭到开放，从"背黑锅"到"抢话筒"《南方周末》网络版，"绿色"专栏，http://www.infzm.com/content/83656
② 参见附件 1-3：美国持证规划师学会道德与职业操守守则；英国皇家城镇规划学会职业操守守则；新西兰规划学会道德守则。
③ 徐巨洲. 我们城市规划面临着职业道德的问题 [J]. 城市规划，2004（1）：22-24.

妄图抹杀历史，意味着已经开始走向毁灭。历史就在人类的血脉之中，不能割舍。

规划师执业修养之三：正视真相。真相出真知，洞察未来源于对过去事实的知识积累。如果基于个人和小群体特定目的或者不敢面对过去的失败，就掩盖真相，则意味着不能吸取教训，无异于盲人瞎马。也许真相的残酷让人们不忍正视、不愿回顾，但只有坦然面对，才不会重蹈覆辙。

规划师执业修养之四：中正无私。俗语云"旁观者清"，只有跳去利益纠葛的漩涡，将自身致于事外，才能理清错综复杂社会关系，才能更为客观、准确地判断，为人类共同的未来进行合理谋划。同样"无欲则刚"，唯有脱离利益的诱惑，才不会被利益集团绑架。因此，在编制规划的过程中，规划师必须保持"中立"，客观公正地判断不同社群的正当诉求。

专题1-3：规划师代言的困境和荣光

现代城乡规划师不是服务于特定社会群体和利益集团的"御用谋士"，他们必须为"整个人类社会"发展负责。这种职业定位赋予规划师们崇高的职业成就感，许多规划师也以能代表"人类共同利益"为荣。基于社会运作的基本规律，社会地位相对更高的社群参与社会管理积极性越高，他们也具有更多的渠道和媒介表达他们对于物质空间建设的意愿。因此事实上，规划师在这个过程中更多地是代表没有"渠道"表达自身意愿的社会弱势群体，来保障决策的公平性，维护社会均衡发展，使得城乡环境的发展能够更全面地基于"所有"人的需要。但是，这种代言的过程往往充满着各种利益博弈和权衡，使得规划师们都把自身定义为"斗士"，与所谓的"当权者"、"有钱者"斗争。然而事实上，作为社会组成中不同的群体，他们既有因利益诉求不同产生的冲突，也有基于社会共识的共同利益。规划师的代言更多地应该是权衡各方诉求，寻找利益妥协地平衡点，达成地方社会未来的共同发展。然而在代言的过程中，许多规划师往往有意无意地未能保持中立，从而降低了代言的客观性，损害了职业形象。

（1）何为"民意"？

虽然基于规划师的职业道德，规划师不能以自己的意愿来替代其他公众的意愿，但是现实中，每个规划师都具有自己独特的人生经历，对不同的事物都具有自己的观点和认识，他们很难不把自己这些"经验"带到工作中去。尤其是以规划师们群体意识为基础的某些观点，更容易被假以"民意"的名头来进行强制推行。以香港为例：许多街道上都有林立的各种广告店招，风格各异——在香港许多规划师看来，这种杂乱无章有损城市形象。他们很乐意学习大陆地区"景观整治"的经验，于是有动议提请相关管理部门决议，是否应该取缔这种"乱搭"的店招。然而在后续论证过程中进行的民意调查数据却显示：大多数香港市民并不认为这种状况不美，甚至还被市民们认为是一种香港特色。这个调查的结果显示，香港规划师社群的审美与普通大众存在差异。于是动议被恰当地终止了，规划师转而关注控制店招设置过程中侵害他人正当利益（例如采光权、光污染）的部分。从这个案例我们可以得出下列结论：在没有经过调查获得事实之前，规划师们"基于经验"用自己的观点替代真正的民意进行决策是危险的。然而，更危险的是规划师们本着这种"悲天悯人"的态度，而产生的职业优越性——认为自己接受过一定的审美培训和专业训练，就主观地认为本社群的观点一定比大众的观点有远见卓识，就可以替代大众的意愿。因此一个负责任的规划师不会"大大咧咧"地说自己代表公众利益，说这句话的时候他一定要清楚自己究竟在多大程度上真正代表了民意。这需要起码的技术或者数据支撑。同时，民意也是变化的。在变化的民意中寻找代表性，还不仅仅是一个简单多数的问题。

（2）如何看待"长官意志"。

规划师的职责是谋士，而不是决策者。但是规划师对客观事物发展有自己的看法和观点，他们会基于自己的判断提出决策建议，也希望决策者能够采纳自己的意见和建议——这种采纳是规划师们达成自己的学术或者专业理想的一种途径。现实中最纠结也往往是规划师与决策者的这一对关系。一方面规划师抱怨决策者利用权力强力推行自己的观点，不尊重规划编制的科学规律；另一方面决策者也抱怨规划编制者保守、机械，阻碍和限制了地区发展，浪费了发展机遇。既然民意本身具有很多不确定性，区域的社会、经济和文化发展也有很多偶然因素，凭什么就认为"长官意志"一定不利于城乡发展？因此，既然未来具有很大的不确定性，合格的规划师就不会轻易否定领导的意见。真正的科学态度是审时度势，仔细分析领导意见背后深层的社会、经济、文化、生态因素与大家共同美好未来之间的关系——如果基于科学、客观的分析和推演，贯彻领导意志并不会造成区域可持续发展潜力损失或者社会不均衡发展，那又为什么不尊重领导意见呢？规划师不需要用虚妄的"被尊重"来体现自己的职业价值，一旦遭遇来自决策阶层的不同意见就条件反射似的认为被架空，或怀才不遇等。

（3）维护地方和少数人的利益？

作为服务地方的规划工作者，必须要以维护地方利益为己任。然而在习惯的语境之下，往往会产生的理解——重视地方利益，就是一定是将局部利益置于全局利益之上。这是极端错误的判断。事实上"重视地方利益"不论是基于客观的事实，还是科学判断的逻辑，都不会必然与破坏全局利益产生必然联系。而另外一个必然成立的推理反而是这样：如果构成整体的每一个局部都很好，那么整体必然很好——因此一个好的全局策略必然是基于好的地方发展战略。基于这样的判断，要求地方为了缥缈的整体利益放弃局部发展是不明智的。当然，我们也警惕这样一种状况——有些地方的局部发展是以向外转嫁负面影响为基础的，这种单纯利己的发展模式是必须被制止的。无论是地区之间的合作，还是局部与整体之间的协调，都应该秉承"多赢"原则。这个往往是基于"大区域"统筹和计划体制的惯性思维模式下被忽视的。事实上以多赢的思路为基础，以保护在决策体系中处于"弱势"的局部利益为出发点，往往可以帮助我们避免冒进和盲目决策。尤其是在涉及维护社会公平和可持续发展的原则问题上，更是如此。例如：以"国家战略"的名义不顾地方反对建设对将地方环境造成严重影响的污染企业的行为，在决策过程中不应被认为是理所应当的。因为没有证据证明这个战略一定合理，但地方环境将被破坏确实铁定的事实，在这样的状况下决策需要慎之又慎。

社会由人构成，如果每一个人都生活幸福，社会就是幸福的。任何人和任何社群都没有任何理由以"社会整体幸福为目标"来让某些个体或社群放弃自己对幸福的追求。一个社群的社会地位再卑微，他们也是社会体系构建的组成部分，有其存在的价值（可能没有被发现）。既然人类社会以整体发展和进步为共同目标，不同社群在理论上应该具有公平地改善自身人居环境的机会。作为规划者，不能以自身或者某些社群的喜好为基点制定规划，而应以维护社会公平和均衡发展为目标——必须正视每个社群的正当诉求，并将之纳入相应的规划之中。

(4) 规划具有教化意义？

教育的根本在于潜移默化，不强加，而这种所谓的"教化"必须以尊重为基础。某些物质空间需求是基于特定的生产、生活方式的需要，但是并不等于这种物质空间的建设就一定会带来相应的生活和生产方式。教化的核心是"人"，不是"物"。现在有些规划师武断地判断"先进"与"落后"，由此产生了基于知识和技能掌握的优越感——在与其他社群沟通时，鄙夷和不屑于他们对规划专业基础知识的"愚蠢"和"无知"，这不利于规划师在工作中真正获得其他社群的尊重。事实上规划师不是"布道者"，也不是"传教士"，他的职责不是传播某种"先进"文化或者"生活方式"，而是协助人们发现自己真正的需要。对于一个地方社会而言，规划师的咨询和帮助是外在的助力，这种助力必须要通过当地人群内化为内在动力，才能更好地发挥相应的作用。规划师本人再优秀，他也不能用"自己"来替代他服务的对象——就算面对一些显见的"愚蠢"民意，规划师们首先也应该尊重这种民意。与此同时尽职尽责分析这种"愚昧"产生的原因，如果确需改变，应该因势利导。例如：中国城市规划设计研究院在玉树灾后重建过程中，并没有为了相应的工作进度就简单地按照惯常的技术规程推进规划工作，而是与当地民众和宗教领袖进行了深入沟通。规划策略是在尊重当地文化传统和社会习俗的基础上，结合现代城镇建设经验细化而成的。在一个从未有过"规划"的地方，"规划"不应是天外来物。如何将现代的理念根植于乡土，使其为当地人居环境建设真正发挥作用，才能使"规划"获得生命力和影响力，这是规划师的工作能得到尊重的根本。

(5) 谁来评价规划师的工作？

既然在现代社会主义市场经济阶段，城乡规划师的职责发生了巨大的转变。他们不再仅仅是为了落实国家计划的"绘图机器"，也不再是进行常规技术事务管理的行政干吏。那么他们工作状况的好坏是否还是沿袭原来的评价机制呢？作为落实既有计划的"工具"，所谓"好的规划"只需要对应是否按照相应的技术规程将计划内容一一落实即可，而"好的规划管理"则是仅需要按照行政规程贯彻、执行上级的指示即可。但是，显然新时代规划师的工作内容已经超出了这一范畴——他们更多地需要在编制规划过程中考虑相应项目涉及的各个社会阶层的利益，基于地方社会整体利益来平衡和取舍，以可持续发展为终极目标来落实相应的物质空间计划。这就意味着他们的工作成果在某种程度上都带有"公共政策"的特征，既不能唯经济至上，也不能唯权力至上。这个方案必然是多方妥协并具有时效性的。然而，残酷的现实往往是这样的：即便是在技术专家眼中思虑缜密的优秀方案，可能也不能得到委托方（可能是某些政府职能机构，也有可能是开发建设投资者）的肯定。为了达成自己的目标，有关人员会刻意地"合法"利用规划审查机制推翻对"自己"不利的方案，例如某些领导不喜欢某个没有深度贯彻自己意图（不管是否合理）的规划方案，可以通过一轮又一轮的"技术审查会"来不断提出修改意见，使之最后符合自己的想法；又或者利用经济手段，操控规划编制人员，例如某些开发商通过克扣编制单位劳动报酬的方式，来迫使编制人员在方案中贯彻一些不尽合理的设想。这些都造成了许多不良的后果——可想而知，基于一己之私的建设成果又如何能够满足一个社会整体运行的需求？不可否认，许多规划师都曾经遭遇过这样的无奈状况，一方面是自己的职业操守，另一方面是强权和经济制约，一些呕心沥血的认真工作成果轻易就被抹杀或者偷梁换柱。因此建立更为合理的规划成果评价机制，尤其是独立的第三方评价以及独立于政府体制外、投资建设开发者之外的学术批判阵地，对于凸现城乡规划职业价值具有特殊意义，这不仅利于发挥规划本身的社会调控机能，亦有利于保护城乡规划师们的从业热情、职业荣誉和切身利益，还有利于约束和规范规划师自身的职业行为（特别是违背职业道德，利用专业技能做错事的行为）。这也许是保障规划品质而另辟蹊径的又一思路。

总之，借用段险峰先生[①]一段话来进行总结："规划师不是城市发展的阻碍者，也不是个人理想主义的卫道士；规划师不是市场经济的拦路虎，也不是无序经济增长的吹鼓手；规划师不是历史传统的守护神，也不是民众利益的救世主；规划师不是本位主义的捍卫者，也不是地方主义的辩护人；规划师不是政府意志的绘图员，也不是矛盾与冲突的牺牲品。"规划师最重要的职责就是代言"所有人"的利益（包括自己），这既是规划师们的荣光，也是许多困境的根源。然而，现在规划师的许多工作很难做到"价值中立"，但是无论多么艰难，基于职业操守规划师们也不能仅仅站在某些社群的立场上进行规划，而应该是全面协调所有社群的需要——运用自己掌握的政策、技术和法规等手段，协调城乡经济、社会、文化、环境等各个领域的物质空间需求中的冲突与矛盾。唯有保持中立、维护公平、谋求均衡，并在可持续发展前提下，通过合理配置城乡空间资源，来促使城乡各个子系统运行效率提升，规划师的职业价值才能真正体现。在此基础上，规划师们才能获得社会各个阶层的尊重。

---

① 段险峰. 城市规划的作用与规划师的作为[J]. 城市规划，2004（1）：31-33.

1.5 规划师的能力构成

城乡规划通常包含以下几方面的内容：一是对城乡各个功能系统（包括经济、社会、文化、生态环境）与城乡物质空间相互作用的发展规律进行解析，属于认识论的范畴；二是基于城乡生态系统中各个功能子系统发展演进的空间需要对未来城乡物质空间演化进行预测，属于预测学范畴；三是寻求妥善控制与协调城乡发展过程中，因各种城乡功能运行而衍生出的物质空间矛盾与冲突的方法，引导城乡物质空间环境系统有序生长、健康演进，是对城乡发展过程的合理调控，属于控制论和方法理论范畴[①]。与此同时，城乡规划不仅仅是一个科学技术性的工作，在规划编制和实施的过程中需要不断地协调城乡社会各个阶层的利益诉求，应对各种突发的来自城乡经济、社会、生态子系统运行中的空间问题。因此，从事城乡规划这一事业的规划师们需要具备相对完备的知识结构，并掌握一定的技能和方法，才能更好地开展工作。

《高等学校城乡规划本科指导性专业规范》（2013 版）中认为，一名合格的城乡规划专业的毕业生应该具备以下几方面的素质和能力[②]（图 1-8）：

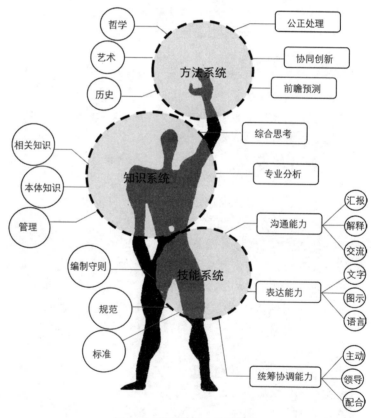

图 1-8 规划师能力体系构成
图片来源：刘毅绘制。

---

① 参见：段险峰著. 城市规划的作用与规划师的作为 [J]. 城市规划，2004（1）：31-33.
② 引自：高等学校城乡规划学科专业指导委员会编制. 高等学校城乡规划本科指导性专业规范 [M]. 北京：中国建筑工业出版社，2013.

（1）基本素质

涵盖价值观、道德修养、社会交往能力以及基本自然社会科学知识积淀。

具有高尚的职业道德和正确的价值观、扎实的自然科学和人文科学基础、良好的专业素质、人文修养和身心素质；具备国际视野、现代意识和健康的人际交往意识。

（2）知识结构

重点指城乡规划的专业和相关知识，包括三大板块：

①人文社会科学基础知识：了解逻辑学、辩证法、经济制度和法制制度的基本知识；具备基本的自然科学知识，包括环境保护、应用数学等本专业相关的必备知识；掌握外语和计算机应用等。

②专业理论知识：掌握城乡规划与设计的概念、原理和方法；熟悉城市发展与规划历史、城市更新与保护的理论和方法；熟悉城乡规划设计与表达方法；掌握相关调查研究与综合表达方法与技能；掌握城乡规划编制与管理的法规、技术标准；掌握城乡道路与交通系统规划的基础知识与方法；了解城乡市政工程设施系统规划的基本知识与技能。

③相关知识：熟悉社会经济、建筑与土木工程、景观环境工程、规划技术、规划专题等方面的一般知识和理论，及其在城乡规划中的应用。

（3）能力结构

涵盖进行技术工作所必须的分析、思考、预测和创新的能力以及推进工作必需的协调和公正处理问题的能力。

①前瞻预测能力：具有对城乡发展历史规律的洞察能力，具备预测社会未来发展趋势的基本能力，以支撑开展城乡未来健康发展的前瞻性思考。

②综合思考能力：能够将城乡各系统综合理解为一个整体，同时了解在此整体中各系统的相互依存关系，能够打破地域、阶层和文化制约，形成区域整体的发展愿景。

③专业分析能力：掌握城乡发展现状剖析的内容和方法，能够应用预测方法对规划对象的未来需求和影响进行分析推演，发现问题和特征，并提出规划建议。

④公正处理能力：能够在分析备选方案时考虑不同需求，广泛听取意见，并在此基础上达成共识，解决城乡社会矛盾，实现和谐发展。

⑤协同创新能力：通过新的思路和方法，拓宽视野，解决规划设计与管理中的难题与挑战。

全面理解这三个板块的具体内容，我们可以将这些素质与能力归并为三个体系：

第一，是规划师的知识体系——具备开展城乡规划工作的知识基础，重点是基于城乡演进基本规律的认识，来进行发展预测的知识体系及相关内容，涉及知识体系的"博"与"深"。所谓"博"是由于城乡发展和运行涉及的相关领域十分广泛，要全面洞悉城乡物质空间演进规律必须具备这些方面的相关基本知识；所谓"深"则是强调对城乡物质空间演进规律本身的深层掌握，这是专业基础理论和研究领域的深化，唯有如此才能具有必需的空间发展预测能力。

第二，是规划师的技能体系——具备开展城乡规划工作的技能。包括作为专业工作能力的技术语言的掌握，涉及相应的图示语言、文字写作的能力；在工程技术层面进行实践操作和统筹协作的能力；同时强调规划师必须具备与人沟通的能力；

重点涵盖与外行进行沟通的"解释能力",对上级部门进行沟通的"汇报能力",与同行和相关部门进行平等沟通的"交流能力"。

第三,是规划师的方法体系——具备承担城乡规划工作必需的正确人生观、价值观,以及相应的思维方式和科学推理逻辑。合格的城乡规划从业人员在执业的过程中除了遵循专业必需的技术道德之外,还必须具有维护社会公平、服务社会的基本意识,这是规划师的方法论基础。同时,能够主动地对相关城乡社会、经济、文化、生态问题进行思考,并自觉地在工作中秉承可持续发展与谋求人类社会整体幸福的基本原则。

在这三个体系中,知识体系是规划师能力构建的基础,技能体系是规划师开展工作的支撑,方法体系则是灵魂与核心,是规划师这一职业存在的意义所在。

专题1-4:注册规划师制度的产生与发展

现代城市规划师的产生与现代城镇的发展以及城乡规划理论的发展密不可分,这都是基于全球的城镇化。

"城乡规划是以可持续发展思想为理念、以城乡社会、经济、环境的和谐发展为目标,以城乡物质空间为核心,以城乡土地使用为对象,通过城乡规划的编制、公共政策的制定和建设事实的管理,实现城乡发展的空间资源合理配置和动态引导控制。"[①]城乡规划的发展从宏观的方面来谈,分为两大阶段:一是城市规划阶段,二是城乡规划阶段。前一个阶段大致缘起于19世纪末期,与现代城市规划理论的诞生相辅相成;第二个阶段始于20世纪中期,以20世纪末的"可持续发展"思想诞生为标志。前一阶段的重点在于调控城镇,而后一阶段强调是城乡一体的协调发展。

虽然现代城乡规划理论产生已经有一百多年的历史,但是城乡规划成为一门独立的学科却时间不长。如前所述,早期的城市规划理论强调通过物质空间的建设来协调城镇功能,提升城镇环境质量,解决城镇社会问题。因此现代意义上的职业规划师最初是由社会学、经济学、建筑学甚至测量领域的人士组成,他们针对一些特定的城市经济和社会问题进行研讨,并通过协助城市管理者制定相应的政策引导城镇建设发展来达成改善城镇人居环境的目标。后来随着对城镇物质空间发展规律的研究深入,城市规划逐渐发展成为独立学科——早期的城乡规划主要与建筑、城市设计和市政工程相关,1950年代开始引入地理、城市经济学、城市社会学、人文等方面的知识;1960年代逐渐导入数理统计、数学模型和计算机领域的新技术与方法;1970年代资源、环境、生态学科以及历史文化遗产保护和公共管理领域的大量知识开始被引入;1990年代开始运用地理信息系统和信息技术。进入21世纪之后,则强调城乡环境互动、公共管制以及文化发展,同时对移动信息网络在城乡规划中的运用进行探索。随着百年

---

① 根据高等学校城乡规划学科专业指导委员会编. 高等学校城乡规划本科指导性专业规范[M]. 北京:中国建筑工业出版社,2013:2. 内容改写。

来对城乡发展演进规律的研究，城乡规划学科的学科内涵已经基本明确，其基础理论框架已经形成，城乡规划逐渐成为一门独立的显学①。由此亦逐渐演化出专门从事城乡规划设计与管理的人员——这是现代城乡（市）注册规划师制度诞生的基础。

不同的国家因为其城镇化发展进程不一，其注册规划师制度的产生和推行亦有非常大的差异。

现代城市规划理论诞生于英国，该国 1909 年出台了第一部《城市规划法》，同年在利物浦大学开设了第一个城市规划系。1913 年召开了第一次全国专门会议讨论城市规划执业问题，研究了哪些人、什么样的人可以从事城市规划职业，制订了初步的职业标准。1914 年成立了城市规划协会（Town Planning Institute），这是历史上的第一个规划职业组织。随着英国的国民经济和社会发展，1930 年代英国便开始出现区域性和国家层面的规划，到 1940 年代规划逐渐覆盖城乡。于是 1946 年制订了《新城规划法》《国家规划法》，1947 年出台了《城乡规划法》——城乡规划领域已经涉及社会、经济、文化、环境等各个方面，涵盖了国家（国土）规划、区域规划、城市规划、乡村规划全部工作范围。经过业界、学界对"城乡规划"学科的形成发展、职业的教育标准和职业标准长期探讨，总结实践经验，1959 年城市规划协会②（TPI）才正式获得皇家授权，颁发皇家认可的职业规划师资格证书，标志着英国形成了完善的规划职业制度③。

作为现代城乡规划理论的另一缘起国法国，其发展历程与英国相比，呈现出另一种特点：1919 年伴随着议会通过"城市美化"决议，同年成立了城市规划学会。但是"城市美化"决议引起了法国上层社会及有产阶级的反对，同时由于当时城市规划理论发展尚未成熟，无法建构一个完整的理论体系，城市建设活动中与建筑师和工程师争议不断，到 1940 年代，法国的城市规划学科范围内的事务依然由建筑师和工程师分别或者协作承担。第二次世界大战之后，法国进行了大规模的城市建设活动，尤其是 1960 年代这种大规模的城市建设活动达到了顶峰（由一系列诸如"红五月"运动推动，那时法国的城市建设活动主要由政府出资并主导）。在大量社会事务需求的刺激下，1968 许多大学开始设立城市规划课程。当时，教学的重点是强调规划的艺术性、科学性以及如何用社会学的知识解决城市问题；在经历了政治制度变革和 1990 年代的房地产危机之后，法国的规划管理制度发生了变革，国家不再直接主导城市规划，将权力下放到地方。在这样的契机之下，"法国城市规划师理事会（CFDU）"成立。1998 年成立认证城市规划师的机构——"城市规划师考核认证及职业办公室（OPQU）"。另外还有以学科研究和教育为主导的"城市规划与改造相关学科高等教育与研究促进会（APERAU）"。由于法国国内的建设状况与规划管理发展

---

① 1905 年第一次出现了"城市规划"这个名词。其后历经百余年理论充实，由"城市规划"发展为"城乡规划"。参见：赵万民，赵民，毛其智等. 关于"城乡规划学"作为一级学科建设的学术思考[J]. 城市规划，2010（6）：50-54.
② 1971 年城市规划协会正式更名为英国皇家城市规划协会（RTPI）。
③ 资料来源：英国城市规划职业制度与职业教育[J]. 国际城市规划，2009（s1）

历程的影响，法国城市规划从业人员的成分比较复杂而且收入较低，因此从业人员总数较少。即便如此，法国城市规划业内仍然认为通过规划师认证可以有利于在建立职业道德与操守、行业规范的基础上形成行业自律，从而有利于行业的健康有序发展①。

美国作为孕育城市规划早期理论的重要国家，最早的城市规划专业组织可以追述至 1909 年召开的第一次美国"全国城市规划大会"，然而要从严格意义上讲 1917 年的第九次美国"全国城市规划大会"上成立了"美国城市规划协会（ACPI）"才算是具有了正式的专业组织。1934 年美国成立了"美国城市规划专业政府工作人员协会（ASPO）"，到 1939 年"美国城市规划协会"更名为"美国城市规划师协会（AIP）"，并实施会员制。1977 年 AIP 开始实施注册规划师考试，只有符合教育及从业经验要求，并通过了考试的人员，才会被吸纳为会员。配合会员认证制度，AIP 还设计了一套完整的标准供大专院校采用，并与"美国城市规划专业大专院校联合会（ACSP）"共同创建了"城市规划认证委员会（PAB）"统一对北美地区的城市规划专业进行认证。1978 年"美国城市规划专业政府工作人员协会（ASPO）"和"美国城市规划师协会（AIP）"合并，成立"美国规划协会（APA）"。其中专业规划师的注册职能由 APA 下属的"美国注册规划师学会"承担。这种以学会为核心，广泛吸纳社会各界人士参与的双层规划专业组织结构在当时是非常先进的。历尽多年发展，至 2002 年已经有 100 所大学（包括 17 所加拿大大学）的城市规划专业在或曾经在其认证名单上，而在全世界范围内有 123 大学的城市规划专业在其非认证的名单上。其涉及的其他专业包含从管理学到动物学等共计 197 个——涵盖涉及人居环境方方面面的知识领域，这种认证相当广泛，已经远远超出传统的城市规划的范畴。与此同时，APA 界定的属于城市规划专业的职位达到了 112 个。一名注册规划师，不论是从事教育、管理、规划编制，还是从事咨询等，他都必须说明其职业经验满足了四条标准：影响有利于公共利益的公共决策；选用一种切合实际、全面综合的工作方法；运用切合实际的规划程序；涉及专业责任与智慧。从美国注册规划师制度的实施效果来看：这一制度不仅提高了规划师的专业地位，同时也增强了规划师的社会责任感。伴随注册规划师制度施行的继续教育制度规定"接受继续教育是注册规划师职业道德理的一种专业责任"，由此还保证了规划师必须不断地更新自己的知识体系，以便于更好地服务社会②。

我国注册规划师制度的施行始于 1999 年，当年 4 月 7 日由原人事部、原建设部印发《注册城市规划师执业资格制度暂行规定》（人发〔1999〕39 号），标志着国家开始实施城市规划师执业资格制度。该规定明确了全国城市规划师执业资格制度的政策制定、组织协调、资格考试、注册登记和监督管理等政策规定。2000 年 2 月 23 日原人事部、原建设部印发《注册城市规划师执业资格考试实

---

① 资料来源：住房与城乡建设部执业资格注册中心．法国城市规划师认证制度概述 [J]．城市规划，2010 (5)：53，71．

② 资料来源：张宏伟．美国从业规划师的注册制度 [J]．城市规划，2005 (8)．

施办法》（人发〔2000〕20号），确定注册城市规划师执业资格考试从2000年开始正式实施。自2000年起，具备相应专业教育背景和从业经验的城市规划专业人员，通过"注册城市规划师职业资格考试"后，即可注册成为专业的注册城市规划师。基于我国的城乡规划发展历程，注册城市规划师制度是国家制度转型的必需——进入社会主义市场经济阶段之后，国民经济与社会发展在物质空间层面上的布局规律和管理操作模式均发生了巨大的转变，需要具有明确职业主体性的规划师群体来承担相应的工作。在计划经济时期，规划师的职能相对简单：要么是政府管理体系下的技术管理工作人员，要么是基于落实政府指令性计划的技术编制工作者。其工作的主要内容主要涉及对政府计划的空间落实，很少去考虑社会利益平衡。在这样的背景下，其职业理想配合社会主义理想追求，带有古典主义的"乌托邦"色彩。规划师职能的重点是技能，突出的是工程技术特性。所以进入社会主义市场经济为主导的时代之后，由于城乡规划的社会服务特性凸显，规划师的工作特点发生了巨大转变。这是由于在市场经济体制下，地方政府基于地方发展的经济运作，民众改善生活的期盼和诉求等都要基于物质空间进行落实；加之所有制改革使得物质空间资产属性日益复杂；城乡物质空间建设、管理与资金调配过程中涉及的社会群体越来越多，城乡规划从原来关注计划的技术性空间落实转向协调不同阶层利益的空间政策——因此规划师职业的社会重要性得到大大提升，其工作重点也随之发生转变。规划师职业随着他们的具体工作重心不同产生了分化，既有隶属于政府机关从事规划技术管理的公务员，也有专门从事政策研究的学者，还有服务于规划设计市场的执业者。随着未来需求的细化，还可能根据具体的工作内容，划分为更多的类型——每种具体职业因其社会角色的差异，其知识结构和职业素养要求都是不同的。注册城乡规划师制度的施行，其目的一方面是响应社会发展的职业分工需要，另一方面则是通过执业制度保障规划师群体的社会责任感和不断促使他们进行知识更新，以保证城乡规划社会功能的正常达成[1]。

　　虽然城乡规划实施的结果是建设城乡物质空间，但是它绝不仅仅是技术型的工作。在现实之中，城乡规划更多的是通过调整空间关系对社会利益进行重组和再次分配。由此，城乡规划日益成为城乡发展、建设和管理领域的公共政策，关乎城乡居民的未来福祉。作为编制城乡规划和通过技术管理促使其实施的规划师们，在现实之中面对的挑战越来越多。其中既有由于部门分割管理肢解城乡规划有机整体性，从而造成实施结果失效，使得规划部分丧失了改善城乡物质空间功能的能效；也有迫于市场环境规划的某些技术措施难以落实；还有基于日益积累的专业新知，规划师们怎样在繁重日常工作中保持知识更新与自我发展的问题。总之，注册城市规划师制度强调的是理论与实践的结合，也就是如何真正解决实际问题。这对从事规划工作的人员而言：一方面是对工程

---

① 资料来源：百度词条"注册城市规划师"http://baike.baidu.com/link?url=YyCWaB0fTv9VB0P4WKlGYcrw-AEELVDAIH606xFtQ4c_clFHVkF0quNgEyRvKDlI

技术知识的掌握与运用；另一方面是对基于"为全人类服务"的职业道德素养的坚持，涉及如何将人居环境建设与自然生态可持续发展相结合，以及在空间建设过程中如何协调各个社会阶层利益，以保障人类社会群体的整体和谐发展。因此，城乡规划师一方面拥有对物质空间建设强大的话语权，另一方面也往往因之卷入各种社会矛盾的漩涡。为了获得社会各个阶层的广泛支持，应该避免规划师制度成为少数理论研究者的俱乐部，让更多相关领域的人员参与到这个制度中来，以得到更广泛的社会认同。与此同时，还应通过执业制度与相应政府管理、审批制度互动，从而构建更完善的规划行业体制，促使规划决策更加符合社会、经济、环境的可持续发展，保持行业发展活力，更好地造福于整个社会。

1.6　结语：信念的重要性

对于中国的城乡规划工作者而言，现在是最好的时代，同时也是最差的时代。所谓的"好"不仅仅在于城镇化推进中城乡关系改变带来的城乡人居环境改善的种种机遇，巨大的建设成就使得规划师的工作为社会所认识，由此使得城乡规划的职业地位得到极大提升。还在于由于职业重要性提升而带给规划师们的职业荣誉感"爆棚"，例如：肩负为社会各个阶层谋求更好生存环境的重任等。所谓的"坏"包括伴随城镇化过程城乡物质空间升级而带来的海量工作，使得许多规划师不得不加班加点，以至于"五加二、白加黑"地完成工作，导致身心疲惫；而更多"坏"是规划师不得不在这一工作过程中，面对各个社会阶层利益诉求的冲突，同时受制于各种非正常的人为限制，成为"夹心饼"、"替罪羊"时的无奈，以及当自己的职业追求和崇高理想因为种种外在干扰因素落空时的失落和愤懑。凡此种种的身心煎熬和深陷冲突的各种压力，让规划师这一职业充满了挑战。

曾经有一位前辈规划学者在论及本科生上大学选择城乡规划专业时谈到，"如果不是具有了服务社会的理想，就不要学城市规划。"人类社会发展衍生出城乡规划师这一职业的"目的"就是需要有人站在一己私利之外为整个人类社会操心大家共同的未来。人类需要通过规划来克服种种不确定性带来的"恐惧"，需要通过规划来指明未来的发展道路，需要通过规划来提高决策的效率……这其中牵涉众多的利益关系。不可否认，不同的社会群体在发展过程中的利益诉求不尽相同，每个社群甚至每一个个体都在通过各种方式来使自己的利益最大化，而一个合格的规划师在处理这些矛盾的时候，必须站在全局的角度，基于维护人类社会整体利益和各个社群均衡发展的立场来进行取舍。这必然要求规划师不能以个人意志为转移，不能基于自己的好恶；也不能因为社会组织和管理的上下级服从关系就唯命是从，放弃本应秉持的公正立场；更不能被经济利益绑架，成为某些人不当得利的工具。这种职业要求本身就是在挑战"人性"，因为规划师个体都是食人间烟火活生生的人、规划师群体也是一个真实存在的社群，并非神仙，所以他们同样有喜怒哀乐，同样会面对社会生活中的种种诱惑。然而通常情况下，现实中又有多少人能够百折不挠地面对各种挑战，有时还必须放弃许多与自己息息相关的"眼前利益"。正是如此，一名"真正"的城乡规划师无疑需要坚定信念来支撑自己应对职业历程中的种种挑战。因此，才使得成为合格的规划师不仅仅要有追寻理想的热情，更需要面对挫折和挑战时百折不挠的坚持和执着。

唯有坚持基于可持续发展的信念，才能够秉承"人与自然"和谐发展之道；唯有坚持社会公平、公正的信念，才能够维护人类社会自身的和谐发展之道；唯有坚持尊重历史和真相的信念，才能不断地积累经验、获取新知，从而避免重蹈覆辙。同时，对于城乡规划师而言，信念还意味着面对困境时的百折不挠，面对误解时的内心坚强，面对诱惑时的坚持原则，面对冲突时的淡然平和，面对错误时的据理力争，面对挑战时的知难而进。在这样一个社会急剧变化、经济飞速发展、环境日益恶化、挑战层出不穷的大时代，选择城乡规划规划师这个职业意味着注定不能置身事外，而往往是处在各种矛盾的风口浪尖之上。因此每个城乡规划师必须心怀信念，才能在种种挑战之中更坚定地维护人类共同利益，真正为人类规划建设更美好的人居环境。这就是城乡规划师的职业价值。

■ 参考文献：

著作：

[1] 吴良镛．人居环境科学导论 [M]．北京：中国建筑工业出版社，2001．

[2] 张京祥．西方城市规划思想史纲 [M]．南京：东南大学出版社，2005．

[3] 吴良镛．广义建筑学 [M]．北京：清华大学出版社，2011．

[4] 高等学校城乡规划学科专业指导委员会编制．高等学校城乡规划本科指导性专业规范 [M]．北京：中国建筑工业出版社，2013．

文章：

[1] 张庭伟．梳理城市规划理论——城市规划作为一级学科的理论问题 [J]．城市规划，2012，36（4）：9-18．

[2] 孙施文．《周礼》中的中国古代城市规划制度 [J]．城市规划，2012，36（8）：9-14．

[3] 沈清基．论城乡规划学学科的生命力 [J]．城市规划学刊，2012（4）：12-21．

[4] 梁鹤年．城市人 [J]．城市规划，2012（7）：87-96．

[5] 李蓉．追寻失落的职业精神——浅议社会责任感的培养 [C]．2005 年城市规划年会论文集，职业发展篇：1579-1583．

[6] 山卡赛．一个美国城市规划师的职业道德观 [J]．城市规划，2004（1）：17-21．

[7] 徐巨洲．我们城市规划面临着职业道德的问题 [J]．城市规划，2004（1）：22-24．

[8] 段进．法治时代的道德自律——现代城市规划师的职业要求 [J]．城市规划，2004（1）：29-30．

[9] 段险峰．城市规划的作用与规划师的作为 [J]．城市规划，2004（1）：31-33．

[10] 张京祥．社会整体价值错位中规划师角色的思考 [J]．城市规划，2004（1）．

[11] 张庭伟．转型期中国规划师的三重身份及职业道德问题 [J]．城市规划，2004（3）：66-72．

[12] 张庭伟．对美国城市规划的一些认识 [J]．国外城市规划，2004（1）：55-60．

[13] 石楠．试论城市规划中的公众利益 [J]．城市规划，2004（6）：20-31．

[14] 俞孔坚. 规划的理性与权威之谬误 [J]. 规划师，1998（1）：43-44.

[15] 赵万民，赵民，毛其智等. 关于"城乡规划学"作为一级学科建设的学术思考 [J]. 城市规划，2010（6）：50-54.

网络文献：

[1] 城市规划师的微博"逆袭战"——从封闭到开放，从"背黑锅"到"抢话筒"http：//www.infzm.com/content/83656《南方周末》网络版，"绿色"专栏。

■ 思考题：

（1）什么是规划？什么是城乡规划？

（2）规划对于人类社会发展的意义何在？它由那些要件构成？

（3）规划师的能力构成包括那些方面？

（4）规划师职业价值何在？

（5）如何处理规划师自己的个人立场？

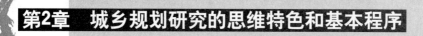

第2章　城乡规划研究的思维特色和基本程序

本章要点：

- 各种思维方法在城乡规划领域的运用
- 城乡研究及规划编制过程中思维逻辑特点
- 城乡规划研究的层次和基本类型
- 城乡规划理论性研究阶段的划分及其研究重点
- 城乡规划体系与城乡规划编制体系的构成

城乡规划可以看作是一种针对客观环境、以解决实际问题为最终目标的"规划"，具有与其他"规划"共通的七大要件：了解事物、发现规律、设想未来、知晓过程、掌握关键、付诸行动和灵活应变。这七大要件既是编制一个具体城乡规划项目的必需要件；同时，贯穿于这七大要件之间的内在逻辑也是城乡规划理论体系构建的逻辑基础。正如《前言》中论及城乡规划理论体系构建过程时曾经谈到：城乡规划是针对物质空间建设的"事物"型规划。早期的城乡规划因为城镇功能相对简单，而且物质空间营建更多地受制于建造技术发展状况，所以其研究的关注重点无法脱离空间建设本身——因此被归于"大建筑"领域。也正是用于这一定位，使得空间功能性从属于空间营造，对空间本身的探讨是当时的重点；建造技术高度发达之后，因为"空间适应功能"的可能性越来越大，所以城乡规划逐渐超越了"建筑学"研究的核心范畴，转而着重研究人类社会运行[①]及其与自然相协调发展对物质空间建设的要求，以及各种功能性物质空间系统集成的内在规律。由此演化形成两大领域"城乡理论"和"规划理论"[②]，只不过理论体系和规划实践体系分别侧重于七大要件中不同的方面。前者重点在于探讨城乡物质空间生成的内在动力机制；后者则在于探讨物质空间如何相应城乡人类社会发展的种种需求。事实上"城乡理论"主要针对的是"了解事物、发现规律"，解决人们对"城乡物质空间环境与人类社会作为相互作用的有机整体"的全面认知问题。"规划理论"则重点针对"设想未来、知晓过程、掌握关键、付诸行动和灵活应变"，解决如何"应对城乡物质空间运行中的各种现实矛盾，创造更好的城乡人居环境"的问题。七大要件反映的是规划编制逻辑的七个阶段和操作核心，是基于人类对客观事物的认知规律。因此，还可以毫不夸张地说——这七大要件也是成为一名合格城乡规划师，在其规划从业历程中不同阶段所必须领悟和掌握的知识和技能的概括。

2.1 规划研究的基础——规划师的思维与逻辑

2.1.1 思维的基本概念

笛卡尔说："我思故我在"，我认为这句话的本意并不是一种唯心的论调，而是出于对人类认知规律的理解。思考对于人类而言具有特殊的意义和价值——在哲学的层面上，思考也许是人类证明自我存在的一种方式。并不是所有的人都关注自己的存在状态，许多人只是活着，并不关心自己是否真的存在，也不会关心自己是否有思考。但从人类自身演进的角度来看，思考也是人类区别于其他动物[③]的一种行为方式（图2-1）。因此，只要是大脑发育正常的人，不论思考是否有深度与层次，应该都算会思考。常规概念层面上对"思考"更直白、浅显的说法是"想"，指的是人类从外界接受刺激（可能是客观事物，也可能是书本或其他类型表达方式所描述的具体概念），并进行处理（思维加工）的过程——它实际上是对人类大脑活动状态的描述。正如前面论及的人和某些高等动物都会"想"，但是高层次的"思考"

---

① 包括经济、社会、文化等各个方面。
② 参见张庭伟. 梳理城市规划理论——城市规划作为一级学科的理论问题 [J]. 城市规划,2012,36 (4)：9-18.
③ 据研究某些动物也具有思维能力，但不够高级。

确实是人类所独有的。为此我们用一个更全面、准确概括这种所有从简单到复杂思考类型的词汇"思维"来对人类的这种"大脑内在活动"进行概括。

"思维"是以人类感知获得的信息为基础，并在此基础上结合既往获得的知识和经验，对其进行思维加工的高级认知过程。经过这一过程，感性的认识将上升为理性的认识。而主要的思维加工手段包括：分析、比较、综合、抽象、整合、概括等一系列相关方法。有一些研究者认为思维就是人脑对于信息的处理过程，包括：信息采集、加工、储存、传递四个过程。用更直接的语言进行解释，这四个过程可以被称为：①认知——人类通过感觉器官（视觉、听觉、触觉、嗅觉、味觉等）收集具象和抽象的信息；②判断——人类通过思考（分析、比较、

图 2-1 关于"食物"的思考
图片来源：毕凌岚手绘，徐丽文制作。

综合、抽象、整合、概括等）对信息进行加工；③积累——人类在大脑中存储经过思考的新知识；④运用——人类根据需要将储存在大脑中的知识以信息的方式调出，进行传递或者予以运用。思维既可以进行内传递，也就是在脑海内回忆、冥想；也可以是向外传递，借助人类的表情、肢体动作和真正语言、文字以及其他媒介。作者认为"思维"的基本过程大概分为三个阶段：首先是信息的采集，其次是信息的加工，最后是新信息的再输出。以儿童认知形成为例：当孩子看到皮球知道是皮球、看到布娃娃知道是布娃娃、看到积木知道是积木，他仅仅完成了第一阶段，也就是最基本的感知过程。只有他通过玩耍过程中的比较和经验综合，知道了这些都是拿来游戏的道具，并在此基础上形成了"玩具"的概念，才完成了"思维"的全部过程。由此，对于孩子来说一个又一个具体的物品才能被归纳在"玩具"这个抽象的概念领域之下。

知识点 2-1：人类的认知与思维

人不能凭空乱想，所有思考必须有进行思维加工的"材料"。正如谈及"思维"时，无一例外都会谈及对既有"知识"和"信息"的处理和加工。这些"信息"又是怎样为人们掌握的？知识又是怎样获得的？这就是在此我们需要探讨的"认知"问题。由于人类的认知活动是一个非常复杂的过程，对其生成机制的研究涉及语言学、神经科学、哲学、心理学、人类学、人工智能、社会学以及教育学等众多的领域。在此我们主要就人类个体的认识发生进行探讨，因此采纳的概念多是基于心理学、语言学和哲学领域。

狭义认知是指信息在人脑中形成并发生转录的过程。因此从狭义的角度来看，认知是人类思维活动展开的基础；而广义的认知是指人类个体认识客观世界的信息处理和知识获得过程，是由包括感觉、知觉、记忆、联想、思维等一系列活动按照

一定规律组成的。因此从广义的角度来看，思维是涵盖在认知活动中的。认知通常与情感、意识相对应，专指人类与客观环境互动的信息获得过程，而情感和意识则主要指人内在的自我感知和认识过程。"思维"是一种脑内的信息加工活动，不仅仅局限于反映客观世界的现象，同时也常常包括人的自省——著名的"我思故我在"便是自省的典型状态。综上所述，认知和思维都是与人类认识活动相关的，这两个概念陈述的重点不同，内容互有交集，但又不是从属或者涵盖关系。认知强调从外界获得信息而内化的过程，思维强调的是在人脑中进行的信息处理。这里借用孔夫子的话"学而不思则罔，思而不学则殆"来区分，认知强调的是"学"，思维强调的是"思"。

从心理学的角度理解认知和思维发展规律，儿童心理学家皮亚杰有独到见解：他认为儿童智力发展的过程是与外界相适应的过程。认知活动是随着人类年龄增长而逐渐深入，在这一过程中人的智力水平也随之增长。人的智力发育与认知阶段对应：0~2岁的感知运动阶段，认知核心是对客观事物的直接映射；2~7岁的前逻辑阶段，以自我为中心反映客观世界；7~11岁的具体运算阶段，以守恒和可逆为依据的一般逻辑思维阶段；12岁之后是形式运行阶段，能够灵活地脱离具体事物进行抽象思考，标志着思维能力的成熟。尽管由于研究方法的原因，皮亚杰的理论并不完美，甚至有评论说他低估了儿童的认知发展，但是他的研究向世人清晰地阐明了认识在人们成长过程中的递进发展状态。在此基础上，人们能够更准确地理解思维是人们认识活动的高级形式这一事实。

资料来源：

[1] 互动百科"认知"词条，http：//www.baike.com/wiki/%E8%AE%A4%E7%9F%A5。

[2] 维基百科"认知科学"词条，http：//zh.wikipedia.org/wiki/%E8%AE%A4%E7%9F%A5%E7%A7%91%E5%AD%A6

[3]（瑞士）皮亚杰. 认识发生论 [M]. 北京：商务印书馆，1989.

2.1.2　思维的要件、特点及基本过程

（1）思维的要件

谈及思维，必须讲讲认知的主体和客体——浅显地讲，所谓主体就是进行认知活动的这个人本身；客体则是这个人生存的客观环境。当然这个客观环境不仅包括客观事物的实体和各种自然、社会现象，也包括前人积累的可供后人了解客观环境的知识和信息，甚至还包括进行思考的这个人自己的身体和已经在他的大脑中积累的知识和经验。需要明确的是，前人积累的这些信息往往存在谬误和虚假。客体是思维活动的对象，主体对客体的信息进行加工之后，将获得有关客体的各种抽象的知识，以及与之相关的相应经验。

（2）人类思维的特点

思维以一种"虚"[①]的状态存在，能够证明思维真实存在的证据是生物思维活动

---

① 思维活动可以意会，可以言传，每个人都知道它真实发生着，是真实的存在。但它没有实体就无法看见、无法触摸，只能通过人类设计的媒介（语言、文字）进行展示。

时脑部生物电波的波动。人类的思维活动是在人脑中开展的，它需要脱离现实时空的约束，因此思维最重要的一个步骤，就是将真实的事物转化为抽象的概念——现实的真实必须转化为虚拟的概念，才能够被人所思。这个过程不是人类所独有的。许多具有智慧的高等级生物，例如海豚、猩猩也能够建立对客观事物的虚拟概念。如果思考的结果仅仅大多在于个人自身经验的积累和增长，那么人类的思考与普通高等级生物的思考没有本质的区别。

人类思维最突出的特点是基于人类社会性生物的特性，构建了不仅仅用于思考同时还能够相互交流的符号系统——语言。以此为工具进行着"群体性的思考"，从而大大地增加了信息积累的总量，以及信息还原的真实性。同时这种复杂的符号体系可以将每个个体思维加工结果输出，突破信息存储和交换的时空限制，使得更多的个体能够在相互交流过程中，经过思维的再加工对相应信息进行提炼，从而提升思维活动的效率——人类在

图 2-2　交流产生新思想
图片来源：毕凌岚手绘，徐丽文制作。

交流过程中形成了一些更具效率的认知方式和思维模式。就个体而言，提升了自己的认知和思辨能力；就群体而言，在知识、经验互通有无的状况下，强化交流的同时建构了更高层面的社会组织模式，可以提升社会运行效率，例如：可以就群体面临的问题进行共同决策。因此，运用语言作为思维工具，是人类思维的一大特点（图 2-2）。

（3）思维的价值

思维是个体的高级认知模式，个体通过思考获得各方面能力的提升只是思维存在价值的一个组成部分。然而，对于人类而言，思维过程的另一个核心是思考结果的输出——它必须是除自身自外，为其他人类个体所知的。唯有如此，就人类而言才能证明你真正思考过。也就是人类的思考需要对其他人产生影响——造就他人的能力提升。思考不仅为自己所用，也要为他人所用，这就是所谓的"思无所用，无以为思"。没有用处的思考，不能称其为思考，只是胡思乱想而已。

（4）思维的过程

对于人类而言，思维的全程通常包括从外而内的认知过程、内在加工的思考过程（包括处理和存储）、从内而外的输出过程。尽管有人对此有不同的认识，认为思维本身只是大脑的一种信息加工活动，思维不一定必须向外输出，而重在自我认知和积累。然而基于人类社会演进的特点，作者认为对于人类而言，理解思维活动仅仅停留于个体层面是远远不够的。从单纯的"思"到"思维"的升级，正是人类区别于普通生物的特点。而这种复杂思维的建立不可能脱离人际互动——这也是为什么需要强调思维输出的原因。

（5）思维的结果

"思无所用，无以为思"，那么"思"怎么用呢？偶尔灵光乍现的零碎思绪或许

可以在交流过程中成为相互启发的"点子①"，但却不是思维的最终表现形式。思维活动本身强调的是对杂乱无章信息的有序化，因此思维的结果应该体现为某种系统性的内容。经过思维杂乱无章的感性认识将上升为结构清晰的理性认识。基于这样的要求，思维的结果表现为以下三种形式：知识——主要是对客观事物（包括人类社会）的认知，是对客观世界比较直观的反映；思想——人类对自我存在以及与客观世界关系的认知，一方面是对客观世界的抽象反映和再演绎，另一方面是人类对自我定位的问题。这是深度思考体现；方法——怎么将各种杂乱（包括知识、思想、行为）有序化，重点是思维行为的效率问题，包括如何避免错误的经验以及如何提升效率的技能。

2.1.3　思维的类型

人类的思维活动涉及众多学科领域，不同领域研究的重点不同，对思维的定义必然具有相应的差别。总的来讲，思维是人脑的一种活动，人类进行这种活动的目的是获取对客观世界的认知，并将其存储在自己的大脑中，为未来客观世界的能动活动提供指引。人们对思维活动的分类不同研究领域有不同的认识，但是多数都强调两种类型：

（1）形象思维

它是指直接以客观事物的具体形象或者表象进行思考，以解决相应问题的思维方式。一般来讲，它被认为是思维的浅层模式，或者是直接模式。人类思维发展领域的研究表明：形象思维通常是学龄前儿童的思维特点，在孩子思维特点中，形象思维的表现是直接反映同类事物的一般表面特征，不涉及事物的本质。在成人的思维方式中，谈到形象思维主要指对事物表象的加工，通常是进一步深入思考的基础。但同时形象思维又指一种对客观事物进行思维处理后提取典型形象予以表述的思维模式，通常应用在艺术创作领域。因此又被称为"艺术家"思维模式。形象思维偏重于表象和直接的情感表达。

城乡规划学领域如同艺术创作领域一样，强调形象思维的重要性。但是，本学科领域所强调的形象思维与通常所说的形象思维有一定的区别。在城乡规划领域，形象思维更注重的是对城乡物质空间环境的具体赋形过程，也就是塑造具体城市"功能容器"的三维形象过程——某一个城乡空间的长、宽、高，色彩搭配，建造材料，质感花纹，装饰，灯光设计等内容，是具体空间形象要素的抽取和再组合过程。它所强调的是对物质空间实体的具体形象思考，例如：谈到城市广场的时候，脑海中浮现出不同风格类型的广场——这些形象思维往往是以一些现实存在的实体空间形象为依据的，例如威尼斯的圣马可广场、北京的天安门广场等。由于这些实际存在的空间同样被普通人所感知，因此这种形象思维往往是城乡规划的专业工作者与普通民众进行沟通的媒介。

（2）逻辑思维

"逻辑"本身强调的是一种推理，旨在从客观事物的表象中发现深层规律。也有研究认为"逻辑"是相当长时间范围内、客观事物之间演进发展的既定规则。这些规则有些是不以人类意志为转移的客观规则，人们将之称为"自然逻辑"。例如物理学的

---

① 思想和思绪中文的字面语意容易引起概念混淆，在英文的区别十分明了：Thought 和 Idea。

万有引力定律，对此人们只能通过长期的观测予以总结。对此的"推理"是一个发现的过程；与此同时，还有些规则是人为规定的，人们将之称为"人造逻辑"。例如国际象棋的规则，人们可以对之进行设定，对此的设计是一个"创造"的过程。对逻辑本身的分类还有很多其他的方式，在此不做——赘述。"逻辑"很早就被认为是一门深奥的学问[1]，通常被认为属于"哲学"范畴。其核心要义在于两点：一是推理；二是规律。有些狭义的观点认为只有脱离具体事物，抽象地思考现象背后的推理"思维"才能够被称为"逻辑"。当然，随着对人们思维活动规律研究的深入，这种狭义的理解已经被逐渐扬弃，"逻辑"被认为应该涵盖人类的整体思维过程，包括具象逻辑和抽象逻辑。因此不论是讨论"逻辑"本身，还是为什么需要"逻辑"，"逻辑"关注的是人类的思维过程和相应的规律，这点毋庸置疑。从人类思维发展规律的角度来解析"逻辑思维"——它是基于感知的信息再加工过程，重点强调的是通过推理寻找现象背后具有普适性和代表性的规律。再将所发现的规律运用于指导人类相关活动的思维方式。

逻辑思维通常包括以下几个过程：

①分析——把具体的现象拆解为若干个组成部分。这些组成部分往往是按照某种分类规则进行解析的，例如属性相同。

②综合——将拆解的各个部分重新组合形成有机整体。综合是分析的逆向过程。通常分析和综合总是辩证地存在于思维的统一过程中，前者的目的在于认知事物的组成要素，后者在于理清事物组成的组织关系（通常称为"结构"），唯有如此人们才能真正认识客观事物（图2-3）。

图2-3 拆解与综合以发现事物结构

图片说明：各种机械零件按照一定结构规律构成钟表，这种规律赋予钟表具有计时器的功能。而另一些机械零件按照另一种结构规律组成电话，这种规律赋予电话进行即时声音传送的功能。因此事物的结构在某种程度上赋予建构成果相应的功能。

图片来源：http：//www.photofans.cn/gallery/show.php?gid=2175&p=7

---

① 逻辑——西方社会普遍认为"逻辑"是由亚里士多德创立的一门学问，它归为"哲学"领域。但事实上，古代几大文明都有针对逻辑的研究。"逻辑"和"逻辑学"所指的内容是不同的，浅显地讲：逻辑是人类的一种思维模式，逻辑学则是关于人类逻辑思维活动规律的学问。资料来源：互动百科"逻辑"词条。http：//www.baike.com/wiki/%E6%80%9D%E7%BB%B4%E6%96%B9%E5%BC%8F；维基百科"逻辑"词条。http：//zh.wikipedia.org/wiki/%E9%80%BB%E8%BE%91

图 2-4　推理的三种模式
图片来源：毕凌岚手绘，徐丽文制作。

③抽象——把客观事物的共同特征提炼出来。这是去芜存菁寻找事物本质的过程，由此得以明确事物的典型特征，构建事物的基本概念。

④概括——将客观事物的各个要件进行比较，通过区分相似与不同，对事物进行归纳、汇总。抽象与概括都是以"比较[①]"为基础的，强调了解事物的固有特点。抽象强调提取典型性要素，以确定某一事物的概念内涵；而概括强调对事物本质要素的汇总，涉及要素间关系的重构，因此通过这样过程明确事物概念的外延，定位事物本身，是将事物置于宏观系统内明确地位与作用。

⑤推理——从已知的前提或条件推导出一个未知结论的思维过程。推理强调认识事物本质的基础上，对事物发展规律的剖析。推理有三种常见模式：演绎推理、归纳推理和溯因推理。演绎推理的逻辑是从既定的条件出发，基于一定的规律，得出既定的结论；归纳推理的逻辑强调从既成发生的事实为基础，以发生概率为依据来进行推断；溯因推理涉及对事物发展演进因果关系的判断，强调从结论和规律入手寻找原因的过程，并最终发现由"原因"到"结论"的演进逻辑。

演绎的思维过程是一个由已知到已知过程，前提（条件）和结论的对应关系是既定的，它本身不涉及"知识"的增加，是比较简单和明确的推理；归纳强调的是事物发展的过程，在既定的前提下，事物按照怎样的规律发展会得到怎样的结论。归纳推理会拓展知识，因此归纳的结论会产生比前提更多的信息；溯因推理则是一种非常复杂的推理模式，因为判断事物发展的因果关系，需要首先进行推理假设。而研究过程中针对一个既定结论会有多个原因假设，溯因推理需要反复对这些假设进行演绎和归纳，逐渐排除干扰性因素找出真正的原因。然而由于客观事物演进"一因多果"和"多因一果"现象的普遍存在，溯因推理往往并不能明确某一既定的因果关系，往往只能排除某些原因，给出某些结论的可能性，或者同时给出一些可能，并赞同其中一组。这是一个寻找最佳解释的过程，同时也是一个知识多重增生并趋于爆炸的过程（图 2-4）。

例如：在判断城镇人口数量时，从既有人口基数出发，运用自然人口增长率或者平均增长率来进行计算，是最直接的演绎推理；从既有人口基数出发，平衡自然增长和机械增长率，运用与经济、社会发展相关的带眷系数、劳动力转移等等方法进行计算，是归纳推理；从城镇经济发展的目标体系或者城镇可持续发展承载力角度反推城镇人口数量，则是溯因推理。

规划的核心就是设想未来，同时拟定从现在到未来的发展道路。因此这个"未来"不是异想天开和胡思乱想，而是基于现实状况，秉持各种发展规律，进行逻辑严密

---

① 比较：比较是一种基础认知方法，其目的是了解事物之间的异同。通常分为"比较"和"对比"两种模式，所谓比较的重点在于了解同类事物之间的固有差异。例如：比较两位学生的能力差异，而"对比"强调的是相对立而存在的某种关系，例如：照片的明暗对比。因此，作为"抽象"和"概括"的认知重点而言，更多是了解事物的固有特点，因此是以"比较"为基础的。

推理的结果。编制规划的过程要洞察事物本质、发现演进规律，这需要不断地进行分析、综合、抽象、概括、推理，因此城乡规划工作者必须具有严谨的逻辑思维能力。事实上，城乡规划理论体系的构建也是基于人们在城乡互动发展过程中对其本质和演进规律不断认知的思维逻辑。这同时也是城乡规划业界内部的既定思维逻辑和交流的基础。

2.1.4　思维方式 [①]

思维的过程包括信息的采集、传递、存储（记忆）、提取、删除、筛选，以及在此基础上的思维加工，如比较、分类、排列、组合、判断、转义、整合等，最终以语言、文字和具体行动等方式进行输出。虽然思维大致阶段划分是相对明确的，但是信息在每一个人头脑中具体的处理方式却是各不相同、五花八门的。不同的人思考的能力也具有较大的差异——这种差异与先天的遗传因素关系不大，却与后天的知识积累和思维训练关系密切。不同的人在不同社会环境和群体中成长，他们的思考会相应的影响。具有相似成长环境和教育背景的人，他们的思考会呈现某些共通之处——久而久之形成了相对固定的思考程式，这被称为"思维方式"或者"思维模式"、"思维定式"。因此思维方式最初是以一种类似于"经验"的模式在人与人之间，以及不同的社群之间进行交流和互相学习。通过这种自觉或不自觉交流和互相启发，凝练形成的一些思考程式，提升了人类对相应信息的处理效率。这些思考程式在经历了人群中善于思考的"智者 [②]"们的进一步思维加工和研究之后，得以提炼和升华，被上升成更有效率的"思维模式"并在人群中以"学习和思考的经验"加以更进一步推广。其后有时还会历经多次反复，对其细节加以修订。

"思"是对客观事物在人脑中构建抽象信息的反映过程，从直观的形象思维到抽象的逻辑思维体现的是认知程度的深化。"思"是人类演进的必然结果，一方面是与客观自然环境互动的信息认知需要，另一方面是社会体系构建的人际关系互动的组织需要。因此，只要在社会环境中正常成长的智力水平正常的人，在本能的主导下，经过"潜移默化"的"熏陶"，都具有一定的形象思维和抽象思维能力。但是"思维方式"则是人们在生存和进化压力下发展而来的为了提升认知效率的专门方法，往往需要经过特殊的思维训练，来促使人们掌握并加以熟练运用。而且由于成长环境、教育背景和职业的差异，不同的阶层和社群擅长的思维模式是不同的。例如：从事艺术创作的人士大多长于"发散思维法"；从事自然科学研究的人士长于"逻辑思维法"。"思维方式"体现的是人类认知客观事物及其发展规律的具体思维方法——不同的思维方式基于设定的不同推理逻辑。随着对人类思维规律研究的深入，尽管对"思维方式"的研究由于对推理逻辑本身的研究存在争议而显得缺乏系统性，但是"思维方式"对于提升人们的认知效率的作用是毋庸置疑的。

---

① 资料来源：互动百科"思维方式"词条。http：//www.baike.com/wiki/%E6%80%9D%E7%BB%B4%E6%96%B9%E5%BC%8F 维基百科"思维"词条。

② 这些古代智者，例如亚里士多德、柏拉图、苏格拉底、孔子等哲学家、思想家们往往思考的是形而上的哲学学问，包括世界观、人生观、价值观，人类如何思考等。他们的职业往往是"教师"。

"思维方式"因推理逻辑的差异，可以分为两种：一种是基于形式逻辑[①]的线性思维方式，通常包括演绎思维法、归纳思维法、溯因推理法和逆向思维法等几种类型；另一种是基于非形式逻辑[②]的联想思维法、移植思维法、聚合思维法、发散思维法等几种类型。抛开每种思维方法具体推理逻辑的差异，事实上思维方法都是建立在不断地比较和判断（真与假、有关和无关）基础之上的。常见的思维方式有以下几种：

①演绎思维法——最基本的思维方式之一，典型的线性推理模式，是一种从普遍现象入手推理特殊状况的模式。最简单的案例描述如下："人总归有一死，苏格拉底是人，苏格拉底也会死。"就城乡规划建设领域而言，可以有这样的描述："城市总是聚集着大量的人口，北京是城市，北京聚集着大量的人口。"演绎思维法的具体形式有三段论、联言推理、假言推理、选言推理[③]等。

②归纳思维法[④]——最基本的思维方式之一，以概率为基础的推理模式。基于一般（共性）寓于特殊之中这一原理进行推理，往往是基于对特殊对象或者反复发生现象的有限观察所得出的结论对事物共性或本质进行总结和提炼。在这种模式下，前提是可以导致相应结论的，但有时也不一定。例如："下雨地面会打湿。因为现在下雨了，所以现在地面是湿的。"在城乡规划领域，可能是这样的描述："大城市的建设密度很高，成都是一个大城市，成都的建设密度很高。"归纳的特点是基于"有限"观察，因此知识生产的效率很高。但因为"有限"所以常常会出现特例，也就是通常不能涵盖的少数情况，因此常常需要限定一定的适用范围并及时修正。

③溯因思维法[⑤]——最基本的思维方式之一，基于事实寻找最合理原因（解释）

[①] 形式逻辑——形式逻辑研究是人类演绎推理相关规律的科学，其重点包括对认知对象状况和相关命题形式、思维结构与推导模式以及检验推理有效性标准的各种研究。它在总结人类思维经验基础上，以保持思维确定性为核心，旨在通过一系列规则和方法帮助人们"正确"地思考和表达思想。这一术语由康德首创，是人类认识发展到一定阶段后出现的一种行之有效的思维方法。概念、判断和推理是形式逻辑的三大要素；形式逻辑的基本规则是同一律、矛盾律、排中律和理由充足律，这四条规则要求思维必须具备确定性、无矛盾性、一贯性和论证性。因为形式逻辑企图在不考虑思维本身内容的情况下通过把握思维的形式来把握思维的全面和本质，这不符合客观事实，所以形式逻辑具有某些推理缺陷。但是这些缺陷并不妨碍形式逻辑对人类思维发展的重要贡献，它一直是人类认识客观世界和改造并适应客观环境的重要工具。
资料来源：智库·百科形式逻辑条目，http://wiki.mbalib.com/wiki/%E5%BD%A2%E5%BC%8F%E9%80%BB%E8%BE%91；金岳霖.形式逻辑[M].北京：人民出版社，1979年10月第1版，2012年8月北京第42次印刷。

[②] 非形式逻辑——现任《非形式逻辑》杂志主编拉尔夫·约翰逊（Ralph H. Johnson）和安东尼·布莱尔(J. Anthony Blair)提出："非形式逻辑是逻辑的一个分支，其任务是讲述日常生活中分析、解释、评价、批判和论证建构的非形式标准、尺度和程序"。这个定义被认为是当今流行的定义。非形式逻辑是基于对自然语言论证的研究，它不依赖于传统形式逻辑所谓严密的推理与分析，也不强求推理论证的有效性，而是通过分析错误的论证来辨别逻辑谬论，和辨别与分类类似的推理策略等活动。
资料来源：智库·百科非形式逻辑条目 http://wiki.mbalib.com/wiki/%E9%9D%9E%E5%BD%A2%E5%BC%8F%E9%80%BB%E8%BE%91；未及百科非形式逻辑条目 http://zh.wikipedia.org/wiki/%E9%9D%9E%E5%BD%A2%E5%BC%8F%E9%80%BB%E8%BE%91

[③] 演绎——三段论、联言推理、假言推理、选言推理资料来源：维基百科"演绎推理"词条。

[④] 资料来源：维基百科"归纳推理"词条。http://zh.wikipedia.org/wiki/%E5%BD%92%E7%BA%B3%E6%8E%A8%E7%90%86

[⑤] 资料来源：维基百科"归纳推理"词条。http://zh.wikipedia.org/wiki/%E5%BD%92%E7%BA%B3%E6%8E%A8%E7%90%86

的推理模式。具体方法是通过假设原因，并证明原因是否成立的逻辑来实现。在这种状况下，结论是铁定的事实，而反推的原因却不一定是导致这一事实的真正原因，只是最可能的原因。例如："草地现在是湿的，因为下雨会打湿草地，所以可能下过雨。"注意仅仅是"可能"下过雨，因为给草地浇水也可能打湿草地，所以要最终证明"的确因为下雨"打湿草坪，还需要其他的辅助条件。在城乡规划领域，可能是这样的描述："某城市空气质量很差，因为工业超标排放会造成空气污染，所以该城市地区的空气质量差可能是由于工业排放造成的。"当然，这个工业排放并不一定就是唯一原因，也有可能不是主要原因。这些都需要相应的研究来进行最终证实。例如：现在为了证实工业生产是北京市雾霾的主要成因，研究人员运用了各种方法——特别对雾霾的成分进行了仔细分析，从雾霾的成分来判断污染的根源。"2013年12月30日，中科院大气物理研究所研究员张仁健课题组对外公布，对北京地区PM2.5化学组成及源解析季节变化研究发现，北京PM2.5有6个重要来源，分别是土壤尘、燃煤、生物质燃烧、汽车尾气、垃圾焚烧、工业污染和二次无机气溶胶，这些源的平均贡献分别为15%、18%、12%、4%、25%和26%。"[1] 未来治霾思路将根据原因出台相应的发展政策。

④逆向思维法——通常谈及逆向思维时，就不得不说一说所谓的"正向思维"。正向思维是指人们沿着常见的习惯性思路进行的思维方式，与之相对的逆向思维则是指突破常规思路，另辟蹊径的思考模式。逆向思维法的产生是基于人类的思维对于客观事物的反映有限性——习惯的推理模式不可能将事物构成的所有因素和关联全都列为重点，难免会有遗漏。因此基于通常思路而言，逆向思维是普遍存在的。这种跳出常规的模式所得出的结论，通常比较新颖、有趣。逆向思维不是纯粹的反向思维，它具有以下几种常见类型。

反转思路型：这是最直接的逆向操作思路，也就是从结论开始溯源，或者是突破原有惯例，将思路彻底反转。这种反转涉及功能、结构和因果关系等三大方面。例如在城镇规划过程中确定城镇用地和人口，以前最常用的方法是首先确定人口数量，根据人均用地指标计算城镇的用地需求。但是现实状况中往往出现由于机械增长很难预估，导致城镇人口数量难以确定的情况。因此目前大多是转换思路，从城镇的建设用地资源反推可能的建设用地和人口数量。基于我国目前社会经济发展的现实，这种基于用地资源状况反推城镇人口的思路已经逐渐成为了主导思路。

转换思路型：人类认识客观事物会形成习惯思路——通常会基于经验积累，对事物的决定主要元素和操作模型形成既定重要性排序，优先解决认识中的主要矛盾。但是客观事物的发展常常不只局限于一种路径，也很难说对于一个具体事物，哪个元素是绝对的主导因素。当我们面临常规思路无法应对的问题时，就应该尝试跳出桎梏，重新思索新的途径。最著名的案例就是"司马光砸缸"，因为无法按常规"救人离水"，所以选择另一种思路"使水离人"。对于城乡规划而言，转换思路的逆向思维方法也是一种极其常见的方法。例如：面对某条

① 资料来源：2012年12月30日新闻网页，新华网 http：//news.xinhuanet.com/fortune/ 2013-12/30/c_118769804.htm；新浪新闻 http：//news.sina.com.cn/c/2014-01-02/070029139711.shtml

道路的交通拥堵时，常规的思路是拓宽拥堵路段。这种操作模式往往导致这样的结果——道路刚刚拓宽之时可能还能保持畅通，但是不久之后便又开始拥堵，常常由此陷入恶性循环，越拓宽越拥堵。为此又有研究表明，交通基础设施状况的改善，将吸引更多的交通量，为此往往是交通条件越好的道路拥堵越严重。基于这种现实，更有效解决道路交通拥堵的方法不是针对拥堵路段和拥堵点，而是增加同向可供选择的线路来分担交通，可以是增加路网密度，全面系统地改善交通网络的整体状况；还有思路是转变交通出行方式，提高出行效率。例如通过改善公共交通的舒适性、易达性、边界性来提高公共交通的分担量，从而减少小汽车出行，改善交通拥堵状况。还可通过调整城镇功能的空间布局，减少交通出行量来改变交通状况。以上三个层面的交通应对方案，都是跳出常规、转换思路的典型模式，只是考虑的层次有差异。

案例 2-1：从成都市二环高架道路修建的交通成效反思其城乡规划的决策思维模式

在城市中心区修建高架道路是城市规划领域一项重大的基础建设投资决策，需要考虑众多的影响因素。就这项规划决策本身而言，首先是建设投资巨大，修建 1km 的城市高架道路，约耗资数倍于修建普通城市道路；其次高架城市道路往往是大交通量的快速交通干路，密集交通的尾气与噪声污染不可避免地会对周边城市建成区的功能运行造成严重的干扰，例如对住宅环境质量、对商业活动开展的种种负面影响等；第三，巨大的人工构筑物及其与既成周边建筑界面之间冲突，形成了大量的消极空间，将对区域景观品质造成严重的负面影响，许多既往品质优良的街道界面因此丧失，以及由此造成社会生活流失；第四，由于污染和景观品质下降，高架城市道路两侧既有建筑物的商品价值无一例外地会有所贬损，具体损失可能难以具体计算；第五，汽车尾气和噪声污染对周边居住人员可能造成长期潜在的健康隐患，其损失可能无法进行具体统计。由此，要决定在城市建成区增建一条高架城市快速干路必须是一个极其慎重的规划决策过程。

成都市二环高架路的修建据称是吸取了上海市内环高架路和广州市城市高架快速路的"先进"经验，并在此基础上有所创新[①]。其修建决策的基本思路总结如下：成都市中心城区存在严重的交通拥堵状况，尤其是上下班高峰时期，几乎所有出入城干路都存在拥堵。对于拥堵原因的判定，有关部门给出的原因之一是由于成都市机动车保有量逐年增加，而城市干路建成增长率远远低于机

---

① 资料来源："二环高架新体验 感受空中新成都"，新华网四川频道，网址：http：//www.sc.xinhuanet. com/content/2013-05/22/c_115865308.htm；"取经外地加大胆创新——成都首条高架快速路"诞生"背后的故事"，成都日报网络版（2013 年 5 月 27 日），网址：http：//www.cdrb.com.cn/html/2013- 05/27/content_1854877.htm；"成都二环高架试通行 完善道路系统结构"，凤凰网资讯，2013 年 5 月 29 日，网址：http：//news.ifeng.com/gundong/detail_2013_05/29/25856861_0.shtml；

动车增加带来的交通量增加幅度，道路供给严重不足；其二是成都市既有道路的干路网结构不合理，使得道路系统交通效率较低，尤其是经济、社会活动高度密集的城市中心区干路密度过低，无法充分发挥路网的既有综合效力；因此必须增加城市中心城区的干路网密度，以改善城市路网结构，增加交通运力。选择高架城市道路的修建形式，主要基于以下几点：一是在城市中心区拓宽城市道路面临巨大的拆迁社会代价和土地成本，同时路面式快速干路路幅过宽，会割裂道路两侧的城市功能；二是地下隧道式快速干路的建设成本更高，具有更为严峻的安全隐患，且易与地下轨道交通系统形成空间冲突；因为修建高架道路第一不必大量动迁，第二可保障道路两侧原有城市功能延续，第三投资相对较小，第四节约了城市空间资源，所以成都市选择以修建高架道路的形式来改善成都市内交通状况。

　　成都市二环高架道路从成都市委十一届九次全会在"交通先行"兴市战略的总体部署指导下决策修建。2012年1月5日，"两快两射两环"工程总体规划建设方案通过审议。2012年3月17日，中共成都市委常委会审议通过了"两快两射两环"建设实施方案。随后，市规划局对"两快"工程规划总体方案进行规划公示。2012年4月全面开工，期间成都市民付出了近一年的全城拥堵和20%的工作日二三环之间交通限号的代价，至2013年5月基本建成投入试运行，可谓速度惊人。那么建成之后是否成都内城拥堵状况就得以缓解？答案是否定的。姑且不论修建之后中心城区依然不变的拥堵（这很难直接量化和评价拥堵的改善状况），就算是二环高架本身在上下班高峰期也常常堵成"双层停车场"，快速根本不快。同时，原先市政府承诺的工程完工之后取消限号也已经变成了无限期、不分地域的工作日限号。还有，原先中心城区内大量支路于主干路交叉口限制左转，现在发展到干路与二环路交叉口同时限制右转。上述种种现象已经说明拥堵的改善极其有限（事实上绕行还人为制造了小区域的交通拥堵）。当然客观地说，完善城市干路网系统的工作还需要其他配套工程的支持，也很难在短时间内见效。那么至少"今日的不便，是为了明日的方便"这个对市民的承诺因为缺乏量化评价而无法知晓是否真正达成。当然投入巨大成本兴建的工程也并非一无是处——除去"天空之城"般雄伟的层叠高架桥所交织而成的"纪念碑"式的令人惊叹的现代化城市景观之外，在非交通拥堵时段，成都市中心城区的跨区交通效率大大提升，原先的穿城耗时1~2小时的状况大大改善，大多缩短至30~45min之内。但是大量尾气和噪声污染对沿线居民形成的健康隐患和造成的物业贬值却是实实在在已然发生的事实，这部分改善城市交通的潜在成本通过这种长期"缓释"的方式转嫁给了沿线一定范围内的居民和物业业主。

　　上述决策思维模式很简单，道路拥堵意味着道路不够，就供给道路——这是典型的正向推理思维模式。然而，事实上作为城乡规划者在提供可供选择的建议方案时，应该更仔细地分析道路资源是否真的不够。因此某些时候我们需要刻意逆向思维，并有针对性地开展相应的调研活动。事实上，成都市中心城区的路网密度还是比较高的，许多地区的次干路和支路都未充分发挥交通功能，大量的交通都堆积在有限的城市干路之上，由此造成拥堵。总的说来，次级路网现有缺陷主要是道路结构不清晰、不够畅达，局部地带路网迂回、路口错交，路况差、路面破损严重，局部地段占道停车，挤占了道路资源。由此，在"交通先行"的研讨阶段曾经有人提议：强化对内城交通网络梳理，整理次干路网络系统，改善区内静态交通状况，疏通支路及街巷空间，打通城市微循环。这种措施同样可以避免大规模的拆迁，且同时可以极大地改善内城街道整体景观品质，并且与市民日常生活环境整治相结合，为普通市民提供更多的高品质的开放空间。更重要的是，这种方式强调以微循环减小干路交通压力，疏解车流，让市民交通行为更为便捷、顺畅，从而回归交通的本意。同时，交通减量也会带来污染的减少，从而维持环境品质。如果这种成都市的内城畅通工程能够按照这个"润物细无声"的方案实施，强调的将是交通减量，与此同时内城大面积区域的街道景观品质会随之全面提升，从而带动周边整体物业升值。当然，现在已经无从对比这两种决策在真正解决交通问题方面的效力如何，但是有一点是肯定的——后者将不会有宏伟的为人人所瞩目的构筑物堆积，每一处改善只有使用那条街道的人们和周边的居民才有切身体会。它无法制造一个为全市居民轰轰烈烈探讨的话题，没有强烈的新闻效应。更直白地说，后一个方案没有为决策者提供一眼就看到的政绩。

规划决策是一个复杂的过程，跳出僵化的常规思维可能带来城乡生态系统运行效率的真正提升。但是克服惯性思维，有时候需要面对的挑战不是单纯从建设目标的角度评价方案优劣，而是怎么协调既得利益与长远利益的关系。

缺点转化型：基于人类的思维惯性，客观事物总有些"缺点"。然而，客观事物的生成往往自有深层原因，所谓"缺点"和"优点"在某种状况下其实有可能能够互相转换。甚至基于辩证观念，有些时候"缺点"很有可能是下一个阶段的发展优势。因此当评判事物发展状况时，更需要跳出常规思路，从更高的层面全面分析。例如：某些城镇处在山地，地形复杂，可供大规模开发建设的"优质"建设用地资源匮乏——在城镇经济发展单纯注重GDP，尤其是工业生产的时候，这种状况无疑制约了工厂的建设和大型企业的引入，其总体经济发展相对较慢，因此城镇发展比较受制约。事实上这些复杂的地形往往造就了别具特色的地貌景观，这些城镇的风景资源通常都十分丰富。另外，复杂的地形也意味着多样化的自然生态系统，基于农业生产往往能提供更多元、更具特色的产品。因此在这种基础条件下，立足这样的"缺点"合理设计城镇的发展思路，大力发展基于景观资源的旅游产业、基于物产特点的生态农业以及结合农业生产和景观资源的观光农业和休闲度假产业，将变缺点为优势，赋予城镇别样的魅力和发展途径。

案例2-2：从台湾清境农场发展模式解析"变短板为长项"①

每一地域的生态环境、经济环境、社会环境、文化环境都是不同的，如果一味照搬其他所谓"成功"案例，有可能水土不服，造成事与愿违。正是鉴于城乡发展本无固定模式，因此每一地的城乡发展都应该立足于自身的实际情况，拟定契合本地特点周详的规划，而不一定按照惯常标准去衡量得失。对于一些环境条件与常规城乡建设区不同的地域，尤其需要突破常规的思维模式，去探寻更适于本地的发展道路——台湾南投县仁爱乡清境农场就是这样一个典型案例。

清境农场是有关部门为安置退伍老兵而设置的公营农场，是台湾地区著名的三大高山农场之一。农场区域内先后兴建博望新村、寿亭新村和定远新村。最早成立的仁、义、礼、智、信、忠、孝等七个荣民农庄，后来也逐渐发展成为村落，又汇集形成荣光新村、忠孝新村与仁爱新村。农场以农业为主导，根据农业专家建议在此发展温带水果种植和牲畜养殖。

按照有关部门最初的设想，希望通过一段时间的扶持，该地农场能够自给自足，最终维持自我发展平衡。然而自设立农场以来，其农业生产就一直处于亏损状况，不断需要政府提供大量补贴。事实上，清境农场所处地域山高谷深、生态脆弱、可耕地和可牧地均十分有限——农业生产很难籍规模生产获得相应的效益。一味强调以农为本，即使一再调整产业本身定位——如发展生态农业，调整种植、养殖结构，所能发挥的提升效益的作用依然十分有限。然而，清境农场所处地域自然生态状况优良、自然景观壮美雄奇、空气清新、气候宜人、高山民族人文底蕴积淀丰厚，适于发展旅游及休闲产业。因此，当1985年农场宾馆对外开放，由观光和休闲带来的旅游收入逐年攀升，远远超过了农业本身的收入，农场因此转变发展思路——从单纯发展农业，转向发展观光农业。着力探讨如何结合农、牧业生产创造景点，吸引更多的游客。1990年以来设立"青青草原"，打造各种与草原相关的各种节日庆典和秀场活动，农场也开始对外收费。旅游观光收入成为农场发展的支柱产业。

清境农场发展的意义不在于农场本身的兴衰，而在于农场发展模式转变带给当地的影响。随着清境农场观光农业发展，在此基础上当地的民宿业全面兴起——大量当地居民和外来者投资兴建了各种各样的民宿，形成独特的欧风荟萃的建筑景观，又造就了新的景观资源。因旅游需求带动了当地服务业的发展，形成了独特的"摆夷餐饮"、"滇缅餐饮"特色产业。随之相应的基础设施配建水平也得以提升，连锁超市、文化娱乐等各种配套服务逐渐健全，不仅仅服务于游客，也为当地居民提供了更多便利，由此仁爱乡清境地区的发展步入了良性循环。可见，找准了产业发展方向能够为地区的社会、经济以及生态环境保护都提供发展契机。

俗语云"天生我材必有用"，每一个地方都是与众不同的——怎样才能找到最适合当地的发展路径，关键不是向外看，看别人怎么发展，去走别人走过的路。而是向内看，看自身与众不同的部分，尤其是看自身所谓的"缺点"，再站在更高的层面上考虑如何把这些"缺点"转化为"优点"，成就自己的独特发展道路。

---

① 清境农场发展资料来自于维基百科"清境农场"词条，网址：http://zh.wikipedia.org/wiki/%E6%B8%85%E5%A2%83%E8%BE%B2%E5%A0%B4，以及作者本人实地调研收集的资料。

目前研究对逆向思维的理解常有歧义，为了保证研究思路的畅达，在运用逆向思维方法时应注意把握以下要点：首先，"逆向"不是"逆反"，不是不讲原则地反着来。真正的逆向思维不拘于事物表面现象，而多在认识事物本质的基础上，经过科学分析和探索，力求发现常规模式未能发现的事物本质开展。唯有经过这种超越常规的严谨探索，才能使创造发现的成果具有科学、客观、独到、深入的特点，达到令人耳目一新的突破性效果；其次，逆向思维是基于客观事物发展对立统一特性而衍生出的一种方法，在实施的过程中需要时时以常规思维为参照系，不断地将两者进行对比分析以防止思维过度跳跃而产生推理脱节和逻辑不清。因此，逆向思维和常规思维本身也是对立统一，不能截然划分的。

⑤联想思维法——"联想"是人脑将不相关事物联系在一起的思维活动。联想思维法正是基于人类的这种思维活动特点，力求突破常规推理模式的创新式思维模式。这种方法没有常规基于形式逻辑的思维方法那种看似严密的线性思考逻辑，在思路形成的初期不强调推理严谨性和必然相关性。该方法的基本逻辑在于"相似表象背后可能有相似的构架规律"的推断。这种思维模式的操作基础在于比较，通过比较寻找不相干事物之间的某种联系，然后在相似、相近、对比分析的基础上，将其中已知事物的规律转移至另一领域的事物上，最终经过严谨推理和证实来实现新的发现和创造。

联想思维法大致包括以下几种类型。

接近联想：联想可以是基于时空接近而展开的，专业术语称之为"接近联想"。采用这种思维方式最有名的案例是门捷列夫元素周期表的发现：这位著名的化学家在编写教材的过程中需要对已知的化学元素排序，以便于讲解。但是应该按照怎样的规律排序呢？他在前人发现的63种元素基础上，对比不同元素的原子量和化学性质，发现随着原子量的增加，化学元素的性质呈现某种周期性变化的规律，每隔8个元素，其性质在某种方面类似，他将之称为"八音律"。基于这种规律，他对已知的化学元素进行了排序，同时还根据这种规律大胆地在元素周期表中留下空格，对当时尚未发现的化学元素进行预言。在元素周期表思路指引下，后来科学家们又陆续发现了钪、镓、锗等新元素。在城乡规划领域，接近联想的思维方法多应用于城乡发展策略的选定过程中，特别是案例的借鉴与分析。例如，为了寻找某个城镇的适宜经济发展模式，规划师们通常会想到借鉴与该城镇同处一个地域城镇的成功经验，这就是一种典型的基于地理空间接近的简单联想。当然接近联想也可能是基于常规逻辑的相关判断，例如由工业城市联想到城市环境污染。

相似联想：联想也有可能是基于事物外形、性质或者运行规律的相似性而展开的，这被称为相似联想。相似联想是人们生活中最常见的联想方式，基于人类的基本思维规律的特点，如果两件事物存在一些共同或者相似的部分，人们很容易由此及彼——将已经了解的事物的性质特点和运行规律转移至尚不了解的事物之上。例如：中医理论中的"以形补形"，认为形态上相似的事物之间具有某种内在的联系。像"大脑"形状的植物果实可以滋补人类的大脑，像"心脏"形状的植物果实可以滋补人类的心脏，这些植物对于相应器官的疾病具有预防和辅助治疗的作用。虽然这种思维方式因逻辑严密性一直饱受质疑，但是在没有任何思路的特殊情况下，这种思维方式往往能够提供一个"不是办法的办法"，为一筹莫展的研究打开思路。

因此对基于这种思路而开展的研究，更加强调打开思路之后研究的严谨性，通过严密的后续工作来弥补其"天生"的推理逻辑缺陷——这就是所谓的"大胆假设、小心求证"。相似联想的思维方法在城乡发展策略的前期研究中得到了广泛运用。例如：在寻找城乡发展路径时，规划师们常常会收集大量与研究对象相似的城镇或者地区发展案例来加以剖析。这种案例研究的基本逻辑便是基于目前工作对象和案例对象之间的某些相似性——可能是城镇规模、性质、空间形态 特点、环境状况甚至发展阶段等。当然，对于案例本身可资借鉴的部分，运用于现在的工作对象时的可信度和可靠度，往往还需要进行更为深入和系统的研究。基于相似联想的判断逻辑，越相似的事物之间，事物相应特质和演化发展规律可资转移和借鉴的内容也越"准确"（图2-5）。

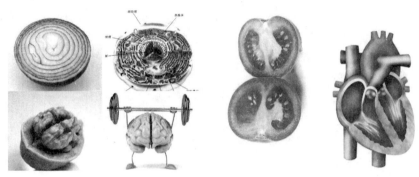

图片说明：中国传统食补讲究以形补形，吃核桃补脑、西红柿补心、胡萝卜补眼、洋葱利于细胞抗衰。这种思维模式就是典型的相似联想。

图 2-5　推理的三种模式

图片来源：作者根据微信"上帝开了个药方"整理，徐丽文制作。

其他联想：联想思维还有许多其他的类型，总的特点都是寻找看似并不相关的两件事物之间的某种联系，实现从已知事物到未知事物的知识或者经验转移。例如：基于事物的对比和对立而展开的对比联想。另外，还有基于事物与事物之间因果关系判断的因果联想，以及基于不同事物之间多角度、对各个方面进行全面类比而展开的综合联想等。

联想思维方式是一种比较具象的思维方式，但并不代表这种思维方式的思维路径就一定简单，有时通过复杂的思维相关转移，达成跨领域的思路启发，从而创造新的理论。例如："树形结构"是一种基于比拟自然环境中树木生长形态相似性的联想思维加工的组织结构形式。它指的是一种多层次的嵌套结构，这种组织模式在社会、经济生活的诸多领域都有体现。最初城市规划领域的学者在研究城市社会组织时，发现了城市社会组织也具有类似的这种层次嵌套结构的某些特点，因此基于联想思维创造了"树形城市"的概念——这是基于组织结构特征的类比而进行的事物特征转移。而后来亚历山大在对比了所谓"自然成长"形成的城市和"人工建设"形成的城市内在组织结构的时候，对按照"树形结构"组织理念的"人工城市"进行了批判，进而提出了"城市并非树形"的新理论——这是基于事物的对比和对立展开的联想。在此基础上，亚氏提出了城市组织结构是"非树形的半网络结构"。这是因为半网络结构具有树形结构所不具有的多样性和结构复杂性，这种结构使得

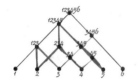
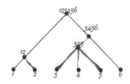

图 2-6 亚历山大的"树形"城市结构示意
图片来源：张正军绘制。

城市运行得更加稳定，虽然相比于树形结构这种结构因为更加复杂而损失了部分运行效率（图 2-6）。

⑥移植思维法——移植是把一个领域的知识和技术转移到另一领域的创造性思维模式。

由于这种转移结果与原发事物之间具有相似性，许多时候人们容易把这种思维方式与联想思维相混淆。对于两者之间的区别，事实上是比较好把握的：联想思维的相似性是前提，只有不相干的事物之间具有某种相似性，才能进一步地将事物的已知特征转移至另一事的未知领域，继而加以求证；移植思维的相似性是结果，是基于已知事物的某种特征，把这种特征转移到另一领域解决其他问题。因此，联想思维更多地在于对认知思路的启发，移植思维更多地运用于创造发明。当然，移植也不可能凭空无端发生——能否实现移植，已知的既定领域和未知的目标领域的相关事物本身必然具有一定的客观基础，例如：某些相似性、相通性。移植不是简单的由此及彼，而是一种创造，也必须有严谨的推理逻辑予以保障。这其中的关键就在于寻找可被移植的"事物"，这个事物是整个移植思维的核心。因此，移植思维类型的划分也往往是基于移植的关键——可被转移"事物"的类型，大致分为以下两种：

一种是观念移植（又称概念）的移植。人类大脑之中观念的形成往往是基于既往的经验，这种经验历经岁月沉淀，有时会发生固化，从而制约人们对客观事物本质规律进一步的深入认知。这种观念的移植，就是强调打破桎梏，以新的观念替代旧观念，从而引导事物发展。在城乡规划领域，过去基于工业生产对于环境的负面影响，长期以来形成了工业用地必须与居住用地相分离的观念。在此观念主导之下，"城市功能分区"导致大量基于通勤的钟摆交通流，城市运行由此引发诸多问题。随着产业升级和技术更新，现代工业本身并不一定会造成环境污染，于是基于"可溶性工业"的技术前提，工业用地和居住用地的混合成为了解决某些城市问题的新思路。

另一种是原理移植。将某个领域发现的特征或者规律转移至其他领域。既可能是形态的移植，也有可能是结构的移植，还有可能是运行规律的移植。最常见的基于移植思维的创造性成果是"仿生学"——模拟特殊生物的功能、构造、运行原理进行机械制造。例如将苍蝇眼的"复眼"原理移植到光学仪器制造领域，创造了"蝇眼透镜"。在学术研究领域，移植思维往往能提供更新的视角，促使研究者发现常规思路没有发现的问题。例如将生态学的基本原理转移至城市研究领域，从全新的视角看待城市运行——拓展出"城市生态学"的相关理论基础，更全面、深入地揭示了城市运行的相关规律。正是基于这一理论支撑，人类对城市生态环境建设的立足点突破了单纯的"以人为本"，而将在城市环境中生活的所有生物形成的"生物群落"视为共同整体，继而使人类改善人居环境建设活动转变为建设人类与其他生物共同家园的活动。

图片说明：上述三个圆圈中的食物分别代表 A、B、C 三家甜品店的热销品种，辏合显同的结果显示为右下角的两种甜品最为热卖！

图 2-7　辏合显同示意

图片来源：毕凌岚手绘，徐丽文制作。

⑦聚合思维法——该思维方式有很多别称，例如：收敛思维、辐集思维、集中思维、求同思维。不论怎样的具体名称，其真正的内涵核心都在于用不同的方式解决同一个问题，也就是成语"殊途同归"。具体是指从不同来源、不同材料、不同方向探求一个正确答案的思维过程和方法。聚合思维主导的核心在于聚合焦点，这个焦点往往是整个思维过程谋求的结果。就具体的操作方式而言，往往有以下类型：

辏合显同——通过收集与研究对象相关、相似的各种信息，集合这些信息分析其中的关键。有点类似"求交集"的操作方法。例如：研究城市交通拥堵现象，可以收集许多具体发生了交通拥堵城市的案例，首先分析每个城市可能的拥堵原因，再将这些拥堵原因放在一起，看看哪一个原因是出现频次最高的。这个因素有可能就是导致城市交通问题的关键要素（图 2-7）。

层次分析——人们认识事物的本质规律总有一个认识逐渐深入的过程，层次分析犹如"层层剥笋"，通过分析一步步剥离次要性的因素，将其中主导因素凸现出来。例如：同样以解决交通拥堵为题，第一个层次只是关注了拥堵现象；第二个层面则是关注哪些地方拥堵，哪些时段拥堵，从中筛选出拥堵的关键点和主要时段；第三个层面关注重点地域的拥堵问题，从判断拥堵特征到发现拥堵规律；第四个层面关注造成这些地段拥堵的直接原因，由此可以有针对性地提出解决问题的方案；第五个层面则有可能进一步发现造成拥堵的更深层面的影响因素，并基于这些分析，提出从根本上治理城市拥堵的长远发展对策。

聚焦法——首先通过先期分析，提炼出某个问题的焦点，然后将关注的重心放在这个焦点上，紧密围绕这个核心寻求解决问题的思路和方案。例如：关注城乡一体化的问题时，通过前期的研究能够明确城乡一体化的关键在于"人"，从而将焦点聚集在"人"的城乡融合之上。研究对不同类型的人群需要进行了调研和分析，最终得出结论：能否在由乡而城的过程中融入城市，对于老年人而言，关键在于生活方式的转变；对于青壮年而言，关键在于就业转变和职业适应；对于孩子而言，关键则在于平等的受教育机会。这样的结论有助于更有针对性地设计相关政策。

目标锁定——先确定研究目标，将研究目标作为贯穿整个发现过程的线索，"抽丝剥茧"。因为整个研究紧密围绕一个主线，目标明确，所以通常具有较高的研究效率。例如：某城区进行旧区改造，通过基础研究明确了该区改造的目标是提升居民的生活环境品质。那么在这样的改造目标指导下，对区内影响居民生活环境品质的要素进行分析：发现该区域内主要缺乏户外的公共活动空间，并且既有开放空间的景观品质较差。那么就可以有针对性地对局部地段进行功能调整和景观更新，而不是动不动就涉及拆迁这样劳民伤财的大动作了。

⑧发散思维法——发散思维也有许多别称，例如"辐射思维"、"放射思维"、

"多向思维"、"扩散思维"或"求异思维",其核心含义都是指从既有已知条件出发,沿着各种不同的途径去思考,探求多种答案的思维方式。发散思维产生的根源在于事物发展的不确定性,也就是基于现实的"亿万"种可能。因为人类的思维模式存在惯性,所以在通常情况下,人们往往只能看到或者想到其中某几种符合常规逻辑的解决方案。而发散性思维的重点就是要寻求对这种思维惯性的突破,因此强调另辟蹊径的创造性,这是这种思维模式的主要特点。如此自由发挥、摆脱束缚甚至天马行空,是发散思维展开的前提。思路越是拓展得开,发散思维的效率越高。当然,发散思维也不能是仅仅为了突破而突破,它强调是跳出常规而不是违背常识,科学研究领域的发散思维亦必须符合相应的事实逻辑。因此发散思维需要根据已有信息,运用已知的知识、经验,通过推测、想象,改变视角或立场,拓展思路沿着不同的方向去思考,重组既有知识和相关信息,从而产生新的信息和解决问题的方案。大胆假设(想象)、小心求证是实施发散思维的一大原则。

发散思维强调的是"一题多解"。从操作的层面上看分为两个步骤——首先是尽可能多地提供解决问题的方案,其次从众多方案中优选最适合的几个加以深入研究。为了产生更多的解决方案,求变的方式主要有以下几种类型:立足点的转变、思路的转变、要素的转变与替换等。立足点的改变往往要求参与研究的人员具有更广阔的学术视野,能够发散地将研究对象与更多领域的知识加以互动。就个人而言是拓展知识面,积累更多不同领域的素材。就团队而言是尽可能地吸收不同领域的人员参与研究,通过不同人群的互动相互启发、整合。研究思路就其具体的思维方式而言是尽可能地多种多样,之前所谈及的各种思维方式都有可能涉及。

以我们熟悉的建筑创作为例:在同一个建设基地上,在一个既定建筑功能及其他约定设计要求下,建筑师们往往会构思许多不同出发点的建筑方案。这些方案大多具有自己特点,提供了针对同一问题的多个答案,这就是所谓"多方案比较"过程。

又例如在固体废弃物环境污染的治理过程中,人们通常想到的是通过一系列措施防止人们乱抛垃圾。最开始时,人们认为是因为垃圾散抛造成的,于是倡导"垃圾袋装化"——认为把所有的垃圾都装好,就不会造成污染。也有人认为是装垃圾的空间容量不够,最直接的解决方案就是提供足够多容纳垃圾的空间,于是宏观的对策可能是在区域范围内寻找足够容量的垃圾填埋场,微观的对策是在城镇空间中设置足够数量的垃圾桶。但是事实证明这两种方法并不能解决垃圾问题,城镇依然面对垃圾围城。于是又有人想到了不应该是仅仅考虑"装垃圾"的问题,还应该考虑垃圾本身的问题——垃圾太多,以至于造成污染。于是政策开始倡导垃圾减量——至于如何减量,不同消费水平的地域解决方案是不一样的。例如:我国北方地区以前的家庭燃料主要是煤炭,燃烧后的煤渣占了垃圾中相当大的比例。于是结合空气污染治理有了家庭燃料结构变化,以天然气替代煤炭,从而一定程度上减少了生活垃圾的产出量。而一些发达国家,垃圾的相当比例来自商品包装。于是各个厂家开始研究包装如何在保证商品安全的情况下尽量减少其体积和重量,也正是在这样的背景下,一些著名的饮料公司纷纷投入研究,经过一段时间的努力,原先的标准

500mL 塑料饮料瓶的重量从平均 13~16g（行业标准）下降到了 10~13g[①]。2008 年百事可乐北美公司宣布，从减重计划中将少产生大约 9 万吨废弃物。但是残酷的现实表明垃圾问题依然没有解决，反而愈演愈烈——随着社会经济发展和人民生活水平提升，垃圾的产生量与日俱增。那么扩容和减量都不能解决垃圾问题，垃圾问题的症结又究竟在哪里呢？研究将思路转化到垃圾是否真的就是废弃物上，于是基于"垃圾不是垃圾"、"垃圾是错置的资源"的理念，重新设计基于物质循环的废弃物循环再利用的"垃圾分类回收"策略。从实施效果来看，我国台湾地区自从 1992 年开始实施垃圾分类回收政策后，2000 年开始随着配套施行垃圾处理费随垃圾袋征收政策，生活垃圾产出量已经缩减到了实施这一政策之前的 35%。[②]

从上述研究案例我们可以看出：发散思维的特点就在不断地变换视角和切入点，调整思路。尝试为一个问题提供多条途径，这些途径也许都能够在一定程度上解决相关问题，但是只有通过比较我们才能从中寻找到最有效、最便捷的那个方案，并逐步将之推广。

聚合思维和发散思维常常作为两种思路相反的方式被大家提及，事实上这两种思维方式本身并不是绝对对立的。研究过程中反而常常反复交替使用这两种思维方式，以不断地转换新思路来寻求更加全面和系统地了解研究对象。聚合思维是一种聚焦模式，能够促使研究始终围绕重心；而发散思维力求全面，可以保障研究系统性、整体性。

上述八种基本思维方法是人类思维发展过程中经过长期总结而得出的思考经验。既然是经验在实际运用中就不会一成不变，那么在具体运用的过程中就会有许多基于不同人、不同理解的变化。在具体的研究过程中，不同的思维方法也许会引导出不同的研究思路和具体的操作方式，甚至会因此推导出截然不同的研究结论。这种研究结论的差异甚至矛盾并不意味着某个研究思路或者研究方法的选取就存在什么本质性的问题——这也许是多方面、多角度、多层次认识客观事物本质的不同反映。事实上，一个力求反映客观真实的研究，往往会注重研究多思路的对比，以拓展视野、激活思维创造力，因此其研究方案设计会特别强调多种思维方法的运用。

思考对于人类而言具有特殊的意义和价值——"我思故我在"。对于个体而言，思考意味着将自我在整个人类社群中的不断定位。但是，并不是所有人的思考对于人类社会而言都有"价值"，由此个体思考的结果在多大程度上能够成为整个社群的"群体意识"，决定了这个人在现世社会的"贡献和价值"。然而仅仅成为一时的"群体意识"对于个体思维而言，也并不意味着对于人类社会演进过程的真正贡献——唯有个体思维的结果通过了时间和事实的检验，形成了对客观事物深层认知的知识、思想或者方法时[③]，一个既定思维的价值才逐渐走向固化，也就是被众人所真正认可。

① 资料来源：苏良瑶．PET 饮料瓶结构优化设计及瓶坯减重方法的研究 [D]．浙江理工大学，2012；3-4.

② 资料来源："台湾地区垃圾分类经验与启示"，环卫科技网，原文链接 http：//www.cn-hw.net/html/31/201402/44466_5.html，作者：学龙，罗向东，姜建生."台北市以资源完全回收促进垃圾减量"新浪环保，原文链接 http：//green.sina.com.cn/2011-07-07/163322774646.shtml

③ 知识通常是指关于客观事物的相关概念及其演进发展规律；思想则着重于对人类自身存在价值、意义以及人类意识本身的种种思考；而方法则在于如何更有效率地认识客观事物（包括对人本身的相关问题）。

原则上讲每个人都会思考，但也并不是所有的人都善于思考。如何提升思维的效率，一直是先贤哲人们最重要的"研究领域"，因此善于思考往往是具有智慧的象征。前文所谈及的种种思维方法从根本上讲都是过去的"智者"为了提升思维效率而设计的一些思考程序。通过这些程序可以帮人们理清如"一团乱麻"的思绪，尽快地深入认知思维对象的本质，建构认知的基本逻辑，而不是失陷于思维本身的泥沼，被思维过程本身所束缚。因为不同领域需要解决的客观问题的类型不尽相同，所以在这些领域从业人员的基本思维方法也是不同的。他们往往会把几种特定的思维方法进行组合，形成一套针对本领域问题驾轻就熟的方法组合，我们将之称为思维模式。思维模式的形成意味着针对某些问题的思考具有更高的效率，同时也意味着思维惯性逐渐形成，这就会导致有些问题可能会被常规性地忽视，导致研究出现系统性误差。因此辩证地看待思维模式，我们也可以说：思维模式可以提升针对既定问题的思维效率，但为了获得对事物更全面的认知，同时也不能拘泥于业已形成的思维惯性。换句话说，思维模式的形成就是为了被"打破"的——这可以从人类思维方法的逐步演进和发展的历程中一再被证实。

2.1.5 规划师的思维模式

规划师是一个面向未来的职业，"预测"和拟定发展途径是这个职业的主要任务。前文已经论述了规划师的预测不是"空想"更不是"乱想"，必须经历从现实到未来的严密逻辑推理。这种推理逻辑的建立是基于既往城乡生态系统演进发展的事实积累，也是基于对所谓"规划措施"实施效果评价以及经验教训的总结。事实上，规划师思维的重点还是基于如何从现在到未来——经过历代规划师的总结，大致形成了以下四种思维模式：资源导向型思维模式、目标导向型思维模式、问题导向型思维模式、技术导向型思维模式。

（1）资源导向型思维模式

基于某一个地区现在的资源环境状况和既往的城乡发展轨迹，正向推断该地区在既定时间段内可能发展的状况，并根据这种推断拟定相应的发展策略，引导城乡发展。资源导向型思维模式是一种着眼点在自身的内向式模式——也就是以立足本地为根本，较少考虑与外界的互动和借力，强调练内功。因为城乡生态系统的运行往往是一种开放模式，很少呈现完全封闭的状况，所以按照这种模式拟定的发展目标往往比较保守，通常是基于自身内在运行就可以达成的基础目标。然而这种方法具有其他方法无法比拟的优势——它强调的是一种顺应自然的自然增长模式，因此整体发展都将控制在本地资源承载力范围内，进行资源限制条件下的发展预测时，具有其他方法不可比拟的准确性。

（2）目标导向型思维模式

这是规划领域的一种逆向思维模式，即从未来希望达成的目标出发，根据目标的状况去考虑如何匹配资源和拟定发展途径。目标导向型思维方式的思路借用一句常见的发展口号就是："有条件要上，没有条件创造条件也要上！"因此它不会单纯拘泥于现状，而会更多地考虑根据需要，通过怎样的技术手段去内引外联，弥合目标和现实资源环境条件的差异，以最终达成目标。这种从目标出发逆向配置资源的过程，需要仔细思考如何将终极目标分解成为阶段发展目标，以及每个阶段本土资源的培育增殖状况和可能借助的外在资源配置状况，甚至还需要仔细斟酌发展时序以及吸引外部支持所必需的策略等。目标导向型思维模式的难点在于目标的确定——如果确定得过于保守，将无法发挥激发地区发展潜力的作用；如果确定得过于高远，超越了地区可持续发展能力，不仅因为好高骛远导致目标彻底落空，而且还有可能因为这一不恰当目标之下的错误途径导致环境资源的过度消耗，给本地区造成无法挽回的各种损失。即使目标的确定与区域城乡发展的潜力相匹配，但是由于激发发展的外力配置不当，甚至配置的时序不当，也同样有可能造成阶段目标无法达成，继而影响到最终的推进效果。也正是因为如此，这是一种"高风险、高回报"跨越式发展的思路，强调的是面对限制条件时怎样寻求突破。

目前，我国的城乡规划编制很多时候都是基于这种目标导向型思维模式：这既有长期以来计划经济体制遗留的惯性使然——例如：依赖于国家计划指导或者国家层面的规划指引；也有很多时候我们的规划过于倚重于人类社会的"主观能动性"的原因——也就是俗语所说"人有多大胆、地有多大产"，盲目相信人类的科技创造力，没有做不到，只有想不到；还有就是唯上心理的作用，只要是上层的设想都要尽量实现，哪怕违背了自然规律，不管付出怎样的代价都要将"辉煌蓝图"变为现实，这往往会带给区域长远的灾难性后果。因此，目标导向型思维模式的运用必须基于客观现实——不论是目标的制定还是发展途径的拟合，不论是对内在资源潜力的开发还是外在助力的引入，不论是发展阶段的划分还是阶段评价标准的确立，都应该能够最终落于实处，而不是虚无缥缈的口号。例如：不要盲目地提出世界级、国家级……而应该将这些虚幻的口号转化为具体的指标。一方面使相应的努力具有针对性，另一方面也便于根据这些具体的指标衡量发展的状况，进行适时调整。

（3）问题导向型思维模式

基于现实已经发生、正在发生和可能的具体问题，有针对性地消除问题已经产生的负面影响，或者解决相应问题和防止既定问题发生的规划思路。这种思维模式可以用一句俗语来概括它的具体操作模式——"头疼医头，脚疼医脚"。虽然这种说法略带贬义，但确实是大多数时候城乡规划领域应对具体问题的常规思维模式。当然这种思维模式最大的限制在于缺乏"远见"，往往是基于事后弥补，或者局限于解决眼前的具体问题。因此，当我们面对城乡发展过程中的某一具体问题时，切忌被问题本身束缚，而是应该适当地把目光放得更加长远，看到问题背后的问题，或者由现在的问题可能的连锁反应推演开来，寻找能够真正解决问题的方法。

（4）技术导向型思维模式

基于某种技术手段运用的思维模式。这种状况往往出现在对某些所谓先进经验的吸取，也就是一些为本地区"决策者"所向往的城乡范例的学习过程中。当然这种思维模式的前提常常是问题导向型的，也就是本地区现在正面临范例地区过去曾经出现过的同样类型的问题，而范例地区通过某种技术手段较好地解决了相应问题的状况。与问题导向型思维模式所不同的是，该模式并不在意这种方法能不能真正解决问题，而是基于"技术决定论"的论调，认为只要施行这种方式就一定能解决问题，由此将整个规划的重心都放在如何推进这种技术手段的施用上。最突出的案例就是我国许多城市都引进了类似巴西库里蒂巴的城市 BRT 系统来解决交通拥堵问题。但事实上 BRT 系统只是一种技术手段，能否真正解决城市拥堵还需要许多其他的措施予以配合。巴西库里蒂巴的 BRT 系统建设就是与城市土地利用开发政策相配套的，以保证 BRT 运力的充分发挥，使公共交通成为城市的主导交通方式。

因此，仅仅通过依赖某种科技方法来解决复杂城市问题的模式具有极大的局限性，任何时候技术都应该只是一种途径，而不是目的。如果本末倒置，不仅不能真正解决问题，还会造成一系列的连带问题。

上述是城乡规划领域学者和从业者最常见的四种思维模式。其中资源导向型思维模式和目标导向型思维模式大多运用于城乡总体发展层面的相关规划制定和拟定宏观发展思路的专业领域，例如制定区域发展规划和城镇发展总体规划；而问题导向型思维模式和技术导向型思维模式则多运用于应对城乡物质空间系统日常运行过程中产生的各类突发状况。也就是前两者多是基于谋篇布局的战略型思维模式，而后两者多是基于实践操作的战术型思维模式。城乡规划的科学性需要多思路地全面考虑，因此一个成熟的规划师不会拘泥于某一种思维惯性，而是会更全面地从战略和战术多个层面加以综合，以期能最大限度地通过规划引导城乡平稳发展。

知识点 2-2：规划师的物质空间决定论思维惯性形成渊源及基本应对方法

我国城乡规划领域的规划师们因学科发展状况的影响具有一种常见的思考惯性：通过建设物质空间或者提升空间环境质量的方法去解决一切问题。有时这种思维惯性产生的影响使得规划师群体呈现出一种物质决定论者的表征。在这种思维惯性的影响下，规划本身往往被描绘出的宏伟蓝图所架空——规划即使能够实施，城乡居民所获得的也许不过是"冷冰冰的钢筋混凝土丛林"，一个无法有效产生和吸引足够的人类活动，造成社会财富大量闲置的空壳空间。或者美好的愿望由于缺乏实施响应最后流于"纸上画画、墙上挂挂"，从而造成规划师们脑力劳动的巨大浪费。因此，为了保障规划编制的效率和维护规划的实施效力，应着力跳出这种思维惯性的桎梏。

物质空间决定论这一对城乡规划和建筑学领域造成深远影响的理论与哲学领域的"物质决定论"具有内在联系。物质决定论认为人类行为习惯的养成受到外因（环境）和内因（生理与遗传）的共同影响，是一种唯物论的观点。曾几何时，在研究人类行为时环境的决定作用被高估，认为好的成长环境能够影响并赋予人优良的行为习惯。这种哲学观点为建筑学的物质空间创造提供了基于人性发展的依据，从而成为了 20 世纪前半叶建筑学蓬勃发展的精神支柱——这在 1930 年的雅典宪章中得到了充分体现。然而，后续的哲学和心理学研究表明，人类行为养成需外因通过内因发挥作用，因此除了个别激进、固执的环境决定论者以外，大多数哲学家都修正了物质决定论的观点，会综合地考虑内因与外因的作用机制。1977 年，历经半个世纪的实践，马丘比丘宪章在总结相关经验基础上，对雅典宪章予以修正——摒弃了机械主义和物质决定论，转而倡导以社会文化论的观点来主导城镇发展，认为物质空间不过是影响城镇生活众多变量中的一个，而真正发挥决定性作用的影响因素是城镇人群的文化、社会交往模式和政治结构。对应于后来城市生态学理论的进一步阐释：城镇的物质空间系统是城市经济、社会（包括文化）、自然（生态）等功能系统的容器。尽管容器本身具有自己独特的建构规律，但容器是为了适应内容而存在的——容器是否适应内容的需要是才是容器成败的关键。因此，随着城镇社会、经济、文化、生态等各个方面理论研究推进，物质空间决定论的影响力渐行渐弱。

但是，城市规划在形成和发展过程中曾经受到建筑学的深远影响——这使得许多规划师具有深厚的建筑学底蕴，他们在处理具体问题时能够得心应手地运用建设物质空间环境的手段，因此习惯于基于运用自己最擅长的工具去解决相关问题的思路设计方案。同时，许多建筑大师也通过他们的实践项目跨界表达他们的城市建设和发展思想。其中以勒·科布西耶最具代表性，他所提出的"阳光城"理论和主导的印度昌迪加尔市的城市设计对规划界有深远的影响。后来许多知名建筑师也乐于通过他们的作品表达对城市问题的看法，并尝试用建筑手法来解决这些问题，这种做法都无意识地延续了"物质空间决定论"的思路。

然而，作为城乡规划师却不能再继续被这种思维惯性所束缚——这违背城乡系统演化发展的内在规律，将不能引导规划合理地阐释城乡未来图景和拟定与之匹配的发展途径。为了更理性地进行思考，规划师需要有意识地补充与城乡演进发展相关的各个领域的知识，同时建立城乡系统运行的有机整体性观点，更多地去关注除了物质空间建设这种硬质措施之外的软性措施对城镇运行的影响机制；立足于以人为主的生命发展，而不是拘泥于死物的空间组合与构建；更多地尝试用政策、法规的推行和后续管理以及文化营造、精神追求等人文倡导和一些经济调控手段来引导城乡发展。

资料来源：马丘比丘宪章——摒弃机械主义和物质空间决定论，国匠城网站，城市规划论坛。文章原网址：http://bbs.caup.net/read-htm-tid-15879-page-1.html

2.2 什么是规划研究

规划研究立足研究对象角度划分为两种类型：其一，是研究城乡规划这个行为作用对象，也就是城乡本身的发展演进；其二，是研究怎么编制规划，也就是编制规划的相关规律。这分别就是张庭伟先生曾经论及的"城乡理论"和"规划理论"部分的内容。

从规划研究立足研究目的角度来分也划分为两种主要类型：其一是以了解城乡发展状况为目的的研究；其二是为了解决城乡发展中某个既定问题的研究。前者我们通常将之归结为"理论性研究"的范畴——这种研究的直接目标是为了知晓和掌握城乡系统的现实状况以及其演进发展规律（包括城乡系统对人类某些做法的效能反馈），研究的成果往往以"知识"形式向社会各界传播；后者我们通常将之归结为"实践性研究"范畴——这种研究的直接目标是为了解决现实城乡系统运行过程中的某一个既定问题，通过解决这些问题，来推进城乡社会、经济、文化、环境建设更加美好。这种研究的目的是为了获得某种具体的方法，探讨如何向城乡系统施加一定的"力"，促使它发生改变。一言以蔽之：理论性研究是为了知之，而实践性研究是为行之。

这两种研究划分方式就具体内容而言它们之间存在着一定交集。虽然理论性研究中很大部分涉及对城乡系统本身的认知，但同时理论性研究也涉及如何通过对规

划实施效果评鉴研究来总结如何编制规划，从而更好地指导实践工作开展的内容；而实践性研究虽然意在解决具体问题，但往往需要以广泛的理论研究为基础，方法的生成无法脱离现实的社会、经济与环境背景。

2.2.1 规划研究的目的

开展一个研究活动的直接目的不外两种：一是获得知识，二是寻求方法。但是这些都只是研究的直接目标而已，站在更高的层面上来探究我们进行城乡规划的目的，也不仅仅应该就是如一般规划说明书之前的"促进本地城乡社会、经济文化的XXXX（通常是一个宏大的褒义词，例如：跨越式、稳健）发展"这种习惯性的范式语言所描绘的那样。在本书的《前言》中我们曾经从哲学层面讨论过为什么需要规划，也探讨过规划对于人类社会演进发展的作用。然而，当人类投入更大的精力去研究规划的问题时，人的需要也就不再仅仅局限于规划所直接指向的事物本身了。就好比一个规划可以引导城乡发展，对于关注于规划结果（城乡系统发展的状况）的人而言（例如：相关决策人员、管理人员、建设人员以及未来将生活于城乡之中的各类人等），为了编制规划而进行的研究本身是不重要的，甚至规划本身也是不重要的，他们仅仅关心规划施行之后能够带来怎样的"后果"而已。因此，真正关注于规划研究的人们，除了一直追寻城乡系统演化发展真相相关领域的学者之外，就是力求编制出"更好"规划的规划师们。他们的目的之一是"真知"，之二是"求实"。

所谓"好的"规划，并不能用简单一概而论的标准来概括——例如得到某些权威或机构的赏识和认证，又或者为某些社群所认可。真正"好的"规划是基于现实，顺应城乡系统演进规律，并维持城乡生命系统（包括人类和其他生命体）稳定平衡的。唯有立足于此，人类才能可持续发展。规划研究是为了编制更好的"规划"，不仅仅是关注于"结果"，而更关注于规划引导下的城乡系统演进过程。因此，进行规划研究的目的也是为了促使规划本身更好地拟合城乡系统发展的过程。

综上所述：规划研究的目的是寻求推进城乡人居环境系统不断平稳演进，并促使其系统内在机制良性运转和系统间有机协同的道路与方法。

专题2-1：城乡人居环境系统平稳演进的重要性

（1）系统的基本特征

所谓系统是由部分按照一定的内在组织结构而构建的整体，它具有局部所不具有的整体功能。系统特点在于：一是整体性。系统通过多要素之间复杂的相互作用，建立了层级性的内在关系（又称"结构"，它的反馈通常是非线性的），从而具有了单个要素（子系统）所不具有的功能。二是动态性。系统总是处在不断变化的过程之中。这种变化既反映在系统内部不同构建要素之间的相互作用之中，也反映在系统作为整体与其所处环境之间的相互作用中。但是无论怎样变化，在一定阶段内系统整体运行都在"追求"基于某种平衡的相对稳定态——系统运行就是在不断涨落的扰动下，"执着"地回归稳定，因此系统始终处于动态平衡的过程中。

"系统"虽然是人类在认识自然界的组织规律时创造的概念，但是因为较好地描述了自然、社会等复杂现象的运行机制而广泛得以运用。运用"系统"的观点去分析客观世界，我们发现系统是一种普遍存在的现象，并在此基础上衍生出许多关于系统的理论，诸如：系统论、信息论、控制论、耗散结构理论、自组织理论、协同学等。基于人类的认知规律，可以将现实的系统分为三种类型：自然形成的系统，人工创造的系统，还有由自然和人力共同建构的复合系统。自然系统是指其组成部分（个体、要素、子系统）按照自主规律运行而产生的集群现象。对于自然系统，人类往往是按照自己的认知来进行组成部分和结构划分的。不同的认知体系将造就不同的划分方式。例如：中西医对于人体系统的认知差异；人工系统是按照人类自身需要通过编制好相应的程序，将不同的组成部分组织在一起运行，产生部分不具有的整体功能；复合系统则是在自然系统基础上，加和人工系统形成的新系统。它的运行一方面受到人类施加的作用力影响，另一方面也同时遵循潜藏的自然机制。城乡人居环境系统就是典型的复合系统。

人类认识客观世界的目的决不仅仅止步于"知之"，而是为了与之互动。但是，相比起人工系统对各种人工干预的响应通常是可预知的情况（例如汽车发动机在怎样的燃料供给情况下产生多大的动力）而言——人类对于自然系统和复合系统的干预常常处于不可能完全预知其相应结果的"无力"状态。因此，上述系统常常会出现对人工干预的响应偏差，甚至出现逆反应——人类输入不仅没有产生人所期望发展方向的结果，反而产生人类不期望出现的后果。尤其是近百年来在城乡人居环境建设过程中，这种负面案例比比皆是。

（2）城乡人居环境系统演进的不同模式及其特点

城乡人居环境的建设在没有系统的城乡规划干预之前，它们的运行类似于自然系统状态。聚居在一起，形成地方社会的人们以家庭为单位各自修建自己的居所，这些居所按照一定的相互关系组织在一起，构建成为当地城镇、村庄。这种模式主导下，人居环境虽是由一个个家庭修建，但是作为整体存在的组织结构处在自发调节的状态，我们将之称为人居环境建设的"自组织"模式。基于个体建设的利己性，如果没有一定的社会共识对个体人类的建设行为进行约束，那么这样构建的人居场所就会在发展到一定阶段后产生严重的资源或者运行危机，继而造成系统崩溃。例如：通过对传统村落发展状况的研究，我们发现以农业生产为经济支柱的村落，其人口增长有一个极限区间，这个区间是与田地出产作物可以养活的人口和宅地修建居所可以住下的人口相关的。如果在一个封闭的环境系统里，宅地和田地本身又具有相关性的话，这个人口值就由两者的平衡关系决定。如果人口发展超过了这个规模，村庄的环境就会恶化（可能是社会环境，也有可能是自然环境），最后迫使部分人离开，来重建系统平衡。由此步入该人居环境的另一个发展阶段，循环往复。

城镇因为容纳更多的人口，具有更为复杂社会经济结构，因此鲜有纯粹自组织模式发展形成的案例。通常人们会对其进行框架式的建设干预，然后由自组织机制填塞剩余机能空间。例如中国古代城市，通常都会按照"勘舆法则"

划定城廓雏形、道路街巷和重要建筑的位置。至于其间坊里容纳的具体民宅和其他经济建筑，则随着城市发展自身需要逐步完善。但是正如前文所说，城乡人居环境作为一个复合系统，人力干预并不一定就能达成人们所预期的结果。既然自组织也是城乡人居系统一种发展方式，为何不能"顺其自然"？我们也知道虽然在城乡人居环境演进的过程中很少有纯粹"自组织"发展形成的城镇，但是并不是没有相对成功的案例。即使是在人们规划引导下建成的城镇，规划也不是能够事无巨细地全面、深入、彻底对之进行控制。许多城镇发展的区域和领域依然是在规划框架下"自组织"填充的。城乡人居环境系统"自组织"平衡需要有两个关键的指标：时间和规模。如果一个系统演化的速度较慢，系统结构有充足的时间对各个要素之间的作用状况进行反馈，及时调节——慢慢累积形成的人居环境有极其精妙的自洽性。其物质空间与城乡社会、经济、自然环境契合程度往往让人工调节自愧不如。同样如果系统的规模不大、层级构成不算复杂，那么自组织机制下系统对一些问题的反应时间也会比较短，相对而言亦能及时进行调剂，从而避免系统崩溃。这也就是为什么一些变化缓慢、规模小的人居环境系统比较适用"自组织"模式的原因。因此城乡规划对人居环境系统的作用机制事实上是基于"预设"逻辑的，也就是它事先假定城乡人居环境系统发展到某个时期会出现某些系统机能不调，为了避免这种状况，它通过规划措施（可能是政策引导，也有可能是物质空间建设）来提前规避机能失调，防止系统滑向失衡。

(3) 城乡人居环境系统崩溃的本质

就客观世界本身而言，系统崩溃是系统运行过程中的极限调整状况——意味着一个平衡态的结束，另一种平衡态的开始。它无所谓"好"还是"坏"，只是系统演化自然过程的一部分。但是对于某些系统组成部分而言，系统崩溃就意味着它们的永远消失。例如：小行星撞击地球导致当时地球生态系统的整体崩溃，在那之后生态系统逐步重建，从恐龙主导的生态系统演化为以哺乳类为主导的生态系统。这是一个正常的过程，不过是振荡的幅度有点大而已。但是对于那个重要组成部分"恐龙"族群而言，则意味着消亡。那么城乡人居环境系统崩溃意味着什么？就是一个个城镇村庄的消亡么？城乡人居环境是复合系统，其崩溃往往是从不同子系统间的运行脱节或者整体失调开始的——但最终都将体现为对人类建造的物质空间的恶意破坏、遗弃或者由"必然的偶发"事故损毁。这对于人类(主要指当地社会)而言主要意味着巨大的财产损失，甚至在这同时造成巨大人员伤亡。例如中世纪时期的欧洲城镇，大多是区域的商贸中心或者宗教中心。它们在自组织发展模式下形成围绕生长中心（教堂、港口、市场等）密集建设、功能混杂的聚居区。由于城镇自组织建设的基本原则就是每一个体在最短时间内用自身认为的合适代价修建可以栖身的住所，因此并无要求顾及公共空间品质。实际这样的城镇往往道路狭窄、曲折，建筑密集，没有卫生的饮水设施、必要的垃圾处理和公厕，街巷污水横流，因此其卫生状况极度糟糕、社会环境恶劣。自13世纪黑死病传至欧洲之后，这样的城市空间品质是无法抵御疾病肆虐的。因此，常常出现因居住者短时间内大量死亡而导致的城镇废弃。以伦敦为例，在1348年鼠疫传至英国，到17世纪中叶300余年间，英国损失了1/3的人口。在1665年鼠疫再次大爆发时，6~8个月伦敦人口就减少了1/10，总死亡人数超过10万人。由于当时人们对这种疾病的传播机制不了解[①]，在疾病面前人们束手无策，无论出身贵贱到处都是想方设法逃离城市的人。伦敦有1万余间民宅被废弃。如果不是后续另一场灾难（伦敦大火）在这个过程中发生，恰好遏制了疾病传播，疫情继续发展，伦敦或可能将成为死城。同时这样杂乱的城镇密集建成区，最易受火魔侵扰。偶然因祸得福遏制了鼠疫传播的"伦敦大火"在四天内烧毁了13200余栋建筑，87个教区的教堂被烧毁，造成80%的伦敦城区过火。当时的直接损失达到了1000万英镑，按那时伦敦城政府的收入折算，要800年才能够弥补。这种现象在现在的自组织发展的城镇区域中同样存在，例如巴西圣保罗市的贫民聚居区在2012年就发生数十起火灾[②]，每场大火动辄造成百余栋房屋毁于一旦，千余人无处栖身，财产损失难以估量。回顾历史，人类历史上惨烈的城市火灾[③]往往都最先发生在这类自组织发展形成的城镇地区，继而蔓延全城。轻则一个地区被毁，重则全城涂炭。从系统运行的视角理解这种必然的偶然城镇现象，去除作为人类情感要素的影响，我们不得不认为这也许是城镇人居环境系统的一种自我调控机制。通过这种对于人类而言非常极端的方式，去消除影响系统运行效率的因素，促使系统局部更新或者整体演进。只是付出的代价对于人类而言极其惨重而已。灾难之后的人类建设都会或多或少地吸取所谓教训，对物质空间的更新会着力基于防火去设定一些规则，而事实上这些规则更多的时候是保障了其他日常人类活动的场所品质。若是那样，该地的人居环境系统将借灾后重建的契机完成系统升级。就如前文所说的伦敦：1666年大火之后，人们对重建的街区形制和建筑形式都有了明确的要求，并为之配建了较为齐全的基础设施体系，城市物质空间基本得到了全面更新。当然，也有因于经济、社会发展状况无法改进的案例。那种情况下，通常是每隔一段时间，当人类活动（建设本身、社会、经济等等）恢复到一定水平就又会遭受一次类似的灾难，再次重新洗牌、发展，但那样城镇往往会因为一再损失而逐渐衰退。

由此，纵观城乡人居环境系统的建设与发展历程可以明了，以自组织模式为主导发展的城乡人居环境系统一旦出现居民自主建设与经济、社会发展的需求时间周期不匹配时，系统就会陷入周期性崩溃的恶性循环。对于系统的主体人类而言，这种损失难以预测，无法控制。虽然这是系统振荡周期性发展的固有规律，人们还是希望能够通过自身努力干预，避免因过大系统振幅导致的损失。由此，人们才一直在寻找解决其高速发展引发的周期性崩溃的方法——基于对可能城乡问题预先干预机制的现代城市规划由此诞生。

---

① 也有一种说法：因为当时的宗教信仰认为猫是魔鬼的化身，因此那时欧洲仇猫，人们大量捕杀猫。因为失去天敌，城镇地区的老鼠数量暴增，鼠疫因之急速传播以致爆发。而当时城镇空间环境质量恶劣也是不争的事实，这种杂乱肮脏的环境也利于鼠类繁殖。
② 统计数据到2012年9月，就已经发生32起火灾。
③ 此处排除因战争造成或者其他自然灾害，如地震、火山爆发等造成的次生灾害。

2.2.2 规划研究的对象与内容

规划研究的对象分为两大部分：一是规划意图通过各种人工手段影响的对象——城乡系统。具体包括城镇和乡村由各自的自然本底、人类建设的物质空间所共同构建的环境系统，以及在这环境系统的容纳和支撑下的各种经济、社会、文化等功能系统；二是针对城乡规划本身——这涉及规划理论体系构建、规划实践体系构建、规划管控体系构建三大板块以及相应的方法论。

事实上，前者不仅仅是城乡规划研究的领域，许多其他学科也对之有系统和深入的研究，并建构了相关理论体系。例如：生态学、社会学、经济学、地理学等，它们主要研究的是各个功能系统的运行机制，而城乡规划过去的关注重心一直聚焦于由人类建设的物质空间环境，只是近年来随着对城乡互动以及环境系统与功能系统间深层作用机制研究的逐渐深入，相关学科和城乡规划学之间的相互渗透日渐增多，这使得传统城乡规划学研究领域得到了更多元知识体系的支撑，其研究领域日渐扩张（图2-8）。

对规划本身的研究，其根本在于如何编制规划和如何推进规划从相关政策、策略以及技术文件转化实施。其中，规划理论体系研究的重点是人类的各种措施和城乡系统变化之间的响应机制：一方面，研究者们按照人类的认识规律将城乡系统分解成为便于被认知的各个子系统，分别研究它们各自在人类某种作为下的运行状况，并总结相应"规律"；另一方面，则是研究这些子系统与物质空间构建之间的互动机制和不同子系统如何相互作用并最终组织成一个具有复杂结构的巨系统。这些研究内容通常表现为"规划原理"中各个层面的知识；规划实践体系研究关注的重点是如何将上述的理论知识运用于具体的施力过程中，也就是怎样拟定政策和策略以及制作怎样的技术文件和如何制作这些技术文件。这涉及技术体系的立论基础和构成逻辑、各技术层级的具体内容和制作方法等。这些研究的成果表现为相应的法律、法规、技术规定；规划管控体系的重点在于保障人类对城乡系统施加各种干预能够真正落实并发挥人类所预期的效用。这涉及对政策、策略和技术文件施行的过程监控和针对种种反馈如何作出应对。这些研究的成果表现为各种规章、制度和管理条例。

一个具体规划研究任务往往根据研究进行的深度划分具体类型，通常分为以下四种：

（1）认识各种城乡现象的真实情况

城乡系统的运行是通过各种各样的城乡现象呈现在人们面前的。这些现象有些是对现实的直接反映，有些受到客观环境的各种影响，现象本身会发生"变形"甚

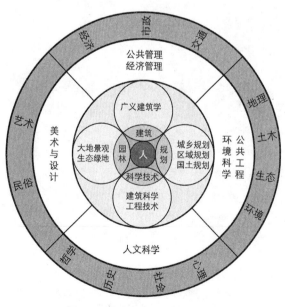

图2-8　城乡规划领域学科构成

图片来源：作者自绘。根据赵万民，赵民，毛其智等．关于"城乡规划学"作为一级学科建设的学术思考[J].城市规划，2010（6）：51图4改绘，徐萌制作。

至"逆转"从而隐藏在"异象"①甚至"假象"背后。就以城市交通拥堵这个现象来说：当一次研究者观察到交通拥堵时，它既有可能是城市每天都在发生的最真实状况，也有可能仅仅是由于一次偶然的交通事故造成的偶发现象，还有可能是由于一些人的特殊行为而人为制造的。虽然一个普通市民面对这种拥堵常常因为通行时间的过度耗费影响情绪，并主观地将之归结为城乡管理和规划部门的责任，但是作为关注城乡运行的规划从业者却不能简单和武断。现象反映着事物的本质，但要真正掌握事物的本质，必须要剥离假象和异象的干扰，才能对事物本质的真实反映产生正确的认知。因此，许多规划研究都开始于对各种城乡现象本身的研究，其主要目的、也是最重要的目的就是从中甄别出真实的城乡现象。

城乡系统处在不断的发展变化之中，但并不是每种变化人类都会敏感地感知——在人类看来有些瞬息万变、日新月异，有些貌似时光凝固，甚至亘古永恒。这是基于人类的时间尺度进行判断所造成的结果——人们通常对变化较快的许多现象保持着相对的敏感性，对变化不大、甚至很少变化的现象不敏感。因此人们"主观"地将城乡现象分为动态和静态的两种类型。对于城乡系统而言：静态的现象给予人们更长的时间去对其进行系统的认知，同时因为在城乡系统运行的某一阶段，它们保持相对静止，所以人们对它们运行规律的了解通过日积月累而相对较为深入；人们对动态现象的认知状况与变化发生是否有规律相关——如果这个动态是规律性地重复出现，相对而言人们容易找出相关规律，并逐渐形成有效的应对方法。但是如果变化动态毫无规律而言，人们就很难真正把握其中的关键，并形成系统、深入的认知，这将影响人们针对这种变化的判断和应对。

人们对城乡系统运行客观现象的认知具有阶段性和过程性。因此，不论是静态现象还是动态现象在人们的知识体系中总是不断更新。这一方面是由于客观现象本身的动态性导致的，而另一方面则是由于人类的认知能力不断变化造成的。以我国对城市大气污染物危害的认知过程为例——因为过去的城市空气污染物都是以细颗粒物为主，所以我国环保部门关注的重点集中在细颗粒物造成的危害上，参照世界上大多数国家都仅仅按照空气中PM10含量来制定相应空气质量标准的惯例制定了我国的《环境空气质量标准（1996版）》，并对之实施控制。事实上一直到2010年，也仅有美国和欧盟制定的空气质量标准设定了微细颗粒物PM2.5的相关控制要求。这与这些发达国家和地区过去的空气污染状况相关，它们较早经历了由于大量燃烧石油造成的硫、氮化合物造成的微细颗粒物污染环境的过程。而我国目前正在经历这样的转变，并表现出由于环境破坏、粗放生产和建设扬尘造成的PM10颗粒物污染和汽车尾气排放和其他化工生产所造成的PM2.5微细颗粒物合并污染的状况——因此整个京津冀、长三角、珠三角和川西城镇群都笼盖在严重的雾霾状况之下。为此，我国在2012年修订了环境空气质量标准，将PM2.5纳入了监控范围，并拟定了相应的控制标准。

另外，对客观现象真实度的了解程度除了与人类认知能力本身的提升密切相关之外，更重要的与人类的认知态度有关。认知能力的提升可能是由于科技发展带来的认知手段的变化，例如显微镜技术的发展，能够让我们越来越深入地观测

---

① 异象——异常现象。

到微观世界的变化。但是就算有了最先进的技术支持，人们不愿意面对客观想象的真实，也无法了解城乡系统的真实状况。依然以我国的空气质量为例，在美国大使馆的空气质量监测数据被曝光之前很长一段时间内我们看到的普通媒体都不断地强调，"……通过长期不懈的努力，空气污染得到了有效的治理，监测数据表明达到空气质量优良的天数不断增加，XX 城市蓝天白云……"但事实上城市的天空总是灰蒙蒙的，即便天气预报是晴天，城市依然不见天日。与此同时，空气质量监测显示优良的天气，人们依然觉得窒息。后来我们才知道，PM2.5 没有被纳入我国的监控体系，因此当我们在为 PM10 的少量减少欢欣鼓舞的时候却不知道 PM2.5 已经大幅增加到了我们的呼吸系统无法承受的程度。而美国大使馆的数据曝光之后，有很长一段时间各个部门之间口水官司缠讼，而纠结的重点居然在标准的拟定，以及拟定的标准会不会制约经济的发展，而不是对居民健康的危害。这不得不归结为"主观"的忽视。因此如果没有客观心态，就不会有真实和真相。而建立敢于直面残酷真相的强大心理承受能力和突破阻挠获得真相的决心与执着，对于城乡规划师是极为重要的。因为没有真相，规划研究和城乡发展就没有正确的起点。

（2）研究各种城乡现象形成的客观原因

进行城乡规划研究，仅仅掌握了真实的现象本身还是远远不够的。现象只能说明状况，只能起到提示人们注意某个问题的作用。例如著名的《寂静的春天》就是从知更鸟的消失这一现象入手的，如果研究只是停留于知更鸟消失，后续的一切对于城乡发展都是没有任何意义的。这本书最重要的价值在于它探寻了知更鸟消失的原因——农药滥用导致的生态失衡。因此获得了真实现象之后，为了找到解决问题的关键，还需要抽离现象本身的困扰，去研究造成这一现象的原因。这是人们逐渐接近本质的过程，也是掌握城乡系统变化动力机制的第一步。

研究城乡现象形成的真正原因，不能仅仅立足于现象本身发生的领域。例如：空气污染状况绝不仅仅是一个环境问题，空气污染的造成往往有深层的经济和社会原因。因此，必须将城乡现象和城乡的自然、社会、经济状况以及其发展演化历程相对应，才能够发现某些现象形成的客观原因。

（3）探索城乡现象的内在本质和发展规律

规划研究的目的在于更好地制定规划，前文我们已经多次论述过"规划"的功能作用及其发挥作用的机制。尤其是现阶段规划本身的重点已经从描绘美好明天的宏伟蓝图转向控制通向美好的路径，因此在洞悉现象和原因之后，必须了解的就是这种现象究竟是怎么发生的。这是对城乡系统发展历程全过程的研究，分为两个部分：一是探寻事物的本质；二是辨析事物的发展规律。之前掌握城乡系统的真实现象和原因是知其然，而探寻事物本质和辨析发展规律则是知其所以然。这实际上就是对城乡系统演进动力机制的探索，强调透过纷繁的现象和复杂的原因，理清事物背后本质的、稳定的、必然的联系。这样研究才能够掌握城乡系统演进的相关历程，知晓从过去的某种状况到未来状况的途径；知晓这一过程的关键点和外力施加的反馈效果，从而为未来拟定方法途径奠定理论基础。

（4）寻求保障城乡系统平稳演进的方法途径

作为人居环境的城乡系统在不断地发生变化。然而，一直以来人类都希望能真正彻底掌控城乡系统的发展状况，事实一再证明虽然人类是城乡系统的最主要和重要的"建设者"，但是城乡系统的演化发展总有人类无法彻底掌控的部分。许多时候，城乡系统的变化不依人类的意志为转移，并常常出现失控。例如：人类发展地方经济的目标是为了增强地方的经济实力，从而更好地改善当地的人居环境，并不是要破坏当地环境。然而，由于发展模式选择和进程控制不当造成环境破坏的案例却比比皆是。从既往的规划实施效果反馈出这样一种状况：人类并不缺乏改变自然和建设物质空间的能力，也不缺乏保障直接改造措施达成直接效果的能力，人们缺乏的是控制这些能力假以时日随着城乡系统演进而产生后续影响的能力。例如：人们因为社会生产和生活需要电能，所以在江河上修建大坝蓄水发电。这种修建大坝的技术是伟大的发明创造，标志着人类改造自然能力提升到了可以"改天换地"的水平。与此同时，电站为区域范围内的城乡地区提供着源源不断的电能，保障了社会生活、经济生产的用电需求，完美地达成了人们修建大坝的直接目的。但是大坝运行一段时间之后，人们发现区域气候、地质状况和自然环境发生了巨大改变，甚至因此引发地震，造成了严重的生命财产损失。这种随着人类作用而产生的自然改变往往是先前进行可行性论证时所忽视或者根本未曾预料到的。这就是前文所论述的缺乏控制自然环境因人类活动而产生的持续性反馈力的能力。因此，规划研究最重要的任务并不是研究如何对城乡系统施行作用力的方式，即如何通过各种工程建设手段改造自然，使之合乎人类的设想，为人类提供各种直接服务，这在过去很长的一段时间内一直被认为是城乡规划研究和实务工作的重心。而越来越多的事实表明：这种仅仅关注物质空间规划建设，将施力机制定位在一次次"强力"纠偏的工作模式，造成的后果是城乡系统始终处于一种震荡发展的状况之下——尽管来回震荡之下，城乡系统也可能按照既定方向发展，但是我们不能忽视震荡消耗了大量的能量，使得系统运行效率相对较低。还有这种发展模式很有可能在某一次强烈震荡的过程中，就导致整个系统崩溃，从而造成巨大的社会、经济、文化损失。因此，寻求平稳演进才是保障城乡系统高效运行的关键。唯有如此，才能真正提高城乡发展的效率，增进系统演化的稳定性，最大限度地保有人类社会发展所创造的物质和精神财富，并与地球环境和谐共生共处（图2-9）。

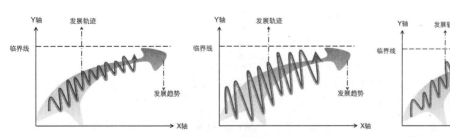

（a）适度震荡拟合规划发展趋势　（b）震荡加剧造成系统内能消耗，勉强拟　（c）震荡过大导致系统崩溃，无法按照
　　　　　　　　　　　　　　　　　　　合规划趋势　　　　　　　　　　　　　规划预期发展

图2-9　控制系统震荡提升系统演进效率

图片来源：作者自绘，韦玉臻制作。

2.3 规划研究的层次和类型

任何针对城乡问题的认知都具有从表面现象逐渐渗入事物本质的过程，与之相对应，规划研究的层次和人们认识城乡问题的思维过程是统一的。规划研究也具有从现象总结而逐渐深入到探究本质规律的过程。

2.3.1 规划研究的层次

根据人们的认知规律，研究城乡问题分为五个层次：现象汇总、原因分析、本质确定（静态）、规律探索（动态）、改造建设方法途径创新。这五个层次由粗到精、由浅到深，上一层次是下一层次的基础，不能跨越和遗漏。成果对实践的指导价值逐渐增加。

规划研究与这五个认知层面具有对应关系，大致分为四个层次。分别是现象研究、本质研究、规律研究和建设研究。其中前三个层面针对现实城乡状况，反映什么是真正的城乡。其中现象和本质研究要解决的问题是城乡究竟"是什么"；之后的规律研究要解决的问题是现实城乡状况"为什么"会如此这般；最后一个层面，也就是建设研究要解决的问题是如何解决城乡的现实问题，也就是要"怎么办"。用英文关键词来概括上述几点，分别是"What"、"Why"和"Way"。

①现象研究——对特定城乡客观现象进行全面收集、系统整理和初步分析，并在此基础上对其进行浅层、直观的原因探究，涵盖了现象研究和原因分析两个认知层面的具体工作内容。

②本质研究——在既有现象研究和初步分析的基础上，深入探究相关现象发生的深层原因，进而研究客观现象的本质，构建城乡特定问题具体现象和本质之间固有关系。

③规律研究——追溯特定城乡现实状况形成和演化发展的历程，研究相关城乡环境状况和相关事物产生根源和演进规律。

④建设研究——结合问题发现和发展预测研究如何根据客观规律，采取何种干预措施，促进客观事物朝着人们期待的方向发展转化。

2.3.2 规划研究的具体类型

"规划"的核心在于基于现实探寻切合既定对象需要的通向未来的道路。规划研究必然服务于"规划"制定的相关需求，了解现实状况、了解演进规律、寻求引导发展方法等，因此根据研究的直接目标，可以分为两种目标类型：一种是理论性研究，一种是实践性研究。需要明确的是，城乡规划领域的理论性研究不是仅仅为了满足人们对客观事物本身探究的好奇心，而是为了奠定从现实到未来途径的知识与方法基础，也就是为"实践"做准备。

（1）理论性研究

城乡规划领域的理论性研究是以了解城市现象内在本质和演进规律为目标的研究。着重解决"是什么"和"为什么"问题。其成果具有对同类现象普遍的指导意义。

（2）实践性研究

城乡规划领域的实践性研究是以解决具体的城市问题为目标的研究。着重解决

某个特定对象 在建设过程中的技术急需问题，具体"怎么办"。其成果往往只对特定的问题直接作用，对同类问题有一定参考性的指导意义。

城乡问题的产生涉及复杂的环境背景因素，因此在城乡规划领域具有这样的一种认知，每一个城乡问题本身都具有自身独特的成因和演化发展规律。一个城市或者乡村，就如同这个世界上的每一个人一样，都是不可复制的独特存在。那么在此读者也许会有一个疑问：基于这样的状况，城乡规划领域理论性研究的"普适性"从何而来？那么一些具体问题的解决方法又从何而谈"推广"？这个悖论的产生是与人类的认知规律相关的——我们必须明确：在目前的认知水平上，任何学术领域都不存在放之四海皆准，没有任何限制条件的理论。城乡规划领域理论的生成很多是基于对不同城镇、乡村相应城乡现象的总结与提炼，因此这些理论的推广与理论生成时研究对象们的特质具有关联。基于这样的理论发展路径，这些规律的推广与运用都是具有一定先决条件的。同样，一个特定实践经验的推广也必须考虑拟用对象与原城乡榜样之间的条件匹配状况。唯有如此，才能避免因理论滥用和经验盲目推广所带来的资源损失和时间浪费，才能真正提升城乡发展演进的效率。总之，理论性研究通过普遍指导每一个与研究本领域相关的实践性研究来达成最终对城市的建设和改造；而通过对大量实践研究成果的总结，也会逐步丰富和完善相关的理论体系。

专题 2-2：促成理论发展的途径

在中文语境下"理论"是一个组合词，其中"理"是指天地大道，也就是自然规律，而"论"则是指分析说明相应规律的行动。在古代中国通过"思辨理而明是非"的意识形态下，"理"虽然是核心，却需要通过"论"来越辩越明，使之得以广泛传播。而"理论"一词的固定使用更多是由于近代以来东西方科学、文化交流过程中的互动。现在"理论"一词的概念生成更多是基于西方哲学体系的认知理论——在《新华词典》中该词汇意指"概念和原理的体系，是系统化了的理性认知。"对比英文对应词汇"theory"的内涵阐释，通常对"理论"一词的理解应该包括以下几个部分：

①理论源于对客观事物的认识，是对其本质及其发展规律的正确反映，是一种理性认知；

②理论是在客观研究基础上提炼出的一套经过理想化假设和简化而反映其运行规律的模型；

③理论是已经经过了逻辑论证并经由实践检验了的，并用于指导实践活动；

④理论本身是人类群体智慧在某个领域的集中体现，是具有一定繁复的内在结构，且不容易被论证的复合体系。

由上述简要释义我们可以明确不论是在西方还是东方的哲学体系中，都不约而同地认为"理论"本质上是对客观事物本质及其发展规律的反映，而且是一种人类认知活动的成果。正是这一特点使得其发展与人类的认知活动的发展息息相关。因此理论因人类认知的局限性而具有了领域性，因此某一理论往往具有一定是适用范围。同时理论也因认知的不断深入和发展而得以不断深化和拓展。认知活动本身的变化首先在于知识成果的逐渐积累，其次于认知手段的更新，也就是技术更新。由此理论的更新也大致分为这两类动因，具体状况如下：

（1）由内容拓展（知识更新）引发的理论更新

人类的认知是具有局限性的，因此某一理论通常会适用于某些既定的学科领域——当然，这种领域归属只是基于人类认知规律而进行的某种人为规定，不同的学科领域之间并不是完全互不相关的。这种关联源自于客观事物固有的普遍联系，相关领域众多不同理论因为这种关联性而共同构建形成完整的学科理论体系。随着认知活动的深入和拓展，理论发展的内容拓展具有以下几种模式：

①本领域研究逐渐深入——这是最常见的一种拓展方式。通过不断地研究在本领域累积知识。例如生物学领域通过不断发现新的物种，逐渐完善地球生物物种演进体系。又例如物理学的研究逐渐从分子层面深入至原子层面。

②研究领域扩张，涵盖范围日益广泛——随着研究深入，不断发现新的影响因素，从而将研究领域拓展至更广泛的范围。例如城乡规划理论最初只是关注于人居环境建设技术和最基本生产、生活等需求对空间建设的影响状况，后来研究发现人居环境建设与人类社会的构建规律相关，逐渐将社会因素作为影响城乡规划的重要方面予以研究，从而在既往"邻里单位"理论基础上演化出以社区精神营造为核心的社区规划等研究领域。

③相关领域的理论拓展和升级，对本领域相应方向促进——这是基于理论体系相互影响所带来的理论更新。例如社会学领域在20世纪中叶开始关注城市发展对定居于城市的人们在人际交往与社会组织等方面所造成的影响，逐渐形成了新的"城市社会学"研究领域。城市社会学的研究成果对于城市规划在物质空间社会性的研讨具有极大的影响和启发，带动形成了诸如"场所精神"、"交往空间"、"可防卫空间"等一系列新理论的产生。

④原来互不相关的领域，随着研究领域扩展形成交集——这是基于认知领域拓展形成交叉而产生的新理论，常常由此构建新的交叉学科。例如：最初物理与化学是互不相关的两个学科领域，然而随着研究推展至原子层面时，二者产生了领域交叉，形成了"物理化学"和"化学物理"[①]两个交叉学科。

---

① 物理化学——从物理学角度分析物质体系化学行为的原理、规律的学科。该领域的研究者关注于分子如何形成结构、分子的动态变化、分子光谱原理、平衡态等问题，涉及的物理学有热力学、动力学、量子力学、统计力学等方面。参考：维基百科"物理化学"词条，网址：http://zh.wikipedia.org/wiki/%E7%89%A9%E7%90%86%E5%8C%96%E5%AD%A6 。
化学物理——研究化学领域的物理学问题的交叉学科，它是在量子力学研究成果的基础上诞生的。它是主要借助原子与分子物理学和凝聚态物理学中的理论方法和实验技术，研究物理化学现象的学科。研究者重点关注离子、自由基、高分子、高分子、团簇、分子等的结构和动力学，涉及化学反应的量子力学行为、溶剂化过程、分子内和分子间相互作用能、量子点、胶体和界面等方面。参考：维基百科"化学物理学"词条，网址：http://zh.wikipedia.org/wiki/%E5%8C%96%E5%AD%A6%E7%89%A9%E7%90%86%E5%AD%A6。

(2) 相关技术能力提升或者方法更新带来的理论更新

最初人类获取知识大多通过自身感官的感知力和逻辑思辨力，但随着探索的深入，人们现在获取新知识已经越来越依靠一定科学技术的支撑了。这些科学技术进步极大限度地拓展了人类的感知能力。它们通常包括人类创造发明的相关工具和基于工具运用而形成的操作方法、经验和技巧。这事实上是一种方法更新，这种方法更新对理论发展的影响包括以下几个方面：

①研究手段升级——包括研究工具的升级和基于工具升级而带来的方法更新。这种更新使得人们能够更精确、更深入、更全面地获得信息，掌握更准确的现象事实。同时，也能够借助工具进行更系统、更综合的分析，以发现更错综复杂现象背后的深层本质和规律。例如：显微镜的发明和不断升级换代对生物、物理、化学领域研究的影响；望远镜的发明和升级对天文学领域研究的影响；以计算机技术为代表的人工智能工具的发明及推广运用，对需要进行海量运算领域研究精度的影响等。同时，也正是因为计算机辅助技术的发展，使得多因子相关分析方法在现在越来越容易达成，从被推广运用到更广泛的研究领域。

②实践技术升级——实践技术更新升级会反过来主导与之相关的理论体系，甚至将之颠覆重构。技术更新也可能推进原先无法实践检验的理论猜想逐步落实，从而拓展整个理论体系。例如人类建造技术的发展使得"立体城市"景象逐渐从星球大战等科幻影片中的虚拟布景成为目前大都会中比比皆是的现实场景，并因此引发了针对未来密集建设区域建设理论的种种研究。又如交通运输技术发展、通信技术发展彻底地改变了不同人类聚居地之间的时空关系，促成了"有机疏散理论"的提出，由此导致了人居环境城乡关系的重构。可以想见，假以时日也许现在还只存在于科幻作品中的"太空之城"、"海底之城"也许在未来将可能成为现实。这种类型城市的诞生将给人居环境理论带来革命。

③借鉴其他研究领域研究方法——将一些其他领域的方法转移运用到另一领域，可以开拓新视野，提出新思路。例如"生态足迹"理论就是将经济学领域的方法借鉴到可持续发展领域的生态承载力研究中。它是通过计算得出不同地域的某经济体（可以是个人、社会单位，也可以是一个地方社会整体）在目前社会消费水平下，需要多少面积的土地产出来维持和支撑其运行。这种方法将以前无法量化的自然服务转化为比较容易被理解的土地数值，通过计算出的理论土地面积与该地方实际占有的土地面积进行比较，就可以看出该地域是否具有生态赤字或者盈余，从而评价其可持续发展能力。这种借鉴取得了巨大的成功，以致于这种计算方法思路拓展到几乎所有针对承载力的研究领域，例如计算"碳足迹"、"水足迹"等。

两种更新途径对于理论发展而言是相辅相成的，近百年来的技术革命在某种程度上是现在知识大爆炸的重要助力。理论的发展事实上涉及两个层面的变化：一是从客观到主观的过程，也就是人类的认知过程；二是从主观再返回客观的过程，也就是理论指导实践的过程。有一些学科门类进行研究的任务重在揭示客观规律，因此比较强调第一个层面，这一领域的相关理论发展更多在于知识领域本身的深入和拓展。还有一些学科门类强调将所掌握的知识运用于改造客观世界的实践之中，那么这些领域则更强调第二个层面的实践途径、方法的更新与拓展。

2.4 城乡规划研究的一般流程和阶段划分

城乡规划研究，不论是理论性的还是实践性的，都因为涉及因素极其复杂而面临着对相应成果"可验证性"的问题。这个"可验证性"一直以来也是困扰城乡规划学界的核心问题——由于涉及的相关因素过于复杂，许多基于某些"规律"而被推广的方法，它们所产生的结果大多与预期存在着很大的差异。为了最大限度地保证研究成果推广的有效性，因此规划学界创造"知识"必须经历一个从有所发现到可被验证的循序渐进的过程——不能被重复验证的仅仅是一次偶发事件，只有能够被证实在既定条件下会不断重复发生的，才能够被称为"规律"。继而值得深入探索其本质，并在此基础上总结形成可以被移植的方法。正是基于对理论"可验证性"的追求，无论是理论性研究还是实践性研究，在创作新知的方法层面，为了保证研究逻辑的严密和研究效率，都具有一定的常规研究流程。通过这样的研究流程来规范相应的研究工作，便于研究者把握不同阶段的研究重点，提升研究效率。

基于研究目标的差异，理论性研究和实践性研究的基本流程具有一些差异，主要体现在以下两个方面：首先理论性研究的切入点，往往不是基于一个具体的对象，而是某一类城乡问题；其次理论性研究强调对普适性规律的发现，因此对理论的"可验证性"具有相对苛刻的要求。而实践性研究则着重在于对某个对象本身的发展轨迹进行深度剖析。正是因为这样的区别，使得理论性研究具有三个研究阶段，而常规的实践性研究只有两个阶段。

2.4.1 理论性研究的流程及阶段特点

（1）理论性研究的全流程

理论性研究通常分为三个阶段——研究准备阶段、深入阶段和升华阶段。每个阶段的工作重心和特点如下：

研究准备阶段：该阶段工作的重点是对本领域前人的理论和实践成果进行反思，寻找进一步研究的适当切入点。它是一个新的理论发展循环的起点，是发现问题的关键步骤。万事开头难，研究准备阶段往往是一个具体研究工作中耗时最长、最迷茫的阶段。这是因为研究准备阶段涉及的相关因素最复杂，好比在伸手不见五指的大雾中寻找方向，又如在一团乱麻中整理线索。研究准备阶段需要明确研究目标、研究意义、研究对象、研究范围。当然在这一阶段也不是没有工作诀窍的——我们不必像给人体做体检一般去全面审视城乡系统运行，而可以从各种城乡问题入手。通常，"城乡问题"就是研究准备阶段的导航灯塔，因为问题往往就是城乡运行不协调的现象反映，所以抓住问题，就好比抓住了研究准备阶段的"钥匙"。

研究深入阶段：该阶段的工作重点是根据研究框架系统全面地对相关城市现象进行再认识、再分析，以探寻现象背后的本质和规律，形成对"旧"理论的深入或者建构"新"理论的逻辑体系。它是理论发展循环的主体，是解决问题的核心步骤。这一阶段是一个梳理事物发展脉络的过程：往往是在原有理论的参照系指引下，一步步地推导和验证可能的答案，强调研究推理的严谨性和系统性。研究深入阶段需要确定研究思路和研究体系框架，设计研究操作方法。在这一阶段，既有理论和常规方法是帮助研究者走出研究泥沼最好的工具，这些前人留下的"线索"将一直引导着新的研究。事实上，所谓的突破都是在已有成果的基础上完成的，人们正是在不断寻找原来知识体系漏洞的基础上不断充实、提升或者突破的。

研究升华阶段：该阶段的工作重点是对新建构的理论体系进行反复、多层次的实践验证。该阶段是新理论的完成阶段，解决理论的实践检验问题，决定理论是否真正成立。这是新理论的"可验证性"检验阶段。新的理论必然是经过了全面论证的，它所提出的理论性假设和相应的推断必须是经过事实检验的。更重要的是这种事实检验不能仅仅成立一次，而是在理论适用的范围内经过了各个层级的核定。这一阶段在我们这个激情澎湃的时代往往是被忽视了的——要不就是研究者忙得没有时间来进行系统性的验证；又或者是时不我待，某些重要的实践急需"理论"指导。研究升华阶段需要确定理论评估标准和运用限制条件。世界上没有放之四海皆准的普适理论，这一阶段"找茬"就是最好的研究方法，只有不断地拾遗补阙才能促使既有理论更趋完善，才能最大限度地避免理论误用和滥用。

对于城乡规划这样一个庞大的理论系统而言，针对其任何一个层面的探索都可以进一步基于这三个阶段划分出不同规模的研究项目。我们既可以立足构建某个完整理论体系，也可以只针对某一个研究阶段。例如：我们可以构建一个完整的"生态城市"规划设计的理论体系；也可以就针对"生态城市"理论的升华阶段，探寻相应的评估标准；又或者解决某个具体问题，例如对其中"生态住区"进行研究。总之，理论本身的层级嵌套并不影响基于研究方法的阶段设计，因此下文主要从每一个阶段所要具体开展的工作本身进行讲述，而不是拘泥于某一个既定的理论层面。

(2) 理论性研究各个阶段的工作内容及要点

1) 研究准备阶段

研究准备阶段需要明确研究目标、研究意义、研究对象和研究范围四个方面的内容。从工作重点的角度出发，本文将之归结为素材准备、理论准备和方法准备三大板块，具体如下：

素材准备——针对工作内容准备研究的原始对象，收集相关现象信息并进行初加工。素材准备事实上就是对研究对象和研究范围的明确，这两者涉及研究的不同层面。确定对象在于明确研究的焦点，往往是核心或者关键之处；而研究范围则更多是与研究对象相关的各个层面的背景或者相关要素。在研究准备阶段，往往很难说是先确定研究对象还是先明确研究范围，孰先孰后往往与研究者的兴趣产生过程相关。有些时候是因为研究者关注到了某类研究对象的特殊状况，继而根据这种状况形成简单分析，得出相应的研究范围。也有可能是因为研究者对于某个领域的问题感兴趣，首先确定了研究范围，再在此基础上通过分析找出解决问题的关键点，从而明确研究对象。例如：某课题小组首先关注的是城乡结合部地区的环境状况，继而再进一步明确研究其中城中村的建设与发展状况。这就是一个首先从研究范围入手的素材准备思路。又例如：另一个课题首先关注的是因小学"迁村并点"导致的农村儿童的入学困难问题，继而发现该问题与农村地区公共服务设施的布局状况相关。又在此基础上拓展到在城乡一体化背景之下，开展乡村建设的公共服务设施配建模式研究。这就是一个从既定对象拓展到更广泛、更深入研究范围的案例。因此，研究对象和范围的确定是需要一定调查研究，并经过思考和推理的过程。

理论准备——工作内容主要包括掌握本领域及相关领域的成熟研究成果和实践

反馈信息，学习消化相关新理论，品评原有理论及其实践的绩效。当我们在回答为什么做研究这样一个看起来浅显的问题时，除去直接功利性的目的（例如：要完成博士、硕士论文，要获得晋升的资本等）之外，很少有人说"就是好奇而已"。从事实出发，任何研究的理想应该都基于对既有知识体系的完善——大多数人都会基于严谨的国内外研究现状的分析，指出这个研究在于"完善了某某理论……"或者更高估一点的"填补了某某领域空白……"。因此，在研究准备阶段，理论准备的成果往往是基于严谨文献调研的国内外研究状况的概述以及研究的意义和目标三个方面的内容。

国内外研究状况的分析过程，就是一个理论学习和适用绩效判断的过程。研究者需要从理论的施行效果上判断出现存理论体系有待完善或者存在问题的地方，从而明确本次研究的目标、方向以及应该完成的具体任务。当然理论准备并不只有文献分析和学习一条途径，很多时候长期从事规划实践的规划师们是在具体工作过程中经过长期积累形成的。就这主要的两种途径的优缺点比较而言：文献学习具有较强的系统性、针对性和短期效率，但是对于施行效果的评价往往很难深入事物本质；实践积累往往需要一个长期过程，同时在此过程中对理论的掌握往往受制于各种实践项目本身的特点，相对缺乏系统性和针对性，但是由于每个理论运用多直接对应于具体项目，项目实施后的反馈非常具体，利于进行深入的施行效果评价，有助于真正发现问题。例如：针对历史文化街区的保护与发展研究有众多理论，单纯从文献的角度出发能够系统地掌握历史文化街区保护与发展的理论演进脉络。同时，也可以结合文献收集所获得的案例来了解某些理论施行的大致效果。然而，如果长期从事历史文化街区保护规划的实践工作，可能每个具体项目的实践操作都涉及众多理论——既有立足保护的，也有获取经济效益的，还有涉及项目运营的。每个项目建设落地之后的运行状况如何，将直接作为理论施行的效率评价佐证，这些佐证是非常具体而深入的。

理论准备还需要同时面对"过去"和"未来"：如果说理论学习和绩效评价是针对过去的理论发展状况，那么还有一个重点是关注发展趋势。理论发展与现实之间具有微妙的互动关系，当现实中出现某些问题和需求时，理论研究往往就会随之作出应变。例如自中央十八大报告强调"新型城镇化"之后，2013年度金经昌优秀论文评选的初选入围的21篇论文中有8篇论文都涉及此研究方向（关键词为"新型城镇化"、"城镇化"或者"城乡统筹"）的占到了38%。因此，作为与现实关系极其密切的应用型学科，城乡规划理论界的理论研究不能只看到理论界本身的演进动态，还需要时刻关注与专业理论发展相关的社会、经济、文化、自然资源状况及生态环境等各个方面的变化与动态，结合现实需要确定研究方向与目标。唯有如此，理论才能走在实践之前，发挥对实践的指导作用。

方法准备——工作内容主要包括掌握本领域常规的实践技术和研究手段，有针对性地探讨研究的方法系统。这是本阶段最重要的内容。长期以来，人们都比较重视研究成果的发表，而比较忽视对研究方法科学性、适用性的研究。事实上，研究成果的价值很大程度上受到研究方法的制约，重要的理论发现必然在方法层面具有创新性和可重复性、再演绎性的特点。因此，理论学习中很重要的部分就是对构建理论的方法体系的学习。理论本身的拓展也包括对其方法运用的深化和拓展。例如将某些领域方法跨界运用，有时能从不同的视角获得截然不同的成果。城乡规划研究领域常常会借鉴社会学、经济学、生态学等领域的研究方法，以获得对传统理论的再认知。

方法准备具有两种思路：一种是对方法体系的借鉴，例如对某个理论的生成逻辑，也就是研究思路进行梳理和学习；另一种是对具体操作方法的借鉴，例如对某种具体调研方法的学习和再运用。

研究准备阶段的主要成果：形成一个科学、逻辑严密的研究计划，重点包括研究的目标、切入点、研究范围和主要领域、研究框架以及成果预期等几个组成部分。事实上，很多时候我们为了申请各种科研支持而提交的申请书，例如自然科学基金的申请报告的内容就基本上由一个研究准备阶段的成果组成。

研究准备阶段的基本工作流程：研究准备阶段涉及的头绪众多，素材准备、理论准备和方法准备三大板块的工作有的时候看起来都仿佛仅仅是围绕着一个不是特别明确的中心，因此常常会觉得研究效率不高。事实上，这个阶段的核心就是在于发现，尤其是要突破惯性视角和思路来发现，这是一个艰难的过程。整理这一阶段的工作流程，大致分为思考现状、拓展视野、明确方向、理清思路和制定计划四个步骤（图2-10）。

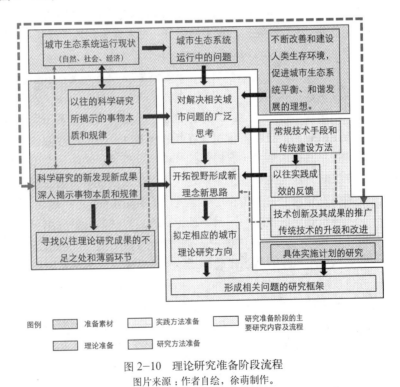

图2-10 理论研究准备阶段流程

图片来源：作者自绘，徐萌制作。

2）研究深入阶段

研究深入阶段是研究开展的主体阶段，就具体工作内容而言，主要包括以下几个方面：其一，解析研究领域范围内的背景要素，探究影响研究对象发展的客观外在因素及其作用机制；其二，剖析研究对象的内在建构，深入了解其内在构成要素和要素之间相互作用的规律，掌握研究对象的本质；第三，总结既往干预研究对象发展的各种策略与措施，对其作用效率进行评价，并提炼相关策略和措施实施的限制条件；第四，基于完善理论体系的拾遗补阙和突破原有桎梏的创新思维，拟定促进研究对象发展的新思路，探索新措施。第五，在可能的情况下尽量推进施行新策略。由此，为下一步理论升华阶段进一步掌握理论引导实践的反馈信息，提供修正理论的试验样本。上述五项工作内容事实上可以用"理论分析"、"技术分析"、"绩效分析"和"理论体系健全或重建"四个板块进行概括。

理论分析——是本阶段工作的重中之重。一方面，要解构原有理论体系，主要从原理论的内容和构建逻辑两方面入手。这部分工作往往是结合现实中研究对象本身出现的各种状况进行剖析的，同时也可以从比较不同理论的异同和相关领域的理论拓展研究入手。另一方面，知识的创造在于融会贯通，在城乡规划领域尤其不能仅仅僵化地局限于工作核心范畴，而是要强调拓展。因此，了解相关领域新知识，探讨这些新的发现切入本领域原有理论体系的可能性，以及如何将这些新发现整合，从而构建更为完善的机制。

技术分析——如果理论不能指导实践，这样的理论是不具有现实价值的。技术分析强调的是掌握原理论指导实践的技术思路及其实施方案的特点。同时发现是否有新的技术手段产生，以及这样的新技术手段对实践成果可能的直接改变。由此探寻技术与理论互动的规律，发现在新技术条件支撑下，理论指导实践思路可能的变化。例如：因为修建技术水平的提升，城乡建设用地的评价标准可能随之发生改变。许多地区的城乡空间结构在未来具有了调整的可能。

绩效分析——绩效分析事实上往往贯穿在理论分析和技术分析的过程中。它是了解现实状况真实性和剖析事物特点的重要工具。当然，本阶段的绩效分析重点在于针对原理论指导下的实践效果剖析，找出满意之处和不尽人意之处及其原因。或者发现原有实践技术支撑系统在新技术条件下可能的绩效改变，寻找理论完善可能的新技术途径。当然，有时绩效分析也会成为研究中一个不可或缺的独立板块，尤其是当研究是立足于现实中的理论运用失效状况时，通过系统的绩效分析，找出失效的关键点对于完善和修正理论具有重要的作用。

体系健全或重建——根据理论、方法和绩效分析的结果，重新梳理和找出原有理论体系存在的漏洞、缺失或者错误，按照研究形成的修正逻辑修订原有理论或者按照新思路产生的新逻辑建构新的理论体系。这是总结形成本阶段的工作成果，构成最直接工作内容的步骤。

研究深入阶段的主要工作成果：修订原理论或重建新理论体系的初步方案。从理论体系修正来看，可能包括理论本身、实践方法两大领域。同时还可能包括为了衡量理论实施效率如何而构建的评价体系。例如：针对生态社区建设，既有基于生态社区设计理念的有关该社区社会组织、自然适应、能源利用、物质循环的种种思路，也有施行这些思路的有关雨水回收利用、垃圾分类及收集、绿色建筑、节能建筑等技术手段，还包括一系列的诸如《生态社区建设评价标准》、《环境友好社区评价标准》的绩效评估工作。从理论重构的角度来看，往往涉及思路的变革，例如出于对功能分区和城镇集中发展思路的反思而产生的有机疏散理论。

研究深入阶段的基本工作流程：研究深入阶段的工作脉络非常清晰，无论是理论分析、方法分析还是绩效分析都紧密围绕既定研究思路的主线索。因此在工作过程中强调聚焦。例如：本阶段将从前期需要广泛关注的各类城乡生态系统运行中的问题转而到关注既定领域的特定现象，由此逐渐深入开展有关事物本质和发展内在规律和影响其演化的深层机制的分析。再结合可能的技术升级与进步开展理论思路的更新整合设计或者逻辑重构，以获得解决相关城乡问题的新方法和途径。事实上概括起来，本阶段大致分为：深入研究、逻辑解构和理论充实或重建三个阶段（图2-11）。

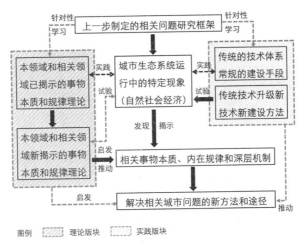

图2-11 理论研究深入阶段流程
图片来源：作者自绘，徐萌制作。

3）研究升华阶段

研究升华阶段是整个研究过程中的"收官"[①]阶段。虽然主要的研究工作已经接近尾声，但是这个阶段的工作本身却是不可或缺的。这是一个对研究工作进行整体反思和验证的阶段，其目标是促使工作更趋完善。就具体工作内容而言包括以下几个方面：首先，根据新的理论设计检定性小型试验，这种试验本身往往也可能就是某些实实在在的实践项目。其次，对试验结果进行收集和再分析，从中发现新的理论设计中还有可能存在的研究瑕疵。第三，根据分析结果对新理论体系进行拾遗补缺性质的完善设计，以保障研究成果的科学性及其逻辑严整性。最后，是研究的终极理想，将这一成果尽可能地推向更广泛的实践领域——由此开始研究的另一个轮回。总结起来，也就是检定试验、绩效再评判、修订理论、推广实践四个步骤。

检定试验——主要工作内容是根据修订理论或新理论框架制定尝试解决问题的初步方案，并付诸实施。检定试验同样需要缜密设计，不是任何实践项目都适合作为既定理论的实验对象。这些实践项目需要相对纯粹、可控的外部条件和较为清晰、明了的内部构成，从而利于检定事物内在机制与外部因素的互动状况，也有利于检验实施方略的落实状况和由此产生的效应。

绩效再评判——主要内容是对检定试验的成果进行评价，从而判断相应修订

---

① 收官——围棋术语。

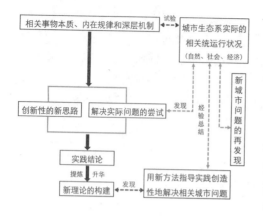

图 2-12 理论研究升华阶段流程
图片来源：作者自绘，徐萌制作。

和重新立论是否成功。包括发现研究的瑕疵，衡量试验成果对试验策略的响应程度，总结成功与失败之处。需要特别注意的是，本阶段的绩效评判具有强烈的针对性，并非对既往理论进行绩效分析，而只是针对试验的绩效评价。

修订理论——根据绩效再评价的发现，进一步深入分析，根据评判中响应状况判断可能存在的研究瑕疵，继而修正原有的立论依据和方法体系，最终趋于完善理论。有些时候，修订理论在于检验理论的施用限制条件。就好比当年物理学界确定经典力学适用范围一般。

实践实施——根据修订后的理论和方法体系，制定针对既定问题和领域的"新"城乡建设或改造实践的技术方案。

研究升华阶段的主要工作成果：主要包括两个部分，其一是立论科学、逻辑严密的经过完善和修正的既有理论体系或经过检验而重构创新的新理论体系；其二是根据理论和技术更新而制定相应的实践实施方案或操作方法体系。

研究深入阶段的基本工作流程：研究深入阶段是整个研究大循环中的一个小循环，属于试验性质，其目的在于通过有限检验，来弥补研究可能的漏洞，增强研究成果的科学性，提升研究质量。由此，其过程包括实践试验、理论修订完善两大阶段（图 2-12）。

案例 2-3：功能分区理论的修订与完善

（1）功能分区理论发展溯源

毋庸置疑，功能分区理论是现代城乡规划学领域一个极其重要的基础理论。虽然城市规划理论历史研究曾经对东西方古代的城市规划建设思想进行回顾，提出最早的"功能分区"规划思想在中国古代的营国制度和古印度、古希腊、罗马时期的城镇建造原则中都有提及，而且考古发现也陆续证实了那时的古代城镇的确已经具有了事实上的"功能分区"，但是作为现代城市规划基础理论的"功能分区理论"事实上是形成于 20 世纪初。1920 年代末期，国际现代建筑学会（CIAM）在其第一次会议上提出了强调城市空间营建的功能秩序和城市土地用途分离的理论，这是现代城市功能分区理论的雏形。至 1933 年《雅典宪章》中明确提出"城市具有四项基本功能——生产（学习）、生活、游憩和交通"，并且指出城市规划工作就是在三维的空间内处理好城市的这些功能之间的相互关系，标志着"功能分区"思想趋于成熟。从某种程度上看，这一理论源起可以追溯到在 19 世纪末叶的"田园城市"规划理论中。在那时，"田园城市"所设想的理想城市空间模式中就特别强调了将不同的城乡功能置于不同的地域，以避免当时自发演进形成的城市生产、生活区域混杂造成的城市环境恶化状况。

"功能分区"理论的构建基于"物质空间决定论"和"机械主义"、"形式理性主义"的哲学逻辑和思维方式，是当时规划学界基于传统经验主义的城市空间建设发展规律总结基础上，针对那时凸现的一些城市问题，提出的理想化、模式化的物质空间解决方法。它强调对一定区域范围内的城市土地利用纯粹化，以达成空间功能的统一，从而追求城市整体空间建设从组织结构到空间形象的理性秩序化，并通过这种秩序化来提升城市运行效率，同时赋予城市空间秩序一定的象征意义。

　　现代城市功能分区理论指导了第二次世界大战之后全球大量的各类建设实践活动，尤其是在城镇重建和复兴，以及20世纪60~70年代的新城建设过程之中，该理论得到大力推行，例如：华沙、鹿特丹、魏林比、昌迪加尔、巴西利亚等。中华人民共和国成立前上海、南京、重庆等城市的都市计划以及中华人民共和国成立后第一个五年计划期间，在苏联援建下进行的西安、洛阳等城市的总体规划也都秉承了城市功能分区的理论思想。这些著名的城市规划案例在制定和实施之初无疑都是备受业界称道的。以昌迪加尔为例，这个位于喜马拉雅山脉南麓的印度城市的新城总体规划，在著名建设大师及理论家勒·柯布西耶主持和设计下完成。整个城市被比拟成为基于理性秩序、有机组织的人体[1]，各类城市功能按照一定的空间关系被设置在适宜的地点，没有一点功能复合，完全遵照所谓的纯粹理性原则施行。这一规划一经实施，就因其规整有序的空间形象而广受赞誉。又如我国一五时期编制并实施的西安市总体规划，当时秉承苏联的规划方法体系和技术框架，以城市功能的空间需要为技术理性为出发点，基于当时"先生产、后生活"大力发展工业城市的指导思想，在原来古城的东西两侧分别布置了"纺织城"和"电子城"，南郊布置"文教区"，并结合原古城，在其周边建设居住区。整个城市空间构架均衡和秩序，期望通过空间组织提升城市效率，改善空间环境质量[2]。一五时期的西安城市总体规划在我国城市规划史上占有重要地位，被认为奠定了古城现代化的基础。

（2）功能分区理论实践反思

　　任何理论的推行都是出于改变现实中某些问题的美好理想，但是能否实现理想还需要实践检验。人们基于自身对客观环境的认知和对城市功能分区理论的理解而制定规划方案是否真正能使现代城市运行犹如机械般精确无误、秩序井然呢？经历数十年时间、众多的城市建设实例反馈，研究者发现了一些不得不面对的共同问题。首先是造成了严重的城市钟摆交通。居住与工作的分离在城市居住

---

① 勒·柯布西耶把首府的行政中心当作城市的"大脑"，布置在山麓下全城顶端高地，可俯视全城。博物馆、图书馆等作为城市的"神经中枢"位于大脑附近。全城商业中心设在作为城市纵横轴线的主干道交叉处，象征城市的"心脏"。大学区位于城市西北侧，好似"右手"；工业区位于城市东南侧，好似"左手"。城市的供水、供电、通信系统象征"血管神经系统"。道路系统象征"骨架"。城市的建筑组群好似"肌肉"。绿地系统象征城市的呼吸系统"肺脏"。资料来源：张京祥. 西方城市规划思想史纲[M]. 南京：东南大学出版社，2005；尼格尔·泰勒. 1945年后西方城市规划理论的流变[M]. 北京：中国建筑工业出版社，2006；同济大学. 西方城市建设史纲[M]. 北京：中国建筑工业出版社，2011.

② 资料来源：黄立 中国现代城市规划历史研究（1945-1965）[D]. 武汉理工大学，2006；周干峙. 西安首轮城市总体规划回忆[C]. 城市规划年会论文集，2005。

区和工业区之间形成了在既定时间（上下班时段）、既定路线（从居住地到工作地）的城市道路拥堵。一方面损失了每个人的时间效率（增加了通勤耗时），另一方面也常常造成道路空间效率的损失（为满足通勤交通流量而设计的道路空间在绝大多数时间都存在过度闲置的情况）。其次，城市空间形象单调死板，缺乏特色与生机。虽然许多由城市功能分区理论指导建设而形成城市的重要区域往往都由当时的建筑大师们进行了专门的城市设计——例如昌迪加尔、巴西利亚等，其空间建设成果中甚至不乏著名的单体建筑，但是其既定区域内的城市空间由于功能过于纯粹导致形象单调，缺乏艺术审美必要的多元化因素也是不争的事实。第三，城市社会生活与交往组织困难，物质空间缺乏活力和生机。区域功能纯化使得人们本应基于社区空间尺度进行组织的日常生活不得不扩大到城市尺度，行为效率大大降低，城市生活的时间成本大大增加。同时，空间功能过度纯化还引发了在既定城市空间内使用人群固化的现象，扼制了原本应该非常丰富的城市社会交往活动的发生，往往造成了事实上的人为社群隔离。

以西安"一五"总体规划实施为例，由于较好地处理了东西向城市主轴的道路交通组织问题，西安市的通勤拥堵问题并不严重。但是，整个东西轴线两侧布置的不同产业类型却导致了区域内人口性别的严重失衡——东部"纺织城"工人以女性为主，而西侧"电子城"工人以男性为主。两区内适龄人口都一度存在严重的择偶困难，为了解决这一问题政府曾经组织两城之间的相亲大会。但是一旦决定跨区组织家庭，则面临在何处安家的问题——两区之间距离超过了合理的家庭行为半径。这个由于从业人员性别不平衡导致的一系列社会问题一直到后来计划经济时代结束，直至西安东区产业结构发生变化才逐渐淡去。因此，不同地域、规模、性质、层级的城市因功能分区造成的具体城市问题是不尽相同的，但是大致都可以归为上述三类。西安的问题就属于第三类。这些城市运行失效的现象反映出功能分区理论施行的效果在某种程度上与其现代城市建设的理想（公平与效率）背道而驰。经过众多研究者系统反思，归根到底造成这种现象的原因是由于忽视了城市中"人"本身的固有社会需求和行为规律所造成的。

（3）功能分区理论的修正、完善与突破发展

自发演进发展的城镇空间一定程度上存在功能相对聚集的现象。这是由于社会行为经济规律与城镇空间建设利用的互动所引发。例如：许多城镇都有自发的某些专门市场，在某些特定区域出现专门售卖某些商品或集中提供某些服务的现象，比如餐饮一条街，小商品一条街等。这甚至在许多古城的地名中就有所体现，例如老成都有八宝街（卖珠宝）、东打铜（制作铜器）、银丝街（制作银器）、骡马市（贩卖骡马牲畜）等。这种事实上的聚集与现在有意识地通过规划引导专门市场建设的状况不同，当时的城镇建设大多不会专门考虑这方面的内容——那时城镇规划建设关注的重点一在城防，二在通过空间秩序建设反映相应的社会秩序。因此，这种事实上的"功能分区"是由其潜在的空间行为效率导致的。这种效率提升能带来实实在在的收益或者为人们的行为提供各种便利。作者认为这种现象是启发现代"功能分区"的思维源泉之一。当然，目

前的理论研究通常更认同促成最初"功能分区"思想产生的原因是在于对19世纪末期工业城镇生产、生活混杂而带来的严重环境危机。那是一种基于现实反思而带来的逆向思维逻辑，但是也不可否认聚集效应从正面为"功能分区"提供了佐证。因此，当"功能分区"理论遭遇实践困境时，研究者开始对功能分区理论进行全面的剖析，整理理论生成的逻辑、客观依据以及寻找修正理论的思路。

首先，对理论的完善是从突出的焦点问题开始的。功能分区是唯物质空间、崇尚理性秩序的，忽视了人类社会属性的空间需要。因此，很多后续理论都是从这个角度去切入研究的，开始寻找人类社会属性及其组织关系对空间建设的影响规律。例如：1977年国际建筑师协会（IUA）在《马丘比丘宪章》中明确指出了《雅典宪章》"功能分区"理论的缺陷，强调城市建设应该尊重"人与人之间的联系"以及"人类活动的连续性"。同时，提出建设"具有流动性的、连续性的城市空间"，强调"创造一个综合的、多功能的城市生活环境"，突出城镇应遵循有机的空间秩序。事实上，启发《马丘比丘宪章》作出上述论述的较早理论都是建立在研究现在城市空间运行所导致的社会问题基础上的。如简·雅各布斯在《美国大城市的死与生》中对第二次世界大战过后的规划理论进行了质疑，提出规划师缺乏对现实生活的了解。她认为城市建设应该以城市生活为前提，而不是绝对的空间秩序。杨·盖尔也在《交往与空间》一书中指出："集中或分散的对象是人和活动，而不是建筑。"应针对城市中的"人和活动"进行规划。早期的城市功能分区因为忽视了"人和活动"的规律性以及需求，导致城市空间无法适应城市和社会的发展。①

另一个完善城市功能分区理论的思路则是从纯粹功能分区的对立面开始的——既然纯粹的功能分区导致社会问题频发，建设能不能倡导"功能混合"呢？因此简·雅各布斯提出了一个替代原则："城市需要一种相互交错、紧密关联的土地利用多样性，以便从经济和社会的角度可以相互支持。"亚历山大在《城市并非树形》中同样强调土地的混合利用，提出"城镇土地利用和行为的混合性，带来了生活的重叠化和复杂化，营造了一个成功的城市"。日本的"复合市街地"的开发模式所提倡的城市中心区的混合开发等，都是基于这样的思路。

但现实中又的确存在真实的"功能分区"。事实上，空间功能的纯化和混合始终伴随着城镇空间演进保持相伴而生、无法截然割裂的互动趋势——仿佛有两种相向的隐藏力量在左右着城镇物质空间的功能演化。那么这种现实也意味着"功能分区"理论有客观事实作为其立论支撑，只是原来的理论逻辑过于强调功能空间的聚集以及空间本身僵化的理性秩序，忽略了空间建构的某些细节。于是有研究再次回头对城镇空间的演进机制进行探索，了解城镇空间功能适应和变异发展的内在动力机制，最后将这些因素反馈空间建设层面，对"功能分

---

① 资料来源：(英) 尼格尔·泰勒．1945年后西方城市规划理论的流变 [M]．北京：中国建筑工业出版社，2006．

区"理论进行完善和深化。这种理论要解决的核心问题不是"要不要功能分区",而是研究功能分区理论运用的限制条件——"功能分区"不是一种教条地使物质空间秩序化的"真理"或"准则",而是一种城乡物质空间组织的方法。这种方法的运用需要以现实条件为基础,而且具有既定的限制条件。最终经过系统的研究,相关学者发现"功能分区"理论运用的限制性源自以下两个领域:一是人类社会行为组织的规律导致的限制。这方面规律的研究最终落实在了功能分区的规模层级划定和空间尺度上。例如:为保证普通城镇居民日常生活行为的连续性,通勤距离的设定应控制在单程30min之内。那么大致对应的城市空间尺度为方圆100km²,对应的人口规模为100万左右[①]。在这个尺度上进行城市总体规划层面上的功能分区,其对于社会组织的负面效应是可控的。超过这个尺度推行功能分区,将造成社会运行失效。事实上功能分区理论完善还涉及更多更深层面的对社会组织运行规律的空间解读。比如城镇公共服务设施配建应以适宜步行的空间尺度进行控制,大约对应的人口规模为30万人。这就是基于社区交往或者某类社会行为的组织规律来细化"功能分区"对应的功能层级及其空间尺度。另一方面是城市功能之间混合规律导致的限制。这决定了在物质空间组织层面上怎样去功能分区又怎样去功能混合。城镇不仅是社会的过程,同时也是一个经济和生态的过程。不同的城镇功能运行都需要物质空间的支撑,某些功能对城市空间的要求是截然不同甚至矛盾重重的,因此混合不是没有原则和限制的,某些情况下分区是必需和必要的。那么功能的空间安排怎样才能在必需的分离基础上,兼顾人们的行为特点,提升空间利用效率。围绕这个领域的研究主要是基于"紧凑城市"和"精明增长"的角度入手——毫无疑问提升土地资源利用效率的一条重要途径就是如何用在有限的土地上创造更多的功能空间,满足更多的城市功能需要。这种高密度、高强度的建设状态下,各个层级上的土地混合利用是不得不作出的选择,更何况适度混合还能同时强化城市的社会联系,赋予城镇空间更强大的生机与活力。因此在这一理念指导下,对城镇土地利用兼容性的研究,对城市物质空间建设功能复合方法的研究,基于产业升级和工艺改进的生产、生活用地空间关系的研究如火如荼、方兴未艾。针对不同城镇发展阶段、不同地域、不同环境特点,功能空间混合的策略和操作方法往往不尽相同,如旧区更新、棕地复兴、混合开发、产城一体、城市综合体等等。

对城市功能分区理论实施的反思,带动了整个城乡规划理论体系的更新。在这个理论发展过程中,不同的学者从不同的领域对城市功能分区理论的实践成果进行了绩效评价(事实上那些对各种问题的关注甚至抱怨,也可以被认为是失效评价的一种方式),并从不同的视角对理论的构建逻辑、方法体系、技术支撑等等进行解构,从而在此基础上提出新的理论。我们无法否认,无论是TOD理论、新城市主义、混合开发,还是紧凑城市、精明增长,它们的背后都是"功能分区"。从20世纪60年代开始,最初是由城市问题引导的理论反思,

---

① 按照城市公共交通平均时速20km/h,城市人均建设用地100m²/人简要计算所的。

成果主要是《美国大城市的死与生》这种类型的启发型的著作，我们可以将这个时期看作对现代城市功能分区理论更新的研究准备阶段。第二个阶段从20世纪70年代末期开始，学者们在反思基础上，基于不同哲学思路和技术逻辑对功能分区理论进行重构。既有针对社会分离的混合居住模式探讨，也有基于居住与第三产业发展的复合开发模式研究，还有针对环境影响评判的开发兼容性评价等等。同时，通过一些尝试性的实践来获取改进效果的数据，以支撑下一步研究。这可以看作是研究的深入阶段。第三阶段大约从20世纪80年代末期开始，结合城市空间建设技术和信息技术、交通技术升级，学界业界开始广泛探讨如何构建新的城市物质空间秩序以高效地响应城市社会、经济、文化、环境等各方面的功能需要，例如TOD模式、TND模式、紧凑城市、城市综合体等。其中有些理论已经完成了新理论从立论基础、生成逻辑，到实践方法的体系构建。这意味着现代城乡规划理论体系已经更趋完善。

上述案例通过对城市规划经典理论"城市功能分区"理论从20世纪30年代形成以来的实践反思，梳理了基于功能分区理论影响下的理论体系建设发展状况。我们可以发现理论性研究的整体流程可以具有相当长的时间跨度，由众多的研究者共同完成，其中每一个阶段都有可能具有丰富的研究成果。有些时候相应的矛盾和问题也许早就被研究者关注，但是也许解决问题的方案必须等到技术发展跟上理论设想的脚步。总之，在城乡规划领域的理论更新是知识与方法的全面更新，理论必须经过实践的检验才能真正完成升华。

2.4.2 实践性研究流程及阶段特点

实践性研究的根本目标在于解决现实中既定对象的具体问题。客观来说，其针对性极强，就是一个个特例。更简单直白的说法是，实践性研究就是针对特定项目进行的规划设计。进行规划编制和设计，首先必须对规划作用的对象进行全面的了解，这个了解过程本身就是一个研究过程。很难想象投资者会在没有对项目本身所处客观环境状况进行全面系统了解与分析的基础上，就凭着"一腔热血"或者"乌托邦式的理想"来投注大量建设资金兴建"梦幻家园"。排除极少数狂热地理想主义者，因此现实中绝大多数实践都是要解决具体问题，并一定要落实相应建设目标的。基于每一个城乡发展规划所针对对象，不论整体还是局部固有的差异性，那个事实上每一个实践性研究都是独特的，其成果本身也是独特的。

实践性研究最突出的特色在于它的可检验性。衡量这种类型研究的成果是否有效，最重要的标准就在于规划制定的方略能否高效地解决相关问题。不同的策略针对现实的不同问题，指向未来不同的目标，假以时日在相应规划策略引导下，某地发展是否克服和改善了这些问题，又是否实现了这些目标，又是否导致了新的问题或者矛盾。例如：为某个城镇或者乡村编制的五年或者十年发展计划，在既定年限内是否达到了或者在多大程度上达成了规划所拟订的目标，达成的过程中是否出现了新的问题，这些问题对整个城镇的影响又集中在那些方面等。基于城乡规划工作的过程性[①]特点，这种检验本身也是一个不断循环的研究过程——通过各种反馈不断地判断既定策略和实施方案的效力，适时调整以保障相关"引导"确实能够在既定发展时段内到达相应目标。

实践性研究成果往往具有复合性特点。基于目前对城乡问题复杂性的认知日益深入，现在一个既定的实践项目已经很少单纯地运用某一个理论来进行规划编制。例如，在 20 世纪初期，理论界对城乡规划的认知还大多停留于物质空间层面，因此强调单纯地运用物质空间建设手段来调控城乡发展。而现在因为城乡规划往往需要合并考虑经济、社会、文化、生态环境等多方面问题，所以具体项目大多需要进行多种理论相互配合运用和多重论证、模拟，才能最终拿出具有多重复合性的规划方案。也就是现在的物质空间建设活动就好比是一副必须解决多重问题的"药"，已经走过了单打一的"单方"阶段，普遍迈入了"复方"阶段，甚至有时已经是"鸡尾酒"疗法了。

长期以来人们对研究总有一些惯性期许——不论是新知的发现也好，还是方法的运用也好，最好都是普适性的，人们总是不切实际地期待着能有一副包治百病的"狗皮膏药"。尽管基于理性，现在越来越多的人都能更加清醒地知道——世界上既没有普适真理，也没有可以"以不变应万变"的万能方法，但是长期以来人们还是在潜意识中认定适用范围越广的理论或者方法具有更高的价值。其实那些所谓的广泛使用的普遍规律本身都是从一个个独特存在的个案中提取出来的，具有既定针对性、独特性的发展演进历程的特殊规律才是真正的客观真实。因此，尽管历史惊人地相似，但毕竟每一段历史都是独特的存在。那些所谓的"普适"规律只是提取了不同个案的相似部分而已。越是"普适"越缺乏细节，相比较而言更难以针对和解决具体问题。那些在某个"高级"理论指导下的好方案，其成功之处往往在于它"创造性"地解决了理论如何结合实践对象本身特征落地的问题。正是基于这样的逻辑，我们知道一个有价值的实践性研究未必一定需要某些高深理论的指导，它的成功也许就是基于最朴实的"就事论事"。那么实践性研究对于相应领域的知识和方法体系构建的价值何在。其一，成果对类似实际问题的解决提供了参考。客观事物的相似性为基于类比的经验转移提供了条件，这里既有认知的转移，也有方法的转移。在这个由此及彼的过程之中，知识得以凝练、方法不断得到精炼。其二，新知的发现在于总结与凝练，对大量同类型实践经验的总结也会促成理论升华。基于实践性研究的可验证性，人们通过对大量类似实践项目实施效力的对比，能够从研究对象本身的区别发现事物研究的不同要素对同一种干预方法的响应规律，同时也能从不同方法对同一对象产生的不同作用判别方法策略运用法则。无论哪种方式，通过逐渐积累都能够对理论体系的建设添砖加瓦。

(1) 实践性研究全流程

实践性研究通常分为两个阶段：一是剖析研究对象本身的演化规律；二是根据相应的规律制定指导研究对象发展的方案。其中前者是基于历史的事实研究，后者是面向未来的规划设计（图 2-13）。

1）剖析演化规律

剖析演化发展规律阶段主要任务是解读具体研究对象的演化历程，包括以下几

---

① 过程性是相对于过去城乡规划强调"终极蓝图"模式的目标性（或者目的性）而言的。

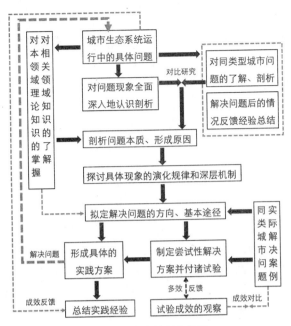

图 2-13　实践性研究流程
图片来源：作者自绘，徐萌制作。

部分内容：一是了解研究对象的现状，重点是评价研究对象现在面临哪些问题，这些问题都造成了怎样的困扰；第二是回顾研究对象的演化轨迹，重点探究研究对象怎样逐渐演变成现在这种状况；第三是对过去引导研究对象发展相关策略的作用状况进行评价，重点在于发现基于研究对象本身特点，不同策略的作用机制及其效力。以上三部分内容相辅相成，其目标在于寻找研究对象这一个案的演化规律。

2）制定发展方案

发展方案的制定一定是基于个案现实情况，其重点在于明确下一阶段发展任务，从而拟定达成发展目标的实施性规划方案，主要包括以下内容：其一基于现状找出影响下一步发展的关键问题；其二回顾演进筛选适于本研究对象的具体方法和策略；其三在适宜的理论指导下具体制定规划建设和改造方案。通过这三方面的工作判断实践项目涉及研究对象的发展状况、本阶段需要解决的关键问题、拟定发展路线、制定具体方略，最后将这样的研究成果通过具体的规划设计方案予以贯彻。

（2）实践性研究各个阶段的工作内容及要点

1）剖析演化规律

俗语云"知己知彼、百战不殆"，剖析演化规律的目的就在于了解研究对象的自身状况。因为实践性研究涉及的对象相对明确，所以对研究对象现实状况的掌握就必须更为全面和深入——主要涉及静态现状和动态演进历程两部分具体内容。同时，除了研究对象事物本身的动静态现状之外，还需要了解过去规划及其执行状况，也就是既往的发展方针、策略、路线及其具体操作方法的绩效判定。其重点在于了解有利于规划贯彻的积极因素和造成规划失效的消极因素，以及各种相关要素之间的互动转变机制。这一阶段就具体操作而言应分为：了解现状、回顾历史、剖析过去、评价绩效和总结规律五个具体步骤。

①了解现状——了解现状贵在"全面"，关键也在全面。因此，最重要的态度就在于客观，不能由于主观因素就回避所谓不利的现状。就城乡规划所涉及实践性项目的特点，对现状的了解往往需要涉及经济状况、社会组织状况、文化发展状况、自然与生态环境状况以及物质空间建设现状等五个方面。其中，还需特别剖析功能系统与物质空间的协同状况。

②回顾历史——回顾历史重在"梳理"，关键在于理清研究对象的演进脉络和演化特征。需要判断演进的系统性和阶段性，一方面系统地掌握过去各个发展阶段的基本状况，理清城乡各个子系统内在的纵向线索；另一方面从事物发展的阶段性特征入手，合理划分研究对象不同演进阶段，判断各个阶段的发展主导因素及其作用机制。这好比在纵横两向勾勒事物演化的整体状况，前者可简称为了解"历史沿

革"，后者常称为"发展动力机制分析"。

③剖析过去——剖析过去重在了解人们干预客观事物发展曾经采取的各种措施。尽管有些时候人们并未刻意去干预事物演化，但是人类总是不由自主地发挥着能动性以引导"天遂人愿"。随着对客观事物演进规律的了解逐渐深入，人类愈发地不满足于"无为而治"，近三百年来更是随着技术能力提升而更加主动地干涉客观事物发展。但是无论如何"主观因素"都必须通过"客观机制"来实现，人们只能引导而无法真正强制客观事物按照自己的意愿发展。正是基于这种状况，人们需要更深入地了解结合事物的演化历程，在它们的各个演进阶段人们都曾经做过些什么，基于什么目标，具体是怎样做的。从研究操作的重点来看，这样做的核心是了解人们曾经拟定和编制的各类规划以及投诸实施的各种相关政策。

④评价绩效——评价绩效的重点在于了解研究对象对于人们为引导其发展而采取的各类方略的响应程度。较为有效的评价方法是从问题入手，通过研究对象在演化过程中出现的各种问题，发现相关规划的贯彻情况：哪些部分得到了有效执行，并有效发挥了积极作用；哪些部分尽管得到了施行，但实施效果并不理想；还有哪些措施虽然强制推行，却不仅不能促进相应部分正向演进，还造成了研究对象的机能失调甚至状况退化；另外还有那些部分推行不利，未能得以实施，以及造成无法推进的原因。总之，评价绩效就是要发现制约规划实施的各种客观因素，以及这些相关因素之间的互动规律。需要特别强调的是——由于我国城乡物质空间环境一百余年以来累积有大量的建设欠账，近三十年来因补偿性发展而造成急速膨胀的特殊状况，许多时候后续实践并未对前期建设的成效进行系统反思。尽管过去虽然在编制程序上要求必须对既往规划执行状况和实施效果进行评价，但是事实上这部分工作往往流于形式。这样的必要操作程序缺失造成相关规划往往缺乏延续性，不能从既往实践中有效吸取经验和教训，使得规划施行效率大大降低。因此，在客观上助长了"规划无用"的观念，否认了规划的科学性，事实上贬低了规划的价值。今后城乡规划建设实践将从注重"量"的补偿性建设转向提升物质空间使用效率极其内涵积淀的"质"的建设，对既往发展方略反思以吸取经验教训的工作将发挥越来越重要的作用。

⑤总结规律——总结规律是将研究对象的演化状况和既往规划施行的经验和教训加以提炼，并上升到理论层面。这个操作步骤的重点在于综合剖析研究对象的真实状况、规划施行反馈两方面内容对相关城乡规划理论的响应与互动。主要了解规划理论的适地性以及施行限制，一则为理论的修正积累资料，二则为后一阶段规划编制整理相关思路。

2）制定发展方案

规划通过实践引导研究对象从现在到未来需要两大要件：一是目标；二是路径。城乡规划施行方式近百年来逐渐从过去的目标导向型转向历程拟合型，也就是从强调达成蓝图目标转向了发展的过程控制，力求人类的干预更符合客观事物本身的演进规律——尊重自然、社会、历史、文化的既有基础，而不是单纯地出于人类既定目标的一厢情愿。

城乡规划领域的实践性研究根据人们拟定的发展周期通常分为近期（通常 3~5 年）、中期（5~10 年）、远期（10~20 年）和远景（20~50 年）四种，不同周期的城乡规划引导实践对象发展的重点和方法是不同的。通常，近期和中期的实践研究更强调制定目标，而远期和远景则强调梳理发展思路，也就是俗语所称的"目标导向型规划"和"策略导向型规划"。前者往往是从目标反推实施，而后者则强调从现状出发遵循相应规律进行正向推演。就这两种规划模式的表达方式来看——前者往往是由一个个具体实践项目构成，有十分具体的任务目标，人们很容易根据项目描述"看见"并设想数年之后的"变化"。后者注重梳理发展脉络，通常是通过颁布一系列政策和措施来引导实践，因此很难描绘具体的建设"成果形象"，这种暗藏的发展脉络不容易被大多数人理解和感知，往往要通过各种阐释来予以剖白。

　　无论哪种城乡规划编制模式，就其具体操作手法而言都必须对既定项目现状进行定位。因为规划所主导的发展是面向未知的未来，所以前瞻性的预测是规划本身固有的组成部分。这种预测不是空穴来风、不切实际的，是通过对同类事物发展规律的再演绎而获得的，是具有一定科学依据的推断。因此，制定发展方案时首先需要将预测视野提升到更高、更广的层面，这需要开展广泛的案例比较研究。通过这个过程明确本次研究对象的发展阶段以及相应的优势、劣势和机遇，在此基础上再拟订具体的发展目标和实施方略。基于这样的编制逻辑，制定发展方案通常分为案例比较、目标制定和方略编纂三个具体步骤。

　　①案例比较——实践性研究所具备的预测性、前瞻性，都必须结合研究对象实际的发展状况进行判断。确定研究对象尚处于不确定状态的"未来"，在这一过程中，研究者的视野一定不能仅仅局限于研究对象本身。只能基于与其他类似案例的比较，通过对同类型事物所处不同发展阶段的状况对比，来完成对既定研究对象自身的现状定位，从而在此基础上规划未来发展道路。案例比较主要需完成以下任务：一是以剖析规律阶段对研究对象的认知为基础，结合同类事物发展的状况比较和理论推演，判断既定研究对象现在所处的发展阶段和未来大致的发展方向和可能的历程；二是结合相关案例的经验和教训，判断本研究对象未来发展需要特别注重的因素，以更好地把握机遇；三是结合本研究对象自身特点，研究如何借鉴具体的方法，以及相关方法如何适用，来保障干预措施顺利落实。

　　②目标制定——目标是引导发展的"航标"，一个实在的目标由定性和定量两部分内容构成。定性部分是对未来状况的概括性描述，通常会包括研究对象未来的性质演化、发展定位等内容。定量部分的内容则是对定性部分的深化、细化，通常是为了相应的指标。例如：某个城市拟定的发展目标为建设"森林城市"，那么对应于这一定性描述之后的具体量化目标则包括指标和相应的数值，"绿地率"要达到多少，"绿化覆盖率"要达到多少，以及"森林覆盖率"要达到多少等。这些量化目标通常会以一定国家标准为基础，或者是以基于一定的前期研究提出的更适用于本地的具体数值为基础。目标的定性描述和定量描述必须是相互匹配、相辅相成的，如果两者不能很好地匹配，目标就无法真正落实。

　　③方略编撰——拟定实施方略就是落实目标达成的途径。对于城乡规划领域的实践性研究而言，通常分为拟定发展时序、划分发展阶段、确定阶段目标、落实具体措施四个部分。拟定发展时序的重点在于根据研究对象状况和相关规律，确定对象发展的纵向线索。划定发展阶段则是在纵向线索指引下，确定发展的各个时间节点。确定阶段目标则依托纵向线索和时间节点要求将定性和定量目标的

具体内容细化。最后，落实具体措施则包括建设措施、管理措施两大部分，是保障目标达成的具体行动方案。例如为达成"森林城市"的目标，需要对城市绿量（重要指标为绿地率）和绿构（重要指标为绿地系统结构）进行调整和建设。从现状到目标达成为十年时间，划分为两个五年阶段。第一阶段的工作重点可能是整理全市的绿地系统结构和增加绿地率到一定的中期数值；第二阶段的具体目标可能是重点调整城镇某些关键地域，如中心城区的绿地结构；同时，增加绿地率到最终目标数值。就具体操作而言，建设方略可能具体会落实到在城市某些区域需增加怎样功能、面积的城市公园、开放绿地、广场或者结合一些其他的城市公共设施布局相应的绿化，又或者结合城市水系建设滨水绿廊等，这些想法将最终转化为具体的建设项目予以分步实施。同时，建设方略也有可能是在没有具体实施项目之前通过一些政策和规定来予以控制性地落实，比如制定绿地系统规划落实具体的绿地结构，同时通过专题研讨反馈修订城市的控制性详细规划，调整某些地域的用地布局以增加绿地率或者针对不同的城镇功能用地按照不同城镇区域的特点制定相应绿化指标等。这些目标就必须通过后续管理在之后可能的实践项目中予以逐步落实。有时这些方略还需要通过相应的部门配合和管理措施予以进一步落实，如城市规划建设部门和园林绿化部门来主导实现，相应的数据也可能拆解为不同的部门目标。

　　无论是理论性研究还是实践性研究都是循环往复的，但是这种循环往复不是简单的重复，每一次回归总是力图弥补既往研究的不足。人类任何一个领域的庞杂繁复的知识也是通过这样的过程逐渐积累而成的，在辩证唯物主义理论中这是典型的"螺旋上升"过程。理论性研究和实践性研究是相辅相成的——理论性研究的核心价值在于通过指导实践，普遍提升某一类客观对象演化发展的效率；实践性研究则强调解决客观对象的具体问题，维持城乡系统的平稳运行。对大量实践研究的成果进行总结、提炼，完成从个案特例到普适通例的升华，是对原有理论充实和纠偏预计促成新理论萌发的重要途径。研究的最终目标一是在于探索新知，二是在于寻求作用于客观对象的方法。有时研究循环在表面上看起来是探索内容的不断重复，是知识验证从个案到普适的过程。但事实上在更深层面上是对促成客观事物演化的操作方法的重复。在城乡规划领域，不论是理论性研究还是实践性研究的终极目标都是在于寻找建设更适合人类可持续发展城乡环境的方法。

2.5　城乡规划相关领域研究的具体内容、方法和操作要点

　　城乡规划研究涉及城市生态系统和乡村生态系统两大人工生态系统。这两大人工系统都是具有多重属性的复合生态系统。目前，我国城乡规划建设领域所重点涉及的物质空间系统，用老子的那句耳熟能详的名言"埏埴以为器，当其无，有器之用。凿户牖以为室，当其无，有室之用。"来概括不过是为内在功能系统服务的支撑系统而已。服务的对象则是城乡的自然与环境系统、社会与文化系统、经济系统。这些系统的现实状况以及与物质空间的配合协同状况决定了城乡生态系统的运行效率。20世纪中叶以来，随着人们对城乡生态系统构建及演进规律的认知程度提升，城乡规划建设领域的研究逐渐突破了对建设技术本身的研讨，而趋于找寻建设活动

与内在功能系统（自然、社会、经济）的互动机制[1]。需要明确的是：立足城乡规划领域的相关研究不是相应功能系统所处学科领域本身的研究，两者的成果可以相互借鉴，而形成理论和实践的互动，但无法相互替代。本节将就与城乡规划领域相关的功能系统研究的基本内容和常用方法进行简要阐述，其中尤其重点偏向与实践性研究相关的部分。

知识点 2-3：主观的"发展"与客观的"演进"

城乡规划建设是面向未来的一个专业领域，因此有一个在本学科领域运用最广泛的词语"发展"。这个词语不能算是一个专业词汇，因此大多数人并没有专门去考证这个词汇在本专业领域运用的准确含义。而是遵从这个词汇常规的内涵。在《辞海》和《新华词典》中对"发展"解释为"是指事物由小到大、由简到繁、由低级到高级、由旧质到新质的运动变化过程。"基于这个解释进行理解，这个词语针对的是一种不论是客观环境还是主观意识都具有的一种状态——这种状态的核心在于变化过程，而且这种变化过程特指从人类角度出发被认为是"正向"的，好的变化。那么就词义本身而言，这个词语是中性偏褒义的。与发展相对应的反义词，通常是"退化"。然而我们在研究过程中还有一个词汇常常和"发展"如影随形、同时出现，这个词汇就是"演化"或者"演进"。最常见的例句就是"通过分析客观事物演化发展的规律……"那么基于学术严谨性的要求，我们有必要厘清"演化（演进）"与"发展"的语义差异。"演化（演进）"更多的时候是作为一个生物学或者生态学领域的专有名词，主要指生物与环境相互作用的适应过程之中，因遗传变异而逐渐累积的变化过程。这个词汇与"进化"是同义词。后来由于基于自然选择的演化思想的推广运用，这个词语逐渐被扩展到生物学和生态学领域之外，成为了一个描述客观事物变化的词语。《新华词典》中对其的解释是"逐渐发展的变化（多指自然界）。"就词语本意而言，"演化"无所谓正向还是逆向，更无所谓贬义还是褒义，只是强调生物与环境适应的变化。因此与发展相比较而言，这个词语更为中性。"演化"这个词是从英文的"evolution"借鉴日语的相关翻译转译而来的，因此它是一个随着近代西方自然科学知识传播而来的新词。事实上，在传统词语"发展"中，"发"字本有"生发"之意，本就包含有自然过程的内涵。而"evolution"的拉丁词根"evolvere"，是将一个卷在一起的东西打开的寓意，与中文"展"的内涵对应是非常相近的，就本意而言我们也许并不需要一个新词"演进"。之所以这个词汇没有沿用和借鉴传统的"发展"，可能是基于考虑是专业词汇的缘故。

让我们再来看看这两个词英文涵义的区别。前面已经讲到了"演化"的对应英文为"evolution"，这个词汇是达尔文在《物种起源》中为了解释物种"经过改变的继承（descent with modification）"而创造出来的词汇。而"发展"对应的词语是"development"，这个词语首先是指"客观事物的逐渐增长和壮大的过程（the

---

[1] 事实上现在城乡空间理论更趋向于认为物质空间已经不仅仅是作为城乡功能的载体，而是一个与城市功能互动的过程。空间对于城乡的经济、社会、文化和生态的状态和发展状况亦有影响，例如：空间消费理论、空间生产理论的某些内容。

gradual growth of something so that is becomes more advanced, stronger, etc)"，后续的其他含义包括技术领域的研发、社会领域的事态进展，以及城乡建设领域的开发等。虽然这个英文的原意解释与中文"发展"的内涵极其贴合，但是就衍生含义而言则更突出强调人为干预的作用，尤其是结合城乡规划建设领域。

在城乡规划建设领域，城镇的具体变化极有可能是基于人为干预的"有组织"更新导致，也有可能是因城乡经济、社会、生态系统的功能空间"自组织"更新促成的。因此作者认为有必要对这两种模式引发的城乡变化过程用不同的词语进行描述，希望能直接从字面上就准确解读相应变化过程的准确含义。由此建议因各种有意识的人为干预而造成的变化，称之为"发展"。尤其是这种人为干预的主要目标是推进事物向人们期望的方向变化，这与"发展"一词本为中性偏褒义的状况十分契合;而由于内在城镇功能需求变化，城镇物质空间自然而然产生的应变称之为"演进"，或者"演化"。这种变化无所谓既定目标，只是空间与功能相互适应过程的体现。由此，在谈及"发展"时更强调人的主观能动性，说到"演化"时强调变化本身的客观事实，尤其突出不以人类意志为转移的内容。

资料来源：

[1] "演化"解释参考了维基百科词条"演化"http：//zh.wikipedia.org/zh-tw/%E6%BC%94%E5%8C%96

[2] 发展的解释参见《新华词典》、《辞海》的内容，二者几乎一样，只是辞海将发展定义为一个哲学名词，强调发展是由事物矛盾斗争的结果。新华词典 [Z]. 北京：商务印书馆，1989：224。《辞海》上海辞书出版社，1989：1298。

[3] 英文 development 的解释源自牛津高阶英汉双解词典（第六版）[M]. 商务印书馆 & 牛津大学出版社，2004：466-467。

2.5.1 针对自然生态环境状况的研究

自然生态环境是基于人类的视角对自然生态系统的称谓，过去通常被视为人类"改造"的对象。"改造"的目的就是为了使它能够更好地为人类"服务"，按照人类的意愿运行。但事实上，自然生态系统有其自身固有的内在运行机制，人类的"干预"对于它而言就是一种外因扰动。所有人们看起来取得的"胜利"，其实不过是自然生态系统对这种干预的正面响应，一如人类极其恼火的各种负面响应一般，都是其自身所固有的。城、乡生态系统实施上是由人类与自然互动而构建的，它们的正常运行离不开自然生态系统的支持。虽然人类仿佛与"纯粹"的自然已经渐行渐远，但人至今尚不能胜天，只能顺天。本节所涉内容主要是与城乡物质空间建设密切相关的部分，并从系统的角度去解读自然生态系统与人类建设活动的互动。基本还是将自然生态系统视为"环境"的思路，这种思路是基于一种较浅层面的认知定位，在此特别说明。

（1）研究的基本内容

基于人居空间环境建设的角度，自然生态环境领域与城乡规划相关的研究主要涉及地理学、气候学、水文学、生物和生态学等四大方面。根据城乡规划相应研究的惯常思路，在此将之分为"勘地"、"理水"、"相天"、"法物"和"问灾"五个部分，前四部分重在了解既定研究对象的固有状况，而最后的部分则强调对上述四个部分负面响应机制的剖析，以求未雨绸缪。

　　1）勘地

　　了解和探究与既定研究相关的涉及地球本身状况的各种领域，通常涵盖从宏观到微观各个层面的内容。根据地球环境生成的特点，每一个地方的涉地要素都具有唯一性。地点是该地一切其他自然特征的原生根基——地点本身的涉地要素合并因地点而获得的气候特征，也几乎同时决定了该地的生态基本特征。涉地因素从宏观到微观包括地理位置、地理环境、地形、地势、地貌以及相应的地质状况及方面具体内容。从空间环境尺度上来看，其中地理位置、地理环境属于宏观层面的因素，地形、地势、地貌属于中观层面的因素，地质状况属于微观层面的因素，它们分别会影响城乡物质空间营建的不同方面。

　　①地理位置——经纬度的标定。主要涉及时区、气候带等因素的定标。在此处地理位置仅仅强调的是一个具体地点的概念，这个地理位置是唯一的、确定的，除了极其个别的特殊原因①不会改变的。它是不同于经由与周边地区对比而具有的"地理区位"概念的。"区位"虽然与地理位置本身相关，但是更重要的含义是在于此地与周边其他客观事物相联系的空间关系，甚至是"时空"关系。因此论及区位，研究者更多的是关注与这个地点对于人类活动的相对价值。这包括既有的社会、经济、文化、历史因素以及这些因素与周边交流互动的便捷程度和可能由此而具有的潜在价值。而此处特别强调的地理位置，也可以将之称为"自然区位"，更看重因为位置本身所具有的自然属性。

　　②地理环境——即此地与周边地区的地理关系，例如"成都市处在四川盆地西部川西平原之上"。这个对成都市地理环境的介绍，即点明该地域周边四面环山，地处平原。地理环境是由地理位置所决定的，强调的是所研究核心地区与周边地域的地理关系，例如是否具有共同的延续的山脉、是否同处某一地理单元等。地理环境关注本地区与周边的共同性与差异性。

　　③地貌、地形、地势——地貌、地形是指地球表面的自然固定物高低起伏的形态特点②。通常而言，地貌是对较大范围的总体特征的描述，而地形则偏向于更具体更小空间尺度的描述。地貌分为高原、山地、丘陵、平原、盆地五种类型。而通常地形所描述的状况要比地貌复杂很多，就山地地貌之下而言，就可能有山峰、山系、沟谷、坪坝、山崖、坡地等具体形态。无论怎样具体叙述，地貌和地形的学术概念都是强调叙述应该具有一定空间范围，通常比较倾向于一个描述能够有一个较完整的空间边界，能够用一个完整的形态特点进行涵盖。但是由于地球环境形成受到复杂内力和外力作用，具有不均匀的绝对特点，有些地区在很小的空间尺度范围内呈现出丰富的变化，很难一言以蔽之，这种状况被称为复杂地形。事实上较大尺度的

---

① 地球板块运动会造成大陆漂移，因此可见的地理位置改变大多是因为特大地震造成的，但是这种改变之后的地理位置依然是唯一的，且在一定时间段内保持不变。

② 对总体地形的描述分为陆地地貌和海底地貌两大类型。陆地地貌分为：高原、山地、丘陵、平原和盆地五种类型，海底地貌包括大陆架、大陆坡、海沟、海盆和大洋中脊五种类型，另外还涉及由海洋外露海面的海岛和礁盘两种类型。就广义的地形描述而言，应该包括与水系相关的"江河湖沼"，但是在本文中，将这一部分内容置于"理水"小节进行具体说明。

地貌描述都涵盖着极为复杂的真实地形状况。以四川盆地为例，它具有典型的盆地地貌，但是在这个盆地的西部边缘是陡峻的山地，西北部为岷江、沱江冲积形成的川西平原，中部有一条小的龙泉山系，东部地区为平行分布的方山丘陵。地势这个词语也许并不能完全算是一个专业术语，通常它强调的是地表形态因对比而产生的某种带有情感和审美倾向的状况，最常见描述如：地势险峻、地势平坦等。学术性的地势描述往往是基于地形具体指标（如标高、坡态、坡度、坡向等）的变化状况而作出的。地貌地形对应于具体的地理位置往往意味着不同的生态状况，例如同样的平原地貌，可能是草原也有可能是荒漠。从与城乡规划研究相关的角度解读地貌地形与地势，往往与城乡宏观的形态分布密切相关。

④地质状况——地质研究关注的是地球的性质特征和变化机制，涉及的领域十分广泛——包括地球的内在构造状况及其变化规律，地球的物质特性（基本化学、物理性质，岩石性质、分布及其构造特点），地球生物进化史（重点涉及古生物），地球气候变迁史等，其工作的重点在于地表以下。然而，就城乡规划建设领域而言，涉及地质的研究重点在于与城乡建设活动相关的地质构造状况领域，包括地质现象（滑坡、熔岩、冲沟、沼泽、古河床等）、地质活动（地震、地裂、地陷等）、工程地质（地基承载、下垫层特性等）、地下矿藏（富集区、矿脉等）。因此，虽然地质研究本身涵盖多个领域，但是涉及城乡规划研究常常集中于中观和微观领域。了解这些状况的核心都是基于如何建设更为安全的人居环境，集中在城镇村庄选址和建设的具体细节问题上。

2）理水

水是生命之源，水资源的蕴藏与分布状况决定了地域的生态环境状况。同样的地形得水者生机盎然，无水者一片萧索。例如平原，水多者为沼泽、森林，水少者为草原，无水者为戈壁、荒漠。水也是造就地球环境的重要外在因素，它与地形要素的互动进一步地塑造着"微地形"。冰川运动能摧枯拉朽、天外飞石，水势汹涌可穿山凿谷，水流平缓则贮积沉淀。水有气、液、固三态，这三种形态与地形及生物环境要素的紧密结合形成了不同的环境景观，造就了独特的资源，如雾气渺渺、云海茫茫、大河汤汤、江平湖阔。水能赋予人居环境的变化是难以尽数的，因此人居环境的多元与水的善变状况密不可分。但是，"水"事实上是诸多要素中最难以琢磨和掌控的。之所以"理水"是基于"宜疏不宜堵"的传统理念，这种理念的核心在于知源而溯远的系统整体观。理水，需要深入了解水理、水文和水利三方面的内容。

①水理概况——水理的重点是有关水的本质和源流状况，涵盖水系形态特点是溪、涧、河，还是江、湖、沼、海，以及研究区域相关的整体水系构成状况；流域基本概况，包括与水系相关的自然生态、地形以及人类活动的情况；水资源概况，区域内主要水体的水质、水量、水位、流量、流速，水资源的分配和利用状况以及可能的需求预测；区域地下水状况，地下水分布特点、地下水资源概况（包括水位、水量、水质）地下水域地表水的关系（包括地下水涵养、补给与流动特点等）。曾几何时，城乡规划总是惦记着"有多少水可以用，怎样用这些水"却不关心"水从何而来"。水仿佛是上天的恩赐，取之不尽用之不竭。然而，我们现在不得不面对的是"水源枯竭和无水可用"。解读"城乡与水"的关系，首先就应该通"水理"——知道水究竟怎样，它从哪来，将到哪去，如何因果循环。在此基础上"顺水理脉"

才能够让水"滋养"民生万物，城乡才能生生不息。

②水文概况——水文研究的重点是水怎么流动的问题，涵盖水的周期变化与泛滥机制，这是基于时间轴寻找水的变化规律和特点，常见的认知周期有年、季、月、日等；区域内自然水循环的规律，维护区域生态平衡的生态需水量如何，生态用水机制怎样，自然怎样对水资源进行涵养和补给，相应的机制如何；其他与水相关因素，重点是了解水循环与地域自然生态环境之间的关系。源头活水，水最大的特点在于流动性。水对城乡的影响也蕴含于流动的过程之中，人类也是通过对水流的控制和干预来与水互动的。人类建设理想人居，需要让水流"天遂人愿"，就必须深刻理解当地的水文特点。

③水利概况——水利研究的重点是人类具有怎样的能力和运用怎样的具体措施来影响"水"的分布和流转。科技进步让人类具有更为强大的改造自然的能力，"水"作为影响人类生产、生活的重要自然要素，一直以来就是人类劳心劳力的改造对象——基于不同的目的，涉"水"设施类型丰富多彩。但是不论哪种目标，人类都期望不是趋利避害就是提升效力，也是因为如此人们将涉水设施统称为"水利"设施。水利概况包括以下几个方面：水利设施概况——水利设施的用途，是蓄水、引水、调水，还是水电、水运；这些设施的规模如何，是大型、中型还是小型、微型；这些设施的运行机制怎样；水利设施与自然水循环的关系——各类水利设施以及不同水利用方式设施对当地水循环的影响力如何，对当地的自然生态又有多大影响；水资源需求与供给状况——在一定的科技水平下，本地区可供利用的水资源状况如何；目前，水资源在社会、经济各领域的分配状况如何，区域用水特点是怎样的；水资源可持续利用状况——现状与未来水资源供需矛盾在哪里；不同社会经济部门的节水潜力怎样等。总之，对"水利"进行研究的核心在于怎样能够将人类社会的可持续发展与水资源的可持续利用相结合，怎样基于地域水资源承载力，来合理地规划地域社会、经济发展。在此针对目前地球上许多地域都面临严峻的水资源枯竭的状况，作者对既往水资源利用的方式稍作反思——究其原因，与其说是科技发展使人类具有更强地改变自然能力的同时，人类又对某些技术运用的负面效应控制失当，出于"无心之失"造成资源损耗，还不如说是由于人类科技水平提升带来自我膨胀，某些人、某些部门、某个社会出于一己私欲，奴役自然，改变了千万年来自然形成的水资源分布和循环机制，带来环境灾变。因此，城乡人居环境建设的过程中一定要着力防止"水利"变为"水害"甚至成为"水患"。

3）相天

研究主要涉及相关气候状况。百年之前谈起气候，人们通常认为它由于绝对地理所赋予一地的背景因素，人类的各种活动通常都应该适应当地气候的特点。然而，百年以来人类社会发展所造成的环境影响已经开始逐渐改变局地气候，甚至全球气候，因此进行城乡人居环境建设必须全面审视各种人类活动与气候的互动关系，防止因为不恰当建设造成气候恶化而导致环境灾变。由于地球自身运转的规律，某一地气候变化也随之具有一定往复循环的特点，相天工作主要是了解这种循环往复的数据特点，涵盖以下四方面内容——理气、降水、风候、日照。

①理气——基于了解气候状况最基本的要素，掌握有关温度（气温、地温）和湿度的日月年平均及变化规律，由此可以定位本地的气候类型，掌握其基本特点。

②降水——气候与水循环具有特殊的互动机制，因此必须要了解相应的降水概

况，重点是其月、年平均状况及变化规律；不同降水形式，如雨、雪、霜、冻、露、雾发生的相关规律，包括频度及数量状况。

③风候——区域大气流动的规律，包括风向、风速、风频的月年变化规律；特殊的风候现象及其原因。

④日照——太阳辐射的基本状况及相关变化规律。平均日照时数、可照时数、光照强度及其变化规律；方位与高度角的变化规律；影响地面光照强度云的变化规律和空气能见度状况。

尤其需要特别注意的是对气候的关注在于"变化"，分为两种类型：一是基于地球自然规律的"回归"式变化。不仅应该关注以年为单位的四季变化规律，还应该掌握较长时间段内（以数十年计）的气候变化趋势。二是关注有人类活动引起的气候变化，这个往往需要结合较长时间段内的持续观测来获得，核心是变化带来的负面影响。另外，由于气候受地形影响，尤其要注意局地气候的问题。在与气候相关地质灾害防治的研究中，常常遭遇因具体气候造成严重后果的案例。例如在山地泥石流灾害防御策略中，会根据降雨情况发布灾害预警。但事实中常常发生区域降水较小，并未达到预警数值，但是却因地形造成局地雨势很大而带来泥石流的爆发。最后，最为重要和急迫的是在目前大气污染日益严峻的状况下，极端天气状况往往助纣为虐。因此密切关注可能成灾的气候状况，有针对性地予以防治，对于保障城乡人居环境质量极为关键。虽然对于变幻莫测的气候，人类已经具有了一定的预测和干预能力，但是我们不能否认事实上能做的并不多，尤其是能够产生有利影响的措施。更为常见的状况是，人类不得不疲于应付因为各种人为原因造成的气候灾变。因此，如何顺应天时成为了目前城乡人居环境建设的新课题。

4）法物

研究主要涉及当地自然生态环境状况的内容。人类面对自然时有一种矛盾的心态：一方面人类清晰地认识到自己与自然其他生物的不同，自诩为"天之骄子"，把自己放在了其他生灵的对立面。因此一旦能力强就开始膨胀，其他生物便"顺我者昌、逆我者亡"。另一方面人类又无法否认事实上人和其他生物一样，不过是地球生态系统演进过程中某一阶段的产物，在自然规律面前"众生平等"。唯有与其他生物共生共荣，人才能在维持生态平衡的基础上保障自身存在和本物种的可持续发展。人类在现实发展过程中一直在两种心态中摇摆，不同地域环境下成长起来的社群，由于与自然长期互动的关系不同，在这两种心态比较中会有所倾向——基于古希腊文明衍生的西方哲学，更倾向于人类与自然斗争；而基于古中华文明形成的东方哲学，更倾向于人与自然"天人合一"。不同地域的城乡人居环境也因此深刻地反映了相应的哲学思路，具有不同的人地关系逻辑。百年以来随着人类科技能力迅速提升，西方思路一度占据建设主导，然而在战天斗地成果斐然的同时，自然生态平衡的破坏也带了严重的负面影响。面对严峻的形势，人类意识到如何正确认识人与其他生物的关系，找准自身在整个生态系统中的定位对于自身未来的发展极其关键。因此，城乡人居环境建设与发展必须基于原生生境，也正是出于这个原因，城乡规划必须解读地域生态环境背景下各类生物之间的关系。这种解读必须着重了解以下四方面的内容：区域内的生物构成、植被分布、物候变化规律、自然景观特点。

①生物构成——即掌握区域内物种组成概况（重点在于动物），主要生物群落

类型，珍稀物种，生物入侵状况。分析生物构成的重点在于寻找和定位区域的关键物种（除人之外）。根据生态学原理，如果能够保障某一生态系统中关键物种的正常生存和繁衍，就能基本维持该系统的正常运行，保持区域生态本底不退化，从而利于维护生态平衡，保障环境品质。

②植被分布——即掌握自然植被、半自然植被、人工植被的分布及构成变化规律。了解植物分布状况的核心是了解区域内原生生态系统和人工生态系统的类型、分布，并解读其生境特点。在城市人居环境建设集中的区域，原生生境已经或多或少地受到了各种人类活动的扰动。但是基于维护生物多样性的要求必须在区域范围内适当保有一定面积的原生生态环境，因此需对植被状况进行全面了解。

③物候变化规律——了解自然生物与气候、环境的互动。从四季循环、动态变化的角度认知区内生物构成，以及本地域不同生态系统不同季节的变化特点。

④自然景观特点：调查自然风景资源概况，著名景点与观景点，特殊地物分布情况（古树名木、孤峰巨石），从文化审美的角度再次认知自然生态要素，利于把自然因素上升至文化层面，为人居环境建设寻找自然的文化意蕴生成点。

5）问灾

研究自然与人居环境建设相互动的制约因素和极端负面状况。就地球自身的运转规律而言，所有的"灾害"都是固有的、必然要发生的自然现象，无所谓"成灾不成灾，为害不为害"。灾害仅仅是从人本身的角度审视一些对人类而言极端负面的自然过程而已。特别强调的是此处的灾害专指由自然因素引发的灾害，不包括纯粹的"人祸"（例如战争和事故）。但是包括因为人类的不当行为诱发或者加剧的自然灾害，例如兴建大型水利设施诱发地震，或者劈山建设导致塌方，亦或者生态破坏导致水土流失等等。基于对自身生命的珍视，任何生物都有"趋利避害"的本能——了解灾害就是为了规避灾害，进而防止因自身愚行导致灾害。根据灾害成因，问灾需要了解的主要灾害有地质灾害、气象灾害、生物灾害三种类型。

①地质灾害——由于各种地质活动造成的灾害，主要类型有地震、滑坡、崩落、地裂、塌陷、泥石流、火山爆发等。

②气象灾害——由于气候现象造成的灾害，主要类型有风暴（台风、龙卷风）、雷暴、冰雹、暴雪、暴雨、霜冻、凝冻、雾霾、沙尘暴、雪崩，以及由极端天气过程引发的严寒、高温、旱灾和洪涝灾害。

③生物灾害——由于其他生物爆发式繁衍、扩散或者迁徙造成的灾害，例如：物种爆发——农业遭遇的蝗灾；生物入侵——紫茎泽兰、水葫芦侵占原生植物生态位，造成原生生态系统崩溃；疾病传播——病毒、细菌等微生物扩散造成的人或者人类豢养和种植的其他生物受到大规模病害袭扰。

除了这三大类灾害之外，还有一些自然灾害因为成灾机制复杂，并不属于这三种类型。但是在城乡人居环境建设过程中也必须探讨这些灾害的专门应对方法。例如：森林、草原的火灾，它既有可能因为雷击引发，也有可能因为天气干旱引发，还有可能因为人类行为不慎造成失火。现实中许多灾害往往都是合并多种因素造成的，例如泥石流，其成因往往会合并地质、气象双重因素，其防御机制也因此涉及多个方面。另外，随着现代科技的发展，一些原来在低技术状况下不会给人类社会经济造成严重影响的自然现象也开始影响人类的活动，给人类社会经济运行造成障碍，例如：太阳黑子爆发带来的磁暴、射线、粒子流等等。总之，灾害的爆发具有偶然性，因此很难预测。每一类灾害的成灾也总有一个渐次发生的过程。对于城乡规划领域而言，研究的重点在于怎样通过建设措施降低未来人居环境遭遇灾害的风险。

综上所述，城乡规划领域与自然生态环境相关的研究主要分为"勘地"、"理水"、"相天"、"法物"和"问灾"五个部分。这种研究的核心在于一方面深刻认识拟发展建设地域的自然环境特征，以利于未来的城乡人居环境能与自然环境共生共荣；另一方面则重在发现这五个部分的自然要素如何影响城乡物质空间建设，寻找相应的影响规律，以便将对这些领域既有的认知转化到物质空间领域，形成新知。

（2）相关研究阶段及其主要运用的方法类型

对自然生态与环境状况的认知和研究，不能仅仅在室内查查资料，做做访问就能够达到相应的目的。因此这一方面的研究具有非常重要的一个特点就是必须进行"现场"工作——要切实深入研究涉及地点，在建立感性认识的基础上去了解真实情况，获取第一手资料，为后续的深入研究准备素材。因此，针对自然生态与环境的研究常常分为三个阶段：首先是获取初步印象，了解项目或者研究所处地域的自然生态与环境概况。其次是现场工作，获得直观印象，收集研究基础资料。现场工作的重点在于印证前期资料的准确性和代表性，发现前期工作未涵盖的重要内容并尽量进行补充。同时，了解具体研究对象与泛泛背景资料相对比而言的特点与个性。第三是对本地自然生态与环境对城乡人居环境建设影响规律的解析。在此基础上，基于人与环境和谐共生形成城乡人居环境空间建设发展的相应策略和方法体系。针对这三个不同阶段，以下就其工作开展得要点进行分别说明。

1）前期准备阶段

建立对研究对象所处自然生态和环境的初步印象。

工作方法以文献调查为主、访问调查为辅。工作内容包括三个部分的主要内容：

①查找历史文献和档案。收集与当地自然生态与环境相关的各种资料。就收集范围而言，往往需要比研究对象的地域范围有所扩大。一方面要利于建立研究对象所处地域的整体自然生态和环境的整体认知，了解其生态环境背景。因此，资料的收集需要照顾自然地理单元的完整性和生态系统的有机整体性。另一方面考虑到自然生态与环境的变化特点，需要沿着时间轴回溯，收集相当分量的历史资料，以掌握区域自然生态与环境的历史全貌和演化历程。

②到各个专业管理部门调阅收集各种记录资料。避免工作的泛泛而谈，收集背景资料要有深度和针对性，尤其是为后续分析进行素材准备时，必须保证资料的权威性和客观真实。由此对所涉及领域的专业管理和研究机构所积累资料的收集十分必要。

③收集整理地图，制作研究用底图。城乡规划领域的工作对象是现实的某一个地域，工作最倚重的工具就是将这一地域特征抽象反映的地图。地图协助规划研究和工作者将客观事物抽象转化为可被加工思维图形。那么所有自然生态和环境的客观真实状况需要被转化图形并落实于既定图纸的准确位置之上，才能融入规划研究者的工作系统。制作研究底图需要合适比例、适宜时间的地形图作为基础。就地形图比例而言，应该与研究的空间尺度相匹配。就地图绘制时间而言，越接近现在的地图越好。当然如果要研究自然演化的历史进程，则需要收集各个时期的历史地图（见知识点 2-4）。

知识点 2-4：不同比例地形图的特点及其主要适用范围和城乡规划工作表达深度

地图是指人们将地球表面的各种信息以抽象地符号记录在平面的二维平面上形成的图像。如果这种记录只是某个个人的私人记录，那么绘制方法只需要他（她）自己能够理解就好。但是地图真正的价值在于能够把信息传递给没有去过的相应地点的人，为了信息正确传递人们需要对绘制符号予以约定。从古到今，地图对于人们探索自己熟悉地域之外的地方，都发挥了重要的引导作用。尤其是近四百年以来，随着欧洲人在当时社会经济需求刺激下开展对地球的全面探索，绘制精确地图的重要性越来越突出。这种需求强烈地刺激了现代测绘学的诞生与发展。地图逐渐成为人类社会经济发展的重要工具。现代地图是"按照一定数学法则，用规定的图式符号和颜色，把地球表面的自然和社会现象，有选择地缩绘"在二维平面上的图形。因记录介质不同，地图分为不同的类型。现在随着记录工具的变更，纸质地图已经逐渐让位于电子地图。

地球的表面很大，成图时需要缩绘。为了保证图纸能够比较准确地反映在地信息之间的关系，缩绘时需要将图纸上的图形、长度与现状真实地物形状和距离保持一定的比例关系。这个比例就是计算现状真实与图片标记之间的尺度，被称为地图比例尺。因为地图是国民社会经济的重要基础工具，所以各个国家都会对自己国土范围进行统一测绘。结合地图绘制的表达规范，由此形成了一套从大到小的常用比例尺，被称为基本比例尺。以针对不同的需要，提供不同精度的地图。因为每个国家既往的测量习惯不同，各个国家的基本比例尺也是不同的。我国的国家基本比例尺地图的比例尺为：1：500、1：1000、1：2000、1：5000、1：10000、1：25000、1：50000、1：100000、1：250000、1：500000、1：1000000。

基于不同地图使用目的，对地图的精度要求是不一样的。比例尺与地图内容的详细程度和精度有关。通常而言比例尺越大，图面信息越丰富、地图精度越高。通常称比例尺在1：500~1：5000最小不小于1：10000的地形图为大比例尺地形图。它内容详细，几何精度高，可用于图上测量。小比例尺地图，内容概括性强。重点在于记录重要地物位置，大致表达不同区域的地理关系和地物关系，不宜于进行图上测量。大比例尺地形图一般用于城乡规划与管理，国土资源规划与管理，工厂、矿山设计与施工，矿山的储量计算，各类工程设计与施工。根据一些特殊需要，测绘测量部门还可以提供更大比例1：200的地形图和一些特殊形状（例如条带形）的地图。

城乡规划领域有本专业领域的技术表达规范，地形图只是相应的工作基础。尽管对不同比例尺表达关系的认知统一，但是就具体内容而言，城乡规划领域对相应信息的表达深度比测量测绘部门要求更准确、更精细。过去受制于纸质地图缩放困难和工程制图图幅限制的双重约束，城乡规划领域的图面表达往往受大很大影响。在计算机绘图技术和电子地图的支撑下，现在城乡规划专业领域表达的精准度有了极大提升。

城乡规划领域的工作主要分为两个层次，一是制定落实各种空间政策，二是引导各种物质空间建设活动开展。因此在结合地图的比例尺，表达运用上也大致分为两个层次。在落实空间政策的层面上，编制城乡总体规划和控制性详细规划的通常的工作比例尺为 1 ： 5000~1 ： 10000。而处理具体物质空间形态，包括对具体区域空间艺术性设想，则主要基于 1 ： 500~1 ： 1000 的比例尺度。当然有些特别重要的城乡局部地段的空间建设需要从规划到建筑设计工作的整体贯穿，例如历史文化街区的保护发展规划，可能在建筑方案的尺度 1 ： 200 比例尺度下开展工作，但这种情况比较少见。现在随着城市空间规模扩张，越来越多城市总体规划的工作比例尺度采用了比 1 ： 10000 更小的尺度。但是小于 1 ： 100000 的比例尺度通常运用于表达区域关系，用于研究区域城乡空间互动的远景策略，探讨宏观的城乡空间发展战略。具体各种比例尺度的城乡规划工作图纸表达深度如下：

1 ： 100~1 ： 200，为建筑设计方案图或者城镇街区详细设计常用工作比例。在建筑设计中平面需表达建筑结构生成关系（包括双线墙、实心柱、门窗开启方向等），室内外关系（台阶踏步坡道位置，不同功能的室外地面分割，重点绿化位置和形式）及室内固定家具布置。立面要表达形体变化，门窗位置及分割。剖面须表达结构基本形态，各楼层标高，室内室外高差。城镇街区详细设计除了涉及建、构筑物按照建筑设计方案深度表达之外，还需特别表达街道广场的场地变化分割（地面起伏、水池喷泉、地面铺装差异等），室外家具（座椅、灯杆、广告牌、垃圾桶等）布点，主要绿化形态设计。

1 ： 500~1 ： 1000，为建筑总平面、场地设计、城局部地段城市设计和修建性详细规划的常用工作比例。建筑形体轮廓、场地功能类型及划分、场地高差、道路分割（车行道、人行道、绿化带等）、构筑物轮廓及大型街道家具位置、主要绿化形态。

1 ： 1000~1 ： 2000，为大尺度城市设计和控制性详细规划常用工作比例。详细用地分类（表达到小类）、用地边界及道路红线、道路和广场（包括各种功能场地）分割、场地出入口位置、主要建筑形体及外轮廓关系、大型构筑物及场地设施、主要绿化形态。

1 ： 5000~1 ： 10000，为城市分区规划、村庄规划和乡镇总体规划的常用工作比例。用地分类（表达到中类，或据情况控制到小类）、用地边界及道路红线、城镇开放空间边界、道路开口段示意。

1 ： 10000~1 ： 50000，为特大城市分区规划和城市总体规划的常用工作比例。用地分类（表达到大类，或据情况控制到中类）、控制用地边界及道路红线、运用不同粗细的线条表示不同宽度的城乡道路、标注重要城乡开放空间的场地位置。

1 ： 50000~1 ： 100000，为区域城镇体系规划和特大城市总体规划的常用工作比例。用地分类（表达功能区块，或据情况控制到大类）、城镇发展分期边界、城镇建成区边界、重要的城乡功能区边界、运用不同粗细的线条和线型表达区域内交通网络关系、重要市政及区域交通基础设施位置及范围。

1 ： 100000 以上，为大区域城市体系规划和特大城市区域空间发展战略规划常用工作比例。用不同大小和形态的点表示不同层级、规模的城镇、城乡功能区示意边界，运用不同粗细的线条和线型表达区域内交通网络关系，标定重要大型市政及区域交通基础设施的位置。

特别需要强调的是城乡规划不允许使用不同比例尺度的地形图拼接之后作为工作地图，当遇到没有合适比例工作地图时，应到相应的地图测量测绘部门获取适用的地形底图。但是可以通过现场调研，对适意比例地形图进行局部修正后作为工作地图。进行城乡规划方案构思设计之后，应在相应的地形地图基础上进行表达。但是，表达不得覆盖原地形、地物等信息内容。

资料来源：

[1] 国家测绘地理信息局官方网站，测绘科普知识栏目：http ： //www.sbsm.gov.cn/article/zszygx/chzs/chkp/chxcs/200811/20081100044372.shtml

[2]《城市规划制图标准 CJJ/T 97-2003》、《建筑制图标准 GB/T 50104-2001》

前期准备阶段的工作要点是前期的初步认知不能简单地只做机械的收集工作，而是要在收集汇总的过程中进行思考，怎样保证信息质量，保证初步认知阶段工作质量的操作关键有下列三点：首先，及时汇总整理各种文字资料，汇编成册，分类编写各项初步分析相关报告，分析提出资料的重点缺项内容，以利于后期调研进行补充；其次，及时将前期重要信息与地形图进行对应，落实成能够供后期对比分析使用的"空间"图纸；第三，根据初步工作情况，设计灵活机动现场工作计划，及时反馈以制定更合理的"主研究计划"。

2）现场实地踏勘和研究阶段

本阶段主要目的是获得直观印象，收集研究第一手基础资料。

现场工作的重点首先是搜集根据资料分析罗列急需增补的内容，特别是根据前期初步了解而已知缺项的内容；其次是特别强调须建立主观感受和体会的方面；第三是对研究的重点领域进行强化认知，特别是在书面认知的基础上去获得第一手资料，通过认知对比强化现场体会。

工作方法主要有以下 4 种。

①测量、测绘法——主要用于对已经获得的图纸信息中不准确、不详尽或者已经过时的信息进行补充和修正。有时也会根据研究需要为专门增补相关信息而特别进行。其中，测量工作是一个全面性工作，主要在于基础信息的全面更新和校对，常用于地形图过时的情况。大多数时候，实际工程中更多的是通过局部测绘获得更准确的建设信息或进行局部的补充和数据调校。

②观察记录法——有时候规划和建设所需的一些资料没有相对具体和准确的记载，必须通过观察进行增补，例如：在城市生态敏感分区时需要对当地的生境状况作详细的调查，有些数据就必须通过野外观察获取；还有在进行风景区总体规划时，须对景区资源作详细调研，其中一些景观要素的季相变化还需要通过特别的定点、定时观察来获取。

③访问调查法——主要是针对一些短时间内无法观察的情况走访知情人，以获得更为广泛的信息。

④采集标本法——对于一些通过现场工作发现对研究具有重要影响，但是受现场工作条件限制或者调研人员所掌握知识限制，无法作出准确判断的，可以收集标本，返回实验室或驻地后再进行深入研究和请教相关领域专家。通常用于对调研地植物、动物、土壤、矿藏、地质、水质、特殊自然构造、一些特殊建设方式等可以进行实体运输的物质采用本方法。标本采集要尊重被采集物的特点，在尽可能不造成被采集物种属和采集地环境破坏的情况下，用最小的标本量来尽可能多地说明问

题。同时，还要尽可能地同时收集与标本相关的其他特征性要素，例如：某种植物的生长环境状况。

工作内容涉及以下三个方面：

①收集已有资料中尚未包含的有关内容。根据前期工作所罗列的缺项清单进行增补，例如：原资料中缺乏植被状况的内容，需要根据现场工作进行补充。

②对照资料有针对性地进行现场体会和感受，例如进行基于自然景观资源的审美体验，为后续资源品种评价收集资料。

③增补、修订、深化相关资料，进行图纸补绘增绘。这是重要的拾遗补阙工作，重点在于校正与现实状况不符的部分，并了解相应原因。例如，现场生境已经发生了较大的变化，需要核实，重新绘制相应图纸，并追溯发生变化的原因，为后续保护和建设工作寻找线索。

④ 进行部分现场研究。针对一些在现场工作时偶然发现的重要问题，及时制定就地研究计划，开展调研，尽可能多地掌握第一手资料。或者是结合需解决的关键问题，开展现场试验。

工作要点：任何一次研究过程中，现场工作总是时间极其有限但却非常重要的阶段。这一阶段头绪多、工作量大、工作强度高，因此其核心在于如何统筹安排，在有限的时间内最大限度地提升工作效率，保障工作质量。主要包括以下几方面需要特别注意的事项——第一，计划需贴合变化，要根据实际情况合理安排现场进度，以提高工作效率；第二，每日必须对工作情况进行总结，查找遗漏和错误，以利于及时修正补充；第三，要随机应变，慎重对待调研中的突发事件，及时调整计划，尽可能多地收集各类信息；第四，现场工作要手脑并用，调研不仅仅是获取资料，这一过程中还要多进行思考，对比前期准备阶段所确定的重点研究专题，积极开展现场研究。第五，注意收集的连带信息，保障现场研究操作的规范性，注意详细记录过程信息，例如：资料收集方式、调研时间、观察记录的频度、工具使用状况等等，以利于在进行后期资料分析时可以最大限度地还原调研时的"真实"情况。

3）自然生态与环境对城乡人居环境建设影响规律的解析阶段

本阶段主要工作是资料汇总整理，开展初步分析和研究。

城乡人居环境的建设基于自然生态与环境，两者之间的相互影响机制十分复杂。立足于城乡人居环境建设的初步研究重在了解自然生态环境方面的限制因素，因此通常是从负面的影响机制入手，探讨如何在顺应自然规律的基础上，促使人居环境品质的优化和提升。

工作方法：叠图分析法、归类分析法、因子分析分析、对比分析法等。

工作内容：

①汇总第一手资料，分类整理，汇编成册。这是事务性的工作，但是事务性的工作是一切后续工作开展的基础。事务性工作的质量越高，后续工作的效率越高。关系自然生态环境的相关资料，在没有特殊研究要求的时候可以参照前文所论述的五个方面予以分别整理。

②将部分调研资料图纸化，制作各种现状信息分析图。许多自然生态环境方面的资料大多是文字或数据，对于基于地理空间开展工作的城乡规划领域而言，如果不能将这些文字和数据与直观的地理空间建立对应，很难直接为规划设计工作所用。

因此，将调研资料落实到相应的图纸上，建立相关信息与地理空间的对应关系，对于后续的规划工作十分重要。

③撰写现场调研报告。现场工作报告是对现场工作的总结。这个过程有利于将现场所获得的零散资料系统化。因此，工作报告不能仅仅是对完成工作的事务性流水总结，诸如某年某月某一天做了某些事。而应是按照一定系统思路对资料和感性认识进行分析，将这些所得与后续工作的需要结合起来进行深入思考。

④制作后期工作底图。城乡规划的工作底图通常是与相应规划任务匹配的某一比例尺度的地形图。但是地图上所反映出的信息与城乡规划工作需掌握的信息有时是有一定差异的，现场工作就是为了对这些差异进行校核。一方面是由于往往地图测绘与现实状况总有一些时间差，基于工作需要必须及时更新；另一方面是由于地图信息往往高度概括，城乡规划建设有时需要对某些信息进行细化，并按照自身工作特点予以落实。

⑤对部分内容进行初步研究。针对所涉区域自然生态和环境的研究是为后续城乡规划工作做准备和铺垫。那么立足于城乡规划工作的重心，本领域研究的重点集中于寻找自然对人居环境建设的限制因素和限制机制，以及后续人居环境可持续发展与自然生态环境保护、建设之间的互动策略。其中，最常见的研究领域涉及"城乡建设用地的选择"、"城乡自然空间网络构成"、"自然资源状况分析"、"区域生态承载力研究"等，大多是为后续的具体规划项目或者政策制定服务的。

工作要点：这一阶段工作要点主要包括以下四个方面：首先，客观评价前期工作质量，进行全面总结，以便及时拾遗补缺。其次，提交资料汇编和现场调研报告。第三，对已获取的资料进行初步分析，寻找事物的表象特征和问题的直观根源。最后，通过学习和对比分析，发现可能的途径和方法。另外需要特别注意的是，分析工作中要特别关注与时间、频度相关要素的分析，这样可以变静态的死数据为动态的活数据。对于规划而言，通过这样的分析才能够更准确地掌握事物发展变化的趋势。对于带有预测性质的工作而言，这是尤为关键和重要的。

2.5.2 针对社会、经济状况的研究

城乡社会、经济领域研究的重点是在于了解城乡物质空间与社会、经济发展之间的关系。需要特别注意的是，就城乡物质空间而言，它的生成逻辑首先是满足城乡社会、经济发展的需要，其次才是基于科技的建设本身规律。由此，长期以来社会经济发展作为空间建设的主体，通常处在主动状态，也就是社会经济发展的实际需要是物质空间建设的动因，它对物质空间生成提出建设条件。当然，物质空间建设亦可以通过提供适宜的场所来引导社会、经济行为的发生，从而促进和刺激地区社会与经济发展。城乡规划领域研究社会、经济问题是期望通过发现现状社会、经济发展的需要和问题，然后通过后续的物质空间建设来引导和影响本地区未来的社会、经济状况，使之良性、稳定、均衡发展。需要特别注意的是，物质空间建设本身也是一种社会和经济活动，它也具有巨大的社会经济价值和相关利益。但是从事实逻辑本身分析，物质空间具有社会经济价值的前提在于它能够为相应的社会、经济活动所用，没有活动发生的空间是不具有任何存在的价值和意义的。因此单纯通过建设来拉动社会、经济发展，超出了本地域固有的社会经济活动规模，将造成具

体的资源浪费。解读区域发展潜力，预测未来经济社会发展规模和需求，寻找它们与物质空间建设活动之间互动机制，是目前城乡规划领域研究的难点与焦点。这些研究通常分为三个板块：城乡经济、城乡社会、城乡文化。现实中，这三者之间并不能完全割裂，它们之间具有固有的内在有机联系，这种划分方式仅仅是为了便于分析和整理相应的逻辑关系。

（1）研究内容

1）城乡经济

经济运行是非常复杂的，涉及的因素、相互影响机制非常多，在此仅罗列出常见领域的相应内容，以方便城乡规划领域的研究者据此建立对当地经济状况的基本概念，在此特别突出了与建设本身相关的经济行为。

①城市整体的经济状况：城市的经济总量及其变化、产业结构、优势产业、资源发展潜力等。

②各部门的经济状况：各部门详细的产业构成、产业优势和经济状况（尤以影响城市竞争力的部门为重）。

③土地及地产经济方面的基本情况：土地权属、地价状况、土地供给、土地管制，房地产市场运行状况。

④城市建设资金状况：一般性公共项目资金的筹措、安排状况，历年基础设施建设资金状况。

2）城乡社会

人类是社会性的生物，人类社会具有超越个体的存在。作为个体，人有着生存和繁衍的固有空间需要，同时要将不同人群组织起来，社会本身还有基于这种组织结构的空间需要。社会空间需要建立在个体空间需要基础之上。不同地域人类社会的组建规律是具有差异的，相应的空间需要也是不尽相同的。了解社会需要从两个层面入手：一是个体状况；二是社会状况。

①人口状况：自然状况、流动状况、社会属性状况、社会组织状况。

②自然状况：年龄结构、年龄中位线、性别结构、人口自然增长率、变化历史。

③流动状况：人口区域分布（人口密度图）、人口机械增长率、流动人口分布概况、变户历史。

④社会属性：人口的部门构成（职业结构）、劳动构成、文化构成、民族、宗教（对应地域）。

⑤社会组织：家庭规模、构成，社会阶层，社区管理，民间社团运作等。

3）城乡文化

文化是人类社会的特有衍生现象，是人类在物质需要基础上更高层面精神需求的体现。文化衍生和发展有着独特的地域特色和历史进程，对于地方社会的组织与构建发挥着独特的作用。同时，文化繁荣与社会进步、文化多元与社会稳定相辅相成。城乡文化活动是城乡社会、经济活动的高级形式。文化的发展一方面立足于特色而存在，另一方面立足于同化而传播，这是一个复杂的过程。文化与物质空间具有复杂的内在联系，物质空间形态与表现往往也同时是一种文化现象，文化赋予城乡独特魅力，了解文化与城乡物质空间环境的互动需要解读历史和现状，整理其传承、扩散的演化发展脉络。具体包括下列几个方面：

①文化基本概况：文化类型及其构成、文化繁荣度（文化活动的发生状况、不同文化的影响力）、主流文化状况、地域文化状况。

②历史文化概况：地域文化的历史状况、地域文化的变迁历程、地域文化的传承特点。

③文化物质空间载体状况：城乡物质空间建设的历史脉络、不同文化类型的物质空间载体特点、区域传统历史文化空间载体现存和维护、运行状况。

（2）相关研究阶段及其主要运用的方法类型

经济、社会、文化活动与城乡人居环境物质空间建设活动的互动机制，需要从不同层面、不同视角去全面解析。因此，针对社会（文化）、经济的研究，不能只停留于相关领域已经成文研究成果的分析之上，还需要对既定研究涉及社会群体进行有针对性的研究。就研究本身而言，同样也大致分为三个阶段。

1）前期准备阶段

了解经济、社会、文化各个领域的基本概况，初步分析三方面各自的运行特点。

工作方法：以文献调查、实地走访为主，访问调查、集体访谈为辅。

工作内容：

①对研究对象建立全面的基本认识。广泛收集已有资料和研究成果，对其进行整理并掌握信息概况。

②分析已有信息的遗漏缺失，确定后续工作特别是现场调研的重点、难点。如前文所述，因为涉及的领域与人相关，仅仅依靠已有书面研究往往难免片面和过于泛泛，要有针对性地解决问题，必须有第一手资料。基于现场研究要在有限时间内获得更多的信息，为保证效率，必须制定相对详尽的调查计划，并确定重点难点。

③制定社会、经济、文化调查的工作计划提纲。为现场工作做事务性的前期准备，以保障有限调研时间的工作效率。除了行动计划和操作流程之外，还应准备调查问卷或设计调研时间、访谈提纲等，包括为了保证后续效率而对研究对象（主要指人和社群）进行的初步接触。

工作要点：建立对研究对象的全面了解，掌握最基本的信息。据此制定合理的调研计划，并设计适宜的调研方略。首先，因为是进行研究领域的跨界研究，所以应全面接受既有信息，利用各种手段收集与研究对象相关的资料；其次，建立跨界研究的学术对话机制，必须学习跨界研究过程中可能涉及的相关知识；第三，跨多个领域去相互印证，分析信息，去伪存真；整理信息，分门别类；研究信息，探寻深入研究的切入点、关键点；形成相关前期分析报告，绘制必要的分析图；最后，初步现场工作时，应特别注意细节。

2）实地研究（调查）阶段

与研究对象所涉及的人群和社会团体进行面对面的接触，获取第一手研究资料和数据。

工作方法：以实地观察法、调查研究法（问卷、访问、访谈等）、试验调查法为主。

工作内容：

①对调查对象进行全面直接接触，印证前期资料的准确性、客观性。针对经济、社会、文化的研究，因为涉及人群因素，所以难免带上研究者自身的"主观"看法。这种"主观"造成的认知片面会影响后续涉及城乡物质空间建设规律探索的客观性。但是这种"主观"

的形成并不是由于研究活动在技术操作层面的不严谨造成的，而是由于研究本身出发点的立场决定的，例如针对房价，政府、开发商、普通民众的认知是截然不同的。因此，基于城乡规划的目标，必须全面了解各类社群对同一对象的不同观点。

②广泛收集第一手直观资料，以供对比研究。通过进行问卷、访问、访谈调查，了解不同社群的主观想法。

③实施调查试验，观察并记录实验进行中的各种状况。人的问题难免口不对心，因此研究要善于发现表现背后不同社群的真实认知。除了针对主观的调查之外，还可以开展试验或对研究对象进行全面观察，记录观察结果。

工作要点：

处处留心更全面地收集资料；注意分析、评价所收集的资料价值，及时发现问题，提高现场工作效率。在操作过程中需特别注重以下几点：第一，坚持现场调研期间每天及时汇总、分析评价当天工作成果；第二，灵活处理各种突发状况，根据调研进行情况，及时调整调研进行计划，以利于更多地获取有价值的信息；第三，及时分析和制作现场工作成果，以便及时发现调研中的问题，这需要时刻保持跨界交叉思考的特立独行性，以期能从新视角、新思路上获得新的发现；第四，最为关键的是细节，现场工作应特别注意细节。客观事实往往隐藏在某些细节之中。

3）分析总结研究阶段

结合前期资料收集和现场调研获得的第一手信息和数据进行分析，针对经济、社会、文化与物质空间建设的互动，寻找立足于当地人群真正需求分析的城乡人居环境建设规律。

工作方法：对第一手资料进行统计和思维加工，重点在于分析。

工作内容：

①全面整理调研所获第一手资料（文字和数据），形成资料汇编并对其进行质量审查。发现本轮调研不足，寻找弥补办法和途径。根据数据质量评价结果考虑是否进行多轮调查以进一步保障数据代表性。

②制定补充调研计划，修订调研大纲。根据数据评价中发现的问题，调整研究思路，增补必要调研计划，重新制作某些调研工作表格和设计调研文件，根据修订大纲和技术文件开展补充调查。

③开展对某些关键性问题的初步研究，形成研究报告。整合多轮调查的数据和信息，基于各个领域与城乡物质空间建设互动的角度，寻找针对特定问题的事物发展规律，并将这些规律运用于引导未来城乡物质空间建设的政策制定和具体规划方案编制过程中，提出建议。

工作要点：客观评价、全面分析。社会（文化）经济问题涉及不同人群利益，因此往往会出现立场问题，然而城乡规划建设城乡人居环境的工作重点已经逐渐由单纯、直接的物质空间建设转向制定公共政策，通过"政策"引导"资源"的合理分配，以保障人居环境的可持续发展。因此，对于相关资料必须站在客观角度进行评价和分析，保证数据的真实性，使结论更为严谨。具体操作要点如下：首先，基于纯粹的技术严谨，数据录入时必须进行有效复核，以保障真实性。对资料的全面审查通常从以下几个角度深入，即准确性、合理性、合法性、可用性，防止后续分析出现偏差。其次，设计补充调研计划应该考虑多轮调研之间的互动。最后，思维加工应基于多个领域视角进行，发挥跨界研究的优势，运用各种方法（如比较、因果、矛盾、系统、结构—功能等）进行分析，最终再进行综合分析。

随着科技的进步，物质空间建设活动本身建造规律对于城乡规划工作的约束力已经越来越弱。城乡规划的任务重心也因此发生转移，从关注"物质空间"转向关注"生态空间"、"经济空间"、"社会空间"。因此，针对自然生态环境以及城乡社会、经济、文化领域的研究，目前已经从原先服务于物质空间规划，转向探讨这些"功能系统"如何与物质空间系统互动。而城乡物质空间建设本身的经济和社会作用也随着城乡人居环境体系构建机制演化而日益凸显，多个领域的跨界整合研究对于城乡发展的作用已经越来越突出。上述专题的论述仅仅是从物质空间建设为中心的角度出发，对于城乡规划编制工作中最经常涉及的自然生态环境、社会、经济、文化研究领域进行了概述，因此难免偏颇，或有疏漏。

随着世界城镇化水平的进一步提升，人居环境建设呈现出区域互动的局面。交通网络和大型区域性的基础设施建设以及无形"信息网络"的建设对物质空间实体建设的影响力也日益突出。城乡规划研究所涉及的相关领域日益拓展，基于相关领域研究成果的城乡规划理论体系的构建日趋成熟。"研究"已经成为城乡规划编制中不可或缺的组成部分，与传统的"设计"领域相辅相成。

知识点 2-5：现状图的绘制与现状分析图的区别

①绘制现状图

绘制现状图的根本目的在于客观反映规划范围内的实际情况，因此不能随意增加或减少内容。这是对规划基于现状的重要技术保障。

绘制前应按照一定的标准做好现状资料分类，如用地使用类、管线工程类、地形与地质灾害类、水系景观类等等。当现状内容太多或者十分复杂时可分几张现状图绘制，但每一张现状图都应包含完整的某一类或几类现状情况，同一类型的现状不能分开放在两张现状图上。

现状图的绘制必须符合相关分类标准，使用规范图例。对于规范图例中没有具体制定表达的内容，应根据与规范图例的相关性设计图例，以利于后续归类分析和理解。

运用 CAD 绘制现状图时应注意区分图层、色彩，便于现状用地统计。但是，图层并不是越多越好，以此需要结合现状资料分类做好合理的图层规划。应保持图层内容相对一致，图层之间内容不能交叉。

绘制现状图还需注意以下事项：现状图应保持与其他技术文件的一致性，因此必须附现状用地统计表、指北针和风象玫瑰图。同时须标注现状公元年份。

②绘制现状分析图

现状图与现状分析图的区别在于前者是对区域内客观存在事物的表达，后者是对这些客观事物存在特征、优劣势、相互联系的梳理与说明。不同层次不同侧重点的规划项目，重点分析要素亦不同。总的来说，现状分析是设计前对区域的整体分析，包括自然与人文要素，包括区位分析、地形分析、视线分析、竖向分析、交通分析、大众行为分析、周边环境分析、空间结构分析、植被分析，可用泡泡图和一些线型表示。具体绘制方法参见附录 7.3。

2.6 我国现行城乡规划编制体系的方法逻辑

我国城乡规划体系的系统建设大约始于 20 世纪 70 年代末、80 年代初。随着社会发展和体制改革，从最初重视规划编制体系开始，到逐步确立规划的法律地位和完善相应的行政管理程序，至 21 世纪初期，我国基本建构起由城乡规划法规体系、城乡规划行政体系以及城乡规划编制体系共同构成的相对完整的城乡规划体系。不可否认，我国的城乡规划体系目前还不够完善，因此围绕着体系建构的探索还在不断深入，对于各个领域所应包含的内容也还尚存争论，但是对于城乡规划体系由上述三方面构成的观点基本达成共识。对于三方之间的关系，也大致有所认识，所谓"法律是基础、编制是龙头、管理是核心"。而针对城乡规划体系较多争论集中于"城乡规划理论体系"的地位和作用，以及是否还应纳入"城乡规划教育体系"的问题之上。作者认为城乡规划体系是基于"城乡规划"作为一种引导城乡人居环境建设的重要事务性工作而设定的，其目标是为了保障"城乡规划"的实施效率和效力。此处"城乡规划"的涵义与其常规涵义略有区别——它包含的是规划从现实到未来的全过程，强调的是"行动"。而不是通常意义上所论的学科领域或者更狭义的为达成目标而编制的"行动计划"的图纸或者文字文件。正是基于这种认知，作者所持观点是城乡规划体系由法律体系、编制体系和行政体系三大部分构成。

知识点 2-6：我国城乡规划体系构成概述

我国的城乡规划体系由城乡法规体系、城乡规划行政体系以及城乡规划编制体系共同构成。其中法规体系是整个体系构建的基础。它赋予城乡规划行为恰当的法律地位，使以此为基础的城乡人居建设活动具有了法律赋予的合法性，由此获得的经济、社会受益能够得到法律的保障。同时它也通过相关规定约束和规范城乡规划的编制与管理，以确保规划实施的效力。规划编制体系是整个体系构建的关键。基于《中华人民共和国城乡规划法》的相关规定，任何发展地区的发展建设都应该以相应的规划为凭。因此"规划先行"使得规划编制工作具有龙头带动作用。编制体系是整个规划体系的基础支撑，是后续规划行政管理体系的技术依据。"三分规划、七分管理"，城乡规划的行政体系承担着推进规划实施的重要任务，从时间历程上看，行政体系控制着规划行为的全过程，是整个系统运行的保障。

城乡规划法规体系由以下几个部分组成：①国家层面的法律体系。由《中华人民共和国城乡规划法》为核心，以及相应的各种法律的相关部分内容；②地方层面的法规体系。各个地方（省市自治区等）基于本地与特色以国家层面法律为依据而制定的适于本地域的具有法律效用的地方规定；③行业规定。基于城乡规划行业工作开展的各种具有法律效用的规定。例如职业规范等；④专业的技术法规。主要包括各种专业性标准。除了上述四个部分的内容之外，一些针对国家或者地区特殊发展时段的特殊政策和文件也对规划编制和施行具有强大的约束力。

城乡规划行政体系由两大部分构成：一是行政机构的建构体系，分为纵向和横向两项构建机制。纵向是从国家、省（自治区）、市、县的规划及建设领域的专属管理部门，包括从住房保障与城乡建设部到各级政府的建设委员会和规划建设局等等。横向则是某一个行政层面上所涉及城乡规划领域的管理工作，相互协调、分工合作的各个政府部门，如：某级政府下辖的规划建设、土地管理、环保、园林等各部门。从制度上来说，相关部门同时对纵向的上级部门和本级政府负责，并接受它们的管理；二是实施管理的技术规程体系，主要由规划实施组织、建设项目管理、实施监督检查三部分的规程组成，是相应部门开展有关工作的具体行政操作规定。

城乡规划编制体系是整个城乡规划体系的技术基础。它的具体构成及其生成的方法逻辑，在正文中予以详细阐述，此处从略。

资料来源：

[1]《中华人民共和国城乡规划法》

城乡规划理论体系独立于这个旨在解决现实问题，将设想付诸实施的"行动体系"之外，它不仅研究这个"行动体系"中每个方面的内容及其相互关系，同时还对这个体系之外的与城乡人居环境建设相关的所有领域进行研究。就构成而言可以分为"规划中的理论"和"规划的理论"（张庭伟，2012），就层次而言可以分为"元理论"（有关城乡物质空间本身的基础理论，如空间生产理论等）、"中层理论"（城乡规划与其他学科互动而生成的交叉理论，如空间正义、空间消费化等）和"技术理论"（城乡规划编制和实施的理论，如空间句法、新城市主义规划的实践推行体系等）。由此可见，城乡规划理论体系是整个城乡规划体系建构的基础，它的研究越深入、全面，在它之上建构形成的城乡规划体系越成熟、完善。城乡规划教育体系针对的是人的问题，就目前我国的现状而言，形势十分严峻。一方面是专业人才相对紧缺的问题。由于我国城乡规划学科领域发展的曲折历程，曾经有20年城乡规划专业人才培养处于事实上的断档期，之后虽然逐渐恢复，但是恰逢百年以来的补偿性发展导致的城乡建设膨胀，现实迫切需求和人才储备之间存在巨大反差。虽然目前我国城乡规划专业高等教育的发展处于膨胀期，但是业界高质量的成熟专业人才仍然严重短缺。另一方面则是全民的城乡规划素养的提升问题。未来的城乡规划是"城市（乡）规划是空间化的公共政策，或者是公共政策的空间化"，因虑及在其施行过程中的社会公平问题，倡导公众参与，然而公众参与的效力与公众的城乡规划素养密切相关。就我国目前的现状而言，这是一个不能忽视的短板。就前文论述的城乡规划体系而言，城乡规划教育体系是基于现代社会运行机制状况下出现的新机制，它对于提升现代城乡规划施行的针对性和有效性极其重要，然而作者认为它并不是城乡规划体系的核心领域（图2-14和图2-15）。

根据《中华人民共和国城乡规划法》中第一条的阐述，进行城乡规划就是要"协调城乡空间布局，改善人居环境，促进城乡经济社会全面协调可持续发展。"解读这一条款的内涵，我们可以理解后两句话是目标，而"协调城乡空间布局"则是必要的调控措施。然而，保障措施科学、合理、可行，就需要针对具体地方编制相应的"城乡规划"。"城乡规划"是城乡发展和空间安排的公共政策，也是政府履行经

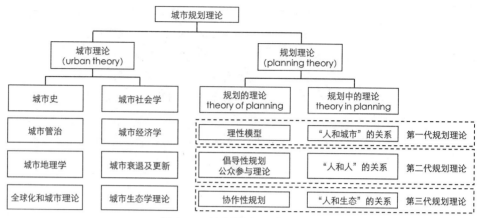

图 2-14　城市规划理论体系构成
图片来源：徐萌绘制。

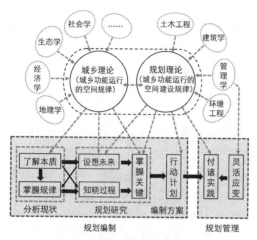

图 2-15　城乡规划理论体系与实践互动关系
图片来源：作者自绘，付鎏竹制作。

济调节、市场监管、社会管理和公共服务职责的重要依据 [①]。城乡规划编制体系在整个城乡规划体系中具有特别重要的纽带作用，同时编制体系也是城乡规划专业人士的重点工作领域，由此本节将对其进行重点阐述。

2.6.1　我国城乡规划编制体系构建的基本历程

　　城乡规划的编制是政府的一项重要职责。各种层次、类型的城乡规划互相关联而构成的有机整体称为城乡规划编制体系。不同国家、不同时期的城乡规划编制体系都具有各自的特点，这主要取决于当时国家的意识形态、价值取向、政治经济体制、文化传统、社会经济结构、发展阶段等等。

　　我国城乡规划体系的框架是在计划经济时代完成的，源自苏联模式。1956 年国家建委正式颁布《城市规划编制暂行办法》，这是我国第一个关于城市规划的法规文件，核心是为了在空间上落实国民经济和社会发展计划。依据内容和深度不同，《城市规划编制暂行办法》将城市规划编制分为城市总体规划和详细规划两个阶段，并规定在不具备编制城市总体规划的城市，可以先编制城市初步规划。《城市规划编制暂行办法》的颁布为此后规划编制体系的形成奠定了基础。

　　1980 年，国家建委根据《城市规划编制暂行办法》的实施情况正式颁发了《城市规划编制审批暂行办法》，充分肯定并沿用了其中对城市规划编制体系的相关规定。

　　在这一时期，由于总体规划直接跨越到详细规划，总体规划不能为详细规划提供直接依据，使它们之间出现了断层。在大城市、特大城市中，总体规划不能落实、详细规划随意性大的现象较为突出。1983 年在长沙举行了"全国分区规划学术研讨会"首次明确提出分区规划的概念，并指出分区规划在中等以上城市是一个重要的

---

① 此处的"城乡规划"特指相应的技术文件。按照《中华人民共和国城乡规划法》相应程序编制并通过审批的城乡规划技术文件具有相应的法律效力。

规划层次。分区规划在北京、南京的实践取得了较好的成效，并在之后大中城市的规划中得到普遍运用。

随着改革开放的深入，计划经济逐步向市场经济过渡，土地开始有偿使用。土地的开发内容、开发强度直接关系着开发者的利益，也直接影响着城市的公共利益。总体规划只粗放地划定了土地使用性质，缺少对土地开发强度的规定，因此无法直接指导具体的开发建设，给规划实施、管理带来了一定困难。同时，用地需求的多变和市场环境体制的变化也使得建设主体由计划经济时代的政府单一主体变为市场的多元主体，一般的详细规划难以产生实际作用。针对上述局面，我国借鉴国外经验进行了一系列的尝试。1982年上海市编制了虹桥开发区规划，打破了传统"摆房子"式的详细规划模式，通过确定明确的规划指标体系，来适应规划管理和市场经济条件下的土地出让行为，开创了控制性详细规划的先河。1987年清华大学编制的"桂林市中心区规划"，以及1987年温州市编制的旧城改造规划，在总结当时控制性详细规划编制教训的基础上吸收国外的成熟经验，产生了较好的效果，具有广泛的影响。20世纪80年代中后期，控制性详细规划编制迅速普及，进入成熟阶段。

1991年，原国家建设部在认真总结我国城市规划历史经验教训的基础上，结合《城市规划法》，制定了新的《城市规划编制办法》。《城市规划编制办法》明确规定城市规划编制一般分为总体规划阶段和详细规划两个阶段。根据实际需要，在编制城市总体规划之前可以编制城市总体规划纲要，大中城市可以依据总体规划编制分区规划。详细规划又分为控制性详细规划和修建性详细规划。由此，按照从宏观到微观的规划过程，形成了总体规划纲要→总体规划→分区规划→控制性详细规划→修建性详细规划的编制体系。每一级规划都有各自的功能和特点，对引导城乡发展发挥不同的作用。上级规划是下级规划编制的依据，下级规划的内容必须符合上级规划。

随着我国城镇化的迅速发展，城乡差距更为扩大。改变长期形成的城乡二元经济结构，实现城乡在政策上的平等、产业发展上的互补，推进城乡建设进入城乡一体化的新阶段成为国家深入改革的重点。从空间上对城乡作出统筹布局，系统安排，有效配置公共资源，是城乡一体化对规划编制的新要求。而建立在《城市规划法》基础上，就城市论城市、就乡村论乡村的规划编制体系及其实施模式，已经不适应现实需要。此外，受益于经济的持续快速发展，进入21世纪后我国城市群发展迅速，城市群的发展将成为我国城镇化的主要空间形态。但是，由于缺乏相关统筹协调机制，使得长江三角洲、珠江三角洲、环渤海等地区飞速发展的密集城市出现了基础设施重复建设和资源浪费的现象。

为了解决这些新的问题，2008年《城乡规划法》正式颁布实施，对城镇体系规划的重要性和编制内容作了进一步的充实和完善，并将乡规划、村庄规划纳入城乡规划编制体系。《城乡规划法》的颁布实施，成为城乡规划编制体系建立的法律保障，城乡规划编制由此进入一个新的时期。

2.6.2 我国城乡规划编制体系的构成

根据2008年颁布的《中华人民共和国城乡规划法》中的相关规定第二条之内容，"本法所称城乡规划，包括城镇体系规划、城市规划、镇规划、乡规划和村庄规划。

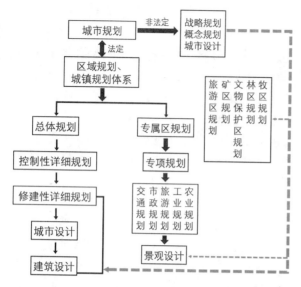

注：总体规划包括城市总体规划、分区规划、乡村规划。

图2-16 我国城乡规划编制体系构成
图片来源：作者改绘，徐萌制作。

城市规划、镇规划分为总体规划和详细规划。详细规划分为控制性详细规划和修建性详细规划。"这些规划构成了我国的法定规划体系，具有纵向和横向的组织结构。针对不同级别的行政主体，分为城市规划、镇规划、乡规划和村庄规划四种类型；在规划编制本身的技术层级体系逻辑下，分为城镇体系规划、总体规划和详细规划三个层次。基于编制的技术操作和管理特点要求，总体规划又划分为纲要和总体规划两个阶段，详细规划亦划分为控制性详细规划和修建性详细规划两个阶段（类型）。本文在论及城乡规划编制体系时更多的是基于技术层级体系逻辑。

在新的城乡规划编制体系中，每一层次的规划都有特定的功能和内容（图2-16）。

（1）城镇体系规划

城镇体系规划是对一定区域内在经济、社会和空间发展上具有紧密联系的城市群进行空间的总体部署，确定城市群内各城镇的规模、等级和职能分工，统筹城乡重大基础设施布局，合理利用区域资源，保护生态环境。城镇体系规划为制定国民经济和社会发展长期计划奠定了基础，对规划区域内的经济建设具有重要的指导性，是区域内各级城镇总体规划和各项专业工程规划编制的依据。城镇体系规划包含全国城镇体系规划、省域城镇体系规划、市域城镇体系规划、县域城镇体系规划四个层次。其中，市域、县域城镇体系规划的编制纳入相应城市的总体规划编制中进行。

（2）城市总体规划

城市总体规划是整个城乡规划编制体系的核心。城市总体规划的编制依据城镇体系规划、国民经济与社会发展计划，与城镇土地利用总体规划相协调，从宏观、战略的层次制定城市发展的中长期战略目标，确定城市性质、职能，对一定时期内城市发展规模、土地利用、空间布局以及各项建设的进行综合部署，是城市建设和管理的依据。城市总体规划还将对城市更长远的发展作出预测性安排。在大中城市，因为城市总体规划编制涉及的问题极为复杂，因此常常在正式编制总体规划之前，首先编制"总体规划纲要"。"纲要"重点对主导城市发展的关键问题予以研究，梳理城市发展的主要线索。另外，为了保障总体规划能够切合当地实际情况，便于落实，还常常根据总体规划细化、深入编制分区规划和各项专项规划。因此，分区规划和专项规划均属于总体规划层次。

在总体规划编制阶段，为了保证后续规划编制的科学性、系统性，常常针对本地区城乡发展的特点进行前期的专题研究。有些专题研究与规划本身的主要工作相关，例如为了更准确地预测城市规模，而进行人口发展状况专题研究；也有的是为了更好地与相关部门配合，整合部门规划与城市总体规划的关系进行研究，例如针对城市交通状况发展进行专题研究；还有的是为了更好地落实上一层次的宏观发展目标进行研究，例如针对城市经济、社会发展空间需求的专题，常常是配合该地政府编制的国民经济发展规划进行研究。总的说来，总体规划阶段的专题研究如下：

①城市人口专题——结合社会与经济发展状况、城市所处地域资源承载力等方面进行人口发展预测研究。

②城市生态专题——结合地域自然生态环境状况，研究维护城市生态平衡的空间策略和具体方法。

③城市产业发展专题——结合国民经济发展目标和本地域的产业现状，研究与城市产业结构相匹配的空间发展战略。

④城市住房发展专题——结合社会发展目标和相应社会问题研究成果，以及地域房地产发展状况，研究如何维护社会公平、公正和均衡发展的空间战略及其具体措施。

⑤城市历史文化发展专题——结合对本地区历史文脉和历史文化空间遗存状况的既有成果，研究如何延续城镇文化发展脉络，保护既有历史文化空间遗存，维护和创造城市空间形态文化特色等的空间战略。

⑥城市交通专题——结合本地区社会、经济发展状况及既有交通网络构建状况，研究未来城市对外交通网络的构建思路与重点、城市内部道路交通系统构建与发展、城市空间拓展与交通系统互动关系以及交通系统引导城市空间结构调整策略。

⑦城乡关系专题——基于城乡统筹发展、城乡一体的空间战略，在对本区域城乡的社会、经济、生态、文化关系进行解读的基础上，研究如何通过空间发展调整和优化城乡空间形态。

大城市及特大城市的城市总体规划编制完成之后，鉴于总体规划编制的深度和精细度的限制，为了更好地与相关部门配合以推动落实规划思想，常常结合本城市规划发展的关键问题和领域编制专项规划。专项规划的主要类型如下：

①城市绿地系统规划——基于地域自然生态环境基本现状和城乡物质空间形态结构的未来关系，以及城市生态系统运行的有机整体性，细化落实城市总体规划有关自然生态保护、城市景观营造、开放空间、旅游及日常游憩场所等等具体内容，同时亦是便于与相关的环境保护（环保、水务等）和城市园林绿地管理部门进行系统对接和协调而进行的专项规划。

②城市道路交通系统规划——基于未来城市社会经济发展的交通需要，结合本地对外交通状况以及内部道路、交通系统现状，细化落实总体规划有关城市交通发展战略思想，协调不同交通类型之间关系，整合区域及城市内部交通资源，优化城市道路系统结构，同时也是与相关道路交通管理和实施部门，城市对外交通（铁路、航空、水运等）、公共交通组织和管理部门（地铁、轻轨、公交）进行全面对接并协调其相互关系而进行的专项规划。

③城市市政基础设施系统综合规划——基于未来城市社会经济发展的需要，及本地既有市政基础设施状况，为保障和支撑未来城市整体的正常运行和平稳发展，落实各种基础设施具体建设方案的空间关系，同时协调市政基础设施各个部门（给水、排水、电力、电信、无线通信、有线网络、燃气、供暖等）之间的配合关系，消除建设矛盾而进行的专项规划。

④历史文化名城（镇）保护与发展规划——基于保护城市文化特色、延续城市文脉、塑造城市物质空间特色、落实总体规划关于历史文化保护的具体策略，协调城市更新与保护之间关系，将之贯彻到与之相关的具体城市用地及空间上，并协调相关文物保护管理部门工作特点以及所涉及社会群体利益而进行的专项规划。

⑤城市应急避难地系统规划——基于维护城市安全，满足在非常状况（天灾、人祸）下保障城市能够正常运行的空间需要而进行的专项规划。

城市总体规划层面还有许多其他具有针对性的专项规划，如：城市商业（服务业）发展布局规划、文化设施发展与布局规划等，这些专项规划由于专业性特点，它的编制、审批与实施往往由专属部门负责，城乡规划建设管理部门从旁协调与总体规划的关系，因此在此不再做专门陈述。

（3）控制性详细规划

控制性详细规划是我国所特有的规划类型，是以城市总体规划、分区规划为依据，详细规定城市各类建设项目和用地的具体控制指标和其他规划管理技术要求，为地块深入设计提供规划设计条件。控制性详细规划对开发行为具有法定约束力，是城市建设依法管理的直接依据。通过控制与引导并行的办法，控制性详细规划体现了规划的刚性与弹性相结合，控制了必须控制的内容，同时也给具体建设、后续规划留有一定的弹性余地。

（4）修建性详细规划

修建性详细规划是以城市总体规划、控制性详细规划为依据，对建设项目作出更具体的安排和规划，用以指导后期的建筑和施工设计。修建性详细规划成果可以是三维立体呈现的，能够以效果图的形式进行陈述。与控制性详细规划抽象的指标体系相比，其表达更加直观、具象，更能被广大市民接受。

（5）乡规划、村庄规划

乡规划、村庄规划是做好农村各项建设工作的基础，是乡村建设管理工作的基本依据。根据《城乡规划法》相关规定，乡规划、村庄规划应当从农村实际出发，尊重村民意愿，体现地方和农村特色，内容应当包括：规划区范围，住宅、道路、供水、排水、供电、垃圾收集、畜禽养殖场所等农村生产、生活服务设施、公益事业等各项建设的用地布局、建设要求，以及对耕地等自然资源和历史文化遗产保护、防灾减灾等的具体安排。

从我国规划编制体系的发展演变来看，城乡规划的内容正在日益丰富，各项规划之间的功能界定和相互衔接也在日益完善。城乡规划正在由"终极蓝图"走向"动态规划"，由管理技术转变为公共政策。但是，当前的城乡规划编制体系仍然存在应变性、针对性不足等问题，因此，探索新型的城乡规划编制体系依旧是科学规划的重要任务。

2.6.3　城乡规划编制体系的方法逻辑和思维模式

城乡规划领域整体的基本方法逻辑是"实践→理论→实践"。这是由于人居环境建设一直以来都是非常重要的以自然环境为基础的人类活动，人居环境最终的建成状况并不是人类完全所能掌控的。为了最大限度地促成"天遂人愿"，早期的人居环境建设总是在"小心翼翼"地"试错"[1]中进行——从选址到建造形式莫不如此。因此，这种基于经验的"试错"方式奠定了人居环境建设的基础，同时也造就了城乡规划领域从实践中总结理论，再将理论付诸实践加以检验，再从中继续总结，层层递进、抽丝剥茧的方法逻辑。只是随着科技水平提升，"盲目试错"或者自恃"人是自然的主宰"而"将错就错"，甚至"一错再错"将导致人类与客观环境之间的作用力与反作用力日益增大，造成系统崩溃，带来无法挽回的巨大损失。因此，"试错"已经不再是现代城乡规划编制和理论发展的主体思路及逻辑，尽管对于实践经验的总结无论现在还是未来都是，也将一直是城乡规划学科领域获取理论提升的重要手段。现代城乡规划的方法逻辑在"实践→理论→实践"的基础上，更强调对人居环境有机整体性和系统性的解析，因此其方法逻辑也日益重视基于多因素、复杂作用机制分析的系统工程方法逻辑[2]。

现代城乡规划领域因为主要针对人居环境建设实践活动，因此其编制体系的整体生产就是基于系统工程方法的思维逻辑。我国的城乡规划编制体系分为"城镇体系规划"、"总体规划"、"详细规划"三个从宏观到微观的层次，正是基于系统方法的从整体到局部的思维逻辑。城乡规划目前已经由原先单纯关注物质空间实体建设转向以物质空间建设为手段调控社会、经济、文化和生态的综合规划，而在总体规划编制过程中涉及诸多研究领域以及专项规划也都是基于整体与局部互动、强调多因素协同达成整体最优的系统工程基本思路。

从操作模式来看，系统工程方法首先明确研究对象和研究范围，在此基础上以既往知识积累为基础建立一定的因果关系，然后基于某些理论制定系统工程学方程，投入仿真试验予以验算。城乡规划领域具体的方案编制也大多遵循这一逻辑，所不同的只是所谓的编制系统工程学方程转化为编制相应引导空间建设的策略或者具体的建设方案。而投诸仿真试验在城乡规划领域往往是从某一策略、方法在某一地的建设试点开始，再从试点中吸取经验教训修正方案和思路大规模地进行推广实施。

城乡规划领域在编制具体规划方案时常常遵循四种思维模式：资源导向型思维模式、目标导向型思维模式、问题导向型思维模式、技术导向型思维模式，这四种思维模式事实上是四种因果关系的判断方式，由此生成城乡规划方案。而在编制规划过程中的各类具体分析方法，也大多是基于传统方法的集成。例如：案例分析与借鉴是基于类比的联想和移植思维方法，对演化发展的历程分析是溯因和演绎思维方法等。而在理论认知层面将城乡人居环境拆解成不同的子系统，以便于认知和发现，再在发现的基础上探寻不同子系统之间关系的方式，模式背后则是由分析到综合，由局部而整体的典型逻辑思维技术路线。

---

① 试错是人类认识客观环境的一种重要方法。这是人类应对客观事物"黑箱"机制的一种经验方法。直白地讲，就是不断地对特定客观对象采取不同的作用方式，根据客观对象对相应作用产生的反应，调整作用方式方法，直到获得自身想要的结果。

② 系统工程方法最初诞生于针对复杂的工业体系的多因素影响机制的分析过程之中，借力于计算机的复杂运算技术而得以发展。后来逐渐由工程系统领域推广运用到社会系统之中，因为方法本身并无本质变化，因此定名为"系统工程"。系统工程方法强调从整体的角度出发去认知各个组成部分及其相互之间的影响机制。就方法本身而言，它强调对功能方法、结构方法、历史方法等传统方法的集成运用。但同时它又具有独特的分析逻辑，借助计算机对复杂的多因素非直观反馈进行运算，了解复杂系统的内在结构。

总之，现代城乡规划编制体系构建的技术逻辑是基于系统工程学的。基于整个体系生成的层层控制、逐步细化的针对不同行政管理层面和具体时空范围的规划类型，追求的就是如何通过整体控制与局部反馈调整机制，来达成整体最优。以空间为重要的调控手段引导城乡均衡、稳定发展。

2.6.4　我国城乡规划编制体系的完善与发展

我国的城乡规划体系因为生成时间较短，各个部分之间尚未磨合到位，因此还需要进行不断补充和完善。作为整个体系运行的技术基础，规划编制体系的整体运行状况将决定整体领域的工作效率。例如：规划编制不合理，尤其是法定规划违背客观规律不仅会造成规划实施困难，给行政体系运行增加各种技术难度，而且还会因为实施的负面效果影响规划的"法定"地位。为此，针对近年来规划实施中出现的各种问题，业界尝试对规划体系进行调整和补充完善，以提升规划实施的效力。

（1）强化近期规划的作用

总体规划是整个规划编制体系的核心，但是总体规划的实施一直以来也是整个规划体系运行的难点。因此为了强化落实总体规划，有建议提升近期规划的地位。2002年8月，原建设部出台了《近期建设规划工作暂行办法》和《城市规划强制性内容暂行办法》，2005年8月，原建设部又再次发文要求各地编制"近期建设规划"，以加强与各地"十一五"规划的结合及衔接。在这期间，广州、深圳、天津作为试点城市率先编制完成了近期建设规划。可以看出，加强近期规划的主要出发点是为了与我国的行政体系的运行特点相协调，将规划实施与政府的任期目标协同起来，以近期规划重点指导最近3~5年的发展建设，强化它的实效性、突出可实施性，通过近期规划实施推动总体规划落实。因此，近期规划应当是总体规划层面的具体行动规划，是总体规划不可缺少的组成部分。

近期规划在编制要求上具有类似总体规划的完整性，但正是这种对完整性在学术层面上引发了对其编制定位的争论——尤其是诟病在有些地方事实上用近期规划替代总体规划的做法，认为这动摇了总体规划的法定地位，架空了总体规划；亦或是认为近期规划成为了事实上的项目汇总，为了强调实施而受困于实施。从而造成近期规划流于"头疼医头、脚疼医脚"，缺乏系统性和前瞻性，一旦某个项目搁浅就不得不为此重新修订规划，造成规划处在不断变化的过程之中，实施上的无规划状况。上述问题一是出于对近期规划技术功用和效力认知不当造成。虽然同样处于总体规划法定层面，近期规划必须以总体规划为基础进行编制——总体规划对近期建设规划不仅仅是在空间布局上进行引导，同时也强调在发展时序上进行引导。因此近期建设规划是总体规划的行动规划，近期规划不能替代总体规划的作用。在具体编制过程中，近期规划具有根据现实灵活应变的操作性，但是这种操作性不能破坏总体规划对于城镇发展所制定的基本框架。二是规划编制不能违背近期建设规划自身的技术逻辑完整性和系统性。近期建设重在行动，但是并不是盲目行动。既定项目的引进与确定都是为了下一步能够更加平稳、顺利地发展。它对于项目的空间布局和实施时序都在总体规划发展框架指导下。对于建设项目的落实，不能现实中有什么项目就上什么项目，而应该在近期建设规划的技术逻辑下，有针对性确定急需建设的项目予以引进和落地，例如：基于社会公平和均衡发展对公共服务设施布局进行调整而引进既定项目。

总之，强化近期规划的作用是利于总体规划落实的。对于近期规划实施效力的把控不能单纯从项目实施与否来进行评价，尤其要防止近期建设与总体规划南辕北辙的状况。应该探讨其在基于贯彻总体规划精神的基础之上如何行动，以及在此基础上的项目实施状况。

（2）确立概念规划的合理定位

从 2000 年广州市编制总体发展概念规划起，至今几乎所有的副省级以上城市和大半的省会城市都编制了城市空间发展的战略规划（概念规划）。各地编制战略规划有不同的原因和动机，因此其具体内容和重点也具有一定差异。就目前战略（概念）规划涵盖的内容而言，它加强了对城市发展宏观背景、区域环境以及经济社会方面的研究，旨在探寻城市发展的核心和关键所在，意图回答城市政府决策者最为关心的问题。当然，战略（概念）规划的编制过程涉及众多相关领域的分析和研究，这也拓展了规划师的分析视野和知识领域。因此，既往的战略（概念）规划编制取得了一些有益的经验，其中不乏成功的案例。

2000 年以来，"城市总体发展概念规划"或"城市发展战略规划"以一种城市总体规划编制前先导研究的模式，成为了"常规"，但事实上它并不是法定规划。目前，许多重要城市编制概念规划是为了弥补总体规划缺位，科学合理引导城市发展，防止出现城市盲目扩张的不利状况。而造成总体规划缺位的原因多在于总体规划涉及方面庞杂，审批等程序复杂造成其编制和审批时间周期过长。因此，"概念规划"成为某些城市发展为把握发展机遇，规避总体规划不菲的行政过程时间代价而不得不为之的权宜之计。这本身并不符合城乡规划编制体系严密的技术操作逻辑，容易形成管控漏洞。

目前，各个城市编制战略（规划）的主要工作重心聚焦在以下方面：一是宏观层面的基于城市发展目标的城市经济与产业发展问题、城市社会与经济均衡发展的问题、与城市经济社会发展相关的空间拓展和结构模式问题；二是与城市近期发展重大决策相关的土地开发策略、城市重点基础设施布局问题、针对重要政策的地方相应机制的空间策略等。总的来讲，战略（概念）规划关切的大多是城市整体和长远发展的战略，这与常规战略规划的要求类似，但是事实上更多概念规划的编制目的是涉及在特定时期响应国家政策引导，对所属城市进行灵活应变的空间方略研究。由于抓机遇、抢时间，这些规划大多在编制之后很快就投入实施。因此，它们在编制时间序列以及与规划编制体系中其他规划的关系问题上存在技术逻辑漏洞和法律风险。这给目前城乡规划编制体系本身造成了冲击。

事实上，目前的战略（概念）规划虽然研究的问题比较宏观，但在时间层面上却主要是针对如何解决近期城市应对某些"机遇"引发的问题而提出相应的解决办法，它往往需要将城市规划与社会、经济、人文等各方面因素结合起来考虑。战略（概念）规划与总体规划的侧重点不同，与总体规划全面地考虑目前城乡综合发展的整体构架思路不同，目前的战略（概念）规划往往是"就事论事"的规划即"解决问题"的规划。在操作层面上，概念规划不能替代总体规划直接指导详细规划的编制工作。但是我们不能否认概念规划在目前城乡规划体系运行机制下发挥着重要的作用。为此，必须基于整个规划体系运作的角度，就战略（概念）规划在城乡规划编制体系中的作用与地位进行研讨。

从战略（概念）规划涵盖的内容和应该发挥作用的机制出发，从目前的规划编制体系现况来看，战略（概念）规划应该纳入编制基本系列[①]，从而确定其法律地位,建立"战略规划"→"总体规划"→"详细规划"三个层次（高中岗）。但是,如此这般虽然可以理顺规划编制的技术逻辑，但是并未解决规划编制的及时应变问题。因此从战略（概念）规划的出现是为了解决"现行城市总体规划编制、审批和实施中的一系列弊端或不方便"来看，要解决战略（概念）规划在现状规划编制体系中的合理定位问题，需要从规划体系的整体运行角度进行全面思考和改革。

（3）制定不同层面规划审查评价的标准

城乡规划编制体系在运行过程中有一个非常重要的环节"专家评审"。这一环节的设定是基于城乡规划在理论生成的哲学基础上对于"群体智慧"的依赖。该环节虽然目前已经是各个地方规划行政和编制体系中约定俗成的必要环节，但是却未在规划法律体系中明确其相应的地位。审视目前常规的规划审批流程，一般要经过多轮的"专家评审"、"部门审查"、"规划委员会审查"，才能最终形成正式文件经由相应层级的政府审批通过，但在其具体的操作过程中，反映出下列问题：

其一，专家评审中相关专家虽然可以依据相应的规划编制技术文件评价相关规划编制的技术水平，但是由于编制规范文件本身的制定往往将重点置于操作体系的严密与规范之上（如规定规划应包含哪些内容、怎样表达），对于方案本身的适用与合理缺乏必要标准，因此对规划方案本身的科学性、合理性评判往往依赖于专家个体的经验丰富与否和专业素养水平高低，具有极大的偶然性。

其二，部门审查中各个部门往往仅仅关心与本部门相关的具体内容，或者仅仅从本部门技术特点和相关利益角度出发去评判方案的合理性，忽视了城乡规划本身的综合协调特点，造成局部架空整体。往往造成城乡规划编制在多个部门之间不断反复，不仅损失了时间效率，甚至最终不断妥协，结果导致整体方案已经偏离了综合协同的总体思路。

其三，规划委员会审查的工作重点不明确。许多时候规划委员会究竟应该针对规划编撰的程序还是规划编制的总体质量进行审查，还是最后一次发现前期审查没有发现的问题，并不明确。

以上这些问题反映到现实中就是规划的编制费时、费力——规划编制往往需要多次轮回才能协调好与行政体系相关的操作性问题，但其中最关键的方案本身的科学合理性问题却往往被置于次要地位，甚至被忽视。更有甚者，因为时间效率损失，这个规划的政策条件和环境条件都已经发生了巨大变化，导致了规划失效。由此，城乡规划编制体系需要与行政体系协调确定有效的规划审批制度。在编制体系中明确各个审批环节的技术标准和审查重点，形成规范文件。在行政体系中明确各个评审环节的组织模式、操作规程。

---

① 规划编制的基本系列是指按照相关规定确定的所有城市都必须编制的规划类型，并且按相应的管理制度和规定进行审批。

2.7　结语：城乡规划思维的收与放

　　城乡规划作为一门涉及知识领域极其复杂的、以改造和建设更适于人类生存和发展的物质空间场所为目标的实践性学科，需要从业者（包括研究人员、管理人员和具体实操人员）具有强大的思维能力。长期以来，为了保证城乡规划工作开展的效率，历代规划业界精英们逐渐积累形成了一些行之有效的"战术"，帮助从业者在纷繁复杂的城乡人居环境建设影响因素中尽快地整理出相应的主导因子或关键要素——从而能够有的放矢，通过有效的规划措施进行干预，调整城乡人居环境的发展轨迹和最终建成环境的品质。这种"战术"分为不同的"套路"，其中的精华在历经长期检验之后成为现代城乡规划体系构建的方法逻辑基础。

　　城乡规划本身在其运行的过程中，反映着人类对人居环境构建的不断思考。在制定规划的思维体系中，城乡人居环境建设的理念自东方的"相天法地"、"顺其自然"、"天人合一"到西方的"哲意空间"、"理性建构"、"形式逻辑"，其演变过程体现出人类社会在不同发展阶段对于人类意义和人居建设所应遵循规律的认知——从最初以反映社会组织秩序、体现建造技术逻辑为重心，将人居环境视做相对独立的"纯粹人工系统"，到现在普遍认同其需要容纳社会作为整体运行方方面面的内容，接受经济对其的潜移默化，与原生自然环境互动，意识到人类的规划在这个从现实到未来的过程中只能发挥有限作用；认识到城乡人居环境系统的发展具有自组织和组织发展两种模式，城乡规划拟定从非理性到理性。城乡规划体系的方法逻辑体系日趋严密。无论是对规划对象之城乡人居环境系统的理论认知，还是规划本身的制定，亦或是对于规划实施的过程操控方法，以及这三者之间互动的整体逻辑关系。这是一个从思维发散逐步条理化、系统化、结构明晰的过程，它是城乡规划整个方法体系的"收"。这个"收"的过程在于体系逻辑的日益严整，反映到具体现象上就是：建立在"理论指导实践"哲学认知逻辑和"依法行政"法理逻辑基础上的规划编制体系、规划行政体系以及法律体系在运作过程中的环环相扣，层级递进。

　　城乡人居环境作为具有等级层次复杂结构的复合系统，迄今为止对于其各个子系统之间的互动机制的认知还极其有限，尚有大量未知领域亟待研究者去深入探索。在这个过程中突破既定的常规思维往往能够另辟蹊径，获得更多的知识。因此，在进行城乡规划理论探索时应该大胆地"放"，强调视角转换、思路拓展和思维模式的突破。"放"的过程在于知识领域的不断更新，反映到具体现象上就是：运用各种思维模式和研究方法去更深入地认识客观世界中有关城乡人居环境系统本身的知识和探索如何使规划更贴合客观事物演进轨迹的方法。这既可能是本领域的拓展、深入，也可能是不同知识领域的交叉、渗透。

　　总之，规划的过程涵盖了"了解事物、发现规律、设想未来、知晓过程、掌握关键、付诸行动和灵活应变"七个要件。在这个思维系统中涉及从"客观事实到理性认知"和"从理性认知到引导实践"的两向过程。前者是城乡规划理论体系的构建过程——探索者的认知思维应不拘一格，从所能想到的一切领域和角度切入研究，沿着各种可能的思路用不同的方法去求证相关规律。这就是规划思维的"放"，多方法、多途径、多角度，不拘常规。后者是城乡规划实践体系的实施过程——基于保障规划实施成果的公平、和谐、高效，实践者的操作思维应严谨规范，遵从法理逻辑，沿着法律法规拟定的制度规定、技术规程和行业标准开展工作。这是规划思维的″收″,定标准、定规则、定流程,严谨规范。整个体系的″收放自如″在于大胆假设、小心求证,勇于探索和谨慎实践,以及理论的全面拓展和实施的条理清晰。

■ 参考文献:

著作:

[1] (德)克劳斯·迈因策尔. 复杂性思维—物质、精神和人类的计算动力学 [M]. 曾国屏,苏俊斌译. 上海:上海辞书出版社,2013.

[2] (美)威廉·卡尔文. 大脑如何思维——智力演化的今昔(第二版)[M]. 杨雄里,梁培基译. 上海:上海科学技术出版社,2012.

[3] (美)R·肯斯·索耶. 创造性:人类创新的科学 [M]. 师保国译. 上海:华东师范大学出版社,2013.

[4] (美)布赖恩·贝利. 比较城市化 [M]. 顾朝林,汪侠等译. 北京:商务印书馆,2010.

[5] 顾朝林,甄峰,张京祥. 聚集与扩散——城市空间结构新论 [M]. 南京:东南大学出版社,2000.

[6] (英)尼格尔·泰勒. 1945 年后西方城市规划理论的流变 [M]. 李白玉,陈贞译. 北京:中国建筑工业出版社,2006.

[7] (瑞士)皮亚杰. 认识发生论 [M]. 商务印书馆,1989 年版,1996 年第 11 次印刷。

[8] (美)克里斯托弗·亚历山大. 城市并非树形 [J]. 严小婴译. 汪坦校. 建筑师.

[9] 储金龙. 城市空间形态定量分析研究 [M]. 南京:东南大学出版社,2007.

[10] 黄亚平. 城市空间理论与空间分析 [M]. 南京:东南大学出版社,2002.

[11] 吴良镛. 人居环境科学导论 [M]. 北京:中国建筑工业出版社,2001.

[12] 朱志凯. 逻辑与方法 [M]. 北京:人民出版社,1995.

文章:

[1] Chris Webster. 辩驳和城市规划实践的科学理论基础 [J]. 唐韵文,汪铁溟译. 城市规划学刊,2013(3):36-42.

[2] 张庭伟. 梳理城市规划理论——城市规划作为一级学科的理论问题 [J]. 城市规划,2012,36(4):9-18.

[3] 王兰. 城市规划编制体系在城市发展中的作用机制:芝加哥和上海比较 [J]. 城市规划学刊,2011(2):33-41.

[4] 吴志强. 论进入 21 世纪时中国城市规划体系的建设 [J]. 城市规划学刊,2009(1):1-4.

[5] 高中岗,张兵. 论我国城市规划编制技术制度的创新 [J]. 城市规划,2009,33(7):26-32.

[6] 黄晨. 从部门事权与规划内容相对应的角度思考城市规划体系的改进 [J]. 规划师,2008(10):57-61.

[7] 赵民,雷诚. 论城市规划的公关政策导向与依法行政 [J]. 城市规划,2007(6).

[8] 袁奇峰. 构建适应市场经济的城市规划体系 [J]. 规划师,2006(12):33-35.

[9] 王兴平. 中国特色城市规划体系建设:回顾与展望 [C]. // 规划 50 年——2006 中国城市规划年会论文集:城市规划行业发展,2006:387-391.

[10] 邹德慈. 改革城市规划体系加强城市用地管理 [J]. 城市规划学刊, 2005 (6): 16-17.

[11] 何强为, 苏则民, 周岚. 关于我国城市规划编制体系的思考与建议 [J]. 城市规划学刊, 2005 (4): 28-34.

[12] 石楠. 试论城市规划中的公共利益 [J]. 城市规划, 2004 (5).

[13] 赵民, 栾峰. 城市总体发展概念规划研究刍论 [J]. 城市规划汇刊, 2003 (1).

[14] 吴志强, 唐子来. 论城市规划法系在市场经济体系下的演进 [J]. 城市规划, 1998 (3).

[15] 吴良镛. 展望中国城市规划体系的构成——从西方近代城市规划的发展与困惑谈起 [J]. 城市规划, 1991 (5).

[16] 谷凯. 城市形态的理论与方法———探索全面与理性的研究框架 [J]. 城市规划, 2001, 25 (12): 36-41.

[17] 吴良镛. 论城市规划的哲学 [J]. 城市规划, 1990 (1).

网络文献:

[1] 马丘比丘宪章——摒弃机械主义和物质空间决定论, 国匠城网站, 城市规划论坛。文章原网址: http://bbs.caup.net/read-htm-tid-15879-page-1.html

■ 思考题:

(1) 人类的思维是怎样的? 人类思维的过程及其特色如何? 人类的思维有哪些类型? 城乡规划领域通常涉及哪些思维类型?

(2) 什么是思维方式? 不同的思维方式的特点是什么? 在城乡规划领域有些怎样的运用?

(3) 规划师的常规思维模式有哪几种类型? 它们分别具有怎样的特点?

(4) 规划研究的目的是什么? 城乡人居环境系统平稳演进的意义何在?

(5) 规划理论发展的主要方式有哪几种?

(6) 理论型规划研究的基本流程和重点是怎样的? 在这一过程中, 主要需运用怎样的方法?

(7) 实践型规划研究的特点是什么? 其各个阶段的工作要点是什么?

(8) 基于编制规划的需要, 相关的其他领域研究的重点都包括哪些组成部分? 其研究重点、操作要点是什么?

(9) 城乡规划体系的构成是怎样的? 它与城乡规划理论体系的关系如何?

(10) 城市总体规划的专项研究主要包括哪些类型, 为什么要进行这些领域的研究?

(11) 城市规划编制体系的内在逻辑是怎样的?

(12) 我国城乡规划编制体系的发展趋势如何?

■ 拓展练习:

(1) 学习绘制研究流程图

(2) 学习制作研究工作底图

第3章 规划研究信息收集方法的类型及特点

本章要点：

- 各类信息收集方法的概念和特点。
- 各类信息收集方法的具体操作流程及应用要点。
- 各类信息收集方法的适用性。

规划研究收集信息的方法有很多，主要有文献研究法、实地研究法、调查研究法和实验研究法等。在实践中要掌握这些方法，要了解各类方法的概念和特点，学习这些方法的操作流程和应用要点，清楚它们适用于哪些情况，明确它们各自的优缺点。本章主要是对上述内容进行详细阐述，使读者能够认知和掌握规划研究信息收集的具体方法。

3.1 文献研究法

城乡规划研究涉及城乡社会、经济、文化等方方面面的信息，对资料的真实性和全面性要求较高。资料信息的收集是城乡规划研究的重要阶段。

3.1.1 什么是文献

(1) 文献的概念

一切记录人类知识的物质载体（包括文字、图像、数字、符号、声频、视频等类型）都统称为"文献"。

文献，最早是指典籍。我国历史上"文献"一词最早见于《论语·八佾》，"夏礼吾能言之，杞不足徵也；殷礼吾能言之，宋不足徵也。文献不足故也。"南宋朱熹在《四书章句集注》解析认为"文，典籍也；献，贤也"。可见，当时"文"指典籍文章，"献"指的是古代先贤的见闻、言论以及他们所熟悉的各种礼仪和自己的经历。《虞夏书·益稷》也有相关的引证说明"文献"一词的原意是指典籍与宿贤（熟悉掌故的人）。随着人类社会的发展，近现代"文献"的概念已发生转变。在现代，文献的内涵和外延进一步扩大，人们把一切记录人类知识的文字、图像、数字、符号、声频、视频等物体统称为文献，如历史文献、医学文献等。1984年中华人民共和国国家标准《文献著录总则》有关"文献"的定义是："文献：记录有知识的一切载体。"在这一定义中，有两个关键词："知识"是文献的核心内容，"载体"是知识赖以保存的物质外壳，即可供记录知识的某些人工固态附着物。[①] "维基百科"中的定义为，"记录有信息和知识的一切有形载体。具体地，文献是将知识、信息用文字、符号、图像、音频等记录在一定的物质载体的结合体。"[②]

(2) 文献的三要素

文献具有"知识性"、"物质性"和"记录性"三个基本属性，这也是构成文献的三要素。因此，文献具有存贮知识、传递和交流信息的功能。

1) 知识性

知识内容是文献的核心，也是文献存在的价值。没有记录任何知识内容的物体，如空白纸张、空白磁带等就不是文献。

2) 物质性

在中国古代，文献的载体一般为甲骨、金属、石、竹木、帛、纸等，而古代西方，常见的文献载体有莎草纸（古埃及）、贝叶（古印度）及羊皮纸（中世纪欧

---

① 杜泽逊. 文献学概要（修订本）[M]. 北京：中华书局，2008.

② 维基百科web（文献定义来源）。

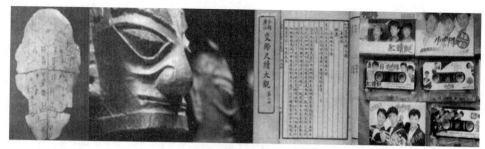

图 3-1　各种类型的文献
图片来源：网络收集。

洲）。现代的物质载体类型丰富，包括印刷材料、声像材料、电子数字材料等。可见，除书籍、期刊等出版物外，凡载有文字的甲骨、金石、简帛、拓本、图谱乃至缩微胶片、视盘、声像资料等等，皆属文献的范畴。一般来说，人们头脑中的知识、口头传递的故事不能称之为文献，如通过口口相传流传的"传说"就不属于文献范畴（图 3-1）。

3）记录性

某些古迹、文物虽蕴含着一定知识内容，有一定物质载体，但没有一定记录方式，也不能称为文献，如山西大同云冈石窟某些佛像，没有文字或者图案记录，仅仅是佛像雕塑则不属于文献。

据考证，中国最早的城市规划图是西周洛邑（今洛阳市）王城示意图。《周礼·考工记·匠人》中记载的就是该图所示的王城的规划制度，"匠人营国，方九里，旁三门，国中九经九纬，经涂九轨，左祖右社，面朝后市，市朝一夫"，这一城建原则在后来的两千年里成为中国最为推崇的城局古制。而这些文献记载也成为现代城市建设史研究中对古代中国传统城市情况考证的重要信息（图 3-2）。

（3）文献的类型

文献按照不同的标准可以有很多分类。

1）按载体不同分类

根据载体不同，文献可分为印刷型、缩微型、机读型和声像型。

①印刷型：是文献的最基本方式，包括铅印、油印、胶印、石印等各种资料，优点是可直接、方便地阅读。

②缩微型：是以感光材料为载体的文献，又可分为缩微胶卷和缩微平片，优点是体积小、便于保存、转移和传递，但阅读时须用阅读器。

③计算机阅读型：是一种最新形式的载体。它主要通过编码和程序设计，把文献变成符号和机器语言，输入计算机，存储在磁带或磁盘上，阅读时，再由计算机输出，它能存储大量情报，可按任何形式组织这些情报，并能以极快的速度从中取出所需情报。出现的电子图书即属于这种类型。

④声像型：又称直感型或视听型，是以声音和图像形式记录在载体上的文献，如唱片、录音带、录像带、科技电影、幻灯片等。

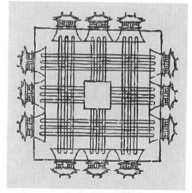

图 3-2　周王城示意
图片来源：《中国建筑图鉴》。

2）按出版形式和内容不同分类

根据出版形式及内容不同，文献可以分为：图书、连续性出版物、特种文献。

①图书：凡篇幅达到 48 页以上并构成一个书目单元的文献称为图书。

②连续性出版物：包括期刊（其中含有核心期刊）、报纸、年度出版物。

③特种文献：包括专刊文献、标准文献、学位论文、科技报告、会议文献、政府出版物、档案资料、产品资料。

3）按内容、性质和加工情况不同分类

根据内容、性质和加工情况不同，文献可分为：零次文献、一次文献、二次文献、三次文献。

①零次文献是指未经加工出版的手稿、数据原始记录等文件，如现场拍摄、录制的照片、胶卷、录音带、录像带等。编制城市总体规划召开资料信息收集座谈会时，参会者的口述发言即为零次文献。

②一次文献指以作者本人的研究成果为依据而创作的文献，如期刊论文、研究报告、专利说明书、会议论文等。一次文献是实践的记录与总结，具有原创性，包括图书、剪刊、会议文献、学位论文、专利文献、政府出刊物、产品样本、科技报告、标准文献、档案等。在城乡规划中，规划编制时进行现场调研所拍摄的现场照片即为一次文献。

③二次文献是由一次文献提炼出来的，例如将一次文献进行有序化和浓缩化操作后，形成如目录、索引、文摘等形式，或者是经过剪接后的录音带、纪录片等。在二次文献中，我们不能获得作者的观点，只是为研究者提供检索方便，使我们更快地找到所要的东西。城乡规划编制过程中对于基础资料的收集即为此类文献。

④三次文献是等级更高层次的文献，是在二次文献的基础上检索、筛选、综合分析而成的，如报导、综述、评论、动态，以及编撰的各种年鉴、手册、字典、辞典、百科全书、光盘等。规划中常形成的文献综述等也属于此类。

从零次文献、一次文献、二次文献到三次文献，是一个由分散到集中，由无序到有序，由博而精地对知识信息进行不同层次的加工过程。它们所含信息的质和量是不同的，对于改善人们的知识结构所起到的作用也是不同的。零次文献和一次文献是最基本的信息源，是文献信息检索和利用的主要对象；二次文献是一次文献的集中提炼和有序化，它是文献信息检索的工具；三次文献是把分散的零次文献、一次文献、二次文献，按照专题或知识的门类进行综合分析加工而成的成果，是高度浓缩的文献信息，它既是文献信息检索和利用的对象，又可作为检索文献信息的工具。

4）按资料来源不同分类

按照资料来源不同，可分为个人文献、社会组织文献、大众传播媒介文献和官方文献。

①个人文献：个人写的日记，信件、自传、回忆录等。

②社会组织文献：各种企事业单位、各种社会团体（如同乡会、同学会、同业协会，以及各种宗族、宗教组织等）的规章制度、统计报表、总结报告、族规家谱、教义教条等。

③大众传播媒介文献：各种书籍、报刊、广播影视、网络等文献。

④官方文献：各种法律、法规和政府文件、统计资料等。

案例 3-1：一次文献

《徐志摩的情书》——雪花的快乐

假如我是一朵雪花，　翩翩的在半空里潇洒，　我一定认清我的方向，
飞扬，飞扬，飞扬，　这地面上有我的方向。
不去那冷寞的幽谷，　不去那凄清的山麓，　也不上荒街去惆怅，
飞扬，飞扬，飞扬，　你看，我有我的方向！
在半空里娟娟的飞舞，　认明了那清幽的住处，　等着她来花园里探望
飞扬，飞扬，飞扬，　啊，她身上有朱砂梅的清香！
那时我凭借我的身轻，　盈盈的，沾住了她的衣襟，贴近她柔波似的心胸——
消溶，消溶，消溶——　溶入了她柔波似的心胸！

资料来源：金民. 徐志摩情书：致陆小曼 [M]. 天津：天津人民出版社，2010。

5）其他分类

按照学科领域不同，可分为社会科学文献和自然科学文献，其中社会科学文献又可分为经济学文献、政治学文献、社会学文献等，自然科学文献又可分为物理学文献、化学文献、生物学文献等。按照出版发行方式不同，可分为公开出版发行文献和内部印发文献。按照保密等级不同，可分为公开文献、内部文献、秘密文献、绝密文献等。

总之，根据不同标准文献可作多种多样分类，但上述几种分类是最主要的分类。

在日常生活和学术研究中，我们常见的文献类型有日记、回忆录、自传、信件、报刊、官方统计资料、地方志、历史文献等。其中，地方志是我国一种比较独特的文献，它在形式上可归入图书一类，但在内容上远比一般图书有价值得多。它是对某一地区自然、地理、历史、人物、政治、经济、文化、社会历史与现状等方面情况的记载，一般都比较全面、系统、真实、详细、公正、客观，它是一种百科全书式的文献，是城市规划相关研究中文献研究的重要对象之一。

案例 3-2：另类地方志——《成都街巷志》

作　者：袁庭栋　著　　出版社：四川教育出版社出版时间：2010-4-1

该书的撰写是从 2005 年夏天开始的，历时四年（图 3-3）。书名几经更改，最后用了《成都街巷志》，是企望向读者表明这是一本有丰富的历史与地理知识、可以为我们的后代保存资料的书。作者说，这里的"志"不是地方志的意思，而是古人所用的"志，记也"，"志，识也"的意思。因此，这虽然不是一本传统意义上的地方志，但是其对于地方文化和地方城市街巷历史的记录有重要的意义。

成都是我国首批历史文化名城，大西南政治、经济与文化中心，有着极为

丰富的历史文化内涵与民风民俗资源。本书是第一部通过成都街巷生动描述成都历史文化，特别是近代历史文化的力作。本书作者是著名巴蜀文化研究专家，他以20多年的资料积累，4年多的考察与写作，用了70万字和1209多幅图片，图文并茂地展示了500多条

图3-3 《成都街巷志》
图片来源：http://www.winxuan.com/product/11550820

成都街巷，以及城池、河道、桥梁的命名缘由、历史变迁，街巷中的名人掌故、趣闻轶事，重要的历史事件与民俗活动，重要的学校、企业、地下出土的历史文物。全书资料丰富、论述严谨、文字流畅、引人入胜。书中编有地名索引和珍贵的历史地图，具有实用价值，特别是大量老照片，包括晚清外国驻华使官、当代美国《国家地理》作者拍摄的照片，民国初年、抗日战争时期的照片以及当代摄影家拍摄的大量摄影作品，还有博物馆、图书馆、档案馆的藏品照片和部分私人收藏照片，这些可谓弥足珍贵。

这本书的主要内容是通过成都的城、河、桥、街、巷来进行展现，以基本稳定的河、桥体系为基础，通过一条条街巷来介绍成都的历史文化。了解成都的城、桥、河，这既是了解整个成都的基础，也是了解成都街巷的坐标，所以本书把这些基础部分置于全书之前，把街巷部分置于其后。

（4）文献的发展趋势

随着社会发展和科技进步，尤其是第二次世界大战后科学技术的突飞猛进，在世界范围内，文献出现了许多新的发展趋势。

1）数量急剧增加

联合国教科文组织统计，1950~1970年，全世界出版的图书，按品种计算增加了1倍，按册数计算增加了2倍。在此期间，图书给读者提供的信息约等于过去3000年人类各种读物所提供信息的总和。[①] 近年来，全世界每天发表的论文达13000~14000篇，每年登记的新专利达70万项，每年出版的图书达50多万种。目前人类掌握的科技知识，90%是第二次世界大战之后获得的。2007年3月份，国际数据公司（IDC）做了一项主题为《膨胀中的数字世界》的研究，对全球信息增长的状况进行了一个全新的统计分析。到2006年底，全球数字信息的总量达到161EB（1EB等于10的18次方字节），相当于已出版书籍量的300万倍，而且还在不断增加。未来五年内，每年都要增长57%。英国学者詹姆斯·马丁统计，人类知识的倍增周期，在19世纪为50年，20世纪前半叶为10年左右，到了20世纪70年代缩短为5年，20世纪80年代末几乎已到了每3年翻一番的程度。[②] 同时，随着网络时代的到来，

---

① （苏）奥·库兹涅佐夫等．快速阅读法[M]．北京：中国青年出版社，1985：10-11．
② 《出版参考》1994年03期．

大众拥有一定的网络话语权,各类信息更层出不穷地出现。人们把这种现象称为"信息爆炸"。这说明,文献发展已呈现出加速增长趋势。

2）种类日趋繁多

随着科学技术的飞速发展,文献的物质载体和记录方式已经越来越多样化。从物质载体来看,除目前最为普遍的纸张外,感光材料、磁性材料、热敏材料、半导体晶片以及其他金属和非金属材料都已越来越多地成为记载文献的物质载体。从记录方式来看,除目前最常见的手工、印刷方式外,摄影、录制、光刻等等新型记录方式正快速发展,也已经成为日常普及方式。预计在不久的将来,还将出现越来越多种类的文献形式。

3）分布异常分散

目前文献的分布分散首先是指贮存分散,随着经济的发展,人们生活水平的提升和精神需求的提高,各种文献收藏在各种不同单位和个人手中,分布面极其广泛。其次是内容分散,属于同一学科、同一专业的文章,往往分散在其他许多学科杂志上;而属于某一学科、某一专业的杂志,又往往刊登着许多其他学科、其他专业的文章。随着学科交叉的发展趋势,这种情况将会有持续增长的趋势。例如,城乡规划的文献资料不仅仅在城市规划类的刊物上发表,也可能在其他学科杂志上,如道路交通专业的学术期刊上发表等。

4）内容交叉重复

根据资料分析,在全球信息系统中,文献中信息垃圾（包括冗余信息、盗版信息、虚假信息、过时老化信息、污秽信息等）所占的比例不少于50%,在个别学科领域甚至高达80%,严重污染了互联网中的信息源和信息环境,干扰了对有效信息的开发和利用。[①] 冗余信息即多余的、重复的、无价值的信息,包括期刊、书籍、因特网都有一些内容空洞、言之无物的东西。有的是剽窃、拼凑之作,有的是多次重复发布,成为人们信息处理的负担。盗版信息是指在未经版权所有人同意或授权的情况下,对其拥有著作权的作品、出版物等进行复制所形成的信息。虚假信息传播者有意识地传递的虚假错误信息,误导、诱骗他人。过时老化信息,即失去时效、老化无用信息。污秽信息指带有巫术、迷信、色情等内容的信息,以及流言、诽谤等恶意信息。有人称这种现象为"信息污染",它给文献研究带来的困难比"信息爆炸"要大得多。美国情报社科协会曾经对1588种社会科学期刊进行调查,发现有1201种期刊刊登的文章出现重复,占76%。[②]

5）综合质量下降

其表现在于,一方面,要求发表的文献数量很大,许多文献未经认真研究、严格审查就急于发表,结果是鱼龙混杂,泥沙俱下;另一方面,由于评定职称、支付稿酬、获得奖励等方面的某些不合理规定,也使得书籍、论文中的冗余加大,水分增多。如明星出书热现象,自1982年中国明星出书第一人刘晓庆出了《我的路》一书后,给很多明星和出版社提供了一个很好的借鉴,虽然在众多明星书中,不乏真情之作,

① 李静. 信息时代下知识检索的重要性分析及启示[J]. 中共伊犁州委党校学报,2007 (3).
② 李爱群. 中、美学术期刊评价比较研究[D]. 武汉大学,2009.

但是质量问题一直令人忧心，2013 著名评论家白烨等就明星出书被冠以"跨界作家"、"新锐作家"等头衔的热议问题标识，这些出书的明星只能算"作者"而非"作家"，书虽然畅销，但跟"文学性"关系不是很大。

此外，翻译和外文文献增多，交流领域扩大，更新换代加快，发表形式多样等，也是当代文献的一些重要发展趋势。

文献是人类知识的累积和结晶。从认识论看，"一切真知都是从直接经验发源的。但人不能事事直接获得经验，事实上多数的知识都是间接经验的东西"[①]。这些"间接经验的东西"，主要是通过各种文献获得的。因此，文献是人们获取知识的重要途径。它能开阔人们的视野，超越时间和空间限制，使人们有可能认识古代的、外域的事物。从科学发展史看，文献使人类知识的存贮、积累和传播不再受个体生命限制，从而大大促进了科学进步。恩格斯说："科学的发展则同前一代人遗留下的知识量成比例，因此在最普通的情况下，科学也是按几何级数发展的。"[②] "前一代人遗留下的知识"，主要是通过文献保存、流传下来的，文献发展史实际上就是人类科学发展史的具体表现。这一切都说明，文献既是人类认识世界的重要途径，又是人类积累知识的重要宝库。

3.1.2 什么是文献研究

(1) 文献研究法概念

文献研究法是指采用科学的方法收集和分析研究各种有关文献资料，从中选取信息，以达到某种调查研究目的的方法。当前已经不是文献匮乏的年代，反而如何在多如繁星的文献中选取适用于课题的资料正是文献研究法所要解决的核心问题。此外，它还承担对选取的文献资料作出恰当分析和使用的作用。凡是追根求源，追溯事物发展的轨迹，探究发展轨迹中某些规律性的东西，就不可避免地采用文献研究法。

文献研究法也称历史文献研究法。"历史"，一般表示过去的、已变为陈迹的事情；"历史文献"，则是指过去发生事情的记录。社会学研究中的许多经典作品，例如法国社会学家埃米尔·涂尔干的《自杀论》，德国社会学家马克斯·韦伯的《新教伦理与资本主义精神》和美国社会学家 W.I. 托马斯和 F. 兹纳涅茨基的《身处欧美的波兰农民》都采用了文献研究法。

在社会调查研究中，文献研究法具有特殊的地位。

首先，它是最基础和用途最广泛的收集资料的方法。任何社会调查研究前期的课题的选择、确定和探索性研究以及方案设计，都必须先从文献研究入手，以使调查目的更为明确和有意义，使调查内容更为系统、全面和新颖。即使进入了具体调查阶段，也往往仍然需要进行文献研究。利用它可以收集到其他方法难以收集到或者没必要用其他方法收集的资料。在采用其他方法进行调查的过程中，以及在调查后期对收集的资料做整理、分析和传写调查报告时，也常常需要利用文献提供必要的佐证和补充。另外，有些社会调查研究由于人、财、物或某些客观条件所限，而

① 毛泽东. 实践论 [M]. // 毛泽东. 毛泽东著作选读（上册）. 北京：人民出版社，1986：126.
② 马克思恩格斯全集 [M]. 中文 1 版，第 1 卷. 北京：人民出版社，1956：621.

只能以文献研究法作为基本的收集资料手段。总之，文献研究法对于所有的社会调查研究来说，都是必不可少的。

其次，文献研究法并不仅仅是一种重要的收集资料的方法，它还是一种独特的和专门的研究方法，这是它与其他调查方法之间最显著的区别。在城乡规划社会调查研究中常用到的问卷法、测量法、访谈法、观察法、实验法等，主要功能就是收集资料，对它们收集到资料的整理、分析和研究则是用一些通用的专门方法来完成的。文献研究法却不仅只是收集资料，它可以独立完成某些课题从收集资料到分析研究的全过程。那些目的在于再现或分析历史现象的课题，如分析民国时期社会各阶层的生活状况等，或者是研究不可能重演的现实社会的某些事件，如战争、犯罪等，以及时间跨度大的纵贯性课题，如中华人民共和国成立以来农村基层组织的变迁等，也只能是主要依靠文献研究法来完成。

就城乡规划专业来说，文献研究的意义在于前人对你所调研的对象是怎样看待的，是怎样给予解释的；其他城市和乡村（国内外）是如何处理这些问题的；以前的规划是怎样处理这些问题的。鉴于规划研究所涉及领域的广度和深度，研究所需的大量信息都是无法通过重新收集而直接获得的。因而，相关文献就成为获取规划研究基础资料的重要来源。有鉴于此，文献研究法是规划领域进行相关研究最重要的方法之一。

文献研究法长期以来是以手工操作为主。20世纪50年代以后，人们开始采用电子计算机等现代技术和设备来处理、贮存和利用文献，从而极大地提高了文献研究的效率。

（2）文献研究法的特点

文献研究法是一种古老、而又富有生命力的科学研究方法。对现状的研究，不可能全部通过观察、调查以及实验，它还需要对与现状有关的各种文献作出分析。文献研究法属于非接触性的研究方法。

①过去式。文献调查法具有明确的历史性，它不是对社会现实情况的调查，而是对人类社会过去发生过的事情、已经获得的知识所进行的调查。

②非接触性研究。即为文献调查法的间接性，调查不直接面对面地与现实社会的具体人进行交往，而是对于各种历史文献资料的研究，同时研究者面对的既不是历史事件的当事人，也不是历史文献的编撰者，而是于各类文字材料的接触中找到有价值的信息。

③非介入性和无反应性。文献研究不介入文献所记载的事件，不接触有关事件的当事人，因此在调查过程中不存在着与当事人之间的人际关系问题，不会受到当事人反应性心理或行为的影响。

案例3-3：文献研究作为非接触性研究在战争研究中的价值

对于战争研究者来说，进入战场，亲自调查研究是一件非常危险的事情。唐师曾，战地记者、作家，1990年底，唐师曾只身去了伊拉克，随后的3年中，他作为新华社驻中东记者记录了关于伊拉克战争的新闻，收集到战地的第一手资料，并写作了《我从战场归来》（图3-4）、《重返巴格达》等书籍。不幸的事，因为受到了辐射以及其他各项危机影响，他罹患"再生障碍性贫血"和重度抑郁症。唐师曾的行为受到人们的尊敬，但是，该事件也说明了进入战场进行实地考察的危险性。正因为战场的残酷性，关于战争的研究，很多都采用文献研究。例如，博士论文《英国与苏伊士运河战争研究》，作者不可能身临其境进行研究，因此只能通过文献查询和分析进行相应的研究。

图3-4 《我从战场归来》封面
图片来源：唐师曾. 我从战场归来[M].
北京：中国人民大学出版社，2007.

（3）文献研究法常规适用范围

文献研究是一般社会调查的基础和前导，它贯穿于社会调查全过程。在准备阶段，文献研究是选择调查课题，提出研究假设，确定社会指标，设计调查方案的必要前提。在调查阶段要顺利开展工作，在研究阶段要深入理论探讨，在总结阶段要创新撰写调查报告和科学评估调查成果，都离不开文献研究。文献研究法同时也是一种独立的调查研究方法，因此它的适用范围较为广泛。

①了解与研究课题相关的已有成果。任何调查研究都应该以前人和他人的调研成果为基础。通过文献研究，了解前人已经取得的调研成果，特别是了解当前理论工作者和实际工作者正在调研的现状，对于正确选择调查课题、设计调查方案、开展对比研究具有重要参考价值，它是避免盲目性和重复研究，少走弯路或不走弯路的重要步骤。

②学习与研究课题有关的理论与方法。过文献研究，充分了解与调查课题有关的各种理论观点和调研方法，以及正在发展着的社会环境和调查工作面临的主客观条件变化，可为提出研究假设、设计调查方案、确定调查方法、安排调研工作等提供必要参考。

③了解研究对象的历史和现状。通过查阅档案、登记表和其他文献，了解有关问题和调查对象的基本情况，以及其所处环境的历史、地理、政治、经济、文化、风俗习惯等资料，对于顺利开展调研工作具有重要作用。

④了解与研究课题相关的其他信息。通过查阅文献，了解与调查课题有关的各种方针、政策和法律、法规，是确立调研工作指导思想，加强调研工作的政策性和法律性，保证调研工作顺利进行的必要条件。

鉴于城乡规划研究所涉及领域的广度和深度，研究所需的大量信息都是无法通过重新收集而直接获得的。因而，有关文献就成为获取规划研究基础资料的重要来源。有鉴于此，文献研究法是规划领域进行相关研究最重要的方法之一。

（4）文献研究的基本原则

一般来说，文献研究应尽可能做到全面、多样。但是，在当代文献数量种类繁多、分布广泛、质量参差不齐的情况下，从如此浩渺的资料领域中搜索有用信息并进行分析已经成为一项艰巨的工作。1980年8月，国际文献联合会第40届年会在丹麦哥本哈根召开，会上美国文献学家布里伯格提出的用"以少胜多"的情报收集原则来取代以往"多多益善"或"百分之百"的收集方法，具有重要参考价值。[①]

因此，我们应该按照一定的原则进行文献研究。

①针对性。文献收集到的信息与所要完成的调查课题紧密相关，对课题的研究有价值、有效用。文献如果不具备知识上的针对性，就失去了收集意义。这保证了收集工作的有效性，这是收集文献第一位的、最基本的要求。

②可靠性。收集文献要求具备来源可靠性和内容真实性。在文献收集过程中，要不断反思和检查文献作者是否诚实，是否反映了事实，有没有别的资料可以印证这一特定资料。因为作者的兴趣、立场和意图往往会使文献带有各种各样的倾向性。这种倾向性常常会使文献偏离其描述和反映的事实。通常的审查方法是看文献作者和形成年代，应排除有疑问的作者，或浮夸成风年代的文献。

③典型性。收集文献需要注意文献的典型程度和作者的代表性。历史上留存下来的文献大多是重要人物和事件的文献，而普遍人所写的文献通常不是随着时间的流逝被损坏，就是不知所踪。当然，占人口多数的普通大众更是没有书写的"权力"。尤其是一些书籍文献反映的只是少数社会上层的生活情况。同时，现代社会文献的丰富使得大部分资料不具备典型性，因此，要选择能准确、全面反映时代特征的文献，保留那些质量高、作用大的典型资料，去掉重复、过时、偏颇的资料。

④全面性。研究者应力求收集与课题相关的各方面资料，不但要收集和自己观点一致的材料，也要收集和自己观点不一致的资料，做到全面收集资料，学会比较分析，使自己研究的结论比较科学、全面。城乡规划学是一门综合的、复杂的学科，因此，凡是与调查课题有关的各种形式文献，我们都要千方百计地收集。既要收集各种印刷型文献，也要收集声、像等类型文献；既要注意文字资料，也要注意统计数据；既要收集图书、报刊文献，也要收集影视、网络文献；既要注意公开出版物，也要注意内部资料……从中挑选出对调查对象精确描述、准确表达的文献。

⑤连续性。围绕调查课题收集的文献，在时序上要有一定连续性和累积性，尽可能不要中断。否则，收集的资料就可能残缺不全，无法反映调查对象发展过程的全貌。

⑥及时性。对于与调查课题有关的各种新资料、新信息，要用尽快速度及时了解、及时收集、及时研究、及时利用，以提高调查研究的时效性和调查成果的实用价值。我国正处于城镇化高速发展阶段，各种城市、社会问题变化飞速，对于研究课题研究时段的把握非常重要，在资料收集和整理上更需要注重时效。

高质量文献资料的基本特点是真、新、全、准。文献研究工作只有满足了上述基本原则，才能为后续的摘取信息工作提供丰富、完整、有效的文献资料。

3.1.3 文献研究的一般程序及技能

文献研究的基本步骤包括文献检索、有效阅读、撷取信息三个环节。在文献研

---

① K.布朗，赵洁珍，国际文献联合会，国外社会科学，1982-05-01.

究独立或主要担纲的调查研究中，这些
环节缺一不可。而在其他调查方法为主
的调查研究中，文献研究一般特指前两
个环节，文献资料的整理、分析是和其
他调查后资料的整理、分析一并进行的
（图3-5）。

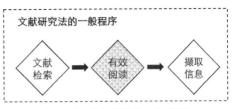

图3-5 文献研究的一般步骤
图片来源：作者自绘，张正军制作。

（1）文献检索

文献检索有广义与狭义之分。广义的文献检索是指将文献按照一定方式集中组织和存储起来，并按照文献用户需求查找出有关文献或文献中包含信息内容的过程，它包括文献的存储和文献的检索两个过程。狭义的文献检索则专指后者。社会调查研究中文献研究所使用的是狭义的文献检索概念。

在文献检索的实施过程中，首先应当知道在哪里才能找到所需文献，或者说，如何才能发现这些文献的具体存在位置，否则所谓文献检索就只是一句空话。而要做到这一点，就必须掌握文献检索的方法。

总的来说，我们可以将文献分为未公开发表和公开发表两大类进行检索。未公开发表的文献主要包括个人写的日记、信件、自传、回忆录等文献，以及政府部门、企事业单位、社会团体的内部文件、规章制度、统计报表、总结报告，宗族的族规、家谱，宗教组织的教义、教规等。这部分文献相对数量较少，查找的办法也比较单一，我们只能根据已知线索或主观判断按图索骥，向个人咨询或到有关单位查找。公开发表的文献包括所有的各种类型的正式出版物和仅在互联网上发表的文献，是文献的主体，数量十分巨大，我们就必须充分利用现有的图书情报资料和网络资源，到专门的文献机构（图书馆、情报所等）或互联网去查找，其检索方法也相对复杂，往往需要借助一些专门的文献检索工具。我们需要着重掌握的也就是检索这部分文献的方法。

1）手工检索工具查找法

迄今为止，手工检索工具查找法仍然是查找公开发表文献的主要方法。根据学科门类，通过目录、索引、文摘进行查找。可按照时序顺查和倒查。顺查利于了解发展过程和全貌，但费时费力。倒查利于掌握最新动态，效率较高，但可能不够系统全面。无论哪种查阅都应该根据课题特点来决定调查文献的时间跨度。

这种方法主要借助两类工具，即有关机构编制出版的文献检索工具和图书馆编制的目录。有关机构编制出版的文献检索工具，按其著录形式可分为目录、索引、文摘和全文等几种形式。图书情报机构（主要是图书馆）编制的目录是更为常用的检索工具。各级各类图书馆都有自己的馆藏目录。目录的种类很多，目前我国图书馆仍普遍采用卡片式目录，大致有分类目录、书名目录、著者目录和主题目录四种。

2）参考文献查找法

也称追溯查找法，即根据作者在文章、专著中所开列的参考文献目录，或在文章、专著中所引用的文献名目，追踪查找有关文献资料的方法。根据已有文献的参考文献目录进行追踪查找，一步步向前溯源，直到找出比较全面的文献资料为止。此法可能不够全面，但效率高、时效性强（见小技巧3-1）。

> **小技巧 3-1：快速在书本中查找信息**
>
> ①合理使用目录（分类目录、书名目录、著者目录、主题目录）。
> ②利用词典和百科全书。
> ③关注相关著作的评论和摘要。

用参考文献查找法，查找文献比较集中，省时省力，而且往往能及时捕捉到一些最新的研究成果。因为相对于一次文献而言，任何检索工具总具有一定的滞后性。因此，这种方法虽然不如用手工检索工具查找法所得的文献那样全面和广泛，但仍很有效。

3）网络文献检索

网络文献检索是到网上数据库去分享信息盛宴。

计算机用于信息检索的研究始于 20 世纪 50 年代初。20 世纪 60 年代中期，人们主要利用单台计算机输入输出装置进行过期文献的追溯检索和新文献的主题检索，提供脱机检索服务。20 世纪 70 年代初，计算机检索进入联机检索阶段，单台贮存信息的主机可通过通信线路连接多个检索终端，利用分时技术，多个用户可以同时与主机"对话"，即检索文献。目前，我国多数图书情报机构建立的可在计算机上阅读的机读检索工具（磁带式目录）即属此类。进入 20 世纪 80 年代以后，计算机信息检索进入"信息"——"计算机"——"卫星通信"三位一体的新阶段，即国际联机信息检索阶段，使信息、文献不受地区、国家限制而真正实现全世界信息资源共享的目的。到了 20 世纪 80 年代末、90 年代初，用光盘制成的数据库取代了一部分联机检索的市场。特别是计算机信息检索已逐渐发展成计算机网络（互联网）检索系统。互联网上提供联机信息检索服务的数据库现在已从文献型逐步过渡到数值型和事实型，而且全文型数据库也开始不断增加。数据库内容的存贮形式向多媒体方向发展，从单纯的字符模式过渡到图文并茂的图形方式，在不久的将来，还会提供大量实时的声音和动画的文献存贮模式。目前，计算机文献检索更重要的就是指利用互联网的文献检索。

知识点 3-1：参考文献的格式

①在正文中引用文献出现的先后以阿拉伯数字连续编码，序号置于方括号内。一种文献在同一文中反复引用，则用同一序号标示。

②文后参考文献，其排列顺序以在正文中出现的先后为准；参考文献列表时应以"参考文献："（左顶格）或"[参考文献]"（居中）作为标识；

③序号左顶格，用阿拉伯数字加方括号标示；每一条目的最后均以点结束。格式：[序号] 主要责任者：文献题名 [文献类型标识]，出版地：出版者，出版年（期号）.

④文后参考文献如果是网络资料的话，请写明互联网的网名，文章的网页地址。格式：[序号] 主要责任者：文献题名，网名 网页地址

⑤文献类型及其标识。根据 GB3469 规定，各类常用文献标识如下：期刊 [J]；专著 [M]；论文集 [C]；学位论文 [D]；专利 [P]；标准；报纸 [N]；技术报告 [R]。

在互联网上查找文献，主要有两种方式：一是登录专门网站检索。目前，国内外绝大多数图书情报机构、政府部门、学校、科研机构、大众传媒机构、企事业单位都有自己的网站，其中建有各种数据库。只要按照其网址上网登录，即可从容查找有关信息。即使不知道其网址，但只要按其中文或外文名称登录，一般也可以达到目的。二是利用大型门户网站的搜索引擎查找。例如著名的"google"和"百度"网站，人们就常用其搜索引擎检索文献，具体操作办法主要是主题概念（文献名称或主题词）检索。计算机文献查找法使用起来非常便捷，而且可以找到大量并未公开出版、只在网上公开发表的个人文献、官方文献和机构文献。但是，目前许多网络资源尚在建设过程之中，文献还不系统、完全，例如北京图书馆所建网上图书馆，储存图书量不到全部馆藏图书的10%；许多机构由于种种原因，未把全部文献在网上发表，所以这种方法虽然很重要，却还不能取代其他文献检索方法。这一点是需要引起特别注意的（见小技巧3-2）。

小技巧3-2：快速在网络中遴选信息

①被信息海洋淹没时，利用关键词组缩小查询范围；

②反馈信息过少时，利用同义词扩大搜寻范围；

③选择上网的低谷期查询，提高效率；

④控制上网时间，强调单位间的搜索效率。

4）循环查找法

也叫综合查找法或分段查找法，综合上述三种查找方法，分段实施，即将检索工具查找法、计算机查找法和参考文献查找法结合起来，循环查找，以获得更全面、更有效的文献资料。

总而言之，我们查找文献要尽可能以多种方法综合应用。一般来说，手工检索工具查找法在学术机构应用较多，参考文献查找法和综合查找法较适合于在缺乏检索工具或图书情报机构较少的部门或地区使用，网络查找法除了逐渐成为检索的主要工具外，同时也是其他查找法的重要补充。

当我们能够灵活、熟练地使用上述文献检索方法发现所需文献的存身之处时，其后的收集文献就变成一件顺其自然、非常简单的事情了。目前，收集文献的渠道主要有个人、机构和互联网三种。我们应该针对文献的不同来源和出版、收藏情况，采取不同的方法，通过这三种途径进行文献收集。

一般说来，对于未公开发表的文献，若属于个人收藏品，例如个人写的日记、信件、自传、回忆录等文献，可以根据线索主动联系，在征得文献主人同意的前提下，采取租、借、复印等办法收集；若是机构收藏品，例如企事业单位、社会团体的规章制度、统计报表、总结报告，宗族的族规、家谱，宗教组织的教义、教规等文献，或者官方不宜公开的各种规章制度、文件、统计数据等内部资料，则可按照一定程序和规定，采取向有关单位直接索取、文献交换、复印复制、租、借等方法收集，某些特别的历史档案则可到专门的档案管理机构去采取借阅、复印等方式收

集。此外，在某些特殊情况下，还可通过上级主管部门下达指令采用征集、调拨等方式收集。

对于公开发表的文献，若是正式出版发行的各种书籍、刊物、磁带、光盘等文献资料，可到图书情报机构和可能收藏这类文献的单位、读者那里借阅，或者从互联网上有关数据库中下载，当然也可以直接购买。另外，对那些虽未正式出版发行，但已在互联网上公开发表的文献，例如个人撰写的各种文章，大众传媒机构因版面不够或其他原因未刊印的稿件，政府部门的官方网站、社会组织和企事业单位的网站中发布的各种信息、文章、统计资料等，可以通过网上下载或复制的方式来收集。

(2) 有效阅读

有效阅读是指通过阅读检索出的文献摘取并记录与调查课题有关的信息的过程。要认真阅读收集到的文献资料，进行分类和整理，并对不同来源的资料进行比较和筛选。最重要的是要通过对文献的阅读和学习提炼出自己的观点。

小技巧 3-3：快速撷取信息的主要方法

从传统印刷文献中摘取信息，需要手脑并用。在阅读的过程中，坚持下列5个习惯。有利于迅速筛选并记录有用信息。

①勤做标记——直接在书上做记号。记号有许多种。对于每个人而言可以形成一套经过设计的符号体系，也有约定俗成的某些记号方式。

②重点批注——在图书、期刊正文上面的空白边（称"书眉"或"天头"）或正文下面的空白边（称"地脚"），注上简单的订误、校文、音注、心得、体会、评语或疑问等。或者简要写上阅读心得或其他信息。

③要点抄录——分为原文抄录和要点摘录两类。前者是把文献中有价值的信息原封不动地照抄下来。而后者则经过读者思维加工，以关键词或者短句的形式加以要点记录。

④编制提纲——整理文献提纲，把整本书或整篇文章的框架结构、基本观点、主要事实和数据，用概括的语句和条目的形式依次记载下来。

⑤撰写札记——也就是撰写读书笔记。阅读文献后，将心得、感想、批评、疑点、意见等敷衍成文。札记是一种最高级的记录形式，实际上已带有初步研究的性质。

信息的撷取过程已经包含初步的思维加工，因此读者需要明确阅读目的，进行有针对性地摘取。

在通过检索发现并收集到文献之后，下一步的工作就是摘取与调查课题有关的信息。摘取信息一般有以下步骤：

1) 迅速浏览

浏览，就是文献收集告一段落后，应将收集到的文献资料全部阅读一遍（包括对音像文献的视听），以对它们有个初步认识，即大致了解文献的内容，初步判明文献的价值。浏览的关键是速度要快。据统计，一般人的阅读速度是平均每分钟300～400字，而浏览的速度则要求快得多，争取做到几十分钟翻完一本数十万字的书。为此，应注意几点：第一，要粗读而不要精读；第二，只读"干货"而去除"水分"，即只注意文献的筋骨脉络、主要观点和有关数据，跳过那些无关紧要的过渡段落、引文和推理过程等；第三，全神贯注，思维敏捷；第四，抓住重点，迅速突破。

2）慎重筛选

筛选就是在泛读的基础上，根据调查课题的需要，从所收集的文献进行分类，并从中选出可用部分。筛选时应当注意以下几点：

第一，必须注重文献的质量，或者说文献的信度和效度，即文献的可靠性和有用性；第二，要注重所选文献的代表性；第三，在筛选时，应从应用的角度，区分文献的层次，可以把全部文献预设为必用、应用、备用、不用等几个部分。

3）精读

精读就是对于筛选出的可用文献要认真、仔细地阅读，同时着重在理解、联想、评价等方面下功夫。这是从文献撷取信息的关键步骤。文献越重要，下的功夫也要越大，重点针对筛选中分类出的那些必用和应用文献，对其往往需要反复阅读、思考。在阅读过程中，不仅要知之所言，而且要深入理解、融会贯通。不但要认真理解文献所阐述的观点，详细了解文献所引用的事实，而且要把它们与其他文献联系起来进行反复对比和研究，还要对文献所引用的事实和阐述的思想同调查课题之间的关系作出客观判断和全面评价。在此基础上，要进一步挑选对于调查研究课题有价值的信息。

4）记录

记录就是把在精读中确认的有价值信息记录下来，供进一步分析研究之用。记录信息最基本的要求就是及时，最好精读与记录同步进行，边看边记，边听边记，或者是读一部分记一部分。如果记录太滞后，不仅会事倍功半，而且容易丢掉在精读中常有的一瞬间产生的思想火花。

（3）文献分析

文献分析是指对文献中的某些特定内容进行分析和研究，来了解其中所反映的外在内容及其本质、规律，以及文献作者和有关人们的思想、感情、态度和行为，进而达到说明调查研究课题的目的。

文献研究所涉及的文献种类、格式一般较多，对其整理分析是一项核心工作。基本要求是紧密围绕调查目的，依据事先制定的分析计划，选择正确的统计方法和指标。这与其他调查方式获得资料的分析方法基本一致，请参看本书第4章。

3.1.4 对文献研究法的评价

（1）文献研究法优点

①能够超越时间、空间的限制。通过对古今中外文献进行调查可以研究极其广泛的社会情况。就时间跨度而言，它可以调查研究几十年、几百年、几千年前人类经济社会发展的状况和一些重大的历史事件；从空间跨度上看，它可以超越省界、国界、洲界，调查研究全球各地的社会情况。文献研究法的这一优点，是其他调查研究方法无法做到的。

案例 3-4：文献研究《国内老旧住区适老化改造文献调查与综述》①

《国内老旧住区适老化改造文献调查与综述》一文以国内近三十年以来老旧住区适老化改造相关研究的 CNKI 等中文数据库检索文献以及图书馆馆藏书籍为资料源，以建筑学为主要视角，对国内该领域的既有研究内容与现状进行综述与分析，来寻求该领域研究的切入点，并促进对建设现状的反思。

文章依托中国知网（CNKI）、万方公司数据库系统、中国专利信息网等一系列中文数据库，对已有的老旧住区适老化改造研究进行梳理和解析，希望通过了解该领域的研究现状，寻求该领域研究的切入点，并促进对建设现状的反思。

检索策略综述——本文将中文检索关键词设定为："老旧；老；旧；住宅；住区；住房；适老；老年；老龄；适应；改造；更新"。

文献检索综述——根据关键词的提取，搜索到的文献，涉及建筑学、社会学、政策学、老年学等学科领域，可大致归类为老年人口研究、老年住区外部环境研究、老年住宅套内通用设计研究、和老旧住区改造研究四大部分。

在观点总结和论述过程中，对重点材料进行了引用和分析。

通过对国内老旧住区适老化改造的相关文献调查与综述，作者了解到与其相关领域的发展现状，并总结出对于居住于老旧住区的老年人口定位、老年住区配套标准和软性服务，以及适老化改造评估体系三个研究领域的问题点。在后续研究中，作者将在本文研究基础上，系统从以上三大问题点切入，进行更深入的了解和研究。

②书面调查较为准确和可靠。如果收集的文献是真实的，那么它就能够获得比口头调查更准确、更可靠的信息。因为，这些用文字、数据、图表、符号等形式记录下来的文献，都是历史上遗留下来的"白纸黑字"的东西，这就完全避免了口头调查可能出现的种种误差。

③间接、非接触性调查，不会在与受调查对象互动过程中受到干扰。文献研究只对各种文献进行调查和研究，而不与被调查者直接接触，不介入被调查者的任何活动，因而绝不会引起被调查者的任何反应。这就避免了直接调查中经常发生的调查者与被调查者互动过程中可能产生的种种反应性误差。既可以查看现实资料，也可以调查以前的历史资料，回顾过去的历史；既可以了解组织在本地的活动资料，也可以调查在外地的活动资料和同类组织在外地的资料。

④方便、自由、安全的调查。实地观察、口头访问、问卷调查、实验研究等直接调查方法往往受到种种外界因素制约，一旦设计不周密或准备不充分，由于时过境迁根本无法弥补。文献研究法不受时间和空间的限制，受外界因素制约较少，只要找到了必要文献就可随时随地进行研究。即使出现了错误，还可通过对资料重新进行编码和分析进行弥补，因而其安全系数较高。

① 资料来源：裘知，楼瑛浩，王竹．国内老旧住区适老化改造文献调查与综述[J]．建筑与文化，2014(2)．

⑤省时、省钱、效率高。文献研究是在前人和他人劳动成果基础上进行的调查，是获取知识的捷径。它不需要大量研究人员，不需要特殊设备，相对来说，它可以用比较少的人力、经费和时间，获得比其他调查方法更多的信息。因而，它是一种高效率的调查方法。

随着计算机、网络等技术的发展，网络信息越来越丰富，文献研究法的上述种种优点也越来越突出。

（2）文献研究法的局限性

①缺乏具体性和生动性，不够直观。陆游有诗说，"纸上得来终觉浅"。文献研究法主要是书面信息，是纸面上的东西，不是活生生的现实，即使文献内容全部都是真实、可靠的，它仍然缺乏具体性和生动性，由于研究者缺乏相关体验、知识，其中反映出的信息对研究者来讲是有限的和不充分的，这是文献研究最大的局限性。

②信息与真实情况之间存在一定的差距。文献的客观真实性往往难以保证。因为，任何文献都是一定时代、一定社会条件下的产物，都是具有一定社会性的人撰写的。因此，任何文献的内容，都会打上一定时代、一定社会条件的烙印，都会受到撰写者个人种种因素的影响和制约。因此，文献内容与客观真实情况之间总会存在一定差异。例如，"文革"时期树立的四大恶霸地主之一的刘文彩，很多戏剧和书籍都记录他虐待农民的恶行、骄奢极欲的生活。改革开放后有观点认为，"文革"时期对刘文彩的描述不符合事实，指出过去中国大陆对刘文彩罪行的描述多有夸大和失实，并称刘文彩事实上在当地发展了西康地区经济，并为西康的初等教育作出了重大贡献，且经常接济穷人，当地人称他刘大善人[①]。但此后也有观点认为，为刘文彩翻案是荒唐的，刘文彩确实罪大恶极，他的罪行已是罄竹难书[②]。至此，刘文彩的真相已经在众说纷纭中难于辨识，关于他的文献资料也有待人们进一步考证。

③永远是"历史信息"，不能作为现实分析依据。文献永远落后于现实。任何文献都是对已经逝去的社会现象的记载，但社会是不断运动、变化、发展的，新事物、新现象、新问题是不断涌现的，其中总有一些新事物、新现象、新问题没有记载于文献。因此，文献研究所获得的信息总比现实落后一大截，要对现状进行分析有一定困难。

④很难做到全面覆盖。文献研究经常会发生文献资料难寻觅、难找齐的缺憾。因为许多文献是不公开的和可以随意获得的，因此对于某些特定的社会研究来说，往往很难得到足够的文献资料。例如，个人的日记、私人信件往往属于个人隐私，某些政府文件、会议记录常常属于内部机密，很难得到。同时，研究者在浩如烟海的文献之中常常会产生茫然无措的困惑，收集系统、全面、高质量的文献很困难。

总之，文献研究法是一种重要的调查方法，而且往往是一种先行调查方法。但是，文献研究法所获得的知识都是过去的信息，不能作为调查结论的现实依据。一般来说，一个调查课题都不可能单纯地采用一种调查方式，文献研究法能为其他调查方法准备充分的背景资料，并为设计调查方案提供参考性的意见。

---

① 笑蜀．刘文彩真相 [M]．西安：陕西师范大学出版社，1999．
② 映泉．天府长夜——还是刘文彩 [M]．长沙：湖南文艺出版社，2000．

3.2 实地研究法

实地研究法以其直接、生动和深入的特点，在政治学、社会学、心理学、教育学、文化人类学等学科领域中都有广泛的应用，它是社会科学研究中常见的方法之一，也是规划学术研究和实践项目中最常用的方法之一。实地研究法不仅仅是收集资料的途径，更是一种可以指导社会研究全过程的研究方式。对这种方法应该按照研究的程序，进行分步骤的介绍，以反映实地研究法的全貌。也正因为如此，本章称之为实地研究法而不是实地调查方法。

3.2.1 什么是实地研究

(1) 实地研究的概念

实地研究法是研究者有目的、有计划地运用自己的感觉器官或借助科学观察工具，能动地了解处于自然状态下的社会现象的方法。

实地研究是一种深入到研究现象的生活背景中，以参与观察和非结构访谈的方式收集资料，并通过对这些资料的定性分析来理解和解释现象的社会研究方式。按照不同的标准，它常常被区分为参与观察、个案研究等。"观察"是指广义的了解，包括看、听、问、想，甚至还有体验、感受、理解等。"个案"是仅仅对一个对象进行。

实地研究不仅是数据资料收集的过程，也是理论发现的过程。尤其是不带有需要验证的假设开始的研究，往往能在实地研究过程中获得新的发现。

案例 3-5：实地研究的案例——《街角社会》[①]

美国著名社会学家 W·F·怀特的《街角社会》，被称为以参与观察方式进行研究的经典实例。1936 年，怀特获得了哈佛大学的一笔奖学金，他可以用这笔钱在三年的时间里进行一项他所感兴趣的研究。因为他当时对社会改革很感兴趣，所以他决定用这笔钱去研究波士顿的一个贫民区。

他选择了一个叫做"科纳威里"的意大利贫民区，因为这个地区与他头脑中贫民区的印象最为接近。为了进入这个地区开展研究，他曾经有过几次失败的尝试。最后，他终于得到诺顿大街福利委员会一位社会工作者的帮助。这位社会工作者安排他与当地青年帮伙中一个叫多克的头头会面。经过坦率的交谈，多克同意为怀特在这个意大利社区中做保证人——即让怀特作为"多克的朋友"去参与和观察社区中的各种活动和人们之间的各种关系。

怀特经常同帮伙的青年人聚在一起，玩滚木球的游戏，打棒球，玩纸牌，也经常同他们一起谈论赌博、赛马、性以及其他的事情。他在科纳威里生活了三年半，其中有一年半的时间是同一个意大利家庭住在一起，并学会了说意大利语。在长期的观察中，怀特收集了丰富生动的资料，得出了有关群体结构与个体表现之间关系的一系列结论。关于他的研究，怀特写到："当我开始在科

---

① 资料来源：(美)威廉·富特·怀特, 黄育馥. 街角社会—— 一个意大利人贫民区的社会结构[M]. 北京：商务印书馆 .1994.

纳威里游逛时，我发现需要对我自己和我的研究作出解释。因为只要我和多克在一起，有他担保，就没有人问我是谁或者我在干什么。但是当我独自巡回于其他群体，甚至在诺顿帮中间时，他们显然对我十分好奇。""不久，我发现人们在这样议论我：我正在写一本关于科纳威里的书。这似乎是过于含糊的解释，可这就足够了。我发现，我能否为这个地区所接受，取决于我所发展的私人关系，而远不是取决于我所能作出的解释。写一本关于科纳威里的书是不是件坏事，完全取决于人们对我个人的看法。如果我是好人，那么我的研究也是好的；如果我不好，那么就没有什么解释能够使他们相信写这本书是件好事。"

(2) 实地研究的显著特点

实地研究是一种定性研究方式，也是一种理论建构型的研究方式。实地研究方式的基本特征是强调"实地"，即研究者一定要深入到所研究对象的社会生活环境，且要在其中生活相当长一段时间，靠观察、询问、感受和领悟，去理解所研究的现象。其基本的逻辑结构是：研究者在确定了所要研究的问题或现象后，不带任何假设进入到现象或对象所生活的背景中，通过参与观察和收集各种定性资料，在对资料进行初步的分析和归纳后，又开始进一步地观察和进行归纳。通过多次循环，逐步达到对现象和过程的理论概括和解释。

实地研究一般以感性认识为主体，收集的信息往往很难进行定量分析。因此，它通常是作为定性研究和发现问题、寻找研究切入点的重要方法。当然，有严谨设计的结构性观察所获得的系统观察、观测结果，可作为真实可靠的基础资料进行深入研究。实地研究的主要特点有以下几个：

1）实地研究是研究者根据研究课题需要，有目的、有计划的自觉认识活动。

人们的观察活动一般可以分为自发观察和自觉观察。自发观察是人们无意识进行的感官活动，如在行走时看到路边的街景等。而自觉观察是有意识进行的，如机动车流量观察、刑警对犯罪现场的观察等，有一定的理论支撑指导。实地研究并不是无意识感官活动，而是按照目的和计划进行的认知活动。

2）实地研究是运用两类观察工具进行的观察活动。

这两类观察工具是：

①人的感觉器官，其中最主要的是视觉器官——眼睛。心理学家的研究表明，人类对于外部信息的获取90%来自于眼睛。除了最重要的观察器官眼睛外，人类还运用耳、鼻、舌、四肢等感觉器官直接获取一定的外界信息。

②科学观察工具，如照相机、摄影机、望远镜、显微镜、录音机、探测器、人造卫星，以及观察表格、观察卡片等。这些观察工具,比人的感觉器官更精确、更强大，能帮助人们扩大观察范围，量化观察信息。如图3-6所示的热舒适仪，能测出所处场所的温度、湿度和黑球温度。

3）研究过程是一个积极的、能动的反映过程。

实地研究的过程中，观察者对研究对象和环境的观察不仅仅是对于现象和现场的记录，同时伴随着大脑思维的映射。人们的观察所得是受到观察者的感知能力、社会经验、专业素养、思维能力等综合主观因素控制的，相比照相机对于现场的照

图 3-6　热舒适仪
图片来源：张樱子拍摄于拉萨。

片只是客观的、纯粹的光学反应有本质区别。因此研究过程事实上是一个由观察者能力主导的、积极能动的反应过程。

4）研究对象应该是处于自然状态下的社会现象。

实地研究法的观察对象应该尽可能保持在非人为干涉的自然状态和社会环境。在观察过程中，如果对观察对象产生人为的影响，有可能出现假象，形成误差，甚至导致观察结果失去真实性，得出错误的结论。

（3）实地研究法的类型

实地研究法根据观察场所的不同，主要分为实验室观察与实地观察。

1）实验室观察

实验室观察是指在有各种观察设施的实验室或者经过一定布置的活动室、会议室等场所内，对研究对象进行观察的方法。它常常用于了解人们某些具体的、细微的行为特征。在这种实验室观察中，核心的问题是不能让观察对象知道被人"监视"，否则会影响观察的真实性，所以一般是借助一种单向透镜来进行观察，里面的人看到的可能是一块不透明的黑板，而外面的人却可以对里面一览无余。

案例 3-6：华南理工大学建筑学院——亚热带建筑科学国家重点实验室[①]

　　该实验室始于 1978 年国家批准华南理工大学成立的教育部亚热带建筑研究室；2005 年设立亚热带建筑科学教育部重点实验室；2007 年初，在原亚热带建筑教育部重点实验室的基础上，以建筑学和土木工程两个一级学科为核心，融合声学、光学、交通、环境科学与工程、材料科学、信息技术、城市社会学等交叉学科，经科技部批准建立亚热带建筑科学国家重点实验室，同年 9 月通过建设计划可行性论证，11 月份正式启动建设，2010 年 6 月通过科技部的验收，是目前全国高等学校建筑领域唯一的国家重点实验室（图 3-7）。

图 3-7　超声成像木材检测
图片说明：为传统建筑保护做超声成像木材检测。图片来源：华南理工大学建筑学院网站。

　　实验室现有建筑设计科学、建筑技术科学、建筑工程技术等 3 个实验中心，下设现代建筑创作、生态城市与绿色建筑、数字媒体技术、GIS 技术、传统建筑文化与保护、建筑热环境与建筑节能、建筑声学、建筑光学、建筑结构、防灾减灾、施工监控与健康监测、岩土与地下结构、城乡环境工程子实验室等 13 个子实验室。

---

① 资料来源：华南理工大学建筑学院网站（http：//www.scut.edu.cn/architecture/）

2) 实地观察

实地观察是指在现实社会生活场景中所进行的观察。它与实验室观察相比，除了地点和场景不同外，还不需要专门对观察场所和观察对象进行控制，而是直接地深入到现实生活场景中，对观察对象进行观察。它多数是非结构式观察，适用于定性类型的调查研究。它在社会调查研究中有着十分重要的意义，目前对社会现象的绝大多数观察都是实地观察。例如，我国各级党政领导部门和领导干部有一个传统做法，即到基层"蹲点"，以了解情况，发现问题，总结经验，寻求对策，这实际上就主要是一种非结构式的实地观察。

对于自然现象而言，实验室观察具有重要意义。但是涉及社会现象的研究，通常只能在"自然"环境下进行实地观察。

在规划研究所涉及的领域，不论是自然信息还是社会信息往往都很难与客观物质环境相脱离，因此在事物发生、发展的原生环境状况下进行实地观察对于相关研究而言就显得十分必要和重要。当然，规划所涉及的某些领域也可以通过实验室的观察来获得相应研究资料和数据，但是这些领域是极为特定和局限的（往往仅仅是涉及自然性要素的领域），并且实验室的观察结果往往还是需要与自然原生环境中的相应数据做比对，以印证其客观真实性，来保证相应研究的科学性。但是涉及社会因素的现象往往很难通过实验室设定的条件简单还原，所以与规划研究相关的社会现象，往往就只能通过实地观察来收集研究思路和素材了。

(4) 实地研究法的使用范围

实地研究起源于人类学，人类学家用此来对非本族文化和相对原始的部落族群进行研究。早期曾被西方社会学家用于研究城市阶级住区的生活，或者用于研究城市流浪汉、贫民、黑人等群体。现代社会学中，常被社会学家用于研究社会中的个体、群体、组织或社区，如对一个特殊的群体、一个村庄、一个小镇或者一个企业的研究等。

实地研究作为一种比较全面的认识方法，适用于对在一定自然环境背景中才能更好理解的现象的研究。特别适用以下几类问题：

①环境——了解被研究事物的全部环境因素。实地研究可以对研究对象所处的环境进行直接的观察，对影响要素进行直观认知，必要时还可以通过勘测得到量化的环境数据。

②关系——了解研究对象内部，以及研究对象和客观环境之间相互作用的关系和规律。通过实地研究，研究者可以观察到研究对象内部、研究对象和环境之间的互动状态，获取其间的相互作用关系和作用规律的信息。

③意义——了解人们对某种现象的定义及其解释。实地研究可以通过观察人们的行为活动了解人们对事件或现象的看法，以此了解人们对研究对象的定义和解释。

④参与——了解人们参与某种活动时的状态和环境对其行为的影响规律。通过实地观察，研究者还可以对活动中人们的状态进行认知，同时，通过行为规律的观察，了解环境对该行为规律的影响。

⑤活动——了解某种持续时间较长、有一定重复频率行为的发生机制和需求。实地研究可以观察到某种行为活动的发生，对发生时间、发生频率、发生状态进行

观察和记录，了解行为的发生机制和发生需求。

⑥事件——了解转瞬即逝突发性事件的发生机制。在充分地研究准备之后，研究者可以通过实地观察对转瞬即逝的事件进行较为准确的观察，并通过多次观察，了解这类事件的发生机制。

3.2.2 实地研究法的实施

（1）实地研究的基本原则

实地研究要保证真实性和客观性，获取真实的、全面的、详细的信息，同时，实地研究作为社会调查的方法要在满足社会规则的基础下进行。因此，实地研究的基本原则是保证客观、全面、深入、持久、坚守法律和道德规范。

1）客观性

列宁曾提出，观察的客观性是唯物辩证法的第一要素。[①] 正确认识事物的要点是观察客观事物的本来面目。实地研究场所和环境时，要注意尽量用旁观者的视角对调查对象进行观察、考量，观察到什么情况就记录什么情况，不要按照自我的喜好进行增减或者臆断，保证调查对象在场所中的原始状态。客观性是实地研究最重要的、最基本的原则。

2）全面性

任何事物和现象都有丰富的内在属性和外在表现形式，以及多样的外部联系。只有从不同视角、不同层次进行观察才能获知事物的全貌。城乡规划实地研究需要的是掌握调查对象在调查环境中的完整状态，因此对于研究对象存在的各种环境，以及环境中的各种情况和细节都应该全面考虑和观察。观察的全面性是实地研究客观性的内在要求。

3）深入性

实地研究中要想达到客观性和全面性的要求，就必须深入、细致地观察研究对象。社会现象和城市环境本身是复杂的、多变的，而社会中的人们因为各种原因也会表现出一些与现象本质有偏差的行为，偶然性和虚假性随时可能存在。一般来说，社会现象的本质很难通过表象了解透彻。因此，深入观察和研究的准确和全面是对现场和环境实地认知的正确方式，而走马观花、蜻蜓点水式的概览，也许只能得到片面的、甚至错误的信息。

4）持久性

实地研究从操作上来说较为枯燥和单调，因为从时间上考虑，实地研究需要对调查对象在环境中不同时间段的反映进行考虑才能完整了解和认识调查对象的情况。很多复杂的、随时间规律变化的社会现象需要进行长年累月的调查工作才能获得完整信息，因此，实地研究具有持久性的原则，这是满足客观性、全面性和深入性原则的保证。例如，英国社会人类学家马林诺夫斯基（Bronislaw Malinowski），1914~1918 年，先后只身在新几内亚南部的迈鲁（Mailu）岛、超卜连群岛（Trobriand Islands）从事田野调查，研究新几内亚原始人部落。1918 年回到墨尔本进行整理工作，至 1920 年才带着调查成果返回英国，最终完成了《南海

---

① 列宁全集 [M]. 中文 2 版，第 40 卷. 北京：人民出版社，1986：291.

舡人》（1922）（Argonauts of the Western Pacific）等著作，从此开始了他在英国人类学界的重要影响力。[①]

5）坚守法律和道德规范

国家法律保护个人人身自由和私人财产，包括私人住宅等范畴都不能擅自进入。在实地研究中，必须要遵守法律规定，不能强迫他人做不愿做的事情，更不能擅自闯入他人的私人空间。同时，实地研究在观察过程中也应该遵守社会道德规范，不能做在他人不情愿的情况下探人隐私等违背道义的行为。实地研究应该在法律和道德允许的范围之内进行，才是对现实情况的尊重。

此外，研究者角色可能带来研究结果的偏差。实地研究成功与否与研究者的立场、主观能力、思想素质有较高的关联度，因此，实地研究的调查误差与研究者关联紧密。研究者应该在基本原则的基础上，严于律己，保证客观的立场和旁观者的角色，以减少对实地研究的影响。

（2）实施过程

各种类型实地研究的实施都包括四个阶段，即准备阶段、实施阶段、资料汇总阶段和初步分析阶段（图3-8）。在实际操作中，四个阶段的分界并不十分清楚，各自之间有不同程度的交叉和融合。

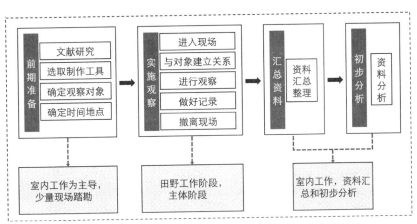

图 3-8　实地研究法实施流程
图片来源：作者自绘，张正军制作。

实地研究作为社会调查研究的一类方法，其实施的前期需要保证准备工作的充分。准备工作一般包括查阅文献、选取或设计制作观察工具和记录工具、选取观察对象和环境、安排观察时间和场合等。其中，查阅文献是指结合研究目的，查阅相关资料，并进行文献研究，做到对研究对象初步了解，以便于制定实地研究的具体计划和大纲；选取或设计制作观察工具和记录工具，为了能够最大限度地提高观察效率，应该在文献研究的基础上对实施实地研究的工具进行选取，选择有效观察和记录工具，在某些类型的实地研究中，还需要进行观察记录表格的设计制作；选取观察对象和环境，通过前期研究分析，在研究对象中的选取典型和代表作为观察对象和环境，以便用最少的观察样本获得最全面的信息；安排观察时间和场合，根据

---

① （澳）迈克尔·扬，宋奕等．马林诺夫斯基[M]．北京：北京大学出版社，2013．

观察对象的特点选择最适宜的场合与时间，能够最大限度地保证观察的真实性、全面性和准确性。

正式实施观察阶段需要特别注意和着重理解的是如何保证能够顺利进入观察现场的问题。在进入观察现场时，要注意选择恰当的方式。进入观察现场的方式有隐蔽和公开两大类，两者的区别在于观察者是否让观察对象知道自己的真实身份。能够自然地、直接地、公开地进入现场当然十分理想，但往往比较困难。因此，观察者有时需要采取逐步进入和隐蔽进入的方式。逐步进入是在刚开始时，并不向有关人士介绍观察的全部内容或者观察的最终目的，以免对方因困惑不解或配合难度过大而拒绝观察者进入。在以后，观察有了一定进展、对方习以为常时，再提出扩大观察范围或延长时间等要求。有时，观察者也可在观察的开始阶段先采取局外观察的方式进行观察，再自然而然地逐步建立与观察对象的关系，由浅入深地参与他们的一些活动，以后随着观察对象与观察者关系的加深，再逐步暴露自己的身份。

隐蔽进入的方式就是观察者始终不暴露自己的身份，而是将自己装扮成普通游客或当地居民进入观察现场。对于大多数非参与式观察和一些特殊的参与式观察，如对自我封闭的群体或社区的观察、对违犯法律或社会道德规范的行为的观察等，这种方式较为适用。例如观察者装扮成乞丐在车站、码头、餐馆等地接近乞丐集团内部人员了解情况，又如观察者以教师或学生的身份到大学校园内进行各种观察等。隐蔽进入的好处是避免了协商进入现场可能遇到的困难，行动也比较自由，但缺点是观察者不能像公开观察那样广泛接触各类人员，深入了解情况，还得时刻注意不要因暴露身份而节外生枝。

（3）实施实地研究的要点

观察者顺利进入观察现场之后，即可根据特定角色和观察方式的要求进行观察。对于非参与式观察来说，完成观察任务的关键是不能惊扰观察对象。而在参与式观察中，完成观察任务的关键是与观察对象建立良好的关系。为此，观察者应当注意解决好如下问题：

1）灵活安排观察次序

根据事态发展灵活运用各种观察次序。观察次序的安排一般有三种方法，主次程序法、方位程序法和分析综合法。主次程序法，是将观察对象分为主要部分和次要部分，先观察主要部分如主要对象、主要场地、主要现象、主要环境等，然后再观察次要部分，如次要对象、次要场地、次要现象、次要环境等。方位程序法，是根据观察对象的位置，采取由近到远或者由远到近、由左到右或者由右到左、由上到下或者由下到上等方位逐个观察的方法。分析综合法，是根据预先分析，先观察事物的局部现象后观察事物的整体，或者反之进行，然后再进行综合或分析，得出结果。这三种方式各有利弊，需要根据不同的课题和实际情况具体问题具体分析，进行灵活运用。总之，实地研究中的观察切忌一头雾水，东一榔头西一棒槌，盲目观察。

2）建立与被观察对象的良好关系

特别是对社会问题的研究中，涉及如何介入、参与、尊重、获取支持、保持中立等一系列技巧。为了与被观察者建立好良好的关系：应反复说明来意，解除被观察者的顾虑，使他们认识调查的重要意义和他们能获取的利益；应参与被观察者的某些活动，并通过共同活动来增进了解，建立友谊，广交朋友；应尊重当地的风俗习惯和道德规范，最好能学会使用当地的方言、俚语，决不要说违反禁忌的话，做违反禁忌的事；在力所能及的范围内，帮助被观察者解决某些困难；应重点选择若干有威信、有影响、有能力的当地人作为重点依靠对象，首先与他们建立良好的关系，然后再通过他们去做好其他被观察者的工作；在任何情况下都不要介入被观察者之间的宗族、房头、派系纠纷，遇到这类问题应尽可能做好团结工作，起码是严格保持中立。

3）尽量减少观测活动对被观察对象的干扰

观察者进入观测现场时，会引起原有人和人群产生某种反应性的行为和心理活动，而这些行为和活动也许会影响观测结果，产生观测误差。最常见的案例是学校课堂听课。无论大学还是小学，通常在安排好的听课环节中，当存在外来听课者时，课堂中的学生和老师的行为和活动都与平时有一定差别，学生会控制开小差，老师会更积极热情。这样的听课环节并不能掌握真实的学生上课情况，是一种较为虚伪的观测。历史上有皇帝微服私访，现在有便衣警察，都是为了不影响被观察者而进行的一些隐蔽方式，以获得真实观测信息。因此，观测活动尽量让观察对象意识不到或者习惯于观察活动，以减少误差。

4）观察与思考相结合

任何观察都是两类活动的综合，一类是感性认识活动，另一类是理性思考活动。观察者按照课堂的调研目标和计划，并做好前期理论准备的观察，才能实现"心明"与"眼亮"的结合。在观察过程中，积极思考，有目的地选择观察重点，不放过任何有用的信息。而对于没有进行前期分析和准备的观察者来说，盲目进入观察现场，所获取的信息非常有限，很多有用信息摆在面前却被忽视略过，成为"睁眼的瞎子"。在观察过程中，思考有助于捕捉更多信息。

5）及时记录

观察过程中，应该迅速简明地全面记录，以防时过境迁，忘掉重要信息。俗话说，"好记性不如烂笔头"。如果没有及时和客观的记录，即便当时感觉记忆清晰，也非常可能在离开现场后，将记忆中纷繁的信息遗忘和混淆。尤其是数据性的资料，必须要在观察现场进行准确客观的记录，才能保证信息准确。记录的内容要客观、具体，"不要用总结的话，也不要用抽象的修饰语，尽量作行为主义式的、具体的描述，尽量降低推理的水平，尽可能避免把活动参与者的描述和翻译语作为自己的语言使用"。[①] 常用的记录方法是制作观察记录工具，如表格或卡片。

（4）影响实地研究准确性的一般因素

从严格的科学意义上讲，任何实地研究都会有一定的误差，而实地研究误差的大小会对调查结果产生很大影响。实地研究的误差来自主观因素和客观因素两个方面。

1）主观因素——实施观察的人

产生观察误差的因素主要在于实施观察的人的思想因素、知识因素、心理因素（爱好、情趣、情绪）、生理因素，以及准备不充分等其他问题。

①观察者的社会价值取向。"一千个读者心中有一千个哈姆雷特"。人生观、价

---

① （美）D.K.贝利．社会研究的方法[M]．杭州：浙江人民出版社，1986：129.

值观和世界观的不同将会影响观察者的研究视角和立场。

②观察者的职业道德和工作作风。在实地研究活动中，观察者工作态度、方法、习惯都会影响观察活动的开展和结论。

③观察者的能力、知识与经验。实地研究是一项受观察者学识、经验、知识结构影响较大的活动，这些因素会影响观察者的感知能力。

④观察者的心理素质。在观察过程中，特别是在参与观察中，经常会有令人不愉快的事情发生。如果观察者不能很好地控制自己的情绪，高兴时工作积极认真，不顺心时工作被动应付，甚至过于看重事物的阴暗面，也会造成观察结果的误差。

⑤观察手段。

2）客观因素——研究对象

其产生观察误差的因素主要有三个可能。

①客观事物发展的阶段性影响。在实地研究时，往往有许多作为研究对象的事物正处于发展变化的动态过程之中，其本质特征还没有充分显现出来，研究者如果对此没有正确的认识，就可能对它们产生一些片面的看法，从而造成研究结果的误差。例如在我国改革开放初期，许多人对民营企业看到的就是其中的某些负面因素，并因此对民营经济产生了一些错误的看法。

②研究活动对客观事物形成干扰。对于研究对象来说，观察者毕竟是局外人，即使在参与观察中，至少在开始的一段时间观察者也是局外人。如果被研究对象感到了局外人的存在，就会在一定程度上改变自己的心理和行为，从而影响到观察结果的真实性和准确性。

③人为制造的假象。有时被研究对象事先知道了有人要来观察，就会出于某些功利的目的，刻意营造一种环境或行为，例如我国1958年"大跃进"狂刮浮夸风时，许多人民公社炮制出所谓"亩产万斤田"，向观察者提供了大量假象。这也是造成研究误差的一个重要原因。

3.2.3 实地研究过程中的具体方法类型

实地研究中可能会用到很多具体的方法，其中观察法和踏勘法是最主要的方法。

（1）观察法——着重对社会现象的研究

观察在整个科学认知体系中占有重要地位，它是一种最直接的调查方法，是一切认知和科学发现的开端。观察获取信息的特点是以不同方式和角色介入观察，获得的信息质量会不一样，但只要有效，信息就是直观真实的。

根据不同的标准，观察的具体类型主要有如下几种：

①根据观察者所扮演的角色，分为参与观察和非参与观察两种类型。参与观察又可根据研究者的参与程度划分为"完全参与"和"不完全参与"两类。

参与观察也称局内观察，就是观察者参与到被观察人群之中，并通过与被观察者的共同活动从内部进行观察。参与观察按照参与程度的不同，可分为完全参与观察和不完全参与观察。完全参与观察，就是观察者完全参与到被观察的人群之中，作为其中一个成员进行活动，并在这个群体的正常活动中进行观察。不完全参与观察，就是观察者以半"客"半"主"的身份参与到被观察人群之中，并通过这个群体的正常活动进行观察。非参与观察也称局外观察，就是观察者不加入被观察的群体，完全以局外人或旁观者的身份进行观察。一般来说，参与观察比较全面、深入，能获得大量真实的感性认识，但观察结果往往带有一定主观感情色彩；非参与观察比较客观、公允，能增加许多感性知识，但往往只能看到一些表面的甚至偶然的社会现象。

案例 3-7：非参与观察——玩具新品的筛选

美国有一家玩具工厂，为了选择出一个畅销的玩具娃娃品种，就使用了观察法来帮助他们决策。他们先设计出 10 种玩具娃娃，放在一间屋子里，请来小孩作决策。每次放入一个小孩，让她玩"娃娃"，在无拘束的气氛下看这个小孩喜欢的是哪种玩具。为了求真，这一切都是在不受他人干涉的情况下进行的。关了门，通过录像作观察，如此经过三百个孩子的调查，然后决定出生产何种样式的玩具娃娃。

---

②根据观察内容和要求：可以分为有结构观察和无结构观察。有结构观察也称有控制观察或系统观察，它要求观察者事先设计好观察项目和要求，统一制定观察表格或卡片。在实地研究过程中，要严格按照设计要求进行观察，并作详细观察记录（表 3-1）。无结构观察也称无控制观察或简单观察，它只要求观察者有一个总的观察目的和要求，一个大致的观察内容和范围，然后到现场根据具体情况有选择地进行观察。有结构观察能获得大量详实的材料，并可对观察材料进行定量分析和对比研究，但它缺乏弹性，比较费时；无结构观察比较灵活，简单易行，适应性较强，但观察所得的材料比较零散，很难进行定量分析和对比研究。

成都市公共自行车使用状况调查表　　　　　　　　　　表 3-1

编号	点位名称	点位类型	桩位数	桩位损坏数	损坏原因				车辆数	车辆损坏数	损坏情况			
					系统故障	桩位无电	荧光屏损坏	锁头故障			无车铃	无踏板	座椅损坏	无车链条
1	群星路星辰路口	单位入口型	16	16	0	16	0	0	9	5	5	0	0	0
2	二环路北一段 111 号	单位入口型	14	14	0	14	0	0	4	0	0	0	0	0
3	银河路凯德广场	商业入口型	18	3	1	2	0	0	10	4	4	0	0	0
4	星辰路 78 号人人乐	商业入口型	15	4	2	2	0	0	6	2	2	0	0	0
5	星辰路 89 号智慧康城	居住小区入口型	18	6	0	6	0	0	9	3	2	0	0	0
6	沙湾路摩尔百盛	商业入口型	14	14	0	14	0	0	1	1	1	0	0	0

续表

编号	点位名称	点位类型	桩位数	桩位损坏数	系统故障	桩位无电	荧光屏损坏	锁头故障	车辆数	车辆损坏数	无车铃	无踏板	座椅损坏	无车链条
7	沙湾人人乐	商业入口型	11	11	9	2	0	0	4	1	1	0	0	0
8	沙湾路光荣北路口	干道交叉口型	11	4	0	4	0	0	4	2	1	1	0	0
9	沙湾路汇龙湾广场	干道交叉口型	11	2	0	2	0	0	9	0	0	0	0	0
10	万科加州湾	商业入口型	18	5	5	0	0	0	8	1	0	1	0	0
11	二环路北一段为民路口	单位入口型	17	4	3	0	0	1	10	0	0	0	0	0
12	长青路星汉路口	居住小区入口型	18	18	0	18	0	0	8	3	0	3	0	0
13	长青路星辰路口	居住小区入口型	7	2	1	0	1	0	6	0	0	0	0	0
14	长青路长平路口	居住小区入口型	11	0	0	0	0	0	2	0	0	0	0	0
15	长青路长兰路口	干道交叉口型	18	18	0	18	0	0	4	2	0	0	2	0
16	成都铁路中心医院路口	干道交叉口型	11	11	0	11	0	0	4	2	0	0	2	0
17	火车北站公交站	干道交叉口型	10	6	6	0	0	0	2	1	1	0	0	0
18	二环路北站路口	干道交叉口型	15	10	10	0	0	0	5	3	2	0	1	0
19	为民路金沙路口	公园绿地型	18	18	0	18	0	0	16	4	2	0	2	0
20	九里堤南路22号	居住小区入口型	8	3	2	1	0	0	6	2	1	0	1	0
21	九里堤南路78号北丽苑	居住小区入口型	5	4	2	0	0	0	4	2	0	2	0	0
22	二环路九里提路口	商业入口型	5	2	2	0	0	0	2	0	0	0	0	0
23	九里堤中路唐臣路	单位入口型	15	15	0	15	0	0	11	5	0	2	3	0
24	九里堤中路301号	居住小区入口型	15	1	1	0	0	0	8	3	0	0	3	0
合计			319	191	44	143	1	3	152	46	22	9	14	1

表格说明：上述表格为有结构观察的统计记录表。表格来源：西南交通大学学生社会调查课程作业。

③根据观察对象的状况：可分为直接观察和间接观察两种类型。直接观察，就是对当前正在发生的社会现象所进行的观察。它们的应用最为广泛。间接观察，就是通过对物化了的社会现象所进行的过去社会情况的观察。所谓物化了

的社会现象，是指反映过去社会现象的各种物质载体，例如写实性绘画、古迹或遗址、各种腐蚀性或积累性物质痕迹，以及反映一定社会现象的物体或环境等。在该方法中，调查人员作为"旁观者"的身份对被调查对象进行观察，主要优点是观察的时间、空间极大地扩展，但却没有实在感，缺乏亲身感受。间接观察的例子如观察一定时期内阅览室中哪些书刊磨损严重，由此看出这一时期人们的阅读倾向；观察某小区生活垃圾，由此发现居民的饮食习惯或生活水平；考古学家观察历史文物，由此了解古代人们的社会生活状况；古生物学家观察各地层沉积物，由此认识自然界和动植物的演变情况；社会学家将一些标有姓名、住址的物品故意丢在不同地区，然后观察各地区的归还率，由此看出各地区居民的道德水准等等。

一般来说，直接观察简便易行、真实可靠。间接观察比较复杂、曲折，它需要比较丰富的经验和知识，以及较强的分析能力，有时还需要科学的鉴定手段和方法，而且在推论时可能发生种种误差。但是，它可以弥补直接观察法的不足，更是对过去社会现象进行观察的唯一可行的方法。在实际的观察过程中，上述各种观察类型是互相联系、兼容和交叉的，例如某实地观察同时也是非结构式观察、参与观察和直接观察等。

观察还有其他类型划分模式。例如：静态观察与动态观察、定性观察和定量观察、探索性观察和验证性观察等。

知识点 3-2：间接观察的类型

①垃圾学

查尔斯·巴林先生在 21 世纪初对芝加哥街区垃圾的调查便是间接观察法的一个例子。这种对垃圾的调查方法，后来竟演变成进行市场调查的一种特殊的、重要的方法——"垃圾学"。所谓的"垃圾学"是指市场调查人员通过对家庭垃圾的观察与记录，收集家庭消费资料的调查方法。

这种调查方法的特点是调查人员并不直接地对住户进行调查，而是通过察看住户所处理的垃圾，进行对家庭食品消费的调查。美国亚利桑那大学的几位社会学教授曾采用"垃圾学"的方法，调查当地居民的食品消费情况。调查结果表明：当地居民每年浪费掉9500 吨食品；被丢弃的食品中有许多是诸如一整块牛排、一只苹果或者一听打开的豆子罐头等可以食用的食品；低收入家庭比高收入家庭能更合理地安排食品消费；所有的家庭都减少对高脂肪、高蛋白食品的消费，但对方便食品的消费却有增无减。这项由政府资助的项目得到有关方面的高度重视，它对调查美国居民的食品消费提供了样本和数据。

②食品柜调查法

另一种比较常用的间接观察法是食品柜调查法。调查人员通过察看住户的食品柜，记录下住户所购买的食品品牌、数量和品种等，来收集家庭食品的购买和消费的资料。同样，市场调查人员还可以利用记录和计算零售商和中间商的存货水平，对某一品牌的商品在某一地区甚至全国范围内进行市场份额、季节性购买方式等营销活动的市场调研。

资料来源：(美) 拉什杰，默菲. 垃圾之歌 [M]. 北京：中国社会科学出版社，1999.

案例3-8：间接观察——法证事务部[①]

香港法证事务部（通称法证部，Forensic Science Division），隶属于香港特别行政区政府化验所。主要责任是为香港的刑事及司法制度提供科学鉴证服务，范围包括检查测验，就化验结果的含义作出诠释，并且提供专业意见。其主要协助的对象，为香港特别行政区政府的众执法部门。此外，还包括受到政府资助的机构，如医院管理局等等。除了为各政府部门送检的物理证据在实验室内进行检查测验外，法证事务部亦提供24h的罪案现场勘察查探服务，协助执法部门鉴证辨认及搜查收集科学物理证据。

法证事务部所处理的现场，种类繁多，既有较简单的盗窃案，也有凶杀、强奸等重案。另外，就某些现场需要作较专门的调查，例如火警的成因、严重交通事故的重组及血溅图像分析等，拥有相关训练经验的工作人员会到场提供协助。法证事务部分为刑事科学及品质管理科（内有7个小组）和药物、毒理及文件科（内有5个小组）。例如，化学组负责处理广泛和不同类别的案例，其中，特别着重于鉴证对人和财物方面的罪行（图3-9）。这个组别的工作主要有三类：痕迹证据勘查、多种类化学性分析、火场勘查。除处理化验室的工作外，这组内的专业人员也会抵达有可疑起火原因的火场进行现场勘查以确定起火原因。香港有线电视台曾出品《法证先锋》系列电视剧，就是以法证事务部为题材演绎的。

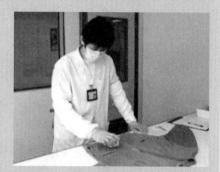

图3-9　套取衣物上纤维作为接触证据
图片来源：香港特别行政区政府 政府化验所官网 http://www.govtlab.gov.hk/sc/home.htm。

(2) 踏勘法——到实地环境中建立对研究对象的直观印象

踏勘法源于明代，崇祯十三年（1640年），浙江山阴一带遭逢水灾，粮价暴涨，城乡百姓挣扎在死亡线上。张陛毅然将家中两顷良田卖掉，筹款购买大米五百石（约合六七万斤），率领他的团队（以亲友为主）奔走于城乡之间，无偿赈济贫民，活人无数。事后他撰写了《救荒事宜》一书，总结了十条救荒经验。此书与先后刊印的一些同类书籍一起，成为人们救荒疗饥的宝贵指南。十条经验之一即有踏勘法，意思是按照记录的户籍册进行实地探查，发现与记录不符，"保甲册子上十家记不上两三家"[②]。

古籍记载的探勘法与规划运用的踏勘法相似，都是着重对自然环境和物质要素的研究。

1) 踏勘获取信息的特点

①采用不同的接触客观事物的方式和工具进行踏勘，获得的信息质量（主要是

① 资料来源：香港特别行政区政府 政府化验所官网　http://www.govtlab.gov.hk/sc/home.htm
② 周致元.明代荒政文献研究[M].合肥：安徽大学出版社，2007.

精准度）会不一样。但不论怎样，只要是客观获得，信息就是直观真实的。例如，交通量统计工作在计算机普及应用之前，通常采用人工观测方式，通过数豆子之类的简单计数工具进行统计。统计时间和统计内容到受限制，相对于现在常用的自动计数仪观测、高空摄影观测等方式来说，简陋粗糙，获得的信息准确性也较弱。

②必须到事物存在的现场，与真实的环境和事物本身进行某种程度的直接接触。踏勘法最核心的特点就是在现场进行认知活动，对于环境和事物进行直接的测量、考察和互动。任何事物都不是孤立存在的，总是要依赖环境条件而生存，不同环境存在不同的事物，因此踏勘法就是进入事物存在的环境，进行直接接触，了解事物的存在机制、事物和环境的关系，以及环境的特征等信息。

2）踏勘的具体类型

城乡规划踏勘主要进行以下几种类型的活动：

①测量——对大尺度物质要素的实际尺寸进行准确掌握。一般来说，城乡规划踏勘测量的客体是大尺度的测量对象，包括自然地形地貌的尺度、城市街区和街道尺寸、开敞空间尺寸、建筑大尺寸等，主要是几何量，包括长度、面积、形状、高程、角度、表面粗糙度以及方位误差等。例如进行历史街区的更新改造工作中，首要任务是对历史街道、历史建筑等物质要素进行测量，掌握它们的现状尺寸信息等，以便根据信息进行分析做出更新方案。

②测绘——对研究对象的细节尺寸和形象特征进行准确的了解和掌握，通常包括建筑及人工设施的细部尺寸，如门窗、柱、廊等尺寸信息的测定和采集。

③标本采集——对研究对象有重要意义，但又无法在现场进行判断的要素，可采集标本以便于进行后续研究。如进行景区规划踏勘工作时，对当地植被的信息采集，如果当场无法判断植物的类别，可以进行标本采集，带回后向相关专业人士咨询。

④空间注记——用于对研究对象与环境关系的研究，以直观的图示语言进行观察记录。

空间注记法起源于现代城市设计，是空间分析中最有效的途径，它综合吸取了基地分析、序列视景、心理学、行为建筑学等环境分析技术的优点，适用于设计者加深对设计任务的理解，并有助于改善城市空间关系的观察效果。所谓注记，是指在体验城市空间时，把各种感受（包括人的活动、建筑细部等）使用记录的手段诉诸图面、照片和文字，因而这是一种关于空间诸特点的系统表达，这一技术在第二次世界大战后许多城镇设计和环境改造实践中得到广泛应用。[①]

在运用中，常见的空间注记法有三种，无控制的注记观察、有控制的注记观察、介于两者之间的部分控制的注记观察。

3.2.4 实地研究法的优缺点

实地研究法作为一种最常用也最古老的调查方法之一，有着突出的优点，但是也存在一定的局限性。

（1）实地研究法的优点

第一，可以提供有关社会现象和社会行为的详细的第一手资料。它可以在当时

---

① 王璐，汪奋强．空间注记分析方法的实证研究 [J]．城市规划，2002（10）．

从实地看到现象或行为的发生，可以注意到当场的特殊气氛与情景，把握全盘现象。若在事件发生过后，用访谈等方法来收集资料，只能靠当事者以回忆的方式诉说，得到的资料必然是零碎的、不完整的，甚至会产生内容上的偏向和材料上的变异等情况。因为当事人是无目的地"观察"，并没有受过专门训练，偏差必然难免。

第二，可靠性较高。实地研究法是通过研究者的直接观察获得信息，观察的是现场自然状态下的社会现象和事物，虚假信息容易被辨识和杜绝。虽然实地研究也可能产生误差，但是与文献研究中的书面信息和访谈中的口头信息相比，可靠性显然更高。

第三，获取的资料及时、有效。实地研究法特点之一是及时性，它研究的是当时、当下正在展现的现象、环境和活动，因此它获取信息的及时性和有效性较好。

第四，适于收集用其他方法很难获取的信息。实地研究还能够得到不能直接报道或不便于公开报道的对象的资料，以及一些敏感问题的信息。例如婴儿、聋哑人不能直接说出他们的感想和愿望，精神病患者说出来的话准确度也极差，有些人对某些敏感问题不愿提及，有些人害怕与生人交谈，有些对采访者怀有戒心甚至敌意，有些人在工作时不便于谈话，在这些情况下，实地研究法就可以发挥效用。

第五，简便易行。实地研究法的适应性强，灵活性大，时间易于把握，对于观察者的要求也较低。因此，它被广泛应用于各种科学研究中。

（2）实地研究法的局限性

实地研究法的局限性也很明显。

第一，难以进行定量分析。实地研究主要是通过观察工具对观察对象进行感性认知，获取的主要是定性的信息，因此很难进行定量的分析。

第二，易受观察者主观因素的影响。实地研究主要是靠观察者主观的活动进行，反映了观察者的个人情感。因此，观察人员的立场、观点、方法和能力不同，观察时的态度、情绪不同，也会产生不同的观察结果。尤其是参与观察中，观察者还会影响到被观察者的表现，这也使得事物或者现象的自然客观状态会有一定程度的变化。这是实地研究无法克服的缺陷。

第三，获得合作有一定难度。实地研究在进行观察场地、开展观察活动的时候，有时需要获得对方的合作，与被观察者建立良好的关系是这项工作的要点之一。然而，随着社会包容性的下降、陌生人之间信任程度的降低，建立合作变得更加困难。没有良好的合作，很难顺利完成实地研究工作。

第四，受时间空间条件的限制。实地研究只能是对实地当下的情况进行研究，不能对于过去或者其他地域空间进行研究。它进行的是微观地域空间的研究，而不能进行宏观的调查。还有很多社会现象不能也不适合通过实地研究进行观察，例如涉及隐私的社会现象等。因此，实地研究受时空影响，对研究范围和对象有一定的局限性。

第五，资料整理和分析难度大。实地研究获得的资料有文字、图片、视频、表格数字等，种类较多、内容分散，信息的系统性以及连续性不强，需要经验丰富的人员来进行整理和分析，难度较大。

尽管实地研究法存在各种局限性，但是作为城乡规划调查的重要方法之一，仍然被广泛应用在各种工作中。

3.3 调查研究法

调查研究作为城乡规划学的重要方法之一，是科学研究者了解和认知社会的重要方法，涵盖了多种具体操作手法，主要包括访问调查法、集体访谈法、问卷调查法等。

3.3.1 "调查"的概念

"调"有计算、度量之意，"查"有寻检、查究、考察、查核之意。调查是重在通过对客观事物的度量和查究来建立对客观事物认识的方法。

简单的说，就是认识了解社会。

理解这一概念有四层含义：

第一，自觉的认识活动。所谓自觉认知，是在有目的、有计划、有方法的基础上对研究对象开展研究，这与日常生活中对社会现象的观察、了解是有原则性区别的。

第二，对象是社会本身。调查研究的对象包括人、社会结构、调控社会整体的功能等等，其本质是社会本身。对社会本身的调查才能深入社会现象的形成根源，从而寻找解决措施。

第三，感性认识方法和理性认识方法。调查研究是感性认识和理性认识的结合，这是相对于之前的研究方法来说更为全面的研究方法。

第四，目的是了解社会，探求规律，寻求改造社会的道路和方法。调查研究的目的具有很强的科学性，在了解认知社会的基础上，归纳和总结社会现象和问题的发生发展规律，从而寻求解决途径，是城乡社会调查最根本的目的所在。

3.3.2 "调查"的类型

社会调查在广义上可分为"走马观花"和"下马看花"两种基本类型。

"走马观花"，比喻对事物做匆忙、粗浅的了解，即到基层或单位走走、看看、听听、问问、议议。走马，骑着马跑。出自中唐诗人孟郊的诗，他在 46 岁时才进士及第，怀着欣喜之情，写了流传后世的名句"春风得意马蹄疾，一日看尽长安花"。"走马观花"，指骑在奔跑的马上看花，原形容事情如意、心境愉快。现在则多指大略地观察一下。"走马观花"，常常用在发现问题和提出问题的阶段。

"下马看花"式的社会调查工作具体是指有计划、有目的地进行系统周密的调查和研究。调查前要进行周密策划，调查时要采取科学方法，调查后要对资料进行鉴别、整理和分析研究，最后还要形成调查报告的最终成果。毛泽东《在鲁迅艺术学院的讲话》中提到，"俗话说：'走马看花不如驻马看花，驻马看花不如下马看花。'我希望你们都要下马看花。"[①]

（1）调查研究的主要类型

一般来说，城市规划社会调查研究按照调查范围和对象可以分为普遍调查、典型调查、重点调查、个案调查、抽样调查等主要类型。

---

① 毛泽东．在鲁迅艺术学院的讲话 [M]．北京：中央文献出版社，2002．

　毛泽东．毛泽东文艺论集 [M]．北京：中央文献出版社，2002．

1）普遍调查

普遍调查是为了掌握被调查对象的总体状况，针对调查对象的所有单位逐个、无一例外地全部进行的调查，也叫全面调查或整体调查。简称"普查"。

普查是了解社会状况的重要方法，对于了解社会重要方面的总体情况具有特殊意义。它通常是一项认识现状的基础性工作。其特点是：工作量大，费时、费力、费钱；资料准确性、精确性和标准化程度较高，可以统计汇总和分类比较；需要高度集中的组织，统一安排；项目较少，资料缺乏深度。

普查涉及的调查对象众多、变化快，组织工作极为复杂。它的组织方式主要有填写报表和直接登记两种。

普查的程序一般是：准备工作→调查登记→汇总整理及统计分析→颁布结果。

要科学严密地完成普遍调查工作，有如下的实施技巧：

①有严密的组织领导。城市总体规划的社会调查和资料收集工作就是一项庞大而严谨的组织工作。城市政府负责人、规划分管领导一般担任社会调查工作的总指挥，规划项目组进行具体操作，并需要政府各相关部门积极配合完成。

②普查项目少而精，设置简明。普查的范围大，因此只能操作有限的调查内容。1953年新中国第一次人口普查，只有姓名、与户主关系、性别、民族、住址6个项目。在有了计算机等现代技术的应用之后，项目才得到了增加。

关于普查的登记时间需要满足以下要求。

普查的登记时间必须统一，以免出现重复和遗漏，造成误差。普查对象的数量多、范围广，如果没有统一的时间要求，容易造成结果不准确的问题。例如，2005年，中国人口平均每天出生4.42万人，死亡2.32万人。如果普查统计时间差一天，就存在2.1万人左右的误差。

普查现场的登记时间选择必须恰当，应选择变化小的时间，以提高准确性。一般选择在普查对象的流动较少和便于现场登记的时间。如全国人口普查，2000年选择在11月上旬进行，此时气候宜人，流动人口相对少，情况相对稳定。而以往几次的人口普查选择在7月底，正是自然灾害频发时期，时间选择不科学、不准确。

普查现场登记应该尽快完成。在一定时间段内，调查对象会有一定的变化，时间过长，变化更大，会造成巨大误差。我国全国人口普查的登记时间一般为半个月，近两次已经缩短为10天，就是为了将误差尽可能地减小。普查尽可能按照一定的周期进行。周期性的普查有利于历次的社会情况和现象的比较研究，有利于发现社会现象的发展趋势和规律。拿人口普查来说，联合国建议各国在尾数为"0"的年份或者尾数接近"0"的年份进行普查，目的就在于对世界范围的人口变化进行比较研究。

普查的优点和局限性体现在：普查作为一种全面调查，其主要优点就是调查资料的全面性和准确性。因为是针对调查对象的每一个单位进行的调查，了解的是每一个单位的信息，对于调查对象的整体认知是全面和准确的。普查也有一定的局限性，主要是工作量大，花费大，组织工作复杂，时效性差；调查内容有限，只能是最基本、最重要的项目，难于深入研究。正是这些局限性使得普查的适用范围比较窄，适应性小，只适用于对有关全局的基本情况进行调查。

知识点 3-3：人口普查

人口普查就是在国家统一规定的时间内，按照统一的方法、统一的项目、统一的调查表和统一的标准时间，对全国人口普遍地、逐户逐人地进行的一次性调查登记。人口普查工作包括对人口普查资料的收集、数据汇总、资料评价、分析研究、编辑出版等全部过程。

人口普查是当今世界各国广泛采用的收集人口资料的一种最基本的科学方法，是提供全国基本人口数据的主要来源。通过人口普查，可以查清全国人口的数量、结构和分布等基本情况，还可以查清人口的社会特征、家庭特征、教育特征、经济特征、住房状况以及普查标准时间前一年人口的出生死亡状况等。目前，世界各国的人口普查在时间、内容、方法上逐渐趋向一致，使人口普查资料更具有可比性。

人口普查具有以下几个基本特征：

①普遍性。人口普查是按地域性原则进行登记，某个地域范围内的全部人口都要参加普查登记。

②个别性。人口普查登记以人为单位，要按照每个人的实际情况逐人逐项地填写普查表。

③标准性。人口普查必须以一个特定时间为标准，全国同时进行调查。不论普查员实际入户登记时间在哪一天，登记的都是标准时间的人口状况。

④集中性。人口普查工作必须在中央的集中领导下，按照中央一级普查机构的部署去组织实施。

⑤统一性。人口普查工作要全国严格统一，包括统一的普查方案、统一的普查表、统一的填写方法、统一的分类标准、统一的工作步骤和进度等。

⑥定期性。人口普查总体上是一种静态调查，不能反映人口的变动情况，因此应该定期进行，世界上大部分国家规定每隔 5 年或 10 年举行 1 次人口普查。

美国是世界上最早定期进行人口普查、公布普查结果并把人口普查作为一项条款写进宪法的国家。自 1790 年以来，美国每 10 年都会收集 1 次人口普查信息，每次人口普查均在尾数为 0 的年份进行。紧接美国之后，英国和法国于 1801 年进行了人口普查，它们同美国一样，也是每隔 10 年或 5 年举行一次人口普查，除个别战争年代外，一直坚持定期人口普查的制度。现在，美国人口普查局在普查时会提供六国语言的问卷，除英语外，还有西班牙语、汉语、他加禄语、越南语和朝鲜语。

从历史上来看，我国是世界上最早进行人口统计的国家之一，同时也是在世界历史悠久的各国中唯一有长期不间断人口资料记录的国家。据《后汉书》记载，早在公元前 2200 年，大禹曾经"平水土，分九州，数万民"。所谓"数万民"就是统计人口，当时统计的数字约 1355 万。

进入封建社会以后，人口数字统计更加完整。汉朝有"算赋法"；隋朝有"输籍法"；唐代有"户籍法"；宋朝采用"三保法"；元世祖忽必烈于至元八年颁布《户口条画》，将强制为奴的人口按籍追出，编为国家民户，使人口不断增加，元顺帝初年，全国人口达到 8000 万左右。明朝有"户贴制度"，现存明初洪武年间的户口统计，其总数均已达到 1000 余万户，近 6000 万人口。

我国历史上第一次完整地记载全国各州、郡的户数和人口，是在公元 2 年（西

163

汉平帝元始 2 年），据《汉书·地理志》记载，当时有 1223.3 万户，5959.4 万人。以后各朝代都建立登记每户人口的表册。

新中国成立后，我国共进行了六次人口普查。2010 年，中国完成了第六次人口普查。此次人口普查标准时点为 11 月 1 日零时，人口普查主要调查人口和住户的基本情况，内容包括：性别、年龄、民族、受教育程度、行业、职业、迁移流动、社会保障、婚姻生育、死亡、住房情况等。人口普查的对象是在中华人民共和国（不包括香港、澳门特别行政区和台湾省）境内居住的自然人。普查所得的数据显示，全国总人口为 1370536875 人，其中性别比为 105.70。城乡人口比例为 49.68 ：50.32。这表明我国在 2010 年城镇化水平已达到了 50%。

资料来源：国家统计局门户网站 http：//www.stats.gov.cn/ztjc/zdtjgz/zgrkpc/dlcrkpc/

2）典型调查

典型调查是在对调查对象进行初步分析的基础上，从调查对象中恰当选择具有代表性的单位作为典型，通过对典型单位的调查来认识被调查对象总体本质及其发展规律的一种非全面调查方法。

典型调查的关键是典型单位对全体的代表性，所谓典型指的是同类事物中最具代表性的个体。而代表性指的是同类事物的共同属性和事物的发展趋势（参见小技巧 3-5）。

典型调查的特点主要是，有目的、有意识地选择调查对象；全面直接接触；比较系统、深入；主要为定性调查，以认识事物本质和发展规律。

实施步骤：初步研究→选择典型→深入调查→适当推论。

①实施典型调查的技巧

a. 正确选择典型。越平凡、越普通的事物代表性越高，典型性越强。操作中，要注重典型的代表性，应选最平凡、最普通的。必须实事求是、立足调查目的有重点地选取，同时注意对复杂事物要进行多层次、多类型的抽取，以利于对比。这是保证调查结果科学性的关键。如果选择某工科院校进行学生男女比例研究，选择文科专业或者纯工科专业肯定不合理。

b. 调查与研究相结合。不仅要了解客观情况，还要分析原因，把认识问题和探索问题结合起来。

c. 慎重对待调查结果。典型虽具代表性，但依然是个别。必须严格区分其中具有普遍意义和特殊意义的东西。不可无视前提，盲目生搬硬套调查结果。

②典型调查的优缺点

典型调查的优点是：

a. 获得第一手丰富资料，资料比较真实可靠。它是面对面直接调查，系统、周密的调查，多种方法反复、深入调查。

b. 便于调查与研究结合。典型调查有利于揭示社会现象的逻辑关系，探索解决社会问题的方法和途径。

c. 成本低。对个别和少数单位的调查，典型调查花费的人力、财力、物力较少。

d. 适应性强。典型调查的用途广泛，在社会调查中具有广泛的用途，它也适用

小技巧 3-4：典型的选择

①调查前应初步了解调查对象的总体情况，然后根据研究目标有意识地选取。

②采用适当的选取方法，如：划类选典——综合选典；自主选典——组织推荐选典；优秀选典——反面选典。

③调查对象应有利于定性和定量分析、调查和研究相结合。

④慎重对待调查结论的适用范围。典型调查是以少数的特征来说明多数的特征，因此必须明确所选典型的代表特征，由此明确调研结果的适用范围。

于城乡规划领域中的各种课题。

典型调查的局限性是：

a. 调查较多反映主观意志。典型调查易受主观意志左右，难于完全避免主观随意性，质量调查依赖调查者的态度和能力。

b. 代表性有限度。典型调查是针对个别和少数单位的调查，因此只能具有一定的代表性。

c. 结论中，哪些具有普遍意义，而哪些具有特殊意义，它们的使用范围如何，这些问题很难科学、准确地界定清楚。

d. 难于定量研究。典型调查主要是定性调查和定性分析，很难对调查对象的总体进行定量研究。

3）重点调查

重点调查，是对某种社会现象比较集中、对全局具有决定作用的一个或几个重点单位进行调查。

重点调查的特点是：虽然调查单位不多，却能基本了解具有决定性影响的情况；可以广泛应用的，可对社会总体数量状况进行推断的定量调查方法。

实施重点调查的关键环节是选择重点。要强调选择同类中具有集中性的单位，以便于通过调查推断研究对象的总体数量状况。重点的选择主要考虑两个方面：一是选择对象在总体中占有重要地位；二是其在研究的标志总量中占有很大比例。如调查我国通信产业发展情况，选择重点时可以考虑20世纪，我国只有电信一家。当下也不多，加上移动、联通两家就可以了。又如调查我国石油产业，中国仅有三家大型的垄断公司，中石化、中石油、中海油。因此选择这三家作为重点就可以。

重点调查的手段较多，既可进行直接调查，也可采用表格、电话等方式进行间接调查。

重点调查的优点是容易确定调查对象，省时省力。

重点调查的缺点是适用范围小，资料深度不够。

4）个案调查

个案调查的概念源于医学，意指一个具体的病例。个案调查又称个别调查或个案研究，指为了解决某一具体问题，对特定的个别对象所进行的调查，通过详尽地了解个案的特殊情况，以及它与社会其他各方面错综复杂的影响和关系，进而提出

有针对性的解决对策。

个案调查的特点在于：调查范围小，目的在于解决具体问题，不存在探索规律目的；不用选择调查对象，就事论事，解决个案问题。一般采用直接调查方法，其对象不可替代。

个案调查的优点是把调查对象放到社会文化背景中加以考察；调查方式灵活多样；注重历史状况与发展过程，是纵向研究；具有丰富的感性认识和第一手资料；全面深入，是定性研究。

个案调查的缺点是对调查员要求高，调查结果容易受主观影响而出现偏差，结论没有普遍性。

5）抽样调查

抽样调查，是运用一定方法从研究对象总体中抽取一部分调查对象作为样本，通过对样本的调查结果来推断总体的方法。

抽样调查在现代统计学和概率论基础上发展而来，是对普查和典型调查的逻辑补充和发展。因为省时、省力、省钱，可以迅速获得内容丰富的数据资料，准确性高，所以广泛适用于以下三种情况：要了解其全面情况但又无法进行普遍调查的社会事物或现象的调查；对于某些可以进行普遍调查，但抽样调查可以取得同样效果的社会现象的调查；在对普遍调查进行质量检验或补充修正时。

①抽样调查的特点

按随机原则抽取样本，可排除调查者的主观干扰，具有较强的客观性和代表性；以数学定律为基础，可准确计算和控制误差，便于对总体进行定量研究，推断总体较为准确；调查成本低、效率高，应用范围广；主要用于定量研究，调查深度受到一定限制；对调查总体不明的情况下，很难进行抽样；需要较强的数学知识和计算机能力。

②实施抽样调查的操作流程

实施抽样调查操作流程为设计抽样方案→界定调查总体→选择抽样办法→编制抽样框→抽取调查样本→评价样本质量。

设计抽样方案是界定调查总体、抽样方法、抽样误差、样本规模等相关问题，设计具体的工作目标和操作方案。这是抽样调查的决策阶段，通过调查课题的前期研究，从课题的需要、调查对象和调查者的实际情况出发，设计出科学合理、操作性强的抽样方案，确保抽样调查工作的顺利开展。

界定调查总体是对调查对象总体的内涵和外延作出明确定义，确定总体范围。调查总体范围的明确才能对其特征和规律有一定的分析和认知，以便于客观确定抽样方法。

选择抽样方法。抽样方法主要有两大类：随机抽样（包括简单随机、等距随机、类型随机、整群随机）或是非随机抽样（包括偶遇抽样、判断抽样、配额抽样、滚雪球抽样）。注意，凡要从数量上推断总体的调查，必须采用随机抽样。

编制抽样框主要是收集和编制抽样单位名单。抽样框是抽样的基础，必须把所有抽样单位编进去，不能遗漏或者重叠。分阶段或者分层次进行抽样时，每一个阶段或者每一个层次都要编制相应的抽样框。通常，调查总体大、调查对象多时，一般采用多段抽样方法，需要逐级编制抽样框。

抽取调查样本主要是按照设计方法从抽样框中抽取样本。

评价样本质量是对样本主要特征分布情况与总体特征分布情况进行对比评估，两者越接近说明样本质量越高。可在调查前评估，也可以在调查后评估。前者可重抽，后者利于判断样本和总体的关系。

③抽样调查的优点

利于提高调查的客观性和真实性，随机抽样原则调取样本，排除调查者的主观因素干扰，保证样本的客观性和代表性；利于对调查总体进行定量研究，数学基础是概率论和大数定律，误差比较易得，且可控制；调查结论是数学方法计算出来的，对整体的判断比较准确（见知识点 3-4）；利于提高调查效率、降低成本、虽然是对部分样本单位进行调查，但却是对总体的推断；与普查和典型调查比较，成本低、效率高；利于广泛应用。

知识点 3-4：概率

在日常生活中，我们常常会遇到一些涉及可能性或发生机会等概念的事件（Event）。一个事件的可能性或一个事件的发生机会是与数学有关的。例如："从一班 40 名学生中随意选出 1 人，这人会是男生吗？"事实上，人们问"……可能会发生吗？"时，他们是在关注这个事件发生的机会。在数学上事件发生的机会可用一个数来表示。我们称该数为概率（Probability）。

我们日常所见所闻的事件大致可分为两种：

一种是确定性事件。确定性事件包含必然事件和不可能事件。如太阳从东方升起，或者在标准大气压下，水在 100℃时会沸腾。我们称这些事件为必然事件。如掷一个普通的骰子，向上一面的数字是 7。我们称这些事件为不可能事件。

此外，有大量事件在一定条件下是否发生，是无法确定的。如明天的气温比今天低、掷一枚硬币得正面向上，又或者在下一年度的 NBA 比赛中，芝加哥公牛队会夺得全年总冠军。像以上可能发生也可能不会发生的事件称为随机事件。

概率，又称或然率、机会率或机率、可能性，是数学概率论的基本概念，是一个在 0 到 1 之间的实数，是对随机事件发生的可能性的度量。物理学中常称为几率。

历史上第一个系统地推算概率的人是 16 世纪的卡尔达诺（Cardano），记载在他的著作 Liber de LudoAleae 中。书中关于概率的内容是由 Gould 从拉丁文翻译出来的。卡尔达诺的数学著作中有很多给赌徒的建议。这些建议都写成短文。例如《谁，在什么时候，应该赌博？》、《为什么亚里士多德谴责赌博？》、《那些教别人赌博的人是否也擅长赌博呢？》等。然而，首次提出系统研究概率的是在帕斯卡和费马来往的一系列信件中。这些通信最初是由帕斯卡提出的，他想找费马请教几个关于由 Chevvalier de Mere 提出的问题。Chevvalier de Mere 是一位知名作家，路易十四宫廷的显要，也是一名狂热的赌徒。问题主要是两个：掷骰子问题和比赛奖金应分配问题。

资料来源：维基百科 http://zh.wikipedia.org/wiki/概率

④抽样调查的缺点

主要为定量研究，定性较难；对总体不清楚、不明晰的调查对象，很难进行，如对社会中新兴事物和隐秘社会现象，贪污、吸毒、卖淫等；需要多种数学知识和较高的计算机技能支撑，对调查者要求较高，数学知识缺乏或计算机技能较弱的人使用抽样调查会比较困难。

⑤抽样调查的具体类型

抽样调查的类型根据不同的标准来分有很多种，主要有随机抽样和非随机抽样两大类。

a. 随机抽样

随机抽样是依据概率理论，按照随机的原则选择样本，完全不带调查者的主观色彩，也称为概率抽样。

随机抽样具体方法主要有简单随机抽样、等距随机抽样、类型随机抽样、整群随机抽样、多段随机抽样。

简单随机抽样——抛硬币、抓阄或抽签法、随机数表法。完全排除了主观影响，只要有总体名单就行，适用于总体不大的情况。但这种抽样方法，在构成总体异质性较高时，误差较大。例如某事业单位福利房的分配采用抓阄决定，就是简单随机抽样。

等距随机抽样——根据研究目的的要求，按与研究有关或无关的标准，把总体各单位按次序排成表，然后按相等的距离或间隔抽取足够数目的样本，也有人把这种方法叫做机械随机或系统随机抽样法。

等距随机抽样的特征是分布均匀，代表性较高，抽样简便。但如果抽样间隔与调查对象的固有规律重合时，会产生系统误差。调查总体不能太多。

与简单随机抽样相比，等距随机抽样易于实施，工作量较少，并且样本在总体中的分布更平均，故而抽样误差小于或至多等于简单随机抽样，即较其更为精确。

它与分层抽样不同的是，等距随机抽样的样本个体在每一层的相对应位置上，而分层抽样则是由每层随机抽取的。

系统样本在总体中分布得更均匀，这一点使等距随机抽样的精确度比分层抽样更好。

类型随机抽样——先将总体按一定标准进行分类，根据不同类型中所含样本数量与总体的比例确定从不同类型中抽取的样本数，最后按简单随机或者等距随机法抽出样本，又称分层随机，适用于总体较多，样本差异较大的情况。它可以有效地减少抽样误差，但分类必须科学，这是该方法的操作关键。因此，必须对总体事先有一定了解，而多数情况下这很难。例如，某学院硕士毕业论文外审抽样软件，按照不同的专业、导师进行样本框编制，同时进行有机协调，目的是保证每个专业、每位导师都有学生被抽中。

整群随机抽样——先将总体按一定标准分成很多群体。把每一个群体看作一个抽样单位按随机原则对群体进行抽样，最后对群体中的每一个样本都进行调查，又称聚类随机或集体随机。整群随机抽样的特点是抽样简便，但是样本不均匀、代表性差，抽样误差大。

多段随机抽样——将从总体抽取样本的过程分为两个及以上的阶段进行。首先将总体单位分类、分级，然后按照随机原则在各级中抽取样本。最后实施调查。可以根据每一级分类的特点选用不同的随机抽取方法，有利于综合各种抽样方法的优点。对于多样本总体而言可以大大提高效率。但总体而言，抽样误差较大，是所有层级误差的总和。分段越多、误差越大。所以在可能情况下，应尽量减少分级。

b. 非随机抽样

非随机抽样是根据研究任务的要求和对调查对象的分析，主观地、有意识地在研究对象的总体中进行选择，也称为非概率抽样。

非随机抽样的具体方法主要有偶遇抽样、判断抽样、配额抽样、滚雪球抽样。

偶遇抽样——又称方便抽样或便利抽样，指研究者将在一定时间、一定环境里所能遇见到或接触到的人均选入样本的方法。例如，"街头拦人"就是最常见常用的偶遇抽样，也是最方便的抽样模式，碰到谁问谁。偶遇抽样的优点是方便省力，但样本代表性差，有很大的偶然性（见小技巧3-5）。

小技巧 3-5：如何确定偶遇问卷数量

偶遇调查中最常见的问题之一是问卷数量问题。问卷数量太小，调研结果的代表性就会出现问题。调研问卷数量过大，又会由于工作量增加造成调研成本过高。如何在这种两难的情况下寻找一个平衡点，一直以来是困扰调查人员的难题。事实上，问卷的数量确定与调查的目的有很大的关系，也与调研过程中可能涉及的相关人群的特点有关，还与一些简单的统计常识有关。

①数字"3"原则

"一生二、二生三、三生万物"，这句道家名言许多人都耳熟能详。其中的哲学理念为大家所津津乐道，然而你是否注意到了这一句名言背后的统计知识？"一"是无从进行比较的，它只代表了自己唯一的特性，不具有共性描述的基础；"二"的比较可以让人们从中提炼某些共同因素，但当遇到两个样本特点不同时，非此即彼是很难让人做出抉择的。"三"者成众，"三"是能进行共性提炼的最小样本，二比一的对比是面临矛盾和差异时进行取舍时最直接的依据。所以，我们确定调查问卷数量时的一个基本原则就是同类的样本要至少有三份。

②合理分段、分类原则

在分析调查对象的总体特征的基础上，分析其中可能的亚类，根据这种亚类的特点在偶遇过程中去有意识地选择样本进行调查，以保证调查的代表性。

案例 3-9："城市居住社区基础设施配套研究"问卷调查数量确定

①确定问卷的覆盖面

居住生活中的问题是关乎每个社会成员的，所以调研针对的人群就必须达到全面覆盖。因此，调查问卷必须覆盖所有在社区中生活的人群类型。

②确定问卷的覆盖重点

全面覆盖不是没有重点地普遍撒网，调研问卷的数量是与调查重点相辅相成的。

居住生活虽然关乎每个社会成员，但是根据社会学的基本知识，不同的社会成员对社区中基础设施的依赖程度却是不同的。依赖度最大的是老年人、少年和儿童。由于各种能力方面的限制，这些人的大部分时间都在社区内度过，在没有青壮年家庭成员的帮助下，他们是很少离开社区的。其次是在现行社会分工体系下，对家庭生活负有主要职责的主妇们。现代主妇们虽然大多有社区之外的活动圈层，但是因为家务劳动的特点，许多活动都必须在以家居地为中心的社区范围内开展。同时，由于需要哺育孩子和照顾老人，主妇们在日常生活中会使用的基础设施类型应该是最为丰富的，接触的种类是最为齐全的；而其他的大部分男性成员在社区中使用相关设施的直接时间是比较少的。他们的社交生活圈子主要在社区之外，是更高层级的公共服务设施。因此，问卷调查的覆盖重点应该是社区中基础设施的主要使用者，尤其应该以主妇们为调研重点。

因此，在这样一个课题中，问卷调查的数量分配就要重点倾向社区中的主妇和老人、孩子。然而，具体每类人群的数量还需要根据每类人群的内在特点予以具体计算。

③确定不同类型调查对象的问卷数量

不同类型的受调查人群，他们的内在特点也各不相同。为了保证调查的科学严谨，还必须根据其固有特色进行进一步的分类。按类别来确定调研数量。

儿童和青少年：在有关社区配套研究中，首先针对儿童的部分就应该充分考虑儿童的特点。人类从出生到成人的18年间，是生长发育和接受外来信息并积累最快的阶段，因此俗话说："小孩一年一个样。"这种快速变化导致在儿童时期，每一年龄段的特点都有很大的差异，兼容性最差。所以在调查具体深入过程中，必须予以充分考虑。

最详细的调查数量模式：婴幼儿（0~6岁）阶段每个岁段进行全覆盖，按男、女分别计算，男孩、女孩每个岁段各取10名，则：6×20=120份；儿童（6~12岁）阶段也按每个岁段进行全覆盖，按男、女分别计算，男孩、女孩每个岁段各取10名，则：6×20=120份；少年阶段（12~18岁）阶段也按每个岁段进行全覆盖，按男、女分别计算，男孩、女孩每个岁段各取10名，则：6×20=120份；总共为3×120=360份问卷。

当然，这样的调研数量和分配模式能够最大限度地覆盖所有的差异类型，保证调研的质量，但不可避免地带来调研数量过大的缺点。因此，我们可以根据相关的社会学研究成果，对调研对象按类型进行一些科学归并，在保证样本代表性的基础上缩减调研数量。

恰当的调查数量模式：婴幼儿（0~6岁）阶段按照婴儿（0~3岁）和幼儿（3~6岁）两个阶段进行划分，每个阶段按男、女分别计算。为保证代表性适当扩大一些样本数量，男孩、女孩每个岁段各取15名，则：2×30=60份。其中，婴儿阶段可以附带到部分主妇（育龄妇女）问卷中作为附属问卷来进行调研，则婴幼儿阶段的问卷就为30份（调研地点就可以方便地选择到幼儿园进行）。儿童（6~12岁）阶段按照低龄儿童（6~9岁）和大龄儿童（9~12岁）两个阶段进行划分，每个阶段按男、女分别计算。为保证代表性适当扩大一些样本数量，男孩、女孩每个岁段各取 15 名，则：2×30=60 份（调研地点就可以方便地选择到小学进行，还可进一步按岁段分为每岁段 10 份，男、女各 5 份来进行具体操作）。少年（12~18 岁）阶段按照学龄阶段划分为初中阶段（12~15 岁）和高中阶段（15~18 岁）两个阶段进行划分，每个阶段按男、女分别计算。为保证代表性适当扩大一些样本数量，男孩、女孩每个岁段各取 15 名，则：2×30=60 份（调研地点就可以方便地选择到中学进行，还可进一步按岁段分为每岁段 10 份，男、女各 5 份来进行具体操作）。青少年阶段总问卷数为 30+120=150 份。

简略的调查数量模式：在粗略定性的情况下，还可以简略地根据人群特点用更少的问卷。例如，只划分为幼儿阶段、儿童阶段和青少年阶段，每个阶段投放 30 份问卷（男女各 15 份），则总计为 3×30=90 份。这样的数量级标准，可能对于概括特征的说明性研究来讲，样本的数量要涵盖整体特征就有可能会有一定缺陷，但是作为发现问题来说，这样的调研规模应该是足够的。

老年人：同样，在有关社区配套的研究中，针对老年人的部分也应该充分考虑老人的特点。随着年龄的增加，从法定意义上的老年人标准 60 岁往上看：老年人的特点划分更多的是在于他们的行为能力。身体康健、行动灵活、思维敏捷，并与社会保持积极接触的老年人，在各个方面的需求实际上是与中年人相同的。通常，我们根据世界卫生组织的划分标准来分段：60~74 岁为年轻的老人或老年前期，75~89 岁为老年，90 岁以上为长寿老人。这一阶段也基本能够概括老年人的一些特点。

每个年龄阶段如果通常按对等原则进行确定，则为 3×30=90 份问卷。

但事实上，从人口金字塔的分布来看，老龄人口的衰减是非常迅速的——90 岁以上的长寿老人少之又少矣。因此，通常的调查会以前两类老年人为主体，则为 2×30=60 份问卷。如果进一步考虑年龄分布特点，按 2：1 比例调配，则可对老年前期投放 40 份，老年期投放 20 份问卷。如果进一步考虑不同性别的特点，到老年期通常要适当调大女性问卷的比例。

主妇：主妇是一个对女性以已婚否为界线，相对特点比较模糊的群体。但是这并不是说没有划分规律可循。不同年龄阶段就是一个最直观的分类模式——可以参照通常青年、中年和老年阶段来进行调研，每个阶段投放 30 份，则为 3×30=90 份问卷。

进一步考虑不同年龄段主妇在家庭中的主导地位和在社区中所发挥的作用有所不同，可考虑以中年妇女为主体。只是在偶遇调研过程中，从直观面上判断主妇年龄段会有一定困难，问卷数量可能会不如其他年龄段人员的调研问卷数量那样容易确定。而且从前文所分析的结论来看，主妇问卷应该在这种类型的调研中占主体，所以适当放大这部分调研问卷的数量是可行和合理的。另外，考虑到在目前社会发展状况下，随着年龄段降低，主妇的需求差异度也逐渐增大兼容性变差，因此有时候调查在中青年龄段要求增加可供分析的岁段组。综上所述，建议在通常的青年、中年之间再增加两个阶段，所以详细划分为 22~28 岁（低龄婚岁段主妇、28~35（婴幼儿母亲）岁段主妇、35~45（中小学生母亲）岁段主妇、45~60 岁中年主妇、60 岁以上老年主妇五个岁段。每个阶段可投放 20 份，则为 5×20=100 份问卷。

其他人群：主要涉及青壮年男性和青年女性（未婚）两大类型。

其中未婚青年女性涉及年龄段比较集中，大致在 18~28 岁之间，个别不超过 35 岁。所以可以用一组问卷将之覆盖，也就是 30 份问卷。

而青壮年男性的构成相对复杂一些，但通常也可以按照世界卫生组织最新的年龄分段法来划分——分为 18~45 岁的青年段和 45~60 岁的中年段两大部分。如果考虑到中国的国情，可以把 18~45 岁再予以细分为 18~28 岁（大多未婚）、28~45 岁（大多已婚）两段，形成三个岁段样本区。每个区段投放 30 份问卷，则问卷数为 3×30=90。

由此，通过将全覆盖人群分门别类，按其特点确定问卷数量，最终可以得出总问卷的数量。在这样一个课题中，儿童和青少年、老年人、主妇、未婚女性、青壮年男性的总和是：

$$90+90+100+30+90=400 \text{ 份}$$

根据资料，分析具体调研对象特点，合理确定问卷数量

原则二是根据通常所掌握的一些相关知识，来估算偶遇问卷调查中所需要的基本问卷数量。这种方法是一种可以用于普遍推测的简易方法。但是如果针对一个具体的地点进行有针对性的调研，为了准确反应受访人群的真实状况，还必须根据前期收集的地方信息来确定调研问卷的分配状况。

例如：如果事先查阅了当地的人口统计资料，就可以了解此地人口构成状况，那么也就可以根据其人口构成特点来分配不同年龄段的问卷比例。在上述课题中，如果钱其资料表明当地社会已经老龄化，老年人口比例高——那么，就应该增建老年人口段的问卷数量。最为合理的方案是按照某年龄段人口所占比例确定这一年龄段调查问卷数量占总问卷数量的比例。如果拟在此次调研过程中投放 400 份问卷，60 岁以上的老年人口占到当地总人口数量的 12%，那么，在老年人这一年龄阶段所投入的问卷数可以为：400×12%=48 份。

这样的问卷投放模式，更有利于了解总体人群的需求平衡程度。

结语：

总之，在一个具体的研究课题中出于不同的调研目的、在不同的研究背景条件下，采用偶遇问卷进行信息采撷时——问卷数量会有所不同。

出于常规，问卷数量多比问卷数量少更能反映事物的本质状况。基于此，如果调研目的在于发现问题，那么它所需的问卷数量是少于旨在说明问题本质而进行的问卷调研数量的。

偶遇调研并不等于没有根据的随意调研，问卷的投放也不是完全没有控制的。只是比起有严谨结构的调研来说，它在调查对象的选择上，灵活性较大。但是要最大限度地发挥调研效率——用最少的问卷发现和说明最多的问题，也需要根据调研对象进行科学的问卷投放设计——包括投放的数量、投放的模式。而投放数量和投放模式本身存在一定的相关规律。这些都是在确定问卷数量是需要予以思考的问题。

判断抽样——调查者根据自己的主观判断来抽取样本，又称立意抽样，可分为印象判断和经验判断两种类型。前者主要依据调查者的主观判断；后者则根据以往的经验进行抽样。抽样的关键在于调查者的素质、经验和判断力，取决于调查者对调查对象的了解程度。在无法确定总体边界，或因研究者的时间和设备有限而无法进行随机抽样时，可以用此种方法。例如，大型铁路客站使用后评价，不可能把全国的客站都完全进行调查，也难于进行随机抽样，事实上进行的是判断抽样。

配额抽样——调查者根据总体各个组成部分所包含的样本比例分配抽样数，然后再在各组成部分中用前两种方法抽样，又称定额抽样。这也是按调查对象的某种属性或特征将总体中所有个体分成若干类或层，然后在各层中抽样，样本中层（类）所占比例与它们在总体中所占比例一样，但不同的是，分层抽样中各层样本是随机抽取的，而定额抽样中各层样本是非随机抽取的。配额抽样是类似于随机抽样的类型随机法。与前两种方法相比，抽样代表性较强，但工作量较大。

滚雪球抽样——调查者首先通过个别的调查对象进行调查，再通过他们去寻找新的调查对象，层层推进，直到达到调查目的为止。特别适用于对调查总体情况不了解的情况。样本资料不能从数量上推断总体，但是简便易行，可对调查对象作大致的了解。

c. 抽样误差

抽样目的是"以偏概全"，通过对局部的了解推断总体。所以，推断的可靠性和精确度都与样本规模有密切关系。对于抽样的误差有专门的计算公式。一般来说，在总体规模一定的情况下，样本规模越大，精确度越高。总体差异度越大时，需要的样本规模越大。当总体规模达到一定程度时，样本规模的增加对抽样误差的影响会微乎其微，所以并不是样本规模越大越好。

误差来源主要有两种：一是样本登记过程中造成的误差，称为登记误差，也叫做非抽样误差；二是样本的代表性误差，通常为"偶然性误差"。前一种误差可以通过研究者的主观努力控制，后一种误差主要受抽样方法影响（见小技巧3-6）。

小技巧3-6：怎样控制抽样误差？

①有专门的计算公式。

②总体规模一定的情况下，样本规模越大，精确度越高。

③总体差异度越大时，需要的样本规模越大。

总体规模达到一定程度时，样本规模的增加对抽样误差的影响会微乎其微，所以并不是样本规模越大越好。

因此，影响误差的因素主要包括：抽样的数目；抽样的变异度，如在青年歌手大赛，去掉一个最高分、去掉一个最低分，目的是为削弱变异度；抽样的方式；抽样的组织方式。

3.3.3 "调查"研究的操作

(1) 调查研究的一般程序

1) 调查准备

调查准备阶段是城乡规划调研的决策阶段，是社会调查工作的真正起点。准备

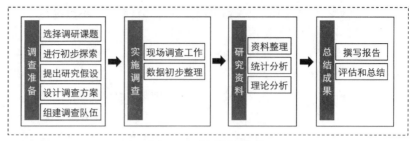

图 3-10　调查研究流程

图片来源：作者自绘，张正军制作。

阶段工作开展的好坏，直接影响到整个社会调查的效果，因此必须舍得花大力气，认真做好这个阶段的工作。具体说来，这个阶段的主要任务包括：选择调查研究课题，进行初步探索，提出研究假设，设计调查方案，以及组建调查队伍（调查小组）等（图 3-10）。

2）实施调查

实施调查阶段是指按照调查设计的具体要求，采取适当的方法做好现场调查工作。这一阶段必须做好外部协调和内部指导工作。外部协调主要包含两个方面：一是紧紧依靠被调查地区或单位的组织，努力争取他们的支持和帮助；二是必须密切联系被调查的全部对象，努力争取他们的理解和合作。内部协调主要是指，注重调查人员的实战训练和调查工作的质量。在实施调查阶段的中期，应注意及时总结、交流调查工作经验，及时发现和解决调查中出现的新情况、新问题。在实施调查阶段的后期，对调查数据的质量进行严格检查和初步整理。

3）研究资料

研究资料阶段是城市规划调研的深化、提高阶段，是从感性认识向理性认识转化的阶段，决定了调研成果的质量。这一阶段的任务主要包括：审查整理资料、统计分析和理论分析。

4）总结成果

总结成果阶段是城市规划调研的最后阶段，是社会调查工作最终成果的形成阶段。总结成果阶段的主要任务是撰写调查报告、评估和总结调查工作。

（2）实施"调查研究"的具体操作模式

调查研究的具体操作模式主要有访问调查法、集体访问法、问卷调查法三种。根据不同的研究对象和目的，按需要分别应用或复合应用。

1）访问调查法

访问能够获得扩散式思维，就相关问题进行深入了解，获取更多的信息，有引导性"采访"和自由式"漫谈"等不同的形式。

①访问调查法的概念

访问调查法指调查者依据调查提纲与调查对象直接交谈，收集语言资料，以了解有关社会实际情况的一种方法。这是一种口头交流式的调查方法，又称谈话法或访问法。访问调查法是一种最古老、最普遍的收集资料的方法。访问的过程实际上是访问者与被访问者双方面对面的社会互动过程。

访问是一种研究性交谈，是两个人（或多个人）之间有目的的谈话，即访问员询问相关问题，借由访问对象的回答了解其行为、态度或心理。

研究性谈话与一般谈话的本质区别在于：前者是一种有目的、有计划、有准备的谈话，针对性强，在交谈之前双方对这个目的都很清楚，并对此开诚布公、直言不讳，谈话过程紧紧围绕研究主题展开；而后者则是一种非正式的谈话，没有明确的目的，随意性较强，形式较松散，双方有谈话的愿望和时机，但不会事先直接告知对方"让我们来谈谈这件事吧"。前者中访问者会要求对方就刚才所言进行重复和详述，以便了解事情的具体细节，而且仅仅是访问者一方发问对方，新话题主要由访问者挑起；而后者中双方有意避免说话重复和直接追问，并且双方互相发问和表达出有兴趣的交谈话题，是平常的关系，但是在研究中往往可以从日常谈话形式入手逐渐进入正式访问。

访问调查法既可以作为一种独立的研究方法，也可以作为其他研究方法中收集资料的辅助方法。

访问调查法与其他调查方法相比，有着明显的特点：

a. 可以双向沟通。问卷以及文献研究都是间接调查法，而访问调查法则与实地观察一样，属于与调查对象面对面接触的直接调查法，便于了解更多、更生动、更具体的情况。互动式口头调查，可与对方反复探讨有关问题。优势是甚至可以从调查对象的表情中寻求到信息，如通过微表情研究获取对象的情感、心理变化、态度等信息（见知识点 3-5）。

知识点 3-5：微表情研究

微表情是一种人类在试图隐藏某种情感时无意识做出的、短暂的面部表情。他们对应着七种世界通用的情感：厌恶、愤怒、恐惧、悲伤、快乐、惊讶和轻蔑。

在 1960 年代，William Condon 率先进行了针对瞬间互动的研究。在他著名的研究项目中，他逐帧地仔细观察了一段四秒半的影片片段，每帧是二十五分之一秒。在对这段影片片段研究一年半之后，他已经可以明辨一些互动时的小动作，例如当丈夫把手伸过来的瞬间，妻子会以一种微弱的节奏移动她的肩膀。

美国心理学家 John Gottman 通过对情侣录像来分析两人间的互动。通过研究这些微动作，Gottman 可以预言哪些情侣会继续恋情，而哪些将会分手。

在访问调研的过程中，注意观察和捕捉被访问者的微表情，有助于访问后对他们言论价值评定。

资料来源：①吴奇，申寻兵，傅小兰. 微表情研究及其应用 [J]. 心理科学进展，2010.18（9）. ②维基百科 http：//zh.wikipedia.org/wiki/ 微表情

b. 控制性强。研究人员能灵活地处理各种问题，并且可以在各种调查对象之间展开，对于调查对象的素质要求不限，但是对于调查者需要较高的访问技巧。访问是人与人之间的交往过程。要取得访问的成功，访问者需要与被访者之间建立起基本的信任关系；需要引导被访者积极提供所要了解的信息；需要临机灵活处理各种预料之外的情况，掌控访问过程。

c. 实用性广。访问调查法是一种通过沟通而获得资料的调查方法，它不仅可以

了解当时当地正在发生的社会现象，而且可以了解过去和外地曾经发生过的社会现象；不仅可以采用标准化的访问方式进行定量研究，而且可以采用非标准化的访问方式进行定性研究；不仅可以了解被访问者的主观动机、感情、价值观念等方面的问题，而且可以了解被访问者的各种行为、事实方面的客观问题；不仅可以获得访问提纲所涉及的信息，有时还可以得到一些超出提纲范围的被访问者自发性回答的意外资料。因而，与其他调查方法相比，访问调查的应用范围更广泛。

d. 成功率高。能够提高访问的成功率和可靠性。

e. 受调查员的影响大。作为组织和控制者的调查者，在访问中起着决定性的作用，因此，调查过程和结果会受到调查者素质、思想、视角的影响，有一定的主观性。

f. 匿名性差。当面作答，这会使被访者感觉到缺乏隐秘性而产生顾虑，不能匿名，回答一些敏感问题的效率较低。尤其是在中国人的性格特征下，当面指出问题、直截了当说出问题的情况较为难，往往通过委婉的表述，需要调查者进行分辨。

g. 调查成本大。所获资料有很多都必须再经过查证，收集到的信息往往已经扭曲和失真。耗费人力、财力、时间。

访问调查法的优点主要有：适用于各种调查对象，不受被访者社会身份、文化程度等的限制；能广泛了解各种社会现象，包括现实的和历史的问题，事实、行为方面的和观念、情感方面的问题；能够通过引导、解释和追询，澄清模糊的问题，并对复杂的现象进行深入的探讨；能够灵活处理调查过程的问题，排除各种干扰，有效地控制调查过程。其缺点是：访问结果和质量在很大程度上取决于访问者的素养和被访者的合作态度，具有一定的主观性；样本小，影响研究结果（对于总体）的代表性；人力、财力和时间耗费较大，调查研究的成本较高。

访问调查法在考试研究中具有极为广泛的应用。除了适用于问卷法的情况（就是说，适用于问卷法的研究，大都可以应用访问法）外，它还特别适用于个性化、个别化的研究；也还可以用作问卷法的补充，以澄清问卷中的模糊问题，增加对于某些重要问题的研究深度。

②访问调查法的类型

访问调查法根据不同的分类标准可以分为不同的类型。

根据访问中访问者与被访者的交流方式，可分为直接访问和间接访问。直接访问就是访问者与被访者之间进行面对面的交谈，"走出去"或"请进来"的方式。间接访问是访问者借助于某种工具对被访问者的访问，如电话访问、网上调查（图3-11）等。间接调查具有时间快、节省人力、费用低、保密性强的优点，但同时它只适用于访问简单问题，属于被动调查。

根据一次访问的人数，可分为个别访问和集体访问。个别访问是对单个调查对象的访问。这是需要对调查问题进行深入细致的调查时适用的。集体访问是邀请若干个调查对象，通过集体座谈的方式收集有关资料的方法，即开座谈会方式。集体访问可以迅速了解多数人对某一问题的看法，但是敏感问题一般不采取此方法。集体访问法作为城市规划社会调查的一种常用方法将在后文详细介绍。

按照对访问过程的控制程度进行分类，可分为结构式访问与无结构式访问。结构式访问，也叫做标准化访问，是指按照统一设计、有一定结构的调查表或问卷所进行的访问。访问对象采取概率抽样，访问过程高度标准化。这种方式的特点是：

图 3-11 第一调查网主页
图片来源：http://www.1diaocha.com。

图 3-12 艺术人生访谈现场
图片来源：http://image.baidu.com。

选择访问对象的标准和方法，访问中提出的问题、提问的方式和顺序，对被访者回答的记录方式等都是统一设计的；对于可能影响访问进程和结果的时间、地点、环境等外部因素，也力求保持基本一致。标准化访问的优点是，便于对访问结果进行统计和定量分析，也便于对不同访问者的回答进行对比研究。其缺点是，缺乏灵活性，难以深入地探究所要研究的问题。结构式访问往往用于大规模的社会调查，如人口普查等。无结构式访问，也称为非标准化访问，是按照一个粗线条的提纲或题目，由访问者与被访问者在这个范围内进行交谈。无结构访问的弹性大、能对问题进行全面的了解。但因为没有标准的统计条款，较为费时和很难量化。无结构式访问的特点是根据研究目的提出访问过程的基本要求和粗线条的谈话提纲；提问的方式和顺序、回答记录、外部条件等都不作统一规定，而由访问者灵活掌握。它的优点是有利于发挥谈话双方的主动性和创造性；有利于适应变化着的客观情况和谈话的具体情境；有利于对研究问题作深入的探讨。其缺点是对访问的结果难于进行定量分析。无结构式访问常常用于探索性的研究，用于深入了解个人心理奥秘、证言，如动机、价值观、态度、思想等。常见的电视访问类节目，"艺术人生"（图 3-12）、"鲁豫有约"、"背后的故事"等，都属于无结构式访问，目的在于通过谈论被访问者人生经历，了解其人生观、价值观以及人生感悟等。

③访问的程序与技巧

访问调查法一般围绕访问准备——访问开展——访问记录三个环节组织和开展，其中访问的准备和开展是关键环节（图 3-13）。

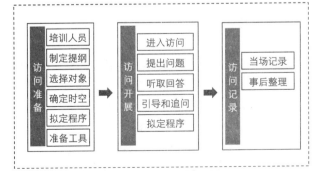

图 3-13 访问调查法流程
图片来源：作者自绘，张正军制作。

④访问的准备

访问前的准备工作直接决定了访问的质量，访问的准备主要是做好访问人员的培训、访问提纲的设计、了解被访者的情况和特点、访问时间和地点等具体事项的商定、访问程序的拟定以及准备相关工具等内容。

a.培训访问人员。访问法要求访问者具有较为专业的访问能力和技巧，需要进行学习和培训，着重了解研究的目

177

的、研究的假设和收集资料的方法、访问的对象（总体和样本）与所要收集的信息，掌握访问的程序、要求和相关技巧。

b. 访问提纲设计。访问提纲的具体形式与访问类型密切相关，如果是标准化（结构式）访问，要像全部采用填空式题目的问卷那样，精心编制几十道、上百道问题，由研究者引导访问对象逐一回答。非标准化（无结构式）访问，其提纲一般为粗线条，但要求问题之间具有一定的逻辑联系，并且多采用分叉式的设计。

访问提纲的设计一般应注意以下几个方面：明确研究目的，围绕研究目的考虑从哪几个方面提问，每一方面提出几个问题，提问题可以围绕事件起源（背景）、发生发展的过程、影响、借鉴意义（改进措施）等方面，或者围绕"是什么，为什么，怎么办"三个方面去提问；注意问题的表述，让问题清晰、具体；问题排列：从简单到复杂，从易到难（见案例3-10）。

案例3-10：访问提纲

某同学的研究课题是"热门职业今后的发展趋势"。首先，他采用问卷调查法对公众进行调查，了解到警察、教师和医生是公众认为比较好的职业。在此基础上，他决定采用访问法，对这三种职业的人进行采访。他选择的访问时间和地点是在访问对象上班时间，在他们的办公室进行访问。

下面是他的访问提纲：

1. 你现在的月薪是多少？

2. 单位的福利有哪些？

3. 你认为你的文化水平适合你的工作吗？

4. 这种职业所需要的条件是什么？

5. 你喜欢这个工作吗？

6. 它对你有什么好处？

7. 你当初为何选择这个职业？

8. 你认为这个职业未来如何发展？

9. 你是否有下海的愿望？

访问中的问题一般有两大类型，功能性问题和实质性问题。

功能性问题指在访问过程中对受访者施加某种影响而进行的提问。这类问题有利于创造访问气氛、消除被访者拘束感，或顺利实现从一个话题到另一个话题的转换。功能性问题主要有以下几种：接触性问题——为了解除陌生感增进感情进行的提问，如与女性被访者对话"今天的妆非常小清新，眼影的牌子是什么？"；试探性问题——了解时间环境状况是否有利于提问展开的问题；过渡性问题——从一组话题转向另一组话题时的提问，可使访问变得连贯、自然；检验性问题——对前面的问题予以印证，以检验回答的真实性。

实质性问题指根据访问调查所要了解的实际内容而提出的问题，包括访问对象的客观事实、行为和行为趋向、主观态度、建议等类问题，一般可分为：事实问题——反映真实存在情况的问题；行为问题——反映活动开展的问题；观念问题——涉及意识形态形成及各种看法的问题；情感态度问题——涉及非理性判断的好恶问题。

通常访问者都比较关注实质性问题，事实上访问是否能顺利进行、访问质量如何更多取决于功能性问题，所以对功能性问题的设计很重要。

c. 选择访问对象，并对访问对象进行了解。需对访问对象的经历、个性、地位、职业、专长、兴趣等有所了解；要分析被访者能否提供有价值的材料；要考虑如何取得被访者的信任和合作。切记回避直接访问对象的忌讳点，尤其是涉及私人隐私的问题。西方文化中的一些谈话避讳值得我们借鉴，如个人的身高、体重、收入等，需要了解该类信息时可以通过其他调查方式取得。

选取恰当的访问对象是访问调查的重要环节，在结构式访问中多采用随机取样的方法选取访问对象；在无结构式访问中，则主要是根据研究目的来选取有代表性（与典型调查类型一致）的访问对象。

d. 选择访问地点、时间、场合。访问者要事先与被访问者商定时间和地点，而且尽可能以被访问者的方便为宜。访问者应该事先通过写信或打电话的形式向被访问者提出邀请，得到许可的回复后方可着手访问。从时间上说，每次访问尽量不要超时 2h，否则会使对方感到疲劳和厌倦，影响访问质量，也不利于今后进一步合作。但也不要蜻蜓点水，半个小时不到就结束，这不利于充分获得研究所需的资料。当然，如果被访问者表示出仍有兴趣继续交际，可以适当延长时间。访问地点的选择尤其要考虑到被访问者的感受和心情。一般双方会愿意在单独场合、僻静环境下进行，不受他人等外界因素干扰（见案例 3-11）。

案例 3-11：访问场所选择

研究者对一位学生进行关于班级风气的访问，学生会担心自己所说的不利于班主任的话被别的同学或教师听到，在人多的场合他会感到局促不安，而影响回答的真实性。此外，访问调查展开的时机最好是受访者心情舒畅的时机，并有利于双方充分沟通为佳。

案例情景

校长：（对访问者）请在我的办公室进行访问吧。

访问者：（对校长说）好的，那你能帮忙把一班的李小刚找来吗？

校长：没问题。

（校长把李小刚带来。采访开始，校长还在房间旁听。）

访问者：实行"减负"后，你每天放学回家后做作业的时间是长？

李小刚：（面色紧张地看了校长一眼，然后说）半小时。

（校长露出满意的微笑）

访问者：噢，看来学生负担有所减轻。

情景所反映的就是，由于校长在访问现场，使被访问者在回答访问问题时有所顾忌，因害怕得罪校长而不能吐露真言，这就影响了访问结果的真实性。

---

e. 拟定实施访问的程序表。在被访问者、访问时间和地点确定的基础上制定访问程序表，在访问开始前使得访问双方都清楚访问流程，有一个心理预期，是对访问控制的有效手段，避免在访问中出现偏离主题、拖延时间等问题。

f. 准备工具。访问前，应该准备好需要使用到的工具，如录音笔、记录表等。

⑤访问的开展

访问的开展过程大体包括访问的开始、提出问题、听取回答、引导和追询、访问结束和再次访问等几个环节。

a. 访问开始

需要注意几个要点，处理得当将会促进访问顺利展开。

取得当地部门或单位的支持——在对社会现象或社会问题的调研中，如果获得当地部门或单位的支持，将会获取被访问者的信任。适当与当地部门和单位衔接，取得支持或者认可能够比较容易与被访问者建立联系。

建立良好的第一印象——语言尽量入乡随俗、称谓得体——符合双方的亲密程度、不卑不亢、随时随势随情、因人而异。

根据具体情形接近被访问者有如下几种方式：自然接近——在共同的活动过程中建立感情后再访问；求同接近——通过寻找共同语言而展开访问；友好接近——通过联络感情、表示关心来展开访问；正面接近——开门见山阐明来意，直接切入访问；隐蔽接近——通过某种伪装，在对方没有察觉的情况下实施访问，只能用于特殊对象，使用不当会造成严重的社会和法律问题。

被访者心理——被访者原始心理及类型主要有积极协作型、一般配合型、消极对抗型，访问者需要针对不同的原始心理调整谈话内容和提问顺序。

解决称呼问题——称呼问题在中国的社会交往中占有很重要的地位。得当的称呼可以迅速拉近两个陌生人的心理距离，反之可能造成误会和敌意。访问开始的第一个问题是如何称呼。一般情况下，对被访者的称呼，应注意以下几点：入乡随俗，亲切自然；符合双方的亲密程度和心理距离（如初次见面，不宜直呼其名，而应称其职务、职称或"先生"、"女士"、"大爷"、"您"等尊称。待熟悉后，可在尊称前加上姓氏。交往再加深，可呼大名）；既要尊重恭敬，又要恰如其分。

进入话题—— 一般应先简单介绍研究的内容和访问的目的、告知被访问者回答问题自愿和对谈话内容保密等通行原则。待被访者了解所介绍的内容，并有了谈话的意愿后，即可按提纲提出问题。开始问题回答顺利能使被访者信心增强。

b. 提出问题

提问，需要注意以下四点：

第一，简短、明了是提问的基本要求。提问的话语要尽可能简短、明白。成功的访问，应该是用简短的提问换取充分的回答，而冗长的提问和简短的应答则常常使访问难于深入进行。

第二，充分考虑受访者的情况。提问的方式、用语的选择、问题的范围，要充分考虑被访者的知识水平和理解能力，充分考虑被访者所属群体的风俗和习惯，根据被访者的性格特点和心理状态选择发问的方式。对于内向、孤僻或有疑虑的被访者，应该采取循循善诱、逐步推进的方式提出问题。对于外向和开朗者，则宜开门见山、单刀直入。访问进行中，还要随时注意被访者的心理变化，善于随机应变，巧妙地采用直接发问、间接询问、迂回提问等方法，把谈话引向深入。有时候受访者与访问者的关系也影响提问，需综合考虑。

第三，访问语言应通俗化、口语化、地方化，语速要适中。提问的语言要通俗。根据被访问者及场合的情况，灵活使用不同的语气，对老年人说话音量要放大，速度要放慢；对孩子应使用浅显的语言、亲切的口气；要激起对方的热情时，语调应该抑扬顿挫，节奏快些；要打消对方怀疑时，节奏应放慢，语调深沉，比较严肃、真诚。访问一般采用"闲谈"方式或"拉家常"式，切忌"审问式"。

第四，关于提问的控制。在题目顺序和转换上，应该先易后难，注意语速、语气、态度。当回答不完整、没讲清问题、感觉有隐瞒时，可追问，要讲究方式，包括直接、延续、迂回、补充等。要在合适的时机发问与插话。特别需要注意的是：始终保持中立态度；把握方向及主题焦点，减少题外话；注意时间上的顺序，特别是事件变迁问题；使用语言越简单越好；灵活掌握问题的提法与口气。

c. 听取回答

访问过程中，既要"善问"，也要"会听"。"听"的核心是获取和掌握信息，被访问者的语言、表情、肢体动作都蕴含着丰富的信息，访问者除了保证"听"，还要通过"察言观色"和积极思考来辅助信息获取和促进访问顺利展开。

首先，听取回答要排除访问者的"听取障碍"。访问者的主观偏见、判断、心理、审理、习惯、理解等都会影响访问成功和信息获取，需要尽量控制，从旁观者的视角来接受和传达信息。

其次，访问者的真诚和积极的听取态度是推进访问的动力。在访问中，访问员自始至终都要使自己的表情有礼貌、谦虚、诚恳、耐心，避免怠惰、厌倦、嘲笑、盛气凌人。以下几种听取态度是有益的：聚精会神地倾听，研究者要把注意力集中于倾听被访者的谈话上，并给予对方以真诚的关注，这是对被访者最大的尊重和最好鼓励，可以激发被访者充分表述自己观点的积极性和热情，把访问引向深入；虚心地倾听，要有礼貌，决不轻易打断对方的谈话，对于一时没有听懂的内容，要虚心求教，对于被访者的不够完整或不够恰当的回答，通过适当的解释、引导和询问，使其讲清所要询问的问题；任何时候，任何情况下，都不可流露不耐烦的情绪，特别是在访问中，如果遇到被访问者跑题时，可以通过一些细微动作，如送水递烟等进行打断和暗示；有感情地倾听，要理解被访者谈话中的情感变化，并表现出对谈话者当时处境的关注、体谅、同情、尊重和宽容，设身处地地从对方的角度进行思考，认同和接纳对方的情绪体验，要关注语言信息的交流，也要重视情感上的交流和共鸣。

同时，访问者应在语言和表情上作出恰当的反应。倾听中的回应，是听者对谈话所作出的语言和非语言的反应。回应的方式有多种，如："认可"，即用点头、微笑，或者"是啊"、"对"、"嗯"、"好"，表示正在认真倾听谈话，鼓励对方继续讲下去；"重复"，对于人名、地点、时间、数据、重要观点的回答，可采用重复一遍请被访者核实的办法作出反应；"归纳"，当被访者的回答过长、过于零散或者模糊不清的时候，可以采取极简要归纳后请对方认可或澄清的办法作出反应；"不表态"，不插话、不表态、不干扰，保持沉默，也是一种反应（叫作无反射反应）。一般地说，在被访者按要求思路清晰地回答问题的时候，或者为了回答问题而努力回忆、认真思考的时候，最好作无反射反应。这种关注而又沉默式的回应，等于告诉对方"您回答得很好"、"我正在认真倾听"、"请继续讲下去"、"请慢慢回忆和思考，我可以等待"。总之，对被访者的回答作出适当反应，是保证访问过程正常进行的重要条件。例如，《射雕英雄传》第十六回"九阴真经"中，周伯通教育郭靖如何听别人讲故事，"周伯通见他不大起劲，说道：'你怎么不问我后来怎样？'郭靖道：'对，后来怎样？'周伯通道：'你如不问后来怎样，我讲故事就

小技巧 3-7：倾听小提示

访谈中，不能毫无表情，要做好的听众。倾听需要注意以下环节：

①鼓励讲述者：对讲述者说到的内容要连连点头，并认真记录。

②注意自己表情：应当礼貌、谦虚、诚恳、耐心。不能厌倦、嘲笑、盛气凌人。

③应该避免毫无表情或者自始至终都是某一个表情。

④对讲述者所说内容要进行适当回应：谈到挫折、不幸时应予同情、惋惜；谈到不平的事，应表示义愤；谈到隐私，应做出理解的表示；谈到成就应表示为讲述者高兴。

一个好的听众能够鼓励讲述者讲得更为全面、深入，从而有利于调查者掌握更多的信息。

不大有精神了。'"[1]（见小技巧 3-7）

d. 引导和追问

引导和追问不是提出新问题，而是提问的延伸、补充和继续，是访问过程中不可缺少的环节。它旨在排除回答问题的障碍，促使受访者正确理解问题、打消顾虑、围绕中心作出回答，把进行中的谈话引向深入。

引导通常在访问出现下述情况的时候进行：被访者对问题理解不正确、答非所问的时候，需要用对方易于理解的语言对问题作出解释和说明；被访者有顾虑、不愿深谈的时候，需要摸清顾虑所在，有针对性地消除顾虑；被访者的回答离题太远而又漫无边际的时候，需要采用适当的方式，有礼貌地引向原来的话题；被访者一时遗忘了某些情况、难于回答的时候，需要从多个的角度和方面进行启发，帮助回忆；访问过程由于意外的原因被迫中断、又重新开始的时候，需要简单回顾前面交谈的情况，复述尚未回答的问题等。这里说的"解释和说明"、"消除顾虑"、"引回话题"、"帮助回忆"、"回顾和复述"，就是访问中的引导。引导的作用就是排除访问过程中所遇到的障碍，以保证访问按原计划顺利进行。

如果说引导的功能是排除访问中障碍的话，那么追问的主要作用则是促使被访者的回答更真实、具体、准确、完整。追问是更深入的提问，一般来说，当被访者的回答出现自相矛盾、含混不清、模棱两可、过于笼统、不够准确、不大完整等情况时，就需要通过追问把问题搞准确和完整。

需要注意两点：第一，追问要适时（选择适当的时机），除某些细小的具体问题可在对方回答问题时立即补充追问外，重要问题的追问只宜放在访问后期进行；第二，追问要适度，切不可伤害与被访者的感情。"穷追不舍"和"浅尝辄止"都需要灵活运用。追问类型包括：直接追问——直接指出回答中的问题，请对方补充回答；侧面追问——换个提法问同样的问题；系统追问——提出问题有一定的系统关系，一一推出请对方回答；补充追问——只追问需要补充回答中的问题；反感追问——运用激将法，看受访者的反应。

---

[1] 金庸. 射雕英雄传. 广州：广州出版社，2008.

e. 结束访问

访问的结束，要注意两点原则：一是把握好访问的时间，通常以 1~2h 为宜，有特殊情况则须灵活掌握。在结构式访问中，访问问卷中的问题问完，访问就到了结束的时候；在开放式的无结构访问中，访问人员必须注意适可而止，一旦发现被访者出现疲倦状态，或交谈时间已足够长时，应适时中止访问。二是，结束时应对被访者表示友好和感谢，为后期的再次访问作铺垫。

f. 再次或多次访问

如果没有完全完成访问任务，需要第二次访问，在结束之前还应具体约定再次访问的时间、地点等事项，并简要说明再次访问的主要内容。

通常情况下，抽样调查和普查中的访问，一般可一次完成调查任务。但是典型调查和实验调查中的访问，往往需要进行多次。

再次访问，可分为三种情况或类型：一是补充性再次访问，拾遗补漏，继续完成第一次访问没有完成的任务；二是深入性再次访问，在前次访问的基础上就某些问题深入探讨而进行的访问；三是追踪性再次访问，按追踪研究计划，间隔相当一段时间后再做第二次乃至多次访问，以了解被访者的变化。

g. 访问记录

无结构访问记录（最好两人一组，分工合作，使用录音、录像设备必须征得受访者同意）分为：当场记录和事后记录。

当场记录是边问边记录，但需征得调查对象的许可。优点是资料完整，不带偏见；缺点是可能失去对方表情、动作所表达的信息。当场记录最好能够录音。

事后记录是在访问之后靠回忆进行记录。缺点是会因遗忘失掉许多情报。

h. 访问调查法注意事项

在访问中，调查员要保持中立的态度，不要把自己的意见暗示给被调查者，否则会影响资料的真实性；要把握访问的方向和主题焦点，防止谈话偏离调查主题，以免影响效率；使用的语言要简明扼要；根据被调查者的特点，灵活掌握问题的提法和口气。

案例 3-12：访问调查法的应用——北京路步行街货运系统访问调查的对象和问题

访问一：针对行人

1. 您有没有看见商店在您逛街的时间内进货？

2. 看到进货这种现象，对于您逛街的心情是否有影响？有什么影响？

访问二：针对交警

1. 请问你们每天处罚违章停车卸货的案例大概多少宗？主要发生在哪些地方？

2. 请问你们交通部门划定北京路附近道路允许路边停车与否的依据是什么？

3. 能否简单分析一下造成大马站路经常发生交通拥堵的原因？

4. 请问有否更好的改善措施？

2）集体访问法

①集体访问法的概念

集体访问法，又称为开调查会，是调查者邀请若干被调查者通过座谈的方式了解和研究问题的调查方法，是一种多方互动的过程。既可以了解情况，也可以研究和讨论问题。

调查会的具体类型可以根据调研活动需要选取。既可以面对面地访问，也可以通过背靠背地书面形式进行；既可以是陈述式的，也可以进行讨论式的；既可以综合访问，也可以开专题研讨会。集体访问法的一般程序主要由访谈准备、访谈实施、访谈整理三部分组成（图3-14）。

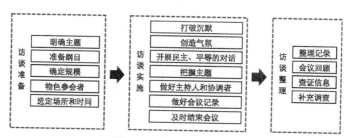

图3-14　集体访问法流程
图片来源：作者自绘，张正军制作。

座谈会要明确会议主题，确定参会人数，让参会者提前准备；选好场合和时间；避免权威人士左右其他人员发言；最后要总结。

集体访问法的优点是效率高，人多见识广、集思广益，参与者可以互相补充、争论、启发、核对、修正，获得的资料比较广泛、真实；简便易行，可用于文化程度较低的调查对象。

同时，集体访问法也有一定的局限。无法排除受调查者之间社会关系因素的影响；有些问题不适于进行集体访问；调查质量受被调查者素质限制较大；有一定的限制条件，很难进行深入、细致的交谈。

在城乡规划中，其主要应用领域为城乡规划调研中的部门访问和资料收集。

②集体访问技巧

做好座谈前准备——拟定会议主题（主体应简明、集中，最好每次会议一个主题；主题应与被调查者关心的问题相关）；准备调查纲目（了解背景知识、设计问题大纲，用来指导具体会议）；确定会议规模（取决于调查内容和主持的驾驭能力，一般5~7人为宜）；物色到会人员（有代表性、了解情况、敢于发表意见、有共同体语言，不同类型的人应该分头开会）。到会前，应该让参与者事先知道会议主题、内容和参与者；选择好访问场所和时间。

访问过程的控制——宣布会议开始，阐明主题、对参会者进行简介，最好事先物色首席发言人，以免冷场；会议中要创造良好的气氛，主持人可简短插话和解释，调动大家发言；开展民主平等地对话，尊重每位参会者的发言权；注意把握会议主题，因势利导控制讨论方向；做好主持人，避免当裁判员和评论员，态度客观、谦逊，语言简短，避免对发言者施加影响（不轻易表示肯定或否定，一般不表明自己的态度）；做好被调查者之间的协调工作，避免出现激烈争锋以至于会议无法顺利进行；

做好会议记录；达到预期目的、到了预定时间、出现了不利会谈进行的状况时应及时结束会议；最后要作总结，并对参会者表示感谢。

访问后的工作——及时整理会议记录，评价会议质量，检查遗漏；回顾和研究会议状况，分析会议进行状况、参与者的表现及其原因等；查证重要数据和事实；作必要的补充调查，特别是可能的遗漏。

③常见集体访问模式

a. 头脑风暴法：按照一定规则召开鼓励创造性思维、寻求新观点、途径、方法的会议。

头脑风暴法(Brain Storming)，又称智力激励法、BS法。它由美国创造学家A·F·奥斯本于1939年首次提出、1953年正式发表的一种激发创造性思维的方法。它是一种通过小型会议的组织形式，让所有参加者在自由愉快、畅所欲言的气氛中，自由交换想法或点子，并以此激发与会者创意及灵感，使各种设想在相互碰撞中激起脑海的创造性"风暴"。它适合于解决那些比较简单、严格确定的问题，例如研究产品名称、广告口号、销售方法、产品的多样化研究等，以及需要大量构思、创意的行业，如广告业。

头脑风暴法的程序为：首先，主持人说明会议主题，划定讨论范围；其次，参会者自由发言，但不允许重复和反驳；第三，鼓励吸取参会人员的意见，完善自己的意见，提出新想法；最后，汇总意见，总结分析。

头脑风暴法在操作中有四大原则，即自由思考、延迟评判、以量求质、组合改善。

头脑风暴法实施的注意事项：人数5~15左右，专家的人选应严格限制；如果参加者相互认识，要从同一职位（职称或级别）的人员中选取，领导人员不应参加，否则可能对参加者造成某种压力；如果参加者互不认识，可从不同职位（职称或级别）的人员中选取，这时不应宣布参加人员职称，不论成员的职称或级别的高低都应同等对待；参加者的专业应力求与所论及的决策问题相一致，这并不是专家组成员的必要条件。但是，专家中最好包括一些学识渊博，对所论及问题有较深理解的其他领域的专家。

会议进行时需要制订的规则是：第一，不要私下交谈，以免分散注意力；第二，不妨碍及评论他人发言，每人只谈自己的想法；第三，发表见解时要简单明了，一次发言只谈一种见解。

案例3-13：头脑风暴法①

有一年，美国北方格外严寒，大雪纷飞，电线上积满冰雪，大跨度的电线常被积雪压断，严重影响通信。过去，许多人试图解决这一问题，但都未能如愿以偿。后来，电信公司经理应用奥斯本发明的头脑风暴法，尝试解决这一难题。他召开了一种能让头脑卷起风暴的座谈会，参加会议的是不同专业的技术人员，要求他们必须遵守自由思考、延迟评判、以量求质和结合改善四个原则。

① 案例来源：百度文库 http://wenku.baidu.com/link?url=hn8lIllGSsZ8NTBtGSR_ay-WpE6Z9lbgAPZ-eeZjkOVbVibHVAkfH_fNw5ambRJVg9skCJUnvAe

按照这种会议规则，大家七嘴八舌地议论开来。有人提出设计一种专用的电线清雪机；有人想到用电热来化解冰雪；也有人建议用振荡技术来清除积雪；还有人提出能否带上几把大扫帚，乘坐直升机去扫电线上的积雪。对于这种"坐飞机扫雪"的设想，大家心里尽管觉得滑稽可笑，但在会上也无人提出批评。相反，有一工程师在百思不得其解时，听到用飞机扫雪的想法后，大脑突然受到冲击，一种简单可行且高效率的清雪方法冒了出来。他想，每当大雪过后，出动直升机沿积雪严重的电线飞行，依靠高速旋转的螺旋桨即可将电线上的积雪迅速扇落。他马上提出"用直升机扇雪"的新设想，顿时又引起其他与会者的联想，有关用飞机除雪的主意一下子又多了七八条。不到一小时，与会的十名技术人员共提出九十多条新设想。会后，公司组织专家对设想进行分类论证。专家们认为设计专用清雪机，采用电热或电磁振荡等方法清除电线上的积雪，在技术上虽然可行，但研制费用大，周期长，一时难以见效。那种因"坐飞机扫雪"激发出来的几种设想，倒是一种大胆的新方案，如果可行，将是一种既简单又高效的好办法。经过现场试验，发现用直升机扇雪真能奏效，一个久悬未决的难题，终于在头脑风暴会中得到了巧妙的解决。

b. 反头脑风暴法：对业已形成的设想、意见、方案进行可行性研究的一种会议形式，特点是只允许进行质疑和批评，禁止进行确认论证。

反头脑风暴法的工作程序：对已有方案进行批评、质疑，直到没有可供批评的意见和问题，其内容包括原论证不成立和无法实现的根据，或者制约因素和成立的限制条件；将质疑和批评汇总，对其进行归纳、分析、比较、估价，形成一个可行的具体结论。

反头脑风暴法所开会议主持人不发表自己的意见，这对于克服主持人的偏见具有积极意义。

c. 德尔菲法：由美国兰德公司设计的一种集体预测性调查方法。

操作模式是：将需要预测的问题写成含义明确的调查提纲，分发给经过遴选的专家，请他们书面回答；专家在互不知会的情况下完成自己的预测，反馈给预测机构；预测机构汇总专家意见，对其进行定量分析，然后将结果再反馈给专家；专家根据反馈意见，重新考虑预测意见，再将结果反馈给预测机构。如此反复3~4轮预测意见逐渐集中，最后形成集体预测意见。

德尔菲法具有匿名、反复、定量、集体的特点，可以排除各种社会心理因素的干扰，但也存在不熟悉背景情况、拿到预测反馈后两轮预测取中位的现象。

d. 派生德尔菲法：德尔菲法本身有许多缺点。例如，许多专家不熟悉德尔菲法，或不了解有关预测问题的背景材料，因而难以作出正确的预测，甚至不知从何下手去作预测；由于是背靠背地书面回答预测意见，有关专家无法知道别人预测的根据是什么；有的专家在获得前一次预测意见的汇总资料之后，再次预测时往往会出现简单地向中位数靠拢的趋势等。为了克服这些缺点，派生德尔菲法应运而生。

派生德尔菲法可分为两类：一类是保持德尔菲法的基本特点，但作了某些局部改进而派生方法。例如，预测机构在发出预测问题的调查提纲时，同时提供预测事件一览表，介绍有关预测问题的某些背景材料；允许做出三种不同的预测方案，并对各种方案的成功概率作出估计；减少反馈的次数等。另一类是改变德尔菲法某些基本特性的派生方法。例如，部分取消匿名性，有的是先匿名询问，公布汇总结果后进行面对面的口头辩论，然后再匿名作出新的预测；有的专家们先公开阐明自己的观点和论据，再匿名作出预测，然后再公开辩论，再匿名预测。又如，部分取消反馈，有的只反馈预测意见的幅度，而不反馈中位数，以防止盲目向中位数靠拢的倾向；有的是只向预测意见差别最大的专家或权威性专家反馈，而不向其他专家反馈等。

上述派生德尔菲法，由于实行了种种改进措施，因而在提高德尔菲法的工作效率和预测质量等方面起了一定的积极作用。

案例 3-14：安徽省智慧旅游总体规划调研座谈会

2013 年 11 月 25~26 日，由华东师范大学旅游规划与发展研究中心和上海淘景网络技术发展有限公司专家组成的安徽省智慧旅游总体规划调研组调研芜湖智慧旅游开展情况并召开座谈会。市政府副秘书长韩家林，市旅游局副局长孙万胜，四县、四区旅游局局长、副局长，市旅游局信息科负责同志及方特主题公园、马仁景区、丫山景区、大浦乡村世界等旅游企业代表 30 多人参加座谈会（图 3-15）。

座谈会上，参会人员就芜湖市智慧旅游发展现状、建设重点、前景展望、后续运营及省旅游局对智慧旅游试点城市加大扶持力度等纷纷发言。同时，调研组专家简要介绍了全省智慧旅游总体规划情况，并对芜湖市智慧旅游建设工作提出的意见。

图 3-15 安徽省智慧旅游总体规划调研会
图片来源：http://www.whls.gov.cn/。

3）问卷调查法

a. 问卷调查法的概念

问卷调查法是调查者运用统一设计、具有一定结构的问卷向被选取调查对象了解情况或征询意见的方法，是访问法的延伸和发展。

问卷调查法是标准化调查，其结果便于进行逻辑分析；可以是间接调查，调查者和被调查者互不见面，便于了解一些敏感性的信息；是书面调查，技巧要求较低，便于调查活动的开展；通常是抽样调查，可调查较多的对象；一般是定量调查，可通过统计对总体特征进行推断。问卷调查的基本程序，见图 3-16。

问卷调查法的优点在于突破空间的限制，可进行大范围调查；有利于对调查资料进行定量分析和研究；避免主观偏见干扰；具有匿名性；节省人力、物力、财力。

问卷调查法的缺点在于只获得有限的书面信息；不适合文化程度低的群体；问卷回收率和有效率比较低。

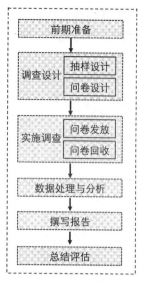

图 3-16　问卷调查法流程
图片来源：作者自绘，张正军
制作。

因此，问卷调查法适合于调查人们空间利用的倾向性和态度，这是观察类调查方法所无法替代的。近年来，城乡规划的重大项目中，问卷调查作为一种公众参与的手段，得到越来越广泛的采用。另外，问卷调查也因为受制于调查人员和被调查者等主观因素的影响，所以其数据的客观性不如观察类的调查方法。当由于时间、场所等因素的限制，难于直接通过观察捕捉人们在空间中的各种行为时，问卷调查也成为必要的手段之一。

b. 问卷的类型

问卷是社会组织为一定的调查研究目的而统一设计的、具有一定的结构和标准化问题的表格，它是社会调查中用来收集资料的一种工具。其作用是用来测量人们的行为、态度和社会特征的，所收集的是有关社会现象和人们社会行为的各种资料。

问卷按填写方式不同，可分为自填式问卷（由调查者发给或邮寄给被调查者，由被调查者自己填写的问卷）和代填式问卷（由调查者按照问卷向被调查者提问，并根据被调查者的口头回答来填写的问卷）；按照发放模式不同还可以分为报刊投递问卷、邮政调查问卷、电话调查问卷、送发调查问卷和访问调查问卷等。各种问卷调查方式的利弊见表 3-2。

各种调查问卷发放方式的特点　　　　　　　　　　表 3-2

比较项目		调查范围	调查对象	影响回答因素	回答质量	回复率	人力、时间费用成本
自填式	邮政	较广	有一定控制和选择 回复问卷的代表性无法估计	难以了解 控制或判断	较高	较低	较少、较长、较高
	报刊	很广	难以控制或选择 问卷回复代表性差	无法了解 控制或判断	很高	很低	较少、较长、较低
	送发	窄	可控制和选择 问卷回复代表性集中	有一定了解 控制或判断	较低	高	较少、短、较低
	网络	很广	难以控制和选择 回复问卷的代表性无法估计	无法了解 控制或判断	不稳定	不稳定	少、可长可短、低
代填式	访问	较窄	可控制和选择 回复问卷的代表性较强	便于了解 控制或判断	不稳定	高	多、较短、高
	电话	可广可窄	可控制和选择 回复问卷的代表性较强	不便于了解控制或判断	很不稳定	较高	很多、较短、较高

表格来源：作者自绘。

c. 问卷的基本结构

一般来说，一份问卷通常包括三个部分：卷首语、指导语、问题及答案、其他资料。

卷首语（也称为封面信）：调查的自我介绍信。卷首语的语言要简洁中肯，篇幅不宜过长，最好不要超过二三百字。虽然卷首语篇幅短小，却在问卷调查过程中有着特殊的重要作用，研究者能够让被调查者接受调查并认真填写问卷，很大程度上取决于卷首语质量的好坏。问卷中有关调查的一切说明，要靠卷首语来解释。所以，一定要重视卷首语的书写。卷首语应文字简明、通俗易懂，语气诚恳、平和，以争取被调查者的配合。

合适的卷首语能起到重要的作用。一是明确调查者的身份，说明“我是谁”。例如：“我们是……，为了……”。调查者的身份也可以通过封面信的落款来说明，但落款必须表明调查者的单位或组织，最好还能附上地址、联系电话、联系人等信息。二是说明调查的大致内容和目的。说明调查内容时既不能含糊不清，甚至不谈，也不能过于详细。通常是用一两句话指出其内容的范围即可。例如：“我们是……，为了……，我们正在进行关于大学生择业观念的调查。”说明调查目的时，应尽可能说明这项调查对包括被调查者在内的人群、对广大群众、对国家、对社会的实际意义。例如：“我们是……，为了全面、准确地了解大学生择业观念的现状和存在的问题，以便为学院做好大学生就业指导工作提供科学的依据，正在进行关于大学生上网情况的调查。”三是说明调查对象的选取方法和对调查结果保密措施。为了消除被调查的戒备心，应在卷首语中简明扼要地说明调查对象的选取方法和对调查结果的保密措施。例如：“我们按照科学的抽样方法，在全院大学生中挑选了200名作为被试人，您是其中的一位”，“本次调查以不记名方式进行”，“根据国家有关部法律，我们将对您提供的一切信息保密”等。四是作为调查问卷的谢言。在卷首语的结尾处，一定还要真诚地感谢被调查者的合作与支持等。例如：“您在百忙之中给予我们最大的支持和帮助，我们对您表示由衷的感谢！”，“我们对您的合作与帮助表示由衷的感谢，祝您……！”。五是放置调查时间、调查者姓名、被访问者合作情况等相关内容（图3-17）。

河南省青年群体节能减排情况社会调查 推荐

发布人：henanligong2012 人次：651 金币：8 状态：已关闭 类别：专业调查 发布日期：2012-2-13 10:24:07

您好！我们是河南理工大学社会调查小组，您正在接受的是我们青年群体节能减排的社会调查。本份调查问卷是不记名问卷，请您如实反映客观情况，协助我们完成此次社会问卷调查，十分感谢您的参与和配合!! 敬请现居住在河南省的朋友参与调查。再次谢谢您的参与！

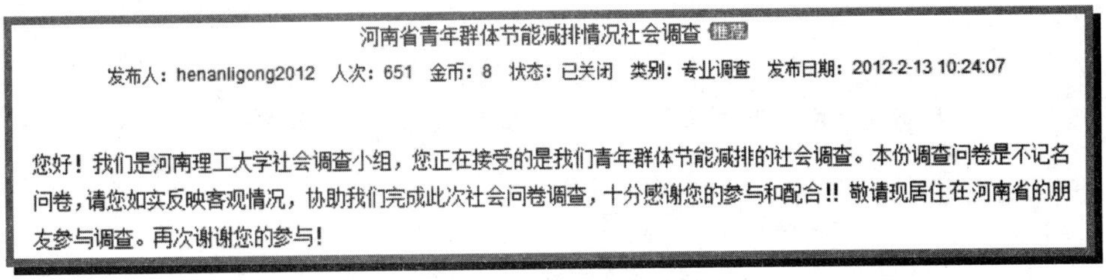

图3-17 调查问卷首语示例

图片来源：http：//www.zdiao.com/vtest_show.asp?testid=310472

指导语：用来指导被调查者填写问卷的各种解释和说明。有些问卷的填写方法比较简单，问卷说明很少，只在卷首语中使用一两句话说明即可。有些比较复杂问卷的说明则集中在卷首语之后，对填表的方法、要求、注意事项等做一个总的说明。代填式问卷可以在卷首语中省去填写问卷说明，回复问卷的方式和时间等内容。如果是自填式问卷，这部分内容必须有详细说明。

问题和答案：问题和答案是问卷的主体，也是问卷设计的主要内容，一般包括问题、回答方式，以及相关的填写指导和说明“请在所属方框中划‘✓’。”

问题主要有两种主要类型：开放式问题，只提出问题，不为回答者提供具体答案，由回答者根据自己的情况自由填答，由于不需要列出答案，所以形式很简单，在设计时只需在问题下面留出一块空白即可；封闭式问题，在提出问题的同时还给出若干个答案，要求回答者根据实际情况进行选择，包括问题与答案两部分，形式复杂得多。

开放式问题的优点是允许回答者充分、自由地发表自己的意见，因此所得资料丰富生动，缺点是资料难以进行编码和统计分析，对回答者的知识水平和文字表达能力也有一定要求，填答花费的时间和精力也较多，还可能产生一些无用的资料。封闭式问题的主要优点是填答方便、省时省力、资料易于做统计分析，缺点是资料失去了自发性和表现力，回答中的一些偏误也不易被发现。

问题的设置形式主要有以下5种：

填空式（例1）。

单项选择式。对问卷中的设问项目给出非此即彼的两个答案，强制被调查者从中择一（例2）。

多项选择式。对问卷中的设问项目同时给出多种答案，由被调查者从中选择数项。

关联式。指一系列相互衔接的问题，被调查者是否进入下一个问题，需依据前面问题的答案而定。关联式问题的格式很多，例3提供了一种表述非常清晰的格式。首先，关联的问题通过方框与其他问题完全隔开；其次，用带有箭头的线条把答案与相关的子问题连接起来。只有回答"愿意"的受访者，才需要回答子问题。

在有些情形下，相互关联的一组问题前后间隔数个问题甚至数页，将它们纳入方框内指示关系就变得非常困难，这时可以在第一个问题的不同答案后面用括号加以注解，指示受访者接下来该跳过或回答哪些问题（例4）。

矩阵式（表格式）。指将同一类型的若干个问题集中在一起，共用一组答案，从而形成一个系列的表述方式。矩阵式问题能有效地利用空间，是受访者比较乐意回答的问题类型，而且这种问题格式的答案也为受访者或调查者提供了更强的对比性。然而，为了避免答题时的惯性思维，例如不经过仔细思考，就一连串地选"很满意"或"一般"，在组织问题时可以通过轮流使用不同倾向的问题和简短清晰句子的方法来改善。例5是一组关于满意度的矩阵式问题。通过语意差异（semantic differentia）量表，例如满意度，调查人们对于环境评价的感受差异，是空间形态研究领域一种广泛应用的方法。

编码是为了将被调查者的回答转换成数字，以便输入计算机进行处理和定量分

例1："你为什么来上课？"_____
"你为什么会挂科？"_____

例2：封闭式问题
填空式：您的实足年龄：____ 岁。您家有几口人？ ____ 口。您家几个孩子？ ____ 个。
是否式：（请根据您的情况在合适答案后的方框内打√）
　　您是待业青年吗？是 □ 否 □
　　您是否住在本市？是 □ 否 □
选择式：您的文化程度（请在合适答案后的方框内打√）
（1）小学及以下 □（2）初中 □（3）高中 □
（4）大专以上 　□

例3：您愿意参加城市绿化的各类活动吗？
①愿意参加
②不愿意参加
③不知道

愿意参加的活动有哪些？（多项选择）
①绿地认养
②植树造林
③参加社区绿化
④参加城市绿化宣传
⑤其他（　　　　　　　　　　　　）

例4：
您在该市的居住年数①1年以下；②1～3年；③3～5年；④5～10年；⑤10年以上
（选择①、②、③、④的受访者请跳过关于过去10年间城市绿地变化印象的问题）

您经常上网吗？（此题选D者，请从第14题开始作答。）
A经常 B有时 C很少 D从不

例5：您对城市各专项绿地的建设评价（请您在适当的分值格内划√）

	很满意	满意	一般	不满意	很不满意
1 城市全体公园绿地印象	5	4	3	2	1
2 周边社区公园建设	5	4	3	2	1
3 城市大型综合公园建设（如绿舟公园等）	5	4	3	2	1
4 城市各类主题公园建设（如植物园等）	5	4	3	2	1
5 城市道路绿地（如行道树绿带等）	5	4	3	2	1
6 城市街旁广场游园建设	5	4	3	2	1
7 各类单位庭院绿地建设（如学校、机关等）	5	4	3	2	1

析，而赋予每个问题及答案一个代码。编码既可以在问卷设计的同时进行，也可以等调查完成后再进行。除了编码以外，有的问卷还需要加上问卷编号、调查员编号（多个调查员）、审核员编号、调查日期、被调查者住址、被调查者合作情况等其他资料。

d. 问卷问题的设计

问题的种类主要有以下4类：

背景性问题，包括被调查者的基本情况，如性别、年龄、民族、文化程度、婚姻情况、行业或职业、职务或职称、收入、宗教信仰、党派团体等；有时也包括被调查者的家庭基本状况，如人口、家庭类型、家庭收入等。背景问题是进行问卷分析的重要依据，可根据调查需要选择设问内容。

客观性问题，用于调查已经发生过或者正在发生的各种事实和行为，往往是与调查所要直接了解的内容相关的问题，如：您家的住宅面积是多少？（事实）您主要到什么地方买菜？（行为）

主观性问题，用于了解人们思想、情感、态度、愿望等一切主观状况，往往是调查所要了解的演化趋势所涉及的问题，如您对目前住宅的限购政策有什么看法？您认为国家应该对住宅面积进行控制吗？您对目前的居住环境状况满意吗？您所希望的住宅是什么样的？"您认为选择对象的最重要条件是什么？"

检验性问题，为检验回答是否真实、准确而设计。这种问题成组存在，往往被刻意分置于问卷的不同位置，通过互相检验来印证回答的真实性和准确性，如：前面问"您家庭拥有几套住宅？"；后面印证"您家的住宅位于城市的那个区位？各有几套？"

在上述四类问题中，背景性问题是不可缺少的。其他的问题可以依据调查需要进行选定。有些可能只涉及客观性问题，有些可能只有主观性问题。只有非常复杂的问卷才设计检验性问题。

设计问题的原则有以下4点：

客观原则。设计问题应符合实际情况，紧跟时代特点，如对大学生宿舍的设备配置应考虑网络。

必要原则。只问研究必需的问题，避免问题过多、过于繁杂，不仅增加回答难度、降低回复率，也增加工作量和调查成本。

可能原则。符合被调查者的回答能力，避免受调查者很难理解、很少接触、不合习惯的问题。

自愿原则。凡是受调查者不愿正面回答的问题，都没有必要提出，以免造成不必要的调查损失。

问题的表述原则有以下7个方面：

具体原则。提问要具体实在，不要太笼统和抽象，以免增加回答难度和造成无法对回答结果进行分析，如：你们班的学风如何？

单一原则。不要把两个以上的问题合并在一起提出。这样的答案是无法进行分析的，如：你们班的同学经常到专业教室做设计吗？"你父母是工人吗？"

通俗原则。不要使用被调查者不熟悉的语言，特别要避免使用专业术语，如：您住宅的面积系数是多少？

简明原则。表述问题尽量简单，避免啰嗦冗长。

准确原则。语言要准确，不能含混不清、模棱两可、引起歧义，避免使用"偶尔、有时、经常、也许、好像、可能"等词汇。同时，也避免使用目前没有科学定义的概念，如：先进、落后等。

客观原则。表述问题要客观，避免使用诱导性和倾向性语言，特别应避免出现权威的名称或观点，以免影响回答者的真实意愿，如："你不抽烟，是吗？"

非否定原则。否定句式不符合人们通常的思维习惯，容易造成误读、误解，影响回答的准确性，如："你是否赞成物价不进行改革？"

遇到敏感问题，应在表述方式上作降低敏感性和威胁性的处理，使回答者能够接受，敢于坦率回答。具体可对问题进行以下4方面的调整：

释疑——在问题前写一些消除疑虑的功能性文字。

假定——以一个假设作为提问前提，再询问被调查者的意愿，如："如果没有政策限制，您希望生育几个小孩？"

转移——把问题进行转移，请被调查者进行评论，如："关于大学生在校期间结婚，有人认为弊大于利，有人认为利大于弊，你怎样看？"

模糊——设计具有涵盖范围的模糊答案，以降低敏感性，如关于收入的问题（例6）。

设计问题是十分需要技巧的工作。问题设计的好坏将直接关系调查的质量。所以，设计问题必须在对调查对象有一定了解的基础上进行，才不致于设计出无效问题。

问题的结构，即问题的排列组合方式，要便于被调查者进行回答，也要便于调查者对回答结果进行统计和分析。问题排列要有逻辑，以保证回答者思路顺畅，避免混乱。但特

例6：您的月收入是（请在方框内打"√"）：
① 800元以下； □ ② 801~1500元； □
③ 1501~3000元； □ ④ 3001~5000元； □
⑤ 5001~7000元； □ ⑥ 7001~10000元； □
⑦ 10001~20000元； □ ⑧ 20001元以上； □

例7：你认为什么时候开始求职最为合适？请在方框内打"√"
① 毕业前1年 □ ②毕业前6个月 □
③ 毕业前2个月 □ ④论文答辩后 □
⑤ 其他 □

例8：对你择业影响最大的是（ ）
①父母 ②导师 ③朋友

例9：您的职业是什么？（请在合适答案后面打√）
①工人 □ ②农民 □ ③干部 □ ④商业人员 □
⑤医生 □ ⑥售货员 □ ⑦教师 □ ⑧司机 □
⑨其他 □

殊情况下，为获得真实信息必须打破常规。在这方面虽然没有规定的原则，但是一般而言，可参照以下经验：先易后难，先客观后主观，先一般后私密；在逻辑联系上，将相关问题组织在一起；控制问题的数量。

e. 问卷答案的设计

只有封闭式问题需要设计答案，答案设计得好坏直接影响到调查的成功。设计答案时，要注意做到以下两点：

首先，答案要具有穷尽性，即答案要包括所有可能的情况，每一个被调查者都一定是有答案所选的。其次，答案要具有互斥性，即答案之间不能相互重叠或相互包含。

f. 问卷设计的主要步骤

首先是探索性工作——问卷设计的第一步。

探索性工作最常见的方式，是问卷设计者亲自进行一定时间的无结构式访问。即围绕着所要研究的问题，以十分随便、十分自然、十分融洽的方式，同各种类型的被调查者交谈，把研究的各种设想、各种问题、各个方面的内容，在不同类型的被调查者中进行尝试和比较。

探索性工作对于把自由回答的开放式问题转变成多项选择的封闭式问题具有十分重要的作用。

其次是设计问卷初稿。

卡片法：第一步是根据设计者在探索性工作中的记录、印象或认识，把每一个问题及答案单独写在一张卡片上，如果有 50 个问题，就有 50 张卡片。第二步是按照卡片上问题的主要内容，把问题卡片分成若干堆，即属于询问同一类事物或事件的问题放在一堆。第三步是在每一堆中，按日常询问的习惯与逻辑，排出问题的先后顺序。第四步是根据问卷的逻辑结构排出各堆的前后顺序，使全部卡片连成一份完整的问卷。第五步是从回答者阅读和填答问卷是否方便，是否会造成对回答者心理的影响等不同角度，反复检查问题的前后连贯性及逻辑性，对不当之处逐一调整，并可补充一些新的问题卡片。最后，把调整好的问题依次写到纸上，形成问卷初稿。

框图法：第一步是根据研究假设和所需资料的逻辑结构，在纸上画出整个问卷的各个部分及前后顺序框图。第二步是从被调查者回答是否方便，是否会形成心理压力，问题内容前后是否符合逻辑等方面反复考虑这些部分的前后顺序。第三步是具体地写出每部分的问题和答案，并安排好它们在该部分中的顺序和形式。第四步是对全部问题的形式、前后顺序等方面从总体上进行修订和调整，然后将结果抄写在另一纸上，形成问卷初稿。

最好是将卡片法与框图法结合使用，按照下列步骤进行：

第一步，根据研究假设和所测变量的逻辑结构，列出问卷各个大部分的内容，并安排好它们的前后顺序。第二步，一个部分、一个部分地将探索性工作中得到的问题及答案写在一张张卡片上。第三步，在每一部分中，安排并调整卡片间的结构和顺序。第四步，从总体上对各部分的卡片进行反复检查和调整。最后，将满意的结果抄在纸上，并附上卷首语等有关内容，形成问卷初稿。

第三是问卷的试用和修改。

问卷初稿完成后，必须先将它用于一次试调查，而不能直接将它用于正式调查，可将设计好的问卷初稿打印几十份，然后在正式调查的总体中选择一个小样本进行试用，可对下述方面进行检查和分析：回收率；有效回收率；对未回答的问题的分析；对填答错误的分析。

第四是问卷调查的实施。

在问卷调查的实施中，调查对象和样本数的选择、问卷的发放与回收需要特别注意（见小技巧3-8）。

小技巧 3-8：调查问卷设计技巧

调查问卷的设计一定要使调研易于开展，根据积累的调研经验，注意以下四个问题，能够使你的问卷更容易被调查者所理解。与此同时，还可以使其填写时间缩短，更容易回收，从而提高调查效率。

①填写者喜欢打钩与选项；

②问卷应以封闭式问题为主，开放式问题（自由作答）为辅；

③注意提问逻辑有序：先易后难，先客观后主观，先一般后私密；

④题量设置与排版。题量应尽量控制在15题之内，或者是1页A4纸幅面之内。

而影响问卷效率的问题常有以下几类。设计者应有针对性地进行审查。

①问题含糊——被调查者不知如何回答。

②概念抽象——被调查者无法理解其准确含义。

③问题带有倾向性。

④问题提法不妥。

⑤问题具有双重含义。

⑥问题与答案不协调——答案设计答非所问。

⑦答案设计不合理——答案不穷尽、不互斥。

⑧语言中的毛病。

⑨其他方面的毛病，如在表格设计、封面信、指导语等方面有印刷错误等。

对于调查对象和样本数的选择来说，选择问卷调查受访者的范围和方法，主要取决于调查研究的目的。就空间形态的专业研究领域而言，一般会从人的因素和空间的因素两方面考虑，选择符合调查目的的对象。作为空间的使用者和管理者，人的因素可以从性别、年龄、职业、社会经济状况等方面考虑；而空间的因素可以从居住地区、居住户型、空间体验经历、空间构成要素等方面考虑。如凯文·林奇研究城市意象时，所选取的问卷访问对象，被要求熟悉调查对象地的环境，但排除城市规划、工程师、建筑师这样的专业人士，年龄、性别比例均衡，居住地和工作地随机分布等。

决定抽样调查的样本数，必须考虑抽样的精度、总体的规模、总体的异质性程度和调查方的人力、物力、财力和时间等众多因素。像美国定期进行的全国民意调查，在被调查的总体近1亿的人中，它的样本通常不超过3000人。一般而言，在城市规划、建筑学、风景园林等专业领域，抽样调查样本数可控制在50～1000之间。

问卷发放、回收时应注意如何提高问卷的填答质量和提高问卷的回收率，主要的措施有以下8点：采取奖励办法；合理的回收方式；利用被调查对象集中的机会；尽可能亲自到场发放问卷和指导问卷填写；征得有关组织同意；调查组织工作严密，调查人员负责；调查内容与被调查者的兴趣或利益密切相关，对调查者要有吸引力；问题简单，填答容易等。

　　在这些措施中，设置合理的回收方式和奖励措施相对而言作用较大。受访者如果感到回收方式便捷，将有效提高回复率。前文详细比较了各种调查方式问卷的回复率，其中访问调查和发送调查的回复率较高。在互联网越来越发达的当今，网络问卷也日渐盛行。尽管网络调查可能排斥了某些群体，如老年或文化程度不高的群体，但是，网络调查的回复率有时也可以接近100%。在前期调查问卷回复率不理想的情况下，还可在后期改用回复率较高的调查方式，补发一批问卷。

　　另外，奖励措施也是提高回复率的一种手段。如果采用奖励措施，建议针对调查群体的需求设置，并将奖励的具体内容公示出来，以达到有效刺激的作用。例如，某刊物进行读者问卷调查，奖励措施定为："向随机抽出的100名问卷填写者赠送精美礼物一份，以致谢意。"首先，随机抽选不是每个回答者都有奖励，个人的期待就会降低。其次，精美礼品具体为何物，是否是自己喜爱或所需的，也不清楚。所以，奖励措施的效果可能没有体现出来。如果将奖励措施修改为：作为荣誉读者，您的名字和单位将登载在本刊上，并获赠新年度的半年杂志一份。这种物质奖励与精神奖励并重的措施，也许效果会更好一些。再例如，现场发放回收的问卷调查，可以在发放问卷时向受访者说明，如果收到回复问卷，即赠予餐巾纸包、圆珠笔等小礼物。

　　一般来说，50%的回收率是发送问卷调查的最低要求。

专题3-1：调研报告的写作

（1）调查报告概念

　　对某一情况、某一事件、某一经验或问题，经过在实践中对其客观实际情况的调查了解，将调查了解到的全部情况和材料进行"去粗取精、去伪存真、由此及彼、由表及里"的分析研究，揭示出本质，寻找出规律，总结出经验，最后以书面形式陈述出来，这就是调研报告。调查报告有针对性、真实性、创新性和时效性的特点。

（2）调研报告的类型

　　调研报告，若按写作宗旨划分，分为"综合性调研报告"和"专题性调研报告"；若按照学术水平的程度划分，可分为"普通型调研报告"、"学术型调研报告"。目前我们经常撰写的调研报告大都是"普通型调研报告"，它与"学术型调研报告"的区别是："普通型调研报告"侧重于对事实、情况、经验、问题的客观性、真实性叙述，将真相展示给读者。

（3）调研报告的内容

　　调查报告的内容并没有固定模式，基本结构主要由标题、前言、正文和结语四部分组成。此外还可以有引言、目录、摘要、附录、后记等。

标题：调研报告的标题，从表达方式上看，大体有四种类型：一是新闻报道式。这类标题常常采用正、副标题形式，副标题往往是对正标题的解释和补充。二是公式式。这类标题的优点是简洁、朴实、明快。三是论文式。四是提问式，用提问引起读者的深思。这类标题的拟制一要醒目、简洁、画龙点睛，二要具体、确切、揭示内容，三要直接、鲜明、表现主题。

前言：也叫做导语或导言。调研报告一般都要写前言，主要包括调查背景（主题、目的、意义）、调研的基本信息（参加者、时间、地点）、调研方法、致谢等内容，以此来说明调研的目的、对象、范围或调研要点，为读者阅读全文打下基础。导语的写法一般有3种：一是概述调研简况，说明调研的时间、地点、对象、方式、经过等；二是概括调研对象的基本情况或揭示文章主题，便于读者概括了解全文的主要内容；三是将调研事项的结果放在开头来写，易调动读者思考其成因，对读者具有启发作用。

正文：正文是调研报告的主体部分，是全文的重点、核心，包括基本情况、分析结论、建议和措施。正文结构通常有三种：一是横式结构，就是按逻辑顺序写。根据事物的内在联系，提出几个问题或列上小标题，然后再按问题分条叙述，这种结构方式使调研报告层次清晰，观点鲜明，富有启发性；二是纵式结构，按照事物的发生发展顺序，一层一层地分析问题，这种结构方式使调研报告脉络清晰，条理分明；三是纵横式结构，兼有以上两种结构形式特点，即把时间顺序和逻辑顺序结合起来写。

结语：结语的写法不拘泥于一种形式，应视调研报告内容而定。一是总结全文，深化主旨，加深读者对调研内容的印象；二是概括经验要点，强调推广经验的重要意义；三是以提出见解、任务或建议的形式结束全文，给人以启示。

其他部分：除了以上基本内容外，还可以根据调查报告的需要增加引言、目录、摘要、附录、后记等辅助说明。

引言是撰写在标题前后，对调查报告主要内容的简单介绍，目的在于引起读者的注意和兴趣。

目录是在调查报告的内容、页数较多的情况下，为了方便读者阅读，应当使用目录或索引形式列出报告所分的主要章节和附录，并注明标题、有关章节号码及页码。

摘要主要阐述调查报告的基本内容，主要包括三方面：简要说明调查目的，即简要地说明调查的由来和调查的原因。摘要主要是简要介绍调查对象、调查内容、调查研究的方法，包括调查时间、地点、对象、范围、调查要点及所要解答的问题，简要介绍调查研究的结论和建议，一般在摘要后列举3~5个关键词。

附录的内容主要包括调查问卷或量表、调查指标的解释或说明、调查的主要数据、参考文献等。

后记是撰写在结束语之后，对调查报告的形成、写作或者出版有关的问题进行说明，可以包括调查课题提出的情况、撰写调查报告的情况、参与课题人员的情况、调查报告发表出版的情况等。

(4) 调查报告撰写程序

调查报告主要有四大构成要素：主题、结构、材料和语言。其中，主题是核心灵魂，结构是骨架，材料是血肉内容，语言是外在表现，共同组成了调查报告的整体。因此，这四个部分是调查报告需要把握好的四个环节。

提炼报告主题：原定调研目的和调查真实资料之间的关系是确定调查报告的关键。调研的目的和调查报告的主题之间有时候是相符的，而有时候在调研的过程中可能出现与原定目的不符合或不完全符合的情况，需要对原有调查目的进行修改、补充和完善，甚至抛弃，根据调查的实际情况另外确定。提炼主题要做到客观、概括、深入和创新。客观，是指主题能够反映客观事物的实际情况。概括，是指主题要突出，有针对性。深入，指主题要深入揭示事物的本质，从现象反映本质和规律。创新，主要指主题要有新的视点，区别他人研究。

拟定写作提纲：写作提纲就是报告的结构，要做到逻辑严谨、条理清晰。写作提纲的制定过程是基于明确的主题之上，对资料进行研究形成基本观点的过程。一般来看，好的提纲要从以下四个方面入手：一是突出主题，围绕主题安排报告的结构层次，合理使用调查资料，深入论证观点。二是阐明基本观点，根据主题用材料进行论证，用观点统率材料，做到观点与材料一致。三是精选调查材料，做到系统的运用材料，与观点一起突出主题。四是符合逻辑。提纲要符合客观事物发展的内在逻辑。

选择调查资料：为了充分论证观点，做到观点与资料逻辑一致，应该精心选择以下几种类型的资料信息。典型资料是最能反映事物本质、说明和表现主题的资料，必须真实、具体、生动，具有代表性。综合资料是能说明事物总体情况的资料，要注意与典型资料的结合选择和运用。对比资料是一组具有可比性的资料，可以使得报告主题更为突出和鲜明，给人以强烈、深刻的印象。统计资料，主要是数据资料，对于论证基本观点，突出报告主题，增强报告的科学性和准确性有重要意义。

推敲文字表达：高质量的调查报告，不仅有鲜明客观的主题，合理的框架结构，充实的调查资料，还应该具有良好的文字表达。报告的文字表达应该有客观的态度，用事实说话，避免主观性判断和结论，一般采用第三人称或者非人代词。调查报告是一篇叙事为主的说明性文体，需要用词准确、文风朴实，一般有以下要求：准确，在材料和数据真实的基础上，就事论事，不能随意拔高或贬低；简洁，叙述事实和阐述观点要开门见山，不做过多描绘和论证；朴实，使用概念成熟的专业词语和通俗易懂的语言、词汇，避免夸张手法和奇特比喻；生动，适度的形象和活泼，适当使用群众语言和通俗比喻。

总之，事物的产生和发展都遵循一定的规律，调研报告的写作过程实际上也是探索事物发生发展规律的过程。报告的论点和论据一定要符合自然规律和社会规律，而不是追随潮流，迎合某些群体的需要。这就需要调研人员非常敬业，具有不懈追求真理的精神。

3.4 实验调查法

实验最初作为一种科学认识方法应用于自然科学领域，后来逐步在社会科学领域使用。对于城乡规划学来说，实验调查法也是一种重要的调查研究方法。

3.4.1 实验的概念

明确实验的概念和特点是认识实验调查法的基础，要注意"实验"和"试验"是存在概念区别的。

(1)"实验"的概念辨析

"实验"与"试验"在城乡规划领域的应用有着明显的区别。实验重在"实"，也就是实践。通过实践活动来检验某些客观事物的内在规律；试验中在"试"，也就是尝试。其目的在于通过实施某种解决问题的方案来验证某些方法和策略的有效性。

实验作为一种科学的认识方法在自然科学领域兴起，目前被广泛地应用于自然和社会科学领域。

本文所论的实验研究方法指的是：综合平常所说"实验"和"试验"的内容，实验研究是研究者按照一定的实验假设或者通过改变实验环境中的某些要素的实践活动来认识实验对象的本质和发展规律，或者通过尝试以寻找改造环境、推动客观事物发展的研究方法。

(2)"实验"的基本构成要素

实验主要由实验者、实验对象、实验环境、实验环境四大要素构成。

实验者——具体实施实验的人。他们根据实验假设有目的、有意识地开展和主导具体实验活动发生，他们都以一定的实验假设来指导自己的实验活动。

实验对象——实验调查活动中重点要认识的客体。可能是某种类型的人或行为，也有可能是某种技术或方法，这要根据实验目的来具体认定。

实验环境——实验对象所处的各种自然与社会条件的总和，通常分为人工实验环境（实验室）和自然实验环境（现场）两种类型。

实验活动——为产生实验效果而有意识进行的各种活动。可能是对某种产品性能的检测活动（例如：检测材料的冻融实验），也有可能是对某种建设措施效果的检测活动（例如：按这种技术方式具体进行的修建活动），还有可能是对某些社会行为与建设环境关系的实验活动（例如：按假设的某种增进人们交往的建设方式进行空间安置）。

实验检测——在实验过程中对实验对象进行的测定，以获得进行实验效果评价研究的基本资料和相关数据。

(3)"实验"方法的特点

调查活动的实践性。实验的本质特点，没有实践性活动就不能叫作实验。其根本就在于通过某些实践活动有计划地改变实验对象的环境条件，通过对这种实践的效果检验来发现实验对象的本质和发展规律。

调查对象的动态性。随着实验过程中实践活动的不断开展，实验对象及其环境都在发生相应的变化。

调查目的的因果性。文献、实地、调查研究通常都只能是描述性研究[1]，即使涉及因果关系调查，大多也只是假设性质。只有经过实验检验才能成为既定结论。而实验调查直接针对实验活动和实验对象变化之间的因果关系，不论是证实、证伪都是经过了实践检验的结论。

调查方法的综合性。实验活动中除了实施实验的实践活动之外，往往还需要运用多种其他调研方法获取有关实验效果的信息。实验过程本身就同时是一个不断收集资料和研究的过程，所以实验的过程往往涉及综合使用多种研究方法。

实验方法具有突出的直观性，是研究过程中因果求证最直接的办法。同时，它也是最复杂、最高级的一种调查方法。

调查项目的可控性。无论是社会现象，还是人际关系或人的潜能，往往是错综复杂瞬息万变的，要揭示他们之间的本质联系，难度比较大，但是，在实验调查中，可以通过对实验刺激变量的控制和操纵，使一些现象发生，另一些现象不发生，使假设影响条件非常明显地体现出来，这样，不仅能够验证事先假设的正确与否，而且使实验对象的发展变化过程以纯粹的形式出现，以便认识在自然状态下难以观察到的特征和因果联系，这一般是其他调查方法所不具备的。

调查过程的可重复性。由于实验的规模有一定的限度，时间相对来说比较短，投入的财力也不多，因而有可能在不同的时间内重复实验。而重复实验的结果与前面的实验结果相同或差距不大，就增强了实验调查的可信性。

(4)"实验"调查的种类

与以往的各类研究方法分类一样，标准不同实验调查会有许多不同的分类，但最重要的分类方式有以下几类：

1)按实验环境不同，分为实验室实验和现场试验

实验室实验就是在由人工控制的相对"纯粹"的环境条件下进行实验。实验者可以按照自己的设想设置环境条件及其变化，来检测在相应环境条件和变化情况下实验对象的应变和反应。在自然科学领域，为了观察有关事物之间绝对的因果关系，常常采取实验室实验的方式，例如：中学时常常进行的物理实验和化学实验。

现场实验是指在自然现实环境中进行的实验。这种情况下，实验者只能部分控制实验环境条件的改变。现场实验强调对比——通过实验环境条件改变前后实验对象应变的变化，或者通过不同的对比实验来发现其中蕴藏的内在规律。因为现场实验过程中有众多难以预测的实验者控制力之外的客观环境因素，所以试验效果往往很难与实验假设相匹配。从而带来对实验成果认定和进一步分析研究的困难。但是，由于这种实验是在现实环境中展开的，这样的实验结果其现实意义更为突出。实验结论往往更贴近事物发展变化的真实情况，其应用价值更大、具有更广泛的推广前景。这种实验方式在社会研究领域有广泛的应用。这是由于纷繁复杂的社会情况是无法在实验室环境条件下进行简单"复制"和"重现"的。有些时候，一些特别的研究还必须依靠实验者无法控制的突发条件转变（客观要素激发实验）来开展实验活动。也就是在一

_____

[1] 描述性研究（Descriptive research）是一种简单的研究，它是将客观事物的现象、已有规律和理论通过自己的理解和验证，给予解释或进行叙述。虽然它是对各种理论的一般叙述，很多时候是在解释别人的论证，但却是科学研究中必不可少的。它可以通过实例、调查、揭示性分析定向地提出问题，说明问题，发表看法，揭示弊端，描述现象，介绍经验等。

般社会事件过程中进行实验，此时的实验更像是一种调查。例如：在突发灾害后，研究受灾程度不同的人对未来灾害的反应。这就必须借助灾害的自然发生，因为实验者不能去人为地制造灾害——这有悖于科学研究的基本伦理和道德。

在规划研究领域中，由于相关因素众多、相互作用机制复杂，我们很难对规划研究的整体成果进行试验论证，通常很少使用试验调查法。但是，根据事物发展的具体情况，我们可以通过改变一些明显的可控制要素的方法，推进"自然性质"的现场实验。这种在研究关键环节的实验是极为必要的，这种尝试能够最大限度地提高规划研究的科学性，增加规划决策的准确度。

2）按实验要素和控制程序不同，分为标准化实验和非标准化实验

标准化实验要求实验要素齐备、实验程序完整；而非标准化实验是指无法满足上述两项要求情况下的实验。标准化实验的要求十分严格，对实验各个要素的控制都有一定的标准范围。例如：实验对象的差异度控制；实验环境条件的匹配度、相似度控制；实验激发和实验程序的规范性控制、实验检测的完整性控制等等。超出规范标准的实验都不能被认定为标准实验。所以，真正的标准化实验非常少见，通常只能在实验室环境条件下开展。涉及复杂自然环境和社会环境的现场实验大多是非标准化实验。

3）在社会研究领域，按实验者和实验对象是否知道实验激发的状况，分为单盲实验和双盲实验

由于人类特殊的行为心理反应规律，实验者和实验对象会对实验活动的激发自然而然地产生某种正面或负面的预期。这既会影响实验对象的表现，也会影响实验者的观测，极易造成实验效果出现主观失真。例如：当人们知道再有人观察他们在某些社会活动中的行为举止时，就会有意识地表现"好"一些、"文雅"一些。而实验者由于实验的既定目的往往会对实验产生某种既定预期，预知实验激发会影响他们对观测结果的判定。所以为避免心理预期干扰试验的情况发生，可开展单盲实验和双盲实验。所谓单盲实验就是实验对象并不知道实验的发生；双盲实验则是实验者和实验对象都不知道实验的发生，由第三方进行实验激发和进行相关观测。

4）按实验组织方式，分为单一组实验、对照组实验和多实验组实验

单一组实验是只选择一批实验对象进行实验，观测实验激发前后的实验对象变化来分析相关规律。这是最简单的实验调查模式，运用十分广泛。但如果采用现场实验的模式，单一实验容易受外界因素影响而失真，其结果可能正确或不正确。所以，单一组实验只能在有效排除非实验要素干扰或者所受影响可以忽略不计的情况下，其全部实验效应才能被看作是实验激发的结果。

对照组实验需要选择一批相同或相似对象。部分作为实验对象，称为实验组；部分作为对比对象，称为对照组。实验过程中只对实验组激发实验，然后对实验组和对照组前后检测的变化进行对比研究。对照组实验能够大致分析出实验效应和非实验效应，便于对实验效应作出更加客观和准确的评价。

多实验组实验就是选择若干批实验对象，组成许多个实验组。在各自的实验条件下，分别激发实验。通过观察、检测实验前后各组对象的变化，形成各自的实验组实验结论。在此基础上，再对各组实验结论进行对比，分析总结形成最后的实验结论。多实验组实验可以针对不同的实验要素作出多样的实验设计，还可

以配合进行对照组实验，因此实验者可以根据实验目的设计最符合研究项目特点的实验方案。多实验组实验的设计和组织比较复杂，但是在实验过程中可以多方面地对实验效应进行分析，能够最大限度地甄别和剔除干扰，其实验结论比较准确和可靠。

除此之外，在实际工作中往往还会根据实验的目的对实验进行分类，分为研究型实验和应用性试验。

3.4.2　实验的一般程序

实验调查只有按科学的步骤来开展，才能迅速取得满意的实验效果。应用实验调查法的一般步骤是：

按照某种实验假设设计实验方案→选择实验对象和实验环境→进行实验前检测→激发实验→进行实验过程观察、记录→进行实验后检测→对比分析，进行实验效果评价。

实验调查的成果为实验报告。

实验设计主要包含的内容：

(1) 确定实验的目的

实验目的不同，在同样类型的研究领域内所针对的问题和需要求证的因果关系就不同。具体的实验目的就在于确定这次实验要求证哪些因素之间的因果关系。其核心工作内容就在于选择实验的自变量和因变量。而从实验开展的角度理解自变量是在实验过程中被操纵的变量[①]，而因变量是被测定或被记录的变量。也可以理解为自变量是实验环节中的刺激因素（也通常是实验中的激发条件），而因变量是实验过程中所要观测的刺激应变（也是通常的实验效果）。

(2) 选定实验对象和实验环境

实验对象和实验环境的筛选对于实验成功与否和实验效果的质量控制至关重要。实验对象和环境的选取要遵循两点原则（见小技巧3-9）：

典型性原则——它们必须是同类事物中最具代表性的样本。对于一些复杂的事物来说，在选取实验对象和环境时还要注意涵盖不同类型、不同层次的代表性。这样，实验所获得的经验才能更符合实际情况，利于推广。

匹配性原则——安排对照实验的情况下，一定要注意实验对象和环境的匹配，也就是实验组和对照组的实验对象和环境条件要尽可能地相似和相近，这样才能真正起到对照作用。

---

① 自变量与因变量：此处的自变量与因变量概念涉及的是广义概念，而不是数学研究领域的狭义概念。广义概念更多是从系统角度去理解"变量"和"联系"。"自变量"可以被视为各种影响因素，而"因变量"则是在系统内在机制作用下随着既定影响因素变化而产生的应变。在系统运行的观念下，全部变量都是相互依存的。自变量与因变量的确定更多是在与研究者主观上需要了解的应变双方的关系。例如：任何一个系统都是由各种变量构成的，在分析这些系统时，可以有选择地研究其中一些变量对另一些变量的影响。被选择的这些变量就称为自变量，而被影响的量就被称为因变量。自变量与因变量一词用于变量被操纵的实验研究中，其含义发生了转变。在这种意义上，自变量在研究对象反应形式、特征、目的上是独立的，其他一些变量则"依赖于"操纵变量或实验条件的改变。换句话说，"因变量"是对"对象将做什么"的反应。与这定义的本质是有所冲突的，不见得反映客观现实中的必然联系和规律。

> **小技巧 3-9：实验对象和实验环境遴选的方法**
>
> 　　首先要建立有关实验对象和实验环境的样本库，然后在此基础上进行实验对象和环境的遴选。
>
> 　　遴选的基本方法有两种：一是立意挑选，根据实验目的和前期对实验对象和环境的了解，有意识选择最具代表性的样本；二是随机抽取，即按照随机原则在事先建立的实验对象和实验环境样本库中抽取具体实验对象。这两种方法有各自的适用范围，前者适用于样本总量小、个体差异大、实验者对实验对象较为了解的情况；而后者则适用于样本总量大、共同性强、实验者对实验对象总体情况不够了解的情况。
>
> 　　进行对照组实验的情况下，建立样本库时就最好按匹配原则把条件类似的研究对象和环境进行分组。抽取具体实验对象时按照配对分配法，选取一组对象或环境，将其中部分派入实验组、部分派入对照组。通过这种方法保证实验组和对照组的可比性。

　　(3) 设计实验开展的模式

　　1) 选择实验模式

　　根据实验目的、实验者状况、实验对象和实验环境的特性，确定实验的具体类型和开展模式。针对实验环境是选择实验室实验还是现场实验？为保证实验效果，避免实验者和实验对象的主观影响，是选择普通实验、单盲实验还是双盲实验？根据实验各方面要素的特点和实验者可能对实验程序的控制力状况，判断是否能进行标准化实验？最后，设计实验的组织类型，根据实验对象、实验者状况等因素决定采用单一组实验、对照组实验还是多实验组实验。在权衡各种要素之后，可能某个实验的具体模式被确定为：非标准化、对照组、双盲现场实验。

　　确定实验模式时，除了实验内在要素的影响之外，往往还会受到外界因素的左右，例如：研究经费的状况、人力资源的状况、研究的时间安排情况等。如果研究经费紧张、人力资源不足，很多设计严密、耗资较大、投入人力资源较多的实验模式就无法开展。即使是对于研究本身而言，这种实验模式更为科学合理。而且实验活动的开展往往需要一个较长的时间过程，有些调查很难立竿见影，所以开展实验研究的科研项目往往需要充裕的时间保证，不能急于求成。

　　2) 确定实验实施程序

　　实验实施程序主要是针对实验组织模式而言，不同的实验组织模式下实验实施有所不同。

　　单一组实验，又称普通试验。其实验实施程序如图 3-18 所示。

　　单一组实验的结论公式为

$$实验效应 = 后检测 - 前检测$$

　　对照组实验，其实验程序控制最重要的是要强调实验组和对照组最好能同时进入实验进程，以免分组分时进行带来主观因素的影响。其实验程序如图 3-19 所示。

　　对照组实验还涉及一个实验组与对照组数量确定的问题。最为简单、直观的是

第3章 规划研究信息收集方法的类型及特点

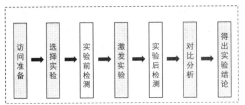

图 3-18 单一组实验程序
图片来源：作者自绘，张正军制作。

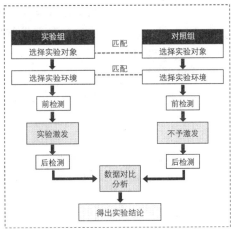

图 3-19 对照组实验程序
图片来源：作者自绘，张正军制作。

一实验组一对照组；当然，对照组的数量可以根据实验情况来具体确定。通常来讲，对照组数量越多，可以分析出的非实验效应越多，对真实实验效应的评价也就越准确。

对照组实验的结论公式为

实验效应＝实验组（后检测－前检测）－对照组（后检测－前检测）

多组实验。根据实验要素不同的组合方式，多组实验涉及可能有以下匹配类型，见表 3-3。此外，多组实验中还可以配合对照组实验，这样就可以搭配出更多的实验设计方案。多组实验的组织工作相对复杂，但是得出的结论相对更为客观、准确，利于对各种实验要素进行对比分析，评判各自的功效。相对而言对实践具有更突出的指导意义。

多组实验匹配类型一览表　　　　　　　　　　　　　表 3-3

实验要素	匹配类型															
实验者	●	●	●	●	●	●	●	●	○	○	○	○	○	○	○	○
实验对象	●	●	●	●	○	○	○	○	●	●	●	●	○	○	○	○
实验环境	●	●	○	○	●	●	○	○	●	●	○	○	●	●	○	○
实验激发	●	○	●	○	●	○	●	○	●	○	●	○	●	○	●	○
说明	表中●表示要素相同，○表示要素不同，共计 16 种类型															

表格来源：作者自绘。

3）设计实验的控制模式

实验的效果如何，过程控制十分关键。通常来讲，开始实验的激发过程和进行中的干扰控制是达成实验目的的基本保证。

关于实验激发：实验的激发必须是严格的。激发时不能随意改变实验对象、环境及实验程序，否则实验就是无效的。但是有时实验的客观环境存在许多随机影响因素，尤其是现场实验时常常会遇到意料之外环境因素的影响，所以实验的激发必须有应对这种突发状况的灵活性。在不违背实验目的，不会对试验结果造成本质影响的前提下，基于实验活动本身的动态控制特点，随机应变是保证实验进行的必需。

实验过程控制：尽量保证实验过程不受干扰和影响是实验过程控制的首要任务（见小技巧3-10）。

小技巧 3-10：控制实验误差的方法

实验者本身的因素属于主观因素，只能通过提高思想道德水平和相关业务能力来予以克服。例如：功利心的克服、公平心的培养、防止急于求成，客观对待实验结果等等；而针对实验对象的情况而言：如果属于盲测实验，应该控制实验行为，让实验对象无从察觉实验进行，以保证实验效果。即使不是盲测实验，首先也应该尽量减少实验活动对实验对象可能的干扰（特别是在实验激发时），以提高实验的客观准确性。其次，针对必须让实验对象了解实验内容以便配合的实验情况，则应该实事求是地对实验做恰当、必要的说明，而且要在这一过程中对他们进行必要的教育，以提高参与实验者的实验素质，争取实验的顺利进行、保证实验结果的效力。这些控制方法的具体操作是针对性非常强的，需要就事论事，因此就不在此处赘述。

实验误差控制更多的是针对环境因素的控制。主要的方法有以下几种：

①彻底排除法：把不具有代表性的实验环境因素彻底排除在实验过程之外。为了保证实验效果，选择最具典型性的实验环境和实验时机开展试验。

②完全纳入法：如果实验过程不能保证对有些影响要素进行排除，那么为了获得相对准确的实验效果，就必须考虑这种因素可能对实验造成的影响（即使它不是此次研究的核心）。此时就应该重新审视实验方案，把它加入到实验系统中来，作为实验所要研究的一个方面予以考虑。

③保持平衡法：维持这种非实验影响因素对每一个实验对象都具有相同或者类似的影响。通过这种控制的平衡来保证非实验因素不对试验结果的对比分析产生影响。

④统计分析法：对于无法在实验中排出的因素，可以在后期对实验结果进行分析时，借鉴以前他人研究成果或者通过某些分析方法来具体计算出这些因素对实验的影响力。这样在某种程度上，可以视作对非实验要素进行了必要控制。

对实验过程中干扰因素的控制，首先讲究所谓的一致性。例如：对所有实验对象进行实验激发的一致性，包括具体方式、激发强度、激发范围；过程干预的一致性，包括对影响实验的要素排除或者控制程度的一致性；实验检测的一致性，包括检测时机、检测方法、检测工具、检测精度等。其次是一定的灵活性，实验实施者可以根据实验过程中出现的各种状况，适当调整或改变某些过程因素，例如调整实验激发后实验检测的操作程序等，以降低非实验因素对实验过程的影响。

常见的干扰因素主要来自于实验要素本身，分为以下四类：

来自实验者本身的干扰——实验者有意或者无意间出于某些特殊心理而采取了不恰当的行为，干扰了实验的客观性和准确性，例如：急于求成、急功近利，以至于对实验对象施加了不必要的影响或者提供了影响实验的帮助，造成实验结果失真。

来自实验对象的干扰——实验对象出于种种原因，产生了对实验活动的各种不适应，造成反应过激或迟钝，使得实验结果失真。

实验环境受到控制外因素影响——实验活动中有可能通过某些手段对实验环境进行某种程度的控制，以防止突发因素影响实验效果。但是为了不干扰实验进行（尤其是现场实验），这种控制力往往是很有限的。它并不足以遏制一些外来的强大因素的干扰，当实验进行时受到了这些控制之外环境要素的影响，就有可能使实验结果出现误差，甚至导致实验中断。

实验活动过程中的操作因素影响——实验的开展过程中出现各种条件（环境）和进行状况（激发状况、激发深度）的不统一或者实验检测（工具、检测方式）出现问题，使实验结果无法进行分析和对比。

4）设计实验观测模式

实验观测所获得的数据是下一步实验分析和研究的基础，检测的科学性是整个实验研究科学性的基石。为保证观测数据的质量，观测活动须遵循科学性、一致性和再现性原则。

科学性是指检测指标的选择、检测方法的设计、检测手段的采用都必须科学。

检测指标选择的科学性，除了对指标本身外延、内涵的准确定义之外，还包括对指标所处领域内在科学逻辑的正确理解。特别要防止实验者主观意识中对于某些重点指标的过度重视或偏爱，应正确看待指标现实的反映效能。必要时应该强化对指标体系的设计，通过对系列相关指标来综合检测实验效果，再通过体系化的实验指标加权分析来进一步保证实验的科学有效。指标选择还必须符合实验开展的条件和现实可行的检测方法以及手段的需要，也就是必须具有可检测性。不能盲目依赖所谓"先进"指标。

除了指标之外，检测方法的设计和手段的采用也十分关键。方法设计主要涉及具体检测操作流程模式的选择，具体指标检测所得数据与实验活动之间科学逻辑的确立（观测点的选择、观测体系的建立等），整个检测体系中可能的误差分析和具体控制策略等方面的内容。检测手段则以具体检测手段实施要点为核心，包括检测工具的选择（甚至设计和制作）、记录方式方法的确定等内容。

一致性是指实验过程中，对检测流程的具体把握都应该保持一致。对不同实验对象、不同实验组在检测程序上是前检测还是后监测、检测的具体时机、检测的方法以及手段都必须保持一致。这样所获得的实验数据才具有可比性，也可以方便地进行误差分析和非实验因素影响的筛查。

再现性是指检测结果必须是稳定、可靠和可重复的。也就是说无论何人、何时、何地对实验进行再检测，只要相应的实验要素保持一致，其实验效果就应该是基本相同的。再现性是检测实验指标选择、方法设计和手段实施是否恰当的一个重要原则。

5）进行实验评价

对实验效果的评价主要从两个方面开展。一是对实验内在效力的评价，也就是评价实验是否验证了实验假设，或者在多大程度上验证了实验假设。对其评价的核心在于区别实验效果和非实验效果。二是对实验的外在效力进行评价。也就是实验成果是否具有普遍代表意义，在多大程度上可供推广。其评价核心在于区别实验中的共性和个性因素。

进行实验评价需有平常心，要正确看待实验成果。不能因为不符合实验假设就盲目质疑实验过程和测定的科学性，也不能因为符合实验假设就轻易肯定其成果效力。对于实验而言，不论实证、证伪都有其科学价值。

3.4.3 实验调查法的优缺点

（1）实验调查法的优点

①实验调查的最大优点是它的实践性；

②实验调查是一种直接的动态调查；

③实验调查有利于揭示实验激发与实验对象变化之间的因果联系；

④实验调查有利于探索解决社会问题的途径和方法；

⑤实验调查是可重复的调查。

（2）实验调查法的缺点

实验调查的最大缺点是，实验对象和实验环境的选择难以具有充分的代表性，特别是实验组对照组中实验对象和实验环境的选择难以做到相同或相似。

实验调查的另一重要缺点是，人们很难对实验过程进行充分、有效的控制，特别是在现场实验中往往无法完全排除非实验因素对实验过程的干扰。

对于许多落后、消极的社会现象，不可能或不允许进行实验，这是实验调查的又一局限。

实验调查方法对实验者的要求较高，花费的时间较长，实验的对象不能过多等，也是这种调查方法难以克服的局限。

图 3-20　喷泉对周边环境影响实验照片

摄影：毛良河。

案例 3-15：实验调查研究案例——喷泉对于微环境的影响

　　该实验为西南交通大学建筑学院博士研究生毛良河的论文《景观水体微环境影响研究》的实验调查研究。为了研究喷泉对微环境的影响，实验者在室外搭建了一个全尺寸喷泉，在夏季炎热气候状况下，测试了其在喷泉个数、水柱高度、辐射条件、风速、环境温度、湿度、水温等条件变化时，喷泉周边被网格化划分的区域内干湿球温度、湿度的逐时变化。

参考文献：

著作：

[1] 杜泽逊．文献学概要[M]．北京：中华书局，2001．

[2] 李建等．文献信息检索学[M]．南京：南京师范大学出版社，2000．

[3] 靖继鹏，吴正荆．信息社会学[M]．北京：科学出版社，2004．

[4] （美）D.K.贝利．社会研究的方法[M]．杭州：浙江人民出版社，1986．

[5] 风笑天．社会学研究方法，第2版[M]．北京：中国人民大学出版社，2005．

[6] 郝大海．社会调查研究方法[M]．北京：中国人民大学出版社，2005．

[7] 水延凯等．社会调查教程，第四版[M]．北京：中国人民大学出版社，2009．

文章：

[1] 顿明明，赵民．论城乡文化遗产保护的权利关系及制度建设[J]．城市规划学刊，2012（6）：14-22．

[2] 陈燕萍，张艳，金鑫，胡乃彦．低生活成本住区商业服务设施配置实证分析与探讨——基于对深圳市上下沙村的调研[J]．城市规划学刊，2012（6）：66-72．

[3] 龙微琳，张京祥，陈浩．强镇扩权下的小城镇发展研究——以浙江省绍兴县为例[J]．现代城市研究，2012（4）：8-14．

思考题：

（1）什么是文献？它有哪些构成要素？

（2）文献的种类有哪些？它的发展趋势有哪些？

（3）什么是文献研究法？它的特点是什么？

（4）文献研究法在城乡规划信息收集中的意义和作用？

（5）文献研究有哪些具体方法，它们的特点和用途是什么？

（6）你如何评价文献研究法？

（7）什么是实地研究法？它的特点是什么？

（8）实地研究的类型有哪些？

（9）实地研究的具体方法有哪些？

（10）实地研究的操作要点是什么？

（11）影响实地研究准确性的一般因素是什么？

（12）实地研究的优点和局限性有哪些？

（13）什么是"调查"？

（14）调查研究主要有哪些类型？

（15）什么是普查，普查的重要意义是什么？普查的优点和局限性有哪些？

（16）什么是典型调查？它有哪些优缺点？

（17）重点调查、个案调查与典型调查有哪些相同点和不同点？

（18）抽样调查的程序有哪些？

（19）抽样调查的类型有哪些？

（20）调查研究有哪些具体操作方法？

（21）访问调查的概念和特点是什么？

（22）如何接近被访问者？

（23）集体访问的概念是什么？优缺点是什么？如何做好集体访谈过程的指导和控制？

（24）什么是问卷调查法？它的主要特点是什么？

（25）问卷的结构有哪些？问卷问题设计的原则是什么？

（26）如何提高问卷的回复率？

（27）调查报告的写作要点是什么？

（28）什么是实验调查法？它的主要特点是什么？

（29）实验调查法有哪些种类？它们各自有哪些用途？怎样认识实验调查法的优点和缺点？

■ 拓展训练：

（1）请对"新城市主义在住区规划中的应用"这一课题进行文献综述。

（2）请运用实地研究法完成"城市青少年课外活动环境调查"。

（3）请通过访谈法收集"广场舞与社区宁静的矛盾"课题的社会信息。

（4）制作一份"关于新型农村文化生活质量的调查"的调查问卷。

（5）请完成"大学生课堂家具与听课专心程度关联性"的实验研究。

第4章 信息分析的基本方法和操作要点

本章要点：

- ■ 基础资料整理的类型及其主要操作方法
- ■ 基本分析方法的类型及其操作方法
- ■ 常用深层解析方法的类型及其操作方法

城乡规划领域的各种工作都是建立在大量的资料收集及其分析的基础之上的——没有对规划地区现实状况的了解，规划编制就是无源之水、无本之木，即使有远大的目标、美好的愿望，也是空中楼阁，无法转化为现实。因为开展规划工作首先就需要收集大量的基础资料，继而在这些资料基础上进行整理和分析，以便对当地城乡发展的轨迹进行推演，所以对资料的整理个分析工作对于城乡规划专业领域而言是极其重要的工作技能，需要从业者能够灵活运用。

4.1 基础资料的整理

整理收集信息所获取资料是研究工作展开的基础。资料整理是感性认识阶段进入理性分析阶段一个必不可少的中间环节。其质量如何对于后续研究的科学性而言至关重要。资料整理的目的在于通过审查、校核、检验、汇编、分类等一系列初步工作，使资料分门别类、条理明晰、调阅简便，从而利于研究者更为明晰、全面地掌握研究对象的总体状况。

4.1.1 资料整理的意义

资料整理可以提高资料的质量和使用价值：去芜存菁、化繁为简、拾遗补缺，变无序为有序。通过整理评价信息质量，确定是否需要补充调研。

资料整理是一次对既有资料的全面检查过程。它可以最大限度地剔除虚假、错误、重复信息，化分散、零乱为集中、有序，并在这一过程中进一步查找可能的缺失和遗漏，必要时组织补充调查和再收集。同时，利于在后续检定资料时确定补充调研的重点，拟定补充调研的工作计划及具体操作方式。因此，通过整理资料质量将得到大幅度提升。

资料整理是后续研究的基础：通过整理消除第一手信息中的干扰因素，可以提高后续统计分析和思维加工的准确性和工作效率。

资料整理是保存资料的客观要求：调查所获得原始资料是后续研究的客观依据，对于城市的发展演进和同类型城市问题的研究具有重要的参考价值。有些状况只会在城市发展的一定阶段出现，一旦这一阶段过去，将不可再现。此时所获得的资料将成为该城市该时段的历史档案，随着时间推移而愈显珍贵。因此，使之条理化、提高准确性对于资料的长期保存十分必要。

4.1.2 资料整理的基本原则

(1) 筛选资料的原则

真实性——这是资料整理最根本和重要的原则。对着手整理的资料务必求真、求实，以实事求是为标准筛除一切不符合客观真实的信息。这是防止得出错误研究结论的第一道关口。

准确性——对于调研所获资料要求事实准确、数据准确。只有这样才能为发现事物的客观本质和进行定量分析奠定相应的基础。对准确性的把握有一个度，根据客观事物本身的特性和研究活动的特点，精度并不是永远越高越好。有时过度追求所谓的精准反而会给研究造成困扰，所以准确性的前提是从实际情况出发，能够说明相关问题即可。

完整性——资料的获取要具有科学研究逻辑上的全面性、整体性。既要反映事物整体与局部的全面性，也要涵盖事物发展的全过程，还要有看待事物视角的全面性和评价事物观点的全面性，更要包括研究流派的全面性等。这种全面性是真实反映客观事物本来面目的必需，只有如此才能最大限度避免以偏概全。

（2）整理活动的原则

统一性——对同一课题而言，资料内容的整理要具有围绕研究的统一性。这包括研究对象、指标体系、操作方法、数据处理等多方面、多层次的统一。只有如此，整理的资料才具有可比性，才具有统计和研究价值（见案例4-1、案例4-2）。

简明性——资料应该系统化、条理化，便于研究者建立对研究对象总体状况的完整、清晰概念，以利研究工作展开。

新颖性——着重把握整理资料的新方法，尽量站在新的视角和立场去审视资料，用新的方式去组合资料，为后续的创造性研究奠定开拓性基础。

资料整理是规划编制和研究工作开展的前提，也是必不可少的技术环节。但是，目前许多具体工作开展的过程中，资料整理的作用并没有得到应有的重视，尤其是对资料质量的审核往往还不够严谨，这状况严重影响了后续工作的整体质量。因此，对规划编制工作的质量控制必须从资料的收集和整理入手，按照相应的原则设计筛选标准和操作规程，确保资料充分、全面。

案例4-1：按照统一的标准整理数据使之具有可比性——以解读2012国民收入增长为例

2013年1月18日，国家统计局局长马建堂就2012年国民运行情况答记者问。其中，谈到全国城镇居民收入时说到"全年城镇居民人均总收入26959元。其中，城镇居民人均可支配收入24565元，比上年名义增长12.6%；扣除价格因素实际增长9.6%，增速比上年加快1.2个百分点。"[①]这里面有几点值得我们关注，一是收入值，二是"可支配"，三是"名义增长"，四是"实际增长"。其实回顾过去，最早的年度统计公报中只有简单的收入报告，也就是第一项。因为收入中包含纳税和一些其他固定支出，例如社保和养老保险，所以这个简单数据值上的增加，并不意味着收入的真正增加。因此在这个基础上才有了"可支配"收入一说。意思是"能够用于安排家庭生活需要的收入"，直白地讲，就是真正能花的钱。这样在一定程度上可以避免"被增长"。但是数量上的"可支配"收入增加也不一定反映人们生活水平的真实提高。事实上，扣除货币贬值和物价因素，收入很有可能缩水，也就是大家感觉的"钱怎么越来越不经花了？"因此才有了"名义增长"这个概念。也就是单纯对比数字所看到的增加。同时基于这一原因，才有了最终的"实际增长"。从这句话中对城镇居民收入增长概念的四个层次递进，

---

① 资料来源：中华人民共和国2012年国民经济和社会发展统计公报，2013年1月18日国家统计局发布，中华人民共和国国家统计局官方网站，"马建堂就2012年国民经济运行情况答记者问。"http：//www.stats.gov.cn/tjdt/gjtjjdt/t20130118_402867315.htm

我们可以从中了解到怎样才能使数据具有"可比性"。尤其是对于那些具有一定时间跨度、不同阶段的相关数据，在进行对比时一定要具有统一的标准。例如：为了衡量每个五年计划的国民经济发展状况，往往会以计划起始年为标准年，其后 5 年每一年的发展都会换算成相当于标准年的数据进行比较。这就是我们在有些报告中看到"把某年的相关数据折算成标准年的对应数据"提法的来源。因为如此，有些时候进行资料整理必须通过必要的计算，以保证数据基于同一标准生成，从而为下一步的研究打下基础。具体数据如下（图 4-1）：

① 2012 年[①]全年城镇居民人均总收入 26959 元。其中，城镇居民人均可支配收入 24565 元，比上年名义增长 12.6%；扣除价格因素实际增长 9.6%，增速比上年加快 1.2 个百分点。在城镇居民人均总收入中，工资性收入比上年名义增长 12.5%，经营净收入增长 15.3%，财产性收入增长 8.9%，转移性收入增长 11.6%。全年城镇居民人均可支配收入中位数 21986 元，同比名义增长 15%。按城镇居民五等份收入分组，低收入组人均可支配收入 10354 元，中等偏下收入组人均可支配收入 16761 元，中等收入组人均可支配收入 22419 元，中等偏上收入组人均可支配收入 29814 元，高收入组人均可支配收入 51456 元。

② 2011 年[②]全年农村居民人均纯收入 6977 元，比上年增长 17.9%，扣除价格因素，实际增长 11.4%；农村居民人均纯收入中位数为 6194 元，增长 19.1%。城镇居民人均可支配收入 21810 元，比上年增长 14.1%，扣除价格因素，实际增长 8.4%；城镇居民人均可支配收入中位数为 19118 元，增长 13.5%。农村居民食品消费支出占消费总支出的比重为 40.4%，城镇为 36.3%。

③ 2010 年全年农村居民人均纯收入 5919 元，剔除价格因素，比上年实际增长 10.9%；城镇居民人均可支配收入 19109 元，实际增长 7.8%。农村居民家庭食品消费支出占消费总支出的比重为 41.1%，城镇为 35.7%。按 2010 年农村贫困标准 1274 元测算，年末农村贫困人口为 2688 万人，比上年末减少 909 万人。

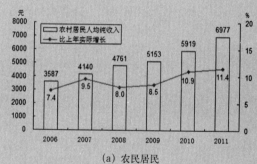

(a) 农民居民

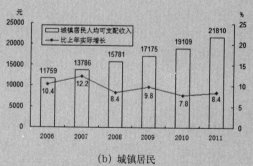

(b) 城镇居民

图 4-1　2006~2011 年全国居民人均纯收入及其实际增长速度

---

① 2013 年 1 月 18 日国家统计局发布，信息来源：中国广播网，http://www.cnr.cn/gundong/201301/t20130118_511808847.shtml

② 2012 年 2 月 22 日发布《中华人民共和国 2011 年国民经济和社会发展统计公报》，中国国家统计局官方网站：http://www.stats.gov.cn/tjgb/ndtjgb/qgndtjgb/t20120222_402786440.htm

案例4-2：按统一方法体系整理资料和数据——以解读时空距离为例

人们对距离度量，长期以来多是以空间距离为核心，也就是采用以长度为单位的度量方式。这种方式强调绝对长度，我们在书面描述的时候常用这种方式，以突显准确性。例如：在《居住区规划原理》中谈到公共服务设施配建的合理服务半径时"居住区级的公共服务设施为800~100m；居住小区级为400~500m；居住组团级为150~200 m"，就是这个绝对距离的概念。但是事实上日常生活中人对距离的感知却是以时间为单位的。这可以从我们的日常对话中一窥端倪。人们见面聊天时常问："您上班远吗？"通常回答："还可以，半个小时吧。"但这半个小时是甩火腿（走路），滚铁环（骑自行车），飞电驴（骑电瓶车），亦或是公交、地铁、自驾车不得而知，说得极端点，还有人坐直升机上班呢！这绝对距离可差得不是一点两点。之所以人们会习惯性以"时间"为单位，大概是工业革命之前大家都以走为主。你走我走他也走，纵然年轻力壮快点、老弱病残慢点，这差距也不至于差得太大（神行太保戴宗不在此列），因此人们就以时间带空间来衡量距离了。这就是"时空感"。

这个时空感在很多方面会给人造成错觉，可以实际很近感觉很远——常说的"咫尺天涯"。我们在很多影视和文学作品中常见：黑社会和土匪绑票，亦或是某侦查人员打入犯罪团伙内部，拿一黑布带或眼罩把头眼一蒙，就开始乱转悠。让你摸不着北，以为距离很远，其实也就在附近的一块地来回折腾；这种方法在设计领域也常用，更是我国伟大的"造园"手法的精髓——就半亩大个地，愣是步移景异、欲扬先抑、层层叠叠地弄出若干个层次，通过亭台楼阁、花草树木、溪涧潭渊来个曲径通幽，以此"小中见大"来体现中国士大夫阶层"胸中有丘壑"的理想抱负和自然哲思。当然，也会实际很远感觉很近——是谓"天涯比邻"。托爱迪生和莱特兄弟的福，地球也称村了。虽然，目前尚未达到孙大圣筋斗云"穿越"的一眨眼要求，然而"半小时"、"一小时"城市圈范围却也有原来的州府郡县那么大了。太平洋那头，美国居民们动不动弄个十几、二十公里的"菜市场"（Super Market）很正常。但是我们也不得不承认，如果没有电信和高速交通工具的支持，那山也还是那山、那水也还是那水，生活方便还是得在两条腿力范围所及的区域内。想想曾几何时，作者在美国人烟稠密的Fairfax地区意气风发地要走公交半小时车程，最后愣是把自己走瘫了的过往。才明白那公交车的车速平均是30km·h^{-1}以上，与咱上下班高峰期龟行的公交车完全是两码事。

综上所述，时空感简单的是与距离成正比，与速度成反比的。因此你度量出行距离时，一定要把握"时"、"空"的双重概念。但是，还需要注意一些细节：这个"时"还不仅仅是"耗时"，而且包含"时段"——地球人都知道，而今的城市都有几个必然拥堵的时段。这个"空"不仅仅是"直线的距离"，而是真正可以抵达的"路径长度"。时空感是一个既定时间、既定地点间实际通行的距离和耗时所构成的复合感知体系。这个对比不仅仅是一个统一标准问题，因为它不仅涉及众多其他因素（表4-1），而且由于衡量目的不同，这些因子所发挥的权重也是不同的（详尽内容参见后续AHP层次分析法）。因此，与"时空感"相关的研究需要首先拟定基于研究目标的方法体系，用这个统一的方法体系对所获取的资料进行整理和分析。而不能仅仅基于简单对比单纯的时间或者距离。说到这里，想起了几年前房地产大忽悠时代的一则广告：某楼盘在成都市郊开盘，特别强调其交通区位特别好，距离成都市中心仅20min车程。可是我仔细研究了一下，从空间距离上来看，该楼盘所在地距离成都市中心城区至少有20km以上的直线距离。请注意，直线距离——不是实际的道路距离，这个直线得用飞的。开车20分钟能不能到呢？能，肯定能。但是需要以下几个条件：夜半三更无人时；所有测超速的电子眼无法工作；一路绿灯；狂飙……（时速80km·h^{-1}以上）。因此如果买房，要真正了解这房交通区位的话，一定要在自己真正的出行时间，按照真正的出行路线以自己最常用的出行方式进行一下深刻体会。在这里："自己真正的出行时间"决定了"时段"，"真正的出行线路"涵盖了"路径距离"、"道路状况"、"通行管理"等一系列因素，而最后的"常用出行方式"则包括"交通方式"中的各类要素。这是基于日常生活出行设计的一个相对完整的衡量方法体系，只有基于这样的方法体系整理的售房信息在交通出行方面才具有可比性。

时空感形成的相关因素　　　　　　　　　　　　　　　　表4-1

类型		因子	备注
主要因素	时间因素	交通耗时	耗时的直接比较需要很多前提
		交通时段	不同时段的通行状况差异很大，因此即使绝对距离相等，不同时段、不同路径的通行时间没有绝对可比性
	空间因素	绝对距离	
		路径距离	包括既定地点间的不同通行路径的不同距离（方案A、B、C等）另：通行方案越多，意味着两点间的通达性越好、越便捷
相关因素	道路状况	道路等级	包括区域交通和城市内部交通的不同等级道路
		道路形式	包括是否封闭、道路断面形式等
		交叉口状况	是否立交（立交状况如何）；平交口交通组织；通行路径上的交叉口数量等
	通行管理	信号灯	各方向上的通行时间，有效通过量
		通行限制	是否单行、限制转弯、限速等
	交通方式	交通类型	步行、自行车、电动车、摩托车、私家车
		公交状况	地铁、轻轨、公共汽车、有轨电车、无轨电车、缆车、索道等
		公交网络	某种类型公共交通网络构建状况；不同类型公共交通和其他交通类型的转换网络状况

表格来源：作者自拟。

4.1.3 文字资料整理

文字资料的整理通常分为三大步骤：审查→分类
→汇编（图4-2）。

涉及研究所查找的各种历史文献、实地观察和实
验观察的记录、调查过程中的各种笔记等（例如：会议
记录、访谈笔记）。

（1）审查

1）真实性审查

首先包括对文字资料本身的真实性审查，其次是
对资料内容的可靠性审查。

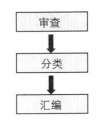

图4-2 文字资料整理流程
图片来源：作者自绘，
付鎏竹制作。

前者是为了防止拿到伪造资料。主要有外观审查和内涵审查两个方面。外观审
查主要是针对所获得历史文献而言，从作者、编者、出版、版本、印刷、纸张等方
面来判别。在文献考古领域有广泛的运用。内涵审查包括的范围更广，主要在于防
止调查员伪造调查一手资料。重点在于对各种记录的真实性判断，可以从记录的时
间、地点、内容、语言状况甚至记录笔迹等方面进行审查。

后者主要在于甄别文献所记录的内容是否反映了客观真实。因为一份真实的文
献所记录的内容，有可能由于作者或记录者有意或者仅仅是疏忽导致与事实的差异。
例如，在我国20世纪60~70年代的特殊时期，由于社会环境背景氛围的影响和上
层要求，对某些客观发生的事件记述基于所谓的"立场"问题进行了曲解，造成记
录与客观事实严重不符。而这种状况在当时并未被认为是伪造事实，仅仅是出于特
定的社会政治需要进行的"变造"。而由于无意的疏忽造成的更是难以避免，最著
名的例子就是"菠菜补铁"这样一个已经成为常识的谬误，是由于实验数据记录时
实验者不小心标错了小数点的位置。幸而，事隔几十年后，一个年轻的研究者出于
好奇——想验证菠菜是否真的那么补铁而重做了实验，才发现了这个疏忽。

文献的真实性审查通常有以下几种方法：

①对比实践经验。将记述内容与以往的实践经验加以对比来判断其可靠性。

②分析内在逻辑。细究资料记述的内容是否存在逻辑矛盾，或者是否违背事物
发展的客观规律。

③关注资料来源。基于生活和科学研究的常识和一般逻辑，来源更可靠的资料，
可信度越高。例如：被广泛引用的文献比引用率低的文献可靠；来源广且相互印证
的资料比来源单一的孤证可靠等。

2）文字资料的合格性审查

主要在于辨别资料是否符合研究设计要求，重点在于对调查操作、问卷内容、
观测计量等手段性问题进行审查。

对于不真实和不合格的资料，原则上应该通过补充调查使之合格。如果无法弥
补这种缺陷，就应该将其剔除，以免影响整个资料体系的真实性和科学性。

（2）分类

分类就是根据资料的性质、内容等方面的特征，区分差异明显的资料，将相同
或近似的资料归类的过程。分类是人类认识客观世界最常见的一种简要分析方法，

其原理就在于辨别客观事物的"异同"。在此处需要特别说明的是，资料整理过程中的"分类"与分析研究过程中的"分类"是具有本质区别的。资料整理阶段的分类强调的是内容整理，也就是将一份研究素材的内容作为一个整体对素材本身进行归类；而分析研究过程中的分类强调的是对素材内容进行思维加工，是对内容本身及其潜藏的深层规律进行分析。无论哪种"分类"，其基本的原则是相通的。在同一个研究过程中，资料整理阶段和后续分析研究过程中的"分类"在某种程度上存在互动。如果能够较好地在前期资料作整理时就已经事先基于研究的思路进行了分类设计，对于后续分析研究而言，可以大大提升效率。

小技巧 4-1：审查文献应该要问的一些问题（审查文献背景）

文献内容的审查是一个相对繁杂的过程，有些时候审阅者往往会在这个过程中有所迷失——或是为内容所吸引，或是为记述方式困扰。文献审定并不能仅仅着眼于文献的内容，审定往往还需要立足于文献之外，剖析文献形成的环境要素。下面的几个问题是在进行文献审查时通常会涉及的背景性问题，如果文献及其获取过程能够较好地对下列问题进行回应，那么通常而言也就可以借此判定文献的初步价值了。

①谁做了这些文件？他为什么做这些文件？

追问当初进行文献记录的目的和执笔记录者的状况，二者扣合，可以提供判定文献真伪和权威性的线索。

②这些文献保存了多少年？又是为什么能够保存这么久？

审查文献保存的可能性。众所周知，我国社会发展的历程之中，曾经经历过数次可以销毁相关文献、影响范围及其深远的历史事件，其中最著名的就是秦始皇的"焚书坑儒"，如果涉及与这些事件相关的历史年代，就必须追问相关文献是如何躲过浩劫，复又面世的。从而，防止"伪造"文献对研究的影响。

③文献的作者或编者是怎么获得这些信息的？

有鉴于许多记述都并非作者亲身体验的话，那么被引述和转述的次数越多，失真的可能性越大。通过严谨、可靠途径获得信息通常也比道听途说未加印证的信息更为可靠。

④文献中有没有偏见？

另外不同记述者，基于不同的情感立场对于同一事实的描述往往会有极大差异。例如，在17~19世纪记述对中国国民状况的西方文献中，对中国存在偏见的作者往往倾向于把中国人描写得愚昧无知。

⑤文献的记述者是否希望这些纪录被公开（记录时的心理）？

人是有情感的动物，受情感因素左右，记述就可能因这个影响力而有差异。尤其是涉及对社会状况的记录，即使是同一个记述者在不同的状况下，记录的内容都有可能存在比较大的差异。这种差异尤其是在文献记述者明确文献是否会被公开的前提下，显得尤为明显——在不会公开的状况下，记述会被倾注更多的个人判断和情感成分。而公开的文字，用语往往比较慎重，倾向于中性。

当然，也不排除为了获得某些效应，刻意在公开文献中进行渲染的状况。因此，对文献价值判断有时需要研究记述者在进行记录时的心理状况。

⑥文献记录的重大历史事件能与权威性记述相互印证么？

进行文献审查有时可以从一些相关信息的准确性来判断文献的记述状况。社会事件发生都有一定的历史背景，与权威文件对比文献中对历史事件记述的准确性，可以从某种程度上判断该文献记述时的整体质量状况。

⑦文献中反映的规定、风俗能够有与真实的环境形成印证么？

某些特定民风、民俗因传承而具有延续性，这些标志性的社会行为往往是与相应的社会和自然环境状况相对应的。尽管社会背景和自然状况也会随着时间流逝而发生改变，但是依然在某种程度上可以作为衡量文献价值的参考坐标。

综上所述，文献审查时可以借助上述七类问题来判定文献是否存在伪造的可能性，以及文献记录时是否存在刻意的隐瞒和曲解，是否掺杂了记述者的个人情感因素等，从而综合判断文献质量。

1）分类模式

文字资料的分类通常有两种模式：一为前分类，也就是在调查（查找资料）之前就已经按照既定原则预先进行了分类指标设定。调查过程就按照计划直接进行分类收集和开展调研工作；二为后分类，是指在调查工作结束之后，再根据资料的具体情况进行分类。

不同研究情况适用不同的分类模式。对于一些标准化、有结构性的调查，采取前分类模式，能够使调查人员在具体研究过程中更有针对性。从而提高调研工作的效率，同时也更便于后续资料的整理。当然要实施前分类，调研人员就不能对研究对象状况一无所知。因为盲目分类不仅不利于提高效率，还会给后续资料整理造成人为障碍。所以前分类模式适用于对研究对象有一定的初步了解、调查工作标准化、有结构的情况。而对于那些对研究对象了解甚少，无法预估信息获得状况以及获得的资料内容具有综合性、混杂性特点的调查，是很难进行前分类的。僵化的前分类还会造成一些调查活动的灵活性、应变性降低，不利于调查员随机应变，例如一些访谈性的调研。

所以，资料整理究竟采用哪种分类模式，要根据研究活动本身的特点来决定。当然，对于一个系统性的大型研究而言，可能两种模式会在不同的研究阶段分别应用，以提高资料整理和研究工作的效率。

2）分类的科学意义

分类不仅仅是一个简单的、程序性的工作，也不能仅仅被看作一个操作层面的简单技术问题。分类在人类的认识规律和认知体系中占有重要地位，它本身就是一种认知方法——也就是说事实上事物本身无所谓归于哪类，它本身就是既定的存在。现在我们所熟悉的"物以类聚、人以群分"纯粹是一种人为的规定。类别概念的形成，是人类对于客观现象观察之后进行思维加工的第一步。如果分类分得好，便于其他人能更好地认识客观事物，就会被大家所认同，从而这种方法工具就会成为人们进一步认识世界的基础。分类作为一种基本研究方法在自然科学和社会科学领域都有广泛的应用。

例如：生物学是众所周知的以分类为基础构建形成的学科。最初，不同地域的人对生命体进行认知的分类方法是各不相同的，在亚里士多德看来生命体可以按照运动方式进行分类（分为水里游的、天上飞的、地上跑的），而我国古代医药学家李时珍则在《本草纲目》中的药材分类系统则复合了对不同动、植物形态结构以及日常生活的经验进行分类[①]。现代生物学的通用分类体系源自西方的认知系统，建立在历代博物学家基于比较不同生物的形态特征异同所积累的基础之上。其直接根基是卡尔·林奈在其巨著《自然系统》中所构建的分类体系和命名方法。虽然，随着后续对生物进化及其遗传基因的解析，原先单纯基于形态特征的分类归属近年来发生了较大的变化，但是这一方法的基本原则并未发生改变，并一直沿用至今，同时源源不断地将新发现的物种逐渐纳入这个系统。生物学领域对分类本身的研究也逐渐深入——从林奈当初建立分类时纯粹地出于便于人们认知，发展到在进化论被认同之后强调其分类必须反映生物进化的原则，到依赖分子生物和基因分析研究的成果对原先的种类归属进行调整，继而到目前开始探讨是否需要修改整个系统标准。[②]在生物学领域，"分类"本身从资料整理的手段已经发展成为深入分析生命体系统演进机制的方法。

正如上述生物学领域分类方法发展历程一样，人类对客观世界各个领域认知的分类方法同样也是在不断变化。这种变化趋势是类似的，都是从最初基于表面形态或者外在表象的直观异、同认知转向依据客观事物的内在本质和演进规律的潜在共同性与差异性对比。这种变化同样反映了人们对客观世界认知逐渐深入的过程。

3）分类的基本原则

分类是否合理对于后续研究十分重要。要合理进行分类应把握以下四条基本原则：

①科学性——分类标准应该符合研究对象的客观发展规律、基本的科学原理、社会常识。

②客观性——分类标准须符合研究对象的实际情况。不能超越事物本身的发展阶段，也不能无视事物存在的客观环境。因此，应该有相应的地域性、时段性。例如：现阶段研究农民问题，就已经不能单纯地以户籍所在地来简单分类，而更应该按照从业状况来分类。

③不兼容——类别标准应该具有不兼容的特性，同一条资料只能属于一种类型。

---

① 李时珍的《本草纲目》中的药材事实上主要分为"植物"和"动物"两大类型。其中植物类分为：草部、谷部、菜部、果部、木部；动物类分为：虫部、鳞部、介部、禽部、兽部和人部。

② 卡尔·林奈（Carolus Linnaeus，1707－1778）在其巨著《自然系统》（拉丁文 Systema Naturae）将自然界被划分为三个界：矿物、植物和动物。他用了四个分类等级：纲、目、属和种对自然事物的归属进行描述。他对自然事物研究的突出贡献在于他创立了用拉丁语对生物进行命名的方法，将物种名称统一成两个单词的拉丁文名称，即学名。这种方法被称为"双名法"。从而将命名法与分类法分离开——人们对一个新发现的生物进行命名后，尽管可能这一生物所属种类可能会随着研究深入而进行调整，但是它的名称将进行保留，以防止出现概念混淆，更利于保持认知的一贯性。因为拉丁文已经基本成为了一种"死语言"，很少在日常生活进行运用，所以其含义几乎也不会随着社会演进发生变化，保持了相对稳定性。因此，虽然许多语言对于某种生物都有约定俗成、相对固定的专有名称，但是国际上仍然通用拉丁语命名法。

保持不同类型的相互排斥才能真正达成分类的效果。不然信息依然混杂，没有分门别类不够条理清晰，不利于后续工作展开。

④完整性——每一条信息在归类后必须保证其内在的逻辑完整性。不能为了归类断章取义。同时，一条信息都应该有所归属，不能有任何遗漏。这样分类活动本身才完整。

知识点 4-1：分类的哲学思辨

分类在人类的认识规律和认知体系中占有重要地位。类别概念的形成，是人类对于客观现象观察之后进行思维加工的第一步。分类是将人类对客观事物的认知从"一把抓"的混沌状态推进到具有条理的相对清晰、明确的状态，提高了认知效率。这种认知效率提升的主要机制在于通过对比不同事物异同之处，根据相似和不同的程度对其进行归类。对于同属一类的事物，可相互借鉴已经发现的某些规律，在它们之间进行认知转移。例如元素周期表的发现，最初也是基于对不同元素化学特性的分类。研究者结合不同元素按原子量排列的规律，大胆地对未知元素的化学特性进行了预测。这就是一种典型的按类别进行"知识"嫁接转移的研究方法。这种转移本身并没有一定逻辑严密的依据，因此知识转移是否成立还需要在后续研究中予以证实。正是基于这样的特点，分类事实上是一种从人类认知规律出发，具有普适性研究思路——往往是在无从下手的无序中探寻一条简明线索。

分类在认知层面是主观的：现在的知识体系本身就是建立在"分类"基础之上的，是一个主观过程的结果。这个结果因为广泛应用，已经成为人们继续认知的基础，某些学科领域的分类已经几乎固化成了一种"客观"常识：例如生物通常分为植物、动物、微生物。但事实上分类完全是由人类出于自身对客观事物的理解而进行的划分。无论后续以此为基础的研究在逻辑层面看起来多么"天衣无缝"，仿佛就是真正反映了客观事实的"本质"，但依然无法否认，事实上"分类"并不是对真正的客观事物进行分类，而是对人类意识中相应客观事物的"映像"进行的分类。惟有理解了这个分类的本质，我们才能明白为什么常常会出现这样的现象：同一份原始资料经过不同分类，有可能产生完全不同的研究结论。因此为保证研究的科学性，就需要正确选择分类标准和具体分类方法。对分类方法本身的研究有些时候是许多研究领域能够得以突破的关键。这种不同领域对分类本身的研究往往是结合该领域认知规律进行的。

分类具有时间进程上的阶段性：分类是主观的这一事实意味着没有一成不变的分类。随着人类认知的发展，分类的标准和方法都会发生变化。尤其是一些新兴的研究领域，在还没有相对成熟认知架构的情况下，对既有客观事实的分类会呈现多元发展的状况。基于不同标准的分类都在力图通过不断地与事实本身相互印证来完善和加强自身，继而成为该领域拓展与深入研究的基本工具。

总之，分类是一种重要的研究方法，是梳理无序信息使之有序的最简明途径，是尝试将无关的事物基于比较建立各种联系的第一步。但是它的本质是一种主观的认知方法，会随着研究者和研究环境的变化而不断变化。越贴近客观事实状况的分类对于人类知识体系构建的价值越大。

无论是出于相对简单的在信息汇总基础上进行资料整理而开展的分类，还是为了掌握事物本质特征解析其系统构成而进行的分类，都无一例外地需要遵循上述四项原则。

进行资料整理时，也有一些资料分类的常规套路，主要有时间进程、空间地域、研究领域、理论与实践、研究本体与相关等几种分类模式。这种模式往往是在研究主体尚未系统开展阶段，作为普通的前分类模式为研究提供参考。但是一个严谨的、深度的研究，不会对研究对象一无所知，因此即使是在前分类时采纳这样的常规模式，也会有自身的系统设计。例如：按照时间进程对相关信息进行分类时，最常见的方式是确定一个时间间隔，或是 5 年或是 10 年。但是这种均等时间间隔的分类有时并不能够反映事物的发展状况，在一些发展变化迅速领域，这个时间间隔必须缩小，反之则需要增长。例如在目前迅猛发展的信息产业领域进行资料收集，确定的分类间隔有时需要以月为单位来进行基础设计。但是更慎重的时间间隔设计往往会考虑贴合研究领域本身的演化发展特点。例如：研究某个地区的城镇化发展状况，需要结合具体的城镇化数据指标标准划分发展阶段。再基于这样一个阶段划分来确定相关研究资料分类的时间段。假如某个地区的城镇化起动阶段为 1900~1940 年，加速阶段为 1940~1960 年，那么相应的研究资料时间间隔在前一阶段是 40 年，而后一阶段为 20 年[①]。进行理论研究时更是如此，例如：研究城市规划理论发展，在资料分类整理时往往需要结合理论思想演化发展真正的间段来进行设计。当然具体的时间段落的起点与终点往往是一些重要历史事件发生的年份。

不同研究领域往往会有一些基于本学科领域的特殊分类模式。这些分类模式与该学科领域知识体系的构建相关。因此，无论分类是一个怎样的主观过程，现在大多数研究领域已经不再处于从无到有的"草创"阶段，而是如何在既有知识体系内部进行深化和改革。这样的分类都属于具有一定的内在"结构"。尤其是后续针对具体内容的深入分析和研究。分类首先是揭示客观事物内部结构的前提。通过分类将事物分解成各不相同的组成部分，既可以更有针对性地研究组分本身的特征和功能，了解事物的内在本质。同时，只有这种对于组成部分和局部的深入了解，才能进一步研究它们之间的内在有机联系。因此，分类是研究事物之间和事物内部组织的基础。分类不仅仅在于"分解"，由整而零，同时也立足于再"组合"，由零而整。不仅是认识"零件"，更重要的是为后续研究"零件"之间的结构关系奠定基础。正如知识点 4-1 "分类的哲学思辨"中所阐述的那样，分类是一种思维加工的技术手段。同一份原始资料经过不同的分类解读，有可能产生完全不同的研究结论。由此为保证研究的科学性，正确选择分类标准和具体分类方法尤为重要。如何进行这项工作，留待后续"基本分析方法"章节之"比较与分类"中再深入介绍。城乡规划学领域的资料整理的分类模式（见小技巧 4-2）。

（3）汇编

汇编就是根据研究目的，对分类之后的资料进一步进行系统化的整理工作。通过汇编将支离破碎的零散资料组织成一个有机整体，它能够相对简洁、全面地说明事物总体状况。

汇编工作不是简单机械地将资料归拢在一起，它特别强调具有一定的内在逻辑。这种逻辑是与研究对象的基本结构相对应。所以，汇编工作的重点在于根据已经掌握的研究对象的基本状况设计恰当的汇编逻辑，并在汇编逻辑基础上构建基础资料汇编的整理工作框架。

[①] 具体城镇化发展阶段的数据计算和划分方法可参见文章：王建军，吴志强. 城镇化发展阶段划分 [J]. 地理学报，2009，64（2）：177-188.

1）工作阶段

汇编主要包含汇总和编辑两个工作阶段。

汇总主要是将资料集中的过程。按照前期设定汇编框架，把前期调查的所有资料在分类基础上进一步梳理其内在逻辑关系，继而组织成具有系统性的有机整体。汇编逻辑设计及汇编框架的具体操作方法，见小技巧4-3。

小技巧4-2：城乡规划领域常规资料分类模式简介

城乡规划领域在信息收集阶段进行预分类，通常是为了便于后续的相关研究。因此，基于不同的研究目的，城乡规划领域的理论研究与实践研究的资料整理分类模式有所不同。

①不同研究类型的资料分类基本逻辑

理论研究资料分类的基本逻辑是归类如何便于获得新的发现——其重点在于把握城乡人居环境系统不同方面的运行状况。因此，往往是按照人居环境系统不同"领域"内涵的"块状模式"来进行分类。例如，基于城乡人居系统运行具有经济、社会、文化、生态以及空间建构等不同子系统，因此资料分类也大多结合子系统这样的板块展开。这样的"领域"大多具有相对明确的范围和严谨的内在结构，利于判断资料的质量和价值。

实践研究资料分类的基本逻辑是归类如何便于后续寻找新的实践策略——其重点在于寻找城乡人居环境物质空间子系统的建设方略。因此常常按照物质空间建构支撑系统的"条状模式"来进行分类。例如分为交通系统（再按照交通方式进行细划）、市政系统（按照不同传输门类细划）、公共服务系统（按照服务类型细划）等；又或者按照物质空间（用地）功能进行划分，分为开放空间、绿化空间、社区空间、生产空间等。这样利于编制规划时能较好地遵循建造本身的内在规律去进行相关分析，最大限度地将理论知识或者可资借鉴的经验按照建造活动开展的需要进行引用和转移。而作为规划方案生成的内涵部分则往往归结为一个大类，称为背景资料，以利于前期综合研究。

②不同研究类型的常规资料分类模式

研究领域的资料分类通常结合规划体系整体构架来进行总分：规划实施领域（分为法律、法规、行政制度等），规划编制领域（编制方法），规划理论（空间生成），规划相关拓展领域（关注经济、社会、文化、生态的运行）。然后，在此基础上结合常规的时间脉络和空间地域进行复合分类。

实践领域则按照城乡物质空间建构的系统框架来总分：居住空间、生产空间、道路交通空间、公共服务空间、商业金融空间、市政基础设施空间、绿地和开放空间。同时，将与空间生成相关的其他内容统称为背景资料。当然有些相对复杂的规划实践带有研究性质，会按照规划编制的研究要求进一步细分背景，以便于更系统深入地推演物质空间环境与内涵间的互动机制。

综上所述，目前城乡规划领域的资料分类显然秉承的还是城乡人居系统建构的"容器"与"内容"观点。理论针对"内容"本身以及"内容"对"容器"的要求；实践针对"容器"如何建造以及建造时如何响应"内容"的要求。

小技巧 4-3：汇编逻辑设计及框架制定

　　汇编不是简单的资料汇总，其目的是为了便于后续对资料的使用，或者是评价研究成果时求证的依据。通常，汇编是基于前期资料分类基础之上的，这一阶段工作重点在于"编"。也就是让无序的资料有序化。汇编逻辑就是"编"的脉络。因此，按照一定的逻辑设计编撰框架极其重要。汇编逻辑的生成与汇编目的相关，也与相应研究领域的研究思维范式相关，同时还需要满足资料收集和便于使用的相关规定。

　　以城乡规划领域实践工作为例：基于城乡规划对于规划推理严谨性的要求，许多规划编制工作都要求在提交规划方案的同时一并提交相应的规划基础资料。因此，基础资料汇编是规划编制工作中一个必不可少的环节。这个环节与前期的资料收集工作是互动的。在城乡规划领域，汇编逻辑的生成是基于规划推演思路的——汇编所涉及的资料是每一步推断的相关依据。因此，基础资料汇编的逻辑与城乡规划学科领域涵盖方面相结合，力求全面、系统、有机、整体。具体来讲，通常在纵向上分为以下几个方面：自然环境状况、社会发展状况、经济发展状况、历史文化发展状况、城乡人居环境发展状况。在横向上根据研究和实践涉及的具体规划编制工作需要分为不同的层级。就总体规划而言，往往会涉及若干个层面，需要从宏观到微观进行全面收集——往往涉及区域、地域、项目本身三个以上层次。同时汇编还必须包括在此过程中相关研究性工作，例如人口专题、社会发展专题、历史文化保护专题、生态保护专题（环境容量预测）、国民经济发展解读、对上位规划解读和既往规划的评述等，也要作为专门的附件一并纳入汇编框架。

　　理论研究时的资料汇编并未作为强行的要求，但事实上严谨的研究对自身的资料整理要求都是非常高的。一般，研究的汇编工作主要体现为对后续参考文献的汇总。其基本逻辑是按照文献类型和重要性来确定的——分为著作、论文、期刊论文、网络文献。在每类文献汇总板块之下，通常有以下三类排序逻辑：文献重要性；文献公开的时序；文献在本次研究中引用顺序。除了文献汇编之外，一个研究还应该包含相应的研究过程资料汇编，通常以各种附件的形式存在，如：实验报告、实验记录汇总、调研报告、调查问卷汇总等内容。

　　编辑则是在汇总基础上的深入加工。最简单的工作是必须为资料排序和编号；其次要对资料进行具有一定深度的初步研究，包括简明总结和说明。最后，必要时还得对资料分项进行一定的评价，并加以批注。

　　2）汇编的基本要求

　　①完整——所有的基础资料都要编进基础资料集，只有这样才能全面了解研究对象的概况。

　　②系统——汇编的分门别类要清晰，大类小类应该层次分明，只有这样才能高效地掌握研究对象的基本特征。

　　③总结——在了解和掌握研究对象基本概况的基础上，应该对资料进行初步加

工，作出简明扼要的总结，包括对总体的概括、分类资料的初步加工、按层次添加小标题和相应的简要概括和说明等。

④批注与评价——汇编过程中应对资料的来源加以详细批注，注明出处、来源以及相关重要信息，必要时应对资料的质量加以评价（可靠度等），以便于后续研究时分析和采用。

案例4-3：从《四库全书》编撰看汇编逻辑的生成与汇编阶段的工作重点

《四库全书》是我国历史上一次重要的以"国家工程"名义开展的对历史文献的全面整理、修编工作。该工作是在公元1772年（乾隆三十七年），由当时安徽学政朱筠基于明朝《永乐大典》散佚提出的。在"盛世编书"的历史规律背景影响下，由乾隆帝亲自主持，1773年开始编撰。以纪晓岚、陆锡熊、孙士毅为总纂官，陆费墀为总校官，先后有和珅、戴震、邵晋涵、姚鼐、朱筠等共计400余名高官、学者、名士参与，征募4000余名抄写员，历时10年，于1782年初步完成，至1793年最终定版。期间耗费了大量的人力物力，对所征集到的资料图书进行了全面的梳理、修订，可以称为我国传统文献集大成之作。

《四库全书》编成的书集共包括3460多种、79000多卷、36000多册，其编撰结构秉承我国传统的图书分类模式：分为经、史、子、集四部。其中"经"为历史积累的经典著作，重点是阐明社会运行义理的内容，主要是儒家经典，包括"易、书、诗、礼、春秋、孝经、五经总义、四书、乐、小学"等10类；"史"是对我国社会发展历程及其相关记录的集成，分为"正史、编年、纪事本末、别史、杂史、诏令奏议、传记、史钞、载记、时令、地理、职官、政书、目录、史评"等15类；"子"是对各个学术流派学术著作的汇集，包括"儒家、兵家、法家、农家、医家、天文算法、术数、艺术、谱录、杂家、类书、小说家、释家、道家"等14类；"集"则是各类文学艺术作品，涉及"楚辞、别集、总集、诗文评、词曲"等5类。总计44类。

《四库全书》的编撰经历了"征集"、"整理"、"抄底"、"校订"四个步骤，共从民间征集图书12237种，对这些图书进行了遴选、归类。对同一著作的不同版本进行比较，选出质量较好的作为底本，在此基础上结合其他版本进行反复校订，最后编修出定稿版。还对整个抄写过程的错误控制设计了一套严密的制度，并配套了相应的奖惩措施，整个编撰过程不能说不严谨。但是这个《四库全书》却被认为是一部"四不全"之著，甚至有观点认为这个编撰过程就是一个刻意篡改、歪曲的"毁史"过程。不仅整个书集中存在大量故意的删减、篡改、错讹，而且在审阅之后除去因质量问题不予录入的书籍之外，编制过程中明令焚毁的书籍就达有3000多种，估计禁毁6766部，93556卷，超过了录入书籍的总量。大多数被毁去的书籍多是不符合统治者意识形态和被认为不利于清王朝统治的，加之在这个查抄禁书过程中民间因受恐怖气氛影响自行焚毁的书籍更是不计其数。由此亦有人认为《四库全书》的编撰是一场文化浩劫——以编书之名，行思想禁锢之实。当然对于这样一个巨大的文献汇编工程的功过，不同的学者站在不同的视角有着截然不同的评价，但是本节讲述的重点在于分析该文集汇编方法，在此就不再深入讨论。

回顾《四库全书》的修编过程，我们可以发现这次书籍编撰的目的就是为了让人们更好地查阅资料——相比于《永乐大典》虽然对录入图书不做任何删改，但仅仅是藏于宫室，供帝王和有限的人群调阅而已。《四库全书》共抄写7部，尤其强调"颁之文风较盛之处，使天下士子阅读"。这样的文化传播价值远远大于"内参"。为此，全书还专门编撰了目录书和精选、节编、荟萃版本。其中，《四库全书总目》共有二百卷，该目录前有"凡例"，"经史子集四部之首冠以总序，大类之前又有小序，每书之下都有著者介绍、内容提要、版本源流等考证文字"。这些文字的作者都是当时的重要文士和学者所著述，是他们对于全书文献研究基础上的知识浓缩——这些编撰过程中的"研究成果"也具有十分重要的学术价值。后世对《四库全书》评价中有人论及它"不全"，即过于注重对儒家经典的收录，不仅"经"部的主要内容多为儒典代表作品，而且在"子"部开篇的"儒家"之下还收录了大量的一般著作。事实上，该书的汇编逻辑就是在于求全，内容本身以当时的标准来看是极其丰富和全面的——全书共分"经、史、子、集"四部分，部下有类，类下有属，共4部44类66属。其分类标准和汇编逻辑体现了中国古典文献传承的科学体系，基本涵盖了当时意识形态标准下认为重要的所有文献著作。至于为什么忽略了科技著作的录入，那是由于长期我国传统意识形态中均将之归为"奇技淫巧"，不入主流。尤其是针对当时开始传入中国的西方科技，更是在康熙帝"节取其技能，禁传其学术"指导思想下，一概未能入选。因此，除了在某些领域如"农家"、"医家"、"杂家"和"天文算法"中涉及了少量科技知识之外，其他内容都是以社会和人文领域内容为主导的。

《四库全书》汇编过程解析使我们进一步明确"汇编"重点不在于"汇"，而在"编"。"编"的工作重心其一在于设计汇编逻辑；其二在于确定遴选标准；其三在于评价资料的价值。汇编逻辑是编撰的主线索，它与前期分类工作互动，让后续阅读者能够对汇集资料整体状况有所认知。当然我们也发现汇编的评价标准十分重要，汇编的价值与编者制定汇编标准的出发点和遴选尺度息息相关。最后，对资料内容解读记录亦十分重要，将这种简明评价记述下来并加以汇总，以资后来者参考，将大大提升查阅效率。

4.1.4　数字资料的整理

数字资料的整理，通常分为4个步骤：检验→分组→汇总→制作统计表或图（图4-3）。

数字资料的整理主要针对调研所获得的一些原始数据和相关报表等。

（1）数字检验

数字资料的检验核心在于对数字正确性的审定。

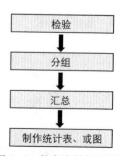

图4-3　数字资料整理流程
图片来源：作者自绘。

数字正确与否，通常可以从以下几个方面来加以验证：

1）经验判断——根据积累的常识或者经验判断数据是否真实、正确

重点是将获取的数据对照当时背景下的生活经验或者常识，通过判断数值是否合理来评价数据的真实性。例如：调研农村居民的收入情况时，发现有些农户填报的收入水平大大低于既往当地的平均收入水平，但根据观察，他们明明生活状况优越，而且拥有和享受一些耗资不菲的设施，例如：代步的汽车和高档的移动电话。那么这些数据就应该是不真实的。如果发现这种状况，一方面要通过一些必要渠道对数据进行进一步核实，同时还要深入分析可能的数据失真原因。例如：是受"财不露富"传统影响，刻意隐瞒收入？还是对调研文件中的相关问题理解不同？还是受调查者把收入仅仅理解为现金收入？等。又例如，在调查居民用水量状况时，将获得的数据与自来水公司同时期、环境背景近似的居民用水量平均水平加以对照，来判断居民填写数据的准确性。同时，也可以通过与记录平均水平的差异状况来进一步分析造成数据偏离的原因。

2）逻辑验证——根据数据的逻辑关系来检查数据是否正确

现实生活有一些数据之间是存在一定的逻辑关系的，例如：社会经济领域的收入与支出、投入与产出、产值与利润等，规划领域的土地分项指标和总指标、存量土地资源和建设用地增长等。通过核算这些指标之间的逻辑状况，可以发现其中的一些异常，从而开展对相关数据的核实。例如：现阶段为加强对城乡生态环境的保护，严格控制将其他用途土地转化为建设用地，对于建设用地指标的变动状况管理非常严格。在审核城乡规划编制状况时，土地管理部门的重点就在于根据其年度的城镇建设用地指标状况与发展规划中城镇拓展区所占据用地指标数据加以对照，来核算城镇用地增加是否适宜——如果超过了既有标准，城镇扩张就过于迅速。同时，土地部门也可以通过遥感获取每年度城镇用地增长真实数值，把此数据与相应的计划和规划加以对照，以发现是否存在建设异常。

3）计算审核——通过数学计算来验证数据资料的准确性

利用加减分组数据之和是否与总数符合，或者利用有些数据之间固有的换算关系来通过计算验证数据的真实性。例如，在审批具体建设项目建设方案时，利用建筑密度、容积率、总用地面积、总建筑面积来核实上报资料的准确性。

对于那些基于数据分析的研究而言，数据审查是一个必不可少的、需要耐心来完成的细致工作。这个工作的质量决定了整个研究的精确性和可信度。同时，数据审核也是一个非常有趣的发现过程，特别是针对异常数据的分析——在判定数据失真原因过程中，往往会有意想不到的特殊发现，有时甚至会成为整个研究的关键。例如：编制城镇总体规划有一个重要的环节就是进行用地平衡——核算各类城镇建设用地之间的比例关系是否合理。是否合理的判定标准往往源于"住房和城乡建设部"所颁布的，或者由地方政府委托技术部门制定的适宜当地特点的城镇规划编制技术规范或者规定。这些技术规范和规定中的用地比例关系还常常与现状用地统计表所反映的各类用地所占比例加以对比，以此为依据来判定现状用地结构的不合理之处，便于在后续规划中予以调整。但是统计数据表明，我国原先执行的标准中的有些比例关系与事实存在较大差异——例如道路交通用地比例的规定偏低，尤其是对比国外的城市实例，偏低幅度更大。鉴于这种真实数据与技术规定直接的偏差，

有学者以此为契机进行了研究，探讨了不同的交通组织方式、道路构架关系、路网密度等技术指标以及城镇规模（人口规模、经济规模）、城镇区域功能甚至城镇空间格局等因素与道路用地指标直接的关系，为更科学地进行规划提供了依据。

（2）数字分组

按照一定的标准和研究的具体需要，把数字资料划分为不同的组成部分。分组是为了更为便捷地掌握相关事物的数字特征，更容易理解研究对象组成部分之间的数量关系。

分组步骤：选择分组标准→确定分组界限→编制变量序列。

1）选择分组标准

需要特别注意的是：分组标准不一定与数据本身相关。但是，一定与研究对象的某些特征相关。因此，选择分组标准最重要的在于确定分组依据。通常来讲，分组应根据研究目的和研究对象的具体状况来选择。常规情况下，有以下四种分组方式：

①质量——按照事物的基本性质或类别分组。这样可以将不同的事物分开，有利于将不同事物进行对比，研究它们之间的数量关系，例如：人口分类中的"性别"、"民族"、"婚否"，家庭组织中的"家庭结构"，建筑质量评价中的"结构类型"等。以前文所述人口研究中，分析不同性别的收入和学历等方面的数据差异状况，继而以此为基础讨论社会性别平等状况。这种分组方式的目的是着重在下一步对这些不同事物所蕴含的同类特征的差异进行分析。

②数量——按照事物的数量特征进行分组。有利于从数量级关系上认识客观事物，可以把客观事物的性质特征与其数量特征进行对照性分析和研究。例如：通常按"城市人口规模"可以将其分为小城市（小于20万）、中型城市（20~50万）、大城市（50~100万）、特大城市（100~300万）、超大城市（300~1000万）、巨型城市（大于1000万），不同人口规模的城市在城市运行的各方面都具有不同的特征，这样的数量计划，既有利于掌握不同规模城市的特点，也有利于不同规模城市之间的对比。这种分组方式的目的在于重点发现同类事物在数量等级发生变化时某种特征变化的规律。

③空间——按照事物所处的地理位置、空间范围进行分组。这样既有利于掌握事物的空间分布规律，又有利于了解不同地域同类事物的特征差别。例如，按照城市的地域分布状况，分为"东南部城市"、"东北部城市"、"中部城市"、"西北部城市"、"西南部城市"。

④时间——按照事物发展时序分组。有利于认识事物在不同时期的变化特征，对于掌握事物发展的历史进程，分析事物的运动、变化趋势特别有利。例如对于某地经济状况，可以按每5年分组。按照事物发展时序进行分类，重点是为下一步发现事物的变化规律。但是，不仅不同的事物发展进程是不一样的，即使是同一事物影响其发展的不同因素发挥作用的时间阶段也往往是不同的。因此时间段的确定，必须充分考虑各种背景因素。目前，研究我国社会经济发展状况之所以大多选择五年作为单元，是因为我国的国民社会经济发展是以五年为单位结合一届政府的任期进行编制的。当然也有一些研究需要以一些特殊的时间节点来进行划分，例如2008年的"5·12"汶川大地震是我国城镇防灾领

域研究的一个重要节点。

　　以上是分组最为常见的四类标准。在具体工作过程中，事实上经常会用其中的两个，甚至两个以上标准组成复合型标准。同时，在进行分组时特别需要考虑所选分组方式和标准是否科学、合理，究竟是否有利于下一步的研究得到更为客观的研究成果。同样，以空间分组为例，有些时候并不是完全按照绝对的空间位置进行分组就一定合理。例如，在进行我国经济发展状况研究时，常常粗略地分为"东部经济发达地区"和"西部经济欠发达地区"，事实上即使是经济发展最为充分的地方，也还存在许多经济尚未充分发展的"死角"。

　　2）确定分组界限

　　重点在于划分组与组之间的间隔，包括划定组数、组距、组限和组中值等具体工作内容。

　　①组数——确定组的数量

　　组数确定应该从实际情况出发，当数量标准值项目[1]不多时可以按照每个值一组来分组。但是如果数量标准变化范围过大，则应该考虑合理归并，以减少分析单元。对标准值项目数较多的数字资料分组，除非增加组数确有必要，通常都应以5~7组为宜。而且除非事实规律造就，组数应避免双数组。例如：以年龄作为分组标准时，数量标准值就是1岁。如果在调查儿童健康情况时，应1岁一组，共分9组。但同样以年龄为标准，研究全民健康情况时，就应该按照发育情况先分类，分为儿童、少年、青年、中年、老年5组。再在此基础上，针对不同阶段的特点分组。例如：中年段可以每5个年龄归为一组。同样进行与经济相关的分析时，默认的数量标准值单位为1元。但是根据现实状况，在研究城乡居民收入时，通常的数量标准值单位被确定为100元；而进行企业经济效益分析时，通常的数量标准值单位为1万元；研究区域经济发展时，根据地区经济发展状况可选择百万、千万或者亿元作为数量标准值单位。

　　②组距——确定各组中最大值与最小值之间的距离

　　最简便易行的组距划分为等距模式。然而，现实状况往往千差万别，等距模式常常不能反映客观事实，因此更多时候组距的确定也应该从实际情况出发，不能只图一时省事就机械地划分。例如，对城市居民收入的调查，在东部发达地区和西部落后地区这个组距就会有很大区别。

　　确定组距后，需要编制组距序列。组距序列有两种类型：等距序列和非等距序列。各组组距相等为等距数列，可以用全部变量的最大值减去最小值，再除以组数。这是最简便易行的模式，也是最容易产生研究误差的方式，因此通常只有在对研究对象数量级关系缺乏了解时，或者经过判断数量级关系变化可能对研究结果影响不大时，才会采取。而各组组距不等的是非等距序列，它更多是根据实际需要或者事物的一些固有特征来确定。当然，不等距序列需要建立在对客观事实了解的基础之上，不能随意确定。因此，往往需要以前期研究作为确定组序的依据。例如：按照农村的实际情况，目前通常将根据农民收入将农户分为"贫困户"（人均收入每年

---

[1] 所谓数量标准值就是指进行数据研究时的一个分组单位。也就是说，当分组不多时，每一个分组单位都可以作为一个单独的组。

小于 1000 元）、"温饱户"（人均收入每年 1000~2000 元）、"小康户"（人均收入每年 2000~4000 元）、"宽裕户"（人均收入每年 4000~8000 元）、"富裕户"（人均收入每年大于 8000 元）。[1]

③组限——数组两端的极值，也就是最大值和最小值

通常起点数值为下限、终点数值为上限。组限由两种表现形式，开口组限和封闭组限。开口组限是指数列中的最大值和最小值不能确定的情况，而封闭组限则数列中最小组的下限和最大组的上限都是确定的。组限设计时，调查所获资料的实际极值必须在组限涵盖范围之内。按照事实判断，一次调研能够获得的资料是既定的，因此设计成封闭组限在一次研究过程中并无操作层面的不妥。但是许多时候，研究采用开放组限是为了更为严谨地反映客观事实。正如上述收入分组，事实上大多数时候都会采用开放组限，那是由于仅仅通过调查并不能掌握现实中的最低值和最高值（表 4-2）。

以农村家庭收入为例的封闭和开口组限对比 表 4-2

项目	开口组限	封闭组限
	人均年纯收入（元）	人均年纯收入（元）
贫困户	1000 以下	300~1000
温饱户	1000~2000	1000~2000
小康户	2000~4000	2000~4000
宽裕户	4000~8000	4000~8000
富裕户	8000 以上	8000~20000

备注：此表格中的数据仅作为列举，不具有真实数据意义。
表格来源：作者自拟。

④组中值——就是各组中的代表值

由各组组距的上限和下限所决定。

封闭组距的组中值计算公式为：组中值 =（上限 + 下限）/2

开口组距的组中值计算公式为：

缺下限组中值 = 开口组上限 - 相邻组的组距 /2

缺上限组中值 = 开口组下限 + 相邻组的组距 /2

还以前面的农村地区家庭收入为案例。在封闭组限的状况下，各组的组中值分别为：贫困户 650 元、温饱户 1500 元、小康户 3000 元、宽裕户 6000 元、富裕户 14000 元；而在开口组限的组中值则为：贫困户 500 元、温饱户 1500 元、小康户 3000 元、宽裕户 6000 元、富裕户 10000 元。

3）编制变量数列

通过调研所获得的每一个具体的数据，统计上把它称为"变量"。编制变量数列，指的是在确定（设计）了数组的一系列标准之后，把调研中所获得相应具体数值通过分组编入数组表的过程。变量数列表举例见表 4-3。

---

[1] 此处括号中的数值是为了举例而虚拟的，不具有事实参考价值。在实际研究中该数值需要根据国家相关规定和相应的社会经济发展状况进行设定，而且随着经济发展或是衰退，这个数值是会随之产生变化的。

1978~2000 年国内生产总值及其构成　　　　　　　　　　表 4-3

年份		1978	1980	1985	1990	1995	2000
国内生产总值（亿元）		3624	4518	8964	18548	58478	89404
其中	第一产业	1018	1359	2542	5017	11993	14212
	第二产业	1754	2192	3866	7717	28538	45488
	第三产业	861	976	2556	5814	17947	29704
人均国内生产总值（元／人）		379	460	853	1634	4858	7078

表格来源：中华人民共和国统计局官方网站。

（3）数字汇总

数字汇总就是根据研究目的把分组录入好的变量数列表格汇集到一起，并进行可能的计算和处理。这样操作的目的在于能够更为系统、集中地反映研究对象的数量特征。汇总可以手工操作，也可以利用越来越先进的计算机作为辅助工具。

手工操作通常分为：画记法就是先在不同的分组表中对需要的具体信息做记号，然后再汇总的方法；折叠法是将分组表的相应栏目进行折叠、排列对齐后进行汇总的方法；分表法是先行将分组表分类，再进行汇总的方法；过录法是将分组表的资料转移到预先设计的过录表或者汇总表上，再进行汇总的方法；卡片法则是用特制的卡片摘录信息再进行汇总的方法。在计算机作为信息存储主要工具的今天，手工操作已经越来越少了。这是因为手工操作的前三种方法简便易行，但容易出错。后两种方法虽然准确率较高，但费时费力。因此，目前越来越多的数字汇总工作是运用相关软件，通过计算机辅助完成的。

（4）制作统计表、统计图

为了更加直观地表达数字资料的具体内容，通常会在汇总的基础上制作可读性、可识别性更强的统计图表。尤其是在写作相关调查报告时，为了说明特定的问题，有时还需要撷取表中的特定数字，专门制作相应表或图。

1）统计表

广义的统计表，包括调研过程中所有涉及的表格——调查表、汇总表、整理表、过录表、分析表、公布表等。此处的统计表则专指经过整理之后的专门记载结果或者用于公布信息，在整个调研表格体系中处在结论位置的表格。

在表述数字时最常见的方式就是制作相关表格。统计表具有系统、完整、简明、集中的特点，尤其便于查找、计算和对比（见小技巧 4-4）。

制作表格通常包含下列要素：

①标题——统计表的名称，用简要说明表格内容。

②标目——分为纵横两项。横标目位于表格左侧，说明总体各组名称及其单位；纵标目位于表格上方，用来说明总体各组的具体指标。

③数字——这是表格的主体，说明其间各个单位的具体数值。

④表注——对统计表的一些必要说明，例如：数据来源（图 4-5）。

2）统计图

统计图通常是在前期统计资料整理的基础上，为了更加生动、直观、形象、明确地对研究对象的数字特征加以说明，而专门制作的图像表现形式。事实上，制作

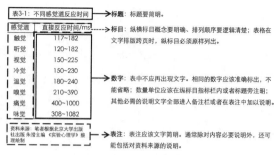

项　　目	1978	1980	1985	1990	1995	2000
国内生产总值（亿元）	3624	4518	8964	18548	58478	89404
其中 第一产业	1018	1359	2542	5017	11993	14212
第二产业	1754	2192	3866	7717	28538	45488
第三产业	861	976	2556	5814	17947	29704
人均国内生产总值（元/人）	379	460	853	1634	4858	7078

宾词：各项性质　　　主词：年份

按主词结构一般分为：

- 简单表——主词未作分组，只是简单地罗列了各个组成部分的内容。这种表格利于**掌握事物的基本状况**。
- 分组表——主词按照一个标准分组。重点突出，便于解析按统一标准分杰出的不同类型现象之间的关系，利于**掌握研究对象的内部结构**。
- 复合表——主词按照两个以上标准分组。通常，这些标准之间有一定的呼应关系。它可以从多个角度反映研究对象多侧面的数量信息，**尤其便于进行对比、对照研究**。但是编制起来有一定难度，容易产生混淆。

表3-1：不同感觉道反应时间	
感觉道	直接反应时间/ms
触觉	117~182
听觉	120~182
视觉	150~225
冷觉	150~230
温觉	180~240
嗅觉	210~390
痛觉	400~1000
味觉	308~1082

资料来源：笔者根据北京大学出版社出版朱滢主编《实验心理学》整理绘制

标题：标题要简明。

标目：纵横标目概念要明确、排列顺序要逻辑清楚；表格在文字排版跨页时，纵标目必须原样列出。

数字：表中不应再出现文字。相同的数字应该准确标出，不能省略；数量单位应该在纵标目指标栏内或者标题旁注明；其他必需的说明文字全部进入备注栏或者在表注中加以说明。

表注：表注应该文字简明。通常除对内容必要说明外，还可能包括对资料来源的说明。

图 4-5　统计表构成要素示意
图片来源：作者自绘，凌晨制作。

图 4-4　统计表内容构成示意
图片来源：作者自绘，凌晨制作。

小技巧 4-4：怎样设计表格

（1）表格的常规范式

表格内容是表格设计的重点，设计的目的是为了让表格更简明、结构更清晰，使读者更容易理解。总的来看，表格内容可以分为主词和宾词两部分。主词是表格要说明的内容分项（总体各组、各单位名称），宾词则是为了说明主词的各项指标。前者多位于表格左侧，与横标目对应。后者通常位于表格上方，与纵标目对应（图 4-4）。

①按主词结构一般分为：

简单表——主词未作分组，只是简单地罗列了各个组成部分的内容。这种表格利于掌握事物的基本状况。

分组表——主词按照一个标准分组。重点突出，便于解析按统一标准分解出的不同类型现象之间的关系，利于掌握研究对象的内部结构。

复合表——主词按照两个以上标准分组。通常，这些标准之间有一定的呼应关系。它可以从多个角度反映研究对象多侧面的数量信息，尤其便于进行对比、对照研究。但是编制起来有一定难度，容易产生混淆。

②针对宾词有简单设计和复合设计两种类型：

简单设计——宾词的各个指标仅作罗列式平行安排。

复合设计——根据宾词本身的特点，宾词的指标有一定层级结构。

（2）表格语言的注意事项

标题要简明。

纵横标目概念要明确，排列顺序要逻辑清楚。

表中不应再出现文字。相同数字应该准确标出，不能省略；数量单位应该在纵标目指标栏内，或者标题旁注明；其他必需的说明文字全部进入备注栏或者在表注中加以说明。

表注应该文字简明。通常除对内容进行必要说明外，还可能包括对资料来源的说明。

表格在文字排版跨页时，纵标目必须原样列出。

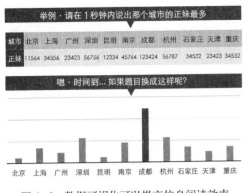

图 4-6　数据可视化可以提高信息阅读效率
图片来源：作者根据微信"遇上图表妹"改绘，徐萌制作。

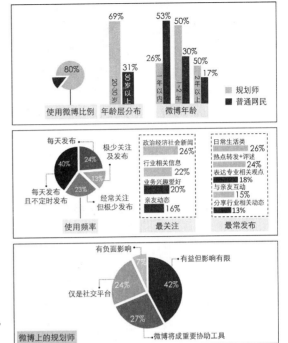

图 4-7　统计图构成要素示意
图片来源：作者根据微信"微博上的规划师"
改绘，徐丽文制作。

统计图是基于人类对于图像信息的敏感性，将数据和表格转化为具有恰当表现形式、更为直观的图形，从而大大地提高人们阅读和提取信息的效率。对这个过程的学术性说法是"数据可视化"（图 4-6）。

统计图不论是作为最后的成果表达还是研究过程中的数据记录工具，都必须在形式上保证其内容和描述逻辑的严谨。就统计图的形式而言，必须包括以下各个组成部分（图 4-7）：

①图名——也称为"图题"，用精炼的语言概括图标内容，使人能够一目了然地知晓图纸表达的重点。

②图形——统计图的主要内容，用图形表达具体的数据。

③图标——图上各种与图纸内容相关的辅助指示，帮助深入解读图形的内容，

小技巧 4-5：怎样绘制统计图

每种图形模式对数字资料表现力的重点不同，这需要在实践过程中不断总结经验。但是不论怎样设计，都不能脱离说明问题的主线。

①要根据需要表达内容特点选取具体的图形模式。

②图中内容应简明清晰，以图为主。

③图形要利于表达数据，必要时必须标明重要数据。

④图名、图标、图例、说明等辅助部分必须齐全，以免影响图的科学性、可靠性。

⑤绘图要生动、直观、鲜明，符合读者的审美观念。因此，对于不同的读者同一内容可能有不同的具体表达。

例如：风玫瑰、图示比例尺等。

④图例——对图纸具体表达内容的图形约定说明。图例须是经过设计的，有些行业还通过"规范"形式对其进行了同一范式规定，以利于同行之间的图纸阅读和信息交流，从而，在此基础上形成了专属于这一行业的图示语言。例如地形图绘制具有专门规范和地图语言，掌握了这些内容，通过读图可以获得许多地理信息和知识。在城乡规划领域也有相应的制图规范和图示语言，只是与地图绘制相比没有那么绝对严格，主要是对一些必须明确的关键信息的表达进行了色彩和图形的大致约定（见知识点4-2）。

知识点4-2：城乡规划图例设计的基本规定

按照2003年原建设部颁布的行业标准《城市规划制图标准》（CJJ/T 97-2003）中有关图例的规定："城市规划图均应标绘图例，图例由图形（色块和线条）和文字组成。"在这一规定中说明：除了图例文字是作为图例所表示内容的注解之外，单色规划图的图例用线条、图形构成。彩色规划图的图例由色块、图形构成。在该制图标准中给出了城市规划常用的术语的标准图示语言的图例，并指出绘制规划图应采用标准图例，以利于对不同从业者对表达内容的理解不产生歧义。没有进行标准图示语言界定的，可以在规划图绘制过程中自行设计图例，但是同一套图纸中应进行统一。对于规划分析图的绘制，这一绘图标准未作详细规定。

纵观这一版制图标准中的相关标准图例的生成借鉴了许多地图绘制的图示语言，尤其是与城乡规划中基于地形图、与地图绘制相通的部分内容，如地形、地质、地物状况基本都是在地图语言的基础上，结合城乡规划的特点生成的。另外，对于城乡规划专业术语的图例表达，是这一版绘图标准规定的重点。例如基于当时的用地标准，该规定对各类用地的彩图用色和单色图的线条构成都有详细规定。同时对各种相关的城镇级别、交通设施、基础设施的线型和符号也都进行了规定（详细参见该标准第3部分：图例与符号）。

自2003年至今，该规定尚未有更新版本颁布，但是这一版本奠定了相关衍生图示语言的生成。例如：中国城市规划设计研究院和同济大学城市规划设计研究院都分别以此为基础制定了自己的院标，这些内部标准因为这些重要设计院的行业影响力而得到了广泛的应用。尤其是新的土地利用标准颁布之后，一些原来没有的用地类型也根据该标准的相关规定的逻辑推理基础上得到了衍生。

事实上，虽然许多时候规划图纸都不能完全按照标准图例来绘制，但是相应图例的生成大多是以标准图例为基础的。这是一个行业约定俗成的规定，其目的是为了便于行业内部的技术交流——不仅法定规划图纸的绘制如此，规划分析图的用色和线型往往也自发地遵循相关规定。是以，在自行设计规划图例时需要遵循的首要规定就是图例用色和线型需沿袭制图标准的色彩与图形基础，并符合规划行业技术范畴的推理逻辑。其次，鉴于城乡人居环境系统的层级性特点，许多规划都涉及层级性的图例设计。在这种图例设计时，应采用同一种类型的图形，以呼应相应性质的统一。而在图表大小或者线型宽窄上设计成递进或递减关系，以呼应其层级关系。

⑤注记——图面上往往还有一些数字、文字和符号相结合，来说明一些无法完全用图形表达的更深层面的内容，例如地图绘制中的用以说明城镇名、河流湖泊名、山高、水深等信息的文字和数字。

⑥图注——对图纸绘制的一些必要说明和注解，例如绘制某图的数据来源。

统计图可以分为几何图、象形图、统计地图和复合图几种类型。每一类图形又可以分为不同的具体表达方式，它们在表达具体信息时都各具特点。制作图表首先就是要根据自己需要言简意赅表达的重点选择合适的图形，否则有可能"图不达意"而事倍功半（图4-8）。

①几何图——就是用几何图形（点线面体）来表达统计内容的图，通常分为平面图和立体图两大类。几何图的各种细分类型非常多，经常接触的有：条形图（柱状图）、饼状图、曲线图、雷达图等。

②条形图——擅长进行数量比较。条形图是用长条形表达相应的统计数据，并展示于一定的轴线一侧或者两侧而获得的图形（图4-9）。条形图适于进行同一时期不同对象同一性质数据的比较，或者是同一对象不同时期同一性质数据的比较。条形图运用于这一种情况时，还可以在一定程度上反映某种变化发展趋势。例如图4-10a 只是2010年单纯的各大洲人口条形图，图4-10b 则展示了1960~2050 年世界城镇化率的变化状况。条形图还可以通过组合设计表达更为复杂的信息，例如规划领域常用的人口年龄性别比构成图。它通过将某地、某一年的统计人口中不同年龄段、不同性别的人口数转化成条形，罗列在同一年龄轴两侧。除了最基本的不同性别人口年龄分布的常规信息之外，还可以表达一下主要信息：不同年龄段男女性别的均衡状况；当地人口变化发展趋势。由此，可以解读出未来该地的劳动力资源状况等更为深层的信息（图4-11）。条形图有时又称为柱状图，虽然有使用者强调两者之间存在区别，但就本书作者的运用经验而言，两者之间并无本质差异。如果

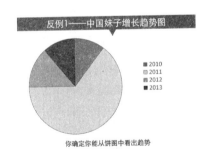

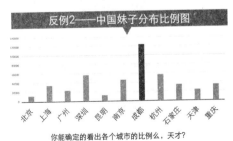

图 4-8 选择恰当的统计图表达形式
图片来源：作者根据微信"遇上图表妹"改绘，徐萌制作。

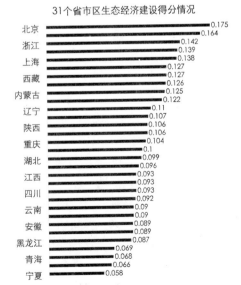

图 4-9 条形图构成要素示意
图片来源：作者根据网络资料改绘，徐丽文制作。

233

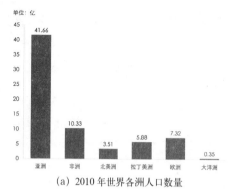

单位：亿

（a）2010年世界各洲人口数量

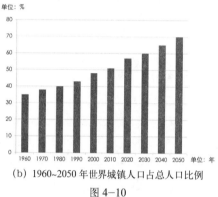

单位：%

单位：年

（b）1960~2050年世界城镇人口占总人口比例

图4-10

图片来源：作者根据网络资料改绘，徐丽文制作。

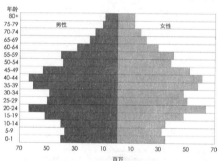

图4-11　2010年中国人口构成

图片来源：作者根据网络资料改绘，徐丽文制作。

一定要强调区别——通常人们会将轴线水平设置、长方条垂直摆布的图形成为"柱状图"，而将轴线垂直设置、长方条水平排布的图形称为"条形图"。在图形美化时，通常也只会对"柱状图"进行立体化处理。

③饼状图（环状图）：擅长表达组成关系。饼状图是将统计数据集成在一个环形或者圆形的图形内进行表达而获得的图形（图4-12）。饼状图的直观形象看起来就像一个切开的大饼或者比萨饼，因此适合于表现比较某一事物的各个组成部分之间的数量关系。用术语来说就是适于表达不同数值占总数值的比重，也就是展示不同数值相互之间的比例关系。饼状图只能表达一个数列，也就是展示某一个属性，当然对这个属性通常没有什么既定的限制。制作饼状图的前提是所涉及的数值没有负值，也最好不能有"0"值，这样才能使每一个数值都恰当地切成一块块或大或小的"饼"。当然，饼状图也可以用于进行不同事物同一特性的数量比较，只是那样合成的总体通常不具有什么意义。对于后者而言，这种表达方式不够严谨，仅仅是展示数量多少而已（图4-13）。

④曲线图（折线图）：擅长表达可能的发展趋势。曲线图是将统计数据定点在一定坐标体系内，用线条按照一定的规律把这些点连接起来，进而获得的图形。这种图形还可以通过数学推演，拟合出某些计算公式，通过这些公式可以进一步推算出"未来"某些变量的数值。因此，就这种善于表达两个变量之间关系的曲线图而言，最常用的情况是水平轴为时间轴，垂直轴是对应的数值变化轴。也就是通常用来表现从过去某个阶段到现在的数值变化状况，继而预测未来某一数据可能的变化发展，也就是预测某种趋势。曲线图的运用往往强调比较，因此常常用于进行不同对象同种状况的比较。在图面上表现为在一个坐标系内生成多条曲线的情况——既反映每个对象的相应发展状况和趋势，同时又可以基于横向和纵向指标对不同的对象发展状况予以比较（图4-14）。

⑤雷达图：擅长整体表达同一事物的综合状况。雷达图是因为其图形呈现类似雷达仪表盘的扫描图形状态而得名的，同样因为这种图形看起来也颇为类似蜘蛛结成的蛛网形态，所以它还有个别名"蜘蛛网图"。就其操作模式而言，它是将某个研究对象的主要状况指标绘制在一个同心圆图形上，从而使人们能够一目了然地掌握这个研究对象的整体状况。雷达图是一种比较复杂的表达方式，需要进行前期详细的数据整理和坐标轴设计，从某种程度上而言，它已经是一种比较高级的"分析图"，而不仅仅是用于数据汇总。在日常生活中，雷达图常常用于进行企业财务状

生态文明二级指标贡献率饼图

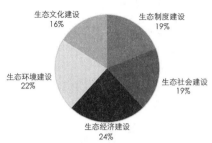

生态文化建设 16%
生态制度建设 19%
生态环境建设 22%
生态社会建设 19%
生态经济建设 24%

图4-12 饼状图示意
图片来源：作者根据网络资料改绘，徐萌制作。

成都市江源镇总体规划土地利用平衡图

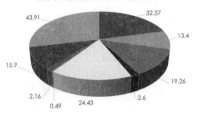

43.91
32.37
13.4
15.9
19.26
2.16
0.49
24.43
2.6

■ R居住用地　　　　　■ A公共管理与公共服务设施用地
■ b商业服务设施用地　■ BR商业兼居住混合用地
S道路与交通设施用地　■ U基础设施用地
■ W物流仓储用地　　　■ G绿地与广场用地
■ 非建设用地

图4-13 土地利用平衡表的饼状图表达
图片来源：作者根据《成都市崇州江源镇总体规划》用地平衡表绘制。

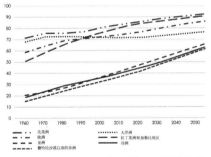

图4-14 1960~2050年世界人口增长趋势
图片来源：作者根据网络资料改绘，徐丽文制作。

况分析和评价——首先，将某个企业的经营状况总结为收益性、生产性、流动性、安全性和成长性五个指标，分别形成基于同一个圆心放射的5条轴线（每个指标区为72°）；其次，围绕这个圆心绘制3个同心圆，最小的圆代表行业的生存线或者最差的状况，中间的圆代表行业的平均水平或者中等状况，最外圈的圆代表较好的状况，通常是超过行业平均水平的1.5~2倍的状况。将该企业的状况按照五项指标分别落在相应的坐标位置上，将5个点连成一个封闭的多边形。如果这个多边形的绝大部分都落在最小的圆环之内，意味着该企业的经营状况处在危险的境地，如果该多边形接近最大的圆环，则意味着该企业在行业内具有优势。雷达图还同时表明了单项指标的状况，在反映了总体状况的基础上，某个象限指标的位置也同时说明了该企业的优势和弱势（图4-15）。雷达图也可以被用于其他领域的研究，例如将它用在创新战略评估时，雷达图被称为戴布拉图[①]。该图的绘制方法与雷达图几乎完全一样，只是相应的指标根据需要被增加为10个，分为企业内部管理和外部关系两大方面各5个指标轴。

规划设计过程中接触最多的雷达图是风玫瑰图——通常涵盖了某个地区八个方位象限的风向风频，由此可以判断该地区的主导风向（图4-16）。在此基础上，结合区域地形以合理安排各种城乡功能。当然在研究的过程中我们也可以根据相应研究项目的需要设计雷达图，例如对城镇竞争力、城镇生态环境状况等领域都可以用雷达图进行数据分析和表达。绘制雷达图的要点有以下两点：其一是标准的确定（也就是同心圆的绘制）。当然，根据评价的细致程度，既可以选择3等级模式或者5等级模式，甚至也可以选择更为复杂的7等级模式。这个标准既可以根据自己的研究来确定，也可以参考相应的国家规范或者行业标准来确定；其二是指标轴的选取。

雷达图的表达长项就在于反映同一个事物不同主要因素的综合状况，也就是基于多因素影响下的综合状况，指标轴往往数量会多于4个。另一方面虽然事实上指标轴可以无限细分，但是基于体现主要因子影响力的表达重点，指标轴最好不要超过12个。因此，筛选决定事物发展状况影响因素是最为关键的步骤，当然这往往也是相应研究的核心与重点。最后，需要提醒所有乐于使用雷达图这一统计分析图的人们，雷达图上相应数据通常都是百分比，其是通过详细的先期统计分析和计算而得到的。

① 戴布拉图——企业内部管理责任：协作过程、业绩度量、教育与开发、分布式学习网络和智能市场定位，以及外部关系：知识产品／服务协作市场准入、市场形象活动、领导才能和通信技术等两个基本方面10个具体因素。

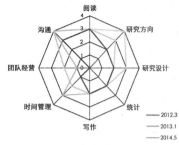

某团队研究能力综合评价
图 4-15　雷达图示意
图片来源：作者自绘，张富文制作。

图 4-16　典型城市风玫瑰图
图片来源：作者自绘，张富文
制作。

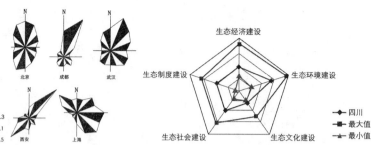

图 4-17　四川省生态文明建设二级指标得分雷达
图片来源：作者根据《中国生态文明发展报告》2014
版内容改绘。

（拾荒者收入与其他职业收入对比图）
图 4-18　象形图示意一
图片来源：2012 年西南交通大学社会调
查报告《拾荒者生存状况调查》。

（拾荒者老王的一天）
图 4-19　象形图示意二
图片来源：2012 年西南交通大学社会调查报告《拾荒者生存状况
调查》，徐文聪制作。

一幅绚丽绽放的雷达图的背后需要大量踏实的前期研究作为支撑，例如一个 6 要素的雷达图，至少需要 18 个标准和 6 类为了确定本研究对象坐标点位置的数据收集和分析（图 4-17）。

⑥象形图——用调查对象的实际形象来表达统计资料，常见的有长度象形图和单位象形图两类，适用于表达内容直观、少且重要的情况（图 4-18 和图 4-19）。

⑦统计地图——以地图为底版，用点纹、线纹、色块或象形图形表达统计资料在地域上的分布情况。特别适用于与地理信息有对应性的数据信息的直观表达，是城市规划领域常用的一种统计图模式，并且该模式还有利于后续的与地理相关的各种落实于图形的分析。常见类型包括：

人口相关统计地图——将相应地域范围内的人口状况信息与空间范围加以对应，便于研究者建立低于人口特征直观印象。同时，也便于对一定范围内、不同空间单元的同一性质人口特征进行比较（图 4-20 和图 4-21）。

环境相关统计地图——将环境特点与纸面空间范围加以对应，以便于研究者建立对某些环境特征的直观概念，常用于表达某种环境状况基于空间的变化状况，并以此为基础发现空间特征对这种变化状况的影响规律。常见的环境相关统计地图有城市热岛图、城市降雨量分布图、城市绿化覆盖率统计图等（图 4-22 和图 4-23）。

⑧复合图——由以上图形模式混合而成的图形模式，往往有基于艺术表现，增加可读性的各种设计。

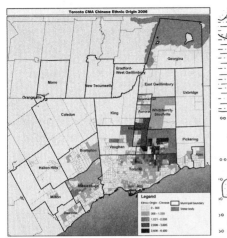

加拿大多伦多都会区华裔分布图

图 4-20 人口统计地图示意一（反映人口特征）

图片来源：http：//www.visawang.com/career/
info/200912/6050.html

http：//www.toronto.ca/demographics/atlas/
cma/2006/ct06_cma_chinese.pdf

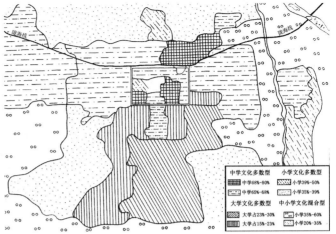

西安市人口受教育程度空间分布图

图 4-21 人口统计地图示意二（同一性质对比）

图片来源：作者根据王兴中等.中国城市社会空间结构研究[M].
北京：科学出版社，2000：30，图 3.5 改绘，张富文制作。

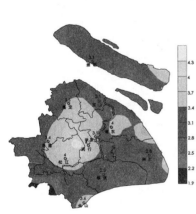

上海市热岛图

图 4-22 统计地图示意三

图片来源：作者根据上海自动气象站网络
图片改绘，徐丽文制作。

北京市 2010 年主要干道平均噪声状况

图 4-23 统计地图示意四

图片来源：北京市环境保护局官网之《2010年北京市环境公报》http：//www.
bjepb.gov.cn/bjepb/resource/cms/2014/06/20140619111150619578.pdf

图 4-24 调查问卷整理流程

图片来源：作者自绘，付銮竹制作。

4.1.5 调查问卷的整理

调查问卷的整理通常分为 5 个步骤：问卷审查→问卷编码→
数据录入→分析整理→汇总编辑（图 4-24）。

（1）问卷审查

问卷审查主要包括以下几方面：

1）调查对象审查

调研对象是否符合调查设计要求。这是一个看起来原则非常
简单容易坚守，但是却往往在具体操作过程中频繁出现的问题，
大多是在调查过程中不知不觉中发生的。例如，我校学生在进行"儿

童对社区凝聚力影响状况"课题的研究过程中，运用了问卷调查这种方式。调研对象设定为儿童家长，或是父母、或是祖父母。调研地点主要选择在营利性幼儿教育机构门前、幼儿园或者小学门前等地，旨在利用家长接送孩子等候的时间间隙进行调查。然而，在调研进行的过程之中，调研员发现事实上接送孩子的不仅仅限于儿童家长，还有相当比例的孩子是由保姆或者其他亲戚，甚至托管机构接送的，在发放问卷时却很难直接判断，因此问卷中难免混入非家长的答卷。基于这种状况就必须对问卷调查对象进行审核，剔出调查对象不合要求的问卷，以保证研究的质量。

2）问卷内容审查

目的是确定问卷回答的内容是否符合调查设计要求。问卷内容的审查不仅仅是一个判断问卷是否合格的简单是与非问题，而涉及对问卷质量状况的综合评价。内容审查的核心在于保证调查获得的信息真实有效，可以被用作后续分析。具体审查操作主要分为以下几个步骤。

首先是对问卷表观质量的审查，了解所有应该填写的内容是否都按照问卷设计的相应要求进行了填写。重点从以下几个方面开展：第一，是否有漏题和选项错误，例如有题目漏填或者单选题被做成了多选题等状况；第二，就是涉及不同状况跳转的问卷，是否出现了跳转错误，例如在第 10 题，A 状况的人应该直接顺序填写，而 B 状况的人应该跳转到第 15 题这种情况下，是否有 B 状况的人出于惯性直接填写了后续的 11~14 题；第三，所有的调查辅助信息是否按要求进了填写，包括调研时间、地点、气候状况、记录登记，以及对调研过程中一些特殊状况的说明等内容。根据表观质量可以初步判断出大部分不合格问卷，并将之从总体统计样本中剔除。

其次是具体内容的审核，回答是否符合设计要求，严防答非所问。这一步骤审查的重点在于回答内容是否真实，数据是否准确。尤其是有检验性问题时，检验性问题的检验度怎样。例如我校在进行成都市郊区农民收入状况调查时发现，许多调查对象刻意低报自己的收入水准。这个发现就是通过检验性问题和基础状况对比获得的。这些调研对象在直接填写收入水平的基本信息时的选项大多是低收入水准，但是在后续调查生活消费中相应的可检验问题时，他们选择的消费内容却出现了许多高消费选项，甚至包括奢侈品。另外，有些时候因为问卷设计者和调查对象对同一词语所代表具体内涵的理解差异，还容易出现答非所问的状况。例如调查者针对"政府期望通过采取免费职业培训的模式来提升农民从业素质"的命题进行调查，希望了解农民劳作之余是否愿意自主参加相应的职业培训状况以及原因，设计了开放性的选题："您是否愿意参加职业技能培训？为什么？"预期答案倾向于农民大多选择乐意参与，并具有强烈的自主提升意愿——例如选择"乐意参加，因为可以获得新的农业信息"等。但是，农民回答结果却完全偏离了设计预期，许多答案是"不愿意，课程无用。"本问题设计者的调研焦点在于农民意愿，而农民回答则直接针对培训本身的效果。虽然这两者之间存在一定的关联，但是就问题回答本身而言是典型的答非所问。最后，需要审查回答的逻辑，问卷设计往往会存在一些相互关联的题目，这些题目的回答存在正常的逻辑。如果答案本身出现逻辑错位，要么就是回答者刻意"乱答"，要么就是设计逻辑存在一些问题。例如，对居民出行状况进行调查时，居住地点、工作地点、出行距离和出行耗时往往是具有逻辑关系的，我们可以根据这些逻辑来判断回答是否属实，或者哪一部分属实。

3）操作过程审查

调研过程本身的合理性、合法性如何？调研操作是否符合调查设计，规范性如何？是否存在因调研操作而可能带来的误差？

调研本身是基于对真相的追求，因此要求调研行为本身不能违背法律和道德的基本要求。例如研究活动本身不能侵犯调研对象的隐私，也不能用非法的手段获得调研资料。当然调研员本身出于某种目的杜撰和虚构调研数据更是不能被容忍的。这样获得数据和资料是不能被用于后续研究的。这不仅仅是一个学术道德问题，还可能由此被追究相应的法律责任。

调研设计本身需要严密的程序来控制研究误差，因此有时对于调研本身有许多操作方面的具体要求——例如有结构调查对调研环境要求相对舒适，且具有一定的相似性等，防止调研对象因环境产生情绪波动，继而影响调查结果。又例如我们在进行"道路交叉口行人红绿灯等候时间"研究时，一直力图根据人们的行为和心理规律寻找出合适的等候时间数据，由此开展调研和观察。大家都知道人们在相对温和的环境状况下，比较有耐心，能够容忍较长的等候时间。那么我们就应该将调研时的气候状况纳入调研调查系统，来进行整体考虑。由此，要求填写问卷或者观察记录时首先测量并登记调研地的即时气象数据，而不能事后通过气象局的预报进行补录。由此，在调查设计中特定的调研程序是需要特别审查的。

审查调研具体操作本身是否存在可能导致误差的潜在因素。这一内容带有一定的简单分析，特别是可能的误差因素分析。例如调查某学院学生出勤状况时，抽样时间周期设定就十分关键。如果间隔天数偶然地选中了"7"，那么意味着无论进行几次，调查都将集中在固定的星期几。从课表安排来看，可能始终反映的是那几门既定课程的出勤状况，从而无法获得出勤状况的全貌。这种因方法设计产生的误差就是"系统性误差"，对研究结果的客观性影响最大。这个案例说明对调研操作本身的设计也是十分重要的，必须纳入研究框架进行全面、整体、系统的考虑。

对审查所发现的问题，需要及时处理，通常有以下方略：

凡是通过问卷本身内容相互印证就能解决的小瑕疵，应该在当下立即处理，以免因遗忘造成质量损失。这种方式只能用于解决明显是调研对象非主观故意的疏忽和失误造成的问题。在审查问卷过程中直接纠正即可，但是在"审查意见"中必须予以记录。

无法判断和解决的问题，可通过补充调研尽量弥补，使之成为合格研究依据。这是针对可以对同一对象展开多次调研的情况。当问卷出现错漏，可以通过再度调研予以弥补和纠正。那么纠正补充之后的问卷可以作为合格问卷依然纳入上一轮的研究。

无法弥补和进行补充调研的项目，视作无效回答。在研究过程需要果断进行剔除这些项目。例如：调研设计利用地铁发车间隙对相关人员进行调查，因调研对象赶地铁未能完成的问卷，未回答部分只能剔出。但是已经完成的那部分内容只要真实有效，依然可以纳入研究过程进行分析。

当问卷调查对象、调研操作违背了调研设计或者问卷的主要内容存在严重瑕疵又无法弥补的，应该是为不合格问卷，予以淘汰。这种淘汰是整份问卷的内容全部作废，与上一点谈及的剔除不合格项目是具有本质区别的。

问卷审查时发现的问题，不仅仅是在于提出不合格或者无效回答这一件任务，同时应该重视分析出现不合格回答和不合格问卷的原因，审视研究设计的科学性、合理性，为后续的补充研究和研究方案改进提供线索和思路。仍然以前文调查农民参与技能培训意愿的调查事件作为案例。针对调研出现的答非所问状况——调查问卷的本意在于了解农民参与培训的意愿，结果农民们的回答却指向了对培训效果的质疑。调研组经过分析，调整了研究思路：重新通过调研定位了"培训"对于农民的意义——对于大多数普通农民而言，他们并不乐于"浪费"时间来进行"纯粹"提升基本素质的培训，而更愿意参与那种能给他们带来"经济收益"的"实用技术"培训。同时针对前一轮调查，大多数农民直接指出"培训无用"的事实，又补充了对曾经组织过对农民进行培训的机构的调查，了解了它们对农民进行常规培训的内容和目的，并在此基础上进一步了解了原有培训的效力。通过层层抽丝剥茧，调查有了更深层面的发现——事实上农民眼中无用的培训存在多种情况：第一，大多数农民认为许多培训没有针对农民的现实需要。例如所谓基于信息时代来临而进行的计算机技术普及培训，对于大多数农民而言在日常生活中很难有真正的用处。第二，有些"实用技术"的推广，往往是因某些地方领导为了获得农业政绩的背景，例如：某县为了建设"万亩香菇种植园"而向农民推荐"大棚香菇"种植技术，忽视了农民自身的种植意愿；第三，有些培训由农资和种子公司赞助，农民们质疑这种培训有推销之嫌，因此从心理上对培训产生排斥。由此调查思路调整之后，很快掌握了所要取得的信息，并分析出了有关部门需要采取的相应对策：对农民进行培训一定不能仅仅基于上位，一厢情愿地推行，而更应立足农民自身的特点，选择适于他们的培训形式和培训内容。

问卷审查结束之后，需要及时整理出对问卷质量的综合评价意见，主要包括对调研整体质量进行评价的"审核意见"以及主要专门针对内容部分的"回答评价"两个部分。审核不能流于形式，审核过程控制的重点在于发现已经完成部分存在的问题，并分析造成问题的原因。在此基础上进一步判断调研结果是否有效，问卷代表性如何。最后再立足研究的整体系统地考虑下一步应该如何应对，是否需要重新调查，还是在第二轮调查中进行思路调整和层次深入，亦或是修正操作方法和补充设计其他未能纳入前期考虑的要素。

(2) 问卷整理

调查问卷的整理分为两种类型：一是对封闭型回答的整理；一是对开放型回答的整理。前者的整理相对简单，主要是对所有问题和答案按照编码进行登记，汇总形成统计一览表（图4-28），可同时计算出不同的答案占总合格问卷数量的比例关系。然后在此基础上，对每个问题的回答情况进行逐个解析，对其状况进行初步解读。开放性回答的整理相对复杂，因为调研者事先并不知道回答的类型及其数量，所以只能在调研结束之后，通过答案整理才能进行编码。开放型回答的整理首先涉及对每一个回答的理解和归类问题，是在解读的过程中进行后编码的。而且在后编码完成之后，还要在编码汇总的基础上，再次对回答状况进行必要的分析，寻找其中的直观规律。这涉及对答案的总结和提炼（见小技巧4-6）。

(3) 数据录入

如果只是一些简单的研究，在问卷编码汇总后就可以开始相应的研究工作。然而对于一些复杂的研究，特别是需要借助计算机进行存储、分析、统计工作的，还需要进行数据录入。数据录入是一项简单机械的工作，正是由于这一枯燥特点使得这一环节成为容易出错的环节。只有做到一丝不苟，才能够保证后续研究的质量。除了客观工作环境和工作人员的业务水平建设之外，要控制录入的质量，应该在可能的情况下尽量采取双录入制度——也就是由一个人员录入两次，或者由不同的录入人员分别录入。例如：在某个调查过程中涉及数据录入，可以由A同学分别录入两个文件，也可以由A、B两个同学分别录入，形成两个文件。另外，数据录入之后，还需要对录入数据要进行审查和校核。这往往需要由另一个人来完成。因此，数据录入是通过多人员的交叉工作，来尽量避免因偶然造成的疏忽。最后，对问卷的分析整理和汇总编辑工作（表4-4），请参见后续章节相关内容。

小技巧4-6：开放型回答后编码的操作要点

预分类和预编码：进行后编码首先应该了解回答的基本状况。通常是任意抽取约10%的问卷，对相关问题的回答进行仔细解读，对答案进行分类——分类尽量详细些，在此基础上整理答案类型，罗列形成预编码。

初编码：按照预编码对剩下的90%问卷进行分类和编码。在整理过程中，一旦发现有预分类中没有包含的答案类型，就增加一个新的代码，如此往复操作直到所有的答案解读完毕，所有的编码包含所有的答案为止。

整理编码：对初编码之后的清单进行深入分析，按照一定的原则进行再次整理和归并，使分类的特征明确、类型清晰——强化有用类别、删除无用类别。最后对定性的分类和归并进行审查，形成正式编码。

调查问卷汇总表示例   表4-4

序号	性别	年龄	行业	教育程度	月收入	1	2	3	4				5			6	7	8
1	女	24	事业单位职员	大专	1500–2500	a		b								b	a	a
2	男	18	经商	大专	3500–4500	b	b									ce		
3	女	20	其他	高中以下	1500以下	b	b									ce	a	a
4	男	35	企业职员	高中以下	1500–2500			b								bc	a	a
5	女	21	学生	本科	2500–3500			b								e	a	a
6	女	20	学生	大专	1500以下	a		b								c	a	a
7	男	23	学生	大专	2500–3500	a		a	满意	满意	满意	满意	满意	满意			a	a
8	女	31	企业职员	本科	1500–2500											ab	a	a
9	男	22	学生	本科以上	1500–2500	a		a								c	a	b
10	男	18	学生	高中以下	1500–2500	b	a										a	a
11	男	18	学生	高中以下	1500以下	b	a										a	a

序号	性别	年龄	行业	教育程度	月收入	1	2	3	4			5			6	7	8
12	男	21	学生	本科	1500~2500	b	b								ce	a	a
13	男	23	其他	大专	1500~2500	a		b							bc	a	a
14	女	46	其他	高中以下	1500~2500	b	a									a	a
15	女	29	本科	大专	4500~6000	a		b							c	a	a
16	女	29	企业职员	本科	2500~3500	a		b							ab	a	a
17	男	48	无业	大专	6000以上	b	b										
18	男	29	经商	大专	3500~4500	a		b							d	a	a
19	男	26	事业单位职员	高中以下	3500~4500	a		b							b	a	a
20	女	32	事业单位职员	本科	3500~4500	a		b							abc	a	a
21	女	29	企业职员	大专	3500~4500	a		b							d	a	a
22	男	50	其他	高中以下	1500~2500	a		b							c	a	a
23	男	26	企业职员	大专	3500~4500	b	a									a	a
24	男	29	经商	高中以下	3500~4500	b	a									a	a
25	男	23	经商	高中以下	3500~4500	a		b							abc	a	a
26	男	24	事业单位职员	大专	3500~4500	a		a	满意	满意	满意	满意	满意	满意		a	a
27	男	23	事业单位职员	大专	2500~3500	a		b							c	a	a
28	男	48	事业单位职员	本科	3500~4500	a		b							d	a	a
29	女	40	经商	本科	3500~4500	a		b							b	a	a
30	男	21	无业	高中以下	1500~2500	b	a									a	a
31	男	52	其他	本科以上	3500~4500	a		b							c	a	a
32	男	21	学生	本科	1500~2500	a		b							b	a	a
33	男	56	无业	高中以下	1500~2500	b	a									a	a
34	男	36	事业单位职员	本科	2500~3500	a		b							b	a	a
35	男	39	其他	本科	2500~3500	a		b							e	a	a
36	女	20	其他	大专	1500~2500	a		b							c	a	a
37	女	15	学生	高中以下	1500以下	a		b							e	a	a
38	女	38	企业职员	大专	3500~4500	a		b							c	a	a
39	男	40	无业	高中以下	3500~4500	b	a									a	a
40	男	27	事业单位职员	本科	3500~4500	a		a	满意	满意	满意	满意	满意	满意		a	a

续表

序号	性别	年龄	行业	教育程度	月收入	1	2	3	4			5			6	7	8
41	女	33	经商	高中以下	3500-4500	a		b							ce	a	a
42	女	35	无业	高中以下	2500-3500	a		b							d	a	a
43	男	50	经商	大专	3500-4500	a		b							cd	a	a
44	男	24	企业职员	本科	3500-4500	a		b							b	a	a
45	男	29	工人	大专	3500-4500	b	a										
46	女	44	工人	高中以下	2500-3500	b	a									a	a
47	女	34	企业职员	本科	2500-3500	a		b							bc	a	a
48	男	45	事业单位职员	大专	2500-3500	a		a	满意	满意	满意	满意	满意	满意		a	a
49	女	21	企业职员	大专	3500-4500	a		b							c	a	a
50	男	47	工人	大专	2500-3500	a		b							abc	a	a
51	女	39	其他	大专	1500-2500	a		b								a	a
52	女	18	学生	高中以下	1500-2500	a		b							c		
53	女	52	无业	高中以下	1500-2500	a		b							e	a	b
54	男	62	事业单位职员	本科以上	1500以下	a		b							e	a	b
55	男	56	无业	高中以下	1500以下	a		b							e	a	b

表格来源：西南交通大学城市规划 2009 年社会调查报告《大城小轮——成都市公共自行车使用状况调查》附录之调查问卷汇总表节选。

4.2 初步分析方法

4.2.1 分析的基本概念

"分析"是一种认知活动和思维方法[1]，其具体的操作模式是将具体的客观现象拆解成若干更便于人们认知的组成部分。新华词典中关于"分析"的解释是"把事物分解成几个部分、方面、因素，分别加以考察，找出各部分本质、属性和彼此之间联系"。而百度百科对分析的解释是"将研究对象的整体分为各个部分、方面、因素和层次，并分别地加以考察的认识活动……将事物、现象、概念分门别类，离析出本质及其内在联系"。[2] 基于人类的认知规律，"分析"是人类对客观事物认知的一个关键步骤，是人们力图拆解纷繁复杂的事物表象，逐渐深入事物本质的基点。因此，为了保障分析的科学性、客观性，真实反映事物本质，"分析"本身有一套

---

[1] 关于分析在人类逻辑思维过程中的作用与意义的内容，参见本教材"城乡规划研究的思维特色和基本程序"章节中相关内容。

[2] 《新华词典》，商务印书馆，1989 年 9 月第 2 版，P246 页。百度百科，http：//baike.baidu.com/view/239473.htm

相对固定的程序和方法。在本章节中更为强调"分析"作为一种认知方法的具体操作模式和相关程序。

在人类逻辑思维的过程之中,"分析"重点不仅仅在于"拆分",而往往与"综合"成对出现。事实上,分析必须把握分解与综合的辩证关系——分解与综合的辩证统一。所谓"分解"就是把认识对象分解成不同层次的方面、部分和要素,再分别加以考察的方法;所谓"综合"是把认识对象各个层面、各要素分别研究的成果在思维过程中再加以联系,从整体上再次认识其相互之间作用机制的方法。分解与综合是相互对立又辩证统一的。分解是综合的基础,它是基于更深入理清整体关系的目的,其终极目标是了解综合的机制,否则就会步入机械肢解的误区;综合是分解的归宿,是对事物有机整体性及其相关规律的全面掌握。

就认识人类过程而言,仅有"分析"是不够的。整个的逻辑思维过程实际上涵盖"分析"、"综合"、"抽象"、"概括"和"推理"五个过程。通过这五个步骤的层层推进,在人类的认识中还原客观事物"真实状况"和"演进规律",使人类将这些逻辑思考的成果举一反三地运用于改造客观世界的行动中去(见第1章2.1.3节)。

(1)分析的逻辑

分析方法的生成是基于人类的认识逻辑——人类认识事物能力随着知识、经验的积累和认知技能提升而逐渐增强,有一个由表及里、由浅入深、由局部而整体的过程。总的说来,复杂事物由于涉及的因素众多,而且各个因素之间的相互作用关系复杂,人们要一蹴而就地整体性彻底认知是非常困难的。但是如果将一个复杂的事物按照一定的规律拆解为不同层级的组成部分,将这些组成部分控制在人们容易认知量级范围内——首先解决对局部的认知,再将局部视作整体,重点探察不同局部之间的相互作用规律,层层分解之后再层层综合。这样就可以在某种程度上大大降低认知难度,提高认知效率。因此,分析的基本逻辑就是将复杂的事物拆分成便于认知的部分,可以提高认知效率,降低认知难度。

(2)分析的原则

使用分析方法认知事物的前提首先是该事物可被"拆解"。基于人类对客观事物存在与发展的哲学思辨,我们倾向于认为客观事物是可以被无限拆分的,也就是说客观事物应该可以被拆分为"无限的组成部分"。基于这样的观点,每一个客观存在对于人类而言无论从时间上,还是空间上都是互不相同的,它具有在时空上的唯一性。同样,基于这样的观点,事物之间具有无限的可关联性。这种"无限性"是促使人类不断认知的事实根源。例如:人们一直立足寻找组成事物的最小单元,也就是将客观事物拆解成为"不可再被拆分的部分"。在生物学领域从宏观的生态系统层层细化到了细胞,而一度也囿于认知技术手段的限制,停滞于细胞层面。但是当电子显微镜被发明之后,对生物组成的认知就突破到了分子层面。于是生物学、化学和物理学领域的知识互动了起来——无生命和有生命事物的组成完成了统一,"原子"成为了目前最恰当的答案。当然,随着人类认知手段的丰富和提升,对客观事物的认识也不断地向着更宏观和更微观的两极拓展。这种不断突破而又不断地发现依然存在的未知,使得人类基于这样经验判定了世界的无限性。这种自上而下的"无限拆分可能"是分析方法的哲学基础。

使用分析方法，需结合人类的认知规律。客观世界是无限的，但是人类的认知力却是有限的。受制于目前的认知手段（主要指技术发展水平）和人类生理本身（与脑容量匹配的感知力和记忆力）的相应限制，人类可知的世界实际上是有限的。这种有限性使得每个人类个体在掌握知识方面总有一个大致"容量"，即使所谓最聪明的人亦是如此。现在，个体的人已经不可能记住并运用自人类文明创建以来积累的所有知识。为了有效地掌握和灵活运用既有的知识和技能，人类构建了一个庞杂的知识体系（包括相应的技能）。随着人类的认知积累，这个知识体系仍然持续不断地急速扩张，到目前为止已经很难有人能跨越多个知识领域，精通不同门类的知识与技能。这也是在古代常有跨越多个领域的"全才"和"博士"，但是现在的"饱学之士"大多不过是精通某一方面的知识，因此被称为"专家"或许更为妥帖的原因。分析必须与人们认知规律相适应，因此分析并非不受限制——就好比庖丁解牛，需要循其腠理。第一，分析方法运用需结合现有知识体系的脉络，以保证获得的新知能够顺利地与已有知识对接，便于人们学习和掌握。跨界的交叉分析作为"创造新知"的重要手段，需要有扎实的基础知识储备、严谨的科学逻辑和完备的技术体系支持方能展开。第二，即使有强大的技术支撑（例如运算能力强大的计算机），分析人需要按照人类的认知规律进行分层，并控制每一层级的参数数量，这样"制造"出来的知识才利于被更多的人所理解和掌握，便于知识的进一步拓展和发现。这是因为分析层级设计事实上是对知识创造的一种管理设计，其目的就是要保证相应的认知效率。对于普通人而言，同时思考两件不同的事物时思维效率会大大降低。普通人通常能够掌控的层级因素大多在6~15个，通过层级思考能够有效实施管理的层级数不能大于4个——这已经是一个海量的数据体系了。因此为了保障认知效率，我们并不赞成设计过于复杂的分析层级体系——建议最好控制在两个层级之内，每个层级的分析要素控制在6个左右（图4-25）。

综上所述，分析的基本原则如下：

分析是基于一定认知层面的，一次研究的相关分析应该统一在一个认知尺度之上；分析应结合客观事物本身的既有规律，以保障分析结果符合客观事实；分析应遵循人类的认知规律，以利于新知的融会贯通，便于习得和运用。

（3）初步分析的基本类型

1）统计分析

以统计学原理为依据，采用统计方法处理调查所获得的数据资料。以简化描述事物的数字特征，寻找因素之间的相关关系，概括事物的总体特点。

2）比较与分类分析

比较是在于确定事物之间相同点和差异点的分析方法。分类则是基于对事物相同点、差异点的认识，将事物划分为相互区别的不同类型的方法。比较与分类有着密切的内在逻辑联系，人们认识事物往往是从比较开始，以分类结束。也就

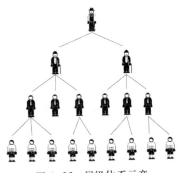

图4-25 层级体系示意
图片来源：作者自绘，徐丽文制作。

是说，最初比较是分类的前提，分类是比较的结果。

3）分解与综合分析

分解分析就是在把认识对象分解成不同层次的方面、部分和要素，然后再分别加以考察的方法。综合分析把认识对象各个层面要素分别研究的成果在思维过程中再加以联系，从整体上再次认识其相互之间作用机制的方法。分解着重思考的是部分本身的本质及发展规律，而综合则着重思考部分与部分之间的内在联系，以及它们怎样在有机的组织结构下发挥整体作用。分解与综合是相互对立又辩证统一的。分解是综合的基础，但分解又必须以综合的理念为指导，否则就会步入机械肢解的误区；综合是分解的归宿，分解往往是基于更深入厘清整体关系的目的，也就是分解的终极目标是了解综合的机制。

4.2.2　统计分析

（1）统计分析方法的常规适用范围

统计分析的基础是相关的统计学原理，其主要就是试图通过对事物的局部了解，来概括事物的总体特征和发展规律。因此，统计分析就是要"以偏概全"。在运用过程中，统计分析的方法特别适于揭示下列规律：

1）简化描述事物的数字特征

现实中事实上是不存在完全相同事物的，但是基于人类的认识和思维规律，我们必须要对纷繁复杂的事物进行相应的总结。在研究中更是如此，通过调查所获得的数据资料往往十分庞杂，有的时候是不可能罗列每个样本或者每个部分具体详细特征的，甚至有时过度关注一些细节还会造成研究失误。所以往往需要对某些特征进行总结和抽象，在此基础上得出的研究结论才具有相应的科学性。例如：抽样研究 1000 名中学生学习成绩与其家长受教育程度之间的关系。我们在写报告的时候往往不可能一一描述这 1000 名学生家长的个体状况，必须要按照一定的规则对他们的总体特征进行总结，例如：小学以下占 A%；小学初中占 B%；高中中专占 C%；大学占 D%；研究生以上占 E%。对于这个课题而言，由于存在个体差异特殊，研究一个既定样本就得出家长受教育程度和孩子学习成绩之间的关系是没有说服力和任何意义的，只有一定统计数量的重复概括才能说明问题。例如，通过这次调研得出家长受过高等教育的其孩子成绩优良的比例高于家长只具有小学教育背景的孩子。因此，这样的研究就必须以统计分析为依据。

2）通过局部推定总体

随机调查中，调查目的是通过对样本情况的掌握来推定总体特征。这往往是由于不可能调查事物的全部，这种类型研究只能通过统计分析来达成。这种推定有两种模式：参数估计和假设检验①。

3）寻找相关变量之间的统计关系

统计分析可以解析统计变量之间的统计关系和统计规律。当然，有时统计分析上成立的"规律"可能并不是事实中的规律。例如：某次统计显示某地区的人均寿

---

① 参数估计：用样本统计量推断总体参数。假设检验：关于在多大致信水平上可用样本统计量推断总体参数的方法。

知识点 4-3：描述性统计和推断性统计的概念差异

描述统计只涉及对调研所获得样本的研究，既可以作单变量分析，也可以作双变量分析和多变量分析。由于不作总体推断，所以它往往只涉及变量多少和变量本身的特点，通常不研究变量之间的关系。因此，描述性统计就常常以单变量分析为主。

推断统计的重点在于通过对样本的研究推断总体。根据不同的研究目的，它既可能是描述性研究（如参数估计），也有可能是解释性研究（如回归分析）。但当进行解释性研究时，必然且只能以双变量和多变量分析为依据。所以，推断统计更多地以双变量和多变量分析为主。

命与该地医疗服务水平无关，但事实上显而易见医疗服务水平越高的地方，人均预期寿命应该是更高的。因此，统计分级只能说明这次研究涉及样本的"规律"。然而，如果在认知层面我们一味纠结于样本的代表性，那是持"诡辩"思路的不可知论观点，其本身就是不科学的。要真正揭示杂乱无章的数据之间的内在规律，我们还是只能借助于统计分析——在统计分析得出结论的基础上，再加以进一步的验证，如此往复以接近事实真相和客观规律。

（2）统计分析的特点

1）科学性

统计分析研究方法之所以重要，是由于它在定量研究体系中的重要作用。它使得研究推断有了相应的数学规律作为依托，能够大大地提高研究的科学性和精确性。

2）规范性

统计分析过程中必须严格遵守相应的统计学操作规范，其所得结论的科学性和精确性都与相应规范相关。也可以这样说，统计分析操作的规范性在某种程度上是其科学性的保证。随着计算机的普及，越来越多的普通人通过学习相关统计分析软件，具有了独立进行统计分析研究的能力。但是事实上，如果不了解相应统计学基础理论知识，是无法正确运用统计分析方法的。每一种统计分析方法都有其不同的使用条件，需要针对不同研究目的和所采集的数据类型特点来选用，这就是统计操作相关的规范性。没有考虑这些前提的所谓"统计分析"是不可能得出科学的结论的。

由此，基于统计分析的特点我们发现要保证其科学性，必须对相关统计学的基础知识有所了解。这是进行统计分析工作的前提。一方面这是由于目前统计分析方法本身也在不断发展，迄今为止常用的方法都或多或少存在一定缺陷，只有了解了这些制约因素才能更好地使用它们；另一方面，正是用于这些缺陷，使得上述统计操作必须有相应规范性作保证，从而限定了不同统计方法的使用，只有掌握了相关知识才能够正确地进行选择，并在此基础上设计出更适于自身研究特色的具体统计分析方案。

（3）统计分析的类型

1）按照统计分析的性质分类

可分为描述性统计和推断行统计：

描述性统计——运用样本统计量只描述样本统计特征的统计方法。这种方法只涉及样本而不涉及推断总体特征。例如：某次调研旨在了解人们对"农民"一词含义的理解是偏重于"农民是一种身份"还是"农民是一种职业"。在全国范围内通过互联网发放问卷，一共获得了 927 份有效问卷，这 927 份有效问卷作为一组样本所获得观点状况，就是这批样本描述性统计的具体特征。

推断性统计——以概率论为基础，运用样本统计量推断总体的统计分析方法。

描述性统计和推断性统计是密切相关的，前者是后者的基础。与前者相比，推断性统计所涉及的理论和方法都更为复杂。

根据统计数据进行推断的理论基础是概率论。推断统计必须以随机抽样为基础，也就是分析的样本都来自于随机抽样调查。只有如此，才具有从局部推断总体的基本资格。

推断统计有两种基本形式：参数估计和假设检验。

参数估计就是运用样本统计量对总体参数进行推断的统计方法。通常有点值估计和区间估计两种具体的方法模式。点值估计就是用一个最适当的样本统计量来直接代表总体参数值。例如：对大学某一年级学生年龄进行抽样调查，经过分析选择所抽样本值 20 岁作为总体参数替代值。虽然在这种方法具体操作过程中，统计学家对代值样本提出了苛刻的无偏性、一致性、有效性、充分性等一系列标准，依然不能否认这种方法无法顾及误差状况的缺陷。因此，尽管它较为简便易行，但是在实际操作过程中为提高统计推断的科学性，还是会更多地采用区间估计方法。区间估计就是用一个数值区间表示位置的总体参数落入该区间的概率有多大的一种统计方法。其理论基础是抽样分布。区间估计的核心问题是将样本统计量与总体参数之间的关系转换成抽样分布关系。这涉及置信水平和置信区间等一系列统计基本概念，如需深入了解，请参考统计学原理方面的书籍，重点是其中有关"抽样分布"的章节。[①]

假设检验是以抽样分布概率原理为基础，检测调查样本所体现的统计特性是否在总体中同样存在的一种统计方法。它以"小概率事件在一次抽样中不可能出现原理"为数学依据，通过对事先设定的针锋相对的"虚无假设"和"对立假设"[②] 进行验证来达成的。关于如何设定假设，请参考统计学原理方面的书籍，重点是其中有关"研究假设"的章节，并根据研究的具体情况进行设计。

研究只进行统计描述而没有假设检验，是否可以。答案是肯定的，但是有无假设检验的研究结论，其解释和适用范围是不同的。没有经过假设检验的结论只适用于调查对象，不能用作推断总体。只有通过检验才能提出样本中所总结的特征或发现的规律在多大程度上反映了总体。只有通过随机抽样所获得的数据才具有进行假设检验的资格。当然，普查是不需要假设检验的。因为样本就是总体，其特征就是总体特征，其规律就是总体规律。

2）按照统计分析所涉及变量数量分类

可分为单变量统计分析、双变量统计分析和多变量统计分析（图 4-26）。在研

---

① 推荐阅读相关书籍：贾俊平编著，《统计学基础》，人民大学出版社，2010 年；王瑞卿主编，《统计学基础》北京大学出版社，2010 年。

② 虚无假设：又称"零假设"，专指统计检验时希望被检验证明为错误的假设，或者需要重点考虑的假设。与之对应的是"对立假设"，有时又被称为"备择假设"，是指与"零假设"相对应的选项。"对立假设"通常反映了研究者对研究参数的另一种看法。通常而言，"对立假设"的具体内容才是研究者最希望被证实的。

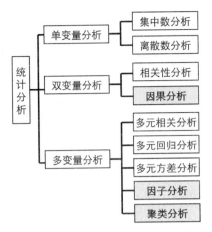

图4-26 基于变量的统计分析分类类型
图片来源：作者自绘，付鎏竹制作。

究过程中往往会涉及很多变量，但是具体应该进行怎样的变量统计分析，则取决于研究的目的。

①单变量统计：指的是只研究统计样本一个变量状况的分析方法。常见的具体操作模式有以下几类：

集中数分析——用一个具体统计量值反映一组数据向这一统计量集中趋势的统计方法，最常见的集中数有平均数、中位数和众数[1] 三种类型。其中，在常规研究中运用得最多的是平均数和众数。每一种集中数在代表性方面是各具特色的，研究中采用哪种应该看究竟哪种集中数更能准确、稳定地反映数据的集中趋势。例如：在统计某班某科目学习成绩时，究竟是用平均数成绩还是众数成绩更具有代表性，要根据成绩的具体分布状况来看。如果这个班的成绩分布状况比较均匀，各分数段的成绩分布比较符合正常状态，那么平均数分数就能够很好地代表该班该科目的学习情况。但是如果这个班出现了某几个特别的高分或者低分，使平均分产生了较大偏差时，众数成绩的代表性就更符合客观事实。

离散数分析——表示一组数据变异程度或者分散程度的量数。其数值越大，表示其数据分布范围越广、越不集中，最常用的离散数有方差、标准差、极差、异众比率、离散系数和偏度系数。[2] 标准差是最重要、运用最广泛的离散数。

②双变量统计：主要是研究两个变量之间相互关系的统计分析方法，是最简单的涉及变量间关系的研究方法。双变量分析分为相关分析和因果分析两种类型。

相关分析——相关是指一个变量X发生变化，另一个变量Y也随之变化的现象。通常表示为"X → Y"。它涉及相关强度、相关方向、线性与非线性相关[3] 等方面的具体研究。相关分析通常只强调两个因素之间相互影响的关系，并不着重针对变化的前后、因果关系分析。

---

① 平均数：也称算术平均数，简单地讲就是所有数值相加后再除以数值个数后所得的代表值。常用符号M表示。中位数：它指位于按一定顺序排列的一组数据中居于中央位置的数值，只有定序、定距、定比的数据才能求中位数，常用符号Mdn表示。众数：又称范数、密集数、通常数，常用符号Mo表示，是指在一组数据中出现次数或频率最高的那个数的数值。

② 方差：就是把一组数据中的每个数值与其算术平均值相减，将结果平方后在全部相加，用其总和再除以数值的个数。常用符号S2表示。而标准差则是在方差的基础上加以开方后得到的数值。常用符号S表示。
极差：又称全距，它是一组数据中最大值与最小值之差，常用符号R表示。
异众比：就是非众数的频数与全部数值个数的比值，常用符号VR表示。其含义之众数不能代表其他数据的比率。这个方法常与众数配套使用。
离散系数：标准差与算术平均数的比值。常用符号CV表示。由于是无量纲的相对数，它比较便于进行不同单位的数值间的某种比较。
偏度系数：主要用以描述数据的分布特征，是数据分布的偏倾方向和程度。它有多种计算方法。通常用平均数和中位数的离差求偏度系数。

③ 相关强度：两个变量之间联系的紧密程度。用一个变量变化引起另一个变量变化的大小来衡量，大则表示相关强，小则表示相关弱。
相关方向：有正相关和负相关两种类型。正相关是指一个变量变化引起另一个变量产生同向变化。如果产生反向变化则为负相关。
线性相关与非线性相关：所谓的线性相关是指一个变量可以用另一个变量的线性表达（这是一种数学语言：公式为Y=bX+a）。线性相关通常是进行进一步变量之间相关分析的基础。

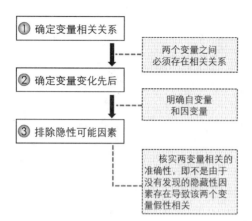

① 确定变量相关关系

两个变量之间
必须存在相关关系

② 确定变量变化先后

明确自变量
和因变量

③ 排除隐性可能因素

核实两变量相关的
准确性，即不是由于
没有发现的隐藏性因
素存在导致该两个变
量假性相关

图 4-27　确定因果关系的流程
图片来源：作者自绘，徐萌制作。

因果分析——研究过程中旨在确定两个变量之间的原因和结果关系的分析。确定因果关系需满足以下基本条件：首先，两个变量之间必须存在相关关系；第二，确定两个变量变化的先后次序，也就是确定自变量和因变量；第三，排除两个变量变化相关关系中可能的第三隐性因素存在的可能性（图4-27）。在不同的研究领域，因果分析的准确性是不同的。在自然科学研究领域，因果分析求证往往要求极为严密和精准。而在社会科学研究领域，要排除相关因素的绝对影响力是极为困难的，所以往往只能进行粗略的因果关系分析。

双变量分析中，由于变量测量层次差异，涉及的具体计算方法和假设方式都会互不相同。具体的研究类型要根据研究目的和数据特点来进一步设计和选定实施方案，这方面深入的方法涉及知识请阅读相关专业书籍。

③多变量统计：又称多元统计分析，通常指涉及三个甚至三个以上变量的统计分析方法。

多变量统计从20世纪80年代开始普遍推行，这与计算机技术的提升和普及密不可分。这是因为多变量的统计分析涉及大量的计算，如果没有计算机辅助，光靠人工是很难有效完成相关工作的。需要澄清的是，许多研究并不一定需要复杂的多变量分析。但是，当面对影响因素众多、作用机制复杂的事物时，多变量分析所得出的解释往往更具有说服力。其常见的分析模式有以下几种：多元相关分析、多元回归分析、多元方差分析、因子分析、聚类分析。

多元相关分析——相对于双变量相关分析而言，多变量相关分析也是用一个统计量来量化和反映多个变量之间的相互依存关系。这其中最常见的有偏相关分析、复相关分析和典型相关分析[①]几类。

多元回归分析——研究两个以上自变量对一个因变量之间的关系，并解释和预测因变量的方法，常见的有多元线性回归分析和LOGISTIC回归分析[②]等。

多元方差分析——是对多个定类自变量对一个定距因变量之间关系的多元分析方法。

因子分析——是从多个相关变量中抽出若干个共同因子，从而使复杂的数据得

① 偏相关分析：在控制其他变量影响的情况下，用一个统计值（偏相关系数）来测量两个变量之间相关的强度和方向的方法。
　复相关分析：用一个统计值（复相关系数）测量多个自变量对同一个因变量发挥作用时形成的相关关系的方法。
　典型相关分析：它是简单相关和复相关分析的进一步深化，是一种用于测量两组变量相关强弱与方向的多元统计方法。
② 多元线性回归分析：它是多元回归分析的最基本形式，对数据的要求非常严格，因此在统计数据具有一定模糊性的研究领域应用受到一定限制。
　LOGISTIC回归分析：是自编两位定距变量、因变量为定类、定序变量时的分析方法。它的诞生使受到数据特点制约的模糊领域的许多研究可以进行回归分析，实现了许多研究突破。LOGISTIC回归分析有二维LOGISTIC回归分析、多位定类LOGISTIC回归分析、多位定序LOGISTIC回归分析三种类型。

以简化的分析方法。被抽取的因子被称为"公共因子"，这样分析具有两种突出作用：一是有利于探索数据的内在结构和变量之间的关系，二是有利于简化数据以便于进一步的分析研究。

因子分析的工作基本思路：根据组内相关性高，组间相关性低原则对变量进行分组。每组变量中总结抽取一个基本结构——公共因子，组中变量都可以用公共因子的函数来表示。这样，多指标的研究就可以用少数的几个公共因子和特殊因子

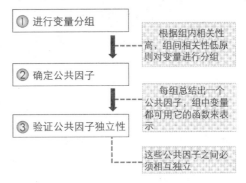

图 4-28 因子分析的流程
图片来源：作者自绘，徐萌制作。

涵盖，这些公共因子之间必须相互独立。这样可以消除多指标之间的信息重叠，在研究中能有效地减少研究的维数，便于抓住主要矛盾，降低研究的复杂性（图 4-28）。

知识点 4-4：聚类分析法在城乡规划建设领域的运用

城乡规划因为涉及复杂的经济、社会、文化和空间环境问题，常常面临着基础数据众多、变化状况复杂而且难以判断的状况。因为过去城乡规划领域相关知识的积累大多基于经验，所以难免会存在先入为主的状况。聚类分析在城乡规划领域运用最大的特点就是可以从方法层面去除"主观性"，一切以事物本身的数据指标为依据，没有事先给定的既定"标准"，分析就可以不受其他因素左右——如果原始数据本身真实可靠，这样的结果更利于研究者掌握真实状况。聚类分析法常被运用于研究城镇化发展水平及城市经济发展水平、竞争力水平的领域，由此为宏观层面的政策指导提供依据。其次，也可以在上述研究的基础上为宏观领域的空间分区提供依据或者进行城市分类。第三，试图建立某些基于比较特征的相关评价体系，例如历史文化名城或者历史建筑的评价体系。第四，可以运用聚类分析通过计算来划分城镇中不同类型的功能空间，如居住空间、商业空间、休闲空间等，为后续的城镇空间结构研究提供"客观"依据。

聚类分析[①]——顾名思义,聚类分析是以"物以类聚"的道理为基本理论依据的,即同一类中的个体有某种相似性而不同类的个体之间存在较大差异。它是一种根据事物本身特性研究个体分类的多元统计分析方法。"分类"是人类一种重要的认知方式（参见 4.2.3），传统的分类都是依托经验和既有的知识。但是随着人类科学技术的发展，对分类的要求越来越高，以致有时仅凭经验和专业知识难以确切地进行分类，于是人们逐渐把数学工具引用到了分类学中，形成了数值分类学，之后又将多元分析的技术引入到数值分类学形成了聚类分析。因此，聚类分析是通过研究事物本身的数理特征来对个体进行分类的，特别适用于有大量样本需要处理而又没有任何先验模式可供借鉴，即没有可供参考的经验积累和相关知识指导的情况。它的思维逻辑根源是通过计算而得出的数理关系上的"相似性"来给没有任何既有知识

---

① 金相郁. 中国区域划分的层次聚类分析 [J]. 城市规划汇刊，2004，2：23-28.

可供参考的对象归类，再以此为基础探寻这些对象之间的内在联系，由此衍生新知。从实际应用的角度看，聚类能够作为一个独立的工具获得数据的分布状况，观察每一簇数据的特征，集中对特定的聚簇集合作进一步分析。聚类分析还可以作为其他算法的预处理步骤。

进行聚类研究的样本本身具有多种特性，研究必须要基于多种特性对它们进行分类。用数学的语言描述就是对各自具有 M 个特征的 N 个样本进行分类，将相似的样本归为一类，不相似的样本分别归入各不相容的类别之中。具体的聚类分析方法有层级分析法和非层级分析法两种。其中，常用的层级分析法又有凝聚型和分支型[①]两种不同的操作模式；非层级分析法也有多种不同的操作模式，如密度探索法、最佳化法等，但一般不像层级分析法那样得到广泛应用。

层级聚类分析的基本操作程序如下：在分析开始时，每个样本自成一类；然后，按照某种方法度量所有样本之间的亲疏度，把其中最为相似的样本首先汇聚为一组，称为一类；然后，度量剩下样本之间的亲疏度，再分为一类，如此往复直到所有样本归并完成；至此再上升一个层级，度量不同小类之间的相似度，反复操作、层层叠析形成呈现出"凝聚状态表"、"冰柱图"和"树型图"。其中，度量连续样本之间"距离"的方法有"欧氏距离"、"欧氏距离平方"、"Block 距离"、"Cheby-chev 距离"、"Customized 距离"、"Minkowski 距离"等；度量顺序（名义）变量的亲疏度的方法有"Chi-Square Measure"和"Phi-Square Measure"。样本与小类、小类与小类之间亲疏程度的度量有最短距离法、最长距离法、组间平均链锁法、组内平均链锁法、重心法、离差平方和法等。

4.2.3 比较与分类分析

(1) 比较分析

1) 比较分析的客观依据

比较分析，也称对比分析，是在于确定事物之间相同点和差异点的分析方法。它是区分不同认识对象本质，发现客观事物变化和发展规律的一种基本方法。在采用比较法分析事物的时候，我们必须注意到关于相同与相异的哲学思辨——世界上没有绝对相同的事物，也没有绝对不同的事物。比较是具有片面性的，这是比较方法的本质特点。尽管如此，事物依然是可被比较的——人们总是在判断着事物之间相对共同性与绝对差异性的程度，是比较法的客观基础。

2) 比较分析操作的关键

①制定统一、科学的比较标准

首先比较标准不统一，是无从开始比较的；其次，如果比较标准不科学，则无法得出正确的结论。因此，任何一次比较都应该从制定相应的比较标准开始。

②着重于本质比较

简单的现象比较是认识的基础，但是对于探索事物本质规律而言，研究应该在浅显的现象比较基础上，更着重于事物的本质比较。提高比较能力，应该要发现"异

---

① 凝聚型是将相似的样品逐次地凝聚在一起，最终聚集为若干个不同的类别。分支型则相反，开始先将所有的样品认为是同一类，逐次地进行分割，最后将全部样品分为若干个不同的类别。

中之同，或同中之异"，辩证地思考、全方位地探索。

③提升比较层次

人类对客观事物的认识水平随着科技发展而不断提升，比较本身也会随之延伸到更广泛和深入的领域。所以在运用比较方法时，应该在可能的情况下，开展相对深层次的比较——不仅仅比较现象，还应该比较内在结构、运行机制等，只有这样才能逐步认识事物产生、发展的真实本质与规律，例如：生物学研究的比较就经历了外形直接比较、细胞水平比较和分子水平比较等多个发展层次和阶段。

④限定比较条件

任何比较都具有片面性。比较的局限性是有多方面影响因素的，例如认识水平的局限、方法手段的局限等。就比较工作本身而言，因为进行比较操作时，人们总是从中提取需要比较的方面加以分析，而忽视或暂时抛开（有时是有意识这么做的）其他的条件。这必然造成比较过程中某种程度上的信息损失。所以，对于比较条件的限定是比较研究中重要的误差控制方式。

3）比较分析的不同模式

比较本身具有多种模式，我们可以对任意一处认为需要比较的方面进行对比。所以，论及具体操作模式时，根据对比方面的不同可以分为：纵向比较、横向比较；数量比较、质量比较；形式比较、内容比较；结构比较、功能比较；事实比较等。其中，运用最广泛的为横向比较法、纵向比较法两种方法。

①横向比较法

根据统一标准对相同时间段内，不同的认识对象进行比较的方法。横向比较法适用的范围比较广泛，既可以是同类事物的比较，也可以是不同事物的比较，还可以是同一事物不同方面的比较。它是一种区别事物质与量的最简单、直观的方法。

②纵向比较法

对同一认识对象在不同发展时期或阶段特点进行比较的方法。它是一种对于认识事物的阶段特点和发展规律、趋势极为有效的基本方法。

（2）分类研究

1）分类的客观依据

分类是基于对事物相同点、差异点的认识，将事物划分为相互区别的不同类型的方法。比较与分类有着密切的内在逻辑联系，没有比较就没有分类。如前文所说，"客观事物固有的相似性与差异性是比较和分类共同的认识基础"。人们对客观事物的了解是通过不断比较和分类来达成的。"没有比较就没有社会进步"。绝不仅仅是一句用来激励人们上进的俗话，它是有着基于人类认识规律的深层客观依据的。认识事物的"比较—分类"循环，最初是从比较开始的，而分类则是每一个认识循环的阶段成果。人们在上一次分类的基础上，进一步开展更深入、系统、全面的比较和进一步分类，推进对客观事物的认识向更深层次发展，更深入全面地掌握事物的本质及发展规律。从某种程度上说，现在的科学研究中，正是不断地比较与分类使得各个学科的研究在不断细化和完善。例如：因为比较和分类生物学才有了"门、纲、科、目、种、属"的完整物类体系，因为比较和分类才建立起自然科学体系中不同的科学科目，并促使研究者在这些不同的领域中不断深入探索事物的本质。因此，分类是不断发展的，绝对固化的分类是不存在的。

案例 4-4：生物学分类体系的建构和发展历程[①]

分类是人类认识世界的一种基本思维方法，它几乎是源自人类的本能——据推断，最早的分类应该是出现在人们寻觅食物的过程中，判断标准非常简单，也就是这个东西能否被食用。随着知识和认知经验的积累，人类的分类体系也日趋复杂和精细，继而被逐渐推广到对整个世界万事万物的探索过程中——这是由于分类能够大大提升人们的认知效率。分类利于人们进行类推，可以基于这一规则将已经掌握的知识和规律合理地转移到一些相似的新事物的认识过程中。基于人类自身的发展规律，我们可以推断最早被人类系统分类的应该是与人类生存息息相关的各种生物。人类以生物分类为基础展开对不同生物的深入了解，逐渐积累形成了生物体系基础知识。因此，分类对于现代生物学的形成有着极其重要的意义。

人类对世间万物（主要是生物）的分类从"是否是食物"开始，继而逐渐基于各种生物本身的形态特征的异同对它们进行区分——以我国为例，《尔雅》中就已有《释鱼》、《释虫》、《释鸟》、《释兽》、《释畜》五章，可见当时古代中国人将生物划分为鸟、兽、虫、鱼、畜五类。自此古代中国人对世间万物进行认知而构建的物类体系就基于中国自身的哲学思想和认知规则来逐渐完善。至明代李时珍所著《本草纲目》，他所记述的物类知识已经非常丰富——根据这部书的陈述，我们可以了解：当时的认知分类体系有"部"、"类"、"小类"三级。基于事物的形态特征，事物被分为"水、火、土、金石、草、谷、菜、果、木、服器、虫、鳞、介、禽、兽、人"共16部。其中，草部又分为10类，为芳草、毒草、蔓草、苔草、山草、湿草、水草、石草等。虽然，这个分类系统从现代研究方法中对分类逻辑严密性的方面评价还存在众多瑕疵，但确实是当时对事物最规范、科学的分类系统。这一系统奠定了后世中医药学的分类基础。现在的生物学分类源自西方哲学体系，最早可以追溯自古希腊时期亚里士多德对动物的分类——他以是否具有红色的血液为标准，把动物分为了有血动物和无血动物。同时，根据动物的生殖方式（不完全卵生、卵生和胎生）将动物安置于不同的"生物阶梯"上，代表动物从低等到高等的等级区别。其后，亚里士多德的学生迪奥弗拉斯特对植物进行了系统研究，创造了"植物"这一术语，并按照是否有花、是否有果、是否常绿对植物进行了分类。文艺复兴之后，伴随着欧洲航海探险，当时的博物学家们从世界各地收集到了大量的动植物标本，但是当时的分类体系却十分混乱，缺乏科学标准。由此，关于如何进行生物分类众说纷纭——16世纪意大利植物学家安德烈亚·切萨尔皮诺提出应按照果实和种子的结构特征对植物分类；17世纪英国自然学家雷·约翰则主张以植物的全部特征来进行分类，并以当时已知的植物种类为基础，进行了关于"种"、"属"

---

① 资料来源：张文华，戴崝，付晓琛，邓芳．生物系统分类体系的建立和林奈的贡献[J].生物学通报，2008，43（5）：54-56.

概念的描述；由于缺乏统一的分类标准，对各类新发现生物的命名也出现了各种混乱，这给当时生物学界的学术交流带了诸多困扰。当时伴随地理大发现而带来的生物分类和命名的困境造成了当时生物学界的信息危机，迫切需要建立一个符合客观规律的分类系统，为看起来凌乱无序的生物界建立秩序。这种状况一直延续到了18世纪30年代，直到瑞典植物学家卡尔·林奈①建构的动植物分类系统为各国生物学家所认可，并得以推广运用才终止。

经过多年深入系统的植物研究，卡尔·林奈对动植物命名混乱带给研究的困扰具有深刻的认识，为此他开始深入思考如何解决对动植物统一分类和命名的问题。在这一过程之中，他首先认识到了解事物本身是科学分类的基础，其次有条理的分类和确切的命名有助于把事物区分开，有利于进一步认知事物本质，因此分类和命名是科学的基础。林奈在总结前人经验的基础上，结合自己的研究体会提出："种"是具有类似性状个体的总和，同种个体杂交能够繁育后代，不同种间不能杂交产生后代。以此为基础，相似的"种"合并为"属"，相关的属合为"目"，相似的"目"合为"纲"，形成了"纲、目、属、种"的四级体系。他将动物界分为"昆虫、蠕虫、鱼类、两栖、鸟类、四肢动物（后来的哺乳类）"6纲，将植物分为24纲、116目、1万种以上。在此他还首次将人类科学地划入了生物系统，与猿同目。这种等级分类体系的制定，体现了各个生物类别之间的从属关系，以及基于这种关系和序列构建的原则和规律。在这个分类系统的基础上，林奈依托生物本身的形态特征还建立了一套"双名制命名法"②，使得生物学名得以简化并利于交流。自此，林奈为生物分类学建立了完整的标准，并奠定了现代分类型的基础。后来，这一标准得到了当时各国生物学家的认同和支持，成为了近代国际上生物学家命名新物种的统一准则。

林奈是一名杰出的生物学家，他对数以万计的生物进行了鉴定和命名，结束了当时生物界的因命名混乱造成的信息混沌状况。由此，大大推动了生物分类学的发展，为其后更科学、完备的自然系统分类奠定了基础。他基于生物本身形态和解剖特征的分类标准，为后续的一些生物学研究带来了启发。例如："人、猿同目"为达尔文的进化论指明了研究方向。但是林奈最为重要的贡献在于确立了生物分类的等级体系和"双名制命名法"，这个体系使得林奈成为了"分类学之父"，也由此为基于分类的整个现代自然学科体系奠定了基础——"科学分类"由此成为了重要的研究方法，并具有了更为严密的内在逻辑。

---

① 卡尔·林奈，1707年生于瑞典。1727年进入隆德大学医学部，专攻植物学研究。1728年转入乌普萨拉大学学习并任植物学讲师。除了在植物学领域本身的众多贡献之外，他建构了生物分类标准，并完善了"双名制命名法"，奠定了现代生物学和分类学的基础。林奈将自己对生物分类的研究成果发表在著作《自然系统》中——著作于1735年首次出版，当时只有十多页，重点只是植物24纲系。林奈之后一直在根据研究推进不断地对之进行修订，至1758年第10版时，已经扩充到了1384页，在这一版中，他提出了"双名制命名法"；1768年第12版时，该著作已经达到了2300页，涵盖了15000种动植物和矿物。

② "双名制命名法"——由瑞典植物学家卡尔·林奈完善。该命名法把每一种动物或者植物用两个拉丁文来表示。其中第一个词是生物的属名，表示它所在的类群；第二个词是种名，要求用形容词，以便与其他生物区分开。根据约定，种名和属名药用斜体字，属名首字母要大写。另外，种名之后可以注上命名者的姓名或缩写，以表示命名者的荣誉归属和相应责任。

图片说明：小孩子分积木是最基础分类法学习过程。按照不同标准，积木可以被归入不同分组。锻炼孩子对事物特征的认知能力。

图 4-29　分类之子项标准确定的示意

图片来源：作者自绘，徐丽文制作。

2）分类操作的关键

分类有三个要素，即母项、子项和分类标准，要科学分类必须注意这三者之间固有的科学逻辑。没有尊重其中固有原则的分类，不是科学分类，对于研究而言就没有意义（图 4-29）。

①分类标准必须统一

所有的分类根据必须统一，否则就会造成分类结果混乱，其成果也无法进行下一步的研究和分析。

②分类子项互不相容

制定分类标准时，各个子项内容必须相互排斥，否则就会在分类过程中造成研究对象归属不明的情况，也称"子项相容"错误。

③分类子项之和必须等于母项

如果分类子项之和小于母项，则出现了"子项不全"的错误，也就是认识对象没有全部进入分类。如果子项之和大于母项，则出现了"子项过多"的错误，也就是人为地将一些不属于认识对象范围内的事物纳入了分类范畴。

④分类层级不容逾越

分类时按照一定的层级进行的，不能混淆其固有逻辑层次，否则就是"越级分类"。混淆了层级界限和种属关系会造成分类混乱，不仅达不到分类的要求，还会给进一步研究造成障碍。

3）分类的不同模式

任何事物都有现象和本质的区别，所以最为常见的分类模式就是分别根据事物的现象和本质进行分类，称为现象分类和本质分类。

①现象分类

根据事物的外部特征进行分类，例如，根据人的高矮进行分类。

②本质分类

根据事物的内在结构、内部联系、深层内涵进行分类，例如，根据人的社会属性对人进行分类。

对客观事物的认识都会经过一个从现象深入到本质的过程，同样对于事物的分类也往往会经历从现象分类深入到本质分类的过程。即使是在本质分类的过程中也会随着认识的深入而不断深化。科学分类对于科学研究具有重要意义，它可以巩固比较的成果，使我们对事物的认识系统化、条理化，便于我们掌握复杂事物的内部结构。但是分类往往是基于一定阶段的科学积累，反映的是一种相对静态的状况，不能及时反映事物的动态变化。这种静态特征是分类的最大特点也是其局限所在。

4）分类的认知升级——类型学体系构建[①]

"类型"的中文语义十分直观，可以直解为"类"之"型"，理解为"分类标准"——

_____

① 资料来源：朱永春. 建筑类型学本体论基础 [J]. 新建筑，1999（2）：32-34；汪坦. 建筑历史和理论问题简介——西方近现代 [J]. 世界建筑，1992（3）：11-15.

案例4-5：分类的运用——"云"如何成为一种理性的风景？[①]

"云"是人类重要的审美对象——虽然不是每个人都会执着地每天看云，但是除了有眼疾而不能"看"的人之外，应该是每个人都会在一生中的某一天看到云，并为当时云的美感所震撼。然而"云"究竟有多美，究竟是怎样的美法，确实是千百年来无人系统性地去想过要如何品评的。由此，虽然在世界各国众多文献中有着大量关于"云"的各种描述，其中不乏诗意泛滥的大家篇章，但是其中的具体形象却最终常常归于混沌。也许当两个人热烈地讨论着他们曾经见过的"最美的云"的时候，在他们脑海中回忆的有可能完全是不同的风景。据单之蔷先生的观点，那是因为"气象万千的云从来未被作为个体来识别和欣赏，总是被笼而统之地称为了云。"

关于云的分类系统是在1802年，由一位名叫卢克·霍华德的英国人，参照林奈的植物界和动物界分类体系之后创立。尽管卢克·霍华德仅仅是一位"民间科学家"，他所创造的云分类体系至今仍然无可替代，被气象界赞誉并一直沿用。这位非专业人士参考林奈的种属分类方法将云进行分类后，发现云的种属其实出于意料的简单——大多数云都可以被归结为"积云"和"层云"[②]两个概念，其他的云不外乎都是这两类云的变种。云的分类标准事实上是按照云层高度、云的具体形状和成云机制三个方面进行分类的，变化万千的云经过这三个方面的划分，分为3个云族、10个云属，一共只有29类。首先按照云底的海拔高度，将云分为低云（2500m以下）、中云（2500~5000m之间）和高云（5000m以上）三大类；其中低云分为层云、积云、积雨云、层积云、雨层云5个属；中云分为高积云和高层云2个属；高云分为卷层云、卷积云和卷云3个属。每个云属其实就只有寥寥的几种而已（图4-30）。那些具有浪漫俗名的某些云，实际上不过是这29种云遭遇了某些特定的地形、在特殊的日照状况下产生的变身而已，例如：喜马拉雅山顶的旗云、富士山顶的斗笠云事实上都是荚状高积云。

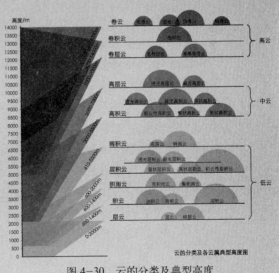

图4-30 云的分类及典型高度

图片来源：《中国国家地理》2012年第9期32页。

---

① 资料来源：《中国国家地理》2012年第9期"特别策划——赏云时代已经来临"专题。P24~57页。

② 积云：是以成云机制命名的云，指看起来像"堆积"而成的云。这种云是由于空气对流上升过程中，其中包含的水汽逐渐凝结形成的。因此云的形态是垂直发展的，其底部大致呈现水平状，顶部多为圆弧形，整个云的边界比较清晰，像一个个棉花堆。层云：层云没有结构，由细小的水珠构成，呈面状分布在较大的范围内。层云可以降落到地面，处于其中就仿佛置身雾中，因此层云又被称为"高雾"。

> 的确，在某些时候"要想了解、欣赏自然界的事物和现象，首先需要建构起符号体系，即分类。"分类应被分为两个步骤——概括和命名。所谓概括重点是将具有同样特征的事物归为一类，而命名则是在概括的基础上创造性地进行总结，创造一个概念。这个以概括和命名为操作手段的过程，旨在构建一个分类系统，让人们能够基于这种创造对同一类事物进行交流。因此，要构建对于云的赏析体系，首先需要对云进行分类。对于"云"而言，如果没有理性的分类作为支撑，美感的评判会因为笼统而流于肤浅。纵深来看，我们对世间万物的认知莫不如此，分类可以将复杂的事物通过合理的标准整理成简明的系统，利于人类更方便地认知，从而进一步地拓展研究深度，直达事物本质。

通常引申为按照某一标准归为一类的事物，也就是指具有某些共同特征的事物基于这种特征构建的事物共同体的抽象总称，因此对类型的描述往往是以这种特征为依据。"类型"（Typology）在以古希腊为代表的西方传统语境中有"模子"、"印迹"之意，衍生到对于人类认知的哲学思考而言，它意指客观事物的潜在的、本质上的共同性。也正是基于这些共同性，人们将事物划分为不同的类型，纳入既有的认知系统。因此，"类型"不论是在东方还是西方的哲学体系中都是指对事物普遍共同特征的描述，人们依据这些特征对具有这些特征的事物下具有概括性的总体抽象定义。

从人类认知过程角度来看，"类型"是分类的结果。但是人类对事物类型的确定是非常慎重的，不是随便什么"特征"都能成为类型划分的标准——往往只有反映事物本质的特点，才能成为判定类型的基础。由此，"类型"可以看作简单分类的方法升级——因为对事物进行"类型"划分，需要构建一个归类的方法体系，所以往往涉及多个具体分类标准，并且这些分类标准之间从事物发展规律的角度来看是具有特定内在逻辑关系的。因此，基于认知方法而言，"类型"是指一种对客观事物按其本质属性的某些共同特征进行分类的方法体系。

"类型学"简而言之是指在认知方法层面研究如何划分"类型"，也就是如何根据客观事物的发展规律，通过比较事物本质的异同，探寻造成事物归类的原因。但是，东西方哲学体系中的"类型"观是具有差异的，这与这两种哲学体系下的认知习惯相关——东方思维模式下"类型"建构是基于"共性"的汇集，西方思维模式下的"类型"建构是基于对"差异"的剔除。在这样的思维习惯主导下，西方的类型学研究强调不断地去除不同的特征，来寻求基于本质的相似——这个过程有点类似寻找"源头"的探险。这也是为什么基于西方哲学的现代"类型学"研究最重要的就是寻找事物的"原型"。"类型"作为对客观事物的抽象表达，是由人类认知假设的各种属性构成的。这些属性本身是相互排斥的（需要遵循分类的不兼容原则），但集合起来又能够很好地全面涵盖客观事物的本质特征。这种以事物本质特征为对象进行分组、分类研究的方法是通过在纷繁复杂的现实现象之间建立"有限"的关系来进行论证和探索的。通常一个"类型"研究追溯的是一种"属性"——然而，在这个溯源的"类型"解析过程中却往往需要构建一个层层递进的属性系统。而这个抽丝剥茧的层层递进过程又是通过不断地比较和分类来完成的，那些属性是具体操作的"依据和标准"。因此，类型学研究更像是构建一个分类秩序（这也体现了研究发现的逻辑体系），以这个秩序来解释万事万物的认知本源，从而突破传统数理思维模式的限制。当然，这种次序必须是基于研究对象的特点和研究本身的目标生成的。例如在人类学和考古学中，类型学体系可以在人工制品、绘画、建筑、埋葬风俗、社会制度或思想意识的各种变化因素基础之上进行设定。类型学可以用于各种变量和转变中各种状况的研究。尤其是基于人类认知体系构建的领域，还可按照同性类推的逻辑，将一些已经发现的规律推演到其他相关事物的认知过程中。

专题 4-1：建筑类型学的源流与运用①

　　学者在进行针对类型学的研究方法追溯时，常常溯源至古希腊时期亚里士多德的哲学思想中所体现出的对客观世界加以比较分类，并进行理性分析的认知方法。同样，建筑学领域针对建筑类型的研究则往往从古罗马时期的维特鲁威《建筑十书》中有关于建筑构成要素的解析以及建筑艺术创造影响机制的概括开始，继而是对与《建筑十书》一脉相承的古典主义时期建筑创作思想的研究。建筑类型学的研究最初强调的并不是对建筑设计中空间、功能、建造技术以及建筑所处环境逻辑关系的探索，而是对建筑所体现出艺术美感根源的认知和运用——这可以从那个时期关于建筑设计"标准范式"（Decorum，音译为"度姆"）构建核心所关注"美感"的几何特性（比例、均衡、模数）的研究结论中予以证实。因此，建筑类型学首先并不是一种建筑设计的实践操作方法，而是对于建筑本身和由建筑构建形成的城镇空间的认知方式。这种方式在现代建筑运动之前主导了整个西方的建筑设计领域，强调基于几何数理关系去对"纯粹"的建筑艺术美进行还原。近代以来，因为物质空间需求状况的不断变化和建造技术的持续更新，现代建筑运动兴起时更为强调建筑设计中空间与功能、空间与建造技术的生成逻辑研究，纯粹针对建筑艺术特性的探讨退到了次要地位。在现代建筑思潮影响下，建筑美是基于功能与空间互动中满足相应需求的建造技术本身的结构与材质在设计师恰当表现手法主导下自然呈现的。因此，传统建筑类型学基于"美学哲思"的设计方法在现代师们热衷于对"功能美学"、"结构美学"、"建造方式艺术表现力"、"材料的艺术表现力"进行探索的过程中逐渐淡化。直到 20 世纪 60 年代，各种城市问题的发生促使设计师们认识到既有的现代设计方法无法总结和归纳现代城市和建筑中的所有问题，建筑设计依然需要传统的"建筑类型学"。建筑学领域基于这样的需求才重新开始审视"建筑类型学"对于建筑和城镇物质空间设计的价值，并从对美学的探讨推演到其他研究领域，例如对建筑本质和城市本体的研究。

　　现代建筑运动之后的"建筑类型学"研究的主要学者与学派，若以建筑内外在为切入观点来做区分：则陆吉尔（M.A.Laugier）的原始茅舍理论就属于以

① 资料来源：汪丽君，舒平．当代西方建筑类型学的架构解析[J]．建筑学报，2005（8）：18-21；沈克宁．重温类型学[J]．建筑师，2006（6）：5-19；汪丽君，舒平．内在的秩序——对建筑类型学形态创作特征的比较研究[J]．新建筑，2010（1）：67-71．

外观为切入点的分类法，而迪朗（J.N.Durand）为内在结构构造形式的分类法，另外按照 M. 班狄尼的归类，类型学的主要观点可归纳为以下三种：①城市阅读方法，主要是威尼斯学派和法国城市学派，有阿尔多·罗西（Aldo Rossi）、拉斐尔·莫内欧（Rafael Moneo）等，他们强调城市的综合性质及对城市形态学和建筑类型上的探讨。②在文化的意义上视类型学为建筑风格构成的方法，以 G. 阿甘（G.Argan）为代表。③视类型学为建筑生产的理论与工具，这是导自 Q·德·昆西（Quatremere de Quincy），其代表有昂格尔斯（O.M.Ungers）等人。各个学派对类型学这一认知方法的理论本源和运用领域所持观点存在一些具体的差异，在此限于篇幅不做具体阐述。但就近代建筑类型学的发展历程来看，早期各个学派所关心的主要还是形式问题，即在"原型"的研究中剔除了建筑的技术性因素，弱化了环境性因素的影响力，强调建筑于人的意义和价值。但后来与其他领域的研究成果互动，研究范畴逐渐拓展。不论这些学派关注的重点是什么，他们对"建筑类型学"基于人类认知规律的具体思辨逻辑设定是类似的，这也是本节所要陈述的重点。

"建筑类型"产生的原因事实上非常简单：在人居环境建设过程中人们常常会面对类似的需求、环境条件和建造技术的限制，历经长期经验积累和总结，针对既定问题形成了既定解决方式，以此为基础演化发展形成特定的"类型"。这种方式产生根源是人类对各种建设活动本身的效率要求，形成惯例可以节约大量的思考和行为成本，继而节约时间和资源。在具体运用过程中，人们会根据不同的客观状况对"类型"进行变通和调整，由此造就了这种类型的各种变体。人居空间环境由此丰富多彩。在既定条件下，"类型"就是建成环境普遍存在的潜在特征——或是基于人的需求，或是基于环境状况，或是基于文化，或是基于建造技术。因此，"类型"研究中对具体"类型"的定义是相对的，会随着研究目标、分析尺度而变化。这样的状况容易使人迷惑，但是跳出将"类型"固化为某种具体建筑形式的思维模式，而将之回归到认知方法领域，所谓"类型"就是指去除研究对象各种特征中非普遍性的内容，经过不断地去粗取精的简化，追溯到这类对象的本质(不可再被去除的特点)。这实际上是对某种事物观念化、理想化的处理。因此，"建筑类型学"的研究目标不是创造新的东西，而是发现既有事物中依然存在但尚未被人们发现的"新东西"，并将这些内容在未来的设计中加以运用，以赋予未来的建筑和城镇空间更强大的"生命力"。

"建筑类型学"指导设计就具体分析操作而言，其步骤为"具体→抽象→具体"。"类型学"最重要的研究方法是将"研究对象"还原——其中从"具体"到"抽象"的过程就是"还原"，也就是通过层层解析探寻本质特征的过程，在建筑学领域寻找某种本质的空间特征及其原因。建筑类型学认为既有的形式并没有因为新的空间需求、新的建造技术和新的结构模式的产生而消失，而往往是对一些"本质"在新手段支撑下进行再演绎。因此"还原"的过程是透过现象寻找本质的必要过程。而从"抽象"到"具体"则是掌握事物本质后在现实条件下的"再造"，也就是常规意义的"设计"，以用于解决实际存在的问题。因为建筑更新、城市发展都与人的社会结构、关系、互动等息息相关，不论基于怎样的设计理论和流派思潮建成的物质空间，都必须服务于相应的社会，所以各代建筑和城镇空间一定存在某种必然的关联。就好比人类的基因和文化的文脉，过去与现在，部分与整体之间的有机联系。这种历经深层剖析之后的"演绎"力图更好地协调"人"与"时"、"空"的关系，解决物质空间演化发展中历史与现实的冲突。

学习建筑设计大多从学习既有的成功案例开始，这种学习方法本身也是基于"类型学"的思路。学生通过大量的案例解析了解不同建筑表现形式背后规律的认知过程，事实上是对建筑形成哲理的还原演绎。而在此基础上对建筑功能、构建及永恒艺术性的"创作"则是原型的再次演绎。这是类型学对于设计最直接的贡献——"类型"联系着建筑设计的有限本质和无尽形式表象。对于城镇空间和建筑的一些未知状况，也可利用类型学的归类与推演来找出最接近与贴切的对策。在社会学的聚落空间研究中，类型学还可成为探讨空间形式与意义之间关系的重要工具。

总之，类型学提供了一种认知方法和架构模式，让我们可以在这个系统内通过不断探索充实内涵，在客观事物的本质特征和表现之间构建起有机联系。

4.2.4　分解与综合分析

（1）分解研究

1）分解研究的客观依据

分解分析就是在把认识对象分解成不同层次的方面、部分和要素，然后再分别加以考察的方法。从某种程度上来说，客观事物都是由部分所构建的整体，这是分解研究法的思维依据。

分解法是人们认识客观事物的一种重要思维方法。当客观事物以整体状态出现在人们面前时，人们的认识往往是直观、笼统的。通过分解将整体化分成不同的部分，便于人们深入探究构成事物的基本部分及其内在结构。分解在某种程度上还可以简化和回避某些其他因素的影响，利于人们在认识各个组成部分中抓住主要矛盾，使相关的思考更直接、更具有针对性。分解研究能够找出事物构建的基本元素及其本质，是一种比较深刻的研究方法。

2）分解操作的关键

①实事求是的分解

对事物的分解必须遵从其构成的客观规律，不能仅仅出于主观的某种意愿就机械地分解事物。否则不仅不利于客观规律的发现，有时还会适得其反。注意，分解是"庖丁解牛"而不是庖丁剁肉。

②分解可以从多种层次和方面入手

从理论上讲，分解可以具有无穷多的层次。在将客观事物分解成各个组成部分之后，还可以进一步对之进行更深层面的分解。可以说，生命组成的层级性就是在这样的层次分解中诞生的。同时，分解也只是认识客观事物内在构成的一种手段，这种认识往往会有不同的出发点。也就是说分解可以从不同的领域、按照不同的思路、采用不同的具体操作模式展开。例如，对事物是按时间还是按空间进行分解？所以，对事物进行分解研究，必须根据研究目的、对象和研究进行的客观条件拟定恰当的分界思路和合适的分界层次，特别是要防止不必要的过度分解，以防浪费研究经费和时间。

分解研究分为两个步骤，其一是"分解"，也就是根据某种研究思路，运用恰当的方法将事物分割成不同的组成部分；其二是"功能解析"，也就是针对已经分割的各个研究部分，分别分析其内在本质和运行规律，以及所具有的相应功能和所发挥的作用。

(2) 综合研究

1) 综合分析的客观依据

综合分析是把认识对象各个层面要素分别研究的成果在思维过程中再加以联系，从整体上再次认识其相互之间作用机制的方法。客观事物虽然由不同的部分组成，但是在客观环境中它们总是以整体状态发挥作用。这是综合分析的客观依据。

客观事物往往都具有某种"整体功能"，这种以全部组分或部分组分的相互配合为依托的功能是某几个单独的组成部分所不具有的，而且是局部功能所不能替代的。这种"整体功能"往往是由组成部分之间的组织结构赋予该事物的。综合分析的重点正是在于发现这些整体结构赋予事物的内在特点和运行规律。

分解着重思考的是部分本身的本质及发展规律，而综合则着重思考部分与部分之间的内在联系，以及它们怎样在有机的组织结构下发挥整体作用。就此而言，分解研究更多的是针对事物组成的"硬件"，也就是各个组成部分；综合研究更多的是针对事物组分之间的"软件"，也就是各个组成部分之间的"结构"。

分解与综合是相互对立又辩证统一的。事实上，有机整体性是事物的固有本质，脱离了整体是没有所谓的组成部分的。因此，分解和综合都只是一种认识客观事物的研究手段。而就研究的思维过程而言，综合需以分解为基础。就二者在思维过程中的作用而言，分解相对来说比较简单，而综合需要多方位、多要素、多角度的权衡，是比较复杂和困难的。只有将分解与综合相结合，才能真正发现事物运行的本质规律。

2) 综合研究的关键

综合分析分为两个层面：一为"联结"，也就是说将事物的各个组成部分分别加以联系研究，它着重于考察部分对部分之间的联系规律和作用机制；一为"综合"，也就是立足整体去研究各个组成部分之间及整体功能发挥的内在规律，也就是重点考察总体结构的建构规律以及作用机制。

①综合需以客观为依据：综合研究的目的是发现客观规律，不能为了某些特定目的而去扭曲客观事物，更不能主观虚构。

②综合需深入事实的本质：综合不能仅就事物的表面问题展开，而应深入本质。这样的发现才能真正指导客观事物发展。

③综合应该是多方面的：客观事物的真实面目是千变万化的，人类的认识永远不能穷尽客观世界的无尽变化。因此，解析之后的再综合应该更多地从不同的视角展开。这样才有利于更全面地掌握事物各个方面的特征。

④综合必须是有机的：综合的目的就在于发现事物各个组成要素和组成部分之间的内在规律。这种规律就是事物组成整体，并在客观世界中发挥功能的根本原因。

如果机械、僵化地综合，就不能达到综合的目的。

分解—综合是对客观事物内在组织规律的再现，尤其是其中的综合过程就是小心翼翼地对相应组织规律的验证过程。综合之后形成的整体能否与原事物形成对应并还原其既有功能，是综合过程中是否已然真正掌握相关规律的标准。分解—综合研究方法是研究事物构成的重要方法。它一方面发现事物有哪些组成要素，另一方面将试图把这些要素再次还原，以了解这些要素是按照怎样的组织关系结成整体，并如何发挥相应功能——也就是分解是为了发现"组成要素"，综合是为了掌握"组织结构"。分解—综合过程中，分解不是"大厨剁肉"而是"庖丁解牛"，要"寻其腠理"；综合不是"收纳粉笔"，而是"组装钟表"，要"依其结构"。

4.3 深层解析方法

4.3.1 矛盾分析法

矛盾分析就是运用对立统一规律对客观事物加以分析的方法。强调一分为二地看待问题，以区分出客观事物发展过程中的主流与重点，寻找出解决相关问题的关键。

(1) 矛盾分析法的客观依据

①矛盾分析法的基础是对立统一规律[①]

矛盾的统一性是有条件、相对的，而对立性是无条件、绝对的。

②内因、外因及其相互转化规律

事物的发展受到内因和外因的双重影响，"外因是变化的条件，内因是变化的根据，外因通过内因发挥作用"[②]。

③矛盾的普遍性和特殊性

矛盾贯穿了客观事物发展的整个过程，矛盾的存在是必然的，这是矛盾的普遍性。但是在事物发展的不同阶段、不同状况下，具体的矛盾又是各不相同的，此矛非彼矛也。所以矛盾是因时而变、因势而变的，涉及矛盾内在的方方面面。这种变化的特性是矛盾特殊性的体现，也是矛盾转化固有机制的需要。矛盾的普遍性和特殊性也是辩证统一的，普遍性寓于特殊性之中。

(2) 矛盾分析研究的关键

①从正反两方面认识事物

要全面地认识事物的发展规律，就必须自觉地坚持用对立统一的方法来进行客观分析——简单地讲，就是要"一分为二"地看待事物。既要关注其中正面的因素，也要重视其中反面的因素；要在统一里发现差异，也要在差异中寻求共同之处；研究过程中既不能片面地肯定一切，也不能武断地否定一切，要防止对研究发现的绝对化，只有秉承这种思路才有利于真正探究客观事物的本质。

---

① 对立统一律是唯物辩证法的核心。唯物辩证法认为任何事物都包含内在的矛盾性。统一和对立是矛盾的两种固有基本属性，它们是相辅相成的。对立性是指矛盾对立面之间的相互排斥和否定，统一性是指矛盾对立面之间的相互依赖和转化。因此，事物发展在辩证唯物法看来是通过不断的对立中的统一和统一中的对立，也就是矛盾的转化而促成的。

② 《毛泽东著作选读》上册，141页，转引自水延凯. 社会调查教程[M]. 北京：中国人民大学出版社，2003：340.

②辨识事物发展的内因与外因及其转化机制

这些矛盾就是促进客观事物发展的各种因素。要掌握事物发展的本质和规律，就必须分清促使事物发展的内因和外因。

了解事物发展的内因，才能够掌握事物存在的客观基础，才能将对象事物与其他事物区分开来，因此掌握内因是一个认识事物的过程。这是一个相对静态的认识阶段。了解事物发展的外因，掌握事物发展的外在条件，由此才能知道其发展的趋势和可能的方向，才能掌握事物的发展现状和预测其可能的动态。掌握外因是掌握事物发展规律的过程，这是一个相对动态的认识阶段。事物发展的内因和外因在某种条件下会发生转化，这种对内外因转化机制的认识是掌握事物发展原动力的根本方法。

③把握矛盾的普遍性与特殊性

矛盾的普遍性昭示着它无时无刻存在，因此每一项研究的重点都离不开对矛盾的发掘。这种发掘可以通过各种对比来实现——事物发展过程的各种差异就是寻找矛盾的线索。

矛盾的特殊性时时刻刻提醒研究者分析客观事物具体问题时，必须兼顾研究发现的具体前提和客观条件。必须仔细地划定两类问题：一是素材的代表性问题——涉及研究对象、分析事物发展过程、发展阶段等要素的定位；二是核定研究所发现的具体规律对事物发展所起的真实作用究竟如何——涉及确定相关规律的地位与性质（区分主要矛盾与次要矛盾），不同规律和因素之间的相互作用与转化机制问题等。总之，具体问题应该具体分析，以接近事实本真。

普遍性与特殊性的辩证统一规律是具体和局部的研究具有意义的认识依据，也是总结的理论能够指导实际实践的哲学依据。共性寓于个性之中，正是通过"认识→实践→在认识→再实践"和"特殊→普遍→特殊"的循环，人们才能无限接近和逐渐了解事物的本质和发展规律。

（3）矛盾分析法的操作步骤

矛盾分析法的运用大致分为以下几个步骤：

首先是寻找矛盾，这在现实中往往表现为发现问题。这一步骤是整个分析方法中的操作关键，尤其是如何辨识"矛盾"。如果不能正确地分析出矛盾，后续的研究就会被引入歧途。按照矛盾分析法的基本观点，客观事物发展过程中出现的各种"不和谐"、"不协调"、"低效率"等问题，往往都是由于影响事物发展的对立性因素相互角力的结果。从问题中剖析矛盾是一种捷径。虽然说存在问题就是存在"矛盾"，但是如何辨识矛盾双方，还须具有以下特征：其一，这两个因素相互依存、缺一不可；其二，矛盾双方是可以转化的。在某种条件之下，这两者将不再表现出对立状态，而共同指向某个发展方向。正是因为如此，研究者在分析过程中需要注意到，现实中一组矛盾对立因素之间的作用机制往往是不均衡的，并不完全表现为"势均力敌"——矛盾中一方的作用力往往会被相对强势的另一方所"掩盖"，表现为"潜藏"状态，因此需要在分析过程中仔细辨识。

其次是对"矛盾"进行分类，确定矛盾属于哪种类型，便于有针对性地从不同的领域出发去分析矛盾。其类型通常分为以下几种：历史—现实、主观—客观、局部—整体、根源—表象、自然造就—人为导致、眼前—长远等。常规的矛盾解析方式事实上也涉及不同的认知层面，有些类型是针对相对而言比较浅显直观、表面的现象进行分析，而另一些类型则是针对更为深层的内在机制进行分析。因此，在同一个研究过程中，对矛盾的分类也会涉及多个层面，常常会运用多种分类与比较方法——其过程也涉及从表面现象逐渐深入本质的递进态势。

第三是发现矛盾转化的机制，对立作用的因素在怎样的条件下会进行转变，从而化解矛盾。矛盾分析的目的就是要促成"转化"，也就是寻找推动相关"对立"因素转向"统一"的关键机制。这个过程的具体操作重点在于关注以下几种"变化"：一是在什么样的条件下，矛盾双方的实力对比将会发生变化，以及它们对客观事物的影响力"倾斜"程度与变化状况之间的关系如何；二是矛盾"对立"双方的势力不均衡时，在此消彼长的过程中，受其影响的客观事物将随之发生怎样的应变，并分析这些应变发生的机制；三是在怎样的条件（前提）下，矛盾双方的冲突点将消失，矛盾随之发生转化。

第四设计相应的解决方案，尝试化解矛盾。这是人为干预客观事物发展的试验步骤，是对研究发现客观规律的运用过程。同时，也是对研究发现准确性、科学性的检验过程。唯有通过这种尝试，才能进一步限定相关矛盾的转化条件和关键因子，提升研究的品质，从而更利于后续的推广运用。

案例4-6：基于矛盾分析法的城市流动摊贩管理策略研究[1]

（1）发现矛盾，并辨析矛盾双方冲突的焦点

城管和流动摊贩的矛盾是目前我国大多数城市都共同面对的一个"顽疾"。这种被坊间戏称为"猫与鼠"的状况，在近年来由于城管的暴力执法和摊贩的暴力抵抗引发了一系列严重的人员伤亡[2]，而日益受到全社会的关注。那么城管与摊贩矛盾冲突的焦点是什么呢？在铺天盖地的媒体讨论中，所谓的"暴力执法"成为众矢之的。然而，当大家抛却情感因素来看待城管执法与摊贩经营之间的冲突时，会发现即使没有"暴力执法"，这样的冲突依然存在。由此可见，无论是"暴力执法"还是"文明倡导"只要有城管针对摊贩经营的"管理"（干涉），这种矛盾就会存在，只不过不同的管理和控制方式引发的对抗程度不同而已。

（2）判断矛盾的类型

那么针对这样的状况，研究首先从矛盾双方引发冲突的行为出发点来进行分析：一个问题是为什么城管不允许摊贩经营？那么是直观"没收"财物获利吗？这通常是既定事件的直接诱因，事实上研究发现大多数城管执法活动并不以没收财物为目的。是防止"三无"廉价商品危害消费者健康吗？事实上那是工商管理部门的职责。只有城管合并工商局执法时，才具有上述目标。研究最终发现归根结底，城管执法更为常见的是维持某些特定城市空间的基本秩序，防止

---

① 资料来源：西南交通大学2006年社会调查成果《流动摊贩设点经营的空间特点调查》。
② 百度搜索键入"城管暴力执法"关键词，2015年1月20日的检索结果约2，940，000个。其中的典型案例是2013年8月湖南临武瓜农死亡案例http：//yuqing.people.com.cn/n/2013/0718/c212785-22243408.html。

出现摊贩经营造成某些场所的交通拥堵和环境脏乱，以及避免由此可能引发的潜在不安全因素（例如会造成群死群伤的火灾）。第二个问题是摊贩经营的目的。通过剖析研究发现这种经营行为，往往是摊贩谋生的一种重要辅助手段。按照一句俗话所说"一不偷、二不抢，通过劳动自主谋生"，无可厚非。那么双方行为都具有道义上的"正当性"和"合理性"。只是城管执法是基于相对虚拟的"共同利益"，而摊贩经营是基于实实在在的"个体利益"，这两者在场所使用和空间状况维护上的冲突引发了两个社会群体之间冲突。这是一个典型的局部—整体利益矛盾问题。

（3）分析矛盾转化的条件和规律

通过分析经过调查获取的相关资料，研究者发现：城管执法的基本道义逻辑是基于"局部利益服从整体利益"的设定，因此尽职尽责的城管才能名正言顺地不以个人情感因素为转移，实施对相对弱势摊贩的驱离。然而，更深层次的分析却表明社会的整体利益与局部利益是密切相关的，两者之间具有一定的逻辑关系——"虚拟"的群体幸福并不意味着每个个体的幸福。但是，每个个体的幸福累积一定意味着真实的群体幸福。换言之，整体利益实现并不一定需要建立在牺牲某些社群的局部利益基础之上，真正的整体利益应该是充分照顾了不同社群局部利益。事实也一再表明，架空局部利益的整体利益不是真正的"整体利益"。那么基于这样的推理逻辑，在这一课题中对原有既定逻辑的否定是寻找矛盾转化条件的深层义理基础。

有鉴于此，摊贩经营是他们的生存之道，是谋生的合法手段。只有各个社会群体都能够在不损伤其他群体利益基础上合理、合法地获得自身的生存资源，社群关系才能更为和谐，社会整体才能良性运行。基于这样的前提，允许摊贩的经营是利于社会整体运行的。虽然相比于"城管"管理城乡环境的形而上的目标，"谋生"看起来是更为迫切和必要的活动。但是作为地方社会一样需要整洁的街道环境、良好的城镇形象、安全便捷的交通。那么矛盾怎样才能转化呢？

寻求转换矛盾的途径需要对矛盾产生的客观环境进行分析。首先若没有相应的社会需求，摊贩是无以谋生的，这是摊贩们经营的前提。究其事实，这些摊贩追求的"微利"均源自于他们灵活的经营方式所提供的"便利"和"价廉"——基于前者，我们就不难分析出为什么摊档总是聚集在一些特定的场所，并有一定的时间规律。例如聚集在"交通节点"之处，大门、公交站、桥头、路边（过街人行道）之处[①]。摊贩们正是利用人们在各种既定行为线路中进行转换必然发生的冗余时间，为人们提供服务，在提高了人们行为效率的基础上，为自己获取一定的收益。基于后者，排除不符道义的"假冒伪劣"、"以次充好"的不正常状况之外，摊贩获利主要是基于这种流动经营模式能够相对节省固定商铺本身的运行支出。因此，摊贩经营活动本身是具有相应经济价值的；其次，所谓摊贩经营对公共安全的威胁主要集中在其经营方式中对场所选择和设施使用不

---

① 参见：安妮·米柯莱，摩里兹·普克豪尔. 城市密码：观察城市的100个场景[M]. 洪世民译. 台北市：行人文化实验室，2012：93.

当而造成的影响疏散、火灾隐患等问题，而这些方面并不存在摊贩"损人利己"，而是"一荣俱荣，一损俱损"，是城管必须通过管理来消除的，这种管理才是必要的。第三，摊贩经营造成环境脏乱。这种状况事实上并不会必然发生，而是与经营者和消费者个别人的素质相关。如果参与经营和消费的每个个体都能够主动意识到随时保持环境整洁、美观的重要性，这种问题就不会发生。甚至在一些特定的情况下，美观的摊档能够成为城镇"风景"，摊贩经营还会成为一种具有特色的地方文化活动。

因此，基于对摊贩经营和城管管理之间"猫鼠"矛盾的解析，研究者发现所谓的矛盾集中在以下几方面：一是经营场所对交通的干扰；二是经营活动本身存在的安全隐患（疏散和火灾）；三是经营产生的垃圾影响环境整洁。而进一步对这些矛盾产生的深层原因进行解析，发现第一个矛盾存在一定的必然性，而后面的两个矛盾则是偶然的，甚至无关的。解决矛盾的尝试也应针对问题产生的根源进行仔细解析和设计。

（4）设计方案尝试解决问题

根据前面的分析——允许摊贩经营，事实上是符合社会整体利益的，因此首先明确转换矛盾的基本原则是允许摊贩经营。再在此基础上设计相应的管控措施，来避免不当经营带来的各种隐患。首先，管控措施应根据摊贩经营时间规律和场所规律，本着利于摊贩经营的角度来进行设计。必要时还要创造条件来引导他们的经营，从而避免对正常城市功能的干扰；其次，对于安全隐患问题要本着防患于未然的思想，拟定相应的管理措施和应急预案；第三，要强化对个别不当经营行为的规范，主要通过教育和约定来消除造成环境脏乱的低素质行为的发生。最后，要认识到解决问题要找准关键——不属于本矛盾关系的问题，不能在本系统内解决时，需要坚决剔除其对政策和措施制定的影响。例如，防止不合格产品流入市场和摊贩经营没有必然关系，也不是一个矛盾体。为了消除不合格产品流入市场的可能就取缔摊贩不是转化矛盾而是转嫁矛盾，必然引发更为严重的社会问题。这个问题应该在对商品生产的质量管理环节解决。

4.3.2 因果分析法

因果分析法就是研究客观事物之间因果联系的分析方法（思维方法）。

（1）因果分析法的客观依据

因果分析是以人类思维判断基本逻辑规律为基础的。所谓因果，就是"由一种现象在一定的作用下必然引起另一种现象产生的两种现象之间的本质、内在的联系。前一现象为因，后一现象为果。"也就是简单的"原因在前，结果在后"。因此，因果分析秉承的是"因为—所以"的思维模式。

（2）因果分析研究的具体方法

形式逻辑为因果研究提供了五种最基本的具体研究方法：

1）求同法

又称契合法，是分析某种客观事物产生某种相同变化的不同情况下先行条件中

相同的因素或因子，以这个相同的因素为事物发生变化的原因。

求同法的特点是在差异中寻找相同点，因为事物的共同只能是相对的，而差异是绝对的，所以这种方法的结论具有偶然性。

2）求异法

又称差异法，是分析某种客观事物产生某种变化的原因时，发现当其他先行条件相同时，该种变化只在某种特定因素出现的情况下发生，以这个不同的因素为事物发生变化的原因。

求异法是在所谓的共同中寻找差异。基于事物差异的绝对性特点，这种方法所得结论比求同法所得的结论可靠性要高一些。但这种方法的结论依然具有偶然性。

3）求同求异并行法

通过比较某种现象出现和不出现的不同情况下，先行条件中是否具有某种因素的状况，来判断这种因素是否是这种现象产生原因的方法。

求同求异法的特点在于它兼有求同法和求异法的优点。在正面状况下，通过求同法得出结论；在反面状况下，也通过求同法得出结论；再比较正面和反面两种状况，通过求异法得出最终结论。通过两次求同和一次求异，其结论比单纯的求同或求异要更为可靠一些。但其结论依然具有偶然性。

4）共变法

在判断某种现象的原因时，先行条件中其他因素不变的情况下，如果某一因素发生一定程度的变化，即产生某种对应程度的变化，即可判断这一因素是这种现象的原因。

共变法的特点是在变化中求因果，不仅有利于发现因果关系，还有利于掌握变化的数量关系。运用共变法判断客观事物的因果关系时，应该把握以下几点——首先，共变关系不一定是因果关系，它们有可能是由某种原因不同结果表象；其次，现实环境中大多数共变关系都是具有一定限度的，超出了既定的阈值，有可能适得其反。所以，共变法所作出的结论依然具有偶然性。

5）剩余法

在判断某种现象的原因时，逐步排除已知的因果联系，则剩余的部分之间就有可能存在因果联系。

知识点 4-5：因果分析的认识层面

对内外因的分析，会涉及分析和认识层面的问题。有时，在较深入和细致的层面上研究问题时，这一因素是外因。而提升分析层面，以较为宏观的视角在看待同一问题时，该因素有可能就成为内因了。所以在进行研究时，定位分析的认识层面是十分重要的。认识层面过低或过高，都不利于研究工作的展开。恰当的认识层面对于得出合理的科学结论十分关键。另外还有一点需要注意，就是在一个分析的过程中，要坚持在同一认识层面之上。研究过程的层面飘忽，甚至会造成对客观事物认识的变异，例如以偏概全、以小含大，只能造成研究失误！

认识层面的确定与研究的目的和客观事物本身的特点密切相关。

剩余法的特点是通过剩下的应变现象和剩下的先行条件进行推断。要经过多重的排除，需要较全面的前期准备（最起码的相关理论学习）。但是这样得出的结果依然具有偶然性。

（3）因果判断的辩证唯物逻辑

上述五种判断因果的常用方法，都是建立在"前因后果"的简单逻辑基点上。尽管因果联系的必然逻辑是原因在先、结果在后，但不是所有具有先后相随时间次序的联系都一定是因果联系。辩证唯物论认为，客观环境之中，一切现象都是由某些其他现象所引起的。引起现象的现象叫"原因"，被引起的现象叫"结果"。只有引起和被引起的联系成立，因果关系的判断才成立，这是判断因果的充分必要条件。时间次序的先后只是一个必要条件。

1）"因果关系"是客观存在的

"因果关系"是客观世界普遍联系和相互制约的一种表现形式。辩证唯物论同时认为，真实的因果不以人的意志为转移，是客观存在的。人们对它只能认识、反映和评价，而不能臆测、创造或消灭。所以，在研究过程中判断因果必须坚持客观性。

2）"因果关系"是有条件的，某一研究过程中的因果应该是既定的

辩证唯物论认为基于对立统一的基本原则，现实之中的因果关系都是有条件的。也就是说，在许多情况下"原因"和"结果"的区分不是绝对的而是相对的，只有在一定范围内才能确立。还有些时候，"原因"和"结果"存在相互转化的情形。所以，研究过程必须把握这个相对的尺度范围，否则就会迷失在"原因"与"结果"的无限循环之中。由此，在某一既定研究的尺度范围内，因果关系是特指的，"因"与"果"是相对应的。否则就将无从判断，这是确定因果的逻辑必需。

3）"因果关系"的对应具有匹配性

原因与结果的联系在性质、规模等方面应具有特定的匹配性。通常来讲，特殊的原因将导致特殊的结果；较小的原因很难说明重大的结果；自然的原因也不足已成为社会性问题的全部根源。所以，在分析客观事物发展的原因与结果时，须注重这种对应的匹配性，这将有利于在研究过程中获得真正的发现。

4）"因果关系"具有多样性

"因果关系"因客观现实的丰富多彩而千变万化，具有多种表现形式。但是这些不同的表现形式可以大致划分为以下几种类型：

一因多果：同一原因同时导致多种不同的结果；

同因异果：同一原因在不同条件下导致完全不同甚至相反的结果；

一果多因：某一结果是由多种原因共同引发的；

同果异因：同一结果在不同条件下是由不同的原因引起的；

多因多果：因果关系会交织成复杂的复合状态，原因和结果都不单纯。在复杂的外部条件影响下，多重原因可能会在不同的条件下激发出各种组合的复合结果。

总之，"因果关系"的分析不能脱离其辩证唯物论的基本逻辑，否则这种分析将因其机械的判断而有失偏颇。

4.3.3 系统分析法

系统分析法就是运用系统论[1]的观点研究客观事物性质和规律的分析方法（思维方法）。

系统一词源自古希腊语，具有由部分组成整体之意。

（1）系统分析法的理论依据

客观世界是普遍联系的，运用系统论的观点分析和研究客观事物，其目的就是在于寻找客观事物普遍联系的内在机制。

（2）系统的判定

所谓系统就是由各种组成要素按照一定内在结构连接成一个具有特定性质和功能的整体。分析事物是否具有系统性，主要是衡量其是否具有以下特征：

1）系统具有构成要素

构成要素是系统存在的基础。构成要素是系统中可划分的能够保持相对稳定的单元、成分或者因素。对要素的判断有以下几条标准：

特殊性：从类型的角度出发来看，每一个要素都应是独特的，具有与其他要素不同的内在特性和规律。

完整性：要素作为系统的构成组分应该是不能再被分割的，否则将影响其性质的稳定和实体的存在。

多样性：对系统而言，构成要素应该是多种多样的。

2）系统具有内在结构

系统结构就是将系统构成要素连接在一起，并获得要素所不具有的整体功能的内在组织机制。结构不能脱离系统而存在，同时没有结构也不称其为系统。对于系统而言，结构是赋予其功能的真正原因。系统结构具有以下特点：

稳定性：结构作为一种组织方式具有相对的稳定性，这是赋予系统既定功能的固有要求，也是维持系统存在的前提。一旦结构发生了变化，系统也会随之发生改变。

有序性：结构是具有一定内在组织规律的，这种有序性是保证结构稳定，赋予结构具有抵抗外界扰动弹性的必需。

层级性：结构是具有层级特点的。要素和系统的划分往往只具有相对意义。任何要素往往都是由更小的要素构成，从这些更小的要素层面上来看，上层次的要素无异于一个完整的系统。所以，宏观层面上的结构往往离不开下面各个层级结构的支撑。

相关性：结构是一个有机整体。其各个部分之间是密切相关的，其部分的改变将影响整个结构，从而导致整个系统性质和运行规律的变化。

---

[1] 系统论是研究系统的一般模式、结构和规律的学问，它研究各种系统的共同特征，用数学方法定量地描述其功能，寻求并确立适用于一切系统的原理、原则和数学模型，是具有逻辑和数学性质的一门新兴科学。系统思想源远流长，但作为一门科学的系统论，人们公认是美籍奥地利人理论生物学家 L·V·贝塔朗菲创立的。他在1925年发表"抗体系统论"，提出了系统论的思想。1937年提出了一般系统论原理，奠定了这门科学的理论基础。但是他的论文《关于一般系统论》，到1945年才公开发表，他的理论于1948年在美国再次讲授"一般系统论"时，才得到学术界的重视。确立这门学科学术地位的是1968年贝塔朗菲发表的专著——《一般系统理论—基础、发展和应用》。该书被公认为是这门学科的代表作。信息来源：http：//hi.baidu.com/zhangxingang/blog/item/

形式性：结构是一种组织方式，具有形式特点。相同的结构可以容纳不同的要素组织成不同的系统，即所谓的同构异素；相同的要素也可以通过不同的结构组成不同的系统，也就是所谓的同素异构。系统的核心在于其整体功能，同样的功能很可能完全是由不同的要素按不同的结构组织而获得的，这就是所谓的殊途同归。

3）系统具有整体功能

系统是一个整体，它存在的实质就是获得了其组成部分所不具有的功能，这就是系统的整体性。因此系统不是要素的简单组合，而是在于通过结构组成不可分割的有机体。

要建构一个有机的整体，必须具有调控应变的机制。系统的稳定性如何正是取决于这种内在的自我协调和调控能力。这种调控是通过"控制—反馈"机制达成的。要完成这种控制，系统需具有相对应的控制和受控体系。控制系统负责根据系统的目标、内外状况，向受控系统发出指令和信息；受控系统则根据指令和信息调整系统的具体运行，向控制系统进行反馈。如此循环不断调整，使得系统运行能达成相应的目标。

因此，研究系统除了对要素与结构进行分析之外，还需要立足整体探究系统的整体功能和它的"控制—反馈"机制。系统作为整体的自我调控能力越强，说明其越优越。

（3）系统分析的具体方法

1）系统内在机制的分析

研究系统首先应该从分析其构成要素入手；其次在于对系统结构的剖析；再者，还需要从系统整体性的角度出发，研究其整体功能和其内在的"控制—反馈"机制。

2）系统外在环境的探究

研究系统只关注系统内部是不行的。系统总是处在一定的环境之中，并与环境不断发生着信息交换。掌握系统与环境的关系是了解系统的必需。

知识点 4-6：黑箱—灰箱—白箱法

目前，人们按照对现实系统内部状况的了解程度，把现实系统分为三种类型：黑箱系统、灰箱系统和白箱系统。黑箱系统，就是指人们对其内部状况完全不了解或者无从了解的系统；灰箱系统，则是指人们对其内部状况部分了解的系统；白箱系统指人们对其内部状况已经完全了解或者可能完全了解的系统。

所谓黑箱法，只能通过系统与环境的作用关系来进行对系统内部的推断。它实际上是完全的功能分析法；灰箱法则是人们通过对系统内部的部分了解对应系统与环境输入、输出之间的作用机制来了解系统的方法。它实际上是不完全的"结构—功能"分析法；白箱法是将对系统内部状况的了解对应于环境与系统之间作用，内外两方面结合来深入认识系统的方法。只有白箱法是完全的"结构—功能"分析法。

人们对客观事物的认识中有一个从不知到知之，继而知其所以的过程，这个过程就是从黑箱→灰箱→白箱的过程，也是从了解事物现象到逐渐渗入事物本质的过程。这三种方法都离不开分析系统与环境的关系，都是"结构—功能"分析法的具体模式，具有重大的认识论意义。

就系统与环境的关系而言，有两种模式。

开放系统：指系统需与环境间不断地进行物质、能量、信息的全方位沟通和交换，否则系统将不能维持自身的平衡和稳定。只有在这种与外部环境条件不断"输入—输出"交换的支持下，系统才能从无序走向有序、渐次升级，获得发展和更新。

封闭系统：指不需要与外部环境产生交换，依然能够独立存在下去的系统。严格地讲，现实中是不存在绝对封闭系统的，所谓的封闭系统都只是相对的。这些封闭都有各自不同的条件，往往与人们认识这些系统时的研究视角和立场相关。

总之，研究系统必须要分析系统与环境的关系。正确认识研究对象的外部条件，对于掌握其本质和运行规律十分重要。

4.3.4 结构—功能分析法

"结构—功能"分析法[①]是基于系统论中结构与功能相互关系原理研究客观事物的分析方法（思维方法）。

（1）"结构—功能"分析法的理论依据

系统论的观念中，最重要的四个基本概念是系统、要素、结构和功能。其关注的核心在于以下几对关系：要素与要素的关系、要素与系统的关系、系统与环境的关系。系统论的核心思想是整体性，正是基于此，系统最大的特征就是"整体大于部分之和"，也就是系统的"功能"问题（系统与环境的关系）。而这一功能是由"结构"（要素与要素、要素与系统的关系）所赋予的。

结构是系统内部各要素之间相互作用以形成整体的内在机制（它是一种关系）。功能是系统作用于环境的能力。它能够引起环境的反馈。结构与功能是相互作用的，一方面结构决定功能，另一方面功能也会反作用于结构，并在一定条件下促使结构发生变化。这可以通过生物适应环境而产生的器官异化来看到这种作用机制的微妙结果。因此，"结构"说明的是系统内部的问题，"功能"说明的系统外部的问题。

（2）"结构—功能"分析的具体方法

1）结构分析法

结构分析法是通过剖析系统内在结构，了解和掌握系统特征及其本质的方法。

这种"解剖式"的方法由来已久，运用十分广泛，是科学研究中最常运用的一种方法。但是当解析目前科学技术尚不完全深入的领域和特别复杂多变的巨系统时，该方法往往会因为无法进行恰当解析而难以达到研究目的。

2）功能分析法

功能分析法是通过系统与环境的交互作用来推断系统内部状况及其特征的方法。

系统与环境的交互作用主要体现在二者之间物质、能量、信息的交换之中。研究过程中，通常将环境对系统的作用称为"输入"，而系统对外的作用称为"输出"。在这样的关系逻辑中，功能就是对"输入"进行加工之后进行"输出"的能力。通过一定的技术手段对这种能力的剖析，能够在某种程度上掌握系统的一些主要内部特征。

[①] 结构与功能的概念出自于生物学的研究，最初具有机械决定论的色彩。后因系统论的发展成为其重要的组成部分，得以广泛运用。

结构分析法是一种静态的研究方法，功能分析法是一种动态的研究方法。两种方法可以单独运用。但是，只有将两者结合起来才是完整的"结构—功能"分析法，两者的相互印证将有利于更深入地揭示事物发展的客观规律。

4.4 结语：思维方式与分析方法

分析是思考的重要组成部分。分析方法是人类认识世界过程中创造的认知方法系统中最重要的类型，它们是逻辑思维的基础。通过分析，纷繁复杂的原始信息经过思维加工，成为能够抽象反映客观环境的概念、要素、原理、规律，提炼浓缩成为更利于记忆和传播的知识。基本分析方法大都是对人类最基本的逻辑思维模式的演绎。熟练的掌握它们并加以运用能够极大地提升人们的认知能力和获得知识的效率。它们本身也是人类对自身思维规律探索的重要成果和财富。分析是一种理性思维模式，强调对事物发展构成要素、内在逻辑和组织结构的探知。分析的重点在于发现客观事物部分与部分、部分与整体、结果与原因、形态与功能之间的关系和互动法则——这是人们进行分析的核心。无论哪个学科领域的分析方法，许多都是在现代技术条件下对这些分析方法的"操作技术升级"。通过这些技术手段，来探寻过去还未发现的潜在"关系"——因此通过学习掌握运用分析方法，最重要的不在于每种研究方法进行操作的技巧细节，而在于明确这种分析方法的内在推理逻辑——如何思考和判断，继而怎样在思维中还原和演绎。在研究中运用分析方法时，拟定研究方案的设计思路重点一定在于仔细斟酌对这种方法推理逻辑的适用性。"三思而后行"——思在先而行在后，思为本而行为用。

■ 参考文献：

著作：

[1] 汪丽君，舒平．类型学建筑：现代建筑思潮研究丛书 [M]．天津：天津大学出版社，2004．

文章：

[1] Chris Webster．辩驳和城市规划实践的科学理论基础 [J]．唐韵文，汪铁溟译．城市规划学刊，2013（3）：36–42．

[2] 金相郁．中国区域划分的层次聚类分析 [J]．城市规划汇刊，2004（2），23–28．

[3] 李志英，刘涵妮，田金欢，李涛．昆明市域城镇类型划分与发展定位研究 [J]．中国人口·资源与环境，2014（3）：143–146．

[4] 单勇兵，马晓东，仇方道．苏中地区乡村聚落的格局特征及类型划分 [J]．地理科学，2012，32（11）：1340–1347．

[5] 常晓舟，石培基．西北历史文化名城持续发展之比较研究——以西北 4 座绿洲型国家级历史文化名城为例 [J]．城市规划．2003（12）：60–65．

[6] 张文华，戴晴，付晓琛，邓芳．生物系统分类体系的建立和林奈的贡献 [J]．生物学通报，2008，43（5）：54–56．

[7] 汪丽君，舒平．内在的秩序——对建筑类型学形态创作特征的比较研究 [J]．新建筑，2010（1）：

67–71.

[8] 陈飞，谷凯．西方建筑类型学和城市形态学：整合与应用[J]．建筑师，2009（2）：53–58.

[9] 沈克宁．重温类型学[J]．建筑师，2006（6）：5–19.

[10] 李钢，项秉仁．建筑腔体的类型学研究[J]．建筑学报，2006（11）：18–21.

[11] 汪丽君，舒平．当代西方建筑类型学的架构解析[J]．建筑学报，2005（8）：18–21.

[12] 朱永春．建筑类型学本体论基础[J]．新建筑，1999（2）：32–34.

[13] 汪坦．建筑历史和理论问题简介——西方近现代[J]．世界建筑，1992（3）：11–15.

网络文献：

[1] 马丘比丘宪章——摒弃机械主义和物质空间决定论，国匠城网站，城市规划论坛。文章原网址：http：//bbs.caup.net/read–htm–tid–15879–page–1.html

■ 思考题：

（1）基础资料整理的意义及基本原则。

（2）基础资料整理主要包括哪几方面的内容。

（3）文字资料整理的基本步骤及其阶段要点。

（4）文字资料审查的具体原则和方法。

（5）数字资料整理的基本步骤及其阶段要点。

（6）如何验证数字资料的准确性？

（7）如何制作表格？

（8）绘制统计图应该把握哪些因素？

（9）调查问卷整理的基本步骤及其阶段要点。

（10）怎样进行问卷编码？

（11）初步分析有哪些基本的方法类型，它们各自具有什么样的特点？

（12）统计分析的特点及其常规适用范围。

（13）比较分析操作的要点是什么？

（14）进行分类的客观依据及其操作要点是什么？

（15）分解与综合分析的内在逻辑依据是什么？

（16）分解和综合各自的分析操作要点。

（17）深层解析有哪些基本的方法类型，它们各自具有什么样的特点？

（18）矛盾分析的客观依据及其操作要点。

（19）因果分析的客观依据及其操作要点。

（20）系统分析的客观依据及其操作要点。

（21）什么是系统的结构？系统的功能又是指什么？

■ 拓展练习：

（1）学习绘制研究流程图

（2）学习制作研究工作底图

第5章 典型研究方法范例

本章要点：

■ 了解各种基本研究方法的渊源、设计思路和特点

■ 掌握基本研究方法研究程序和操作方法

■ 熟悉基本研究方法的运用领域

　　历经多年积累，城乡规划领域内针对不同研究方向亦形成了一些为业界所公认的有效研究方法。这些研究方法是本领域获得研究发现的重要工具，熟练掌握它们并加以运用能够大幅度提升常规研究的效率。与此同时，这些方法也为各类新方法的设计提供了思路启发和技术基础，结合其他领域，例如计算机辅助研究技术的发展，或能为将来的城乡规划研究带来更大的研究变革。本章选取目前最为常见的 11 种研究方法加以简要介绍。此处讲述的重点集中于每种方法的理论基础、基本思路、操作流程和要点、常见运用领域以及运用限制，期望通过介绍能够让读者对每种方法的基本特点有所了解，以便于在未来研究过程中进行方法设计时较好地加以运用，并在此基础上设计出更适宜于自己研究课题的研究方案。

5.1　空间注记法

5.1.1　什么是空间注记法？

（1）基本概念

空间注记法是对城镇（乡村）空间中的各种感受进行记录的一种方法。王建国教授对其定义为"在体验城市空间时，把各种感受（包括人的活动、建筑细部等）使用记录手段付诸图面、照片和文字"。[1]

（2）关键词解读

各种感受：事实上，最初空间注记法感受的重点首先是对空间设计艺术性的评

知识点 5-1：什么是注记？

　　注记，在地图上起说明作用的各种文字、数字，统称注记。注记常和符号相配合，说明地图上所表示地物的名称、位置、范围、高低、等级、主次等。注记也属广义地图符号系统的一部分。例如：在地图上用来说明山脉、河流、国家、城市等名称的文字，以及表示山高、水深等的数字等。它是为了人们更好地利用地图获得相关知识信息的工具（图 5-1）。

图 5-1　地形图
资料来源：陕西省地图册，西安地图出版社。

---

① 王建国. 城市设计 [M]. 南京：东南大学出版社，1998：222.

价；其次才是强调对空间使用中的各种相关问题进行评价，例如：是否好用，空间形式能否适应功能的需要等。

感受主体：空间注记法的感受主体既可以是专业人士，也可以是普通民众。通常更为强调非专业人士的感受。

注记方式：进行空间注记的方式几乎不限，注记者可以根据自己的能力和擅长选择图形、照片、文字等各种方式。

定性还是定量研究：注记法运用在进行感受记录的研究领域时，以定性分析为主。但运用在进行使用状况分析时，可以是定性、定量分析相结合，这个需要与具体的记录设计相结合。

知识点 5-2：城市如画理论（Urban Picturesque）

"如画"的概念："如画"一词产生于18世纪对景观美学的哲学讨论，当时景观设计提出"在设计精美的公园中漫步就如同在一幅连续的画中旅行"。

"如画"理论的前提（原则）：

①每个人都具有以个人喜好和文化背景为基础的"审美"直觉；

②城镇空间能够带来审美体验，某些空间特征能够带来强烈的相关感受；

③空间形态的相应特点可以被总结和概括，它引发的感受具有可重复性；

④基于审美的愉悦感受会强化。

5.1.2 空间注记法的源起

美国路易斯安那州州立大学的学者雷蒙德·艾萨克斯（Ray-mond Isaacs）在对城市步行空间进行研究时，应用了空间注记分析方法，强调以理性、客观的测试方法来建立和验证关于步行空间设计的理论和原则。

案例 5-1：对德国德雷斯顿（Dresden）市①的"如画"街区进行注记分析

雷蒙德主导的对德雷斯顿市调查分三部分：一部分是在室内操作的调查；另外两部分是在城市中心区以引导性的方式进行步行体验测试。整个研究的目标在于调查影响人们步行行为的因素。城市环境中"步移景异"的基本空间形态、空间组合的相关规律，以及这些空间特质如何影响人们对步行行为的决策。之所以选择德雷斯顿市进行调查，是因为该市空间环境建构方式具有"如画"的代表性——它首先包含了各个时期的建筑和城市空间（街道和广场）；其次，各种空间类型有多种组合方式。

调查采用了两种注记方式：室内操作部分属于无控制的注记观察，即在指定的城市地段中任意选择描述重要的、有趣味的空间；室外操作部分则属于有

---

① Dresden（德累斯顿）市：http://zh.wikipedia.org/wiki/%E5%BE%B7%E7%B4%AF%E6%96%AF%E9%A1%BF（维基百科）Inner Neustadt 区

控制的注记观察，是在给定的地点、参项、目标、视点的条件下进行空间体验和描述。

根据研究设计，这次调查强调"专业"人士和普通市民（各年龄段）共同参与，主要分为两个阶段，第一阶段以室内作业为主，重点是选择调研地点和调研人员。其关键点一是筛选参与人员，二是确定测试场所和测试线路；第二阶段是现场的步行体验和记述。其关键在于通过专业人士和普通志愿者的不同体验对比来验证"如画"理论，并根据研究结论对"如画"理论进行修订。

(1) 调查设计及结论

第一个阶段是"无控制的注记观察"，主要是进行"室内调查"，参与者是专业人士，包括18位建筑学院的学生和4位建筑学院的成员。这一阶段采用注记方式是让上述人员用语言和绘图表达他们平时经常走过和最喜欢的步行场所。研究目标是为室外调研确定范围和提供依据。经过汇总，具有历史的Neustadt街区被认为具有"如画"的许多特征。虽然只有4人日常步行会经过该区，不过参与注记的人员中有16人表示最喜欢在此步行。

第二个阶段是"有控制的注记观察"。这一阶段包括两个步骤：其一是专业人士的街道测试，其二是普通志愿者的街道测试。这一阶段的注记方式是在每条线路的终点，参加者被要求绘出草图来表达感受并同时回答问卷；分别走完3条线路后，要求比较不同的感受，并说明在可能的情况下，会选择怎样的线路作为日常步行的线路，同时给出原因。

专业人士的街道测试时要求上述18位参与者（建筑学院学生）按照规定路线穿越Dresden市中心区。路线包括3个不同的组成部分：首先是Pragerstrasse街区，其建于20世纪末，是具有现代建筑和规划设计的街区，被认为是"如画"理论反例。其次是Inner Neustadt街区，街道空间类型丰富，街道路网与开放空间相互穿插，具有"如画"理论的典型特征。第三是Outer Neustadt街区，是19世纪建造的相对统一的住宅邻里街区，虽然街道空间比较单一，但教堂的出现和终点处的广场，有"如画"理论的某些特征。

专业人士结论很明确：Inner Neustadt街区和Outer Neustadt街区比Pragerstrasse街区有更美好的步行体验。原因涉及空间环境与社会环境两方面。在空间环境方面，前两者有突出的空间特点，一是街道具有空间变化，二是空间对景（钟塔）和结点开放空间（钟塔广场）成为有趣的、好的步行体验的载体。而后者的空间尺度过大，步行者感觉那是车的空间尺度。社会环境的作用体现在Inner Neustadt街区和Outer Neustadt街区的对比中，后者因为居民活动参与，有很多社会化的活动场景，如：街道橱窗、露天咖啡座等，因此甚至比空间本身更丰富的Inner Neustadt街区更具体验性。

普通志愿者的街道测试由普通市民（24位不同年龄段的志愿者）按照规定路线穿越Neustadt区。路线也包括3个不同的组成部分：Hauptstrasse是一条禁止车辆穿行的巴洛克街道，街道宽而直，路线的终点是以雕塑为标志的广场。Rahnizgasse大街是Inner Neustadt街区的一部分。穿过狭窄的街道，处处都能见到教堂的钟塔，最终到达广场。这条路线最能说明"如画"理论。

Bohmischestrasse 大街包括 Outer Neustadt 街区的一段，增加了允许机动车交通的部分，教堂钟塔的景观视线也随之减少了，部分带有"如画"理论特征。

普通志愿者调研结果如下：位于 Inner Neustadt 区域的 Rahnizgasse 大街的方位变化和空间多样性激发了参与者的兴趣和好奇心，给人很好的美学体验。尤其是小的空间尺度使建筑的质量和细部成为体验的重点，但缺乏社会活动限制了志愿者将其作为日常通行路线；Hauptstrasse 大街的建筑和空间比较单调，但绿化好（树荫和分隔），有小品（喷泉）设施（座椅）。建筑内的活动以咖啡桌或橱窗等形式扩展到街道中，从而产生了人的活动空间。正是由于街道空间中有其他行人的存在，让大部分人觉得轻松而选择其作为日常使用的街道。Bohmischestrasse 大街的步行体验最不好。感受者认为人车混行是造成这种状况的一个主要原因。

总之，对德雷斯顿市"如画"街区的注记体验调查表明：大多数专业性的参与者选择 Inner Neustadt 街区作为他们最经常使用的路线，这表明了美学因素对步行活动选择的影响程度大。少数参加者则是选择 Outer Neustadt 街区因此步行活动亦受到社会因素的影响。对于专业人士而言，Inner Neustadt 街区是"一种理想化的城市空间"，但缺少行人；Outer Neustadt 街区则是"日常生活的最佳体验"，被称作"行人的高速公路"。非专业人士的体现重心与专业人士具有明显差异，对于他们而言，尽管"如画"的街区同样具有强烈的吸引力，但是令人愉悦的社会活动显然对人们的步行活动具有更突出的吸引力。与此同时，研究还发现了一些被专业人士忽视的因素对参与者步行体验的巨大影响力：首先年龄对于步行体验的影响十分关键；其次"和谁一起"对步行也具有突出的影响力。在 Bohmischestrasse 大街由于参与的年轻学生彼此吸引亲近，相对地增加了步行体验的乐趣。

（2）研究贡献

此次调查研究的贡献在于根据研究结果对"如画"理论进行了修正。主要包括以下几点：

一是空间变化和收放程度的控制。狭窄的街道、通道连接着广场和开放空间，通常被认为是具有艺术美感的步行空间。但是其中的"度"非常关键，大多数的人都认为宽度小于 6m 的街道过于"狭窄"，尤其是对老年人而言。

二是步行空间应网络化。城市步行空间应该是连续的，仅有美好的开始和结束（起点和终点）是远远不够的。

第三应有明确的空间引导。步行环境中的大型标志物常常是视觉焦点，但在行走的过程中引导作用并不明显，尤其是在方向感不突出的多变环境中。反而是一些贴近人尺度的小型标志物，例如喷泉、雕塑等经常被步行者作为行走的参照点。

第四仅有美好的空间还远远不够，空间中必须承载一定的社会活动。无疑，美的空间对人们具有强烈的吸引力。但是，强烈的美学体验是否能在年复一年的日常生活中持续保持，这不得而知。将活动纳入空间，并将其体现到城市特性中，也许会对人们的行为产生更持久的影响力（吸引力）。

5.1.3 空间注记法的操作流程、要点

空间注记法的操作流程通常分为五个步骤，分别是"制定分析研究框架"、"选择调研地点与场所"、"选择参与人员"、"选择注记方式"和最终的"总结分析调研结果"（图 5-2）。

在整个空间注记方法设计过程中，最为重要的是"制定分析研究框架"，也就是明确要验证的相应关系和规律究竟是什么。在雷蒙德的研究中是利用注记验证"如画"的空间对人们的步行行为选择具有影响力。同样，在既定研究中也可以利用注记去验证一些相应规律。由于空间注记法的验证对象和运用领域相对较为明确，事实上其操作的关键点更集中于如何确定调研的地点、场所和选择参与注记的人员以及具体注记方法之上。无论怎样设计相应的方法细节，其目的都在于期望能够更为客观、全面、系统地获得既定信息。

现仍以雷蒙德的德雷斯顿市调研过程为案例，详细解析空间注记法操作设计的核心要点。

（1）如何根据理论框架选择适宜的调研"场所"

雷蒙德的案例表现出从城市—街区—街道，尺度逐渐缩小的场所调研过程。每一步都涉及对"场所"代表性、典型性的确认以及不同阶段不同测试重点的考虑。首先让专业人员通过主观判断从专业的角度预先排除非"如画"因素（社会因素、环境差异、建筑风格等）的影响。从而将研究的重点置于街道本身的模式、规模、空间尺度、形式、景观等主导方面。

（2）如何根据理论框架选择适宜的"参与者"

对"如画"理论的验证有一个特别重要的观念，即证明空间艺术性对人们行为的影响力是普遍存在的。因此在这一研究过程中，既需要有相关专业人士参与，也需要征集相当数量的普通志愿者，而且专业人士与普通志愿者在本研究不同阶段发挥的作用各不相同，具体因素如下：

初步筛选阶段主要选择专业人士参与。其目的是提高测试的准确率和效率，尽快筛除不相关的因素，明确具有"如画"艺术特性的调研"场所"。最终阶段选择各个年龄段的非专业人士参与。其目的是强调测试模拟空间真实的使用状况，提高研究的可信度和有效性，以充分印证"如画"理论的适应性（普适性）。

（3）根据研究重点设计测试线路

在雷蒙德的研究方案中，每次的路线都是针对测试重点而确定的。每条步行测试线路都包括不同类型具有明显艺术特征差异的街道空间，每种类型的街道空间都涵盖不同的测试要素，以利于在进行分析时运用比较和对比的方法，能使结论更有针对性，重点更突出。

（4）对注记方法的设计

注记信息的掌握和反馈有多种方式。如何在适度控

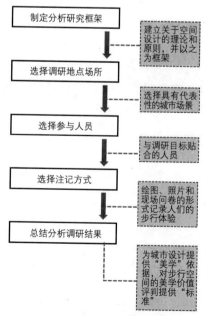

图 5-2 空间注记法的基本操作流程
图片来源：作者自绘，徐萌制作。

制范围内提高分析和比较的客观性和效率极其重要。注记方法设计十分关键，不论采用哪种注记方法，都要使通过注记获得的草图、问卷能够进行统计和进行分析。其中，文字记述的方式是最为简便易行的，但是由于不同的人的修辞表述会具有较大差异，因此对后续的信息整理具有较大难度。因此常常仅仅在试验调查采用这种模式，为正式调查阶段将其要点转化为更易于分析的"问卷"调查模式做准备。绘图的方式往往需要参与者具有一定图形表达能力，因此常常是用于对"建筑类"专业人员的调查之中，普通人绘制的"心智地图"或者"城市意向图"的辨识往往都是颇具争议的。随着数码技术的发展，照片和录像的成本越来越低，使得这样全信息注记方式的运用越来越普遍，但是如何从全信息中筛选研究相关信息，是一个新的课题。注记方法的设计还需要结合后续分析，例如采用图表的形式对测试结果进行统计，使之量化，其结论也就更一目了然、清晰易辨。

（5）控制主观性

空间注记法的主要调查依据是人们的主观感受，因此就获得的单个信息而言，它们都是主观的个体感受。在调研过程中，通过怎样的手段来控制因为主观所造成的不确定性，同时又能够充分掌握需要的信息是整个方法设计的关键。从上述案例的操作设计可以发现，控制主观性通常是通过人员控制、场所（情境）选择和注记方式设计三方面来达成的。

总之，在注记方法操作设计中确定测试场景、选择参与人员和设计具体操作过程，以及如何根据注记研究的重点设计注记的具体方式对于最终结论的影响至关重要。这在很大程度上决定了研究的可信度、科学性。

5.1.4 空间注记的类型

空间注记分为三种类型：无控制的注记观察、有控制的注记观察和部分控制的注记观察。

（1）无控制的注记观察

无控制的注记观察法源自于基地分析中的非系统性分析技术。观察者在不预定视点、不预定目标，甚至也不预定参项的情况下，在选定的场所（地段）中随意漫步，一旦发现认为重要的、有趣味的情境（空间）就迅速记录下来，如那些能诱导你、逗留你或阻碍你的空间，有特点的视景、标志和人群或活动等。注记手段和形式亦可任意选择，可以是绘画、摄影、语言记录等多种方式。有时甚至不一定采取现场观察的模式，还可以用异地意象方式进行调查，例如让有相关经历的人用回忆方式进行注记。

优点：过程轻松，利于发现闪光点，捕捉细节。结果主观性很强，不适于进行比较。

缺点：经常有许多无用的信息干扰观察者的情绪。

特别提示：参与性与非参与性设计非常关键。参与性的注记，以调查者本人的感受和体会为依据；非参与性的注记，通常是选定特殊的人群和需要研究的场所或者情境，请他们体会后描述相应的感受。

案例运用：盲道建设曾经作为推进社会公平的重要城市无障碍设施建设工程而得到大力推广。然而，在城市环境中盲道是否发挥了既定作用，是否为盲人出行带来了便利。研究可以运用无控制的注记观察法对某城市地区的盲道状况进行调查。

这一研究可以分为两个步骤，首先是对某城市区域范围内的盲道状况进行观察，发现使用过程中可能出现的问题。其次研究可以通过征集盲人志愿者沿既定线路使用某城市区域的盲道，请他们将自身的切实感受予以描述。然后经过汇总分析，以发现城市盲道建设和使用过程中存在的问题，以便于对城市空间的无障碍建设水平提升提供依据。

（2）有控制的注记观察

这通常是在给定地点、参项、目标、视点并加入了时间维度的条件下进行的。有条件的还应重复若干次，以获得"时间中的空间"和周期使用效果，并增加可信度和有效性。例如，观察建筑物、植物、空间及其人们使用活动随时间而产生的变化（一天之间和季节之间的变化）。其中，空间使用还需要周期的重复和抽样分析。

优点：可靠度高，具有可验证性。对事物本质的还原具有科学性，比较全面，还可以进行各个参数的分项分析。

缺点：对注记观察的设计比较繁琐，需要以一定的前期调查作为支撑。

案例运用：可以用延时摄影的方式（例如每间隔10min），对某商场门前空间使用状况进行注记调查，以针对发现的问题进行改进设计。需要特别提示的是，在本研究中时间参数的选择十分关键。间隔过长会漏掉需要重要信息，间隔过短又浪费了大量拍摄成本，并造成分析工作量增加。

（3）部分控制的注记观察

对地点、时间、相关参数或者空间调查中的视点、线路、场所类型等要素中的某一个或者某几个进行规定（例如：雷蒙德实验案例中的沿规定路线的步行体验）。就表达形式而言，常用的有直观分析和语义表达两种。前者包括序列照片记述、图示记述和影片。但一般情况是，以前者为基础，加上语义表达作为补充。语义可精确表述空间的质量性要素、数量性要素及比较尺度（如空间的开敞封闭程度、居留性、大小尺度及不同空间的大小比较、质量比较等）。通常，可以调查问卷的形式进行统计。

优点：可以根据需要遴选重要参数作为控制因子，预先排除不相干或不重要因素的影响，减小调研和分析的工作量。

缺点：控制参数的选择很关键，如果选取不当会导致调研出现系统性偏差。

案例运用：在规定时间段内（例如：早晚高峰期）体验从成都市三环外某点到市中心某点的不同交通方式（私人小汽车、公交车、自行车等）的效率和出行体验。需要特别提示的是，在本研究中典型线路的选择十分关键。

5.1.5 空间注记法的运用与限制

（1）适应范围

空间注记法适用于对城镇（乡村）物质实体空间进行综合分析。重点包括：对物质空间的主观（艺术）感受的评价和客观实用性、适用性的评价。"空间"环境中所有的有关人、行为、空间、景观和建筑的艺术感受，无论是数量还是质量上的要素，都可以成为分析的客观对象。最初常常用于验证相关景观设计理论，现在常规运用领域是对城市空间形态的研究。

空间注记法的主要特点有以下两点：

1）必须与"图"相关

因为"空间"注记的核心是空间环境领域，所以其在技术平台上必须依托图纸进行。或者是地图，或者是线路图，亦或者是某个具体空间场所的平面图（甚至可能是示意图）。由此，也使得该方法的适用范围十分明确——是与物质实体空间相关的使用和感受领域。

2）以主观的感受为基础

空间注记是以主观评价为基础的。尽管在注记法使用的过程之中，研究者尽力科学拓展范围，并运用各种方法提升其"科学性"。但是无论怎样不能否认的是，所有评价基础都是依托于不同的"人"的主观感受。事实上，该方法的运用限制也正是与上述特点相关。

（2）运用限制

1）如何控制注记的主观感受对研究客观性的影响

主观性既是空间注记最大的特点，也是限制该方法的主要原因。因为主观，就无法完全避免"情绪化"。这使得调研结果容易受到偶发事件和无用信息的影响。控制这种影响也是提高研究科学性过程中的重点问题。

2）如何使得注记成果可以被分析

注记手段和形式亦可任意选择，这会造成信息不易被分析和比较。而且实际应用中对感受的表述往往比较繁琐，且信息量巨大。因此，后续的信息加工和预先的符号设计工作都具有挑战性。例如：设计者常常需要借助或自己创造一套抽象程度和专业水平较高的符号体系来简化分析，形成分析图。但是，该分析图若与其他人交流讨论，符号使用的约定性和规范性还需要进一步加强。因此，如何保证注记成果能够被比较、被分析是注记手段设计的核心。

5.2 叠图分析法

叠图分析法是城乡规划领域的一种重要基础方法。这一方法因其较好地解决了城乡规划领域一直以来不同性质的多因素综合分析问题，而得到了广泛认可，引入我国后便得以迅速推广。目前，结合计算机信息处理技术和遥感卫星定位系统发展，叠图分析法在基于地理信息系统的规划平台上被广为使用。

5.2.1 什么是叠图分析法？

（1）基本概念

顾名思义，叠图法就是将图纸套叠、重置，进行多重信息整合分析的一种方法。

（2）关键词解读

层叠：通常在进行叠图法的形象化介绍时都会提及这是由著名的景观规划师麦克哈格在20世纪60年代末期首创的一种"千层饼"式的，用于综合分析多种信息的方法。通过多年的运用，作者认为这种"千层饼"的比拟方式还不够贴切——作为"千层饼"而言，每一个层次都是类似的，这种比拟只是象征性地描述了叠图分析法的操作模式。但事实上，叠图分析法更像是一个多层汉堡，每一个层次都涉及不同的分析内容，而且不同分析内容的影响权重是有所差异的。叠图分析强调的就

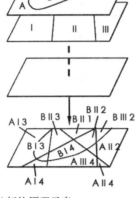

是将不同信息综合纳入基于同一个比例尺的地理信息系统，达成要素与物质空间的准确对接。这一个原理随着遥感、卫星监测和计算机处理技术的成熟，在地理信息系统构建的基础上得到了新的演绎，成为了城乡规划领域研究和建设实践过程中十分重要的研究方法（图5-3）。

图 5-3　叠图分析法原理示意
图片来源：作者自绘，张富文制作。

5.2.2　叠图分析法的源起

1969 年，麦克哈格在《设计结合自然》中系统阐述了一种新的景观规划分析方法"千层饼"模式。这一方法是 1968 年麦克哈格为解决规划领域的"土地适应性"分析难题而设计的，以便对涉及"相地"过程中的各类因素进行直接基于地图的空间开发价值的直观判断。1972 年克劳斯科普夫、邦德进一步对叠图法进行发展，将其适用范围推向更多领域。这种方法在 20 世纪 80 年代被引入地理信息领域，基于计算机技术发展在 20 世纪末逐渐发展成熟，21 世纪开始在城市规划领域全面推广使用。

麦克哈格在《设计结合自然》一书中，论及"适应性原理"时认为：每一自然地理区域内，由于气候、地质、水文及土壤条件的差异，通过漫长的演替过程，形成各自最适合的生物群落。麦克哈格认为，城镇建设亦是如此。因此，他在《设计结合自然》中提出了土地适宜性的观点，强调要达到良性运行的状态，系统需要找到最适宜环境。它使我们在最小投入的同时，达到生态、经济和社会的最佳效益，体现了"最大效益—最小成本"法则。

麦克哈格在《设计结合自然》一书中，依托"里士满林园大路选线方案"讲述了他最初设计"叠图分析法"时的思路和具体操作方法。他认为应该从场地的历史、物理和生物过程这 3 个方面来确定土地的适应性。具体的操作步骤如下：

1）进行资源信息调查——确定相关生态因子

将场地的信息分为原始信息和派生信息两类。原始信息直接在场地内获得，是生态决定因子，包括：地理、地质、气候、水文、土壤、植被、野生生物、土地利用、人口、交通、文化、居民等。

2）绘制调查图纸——进行生态因子的重叠与分析

"生态因子"确定后，根据相应因子收集相关资料，视具体情况把各因子分级，再以同一比例尺用不同色阶表示在图上。然后，根据具体项目的要求将相关的单因子分析图，用叠加的技术进行分析和综合，得到综合分析图。麦克哈格的分析通常分为：地质、地理；生态、环境；社会、人文；土地利用、经济性等四个方面。每个方面又涉及众多单因子分析——在里士满林园大路选线案例中，麦克哈格首先将叠加因子分为地质、地理障碍和社会价值损失两大类型。其中，在地质、地理障碍要素分析中，涉及地形因素（坡度、坡向）、地质因素（此处着重于影响建设活动的基岩、土壤承载力状况）、洪水影响（河流和潮汐的洪水淹没情况、地表排水、土壤排水）3大方面共7个子要素的分析。同时，还包括由这些因素派生的相关复合要素（水土流失状况，以宜冲蚀度来进行表达）的分析。这些派生分析往往是根据不同项目需要而特别增加的。而社会价值分析则包括风景价值、森林价值、野生动物价值、水的价值、游憩价值、公共事业机构价值、居住价值、历史价值、地价9个子要素，事实上也分为两大类型，一是自然要素的社会价值，二是人文要素的社会价值。最终再将这两大方面的图纸进行系统叠合，推荐综合社会价值损失最小的线路投入实施。

在20世纪60年代末期，当时麦克哈格采用的方法是直接叠合法，他将单因子分析图拍成负片，用负片进行重叠组合。然后翻拍，得到景观分析综合图。后来也有研究者通过透明图纸叠加，进行重叠度判断后，再重新绘制整合后的分析图。而今天我们已能够利用GIS技术精确地完成地理数据的显示、制图、分析等一系列复杂的过程。

麦克哈格设计叠图分析法的主要原因在于：首先用地适应性分析涉及要素众多，无法简单整合；其次这些要素是不同类型的要素，衡量的标准和尺度都不相同。由此为了得到一个相对更为合理的分析结果，需要一个至少在图面上统一的图示标准。在此，麦克哈格将其设计为不同的灰度，层层叠加，灰度不断增加。因此，最终叠合后选择最不敏感的区域（最亮）进行选线。

5.2.3　叠图分析法的操作流程、要点

（1）操作流程

叠图分析法的操作流程分为以下五个步骤（图5-4）。

1）叠图图纸准备

根据研究课题的特点收集和制作工作底图。这一步骤的重点是确定进行叠图操作时采用怎样精度的图纸。事实上，这个步骤与后续确定分析因子的步骤相关。因为不同的影响因子往往会针对事物发展的不同领域和层面，所以对应的物质空间尺度会有一定的差异。例如：进行区域生态因子分析时，地质状况的尺度与植被生境的尺度就会存在一定的差异。用哪种比例尺的地图能够较好地同时表现两者的状况，是需要研究者决策的。当然，作为重要资料的地图本身往往具有自身的表达特点，不同自然环境状况下的地图绘制尺度同样也存在差异，例如山地地区与平原地区图纸相比，对地形的表达存在较大差异。这种差异会不会影响到后续的分析，都是在图纸准备阶段需要详细考虑的内容。

2）确定分析单因子

不同类型和不同研究目标的课题，进行叠图分析的因子选取具有很大差异。因此，需要研究者首先根据研究需要确定相应的分析因子。这有赖于先期调研和研究准备——可以借鉴同类研究的分析体系，再根据本课题特点予以调整；也可以直接针对课题需要设计符合自身

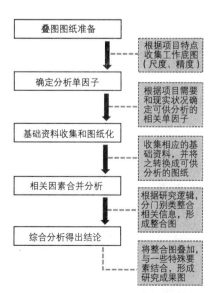

图5-4　叠图分析法操作流程

图片来源：作者自绘，徐萌制作。

研究特点的因子系统。例如：同样是用地适应性分析，研究者往往可以通过借鉴找到一套相对完整、用于参考的因子系统，但是不同地区的生态限制因子和社会人文背景都具有很大差异，这一套因子中有些因素也许并不是关键主导性制约因素，对其进行分析对于后续研究并无多大价值，就需要在这一阶段予以剔出。更为重要的是，有些时候直接的单因子分析很难说明问题，需要遴选或者设计复合因子。例如，对于一些特殊地域需要研究灾害影响，但是事实上不同灾害类型的成灾机制是不同的，但是对于城乡建设而言，基于用地安全性而言，空间界域判断标准是相对一致的，因此可以归并设计成复合因子（图5-5）。

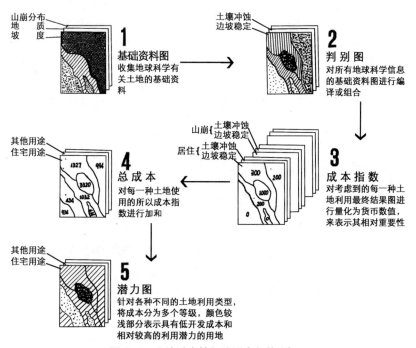

图 5-5 土地适应性相关因素归并分析

图片来源：根据黄书礼. 生态土地使用规划[M]. 台北：詹氏书局，2000 年 1 月第一版，2002
年 3 月第二次印刷转绘，张富文制作。

3）基础资料收集和图纸化

确定了用于分析的各类因子之后，需要有针对性地收集资料和分析资料，将文字信息转化为图形信息并落实在既定的图纸上，成为叠图的原始信息单项图。

4）相关因素合并分析

鉴于有些课题研究具有复杂的分析因子体系，有些因子可以按照相关性予以分组，进行合并分析。就如麦克哈格在里士满林园大路选线案例中，将地形、地质、地下水、潮汐淹没、地基承载力等方面的因素综合形成基于公路工程建设状况的"地理、地质障碍"的综合分析图。同时，将地域的各种自然环境要素对于人类社会的价值状况和地域文化、经济发展积累形成的价值状况形成社会价值综合分析图，为后续分析进行分系统思路的准备。总的来讲，相关因子的合并分析与研究思路的设计是相关的，既定研究在归并逻辑设计时需要遵循相应领域的研究规律和基本原理。

5）综合汇总得出结论

叠合各种整合图纸，并与一些重要的特殊因素研究归并分析，形成最终的成果图纸。

（2）操作要点

运用叠图分析法需要注意以下操作要点，才能获得更具有针对性的客观、科学结果。

1）控制适宜的研究精度

在叠图分析法运用的过程中，对研究精度的考虑主要是基于两方面因素。其一是出于研究本身对于精度的考虑。在方法设计时往往集中在叠图的底图制作和因子选择阶段，这两者之间具有一定的互动机制，在前文中已经有所陈述，此处不再重复。其二是基于叠图分析法本身操作层面的特点。这是这种方法运用设计的重点，包括如何确定叠图尺度和不同性质的因子如何叠加两大方面。

叠图尺度设计包括单因子评价等级适宜划分多少个层次以及多图叠加之后的等级确定和如何归并问题。基于叠加之后的等级将会呈级数增加的数学规律，通常在单因子评价等级设定时都建议不宜超过 3 个。最好能够用"是"和"否"两个层级予以判定。同时，为了便于归并后利于进行判断，归并后的等级建议不超过 7 个。对于叠图分析法研究精度设计的核心不是纠结于对单因子的研究不够精细，而是担心叠合分析将会产生过多的评定层级，或是因子叠加出错，不利于研究判断。因此，这样的操作特点也使得叠图研究事实上的重点不在于叠图本身的操作过程，而在于单因子判定过程中相关标准的研究（见知识点 5-3）。

知识点 5-3：叠图层级的数理关系

麦克哈格在设计叠图分析法时，是通过直观的摄影胶片叠加产生的灰度深浅来进行结果判断的，因此他并未仔细考虑叠图带来的层级增加问题。但事实上每叠加一个因子，因子可能性之间的组合种类将呈级数增加。例如两个因子叠加，每个因子分为两个层级，叠加之后的可能性是 4 种，三个因子两个层级的叠加是 8 种可能。多因子三个层级的叠合更为复杂，其组合可能为 3 的 n 次方，两个因子叠合就有 9 种可能，三个因子叠合有 27 种可能的组合方式。组合数 M 的公式为：

$$M = \alpha^n（其中：\alpha \geq 2，为层级数；n \geq 2，为因子数）$$

但是，由于在色彩层次叠加过程中，有些组合的色度是一样的，因此色度组合层次是远远少于关系组合数量的。两因子两层级的色度层次是 3，三因子两层级的色度层次是 5。两因子三层级的色度层次是 5，三因子三层级的色度层级为 7。以此类推，色度层级数 N 的公式为：

$$N = （\alpha - 1）\times n + 1$$

（其中：$\alpha \geq 2$，为层级数；$n \geq 2$，为因子数）

现实研究中，有些时候不同的因子具有不同的特点，对其评价的等级层次也不尽相同。在这样的状况下，叠加的组合依然是乘数关系。例如，两个因子分析，一个为两层级、一个为三层级，产生的组合数是 $2 \times 3 = 6$ 个。但是色度层次的数理规律就相对更为复杂一些。相关规律是这样的：每增加一个两层级的分析因子，色度层次增加一个。每增加一个三层级的分析因子，色度层次增加两个。每增加一个四层级的分析因子，色度层次增加三个。针对不同层级类型的因子组合分析，其色度层级数公式为：

$$N=(\alpha-1)\times n_1+(\beta-1)\times n_2+(\gamma-1)\times n_3+1$$

（其中，α、β、γ 分别是不同的层级数，均 ≥ 2，n_1、n_2、n_3 则分别是具有相应分析层级的因子数）

按照这样的公式计算，两个两层级、两个三层级、两个四层级，共6个因子叠加分析的色度层级将是13个。就叠图操作而言，研究者通常更关注叠合的色度层级数量。因为这是进行后续判断的依据。虽然色度层级增加相对较慢，但是基于一般状况进行判断和分析时，色度层次也不宜超过7个。这就需要在必要时按照一定规则对色度层级进行归并。

如果不同性质因子对于最终结果的影响机制是相同的，叠合判断通常不会出现问题。但是如果不同性质的因子对最终结果的影响机制不同或者正好相反，叠合设计时如果操作设计不当，而这个问题又未被及时发现，就会造成叠合逻辑出错，从而影响后续判断。因此当进行多因子叠合时，一定要留意不同因子与最终结果的影响机制是"正相关"还是"负相关"，避免出现反向叠加造成的结果混沌（图5-6）。在此特别建议，最好能根据影响机制对叠加因子进行分组。

2）设计合理的叠图逻辑

叠图逻辑的设计与课题研究思路相关。包括两个方面的内容：其一是对叠图分析的众多因子的整体叠合逻辑进行设计。重点在于拟定叠合框架，也就是通过前期研究判定因子对本课题研究的重要性（通常会运用到权重分析法，此处不予赘述），同时根据不同因子之间的关系，将相关因子进行分组。由此，生成整个叠合层级和层间分组。其二是对具体因子之间的归并、整合关系进行设计。因子之间的整合通常是基于它们之间的相互作用机制。在此特别需要提醒大家注意的，一是相对立成组的因子之间的整合设计，二是有些因子之间存在固有的因果关系，如果两个因子分别叠加，将会造成作为原因的因子被多次叠加的事实，这样的操作无疑是加大了这一因子的权重。对于这种状况，首先需要决策是否这两个因子都有必要进入叠加系统，其次如果同时进入，需要判断对于事实上出现多次叠合，造成的某个因子权重增加是否合理。例如，在进行建设活动的用地适应性评价时，"水土流失"作为一个影响因子进入评价体系，但事实上水土流失的主要原因涉及"地形坡度"、"土壤状况"、"降水机制"三个方面。如果合并常规的地形分析（主要影响因素也是"坡度"），那么"坡度"事实上就已经被重复分析了两次。

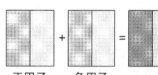

正因子　　　负因子

正确的叠加：正因子按照顺向逻辑设计叠加层次关系，负因子按照逆向逻辑设计叠加层次关系。叠合之后图形结果与判断逻辑相符，可以进行判断。

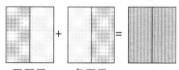

正因子　　　负因子

不正确的叠加：正因子按照顺向逻辑设计叠加关系，负因子也按照顺向逻辑设计叠加关系。叠合之后图形结果产生混沌，无法进行判断。

图5-6　叠加逻辑不当示意
图片来源：作者自绘，徐萌制作。

5.2.4　叠图分析法的适用范围

叠图分析法通常适宜进行三种研究分析，分别是土地适应性分析、公共服务设施服务程度分析以及针对既定空间范围的复合要素分析。

土地适应性分析：主要用于预测和评价某一地区适合某种开发的程度，识别供选择的地点或路线。麦克哈格曾用这种方法进行公路选线和沿海地区开发的影响评价，这种应用是叠图分析法最常见和擅长的分析领域。又例如在济南舜湖社区开发过程中对"土地适应性"进行分析——在该案例中，研究者选取地形、植被、地下水三个具有代表性的因子进行土地建设适应性的生态叠图分析。基于前期研究，对上述三个因素的适应性进行了如下规定：地形坡度大于15°，不适宜建设；林地分布区，不适宜建设；地下水渗漏带不适宜建设；再通过叠图，剔出不适宜建设的区域，余下地域为可以进行开发建设的区域（图5-7）。

公共服务设施的服务程度分析：主要用于某一区域某类公共服务设施基于某种服务半径的覆盖程度评价，由此来对公服设施的布局和选点提出意见和建议。例如，在某居住区居住适应性评价中，规划设计者选择了4个决定性的因子——干路噪声、学校服务状况、公园分布状况、商业中心的分布状况进行居住适应性程度的叠图分析，形成了一张复合型叠图（图5-8），一是适建区域叠图，二是服务半径叠图，用这张图的分析结果来进行规划方案的落实。这样的方法事实上在日常生活中也会经常用到。例如消费者在选购住房时，如果想从购物方便、孩子上学方便和环境好等几个方面因素考虑，也可以用这种叠图分析法在地图上找出相应地段，再辅以实际踏勘进行决策。

其他基于某一空间范围的多重复合型信息分析，可为相应决策提供依据。例如在自然灾害的损失衡量方面，运用叠图分析法进行简要估算，能够在较短的时间范围内为相关决策提供数据支持。图5-9所示为2008年"5·12"汶川大地震时进行震损数据估算的简要流程。在该流程中，首先根据监测的震源状况在一定比例的地图上绘出按照地震波传递模型确定的"地震缓冲区"；其次在"地震缓冲区"基础上叠加行政边界，大致确定受地震影响的人口数量，以及既定行政区划内不同地区受地震损害的状况；第三叠加道路和其他区域性基础设施，确定这些基础设施受地震影响的区域及相应数量和可能的破坏程度；最后根据既往研究资料中相应的震损经济技术指标估算各类地震损失并予以加合（图5-10）。

以上三种运用是叠图分析法最为常规的运用领域，事实上一种成熟的方法在人

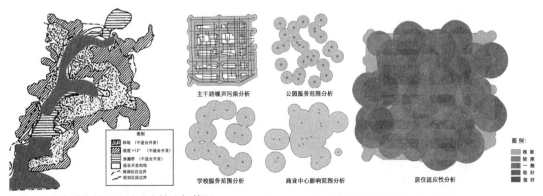

图 5-7　济南舜湖社区土地适应性分析简图
　　图片来源：作者根据网络资料改绘，
　　　　　　　张富文制作。

图 5-8　某住区居住适应性叠加分析示例
　　图片来源：作者根据网络资料改绘，张富文制作。

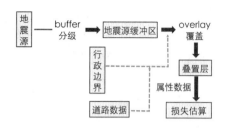

(a) 划定缓冲区　　(b) 缓冲区叠加行政界域　(c) 缓冲区叠加道路

图 5-9　地震灾损估算叠图分析步骤
图片来源：作者根据网络资料改绘，付鎏竹制作。

图 5-10　地震灾损估算叠图分析流程示例
图片来源：作者根据网络资料改绘，张富文制作。

们不断推进研究程中将会被不断地结合不同的研究领域进行"开发"，探索其不同的运用方式。

5.2.5　叠图分析法的运用与限制

叠图分析法因为较好地解决了不同性质因子之间综合判断的难题，也就是通常所说的"苹果"和"尺子"无法一并分析的问题，所以该方法一经问世，就得到了相应领域的推广运用。历经多年实践经验总结，该方法具有以下优点和缺点：

优点——首先，研究结果呈现十分直观形象、易于理解，特别有利于运用在与没有相应专业背景的人群沟通的过程中。因此，在城乡规划领域用于公众参与规划设计时，对他们进行相关分析解释时显得尤其具有说服力。其次，叠图分析既可以表现单个因子的空间影响分布状况，也可以通过设计不同因子组叠图反映多因子复合的空间影响分布状况。第三，叠图分析法除了常规领域"用地适应性分析"之外，还可以运用到其他领域。基于不同的设计，能够对各个领域各种因子的空间影响状况进行评价。因此，它具有比较广泛的适用范围。

缺点——叠图分析法的缺点主要有两个方面：其一是从方法操作本身而言，叠图分析法通常只用于那些可以在地图上表示的影响，也就是说它工作的技术基础平台是地图。由此，大大限制了它的运用领域。这也造成叠图分析法很大程度上依赖于地理信息技术。而对于普通研究来说，专业的地理信息技术平台无疑是成本昂贵的。如果不采用计算机技术支持下的地理信息系统，传统方式取得的相关信息难免过时，同时按照传统叠加技术绘制因子图和叠合图需要耗费大量时间。其二是基于方法推理逻辑而言，多因素复合分析结果呈现的是所有图层叠合后的直观图像，所以无法准确表达因素（源）与结果（受体）之间的因果关系。造成这种状况的根本原因在于叠加逻辑本身与研究内容（各个相关因子）的推理逻辑无关，叠加仅仅关注不同因子对同一对象（例如：某个地域空间）的各自影响状况。也正因为如此才能实现不同的性质及作用机制的因子能够合并分析。因为叠图分析法技术操作中的种种制约因素（参见"流程、要点"一节），所以多因素叠加分析时常常为力求叠合层次简洁而着力简化对各种因子内在影响机制的表达，而且也常常将所有因子（要素）对空间和环境的影响视为同等。因为不同的因子对既定空间的环境影响是具有很大差异的，所以在事实上叠加分析是无法综合评价不同因子的环境空间影响强度或判断环境因子的重要性。为了弥补这样的缺陷，有些时候就必须结合其他分析方法，在单因子叠加底图绘制时，通过不同权重色度层次的设计来予以适当反映。

总之，叠图分析法结合地理信息系统的推广运用，目前是城乡规划领域一种十分常见且运用广泛的基础研究方法。叠图分析善于处理性质截然不同，相互之间缺乏逻辑关系的不同因子基于物质空间的复合环境影响力判断方面的课题，通常运用于城乡土地利用的适应性研究、各类设施的布局适宜性研究以及与空间数据相关的决策分析中。

案例 5-2：运用叠图分析法进行生态保护区生态敏感性评价[①]

　　郫县环城生态带是成都市"198 生态保护与控制区"的重要组成部分。该地因为处于成都市区上风、上水地段，所以是整个成都市的"生态门户"。根据上位规划，该地应建设成为以生态湿地为主的生态功能区。课题组在前期调研的基础上，首先确定了农田、林盘和水系三个重要的空间型生态控制要素，结合当地自然环境特征，分别根据相关理论确定了为保护这三类要素不受相应密集城市活动影响的不同等级空间距离控制标准，以此生成基于单因素保护的空间敏感性控制分析图。三图叠加形成基于生态保护的复合空间敏感性分析图。与此同时，根据基地既有城市功能和已有的建设现状，确定了城市道路和市政基础设施两个空间型生态限制因子，并结合相关理论确定了相应活动的干扰控制空间标准，以此生成单因子的生态干扰度分析图。两图叠合生成生态干扰状况的复合分析图。在此基础上，将生态保护空间敏感性分析图和既有城市功能运行的生态干扰度分析图叠合，生成该地域相对于城乡运行和建设活动影响的综合生态敏感性分析图，由此作为进行区内不同生态功能区细分的重要依据之一（图 5-11）。

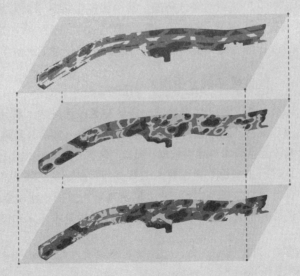

图 5-11　地震灾损估算叠图分析流程示例

图片来源：作者根据"郫县环城生态带保护与发展规划"设计项目组图纸改绘，张富文制作。

---

① 资料来源：成都谱城城市规划设计咨询公司郫县环城生态带保护与发展规划设计项目组。

5.3 动线分析法

5.3.1 动线分析法的源起

1927 年经德国建筑师布鲁诺·陶德（Bruno Taut）[1] 和 1928 年亚历山大·克莱恩（Alexander Klein）[2] 提出，首先在建筑学领域广泛应用。布鲁诺·陶德在 1925~1930 年任 GEHAG 建筑顾问期间，负责柏林许多大尺度的房地产项目，使他有机会验证其住宅设计中强调空间功能组合与节省"劳动"成本的理论，这也是他在平民住宅设计领域最重要的成就之一。为了验证该理论，布鲁诺·陶德设计了动线分析法的雏形。亚历山大·克莱恩在"功能性"住宅平面设计中重点关注动线调查。他在住宅设计理论研究方面，通过动线研究主要形成以下结论：较短的通道有过多的曲折，消耗体力；生活主动线产生交叉，将影响居住者生活的自由度；通道过长将影响室内活动的组织；将活动面积相对集中，能够提高住宅舒适度和功能性。

1930 年，川喜田炼七郎[3] 将这种方法引入日本，对动线分析法的推广具有非常重要的作用。由于他的反复介绍，该方法在日本急速普及，1934 年出版的《高等建筑学 13 规划原论》中已经包括了对这一方法的应用。1930~1940 年，京都大学西山卯三教授[4] 在住宅设计中大量运用了动线分析法。尤其在其主导"平民住宅"系列研究中，针对住宅空间与起居活动关系分析过程中，大量运用了动线分析的研究成果。第二次世界大战后，东京大学吉武泰水教授将"住宅空间"与"起居方式"的对应关系拓展至"建筑空间"和"使用方式"的对应研究，并对相关方法也进行拓展，后续与美国"人与环境"相关研究内容整合，发展出新的"建筑使用后评估"方法。动线分析遂成为建筑使用后评估中的重要方法之一。

1960~2000 年代，丹麦建筑师杨·盖尔（Jan Gehl）[5] 在其对城市空间使用状况的调研中推广使用动线分析法。他的研究主要基于对斯堪的纳维亚地区城镇和居住区的调查，尤其是 1968、1986、1995、2005 年对哥本哈根城市公共生活的调查。而动线分析法也随其著作而得到全世界范围内建筑和城乡规划研究者的重视。

5.3.2 什么是动线分析法？

动线分析又称动线观察法，是研究某一区域内人群活动及其轨迹的一种方法。

发现现状问题：通过调查发现现状对象（空间）使用中的问题，寻找矛盾原因，为后续改良空间本身提供依据，例如了解某广场活动发生状况，为该其改建提供思路。

发现行为规律：通过对人们某类行为的研究，发现相应的运动规律，目的是为其他设计提供依据，例如：对人们避难行为进行动线观察分析，获得避难行为规律，能够还原和仿真建模。以此为基础设计区域避难场所和通道。

---

[1] 布鲁诺·陶德（Bruno Taut）是一名重要的表现主义建筑师。他在第一次世界大战后的集合住宅设计中强调理性主义。

[2] 亚历山大·克莱恩（Alexander Klein）是"功能性"住宅设计理论的代表人物。他主要是在住宅设计领域大量使用动线分析法。

[3] 川喜田炼七郎，建筑大师，东京工业大学新建筑工业学院创设者。

[4] 西山卯三在 20 世纪 30~40 年代在日本以住宅研究闻名。他所著《住居论》具有广泛而深入的影响力。

[5] 杨·盖尔（Jan Gehl）因其对城镇空间适用性的研究而闻名，其所著《交往与空间》被誉为"对城市设计具有特殊重要性的著作"。

知识点 5-4：动线相关概念

动线：据说[1]是建筑和室内设计的术语，意指"人在室内室外移动的点，连接起来形成线，就是动线"。

流线：表示某一瞬间流体各点流动方向的曲线。[2]在建筑和规划领域通常指人或相应交通工具在区域内或基地内（包括建筑物）运动的轨迹和方向。

---

[1]　维基百科。

[2]　《辞海》，上海辞书出版社，1989 年版，P2487 页。

设计方案的能效评价：早期的动线分析法最广泛和常规的使用范围。运用动线分析法对住宅平面进行分析，优化方案。

（1）关键词解读

1）活动：涵盖活动和活动参与者两大要素。

活动本身——不仅包括具体行为，还涉及对其类型、规模、频率等活动特征的掌握。

活动参与者——主要指发生具体行为的人群特点，往往涉及性别、年龄、职业等社会特征。

2）活动与空间的关系：主要包括三方面的内容，其一为空间特点与行为特点的匹配关系分析，其二为设计活动类型与空间特点的匹配关系分析，其三为行为轨迹与空间环境的关系。这一方面涉及动、静两种行为模式下的空间轨迹状况。

（2）动线分析的方法依据——人类行为与空间环境的互动

从行为发生的角度解析人的活动，其本质是活动的发生导致了空间需求的产生，继而引发空间建设。而基于空间建设活动本身的特点，个体的活动常常被动地适应既成空间环境。因此，空间环境对人类行为具有反作用力。某些环境能够促成人们某些行为的发生，反之一些环境也会限制人们某些行为的发生。

（3）动线分析的内容特点

动线分析虽然从具体方法操作上来看与观察法类似，但是它与一般的观察法是不同的。它更强调对"运动"进行分析，而不是对发生行为进行分析，常以一定范围内"人"或"物"的运动为研究对象。研究旨在发现（人们或研究关注物）的某种运动与某些（空间）因素之间的关系。所以该方法调研需要掌握两方面的信息：首先是运动本身的信息；其次是可能影响运动发生的各种因素的信息（运动与空间的对应关系）。研究的主要内容和操作方法的设计往往都围绕如何掌握这些信息来进行设计。因此，动线分析的主要观察内容就聚焦在运动本身相关的要素上，主要包括：移动状况、时间、动线轨迹和运动类型四个方面（表5-1）。

（4）动线分析的核心——效率问题

进行动线分析的研究目标通常是基于一方面提升空间或场所的使用效率和经济效益；另一方面提升人们行为的效率，控制人们的活动方式，涵盖对活动类型、发生、流程、时长等要素的干预。

动线分析主要内容及因子

表 5-1

项目内容	分项因子
移动量（单位时间、空间状况下）	通过次数； 移动次数； 搬送量
时间	停留时间； 移动时间； 频度
动线	距离； 路线选择； 轨迹
典型运动	运动的路线； 运动的过程； 业务的流程； 运动类型
备注	具体调查项目内容或根据研究内容选定

表格来源：戴菲，章俊华. 规划设计学中的调查方法 2——动线观察法 [J]. 中国园林，2008.

(5) 动线分析的类型

1) 典型动线

掌握某个既定空间、场所或者环境下的典型动线，重点强调的是空间使用的主导性。

2) 集合动线

掌握某个既定空间内各种类型活动状况，对它们进行类型归类分析后得到的复合动线。

3) 个别动线

研究特殊主体的非典型性的个别动线。这种研究分析通常是在具有特定需要或者某些特殊场所，要求人的活动或物的移动需要遵循特殊流程的状况，例如：医院和工厂。在分析术语规定上，通常针对人活动的术语为业务流程，分析物的移动为运动过程。

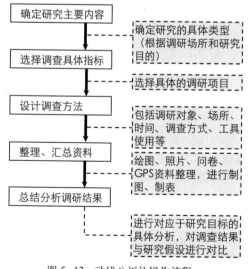

图 5-12　动线分析法操作流程
图片来源：作者自绘，徐萌制作。

5.3.3　动线分析法的操作流程、要点

(1) 操作流程

动线分析法的操作流程可分为以下步骤（图 5-12）。

1) 确定研究主要内容

确定研究主要内容包括两个方面。一是按照研究课题需要确定进行重点分析的动线类型。究竟是典型动线、集合动线还是个别动线，亦或是需要分别分析总结既定的人群和物品在既定空间内的运动（移动）规律。二是设计相应的研究成果。研究希望揭示活动与空间互动机制中哪些方面的规律？

2) 选择调查具体指标

动线分析法中选择具体调查指标重点是指确定动线分析的具体项目，如下：

移动量——单位时间内、单位空间里相关移动的数量，包括通过的次数、移动的次数和搬运量。

　　滞留和移动时间——包括人和物在空间停留（滞留）和移动时间的分布特征。

　　动线——在具体空间平面上所表现出来的人和物的动态分析项目，包括距离、通过路径的选择状况以及具体轨迹。

　　典型动态——包括动态的路径、过程和业务流程的总结。

　　分析项目和指标的选择需要根据研究本身的特点来确定，一些具有针对性的研究项目并不一定需要记录所有的指标，例如并不是所有的研究都需要关注"物品"的移动状况。

　　3）设计调查方法

　　这一阶段包括两个步骤——首先是根据研究课题的具体情况选择适用的调查方法，其次是根据具体选定的调查方法设计相应的调查操作程序和控制要件及指标。常用调查方法有以下几种类型：

　　观察和访问调查——通过观察或者问卷调查收集相应的动线信息，例如：对学校校园道路使用状况进行调查，可以在一些关键点进行驻守观察，记录通过量，也可以设计问卷进行访问。

　　自己记载——类似于"实验法"，将自己设定于特定的情景下，模拟进行某种活动时的行为，记录相应的动线数据，例如：在住宅中模拟生活，记录活动数据。自己记载需要参与者具有相应活动的既往经验。

　　定点调查——记录通过固定地点的调查对象或在固定地点记录视野内人的运动的方法，适用于被调查对象人数众多的情况。

　　追踪调查——调查员追踪（跟随）调查对象，记录其行为活动的方法。调查精度很好，但是调查员和被调查者需1∶1配置，不适宜人数多、空间小和容易干扰研究对象行为模式的情况。

　　机械电子装置辅助调查——运用自动记录工具辅助调查，主要是借助于卫星定位系统来记录仪器携带者行为的详细信息和轨迹。此类调查精度很高，但需要较大投入。虽然对调查者干扰小，但无法对过程进行控制。同时只能记录移动轨迹，对其具体的行为信息无法有效获取。其信息整理技术性要求较高。随着现在智能手机的普及，基于卫星定位结合相应的辅助小插件，例如咕咚运动，可以很方便地获取相应信息。这也使得动线分析法变得越来越便于运用。

　　设计调查操作程序和控制要件及指标，首先需要了解不同调查方式的特点，重点是了解各个具体方法更擅长获得信息特征所对应的动线分析法指标类型，以便于根据研究需要进行选择。其中定点调查便于获得通过次数、搬送量、停留时间和（部分）轨迹等数据。追踪法便于获得移动次数、移动时间、距离、路线选择和（全程）轨迹等数据。其次需要了解观察视点选择对调研效率的影响。对于运用定点观察法获取相关信息的研究案例而言，观察视点的选择十分关键，应该选择便于掌握全局且对场所活动无干扰的视点进行观察。这个需要在实施调研前对相应场所进行实地踏勘的基础上来慎重选择。第三人们的行为是具有时间特征的，选择适宜的观察时间极为关键。选择调查时间段和选择调查频率是调研时间设计的两大要点，其核心是如何保证信息完整和有效。

　　（2）调查实施的操作要点

　　保障动线观察法的研究效率，需要在具体操作设计时特别注意以下操作要点：

首先是针对调查方法的设计需要明确每一种具体方法的特点和适用范围。根据具体研究课题的需要、每种方法的特点和可实施性设计相应的具体方法，必要时可以多方法复合运用。其次需要准备合适的调查用图。动线是与既定空间发生关系的，因此调研记录必然基于一定的空间图纸。第三需根据具体调查方法选择适用指标，并设计相应的记录方式。记录方式要便于在后续资料整理时将信息图纸化，以利于相应运动与空间的对应性分析。

（3）研究分析设计的类型

动线分析法除了对运动与空间对应事实的记录之外，需要获得信息进行初步研究才能取得初步成果。通常采用对比分析法，涉及变量常有：时间变化的比较，移动目的的比较，移动条件的比较，平面的比较，运营的比较，移动主体的比较。在这样的初步分析基础上总结生成相应的典型动线、集中动线和个别动线。

案例 5-3：运用动线分析法对公园使用状况进行调查的方法设计

运用动线分析法了解公园设施使用过密和过疏的情况。其目的是为下一步公园的改造提供依据，提升公园空间的使用效率。如果公园设施没有得到充分利用或完全没被利用，都属于设施利用过疏。反之，公园设施或广场因为利用强度太大而导致破坏或损伤的问题称为利用过密[①]。明确研究目的和主要内容对于排除调查员的主观影响非常关键。动线观察相应记录指标的重点就是在于保证调查的客观性，并以这些客观的数据来说明"主观"判断的准确性。

明确主要调查内容：

①人们进入公园后的活动轨迹（路线）与活动内容。

②人们进入公园的状况（选择哪个出入口，通行情况如何）。

③人们使用公园空间的频率。

④人们对公园空间的喜爱程度和停留状况。

⑤人们选择活动路线的理由和原因。

设计和制作调查工具：

①准备调查图表。调查图用以记录人们的行动轨迹，调查表用以记录一些定点的统计数据。例如：针对公园出入口的通过量纪录，或者仅调查出入口、抵达场所和相应活动时间的记录。

②准备记录工具：铅笔、照相机、录像机、GPS 记录仪等。

调查人员安排：

①采用追踪法需要针对典型人群安排 1：1 的调查员，应投入较多人员。追踪观察法中，调查员的行为不能影响被调查对象的行为，否则调查失效。

②采用定点观察，在合适的视点上仅需要一名调查员就足够了。

调查时间：

①根据公园本身的运营状况确定调查时间。

---

① Madden KC. 用者分析法 [M]. 东京：公园·游憩技术事业，1982：1。

②根据抵达公园交通工具的状况确定。

③根据人们日常活动的行为特点确定。

④根据不同时间段的活动特点来设计观察的频次（例如：非全时蹲守的情况下，每隔多长时间取一次样？取多长时间段的样？）。

时间的确定和调查频次的确定是防止出现调查系统性误差的关键。

汇总分析：

①把有关数据和信息还原成图纸。

②将相关信息与具体的行为轨迹对应。

③按照研究目的进行深入对比。

具体案例：对新宿御苑使用 GPS 关于利用者行为模式的研究[①]

研究目的：明确不同属性利用者（如：年龄、来园频率、来园同伴构成等）对各类型公园空间的选择喜好差异。

方法：在公园主入口调查员向游人发放 GPS，并同时对他们的年龄、来园频率、来园同伴构成等属性进行简单的问卷调查。这些 GPS 以 1min 的间隔记录经纬度。游人拿着 GPS 在园内自由活动，游览完毕在公园出口处交回 GPS。通过 GPS 可以获得这些利用者关于出发地、到达地、游园轨迹、停留时间等调查项目的数据。

结论分析：研究将新宿御苑的全体园林空间划分为 22 个，依据 GPS 数据选取其中通过率高于 50% 的空间进行类型化分析，得出 6 种空间活动类型（图 5-13）。

结合利用者的属性数据，得出初次来园者与多次来园者喜好的不同类型空间，以及 50 岁以上的老年群体与 20 岁以下的青少年群体的空间喜好差异等方面的研究结论。

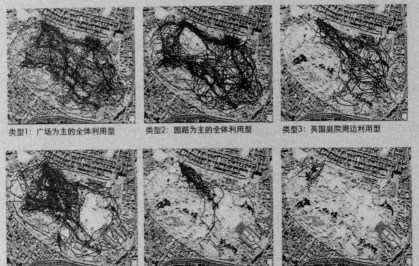

类型1：广场为主的全体利用型　　类型2：园路为主的全体利用型　　类型3：英国庭院周边利用型

类型4：日本庭院周边利用型　　类型5：草地广场为主利用型　　类型6：母子森林为主利用型

图 5-13　六种活动类型分析简图

图片来源：作者根据资料转绘，张富文制作。

---

① 新宿御苑是位于东京的日本皇家园林，其地位类似于中国的颐和园。它紧邻新宿 CBD，是处于城市中心地带、对公众收费开放的公园绿地，面积 58.3hm²，由英国式风景庭园、法国式规整庭园、日本庭园、树林地等多样化的园林空间组成。

　　动线分析法通常运用于上述对某类城市公共性开放空间具体使用状况的研究。除此之外，它还可以根据一些其他类型课题的研究重点，设计出结合其他指标的具体研究方法，例如杨·盖尔对旧金山街道使用状况的调查（见案例5-4）。

案例5-4：杨·盖尔旧金山街道调查[①]

　　研究美国旧金山市三条平行街道上黑人的户外活动规律与空间的关系。他通过动线观察的方法，以线条记录黑人与朋友、熟人之间的交往频率。

　　控制变量：交通量少、中、多的街道（图5-14）。

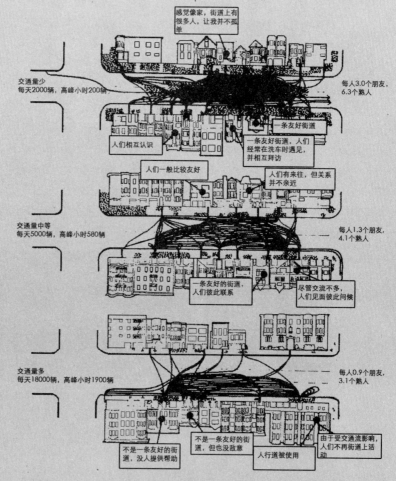

图5-14　分析简图

图片来源：作者根据资料转绘，张富文制作。

　　结果表明：户外空间的质量与户外活动的频率关系密切，交通量的增加使得户外活动的频率骤减，邻居中朋友和熟人之间的交往也急剧减少。这样的研究结论提示规划设计人员，在户外空间的规划设计中，提高空间质量和减少交通量将是增进户外空间活动的有效手段。

---

① 资料来源：（丹麦）杨·盖尔. 交往与空间 [M]. 何人可译. 北京：中国建筑工业出版社，2002.

5.4 AHP 层次分析法

5.4.1 什么是 AHP 层次分析法?

(1) 基本概念

层次分析法 (Analytic Hierarchy Process, 简称 AHP) 是一种多因素决策方法, 即通过将复杂的决策问题分解为目标、准则、方案等层次, 运用数学方法对各准则进行比较和计算, 从而得出不同方案的权值, 为选择最优方案进行最终决策提供依据。

(2) 关键词解读

层次: 将决策问题分解成若干层次, 需要最终解决的问题是最高的层级, 即目标层; 影响最终决策的主要因素即为准则层, 准则层可以进一步细分为子准则层; 决策者可采取的各种选择 (行动) 为最低层, 即方案层 [1]。

权值: 是衡量各准则的重要性及方案优劣性的具体量化指标, 根据权值能够直接对多个可能采取的方案排序并择优。

5.4.2 AHP 层次分析法的源起

AHP 层次分析法是美国运筹学家匹茨堡大学教授托马斯·塞蒂 (Thomas L. Satty) 于 20 世纪 60 年代提出的一种层次权重决策分析方法, 具有灵活、适应性强的特点。20 世纪 80 年代引入我国后, 迅速在社会经济各个领域内, 如工程计划、资源分配、方案排序、政策制定、城市规划、经济管理、科研评价等得到了广泛的重视和应用。

5.4.3 AHP 层次分析法的操作流程、要点

(1) 流程描述

AHP 层次分析法一般可分为四个操作步骤: 建立层次模型→构建成对比较矩阵→计算权值并做一致性检验→确定层次单排序、层次综合排序。

1) 建立层次模型

研究者将受多因素影响的复杂决策进行层次分解, 建立层次模型 (图 5-15), 这一步骤是 AHP 层次分析法的基础。其中, 目标层和方案层的确定相对较为容易, 而建立准则层相比较而言较为复杂。所谓准则是指若干能够直接影响决策的因素, 这需要比较系统的前期研究予以支持。例如, 某工厂要选择新的厂址, 而厂址的选择主要受土地价格、土地面积、工程地质、交通运输、市政设施配套、职工上下班及相关服务配套等因素影响, 因此这些直接影响厂址选择的因素就构成了准则层。准则层可以进一步细分为子准则层, 如市政配套设施可进一步分解为电力、给水、排水等相关子项, 交通运输可分解为大型货车通行、道路拥堵情况、公交状况等因素。

科学合理的分解决策是 AHP 层次分析法的前提。影响因素的确定可以通过头脑风暴、问卷调查、专家访谈、文献查询的方式获得。对于同一准则, 影响因素设定一般不超过 9 个。确实超过 9 个的, 要通过多设模型层次来克服误差。确定影响因素后, 可以利用 KJ 法、ISM 解释模型等方法对各项因素进行科学有效的分层建立层次模型。

---

① 资料来源: Ramanathan, R. A note on the use of the analytic hierarchy process for environmental impact assessment. Journal of Environmental Management. 2001, 63: 27—35.

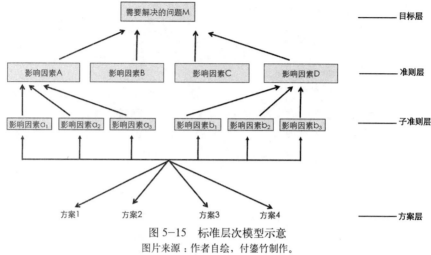

图 5-15　标准层次模型示意
图片来源：作者自绘，付鋆竹制作。

2）构建成对比较矩阵

建立层次模型后，以上一层级的某一要素为准则，对本级要素进行两两比较，即可构建判断矩阵。以图 5-15 中的层次模型为例，准则 C 会受到不同因素 b_1、$b_2 \cdots b_n$ 的影响，建立其成对比较矩阵如表 5-2。其中 B_{ij} 表示对于准则 C，因素 b_i 对 b_j 的相对重要性，一般使用九级标度进行判断，见表 5-3。

以准则 C 为评价标准的判断矩阵 　　　　　　　　　　　　　　　表 5-2

C		B_1	B_2	...	B_1	...	B_n
B_1		b_{11}	b_{12}	...	b_{1j}	...	b_{1n}
B_2		b_{21}	b_{22}	...	b_{2j}	...	b_{2n}
		⋮	⋮	⋮	⋮	⋮	⋮
B_i		b_{i1}	b_{i2}	...	b_{ij}	...	b_{in}
⋮	⋮	⋮	⋮	⋮	⋮	⋮	⋮
B_n		b_{n1}	b_{n2}	...	b_{nj}	...	b_{nn}

3）计算权值并做一致性检验

计算权值是指衡量各准则（因素）的重要性，并将其量化，权值的计算方法参见小技巧 5-1。

一致性验证是为了避免在各准则重要性排序时出现相互矛盾的情况，例如 A 比 B 重要，B 比 C 重要，而 C 又比 A 重要，致使 A、B、C 无法进行排序。由于人们认识上的多样性，判断矩阵不可能都满足一致性条件，若检验不通过，需要重新确定九级标度值，调整成对比较矩阵。

4）确定层次单排序和层次总排序

根据上一步骤的权值计算结果，针对上一层次某一准则，将本层次内的各因素按相对重要性由大到小进行排列，即是层次单排序，见表 5-3。

评价尺度表　　　　　　　　　　　　　　　　　　　　表5-3

b_i 比 b_j 极为重要	b_i 比 b_j 重要很多	b_i 比 b_j 重要	b_i 比 b_j 稍重要	b_i 比 b_j 同样重要
$b_{ji}=9$	$b_{ij}=7$	$b_{ij}=5$	$b_{ij}=3$	$b_{ij}=1$
b_i 比 b_j 稍次要	b_i 比 b_j 次要	b_i 比 b_j 次要很多	b_i 比 b_j 极为次要	
$b_{ij}=1/3$	$b_{ij}=1/5$	$b_{ij}=1/7$	$b_{ij}=1/9$	

表格来源：作者自绘，凌晨制作。

利用层次单排序结果计算各层次的组合权数即可得到总权值。总权值的排序也称为层次总排序，是对方案层中各方案优劣性的量化表达。权值越高表示该方案的合理性越高（表5-4）。

层次单排序表　　　　　　　　　　　　　　　　　　　表5-4

	极为重要→很重要→重要→稍次要→次要			
对于目标 M	准则 B	准则 C	准则 A	…
对于准则 A	因素 a_3	因素 a_1	因素 a_2	…
对于准则 B	因素 b_2	因素 b_1	因素 b_3	…
对于准则 C	因素 c_3	因素 c_2	因素 c_1	…
	优势→劣势			
对于因素 a_n	方案 2	方案 3	方案 1	方案 4
对于因素 b_n	方案 4	方案 2	方案 1	方案 3
对于因素 c_n	方案 3	方案 1	方案 2	方案 4

表格来源：作者自绘。

小技巧5-1：如何计算权值并做一致性检验

权值和一致性验证的计算相较复杂，有两种方法可以替代人工计算：

①Excel 软件功能强大，可以完成权值计算并进行一致性验证，但操作复杂，需要有相当的 Excel 运用能力。目前，网络上能够找到为 AHP 分析法制作的 Excel 模板，只需填入相应内容即可，操作简单。

②使用专业 AHP 分析软件。目前，使用较为普遍且操作简单的 AHP 分析软件是 yaahp，可以直接在软件中绘制层次模型，填入九级标度分值后即直接得出各项权值和层次单排序、层次总排序，并能支持 Excel 等多种输出格式。

案例5-5：居民购房决策的 AHP 操作流程

居民购房是日常生活中一项重要的家庭决策，现以某市普通居民这一事件为例，演示整个 AHP 法的基本操作流程。

（1）建立层次模型

根据前期问卷调查与访谈确定影响购房决策的主要因素有：房价、交通、配套设施、环境质量等 4 项（影响购房决策的因素还有很多，为便于之后的计算演示，在本案例中仅选取了其中 4 项），主要购房意向为城南片区、城北片区和城西片，可建立层次模型（图 5-16）。

（2）构建成对比较矩阵

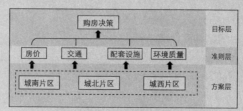

图 5-16　居民购房决策 AHP 层次模型
图片来源：作者自绘，付鑫竹制作。

根据市民访谈可得出在选择购房时各影响因素的重要性排序：房价＞交通、配套设施＞环境质量，即对于购房决策，房价比交通和配套设施重要，$b_{12}=3$，$b_{13}=3$；交通和配套设施同样重要，$b_{23}=1$，$b_{32}=1$；环境质量相对次要，$b_{41}=1/5$，$b_{42}=1/3$，$b_{43}=1/3$。根据以上排序以及九级评分标度，可构建市民购房决策的成对比较矩阵（图 5-17）。

同理，确定不同准则的成对比较矩阵（图 5-18～图 5-21）。

购房决策	1房价	2交通	3配套设施	4环境质量
1房价	1	3	3	5
2交通	1/3	1	1	3
3配套设施	1/3	1	1	3
4环境质量	1/5	1/3	1/3	1

$$A = \begin{bmatrix} 1 & 3 & 3 & 5 \\ \frac{1}{3} & 1 & 1 & 3 \\ \frac{1}{3} & 1 & 1 & 3 \\ \frac{1}{5} & \frac{1}{3} & \frac{1}{3} & 1 \end{bmatrix}$$

图 5-17　市民购房决策成对比较矩阵
图片来源：作者自绘，金彪制作。

（3）确定层次单排序和层次总排序

对市民购房影响最大的因素是房价，其次是交通和配套设施，影响最小的是环境质量。此排序与步骤一中对市民的调查结果一致，但是因素之间的重要性差异被具体量化了（表 5-5）。

房价	城南	城西	城北
城南	1	1/3	1/5
城西	3	1	1/3
城北	5	3	1

$$B = \begin{bmatrix} 1 & \frac{1}{3} & \frac{1}{5} \\ 3 & 1 & \frac{1}{3} \\ 5 & 3 & 1 \end{bmatrix}$$

图 5-18　市民购房之房价成对比较矩阵
图片来源：作者自绘。

交通	城南	城西	城北
城南	1	3	5
城西	1/3	1	3
城北	1/5	1/3	1

$$C = \begin{bmatrix} 1 & 3 & 5 \\ \frac{1}{3} & 1 & 3 \\ \frac{1}{5} & \frac{1}{3} & 1 \end{bmatrix}$$

图 5-19　市民购房之交通成对比较矩阵
图片来源：作者自绘。

配套设施	城南	城西	城北
城南	1	3	5
城西	1/3	1	3
城北	1/5	1/3	1

环境质量	城南	城西	城北
城南	1	3	9
城西	1/3	1	3
城北	1/9	1/3	1

$$D = \begin{bmatrix} 1 & 3 & 5 \\ \frac{1}{3} & 1 & 3 \\ \frac{1}{5} & \frac{1}{3} & 1 \end{bmatrix}$$

$$E = \begin{bmatrix} 1 & 3 & 9 \\ \frac{1}{3} & 1 & 3 \\ \frac{1}{9} & \frac{1}{3} & 1 \end{bmatrix}$$

图 5-20 市民购房之配套成对比较矩阵
图片来源：作者自绘。

图 5-21 市民购房之环境成对比较矩阵
图片来源：作者自绘。

准则层的单层次排序 表5-5

权值分布	房价	交通	配套设施	环境质量
购房决策	0.519	0.201	0.201	0.079

表格来源：作者自绘，冯月制作。

综合来看，城北的权值最高，即在目前的经济水平和生活需求下，在城北片区购房最为适宜，其次为城南片区、城西片区（表5-6）。

层次总排序 表5-6

	城南	城西	城北
房价	0.10616	0.2605	0.63335
交通	0.63335	0.2605	0.10616
配套设施	0.63335	0.2605	0.10616
环境质量	0.69231	0.23077	0.07692
总权值	0.3642	0.25815	0.37764

表格来源：作者自绘，冯月制作。

(2) 操作要点

1) 科学地确定影响因素并构建层次模型

影响决策的因素确定不合理，如关键要素缺失或要素间的关系不正确，都会降低 AHP 层次分析法的结果质量，甚至导致决策失败。首先要注意因素的强度关系，相差太大的因素不能放在同一层。而且同一层中的因素也不能出现包含或叠加关系。例如在某工厂选址分析中，土地价格高低不应与是否通电力线放在同一准则层，交通便捷度也不能与是否通公交放在一起。其次，每一准则层的影响因素最多9个，要尽量做到不漏不多。

2) 有效填写判断矩阵

判断矩阵的填写直接影响 AHP 层次分析法结论的正确性，是分析过程中最关键的一步，需请行业专家和熟悉相关情况的各界人士来填写。填写时要求专家各自填表，不许讨论。主要是避免专家意见相持不下，或专家中有权威人士，其他专家被动服从的现象。专家在填表前应对影响目标的各因素进行简单的重要性排序，再进行比较评判，以提高一致性检验的通过率。若不能通过检验，需要将判断矩阵返回给专家重新填写。

案例 5-6：AHP 层次分析法在巢湖市的城市发展用地选择中的应用①

根据区位以及用地现状，巢湖市的城市发展用地在四个方向上都各有优劣，单独用定性和定量的方法不能有效解决城市发展方向问题，所以采用层次分析法做定性和定量综合研究。

步骤 1：建立层次结构模型

先是对影响用地选择的众多复杂因素进行系统分析，从中筛选出那些影响最大的因素作为评判指标，再根据各因素间的相互关系划分层次体系，建立多层次多目标决策模型，并用图式表示各层次间关系。根据巢湖市现状分析，我们把用地选择的决策模型划分为目标层、准则层、影响因素层、方案层四个层次（图 5-22）。

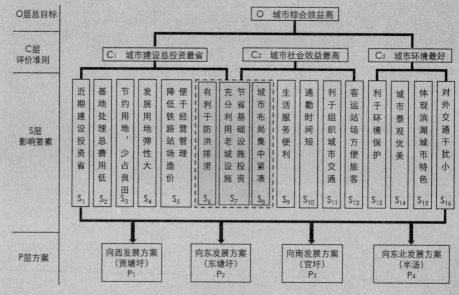

图 5-22 用地选择 AHP 层次模型

图片来源：根据冯长春.运用层次分析方法选择城市发展用地——以巢湖市为例[J].城市规划，1987.06，
内容改绘，徐萌制作。

---

① 节选自：冯长春.运用层次分析方法选择城市发展用地——以巢湖市为例[J].城市规划，1987（6）.

步骤2：构建成对比较矩阵

根据前面所述，对影响某目标的所有因素进行两两比较构建判断矩阵，并请多位专家填写，见表5-7。

步骤3：层次排序与一致性检验

巢湖市用地选择的AHP总排序结果用计算机整理、综合和检验多个专家的判断矩阵的单排序结果，得出总排序结果（表5-8~表5-10）。

两两比较矩阵　　　　　　　　　　　　　　　　表5-7

层次B ＼ 层次A	A_1 a_1	$A_2\cdots A_m$ $a_2\cdots a_m$	B层次组合权值（总排序）
B_1		$b_1^{(1)}$ $b_1^{(2)}\cdots b_1^{(m)}$	$\sum_{i=1}^{m}a_ib_1^{(1)}$
B_2		$b_2^{(1)}$ $b_2^{(2)}\cdots b_2^{(m)}$	$\sum_{i=1}^{m}a_ib_2^{(1)}$
⋮		⋮	⋮
B_n		$b_n^{(1)}$ $b_n^{(2)}\cdots b_n^{(m)}$	$\sum_{i=1}^{m}a_ib_n^{(1)}$

表格来源：根据冯长春.运用层次分析方法选择城市发展用地——以巢湖市为例[J].城市规划，1987.06：32表4改绘，凌晨制作。

准则层总排序一览　　　　　　　　　　　　　表5-8

准则	城市建设总投资最省	城市社会效益最佳	城市环境良好	总权值	均值
代号	C_1	C_2	C_3		
权值	0.4462	0.3893	0.1645	1	0.3333
位次	1	2	3		

表格来源：根据冯长春.运用层次分析方法选择城市发展用地—以巢湖市为例[J].城市规划，1987（6）表格改绘，凌晨制作。

影响因素层总排序一览　　　　　　　　　　　表5-9

因素代号	S_1	S_2	S_3	S_4	S_5	S_6	S_7	S_8	S_9	S_{10}
权值	0.0469	0.0463	0.0336	0.1010	0.0132	0.1141	0.1089	0.1991	0.0701	0.0412
位次	7	8	11	4	16	2	3	1	6	9

因素代号	S_{11}	S_{12}	S_{13}	S_{14}	S_{15}	S_{16}	总权值		均值	
权值	0.0317	0.0291	0.0858	0.0315	0.0337	0.0135	1		0.0625	
位次	12	14	5	13	10	15				

表格来源：根据冯长春.运用层次分析方法选择城市发展用地——以巢湖市为例[J].城市规划，1987.06：33表6改绘，凌晨制作。

方案层总排序一览　　　　　　　　　　　　　表5-10

方案	向西发展（贾塘圩）	向东发展（东塘圩）	向南发展（官圩）	东北发展（半汤）	总权重	均值
代号	P_1	P_2	P_3	P_4		
权值	0.3983	0.1828	0.2401	0.1788	1	0.25
位次	1	3	2	4		

表格来源：根据冯长春.运用层次分析方法选择城市发展用地——以巢湖市为例[J].城市规划，1987.06：33表7改绘，凌晨制作。

步骤 4：结果分析

从总排序结果看，结论是符合巢湖市实际情况的。对于第二层中三个准则的排序，说明在目前的社会技术经济条件下，我国的财力、物力还不雄厚，特别像巢湖市这样的小城市，城市的建设资金十分有限，城市用地选择首先要考虑城市建设总投资最省，其次是考虑创造良好的社会效益和适当兼顾环境条件。

从第二层中 16 个影响因素的排序看，排在首位的是"城市布局集中紧凑"，这一因素之所以被强调，是因为巢湖市现状布局太分散，紧凑度只有 20%~40%，不到 10 万人的城市，东西宽 11.5km，南北长 10km，架子拉得过大。所以，"城市集中紧凑布局"成为巢湖发展用地选择的重要因素之一。

排在第二位的是"有利防洪排涝"，巢湖市滨临我国五大淡水湖之一的巢湖，且位于巢湖水系的总支出口处，经常受洪涝威胁，今后发展把防洪排涝放在重要地位考虑是必要的。

第三位是"充分利用老城设施、节省基础设施投资"，这也是针对现状问题提出体现城市经济和社会效益的一个重要指标。接下来是"发展用地弹性大"，指出了选择用地要远近结合，为远期发展留有余地。

总之，第二层的排序结果使我们对影响巢湖用地选择因素的重要性一目了然，也是很切合实际的。

最后，是方案层的排序，结果表明城市向西发展，即贾塘圩方案，城市的综合效益最好，应作为优选方案。

5.4.4 AHP 层次分析法的类型

经过多年的发展，AHP 层次分析法衍生出改进层次分析法、模糊层次分析法、可拓模糊层次分析法和灰色层次分析法等多种方法，它们的主要区别在于判断矩阵的建立和计算方式不同。这些改进后的层次分析法不仅提高了计算精度，其形式也更简单，不需要再进行一致性检验，结论也更为可靠。

改进层次分析法是运用初级权重对各影响因素的重要程度进行初步量化，形成距离判断矩阵，再以三角模糊数将距离判断矩阵模糊化处理后计算各指标权重，并结合模糊综合评价对多指标进行综合量化评价。

模糊层次分析法是将互反型判断矩阵改为模糊一致性判断矩阵，并把和行归一法或方根法与特征向量法结合使用。模糊层次分析法既解决了判断矩阵的一致性问题，又解决了解的收敛速度及精度问题，以此求得与实际相符的排序向量。结论改进传统的层次分析法。[1]

5.4.5 AHP 层次分析法的运用与限制

(1) 适用范围

适用于从若干备选方案中确定最佳方案。

城市规划的过程就是不断地进行合理化决策：决策发展目标、决策产业类型、

---

[1] 李永，胡向红，乔箭. 改进的模糊层次分析法[J]. 西北大学学报：自然科学版，2005，35（1）.

决策空间结构，决策各项建设用地等等。AHP 层次分析法可以很好地解决城市规划中那些复杂的决策问题，在若干个候选方案中找出最佳的一个，例如规划方案的择优、道路交通的优化、近期建设项目的确定、建设用地选址、管线综合布局等。

（2）限制

层次模型的建立和判断矩阵的填写都要求使用者和填表者具有较高的专业技术水平，因此，层次分析法结论的正确性与使用者、填表者的业务能力密切相关。

层次分析法只能从原有方案中进行选取，而不能为决策者提供解决问题的新方案。因此，它主要是一种方案评价方法，而不是一种设计辅助方法。

5.5　ISM 解释模型法

5.5.1　什么是 ISM 解释模型法？

（1）基本概念

ISM 解释模型法是将复杂的系统分解为若干要素，利用实践经验判定各要素间是否存在联系，并通过简单的数学计算最终将这些要素构成一个多级递阶的结构模型的方法。

（2）关键词解读

多级递阶：将所有要素分为若干层级，下一层级要素是导致上一层级要素形成的原因，或对上一层要素具有直接影响。最顶层则表示系统的最终目标（见知识点 5-5）。

知识点 5-5：关于 ISM 解释模型法的集中描述

John Warfield（1974）：结构模型法是"在仔细定义的模型中，使用图形和文字来描述一个复杂事件（系统或研究领域）结构的一种方法论。"

Mick Mclean & P. Shephed（1976）：结构模型"着重于一个模型组成部分的选择和清楚地表示出各组成部分间的相互作用。"

Dennis Cearlock（1977）：结构模型强调"确定变量之间是否有连接以及其连接的相对重要性，而不是建立严格的数学关系，以及精确地确定其系数。"

资料来源：清华大学《系统工程导论》课件第三章（http://wenku.baidu.com/link?url= IoMV0WsSEgYVq0ZNSrQiZJ1TlRkrzrmtdWrznTck7C3WlTkeXWlUekVJoIFdP3jLILl_E_ Opu2vAlwPsgjtMb_2B07q0WTYrReF_nMsK-Fu）

结构模型：指用有向连接来描述系统中各要素间的关系，并形成的几何模型。用有向的"箭头"表示有直接影响关系。如图 5-23 所示，$S3 \rightarrow S1$ 表示 $S3$ 是 $S1$ 的原因，或者说 $S3$ 会直接导致 $S1$ 发生变化。结构模型有两种表达形式：有向图、树图。

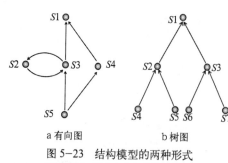

图 5-23　结构模型的两种形式
表格来源：作者改绘，付鎏竹制作。

a 有向图　　　　b 树图

5.5.2　ISM 解释模型法的源起

1973 年，美国 John Warfield 教授[①] 为分析复杂的社会经济系统问题开发了 ISM 解释模型法。通过这一方法的应用，可以修正因人为主观因素或经验的判断而导致的不同程度的误差。ISM 解释模型法是结构模型化技术的一种，在制订发展计划、城市规划等领域已广泛使用，尤其对于建立、分析多目标、元素之间关系错综复杂的系统效果更为显著。

5.5.3　ISM 解释模型法的操作流程、要点

(1) 流程描述

ISM 解释模型法的基本流程包括 4 个步骤，分别是：确立系统要素关系表、建立邻接矩阵、计算可达矩阵、建立系统结构模型。现以影响市民选择购买住房的因素分析为例进行说明。

1) 确定系统要素，建立关系表

通过开放式问卷调查及专家咨询，将影响市民购买住房的因素归纳为交通、房价、配套设施、环境质量、购房意愿等 5 项。把每一个因素（S_i）分别与其他因素进行比较，判定是否存在直接影响关系，如交通因素会直接影响房价，可达性越好房价越高。如果存在直接因果关系的，用符号"○"表示在要素关系表中（表 5-11）。

要素关系表　　　　　　　　　　　　　　表 5-11

S_i	交通	房价	配套设施	环境质量	购房意愿
交通 S_1		○			○
房价 S_2					○
配套设施 S_3		○			○
环境质量 S_4		○			○
购房意愿 S_5					

表格来源：作者自绘。

2) 根据系统要素关系表建立邻接矩阵

对于一个系统要素关系表，可以用一个 m×m 方形矩阵来表示（m 为系统要素数），即邻接矩阵。邻接矩阵是对系统要素关系表中各节点即两两要素之间关系的描述。当要素 S_i 对 S_j 有影响时，矩阵元素 S_{ij} 为 1，要素 S_i 对 S_j 无影响时，矩阵元素 S_{ij} 为 0。根据要素关系表 5-11，建立邻接矩阵 A（图 5-24）。邻接矩阵与系统

---

① John.N.Warfield 关于系统科学的回顾内容以"自传回顾：发现系统科学"为题，被编辑 George J.Killer 博士刊登在了《国际一般系统杂志》2003 年 12 月第 32 期的第 6 版。正如 Warfield 在他的引言中所说的那样："……我的目的是发展一个系统科学，这种科学能够从其最基础的领域不断扩展，通过足够多的应用来提供经验证据，以表明这种科学是被正确的构建起来并且非常实用的；同时，这种科学还能够经受得住最激进的挑战。"

$$A = \begin{array}{c} S_i \backslash S_j \\ S_1 \\ S_2 \\ S_3 \\ S_4 \\ S_5 \end{array} \begin{array}{c} \begin{array}{ccccc} S_1 & S_2 & S_3 & S_4 & S_5 \end{array} \\ \begin{bmatrix} 0 & 1 & 0 & 0 & 1 \\ 0 & 0 & 0 & 0 & 1 \\ 0 & 1 & 0 & 0 & 1 \\ 0 & 1 & 0 & 0 & 1 \\ 0 & 0 & 0 & 0 & 0 \end{bmatrix} \end{array}$$

图 5–24 根据要素关系构建的邻接矩阵

图片来源：作者自绘。

要素关系表一一对应，系统要素关系表确定，邻接矩阵也就唯一确定。反之，邻接矩阵确定，系统要素关系表也就唯一确定。

3）通过矩阵运算求出可达矩阵并进行分解

可达矩阵是指用矩阵形式来描述各节点之间经过一定长度的通路后可以到达的程度。根据布尔矩阵运算法则，如果系统 A 满足条件：

$$(A+I)^{k-1} \neq (A+I)^{k} = (A+I)^{k+1} = M$$

则称 M 为系统 A 的可达矩阵。

本案例中，邻接矩阵 A 的可达矩阵计算如下：

$(A+I) = (A+I)^2$，即 $K=2$ 时可达，

得到可达矩阵 M（图 5–25 和图 5–26）。

$$(A+I) = \begin{bmatrix} 1 & 1 & 0 & 0 & 1 \\ 0 & 1 & 0 & 0 & 1 \\ 0 & 1 & 1 & 0 & 1 \\ 0 & 1 & 0 & 1 & 1 \\ 0 & 0 & 0 & 0 & 1 \end{bmatrix} \quad (A+I)^2 = \begin{bmatrix} 1 & 1 & 0 & 0 & 1 \\ 0 & 1 & 0 & 0 & 1 \\ 0 & 1 & 1 & 0 & 1 \\ 0 & 1 & 0 & 1 & 1 \\ 0 & 0 & 0 & 0 & 1 \end{bmatrix} \quad (A+I)^3 = \begin{bmatrix} 1 & 1 & 0 & 0 & 1 \\ 0 & 1 & 0 & 0 & 1 \\ 0 & 1 & 1 & 0 & 1 \\ 0 & 1 & 0 & 1 & 1 \\ 0 & 0 & 0 & 0 & 1 \end{bmatrix}$$

图 5–25 矩阵 A 的可达矩阵

图片来源：作者自绘。

求出系统的可达矩阵后，要得到结构模型，还需要对可达矩阵进行分解。层级分解的目的是为了更清晰地了解系统中各要素之间的层级关系。

首先，要根据可达矩阵制作可达集合与先行集合及其交集表（表 5–12）。可达集合 $R(S_i)$ 指可达矩阵中要素 S_i 对应的行中，包含 1 的矩阵元素所对应的列要素的集合。如可达矩阵 M，要素 S_1 对应的行中，包含 1 的列有 1、2、5，则 $R(S_1)$ =1、2、5（图 5–27）。先行集合 $Q(S_i)$ 指可达矩阵中要素 S_i 对应的列中，包含 1 的矩阵元素所对应的行要素的集合。如可达矩阵 M，要素 S_1 对应的列中，包含 1 的行只有 1，则 $Q(S_1)$ =1。交集 $A=R(S_i) \cap Q(S_i)$，即对应要素 S_i，同时在 $R(S_i)$ 和 $Q(S_i)$ 中出现的数字，如 $R(S_1)$ 与 $Q(S_1)$ 的交集 A=1（转化简易方法参见小技巧 5–2）。

$$M = \begin{bmatrix} 1 & 1 & 0 & 0 & 1 \\ 0 & 1 & 0 & 0 & 1 \\ 0 & 1 & 1 & 0 & 1 \\ 0 & 1 & 0 & 1 & 1 \\ 0 & 0 & 0 & 0 & 1 \end{bmatrix}$$

图 5–26 可达矩阵 M

图片来源：作者自绘，金彪制作。

$$M = \begin{array}{c} S_i \backslash S_j \\ S_1 \\ S_2 \\ S_3 \\ S_4 \\ S_5 \\ \end{array} \begin{array}{c} \begin{array}{ccccc} S_1 & S_2 & S_3 & S_4 & S_5 \end{array} \\ \begin{bmatrix} 1 & 1 & 0 & 0 & 1 \\ 0 & 1 & 0 & 0 & 1 \\ 0 & 1 & 1 & 0 & 1 \\ 0 & 1 & 0 & 1 & 1 \\ 0 & 0 & 0 & 0 & 1 \end{bmatrix} \\ Q(S_1) \end{array} \begin{array}{c} \\ R(S_1) \\ \\ \\ \\ \\ \\ \end{array}$$

图 5–27 ISM 法可达矩阵 M

图片来源：作者自绘，金彪制作。

<table>
<tr><td colspan="4" align="center">可达集合与先行集合及其交集表</td><td align="right">表 5-12</td></tr>
</table>

i	$R(S_i)$	$Q(S_i)$	$R(S_i) \cap Q(S_i)$
1	1, 2, 5	1	1
2	2, 5	1, 2, 3, 4	2
3	2, 3, 5	3	3
4	2, 4, 5	4	4
5	5	1, 2, 3, 4, 5	5

表格来源：作者自绘，冯月制作。

小技巧 5-2：邻接矩阵转换可达矩阵的简易方法

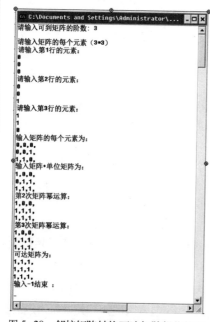

图 5-28　邻接矩阵转换可达矩阵操作流程

邻接矩阵转换为可达矩阵虽然是简单的布尔运算，但对于城乡规划的同学仍然具有一定难度。目前有以下几种方法可以简化该步骤：

①引入转移矩阵，减少计算量。这种方法仍然需要同学具有一定的数学基础，可以利用 MATLAB 数学软件或矩阵运算工具简化计算。

②利用 C 语言编写程序，将邻接矩阵转换为可达矩阵。这种方法需要同学具备一定的 C 语言运用能力，网络上能够查询到具体的编写程序。

③利用现有解释结构模型 ISM 分析软件。目前，在网络上能够找到现成的矩阵转换工具，如 ISM v2010 beta，只要按要求输入邻接矩阵即可。如图 5-28。

然后，在可达集合与先行集合及其交集表中，根据 $R(S_i) \cap Q(S_i) = R(S_i)$ 条件来进行层级的抽取。如表 5-13 中，对于 $i=5$ 满足条件 $R(S_5) \cap Q(S_5) = R(S_5) = 5$，这表示可以将 S_5 抽出，并成为该系统的最顶层，也就是系统的最终目标。然后，把有关 5 的要素都抽取掉，得到表 5-13。

<table>
<tr><td colspan="4" align="center">抽取 S_5 后的可达集合与先行集合及其交集表</td><td align="right">表 5-13</td></tr>
</table>

i	$R(S_i)$	$Q(S_i)$	$R(S_i) \cap Q(S_i)$
1	1, 2	1	1
2	2	1, 2, 3, 4	2
3	2, 3	3	3
4	2, 4	4	4

表格来源：作者自绘。

根据 $R(S_i) \cap Q(S_i) = R(S_i)$ 条件继续进行层级的抽取。$i=2$ 满足条件 $R(S_2)$ $\cap Q(S_2) = R(S_2) = 2$，即可抽出 2。这表示 S_2 为第二层，并是 S_5 的影响因素。把有关 2 的要素都抽取掉，得到表 5-14。

抽取 S_2 后的可达集合与先行集合及其交集表   表 5-14

i	$R(S_i)$	$Q(S_i)$	$R(S_i) \cap Q(S_i)$
1	1	1	1
3	3	3	3
4	4	4	4

表格来源：作者自绘。

发现 $i=1$、$i=3$、$i=4$ 都满足 $R(S_i) \cap Q(S_i) = R(S_i)$ 条件，则 S_1、S_3、S_4 为系统的最底层，是引起系统运动的根本因素。

根据以上结果形成各层关系示意，见图 5-29。

根据各层关系示意图建立解释结构模型（图 5-30）。

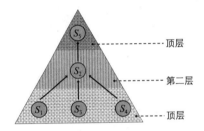

图 5-29　层级分解示意
图片来源：作者自绘。

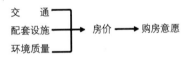

图 5-30　购房意愿解释结构模型示意
图片来源：作者自绘。

由该结构模型可以得出本次调查的结论：是否有购房意愿是决定居民购房选择的核心因素。购房意愿受房价的影响较大，而房价高低又与交通、配套设施、环境质量直接相关。

（2）操作要点

1）合理选择系统要素

系统要素的选择既要全面又不能繁琐，相互之间的内涵不能有叠加。系统要素可以通过文献查询、头脑风暴、专家咨询、KJ 法等方式获取，先将有关的信息都记录下来，然后归纳整理成文，可以制定要素明细表备用。

2）各系统要素间的因果关系判定要准确

要素关系表（或有向图）的绘制是 ISM 解释模型法的基础，要素间相互关系的判别错误将直接导致分析结果不正确。需要注意的是，影响关系的判别中，必须是直接影响而非间接，直接影响程度较小的可以忽略。在研究过程中，对要素关系表必须进行充分的研究，可以通过专家填写的方式来提高合理性。

3）合理设计各阶层要素数量

ISM 解释模型的阶层数和每个阶层所包含的因素个数都没有限制，但是，如果用于 AHP 法的阶层构造时，要注意每个阶层的因素个数一般到 7 为止，最多不超过 9 个。

案例 5-7：基于 ISM 模型的失地农民安置后生活状况研究

本研究关注失地农民的个人发展问题。通过调研了解失地农民安置后生存与发展现状，分析影响其发展的各项因子。借此提高社会的关注度，为失地农民创造更好的生存与发展环境。

①确定影响因素，绘制要素关系表

通过文献查阅、实地观察、访谈、KJ 法等方法，提出了 14 项影响失地农民安置后生活状况的相关因子及其表现因子，并绘制要素关系表（表 5-15）。

失地农民安置要素关系表　　　　　　　　　　　　　　　　　　表 5-15

要素 (S_i)		安置政策		安置环境				安置后管理			个人因素				
		居住模式	医保社保	地理区位	配套公服	外部居民态度	生活成本	管理结构	管理方式	管理效率	可支配补偿金最终去向	社会资本	自我发展意愿	就业状况	安置年限
		S_1	S_2	S_3	S_4	S_5	S_6	S_7	S_8	S_9	S_{10}	S_{11}	S_{12}	S_{13}	S_{14}
安置政策	居住模式 S_1				○	○				○			○		
	医保社保 S_2										○				
安置环境	地理区位 S_3				○		○								
	配套公服 S_4														
	外部居民态度 S_5												○		
	生活成本 S_6										○				
安置后管理	管理结构 S_7								○	○					
	管理方式 S_8									○					
	管理效率 S_9														
个人因素	可支配补偿金最终去向 S_{10}											○			
	社会资本 S_{11}									○	○			○	
	自我发展意愿 S_{12}					○				○	○				○
	就业状况 S_{13}										○				
	安置年限 S_{14}					○						○			

表格来源："○"表示相关。表格来源：作者根据《失地农民社会融入影响因素调查研究报告》中相应表格重绘。

②生成邻接矩阵

根据以上分析，建立邻接矩阵，见图5-31。

③计算可达矩阵

对矩阵$[A+I]$进行幂运算（基于布尔代数运算），直至$(A+I)^k=(A+I)^{k+1}$成立为止。通过计算求的：$n=5$和可达矩阵$M=(A+I)^5$。

那么由上可得$(A+I)^5=(A+I)^6$，那么邻接矩阵$M=(A+I)^5$，见图5-32。

④可达矩阵的层次分解

制作可达集合与先行集合及其交集表（表5-16）。找出满足$P(S_i) \cap Q(S_i)=P(S_i)$的

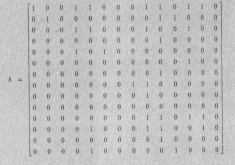

图5-31 失地农民安置要素的邻接矩阵
图片来源：作者自绘。

要素集合L_1。以此类推，得到L_2，L_3，…，从而把各要素分配到相应的级别上。由此，确定第一级$L_1=S_4$，S_9。其次，从可达矩阵M中删除与要素S_4，S_9对应的第5、8、10、11、12、13行及列，得到矩阵M，在M上同理得到第2级$L_2=S_5$、S_8、S_{10}、S_{11}、S_{12}、S_{13}（图5-33）。

同理求得：第3级$L_3=S_7$、S_2、S_{14}、S_6；第4级$L_4=S_1$、S_3；

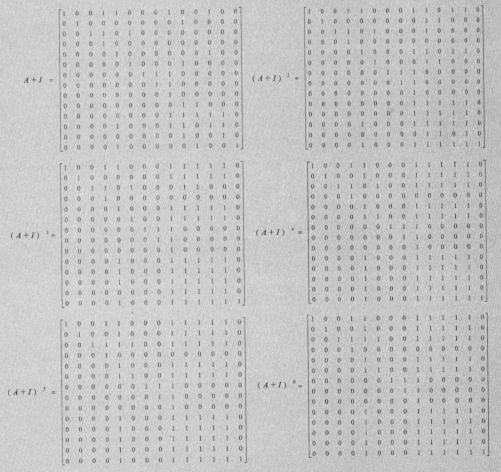

图5-32 计算生成的可达矩阵A系列
图片来源：作者根据调研报告资料绘制，金彪制作。

$$M = (A+I)^5 = \begin{bmatrix} 1 & 0 & 0 & 1 & 1 & 0 & 0 & 0 & 1 & 1 & 1 & 1 & 1 & 0 \\ 0 & 1 & 0 & 0 & 1 & 0 & 0 & 0 & 1 & 1 & 1 & 1 & 1 & 0 \\ 0 & 0 & 1 & 1 & 1 & 1 & 0 & 0 & 1 & 1 & 1 & 1 & 1 & 0 \\ 0 & 0 & 0 & 1 & 0 & 0 & 0 & 0 & 0 & 0 & 0 & 0 & 0 & 0 \\ 0 & 0 & 0 & 0 & 1 & 0 & 0 & 0 & 1 & 1 & 1 & 1 & 1 & 0 \\ 0 & 0 & 0 & 0 & 1 & 1 & 0 & 0 & 1 & 1 & 1 & 1 & 1 & 0 \\ 0 & 0 & 0 & 0 & 0 & 0 & 1 & 1 & 1 & 0 & 0 & 0 & 0 & 0 \\ 0 & 0 & 0 & 0 & 0 & 0 & 0 & 1 & 1 & 0 & 0 & 0 & 0 & 0 \\ 0 & 0 & 0 & 0 & 0 & 0 & 0 & 0 & 1 & 0 & 0 & 0 & 0 & 0 \\ 0 & 0 & 0 & 0 & 1 & 0 & 0 & 0 & 1 & 1 & 1 & 1 & 1 & 0 \\ 0 & 0 & 0 & 0 & 1 & 0 & 0 & 0 & 1 & 1 & 1 & 1 & 1 & 0 \\ 0 & 0 & 0 & 0 & 1 & 0 & 0 & 0 & 1 & 1 & 1 & 1 & 1 & 0 \\ 0 & 0 & 0 & 0 & 1 & 0 & 0 & 0 & 1 & 1 & 1 & 1 & 1 & 0 \\ 0 & 0 & 0 & 0 & 1 & 0 & 0 & 0 & 1 & 1 & 1 & 1 & 1 & 1 \end{bmatrix}$$

图 5-33　邻接矩阵 M 示意

图片来源：作者根据调研报告资料绘制，金彪制作。

⑤绘制层次模型图

级别分配结束后，用有向线段表示相邻级别要素间的关系及同一级别要素间的关系，从而画出有向图，如图 5-34 所示。

以此为基础建立最终的结构模型，见图 5-35。

⑥结论

基于 ISM 模型，结合现场走访和问卷调研，可以得出以下结论：完善的居住区级基础配套公服有利于提高居民生活质量，配套设置在满足居民基本生活需求的基础上，还需增加对其精神需求的考虑；居民自治的管理模式可激发安置居民的主观能动性，使安置居民在公平使用社区资源、平等参与社区管理的同时，对社区的归属感与认同感增强，从而改善居住环境和生活品质，更快地进入城市生活状态；科学的社区管理模式和全方位的社区建设有助于居民安置后从社区获取帮助，从而使自身得到更好的发展；知识技能或能力素养方面具有优势的居民往往可以更快适应新生活，进一步提升其经济资本和人力资本，个人心态也在一定程度上决定了其未来发展和生活质量。

可达集合与先行集合及其交集表　　　　　　　　　　　　　　表 5-16

S_i	$R(S_i)$	$Q(S_i)$	$R(S_i) \cap Q(S_i)$
S_1	1, 4, 5, 9, 10, 11, 12, 13	1	1
S_2	2, 5, 9, 10, 11, 12, 13	2	2
S_3	3, 4, 5, 6, 9, 10, 11, 12, 13	3	3
S_4	4	1, 3, 4	4
S_5	5, 9, 10, 11, 12, 13	1, 2, 3, 5, 6, 10, 11, 12, 13, 14	5, 9, 10, 11, 12, 13
S_6	5, 6, 9, 10, 11, 12, 13	3, 6	6
S_7	7, 8, 9	7	7
S_8	8, 9	7, 8	8
S_9	9	1, 2, 3, 5, 6, 7, 8, 9, 10, 11, 12, 13, 14	9
S_{10}	5, 9, 10, 11, 12, 13	1, 2, 3, 5, 6, 10, 11, 12, 13, 14	5, 10, 11, 12, 13
S_{11}	5, 9, 10, 11, 12, 13	1, 2, 3, 5, 6, 10, 11, 12, 13, 14	5, 10, 11, 12, 13
S_{12}	5, 9, 10, 11, 12, 13	1, 2, 3, 5, 6, 10, 11, 12, 13, 14	5, 10, 11, 12, 13
S_{13}	5, 9, 10, 11, 12, 13	1, 2, 3, 5, 6, 10, 11, 12, 13, 14	5, 10, 11, 12, 13
S_{14}	5, 9, 10, 11, 12, 13, 14	14	14

表格来源：作者根据调研报告资料绘制。

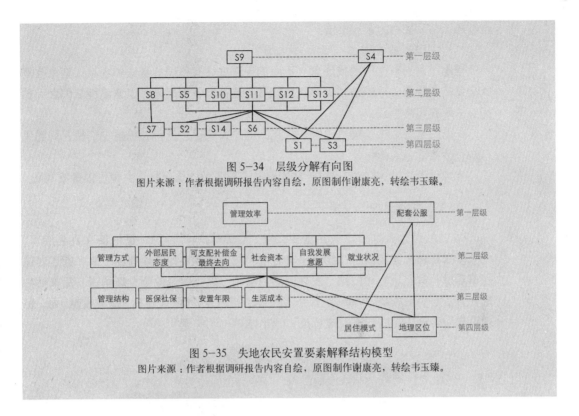

图 5-34　层级分解有向图

图片来源：作者根据调研报告内容自绘，原图制作谢康亮，转绘韦玉臻。

图 5-35　失地农民安置要素解释结构模型

图片来源：作者根据调研报告内容自绘，原图制作谢康亮，转绘韦玉臻。

5.5.4　ISM 解释模型法的运用与限制

1）适用范围——适用于建立直观的结构关系模型

城市规划研究的问题往往是由多种因素共同影响的结果，ISM 解释模型法能够将这些因素转变为多级递阶模型。这种模型能够清楚地表达这些因素的层级关系，为抽取核心关键影响因素提出解决思路，提供良好的判断依据。ISM 模型在总体规划、区域规划、技术评估方面应用广泛。建立结构关系模型是很多城市规划研究方法的基础，如 AHP 层次分析法，ISM 解释模型法是解决这一问题最有效的方法之一，也是保证研究过程科学性、研究结果高精度的基础。

2）运用限制——逻辑关系判断基本还是依赖于人们的经验

ISM 解释结构模型只能表明因素之间是否有关系，但是不能反映出因素之间是怎样的一种关系倾向。在判定系统各要素间的逻辑关系上，一定程度上还依赖于人们的经验，同一组影响因素不同的研究人员很可能会得出不同的结构模型。因此，对得出的结构模型还应该进一步研究论证，可以通过专家咨询等方式，并结合实践经验进行进一步检验。

5.6　KJ 法

5.6.1　什么是 KJ 法？

（1）基本概念

KJ 法是将与复杂问题、事件相关的信息以卡片的方式尽量多地收集起来，根据其内在的相互关系归类合并，整理思路并找出解决方案的一种方法。KJ 法属于 A

型图解法，又被称为亲和图法。

（2）关键词解读

信息：对同一个问题或现象，不同的人群往往有不同的看法和观点，信息收集就是要将各种意见、想法和经验不加取舍与选择地收集起来，以便追踪它们之间的相互关系并归类整理。

A型图解法：把收集到的某一特定主题的大量语言资料，根据它们相互间的关系进行分类综合的图示方法。

卡片：卡片进KJ法中不可或缺的辅助工具，可以是小纸片，也可以是便利贴。

5.6.2　KJ法的源起 [①]

KJ法的创始人是日本人川喜田二郎（Kawakita Jiro），KJ是他英文姓名缩写。他从多年野外考察实践中总结出一套方法，把大量事实如实地捕捉下来，通过对这些事实进行有机组合和归纳，发现问题的全貌，建立假说或创立新学说。后来他把这套方法与头脑风暴（Brainstorming Method）相结合，发展成包括"提出设想"和'整理设想'两种功能的方法，这就是KJ法（图5-36和图5-37）。

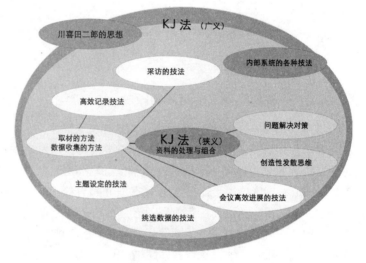

图5-36　KJ法构成示意
图片来源：作者根据网络资料内容自绘，张富文制作。

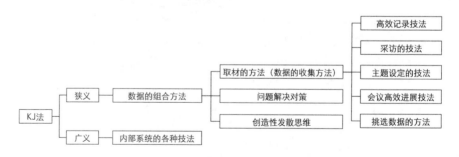

图5-37　KJ法构成类型与用途
图片来源：作者根据网络资料内容自绘，张富文制作。

---

① 资料来源：互动百科词条，http://www.baike.com/wiki/KJ%E6%B3%95

这一方法自 1964 年发表以来，作为一种有效的创造技法得到推广，成为应用于多个领域，非常流行的一种方法。

5.6.3 KJ 法的操作流程、要点

（1）操作流程

KJ 法操作流程一般分为 5 个操作阶段：准备、填写卡片、卡片编组、图解和成文（图 5-38）。当最终成文不是必要的结果时，可以到"图解"步骤为止。

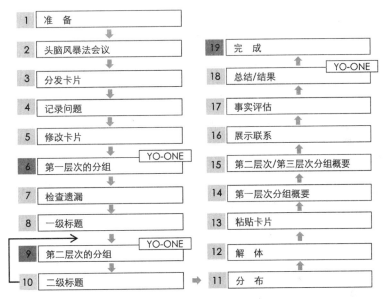

图 5-38 KJ 法操作流程示意
图片来源：作者根据网络内容转绘。

1）准备

首先要选择参与人员。KJ 法简单地说就是"集思广益"。因此，参与讨论问题的人员不能只局限某一类特殊群体，还应该包含各有关部门和利害关系人，这样才能收集到普遍意见。

图 5-39 KJ 法填写卡片
图片来源：谢康亮拍摄。

其次是准备材料。一般包括填写卡片的笔（应做到人手一支）、卡片（可以是便利贴，也可以是自制的小卡片，应保证每人有若干张）、大黑板、大桌子或空地（用于展示、分类卡片）。

最后要根据参与人员的多少选择大小适合的场地，既要有便于填写卡片、分析展示卡片的空间，又要适合参与人员的交流讨论。

2）填写卡片

填写卡片前，主持人要对研究的问题进行系统说明，激发参与者的思维，活跃现场气氛。

填写卡片主要有两种方式，一种是先收集资料，再填写卡片，另一种是直接填写卡片（图 5-39）。

先收集资料再记录成卡片：根据确定的主题，以语言、文字方式将相关事实或意见尽可能完整地收集起来。收集的方法主要有直

接观察、文献查阅、问卷访谈、个人思考（即通过个人自我回忆、总结经验来获得资料）等。然后，将收集到的资料记录成卡片，1条内容记录在1张卡片上，不能出现1张卡片上含有多条内容的情况。

直接填写卡片：请参与讨论的人直接将自己对问题的看法、意见、建议写在卡片上，每张卡片上只能写一条，可以是一句话，也可以是一个词。

前一种卡片填写方式可以收集到较为全面的信息，但是耗时长，工作量大。后一种卡片填写方式收集信息效率比较高，但信息内容不一定准确，且容易遗漏内容。

3）卡片编组

编组是指将收集到的卡片进行整理并分类。将填好的卡片全部摊开于桌子或黑板上，把意思相近的卡片放在一起，不能归类的卡片，每张自成一组（图5-40）。具体操作方法有两种：

由小类到大类编组：仔细阅读各卡片的内容，将意思相近的卡片放在一起形成若干个小组，用一个适当的标题概括它们的共同点并制作成"小组标题卡"。再将内容相似的小组归在一起形成几个大组，取一个适当的标题制作"大组标题卡"。根据需要，也可以先把小组归类形成几个中组，再将中组归类形成大组。这种方法适于卡片少，小类分类标准比较清晰的情况。

由大类到小类编组：先将所有的卡片按一定分类标准分成几个大组，并制作"大组标题卡"，再在各大组中分成几个中组，最后在中组中分出小组，适用于卡片较多，大类分类标准比较明确的情况（图3-41）。

虽然两种操作方法的分类顺序不同，但最终编组结果是一样的。

4）图解

图解即分析组与组、卡片与卡片之间的关系，并用图式的方法标示出来（图5-42）。图解的目的是让卡片的相互关系逐渐清晰化，从而理清问题并发现关键性因素。

对卡片进行编组和图解，既可由个人进行，也可以集体讨论。过程中如果又激发出新的想法，可以直接填写成卡片加入本次KJ法分类及图解，也可以进行新的一轮KJ法。

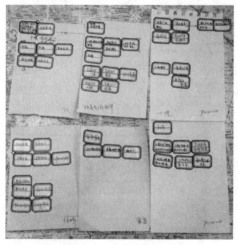

图5-40 卡片分类

图片来源：乐晓辉拍摄。

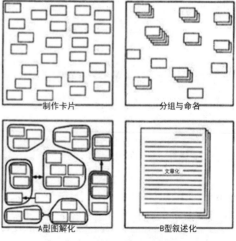

图5-41 KJ卡片填写和分类示意

图片来源：作者根据网址 http://www.enews.com.tw/?app=view&no=11419 内容重绘，帅夏云制作。

5) 成文

成文就是将图解用文字语言的方式表达出来。这个过程中要注意将直接读取的卡片信息与对卡片的解释或受启发的内容区分开。

(2) 操作要点

1) 信息的收集要全面

要尽量将与目标相关的信息都汇总起来。如果采用头脑风暴的方式，所有人员应各自独立完成信息卡片，避免相互讨论、干扰，使得信息雷同；可以在第一轮头脑风暴后组织交流，大家相互拓宽思路，根据需要可以再进行第二轮头脑风暴。

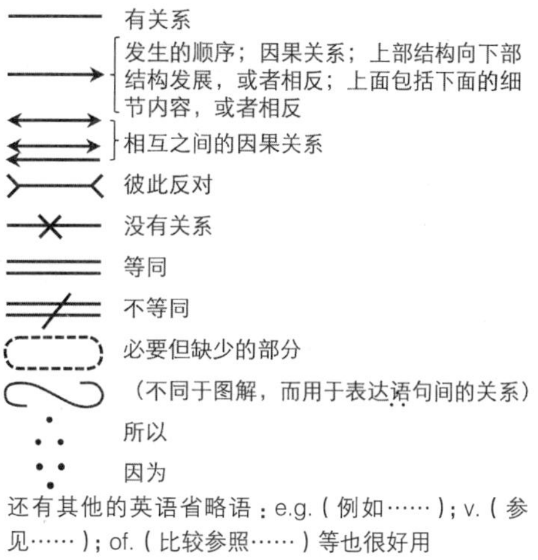

2) 确立分类标准

将所有卡片平铺在桌上后，应该先对所有卡片的信息进行一次快速浏览，根据卡片信息的内容讨论基本的分类标准，确定从小类开始划分还是从大类开始划分。分类标准确定后，一般不再作大的调整。

3) 不必强求各组内容均衡

在编组分类时应根据事实进行归类，不要强求各组卡片数量均匀。

————	有关系
——→	发生的顺序；因果关系；上部结构向下部结构发展，或者相反；上面包括下面的细节内容，或者相反
←——→	相互之间的因果关系
⟩———⟨	彼此反对
——✕——	没有关系
════	等同
══/══	不等同
⌐ ¬	必要但缺少的部分
∽	（不同于图解，而用于表达语句间的关系）
∴	所以
∵	因为

还有其他的英语省略语：e.g.（例如……）；v.（参见……）；of.（比较参照……）等也很好用

图 5-42　KJ 法常用卡片关系符号

图片来源：作者根据戴菲，章俊华. 规划设计学中的调查方法 7-KJ 法 [J]. 中国园林，2009（5）中图转绘，帅夏云制作。

案例 5-8：基于 KJ 法的艾比湖流域生态环境综合治理研究[①]

艾比湖地处新疆北部，湖水面积约 680km²，流域面积 50621km²，是新疆最大的咸水湖。该流域是新疆天山北坡经济带的重要组成部分，近年来经济发展较快，人口和农业用地快速增加，导致入湖水量锐减。由于干涸裸露的湖底多是盐等细微沉积物，加上位于阿拉山口主风道，致使它成西北地区最大的风沙策源地。为了整合不同研究领域，以便得到对于整个系统的综合集成研究成果，同时促进政策制定者、管理者和研究者之间的交流决策，在判定艾比湖流域生态治理主要因素的研究中采用了 KJ 法。研究选取生态学、水土保持与荒漠化防治、土地资源管理、地理信息工程等不同专业的 30 位研究人员和专家参与判断。他们的意见经过初步整理后形成 59 张卡片（表 5-17）。编组阶段将基于相近的信息内容，59 张卡片最终被编入 5 个大组：生态环境恶化的自然原因、人为驱动力、恶化的表现、治理措施、治理目标。图解阶段将组与组之间，次组与次组之间的关系，用箭头符号标示出来。

[①] 节选自：唐海萍，陈海滨，李传哲，徐广才. 基于 KJ 法的艾比湖流域生态环境综合治理研究 [J]. 干旱区地理，2007（3）.

编号	内容	编号	内容	编号	内容
艾比湖流域生态环境治理相关问题的卡片信息				表5-17	
1	阿拉山风口的下风向	21	农牧业损失巨大	41	治理荒漠化面积1000多万亩
2	浅水盐湖	22	注入艾比湖的河流流量锐减	42	湖水增加到1500km²
3	全球性的气候变暖	23	严重制约经济发展	43	天山北坡生态环境显著改善
4	开发大西北	24	裸露的干涸湖底	44	改进作物灌溉制度
5	草场沙化、碱化	25	艾比湖湿地规划	45	淘金挖沙
6	312国道三次改道	26	绿色天然屏障	46	过度樵采
7	流沙埋压亚欧大陆桥铁路	27	提高全民生态环境保护知识	47	农业发展，灌溉用水量大
8	流域水土资源统一管理	28	改造配套灌区工程	48	危害无穷的扬盐场
9	水资源浪费严重、利用率低	29	开发湖周矿物资源	49	阻滞沙尘
10	大规模垦荒	30	开发水能、风能、太阳能	50	限制建设高耗水工业项目
11	修建水库，增加调蓄能力	31	荒漠植被衰败	51	保障生态环境用水
12	湖面水位下降	32	生物多样性降低	52	发展人工草地置换天然草场
13	沙尘暴策源地	33	实施跨流域调水	53	恢复湖滨湿地
14	湖水面积逐年缩小	34	艾比湖主风道治理工程	54	运用3S技术
15	周边地区地下水位下降	35	加强用水管理，科学调配水量	55	流域水质控制与保护
16	周边地区荒漠化加快	36	植树种草工程	56	保障地区经济发展
17	危害居民生活、健康	37	固定流动沙丘150多万亩	57	工业内部循环用水，提高水的重复利用率
18	推广先进灌水技术，加强田间节水	37	改造工业设备和生产工艺，实现节水	58	加强市政管网建设，减少跑、冒、滴、漏等现象
19	普及节水型器具	39	调整水费政策，建立节水有偿机制	59	支持公众参与决策，特别要提高妇女在水资源规划中的作用
20	河流水情预报	40	增加生物多样性		

表格来源：作者根据唐海萍；陈海滨；李传哲；徐广才，"基于KJ法的艾比湖流域生态环境综合治理研究"内容重绘，凌晨制作。

结合已有大量相关文献的研究结果和表5-17列出的59张信息卡片，整理出艾比湖流域生态系统退化的原因，只有找到症结所在，才能对症下药，提出合理、可行的综合治理对策（图5-43）。

根据系统分析结果，将59张卡片分为生态环境恶化的自然原因、人为驱动力、恶化的表现、治理措施以及最终要达到的治理目标5大组，其中治理措施又进一步细分，最终按照59张卡片之间的拓扑结构建立艾比湖流域综合治理的结构模型（图5-44）。

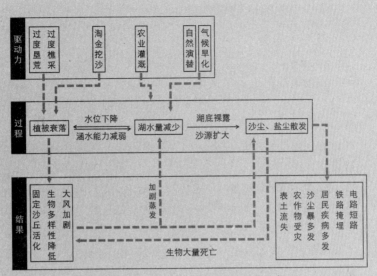

图 5-43 艾比湖生态系统退化过程分析

图片来源：作者根据唐海萍，陈海滨，李传哲，徐广才．"基于 KJ 法的艾比湖流域生态环境
综合治理研究"重绘，帅夏云制作。

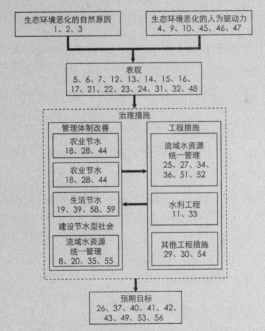

图 5-44 艾比湖流域生态环境综合治理结构模型

图片来源：作者根据唐海萍，陈海滨，李传哲，徐广才．"基于 KJ 法的艾
比湖流域生态环境综合治理研究"重绘，帅夏云制作。

　　从分析结果来看，目前艾比湖流域存在的主要问题是由于自然演替加上人类
农业发展过程中的过度垦荒、灌溉过度所引起的。其中，入湖水量的减少是核心
因素，流域内植被的破坏是关键因素，阿拉山口大风加剧、裸露湖底，以及周边
沙尘和盐尘散发是驱动力因素。通过 KJ 法分析，层层剥离出的综合治理措施主
要有两方面：一是加强水资源统一管理，建设节水型社会；二是辅以必要工程措施。

5.6.4 KJ法的运用与限制

1）适应范围

KJ法可以整合专家学者、规划决策管理人员、普通市民等不同身份阶层、不同专业领域的意见，并且可以帮助研究者从一大堆纷繁无序的信息中整理出有序化的系统结构，在规划设计中有着良好的应用前景。目前，该方法主要应用在方法设计前期的研究过程中，用于认知规划设计对象、理清规划设计思路和制定工作计划；另外，就是实施规划公众参与时，常常用于吸纳不同领域和普通民众的意见和建议。

2）运用限制

KJ法对结果的归纳有时会很模糊，或许会出现主观臆断的情况，这会给研究成果的准确性和公平、公正性带来质疑。KJ法缺少一定的科学事实基础，一般不宜作为具体规划的直接依据，往往作为提供开拓思路的启发性工具，在具体研究中仅为参考。

5.7 SD法

5.7.1 什么是SD法？

（1）基本概念

SD（Semantic Differential）法，又称语义差异法、语义分化法、双极形容词分析法，是以"言语"为尺度形成量尺，测量并定量地描述某一事物或概念的研究方法。

（2）关键词解读

"言语"量尺：我们常常用各种词汇来描绘事物，由于立场、角度、认知水平等的差异，不同的人描述同一事物往往会使用不同的甚至相反的词，我们可以把这些词汇当作"尺子"，去测量、评价某一具体事物或概念。例如就同一栋建筑，有人觉得"美"，也有人觉得"丑"。同样的"美"与"丑"又可以有不同程度的表述，有人会认为"非常美"、"非常丑"，也有人会认为"一般"、"有点丑"。将这"美、丑"这两个形容词放在同一量尺的两个端头，中间划分成若干程度等级，就形成了测量建筑美观性的"言语"量尺。

5.7.2 SD法的源起

SD法源自心理学中对伴生感觉（Synesthesia）的研究。1957年，美国心理学家奥斯古德（Charles E.Osgood）在其出版的《意味之测定》一书中系统提出SD法。由于具有较强的适用性，SD法曾在心理学和其他各类研究领域中风靡一时。20世纪90年代后，SD法在建筑、规划、景观设计、商品开发等的调查研究中倍受青睐。近十多年，我国学者较多地将SD法应用于空间感知评价方面的研究（见知识点5-6）。

知识点 5-6：伴生感觉与 SD 法

伴生感觉是指当我们某种感官受到刺激时，会得到另一种感官在接受刺激时所产生的感觉。例如："音乐－颜色"的关联（以音乐感觉颜色）、"音乐－心情－颜色"的关联、"听觉－心情"的关联，以及"颜色－形状"的关联等。研究者发现受试者在伴生感觉上有共通的倾向，例如：快节奏、激动的音乐与红色、明亮的色彩有联想，慢节奏、忧郁的音乐与颜色中的蓝色、黑色有关连，同时也有沉重感觉的联想。

奥斯古德认为人类在语言里的隐喻以及颜色－音乐等的伴生感觉，可利用人类经验中两维或是更多维度的平行向度来描述，而这些向度可利用在成对词义相反的形容词所构成之等距连续区间来加以定义。

由此发现，1957 年奥斯古德与苏希（G. J. Suci）、坦南鲍姆（P. H. Taunenbaum）发展了语义分化法。语义分化法由被评估的事物或概念（Concept）、量尺（Scale）、受测者（Subject）等三个要素构成。第一个要素是选定被评估的对象，可为具体或抽象的事物。第二个要素由若干量尺组成，这些量尺是由成对的对立形容词所构成的，量尺的选择应该尽可能包括奥斯古德所谓的语义空间（Semantic Space）中的三个主要维度。

资料来源：心理学空间 http://www.psychspace.com/psych/viewnews-454

5.7.3　SD 法的操作流程、要点

（1）流程描述

SD 法具体操作通常分为以下几个步骤：

1）根据研究的目的确定评价维度

奥斯古德提出 SD 法有三个评价维度：性质、潜力和行动。其中，性质（Evaluation）是指对某一事物现阶段的性质、价值予以评定，如"好、坏"、"高、矮"。潜力（Potency）是指通过学习、发展、建设可能达到的程度，如"强、弱"、"大、小"；行动（Activity）是指个体的参与性，如"积极、消极"、"活泼、呆板"[①]。

SD 法在确定评价维度时应尽可能包含以上三个维度。由于研究中有些内容不能确定它的实际所属维度，如"动"与"静"，可以属于性质维度也可以属于行为维度，因此在具体的研究中从三个评价维度考虑即可，不用具体分类。当研究对象较多或较为复杂时，也可以根据研究的目的和要求采用单一的评价维度。

2）确定"言语"量尺，制定语义差异量表

确定评价维度后，针对每个维度选择"言语"评价指标，即量尺。如对某城市广场的研究，可以选择"热闹、冷清"、"宽敞、狭小"、"阴凉、暴晒"等言语量尺。同一量尺中间要分为若干个奇数等级，一般分 5 或 7 个等级，如："非常好"；"有点好"；"不好不坏"；"有点坏"；"非常坏"。或者是："非常好"；"相当好"；"稍微有点好"；"不好不坏"；"稍微有点坏""相当坏"；"非常坏"（见知识点 5-7）

---

① 国内学界对这第三种维度的中文翻译并不统一，也有的称为：评价、力量、活动。

知识点 5-7：语义差异量表和李克特量表有什么区别

语义差别量表需要挑选一些能够形容研究对象的对立的形容词或短语，形成量尺。

李克特量表是目前调查研究中使用最广泛的量表。这种量表由一系列能够表达肯定还是否定态度的陈述句所构成，被访者将具体指出自己对每一项陈述的认同程度，避免了设计对立形容词的难题（图 5-45）。

收集制作量尺的形容词有两种方法：

头脑风暴法：通过座谈或开放式问卷的形式，收集受访者对研究对象第一印象的词汇。

文献调查法：从辞典或是相关文章中寻找灵感。

将确定好的量尺整理形成语义差异量表（又称语义分化量表）。语义差异量表也是 SD 法的调查表，应注明详细的填写说明并附填写范例。被访者只能在量尺的 7 个（或 5 个）等级中选择一个（图 5-46）。

3）数据处理与分析

计分方法：无论是 5 等级语义差异量表还是 7 等级语义差异量表，计分方法都是一样的，以 7 级量表为例介绍两种计分方法。

一种方式是按从坏到好、从弱到强、从慢到快的顺序，分别计为 1 至 7 分，如丑 1-2-3-4-5-6-7 美、小 1-2-3-4-5-6-7 大、消极 1-2-3-4-5-6-7 积极。

另一种方式是将中间等级计为 0 分，而两端分别计 +3 和 −3 分，如丑 −3、−2、−1、

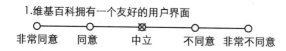

1.维基百科拥有一个友好的用户界面

非常同意　同意　中立　不同意　非常不同意

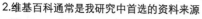

2.维基百科通常是我研究中首选的资料来源

非常同意　同意　中立　不同意　非常不同意

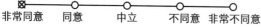

3.维基百科网页页面通常都有一个良好的形象

非常同意　同意　中立　不同意　非常不同意

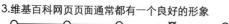

4.维基百科能够让用户很方便地上传图片

非常同意　同意　中立　不同意　非常不同意

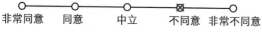

5.维基百科有一个赏心悦目的配色方案

非常同意　同意　中立　不同意　非常不同意

图 5-45　李克特量表示意
图片来源：作者根据网络资料制作，帅夏云制作。

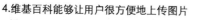
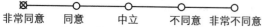
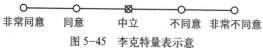

地区名	时间	姓名	年龄	性别	职业

01 豪华的	简陋的
02 清洁的	肮脏的
03 管理完善	管理不善的
04 装饰性的	无装饰的
05 单调的	变化的
06 总体感硬实	总体感柔软的
07 总体感明亮	总体感灰暗的
08 总体感新的	总体感古的
09 总体感温暖的	总体感冰冷的
10 总体感民族性	总体感西洋的
11 有细部处理的	无细部处理的
12 年轻人多的	年老人多的
13 热闹的	清净的的
14 有钱人使用的	普通人使用的
15 区内示路广告多	区内示路广告少
16 防范好的	防范差的
17 设计水平感的	设计垂直感的
18 设计开敞感的	设计封闭感的
19 步行场所多的	步行场所少的
20 自然的	人工的
21 绿化多的	绿化少的

注：粗实线为所有被实验者心理物理量平均值，其余区县为个体实态调查结果

图 5-46　语义差异调查表示意
图片来源：作者根据调查项目内容改绘，凌晨制作。

0、1、2、3 美，小 -3、-2、-1、0、1、2、
3 大，消极 -3 、-2、-1、0、1、2、3 积极。
这种方法不方便统计，很少采用。

计分后将各得分点连接起来则形成折线
图（图 5-47）。

4）结论分析

结论分析一般分为基础统计与比较分析
两大部分。

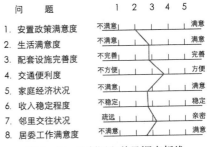

图 5-47 绘制语义差异调查折线

图片来源：作者根据调查案例制作，帅夏云绘图。

基础统计是通过对每一个量尺的计分
统计，了解被访人群对研究对象的基本看法。例如在对城市某片区商业设施配
建情况调查中，被访者在"完善——缺乏"量尺上的平均分为 6 分，在"热闹——
冷清"量尺上的平均分为 3 分，表明该片区商业设施配建较好，但使用频率较低，
没有人气。

比较分析是通过比较不同类型或不同个体的被访者在同一量尺上的得分差异，
了解他们对研究对象的不同看法、态度以及差异程度，同时也可以探寻其中的变化
规律。例如，在对所住小区的环境进行评价时，老年人在量尺"安静——吵闹"上
平均分为 6 分，青年人在同一量尺上平均分为 4 分，差异程度 2 分，这表明：老年
人认为该小区环境较吵，青年人认为一般；总体上老年人和青年人都认为该小区环
境不够安静；老年人比青年人对环境噪声更敏感；居民对小区环境安静程度的需求
随着年龄的增长而增长。

（2）操作要点

1）选择形容词对首先要尽可能多地收集与研究对象相关的形容词，然后进行
筛选。形容词对的筛选要注意以下几个要点：首先，不宜选取不常用的形容词；其
次，不宜选取没有意思截然相对的反义词的形容词，这样不利于构件形容词对（组）；
第三，选定的形容词对总数量控制在 20~30 对较为适宜，以免被访者感到疲劳或单
调，影响反应的可靠性。

2）确定评价尺度

为了产生中性点，评价尺度必须是奇数，如 3、5、7、9。一般采用 5 段或 7 段
的评价尺度。中性点表示没有该感觉，越往两端表示感觉强度越高（图 5-48）。

3）不要将性质方向相同的形容词都放在同一边

如不要将重要的、好的、善良的、强的都列在左边，以防产生心理反应效应，
影响研究结果（图 5-49）。

4）确定被访者数量

考虑加权和概率分布规律，被访者最少要 30 人，才能得到较稳定的资料。

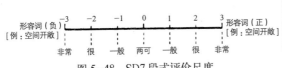

图 5-48 SD7 段式评价尺度

图片来源：作者根据调查案例制作，帅夏云绘图。

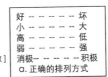

图 5-49 语义排列示意

图片来源：作者根据调查案例制作，凌晨绘图。

案例 5-9：基于 SD 法的街道空间活力评价研究[①]

本次研究选取南京市区内的 9 条街道作为研究范围，这些街道各具特点，包括是否有底商、围墙、林荫道、小广场和高架道路以及是否临河等。

评价因子：本次调查选取了 12 组形容词对作为评价街道活力的因子，它们分别为：热闹的—冷清的、活泼的—呆板的、阴凉的—暴晒的、齐全的—欠缺的、漂亮的—丑陋的、明亮的—昏暗的、安全的—危险的、干净的—脏脏的、整齐的—凌乱的、崭新的—破旧的、丰富的—单调的、精致的—粗糙的，各形容词对应的中性因子为热闹度、色彩活泼度、遮荫度、服务设施完善度、景观美感度、道路明亮度、安全度、洁净度、整齐度、建筑新旧度、建筑形式丰富度和建筑装饰精致度。每个评价因子均受到多方面因素的影响。例如，热闹度与街道上行人的人流量、行进速度和行为类型等有关，同时也受商业类型、旗帜与广告的色彩以及有无小广场等多种因素的影响；洁净度既与街道路面有关，也与建筑立面有关；整齐度与建筑的高度、后退距离和界面连续性等有关（表 5-18）。

街面的评价分值一览表　　　　　　　　　　　　　　　　　表 5-18

街面名称	评价得分											
	热闹	色彩活泼	遮荫	服务设施完善	景观美感	道路明亮	安全	洁净	整齐	建筑新旧	建筑形式丰富	建筑装饰精致
草场门大街（南）	1.2	0.80	0.30	0.25	0.85	1.10	1.25	1.45	1.25	0.70	-0.30	0.60
草场门大街（北）	0.00	0.95	-0.30	0.05	0.90	1.45	1.70	1.90	1.85	1.55	1.15	0.90
北京西路（南）	0.90	0.75	2.50	0.65	1.70	1.50	1.55	1.95	1.80	0.20	0.50	0.70
北京西路（北）	-1.25	-2.25	2.50	-1.50	0.15	-1.50	-0.65	0.75	0.65	0.05	-1.50	-0.45
虎踞北路（东）	0.45	-0.10	0.95	-0.15	-0.40	0.30	0.75	0.35	-0.05	-0.30	-0.20	-0.50
虎踞北路（西）	1.25	1.10	0.60	0.35	0.65	0.75	0.35	0.80	0.70	0.35	0.50	0.50
南湖东路（南）	1.65	0.55	-0.15	0.60	0.40	1.00	1.30	0.05	-0.15	-1.00	-1.05	-0.75
南湖东路（北）	1.50	0.65	0.25	0.15	-0.15	-0.80	1.20	-0.20	-0.80	-1.20	-0.25	-0.15
马台街（东）	1.45	-0.55	-0.75	-0.25	-0.65	1.10	1.30	-0.30	-0.40	-0.65	-0.25	-0.60
马台街（西）	0.80	-0.65	-0.95	-0.90	-0.95	0.50	0.60	-0.45	-0.55	-0.95	-0.90	-1.15
闽江路（南）	1.00	0.30	0.10	0.05	-0.30	1.00	1.35	0.50	0.55	0.1	-0.30	-0.40
闽江路（北）	0.55	0.70	1.40	-0.30	0.45	0.45	1.25	0.65	0.35	0.35	0.50	0.40
上海路（东）	-0.30	-0.35	-0.35	-0.10	-0.60	0.25	0.80	0.30	0.30	-0.30	-0.55	-0.80
上海路（西）	0.20	-0.20	-0.15	0.05	-0.15	0.30	0.75	0.30	0.20	-0.10	-0.20	-0.25
龙园东路（东）	-1.45	-0.35	-0.85	-1.25	-0.80	0.55	-0.20	0.90	1.20	0.65	-0.75	-0.60
龙园东路（西）	-1.25	0.25	-1.30	-1.50	-0.80	0.50	0.80	-1.65	1.05	0.75	0.60	-0.45
许府巷（南）	0.25	0.05	-0.80	-0.15	-0.40	0.50	0.20	0.50	0.15	-0.50	-0.55	-0.65
许府巷（北）	0.10	-0.60	-0.75	-0.30	-0.75	0.45	0.30	0.15	-0.25	-0.45	-0.65	-0.90

表格来源：作者根据苟爱萍，王江波 . 基于 SD 法的街道空间活力评价研究[J]. 规划师，2011，27（10）：102-106.

---

① 苟爱萍，王江波 . 基于 SD 法的街道空间活力评价研究[J]. 规划师，2011，27（10）：102-106.

评价尺度：为了使被访者能够较准确地对街道作出评价，本次调查设置了7级评价尺度，即很差、差、较差、一般、较好、好、很好，7个等级对应的分值分别为 −3、−2、−1、0、1、2、3。

评价过程：首先，让每个被访者给每个街面的各项因子打分，得到单个样本的评分结果；其次，将20份问卷的平均结果汇总，得到该街面各项因子的平均分值；最后，依据平均分值，绘制出该街面的SD法评价折线图。得分在 ±0 水平线以上的因子，属性较好；得分在 ±0 水平线以下的因子，属性较差。

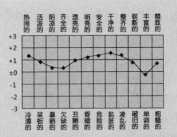

图5-50 草场门大街南街面活力评价折线图
图片来源：作者根据资料重新制作，韦玉臻绘图。

评价结果：根据上述方法，得到9条街道共18个街面的评价分值结果，并绘制出相应的活力评价折线图。

从折线图中可以看出：某些街道的大部分因子的得分都在 ±0 水平线以上，街道空间的整体活力偏好，如草场门大街南街面等（图5-50）。

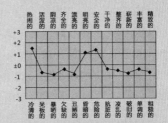

图5-51 马台街东街面活力评价折线

某些街道大部分因子的得分都在 ±0 水平线以下，街道空间的整体活力偏差，如马台街东街面（图5-51）、北京西路北街面和龙园东路东街面等。

得分在 ±0 水平线上下浮动的因子数量相当的街道，街道空间的整体活力一般，如上海路西街面（图5-52）、虎踞北路东街面和许府巷南街面等。

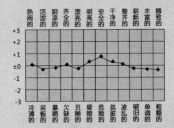

图5-52 上海路西街面活力评价折线图
图片来源：作者根据资料重新制作。

在大部分街道中，同一个街面中的大部分因子得分差别不大。只有个别街面中的某个因子特别突出，与其他因子分值差别较大。以北京西路北街面为例，由于该街面的行道树非常茂密，故其在遮荫效果这一因子上的得分很高。

活力因子相关性分析：重点是因子相关性等级划分。影响街道活力的因素可分为三类，即建筑单体、街道环境要素和人的活动。建筑单体包括建筑的功能、高度与长度、立面形式、色彩与材料等。街道环境要素包括人行道、行道树、公共设施（如座椅、路灯、广告牌、电话亭、书报亭等）和围墙等。

人的活动包括遛狗、遛鸟、集体舞、棋牌活动和排队购物等。为研究各影响因素与街道活力的相关性，作者选出14项影响因素作为活力因子，进行了两次问卷调查，共计60份问卷，让被访者对这些因子进行重要性位次的排序，根据各因子的排序情况，对各项因子的等级进行划分。等级划分结果为：强相关活力因子包括商业、广场、公共交通和人的活动；中相关活力因子包括街道设施、围墙、人行道宽度、立面通透性、行道树和铺地；弱相关活力因子包括出入口数量、界面连续性、立面装饰和色彩。

强相关活力因子分析：本案例分析限于篇幅，在因子相关性分析部分仅就强相关活力因子对街道空间活力的影响进行分析，而对中相关和弱相关的活力因子不作深入分析。

①商业

街道的商业设施能为居民提供日常必需品，商品种类多，商业设施布局整齐、合理，

能吸引人们的频繁光临和较长时间的停留。

热闹度不小于1的街道，如马台街东街面（1.45）、闽江路南街面（1.00）、南湖东路北街面（1.50）和虎踞北路西街面（1.25）等，沿街底商数量较多。例如，马台街东街面底商功能齐全，经营种类（餐厅、服装店、影音制品店等）多样化，根据消费人群的层次作了合理定位，能为附近居民的日常生活提供方便。而北京西路北街面沿街没有任何商业设施，均以围墙与内部居住建筑隔离，人流大多为通过型，同样严重缺乏商业设施的街道还有龙园东路西街面。许府巷南街面虽然也有底商，但布局不合理，如小吃店紧挨着服装店，五金建材店紧挨着餐厅，整体给人脏乱感。

②广场

休闲广场是供人们进行休闲娱乐活动的场所，它可以成为居住街道上的一个强活力点，有助于提高居住街道的活力。例如，虎踞北路西街面的小广场为人群提供进行各种活动的场所，该街面的热闹度分值为1.25；而上海路东街面缺乏广场，人群活动分散，人流多为通过型，街道活力较低，该街面的热闹度分值为-0.30。

③公共交通

街道活力在很大程度上受可达性的影响，一条街道规划设计得再好、设施再齐全，如果居民难以到达，街道活力度也不高。例如，虎踞北路有10条交通线路通过，且班次较为频繁，交通便利，使用公共交通成为很多人出行的主要方式。而龙园东路由于下穿草场门大桥，没有设置公交站点，降低了街道的可达性，导致街道活力偏低。

④人的活动

公共空间中的户外活动可以划分为三种类型：必要性活动、自发性活动和社会性活动。其中，自发性活动对周围物质环境的要求最高，同时对街道活力的影响也最大。必要性活动包括上班、上学、购物、递送邮件等；自发性活动包括散步、驻足观望、晒太阳等；社会性活动包括娱乐游戏、交谈等。当一些单项的活动聚集成为群体活动时，对街道活力的影响更为明显，一条街道上人的活动形式越丰富，就越能引起别人的注意。而越能聚集人的活动，就越能提高街道的活力。例如，马台街东街面的小广场上经常有很多人活动，如打牌、健身、散步、围观、遛狗和逗鸟等，丰富了人们的生活，提高了街道的活力。而龙园东路上几乎没有任何自发性和社会性的活动发生，街道空寂，没有活力。

5.7.4 SD法的运用与限制

（1）适应范围

SD适用于了解人们对某一城市问题或具体规划设计方案的态度，或对已实施方案进行评价及经验总结。SD法研究的对象是多元的——可以是具体的城市事物，如玻璃幕墙的使用、交通电子眼的设置等；也可以是特定的人或空间，如青少年室外活动空间的分布、商业步行街设计等；还可以是抽象的事物或概念，如环境满意度、教学空间行为心理、公众参与制度等。

（2）限制

只能用于能被"言语"尺度测量的事物或概念。人们对研究对象必须有彼此不同的意见或反应，并且要能运用"言语"的尺度去测量人们的看法、态度。对于不能用"言语"去度量的事物，就不会形成量尺，如确定确定城市发展方向、预测环境容量等。

被访人群往往会依据自己的喜好作夸大的选择，导致 SD 法研究结论产生误差。

5.8 SWOT 法

5.8.1 什么是 SWOT 法？

(1) 基本概念

SWOT 是英文 Strength（优势）、Weakness（劣势）、Opportunity（机遇）和 Threat（威胁）的缩写。SWOT 法也称 TOWS 分析法、道斯矩阵、态势分析法，是一种定性分析方法。SWOT 法通过综合评估与分析项目的优势、劣势、机遇和威胁，以此在战略、战术两个方面提出相关策略和措施（表 5-19）。

SWOT 分析法要素构成表   表 5-19

	正面	负面
现状 / 内因	优势（Strength）	劣势（Weakness）
未来 / 外因	机遇（Opportunity）	威胁（Threat）

表格来源：作者自制。

(2) 关键词解读

优势、劣势：针对影响事物发展的内部因素进行的分析，着眼于项目自身具有的实力，即自身的强项和弱项。

机遇、威胁：针对影响事物发展的外部环境进行的分析，即外部环境条件的改变会对项目产生的正面及负面影响。

项目：SWOT 法研究的对象可以是具体的开发项目，也可以是长期的发展构想。

5.8.2 SWOT 法的源起 [①]

SWOT 法最早由美国旧金山大学韦里克（H·Weihrich）教授于 1980 年代初提出，主要为项目开发、企业营销等重大投资决策进行系统的分析论证，之后在以麦肯锡为代表的咨询业界和管理学界得到广泛应用。自 SWOT 分析法引入城市规划领域后，已被规划师们运用于各类型、各层面的规划研究。

5.8.3 SWOT 法的操作流程、要点

(1) 操作流程

SWOT 分析法通常分为五个步骤（图 5-53）

1）熟悉现状，明确目标

通过实地调查、文件查阅、问卷访谈等多种方式，熟悉项目的产生、发展、现阶段水平，并

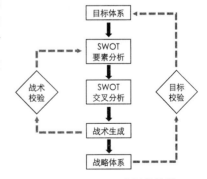

图 5-53 SWOT 分析法流程
图片来源：作者根据袁牧、张晓光、杨明. SWOT 分析在城市战略规划中的应用和创新 [J]. 城市规划，2007（4），徐萌重绘。

---

① 肖鹏飞，罗倩倩. SWOT 分析在城市规划中的应用误区及对策研究 [J]. 城市规划学刊，2010（S1）.

分析影响或导致现状生成的原因、背景。在此基础上,确定项目的发展方向和未来目标。

2) 理清自身资源

针对发展目标,分析罗列出项目自身具有的优势和劣势。

在城乡规划领域,通常优势(S)包含以下几方面——物质空间的优势,如优美的自然环境、丰富的街巷空间、美观的建筑造型、大面积可开发用地等;社会人文的优势,如悠久的历史、特色的民俗、地方美食;人力资源优势,如充足的劳动力、权威的专家顾问团队;竞争能力优势,如与周边地区良好的合作关系、市场份额的领导地位;无形资产优势,如拥有优秀的品牌形象、具有和谐的社会环境等;技术技能优势,如领先的生产技术、大型的数据管理平台。

同样,城乡规划领域的劣势(W)一般包含:缺乏具有竞争力的资源,如缺乏良好的自然环境、缺乏高素质的人力、缺乏特色产品、缺乏有吸引力的政策;缺乏发展基础或者支撑条件,如缺乏发展用地、缺乏水源、缺乏基础设施市政设施配套、缺乏资金等;缺乏具有支撑技术或关键领域里的竞争能力等。

特别需要注意的是,在不同的发展目标和思路下,优势劣质有时是相对比而存在的。同时,也是可以互相转化的。例如:悠久的历史积淀(物质的或者非物质的)极有可能是地域发展的重要资源优势,同时也可能是开发建设的重要限制性因素。

3) 分析外部环境

在明确项目发展目标的前提下,分析会对实现目标产生影响的各种环境因素,区分有利和不利条件。

机遇(O)通常是指对项目发展有利的外部因素。有可能是国家或区域发展政策的倾斜、市场需求的转移或扩大、新的具有竞争力的资源注入、出现向其他区域或领域扩张的机会等。

威胁(T)是指不利于项目发展的因素。有可能来自强大的新竞争对手出现,市场不景气,社会观念或生活、消费方式的不利转变,受政策制约加大,容易受季节或业务周期冲击等。机遇和威胁往往是一些具有相对时效性的外在影响因素。有些因素是项目本身所处大环境"固有的",具有长效影响机制,例如地域的区位状况等。这种类型外在条件的改变相对较为缓慢或有时根本不能改变,对相应事物发展的制约性最强。在事物发展策略制定过程中,尤其要注重对那些短期且能够带来巨大转化机遇的把控分析。

4) 交叉分析(建立表格)

将调查分析得出的各内部、外部因素按重要性进行排列,构造 SWOT 分析表格。对应优势、劣势与机遇、威胁各因素的组合,形成 SO、ST、WO、WT 策略(表 5-20)。

SWOT 分析矩阵 表 5-20

内部条件 外部环境	优势(S)	劣势(W)
机会(O)	SO 策略 (发挥优势、利用机会)	WO 策略 (利用机会、改变劣势)
威胁(T)	ST 策略 (发挥优势、规避威胁)	WT 策略 (克服劣势、规避威胁)

表格来源:作者据袁牧,张晓光,杨明. SWOT 分析在城市战略规划中的应用和创新[J]. 城市规划. 2007(4) 重绘。

5）制定发展策略

SWOT 分析法不是仅仅理清项目优势、弱势、机遇、威胁等四项要素，最重要的是通过评价分析这四项要素并最终得出结论——即在现有的内外部环境下，如何最优的运用自身资源、利用外界条件来实现既定的目标。在上一步骤交叉分析的基础上，要对 SO、ST、WO、WT 策略进行甄别和选择，确定项目应该采取的具体战略与策略（图5-54）。

（2）操作要点

1）SWOT 分析之前，必须明确项目的发展目标。

因为同一因素在不同的目标下，有可能是优势也可能是劣势，只有确定才能准确地区分优势与劣势、机遇与威胁。例如某城镇四面环山，景色宜人，在发展旅游的目标下这是优势，但在扩大城镇规模、扩大用地的目标下这就是劣势。

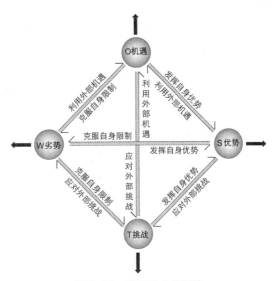

图 5-54　SWOT 分析矩阵

表格来源：作者自制，据袁牧，张晓光，杨明．SWOT 分析在城市战略规划中的应用和创新 [J]．城市规划，2007（4），徐萌重绘。

2）SWOT 分析法通常会与案例研究相结合

根据类似案例的经验、教训，结合自身条件作 SWOT 分析，能使分析结果更具有针对性。这一过程中需要特别注意——案例选择是具有技巧性的。不恰当的案例借鉴，不仅不能正确引导对 SWOT 因素的分析，还有可能将后续方案引入歧途。目前在进行 SWOT 分析进行案例选取时往往存在以下问题：第一是仅仅重视对优势和机遇的剖析，忽视了对弱势和威胁（挑战）的分析。第二是案例选择与自身条件不匹配。一些国内二、三线甚至四线城镇在作发展分析时往往喜欢选用国内一线城市，甚至国际一线城市的案例来进行推演。事实上，即便是那些城市具有很好的发展经验也很难被用作从经济地位、社会规模、自然条件都不具有可比性的现实项目中进行参考。第三项目发展目标和案例目标不符。出发点和目标差异对一事物究竟是优势还是劣势，同一外部条件是机遇还是挑战，判断是具有很大区别的；第四是对借鉴的目标不明确，不了解案例借鉴究竟将在哪些方面对既定项目有意义。为了作案例分析而作案例分析。总之，进行案例分析一定要与自身项目的特征进行匹配，基于类似的发展目标，并能够对项目某些发展思路形成借鉴。

3）以事实为基础

在罗列优势与劣势、机遇与威胁并进行分析时，事实基础要尽量真实、客观、精确，必要时需要提供一定的定量数据分析以弥补 SWOT 定性分析的不足。

4）基于 SWOT 分析法进行定量分析需借助其他方法辅助

SWOT 分析方法是一个定性研究的方法，如果要加强量化研究，则要对各因素进行打分、构造矩阵，在此过程中主要会运用到特尔斐打分法以及线性代数中的矩阵构造和运算方法。

案例 5-10 :《雅安城市发展战略咨询研究》中城市竞争力的 SWOT 分析[①]

四川省雅安市位于四川盆地南部，成都市以南约 100km。雅安始建于西魏，是连接汉藏文化的重要通道"茶马古道"的起点之一，具有悠久的城市发展历史。1939 年西康省建省，雅安成为西康省的省会。改革开放以来，特别是雅安撤地建市以来，雅安社会经济发展取得了长足的进步。随着经济全球化的推进、中国加入世界贸易组织，市场化进程加快，区域合作和竞争日益加剧，带来了一系列发展的不确定性。随着国家"西部大开发"政策的实施，区域经济一体化的推进，雅安迎来了新一轮发展时机。雅安能否把握机遇、发挥优势，实现城市的快速、健康、持续发展，是目前必须面对的关键问题。雅安既需要树立长远的发展目标，也需要寻找新的城市发展模式和途径，更需要灵活和具有弹性的发展策略，以应对未来的挑战。为此，《雅安城市发展战略咨询研究》着重探讨了城市发展方面这些战略层面的问题。

（1）发展优势

①优美的自然环境。雅安地处四川盆地到青藏高原的过渡地带，地形丰富多样，气候温暖舒适，市域范围森林覆盖率高达 43%，地区空气质量达到国家二级标准，城区周围群山环抱，树木苍翠，环境条件良好，被评为四川省城市园林绿化先进城市。

②丰富的资源。第一产业资源、矿产资源非常丰富，磷、大理石、花岗石、石棉等具有较高的知名度;旅游资源独具特点，雅安是国宝大熊猫的科学发现地，有"熊猫故乡"之称，境内有 6 个省级风景名胜区，两个省级森林公园，雅安、芦山两个省级历史文化名城，安顺场、上里两个省级历史文化名镇;国家级、省级文保单位分别有两处和 11 处。雅安还是四川省重要的水能资源基地，大渡河流域是国家规划的 10 大水电基地之一。

③重要的交通联系通道。雅安素有"西藏门户"之称，目前雅安——成都高速公路已经建成，成都—攀枝花高速公路正在兴建，未来随着雅安—乐山高速公路、雅安—瓦屋山旅游公路的建成，城市将初步形成以高速公路为骨干的对外交通网。

④历史悠久，文化特色鲜明。雅安是四川省级历史文化名城，又因雨量充沛而有"雨城"、"西蜀天漏"之称。雅安自古以茶文化著称，是"茶马古道"在四川境内的起点，市区东北的蒙顶山被称为中国茶文化的发祥地。特色鲜明的城市文化在四川省内独树一帜。

（2）发展劣势

①土地资源有限。全市耕地总量偏少。良田沃土主要集中在江河沿岸浅丘、河谷地带，这些地区同时又是适合建设区域。随着经济发展，耕地和建设用地的矛盾会更加突出。

②经济规模小，城镇化水平低。城市经济规模过小，难以实现区域分工;

---

① 节选自:袁牧,张晓光 杨明 . SWOT 分析在城市战略规划中的应用和创新 [J]. 城市规划,2007 (4) .

产业结构不尽合理，第三产业薄弱问题突出，由于第二产业产业规模小，创造不出更多的财富，也就无法吸引更多的第三产业人员为之服务；城镇化水平仅为23.3%，属于城镇化水平较低的区域。

③科技文化水平相对比较落后。雅安人才资源储备不足，大量人才靠外部输入，但吸引人才的环境和机制与省内大城市相比不占优势；大专院校、科研院所较少，科技人员比例、科技资金投入和省内发达地区相比有较大差距，高新技术企业发展滞后。

④景区吸引力不足，旅游知名度有待提高。目前，雅安在全国的知名度较低，城市对外形象不够突出。雅安虽然旅游资源质量较好，但缺少具备世界影响力的旅游景点，而周边地区却有贡嘎山、海螺沟、都江堰、九寨沟、峨眉山等一大批国家级乃至世界级旅游资源，其资源品质、知名度和吸引力都超过雅安的碧峰峡和蜂桶寨自然保护区，这一"半环状"包围态势必定对雅安旅游产生一定的遮蔽作用。

⑤城市基础设施滞后。雅安城市规模小，建设投资缺乏力度，导致在城市基础设施的很多指标方面相对落后。考虑到雅安城市居民人口总量小的因素，城市基础设施在绝对数量上的劣势会更加突出。

(3) 发展机遇

①"西部大开发"政策引发经济腹地延伸。西部大开发政策实施意味着国家投资开发的重点西移，对西部地区的投资将大大加强。这对雅安有两层发展的意义：第一是直接吸引国家投资，加强城市基础设施建设，加快产业发展；第二是四川相对落后的西部地区经济发展可望加速，雅安很可能寻求到新的增长支撑点。

②国内市场前景广阔。扩大内需政策的长期施行，将会带动并培育巨大的国内市场。由于雅安深处内陆，缺乏沿海、沿边地区发展外向型经济的区位优势，主要发展动力来自国内，这部分市场的启动将对雅安的经济发展产生巨大的推动作用。

③国内发达地区的旅游、休闲度假消费需求日益旺盛。我国开始全面建设小康社会，居民消费重点正在从温饱等基本生活需求向更高层次的消费层次转移。近几年来，国内旅游消费不断升温，已经成为拉动内需，促进经济发展、劳动就业和社会进步的重要因素。

(4) 发展挑战

①区域经济一体化使竞争加强。中国经济在深化对外开放的同时，内部经济壁垒也逐渐消除，国内市场将连成一片，竞争日益激烈，整体区域经济作为独立的城市经济替代物正由幕后走向台前。雅安未来的发展必须向东，和四川省的经济中心成都接近，融入成都经济区。而同在这一经济区中的其他城市，主要职能定位与雅安相似的还有德阳、自贡、遂宁等，它们必定在同一经济区的层面上直接展开竞争。

②中国加入WTO的冲击。加入WTO之后，国内市场将逐步对国外市场开放，农业将成为国内受到冲击最为强烈的产业。雅安目前农业比重仍然较大（占

总产值的 23.8%），农业人口多（占总人口的 80%），农业基础薄弱，虽然近年来内部产业结构调整取得一定成效，仍将面临严峻的挑战。同样，2006 年后，雅安工业部门中产值最高的汽车制造业也将面临严峻考验。

③旅游产业面临激烈竞争。目前，各地区纷纷将旅游业作为经济发展的支柱产业和主导产业，出台了一系列鼓励旅游业发展的政策和举措，未来对客源群体的争夺将更加激烈。

④经济对资源依赖较大，环境面临污染威胁。雅安经济虽有丰富的自然资源作为依托，但也形成了对资源的某种依赖性，导致未来产业发展的不确定性增加。

⑤深处内陆，没有多元化的交通体系。由于雅安深处内陆，发展外向型经济困难很大。在对外交通方面，交通方式单一依靠公路运输，对经济发展有一定的制约作用。

(5) 要素交叉分析

①SO 交叉分析。自身优势与外部机会各要素间的交叉分析，制定利用机会发挥优势的战术。

　a. 利用资源环境综合优势，发展旅游、休闲、度假产业；

　b. 强化城市特色；

　c. 努力将资源优势转化为产业优势；

　d. 吸引外部投资开发利用优势资源。

②ST 交叉分析。自身优势与外部威胁各要素间的交叉分析，利用自身优势消除或回避威胁。

　a. 利用资源发展特色产业，积极参与区域竞争；

　b. 大力发展休闲度假产业；

　c. 实施可持续发展战略，减少环境污染和资源浪费，对资源进行深加工。

③WO 交叉分析。自身劣势与外部机会各要素之间的交叉分析，制定利用机会克服自身劣势的战术。

　a. 合理规划利用土地，发展山地种植等特色农业；

　b. 利用旅游业和其他优势产业提高第三产业发展速度；

　c. 引导投资加强城市基础设施建设；

　d. 推进城镇化速度。

④WT 交叉分析。自身劣势和外部威胁各要素之间的交叉分析，找出最具有紧迫性的问题根源，采取相应措施来克服自身限制，消除或者回避威胁。

　a. 壮大经济总量；

　b. 提高教育、科技、文化水平；

　c. 提高支柱产业的核心竞争力；

　d. 保护生态环境。

⑤交叉分析结论。将上述对策加以提炼和总结，归纳出核心策略：

　a. 以自然环境和历史文化优势为依托，塑造城市品牌形象；

　b. 提高教育、科技水平，用先进技术改造农业和提升工业产品竞争力；

　c. 大力发展以旅游业为龙头的第三产业。

5.8.4 SWOT 法的类型

为了克服 SWOT 分析法中的缺陷，许多学者结合使用经验对 SWOT 分析法进行了改良和发展。其中，最具代表的是 VSOD 法和 SWOT–CLPV 理论。

VSOD 分析法是针对城市规划行业特点而对 SWOT 分析法进行的改进。在四个分析要素中加入"愿景"（Vision），保留"优势"（Strength）和"机遇"（Opportunity），将"劣势"和"挑战"修正为"难点"（Difficulty）。无论是"优势"、"机遇"，还是"难点"，都是响应"愿景"这一城市发展整体目标的[①]。

SWOT–CLPV 是在 SWOT 模型的基础上稍作修改而成的一个模型：运用杠杆效应（L）、抑制性（C）、脆弱性（V）、问题性（P）作为 SWOT 分析的基础，强调了其中的动态变化，即优势与劣势的转化，机会与威胁的转化。有学者认为，和 SWOT 模型相比，SWOT–CLPV 模型更实用、更清晰。

5.8.5 SWOT 法的运用与限制

（1）适用范围

在城乡规划学科范畴内，SWOT 分析可以用于各种类型和各个层次的规划设计。主要运用在项目规划定位研究（策划）和设计前期进行战略分析领域。该方法可以对城市规划项目涉及的内部和外部条件进行综合与概括，从而制定规划发展战略。

（2）运用限制

SWOT 法是针对一个明确目标进行的优势、劣势、机遇、威胁分析，但是城市规划的目标通常不止一个，因此运用 SWOT 法进行城市规划研究并形成的最终战略，其适用性和针对性都相对弱。

SWOT 法是以项目当前具有的优势、劣势、机遇、威胁为基础，往往没有考虑这些因素会随时间而改变，因此在策略制定上缺乏动态性，应变能力弱。SWOT 法对优势、劣势、机遇、威胁的识别和判定具有很强的主观性，由此形成的交叉分析也完全依赖于研究者的经验和专业技术水平。因此，以此为依据作出的判断，不免带有一定程度的主观臆断。

5.9 空间句法

5.9.1 什么是空间句法？

（1）基本概念

空间句法以人的空间活动或行为在很大程度上受空间形态或结构影响这一基本假设为基础，借助先进的计算机模拟技术，定量分析并描述城市空间形态，通过实证研究揭示人类活动行为与空间形态之间的相互关系，解读城市空间形态对人类空间行为的影响方式和程度，是一种建立在"图底关系理论"、"联系理论"和"社区分析"综合基础上的城市空间分析方法[②]。

---

① 刘朝晖，VSOD 方法在城市规划中的应用——对传统 SWOT 分析方法的改进 [C]. 2010 年城市发展与规划国际大会论文集，2010.

② 资料来源：傅搏峰，吴娇蓉，陈小鸿. 空间句法及其在城市交通研究领域的应用 [J]. 国际城市规划，2009（1）.

知识点 5-8："拓扑"与"哥尼斯堡七桥问题"

拓扑学的英文名是 Topology，直译是地志学，也就是和研究地形、地貌相类似的有关学科。拓扑学是 19 世纪形成的一门数学分支，它属于几何学的范畴。但是这种几何学又和通常的平面几何、立体几何不同。通常的平面几何或立体几何研究的对象是点、线、面之间的位置关系以及它们的度量性质。拓扑学与研究对象的长短、大小、面积、体积等度量性质和数量关系都无关。

在数学上，关于哥尼斯堡七桥问题、多面体欧拉定理、四色问题等都是拓扑学发展史的重要问题。

哥尼斯堡（今俄罗斯加里宁格勒）是东普鲁士的首都，普莱格尔河横贯其中。18 世纪在这条河上建有 7 座桥，将河中间的 2 个岛和河岸连接起来。人们闲暇时经常在这上边散步，一天有人提出：能不能每座桥都只走一遍，最后又回到原来的位置。这个看起来很简单又很有趣的问题吸引了大家，很多人在尝试各种各样的走法，但谁也没有做到。看来要得到一个明确、理想的答案还不那么容易。

1736 年，有人带着这个问题找到了当时的大数学家欧拉，欧拉经过一番思考，很快就用一种独特的方法给出了解答。欧拉把这个问题首先简化，他把两座小岛和河的两岸分别看作四个点，而把七座桥看作这四个点之间的连线。那么这个问题就简化成，能不能用一笔就把这个图形画出来。经过进一步的分析，欧拉得出结论——不可能每座桥都走一遍，最后回到原来的位置。并且给出了所有能够一笔画出来的图形所应具有的条件。这是拓扑学的"先声"（图 5-55）。

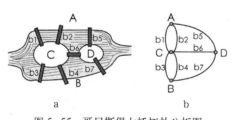

图 5-55　哥尼斯堡七桥拓扑分析图
资料来源：http://baike.baidu.com/。

(2) 关键词解读

空间：空间句法研究的并不是具有长度、大小、方向的欧式几何空间，而是关注"拓扑空间"。即将城市空间简化为拓扑网络系统，通过研究拓扑结构参数和其间的函数关系对空间结构的通达性、关联性进行分析（见知识点 5-8）。

句法：直观的"句法"是指句子的结构及其各组成部分的关系。空间句法中的"句法"借用了它在语言学中的本意，指限制多个空间之间的组合关系的法则（Hillier & Hanson，1984；Hillier，1996）。

5.9.2 空间句法的源起①

空间句法由伦敦大学巴利特学院的比尔·希列尔（Bill Hillier）、朱利安妮·汉森（Julienne Hanson）等人发明。早在 1974 年，希列尔就用"句法"一词来代指某种法则，以解释基本的但又是根本不同的空间安排如何产生。1984 年，希列尔在其著作《空间的社会逻辑》中完整地提出了空间句法理论。经过二十余年的发展，空

① 资料来源：张愚，王建国.再论"空间句法"[J]建筑师，2004（3）.

间句法理论已经深入到对建筑和城市的空间本质与功能的细致研究之中，并得到不断完善。由此开发出的一整套计算机软件，可用于建成环境各个尺度的空间分析，而且在建筑设计和城市设计中得到了广泛的应用。

5.9.3 空间句法的理论基础

空间句法是一种通过对包括建筑、聚落、城市甚至景观在内的人居空间结构的量化描述，来研究空间组织与人类社会之间关系的理论和方法。在空间分析中，空间句法着眼于现实空间的表述，将现实空间抽象表述为符号空间，并利用句法模型的计算与分析将具有拓扑关系的图解与变量一一对应，成功地将城市空间引入定量的表达 ①。

空间句法理论认为城市空间格网（Grid）与空间的社会属性（从事各种各样城市职能活动的人的活动）存在高度相关性，城市空间的社会性功能可以通过对城市空间格网的分析加以解译和优化，从而提供了从空间系统内部认知城市性（尤其是中心性）的有效手段。

城市的所有社会功能取决于其中的行为主体的运动流，人流运动带来运动经济性，空间的社会职能因此产生。人流的运动选择既依靠拓扑路径的理性选择，又受制于主体对城市环境的认知。在这个理论框架中，城市空间存在一个句法空间，在城市句法空间的拓扑构形中，不同的轴线与轴线群形成了自身的空间句法值，这些句法值代表空间与其他空间作用关系以及其集成运动流的能力。②

希列尔认为空间构形直接影响人的活动行为，特别是对决定人的运动密度与相遇率是非常重要的。所谓构形，是指"一组相互独立的关系系统，且其中每一关系都决定于其他所有的关系"。空间构形即是指片段空间与其他空间之间，"你中有我，我中有你"的相互关系。

空间构形的关键是空间的分割。根据空间句法理论，空间分割有 3 种基本方法：轴线分析法、凸状分析法和视区分割法。对于比较密集的建筑群体或城市层面的分析一般采用轴线分析法，见图 5-56；对于房间界定较为明确的建筑空间，常用凸状分析法，见图 5-57；对于自由开放的建筑平面多以视区分割法（VGA 法）来分析，见图 5-58。有时，对同一平面还会用多种方法来分析，以充分发掘其潜在的多重构形。

空间句法将空间之间的相互联系抽象为连接图，对空间的可达性进行拓扑分析，最终导出一系列的空间形态分析变量，如连接值、控制值、深度值、集成度等，并以此定量地描绘城市空间的各种模式特征，评估城市空间相互之间的通达性和集成程度。

5.9.4 空间句法的操作步骤

空间句法模型的建立可以分为以下 5 个步骤：

（1）确定研究区域，收集空间资料

空间句法模型在分析时会产生"边界效应"，即越临近区域边界，研究对象的空间指标就越不能准确反映人流活动特点或其他城市功能的真实状况。为了减小"边

---

① 引自：张愚，王建国，再论"空间句法"[J]. 建筑师，2004（3）.
② 引自：朱东风．1990 年以来苏州市句法空间集成核演变[J]. 东南大学学报（自然科学版），2005，35 增刊（I）.

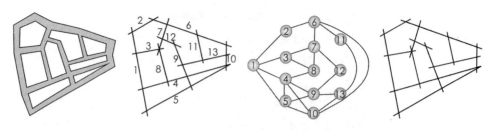

图 5-56 轴线分析法

图片来源：作者根据张愚，王建国．再论"空间句法"[J]．建筑师，2004（3）内容重绘，徐萌绘图。

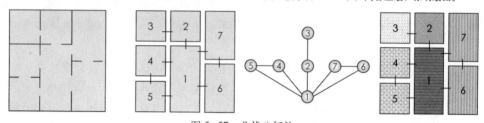

图 5-57 凸状分析法

图片来源：作者根据张愚，王建国．再论"空间句法"[J]．建筑师，2004（3）内容重绘，徐萌绘图。

图 5-58 视区分割法

图片来源：作者根据张愚，王建国．再论"空间句法"[J]．建筑师，2004（3）内容重绘，徐萌绘图。

界效应"对研究结果造成的误差，建立空间句法模型的区域通常比实际研究区域更大。如研究城市街巷空间时，一般会将实际研究区域的范围向外扩大 2~5km（步行30min 的距离）。研究区域边界宜选取对行人自由活动阻隔效应明显的边界，如河流、宽度较大的干路等。[①]

空间资料收集的主要任务是绘制研究区域的地形图。地形图是进行空间分割、建立空间句法模型的基础。由于保密级别的限制，一般情况下我们很难直接找到现成的矢量化地形图或高精度航拍图。因此，对于小面积的研究对象，我们可以通过现场的测绘得到地形图，但这种方法耗时且精确度受测量者测绘技能的影响较大；对于面积较大一些的研究区域，通过描绘 Google Earth 卫星图得到地形图是很有效的方法。

（2）空间分割

研究区域确定之后，首先要将大尺度空间划分为小尺度空间。空间划分的标准是人能否从空间中的某一固定点来完全感知此空间。若能，则为小尺度空间，如卧室、小庭院、足球场；反之则为大尺度空间，如公园、学校、小区。划分空间之后根据空间的特点选择空间分割的方法，具体类型及其运用特征见表 5-21。可以只选用其中一种方法，也可以多种分割方法同时运用。

———————————

① 傅搏峰，吴娇蓉，陈小鸿．空间句法及其在城市交通研究领域的应用[J]．国际城市规划，2009（1）．

各种空间分割法特征一览表　　　　　表5-21

名称	凸状空间法	轴线法	VGA法
适用空间类型	建筑室内空间	城市、街道等开放空间	城市、建筑等大型空间
动态/静态	静态	动态	静态、动态
空间界面复杂度	适合形态、界面简单的空间	适合形态、界面简单的空间	适合形态、界面复杂的空间
操作性	空间复杂使划分结果不唯一，需要计算机辅助	空间复杂使划分结果不唯一，需要计算机辅助	操作相对明确，需要计算机辅助
直观/细致	直观	直观	细致

表格来源：作者绘制。资料来源：王斌，空间句法介绍与应用——以苏州园林为例，同济大学建筑与城市规划学院硕士学位论文。

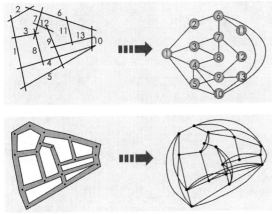

图5-59　空间分割法特征一览

图片来源：作者制作，徐萌重绘。资料来源：王斌．空间句法介绍与应用——以苏州园林为例[D]．上海：同济大学。

（3）绘制连接图

轴线图需要进一步加以处理转换成连接图，处理方法与拓扑理论和图论类似。连接图中两节点间的距离不再表示实际的物理距离，而是两相邻空间单元的拓扑距离，见图5-59。

轴线图转化成连接图后即可计算空间句法变量。

（4）句法变量计算与成果输出

空间句法变量指标主要包含以下几类，见表5-22。

空间句法量化指标的定义及计算方法　　　　　表5-22

	中译名称	计算式	内涵
Connectivity	连接度	$Ci=k$，k 表示与节点 i 直接联系的节点个数	与一个空间单元直接相连的空间数目
Control Value	控制值	$ctrl_i=\sum_{j=1}^{k}\dfrac{1}{C_j}$	一个空间对与之相交的空间的控制程度
Depth	总深度值	$\sum_{j=1}^{k}d_{ij}$，d_{ij} 表示从节点 i 到节点 j 的最短路径（用步数表示）	某一结点距其他所有结点的最短步长
Relative Asymmetry	整体集成度	$RA_i=\dfrac{2(MD_i-1)}{n-2}$，$MD_i$ 表示相对深度值，$MD_i=\dfrac{\sum_{j=1}^{n}d_{ij}}{n-1}$，其中 n 为连接图中所有节点的个数	一个空间与其他所有空间的关系
Real Relative Asymmetry	局部集成度	$RRA_i=\dfrac{RA_i}{D_n}$，D_n 为标准化参数 $D_n=2\{n\ (\log_2\ ((n+2)\ /3-1)\ +1)\ \}/[\ (n-1)\ (n-2)\ ]$	一个空间与其他几步（即最短距离）之内的空间的关系

表格来源：作者根据傅搏峰，吴娇蓉，陈小鸿．空间句法及其在城市交通研究领域的应用[J]．国际城市规划．2009（1）。

连接图的转换、句法变量的计算以及图形的输出都可以通过空间句法相关软件实现。轴线图分析软件主要有 Axman（Mac.）、Confeego（windows）、Axwoman（windows）、Mindwalk（Java）。视域分析软件常用的有 Depthmap（windows）、Syntax（windows）。部分软件的应用需要以 Arcview、Mapinfo 或 ArcGIS 为平台。

(5) 成果输出

空间句法模型可以形成指标或属性表格，也可以生成各类分析图纸，如图 5-60 所示。

（a）轴线分析　　（b）凸状空间分析　　图 5-60　空间句法分析成果输出示意　　（c）可见图解分析

图片来源：作者根据傅搏峰，吴娇蓉，陈小鸿. 空间句法及其在城市交通研究领域的应用 [J]. 国际城市规划，2009（1）中表重绘。

案例 5-11：基于空间句法视角的南京城市广场空间探讨[①]

南京作为一个历史悠久的现代化城市，其传统的城市肌理使其具有很大的研究价值，而根据相关研究，空间句法对于在漫长历史演化过程中发展起来的城市更为有效。因此，本文首先构建了南京老城区轴线图模型并进行空间句法分析，在此基础之上选取了 10 个具有代表意义的城市广场空间进行实地调研；然后，使用 SPSS 软件对空间句法的相关参数值和实际调研数据进行比较分析，旨在从空间内在逻辑解析广场空间体系与城市空间肌理的关系，寻找影响广场使用的因素。

根据 2006 年南京市用地现状图和南京地图等资料，作者绘制了南京老城区的轴线图模型，并使用 Depthmap 软件进行了空间句法分析。

图 5-61 中从暖色到冷色分别代表整合度从高到低，整合度越高则表示轴线能够承载人行和车行流量的能力越高。在空间句法的多数案例中，整合度较高的地方往往也具有较多的人车流。其中全局整合度适用于城市范围，一般适用于车行分析，而局部整合度适用于步行尺度的城市局部区域分析。根据空间句法分析图的直观显示，作为南京现代城市发展轴的中山北路—中央路—中山东路一线整合度最高，由此整合度的分布从中心向城市周边递减，这与人们日常的空间体验是一致的。基于空间句法分析和相关的文字资料，作者最终在老城区选择了 10 个城市广场作为实地调研的对象，分别为西安门广场、西华门广场、东华门遗址广场、大行宫广场、汉中门广场、朝天宫广场、水西门遗址广场、鼓楼广场、浮桥广场和山西路广场，它们在局部整合度分析图上的分布如图 5-62 所示。这些广场均分布于整合度较高的城市道路旁，根据空间句法，城市空间组构能够为广场提供较高的人车流量，但

---

① 刘英姿，宗跃光. 基于空间句法视角的南京城市广场空间探讨 [J]. 规划师，2010（2）.

全局整合度分析

局部整合度分析

图 5-61 南京老城周线图模型分析
图片来源：刘英姿，宗跃光. 基于空间句法视角的南京城市广场空间探讨 [J]. 规划师，2010（2）.

图 5-62 南京老城实地调研城市广场分布图
图片来源：刘英姿，宗跃光. 基于空间句法视角的南京城市广场空间探讨 [J]. 规划师，2010（2）.

是否就能够提高使用率从而使其成为具有活力的空间呢？通过实地调研与空间句法分析的比较研究，也许能从空间内在逻辑的角度进一步解析。

调研结果分析

本研究将调研结果的分析分为以定量研究为主的交通流量调研和以定性研究为主的广场使用情况调研。具体结果参见表 5-23 交通流量统计数据及空间句法分析参数值。

街面的评价分值一览　　　　　　　　　　　　　表 5-23

广场名称	道路名称	出入口所在道路交通流量（辆/min）（人/min）			进入广场交通流量（辆/min）（人/min）		使用情况（%）	空间句法参数	
		机动车	非机动车	步行	非机动车	步行	进入率	全局整合度	局部整合度
西安门广场	龙蟠中路	26.3	13.2	4.6	0.6	1.4	11.24	1.121	2.316
西华门广场	中山东路	31.2	11.8	3.2	0.2	0.8	6.67	1.374	4.101
东华门遗址广场	中山东路	29.2	4.4	4.2	0.8	1.2	23.26	1.374	4.101
大行宫广场	长江路	28.3	21.5	16.5	10.4	12.0	58.95	1.229	3.628
	中山东路	30.6	23.6	20.6	10.6	13.0	53.39	1.374	4.101
	龙蟠中路	26.7	22.3	7.3	0.8	2.3	10.47	1.121	2.316
汉中门广场	汉西门大街	3.6	5.6	7.6	0.6	3.6	31.82	1.058	1.961
朝天宫广场	莫愁路	25.2	12.6	6.5	6.6	3.7	53.93	0.962	2.522
	王府大街	21.4	14.5	7.6	4.2	2.3	29.41	1.025	2，230
水西门遗址广场	升州路	24.2	20.3	8.6	—	3.3	11.42	1.086	2.918
	中央路	23.6	26.3	10.6	—	6.3	17.07	1.187	2.235
鼓楼广场	北京东路	26.4	22.4	8.6	—	0.6	1.94	1.155	2.707
	安仁街	18.6	21.5	8.5	—	2.0	6.67	1.077	2.159
浮桥广场	太平北路	25.4	23.9	9.3	—	1.0	3.01	1.187	3.248
山西路广场	中山北路	28.7	20.6	17.6	—	3.9	10.21	1.205	3.456

注：遗址广场、鼓楼广场、浮桥广场和山西路广场禁止非机动车进入，大行宫广场内部设有地下超市入口。

表格来源：作者根据刘英姿，宗跃光，基于空间句法视角的南京城市广场空间探讨，规划师，2010 年 02 期内容重制。

（1）交通流量调研结果分析

交通流量调研主要是对出入口所在道路的机动车、非机动车、步行流量，以及进入广场的非机动车和步行流量进行观察统计，计算广场的进入率，并和空间句法分析的相关参数值进行比较，目的是为了解析整个城市广场空间体系与城市空间肌理的关系。

作者使用 SPSS 软件对几个重要参数进行了分析。

根据表 5-24，各广场周边道路的机动车流量与全局整合度，以及非机动车流量、步行流量与局部整合度的相关系数较高，说明两者之间高度相关。从空间句法的意义来说，整合度的高低直观显示了该地区空间结构吸引人流、车流的潜力，整合度高的地区往往也具有较高的人车流量，这是空间结构对其中人的活动的潜在影响，是空间的内在逻辑，只有顺应城市空间肌理才能获得较高的整合度。从数据上也印证了空间句法对南京老城区空间结构分析的合理性。而表 5-24 中广场进入率与整合度的低相关则说明在南京老城区，某些位于人流量与车流量承载力较低地区的广场可能承受了较高的使用率，而位于人车流量承载力较高地区的广场却不能被充分使用。因此，城市空间结构并没有对广场的使用情况形成直接影响，可以说，从空间内在逻辑的角度看，整个城市广场空间体系没有顺应城市本来的空间肌理，两者之间的相互排斥导致广场空间独立于街道网络体系。根据空间句法，在其他影响因素相同的情况下，城市网格中约 60% 的人行和 70% 的车行与城市网络模式有关。进入率与整合度的低相关说明在南京老城区，将广场布置在人流、车流较高的地区并不能直接带来广场使用率的增加，除了空间结构外，还存在其他影响因素对广场的使用情况起作用。因此，必须深究广场空间本身，才能寻找到影响广场使用的其他因素，解析如何使广场空间顺应城市空间肌理。

相关系数表　　　　　　　　　　表 5-24

空间句法参数	出入口所在的道路交通量 (辆/min)（人/min)			使用情况（%）
	机动车	非机动车	步行	进入率
全局整合度	0.686	—	—	0.335
局部整合度	—	0.645	0.861	0.114

表格来源：作者根据刘英姿，宗跃光. 基于空间句法视角的南京城市广场空间探讨 [J]. 规划师，2010 (2)，凌晨重制。

（2）广场使用情况调研结果分析

广场使用情况调研主要是对广场的空间类型、使用情况、周边用地性质等作定性的观察分析。结果参见表 5-25 广场使用情况统计。根据表 5-23，进入率与广场的空间类型有着很大关系。10 个城市广场中，开敞型和穿越型的广场空间进入率较高。这是因为开敞型城市广场四面均设有出入口，将广场的使用限制降到了最低。同时，这种空间类型的广场往往规模较大，处于城市空间网络结构的重要节点，对居民的吸引力较大，因此广场的进入率较高。穿越型城市广场由于其出入口的相对设置，在城市空间网络中往往为周边的居民提供了较城市道路更便捷、更安全的通过环境，此类广场进入率提高的很大原因是其融入了城市的非机动交通体系，山西路广场和朝天宫广场便是典型的例子。但是这种广场类型的高进入率是否为设计的最初意图，必须引起规划师们的注意。对4种类型广场的空间句法轴线分析也对进入率的不同进行了解释（图5-63）单面开敞型和半开敞型广场只在局部形成较密集的轴线，开敞型广场空间的轴线几乎布满了整个空间，而穿越型广场空间则形成了使用率较高的通路，因此开敞型和穿越型的城市广场进入率较高。

广场使用情况统计 表5-25

广场名称	空间类型	周边用地性质	广场内部活动情况		广场使用情况	
			停留人数（个）	停留者构成	各道路出入口进入率（%）	停留比例（%）
西安门广场	穿越型	居住、商业	43	居民、附近酒店员工	11.24	2.42
西华门广场	单面开敞型	居住、商业	12	居民	6.67	0.80
东华门遗址广场	穿越型	居住、高等学校	13	居民、附近大学生	23.26	1.51
大行宫广场	开敞型	商业、公共设施	73	游客、行人	59.95、53.39、10.47	0.89
汉中门广场	穿越型	商业、居住	55	居民	31.82	1.29
朝天宫广场	穿越型	商业、居住、公共设施	42	居民游客	53.93、29.41	1.02
水西门遗址广场	半开敞型	居住	27	居民	11.42、17.07	0.93
鼓楼广场	半开敞型	商业	76	行人、居民	1.94、6.67	0.78
浮桥广场	半开敞型	商业、居住	96	居民	3.01	2.89
山西路广场	单面开放＋穿越型	商业、公共设施	112	游客、行人、居民	10.21	2.93

注：停留人数为调研时间段内在广场停留超过10分钟的人数。

表格来源：作者根据刘英姿；宗跃光.基于空间句法视角的南京城市广场空间探讨[J].规划师，2010(2)内容重制。

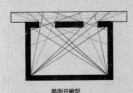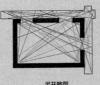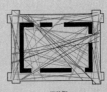

图5-63 四种类型广场空间句法轴线分析

图片来源：作者根据刘英姿，宗跃光.基于空间句法视角的南京城市广场空间探讨[J].规划师，2010(2)重绘。

单面开敞型

穿越型

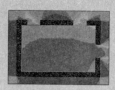
半开敞型

开敞型

图 5-64　四种类型广场空间句法视域分析

图片来源：作者根据刘英姿，宗跃光．基于空间句法视角的南京城市广场空间探讨[J]．规划师，2010(2)重绘．

如果"进入率"可以表现为广场对行人、游客等的吸引，那么"停留比例"则更倾向于广场对于周边居民的吸引。广场的停留比例与空间类型的关系不大，却与广场周边用地性质有着一定的关系。这是因为与进入和穿越的功能不同，人在广场空间中的停留一般对广场内部空间结构及由广场向外部空间的视域范围有一定要求。

根据对 4 种广场空间类型的凸空间视域分析（图 5-64），4 种空间类型的视域并无较大差别，即广场的空间类型对人在其内部及由内部向外的视域没有直接的影响。此时，社会功能对广场空间的需求就成为主要的影响因素，即表现为广场周边的用地性质对广场使用的影响。在南京老城区，居住用地和商业用地附近的广场停留比例较高。这是因为广场空间能够为周边居住的老年人、儿童、外出购物游玩的居民、外地游客，甚至是在广场附近工作的公司员工提供休憩的场所。此时，社会功能的需求就可能超过空间结构的力量而成为影响广场使用的驱动力。

5.9.5　空间句法的运用与限制

（1）适用范围

空间句法在城市规划领域的运用主要包括：

空间形态分析：空间形态分析是空间句法的主要运用领域，例如分析、预测城市空间的网络特征、连接性、可达性；评判某一具体建设项目对城市空间的影响等。还可以运用空间句法将城市空间与城市生活关联，研究城市空间布局与社会及文化间的关联。

城市犯罪分析：空间句法是研究街道空间与犯罪分布关系的有效方法之一，通过建立街道犯罪行为的发生率、发生时间与地点因素的联系，可以研究犯罪的空间分布，提炼出街道犯罪的影响因素。

城市交通分析：通过建立交通空间与人流、活动特征之间的联系，可以分析和预测城市交通中人流与车流的流向、流量，研究交通污染分布等。

辅助城市设计：对基地进行空间句法分析，理清现状空间特点；将设计方案放入空间句法模型，考察其与周边城市空间的相互影响，为深化方案提供指导。

空间句法可以为规划设计提供论据充分的空间关系评价，以便于从不同设计方案中作出优选，或理性地引导设计方向。

（2）运用限制

空间句法关注的重点是空间结构以及人与空间的关系，通常只能用于现状分析或方案评估，不能直接为空间的实体形态设计提供新的方案。

空间句法理论还存在一定缺陷。例如，空间句法假定人的空间行为和空间形态之间存在必然的联系，而现实社会的情况并非完全如此；空间句法分析主要针对二维平面，但实际的空间体验应该是三维的。因此，空间句法分析只能作为城市规划或建筑设计的参考。

空间句法的运用对计算机的依赖程度越来越高，需要研究者熟练掌握相关软件的应用。

5.10 使用后评估法

5.10.1 什么是使用后评估法？

（1）基本概念：

使用后评估法（Post Occupancy Evaluation，简称POE）是对建成并使用一段时间后的建筑物或环境进行的一套系统的评价程序和方法，即通过收集整理分析使用者的实际使用情况，并与建筑或规划的预期目标进行系统比较，从而得出使用绩效，提出反馈意见，为将来同类建筑与规划的决策提供可靠的客观依据（见知识点5-9）。

（2）关键词解读

绩效：就是指"成绩和效果"，即项目按照建筑或规划设计方案实施出来后所取得的收益。

知识点 5-9：关于使用后评估法定义的集中描述

使用后评价（Post Occupancy Evaluation），Friedman 在其 POE 著作中的定义为："POE 是一个度的评价：建成后环境如何支持和满足人们明确表达或暗含的需求。"

美国 Preiser 等人在其著作《使用后评价》中定义：POE 是在建筑建造和使用一段时间后，对建筑进行系统的严格评价过程。POE 主要关注建筑使用者的需求、建筑设计的成败和建成后建筑的性能。所有这些都会为将来的建筑设计提供依据和基础。

POE 主要是对建筑及环境在其建成并使用一段时间后，应用社会学、人类学、行为学、心理学、社会心理学等人文学科以及数学、统计学等技术性学科和建筑学、城市规划学等进行交叉研究的方法，对建筑物及环境进行的一套系统的、严格的评价程序，并通过对建筑和环境设计的预期目的与实际使用情况进行比较，以期得出建筑及环境的使用后情况及其绩效（performance），从而提出反馈意见和标准，为将来建成更好的建筑和环境提供可靠依据。

资料来源：赵东汉.国内外使用状况评价 POE 发展研究 [J]. 城市环境设计，2007（2）.

5.10.2 使用后评估法的源起 [①]

POE 始于 20 世纪 60 年代的欧美，研究者通过对一些小型公共建筑的使用调查来发现建筑设计过程中存在的问题。20 世纪 70~80 年代，POE 理论和实践达到一个高峰。经过五十余年发展，POE 理论和方法已经规范化并呈现多样化的发展局面，除建筑设计外，使用后评估在城市规划、景观设计领域中也都有较好的应用。

5.10.3 使用后评估法的操作流程、要点

（1）操作流程

POE 操作程序基本遵循以下五个步骤：

1）熟悉现场

首先要通过现场踏勘，建立对被评估项目全面、直观的印象。在此过程中，既要以使用者的身份对项目进行实际体验，同时也要用专业的眼光去观察其他使用者的使用情况。基于直观体验提出一些初步的感想，如对项目的总体感觉、空间的大小、使用效率高低、使用人群的反映、设备系统运行情况等，为下一步制定具体的评估调查做好准备。其次，在此阶段还要通过走访、观察、访谈、查阅文件等方式收集与项目相关的资料，如项目任务书，计划书，总平面、建筑设计图等。

2）制定目标与计划

确定评估的目标，设计具体的评价内容，包括要调查的问题、对象、方法，以及需要测试的内容、手段及指标等。根据确定的评估内容制定详细的工作计划表，并按照计划实施。

3）收集资料、采集数据

采集方法通常分两个方面：一是使用者的主观感受，了解建筑或环境对用户的感觉及行为的影响；二是对实体环境进行客观测定，包括温度、湿度、光线、声音、面积、交通距离等。

采集数据可采用现场测绘、问卷访谈、观察法等多种方法。

4）分析数据

运用数理统计的方法对采集的数据进行分析，并得出结论。

5）编写报告

针对分析结论报告结果，并提出相应的改进建议。

（2）操作要点

现场踏勘前最好要进行周详的前期准备，对评价对象的基本状况和重要数据有所了解，明确现场感受的重点，以便于有的放矢，提高踏勘效率。现场踏勘过程中除非现场状况不允许，否则一定要作现场笔记，不要单纯依赖记忆，以此提高信息记录的准确性。

[①] 资料来源：赵东汉，使用后评价 POE 在国外的发展特点及在中国的适用性研究 ，2007，北京大学学报

案例 5-12：清华大学美术学院教学楼评价性后评估[①]

(1) 准备阶段

①前期准备阶段

了解项目基本情况和设计要求，对教学楼的主要空间进行确定。通过与清华大学美术学院相关设计人员和使用人员的联系获得了有关该院的基础资料，如总平面图、平面图、立面图、剖面图及主要效果图。准备和校准数据收集设备和要使用的仪器。

②制定计划，确定主要工作内容。具体工作计划概要如下：

a. 对建筑设施各种图纸进行研究：平面图、立面图、剖面图等。

b. 选择相关可用文件。

c. 确认所要访谈的人员：该建筑的设计师、教师、学生等；建筑声学、光学、教育心理学以及建造领域的专家；以及教学楼的管理者。

d. 制定调查问卷。

e. 探察清华大学美术学院建筑设施：进行走过式观察并记录，包括典型的现场观察、测试、照相、录像。

f. 确认建筑的重要变化和修缮，如对教室走廊侧的落地玻璃窗加装不透明薄膜的举措。

g. 各种必要的听询讨论会。

③问卷和走过式观察主要关注以下方面：整体的设计概念；基地设计；健康和安全；防护；室外形象的吸引力；室内形象的吸引力；活动空间；空间关系；流通空间，例如，大厅、走廊、楼梯；采暖、制冷和通风；照明和声学指标；管线综合；装修材料，例如，地板、墙体和顶棚；闲置或拥挤的空间；其他需要特别指出的。

(2) 实施阶段

①现场数据收集过程

现场数据收集需协调建筑管理者和使用者，为进行现场测量和发放问卷提供便利。

②监督和管理数据收集程序

为了确保在现场收集数据的有效性和可靠性，首先在有关建筑的测量方面要进行核查；其次，要有直接的观察，用照相法确定具体的空间关系。再有，录音访谈内容要严格地遵从事先的组织计划中预设的问题，并且保证对每一个访谈者提问顺序是一致的；同样，调查问卷也以这种方法进行管理，即严格地遵从事先决定的样本。

③数据分析

记录、讨论会记录以及评价者直接观察的数据与评价标准进行比较，并根

---

① 资料来源：汪晓霞，使用后评估（POE）理论及案例研究——清华大学美术学院教学楼评价性后评估，《南方建筑》2011 年 02 期

据基地现状、建筑规模和房间规模进行分析。

【例】问卷调查一：教室空间环境及设施利用状况的分析（图 5-65）。

结论：调研分析表明，教室的设置基本满足使用要求，布置方式尚可，采光照明较好；由于中庭的设置，个别教室有噪声干扰；教室内设置的储藏空间基本满足要求，但储藏柜的尺寸偏小。教室内电源插座及网线端口基本满足使用要求。

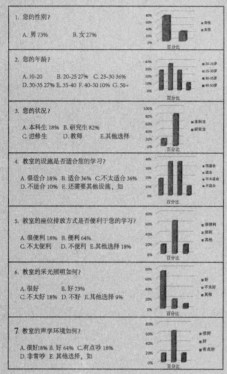

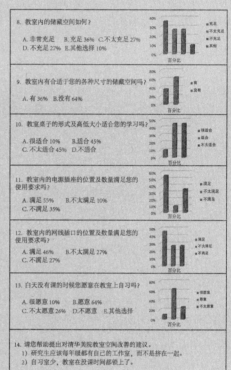

图 5-65 调查问卷

图片来源：汪晓霞.使用后评估（POE）理论及案例研究——清华大学美术学院教学楼评价性后评估[J].南方建筑，2011（2）.

（3）应用阶段

【例】交流空间分析

由走廊交通空间局部设置的沙龙是交通空间异化成活动空间的状况，这是现代建筑中，促进人们之间的交流所设置的特殊空间类型，是美院教学楼设计的一大亮点。但是这一创意在本项目的使用中却不均衡，数据收集表明只有在五层有自然采光的沙龙是较理想的，而在其他楼层的沙龙由于是靠人工照明来实现的，通过长时间的观察这些沙龙几乎没有人使用。

经过对清华美院的使用后评估（POE）研究，提出了改进的具体建议：改进现有设计中传统的设计模式，创造学科之间的互动性交往空间。在不同专业楼层之间设计一些交错的公共交往空间以满足人们一种复杂的心理体验的需求。互不相识的非本专业的同学间可以互相"看到"彼此在学些什么，好奇——关注——更好奇——导致交流——认同——为学习增加兴趣——促进学科之间的交叉互动——创作灵感的激发——现代教学模式的进步，这种通过空间营造的"非学习"的学习在青年学生的心理需求中占有非常重要的比重（图5-66）。

利用色彩和图案的变化以及空间中的对景和借景等手法吸引学生，并应在沙龙中安排各种适合师生小憩、谈话的座椅以围合出不同特色的小空间，满足交流的不同心理需要，给师生创造出更多的交流机会。

合理运用天然光照明的新技术，将天然光引入室内。

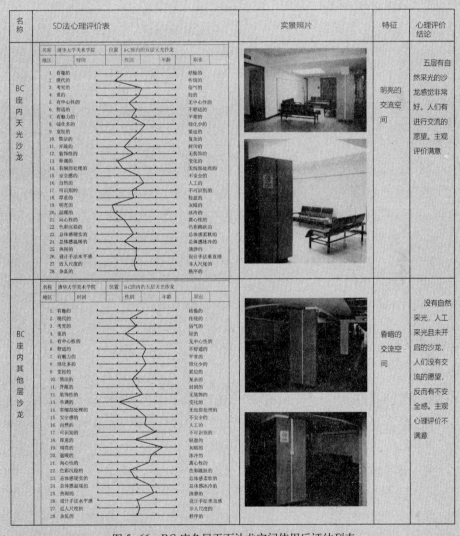

图5-66　BC座各层平面沙龙空间使用后评估列表

图片来源：汪晓霞. 使用后评估（POE）理论及案例研究——清华大学美术学院教学楼评价性后评估[J]. 南方建筑，2011（2）。

5.10.4 使用后评估法的运用与限制

（1）适用范围

对已投入使用、运营的城市规划项目进行评估，收集并解决使用者提出的实际问题。主要包括以下类型：对城市空间的使用后评估，如城市广场使用后评估；对城市规划中某一项具体措施的使用后评估，如城市公交专用线路使用后评估；对某一专项内容的使用后评估：如灾后重建使用后评估，居住区规划使用后评估；对城市规划实效的整体评估，如城市土地利用总体规划后评估。

（2）运用限制

使用后评估主要是从使用者的角度来评估一个项目，不能以此作为评判项目成功与否的唯一标准。使用后评估是由建筑设计领域发展而来，用于城市规划项目的研究还缺乏系统的评估方法体系，其理论还不够健全。

5.11 生态足迹分析法

5.11.1 什么是生态足迹分析法？

（1）基本概念

生态足迹分析法（Ecological Footprint，简称 EF）是一种定量评价可持续发展程度的方法，通过测定人类为了维持生存和发展对自然资源的消耗量，并与自然资本的生态承载力相比较，来评估人类对生态系统的影响（图 5-67）。

（2）关键词解读

生态足迹：指生产一定人口所消费的资源和吸纳这些人口消费生产的废弃物所需要的生物生产型土地的面积（Wackernagel，1996）。生物生产型土地是指能够利用自身生物系统中生物的生命活动将外界环境的物质或能量转化为新物质的土地或水体，是生态足迹法为各类自然资源提供的统一量度基础。

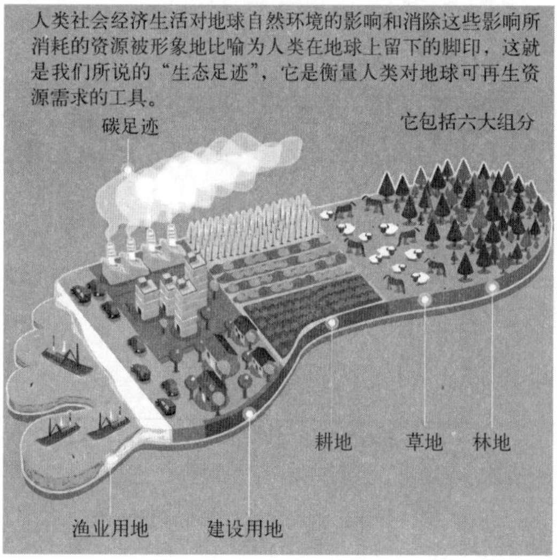

生物承载力[①]：即生态足迹的供给能力，指某个国家（地区）所能提供的生物生产型土地面积的总和，表征该地区的生态容量。

5.11.2 生态足迹分析法的源起

生态足迹（Ecological Footprint）的概念由加拿大大不列颠哥伦比亚大学规划与资源生态学教授里斯（Willian E.Rees）于 1992 年提出，并由其博士生 Wakernagel 进一步完善。Willian 曾将生态足迹形象地比喻为："一只负载着人类与人类所创造的城市、工厂……的巨脚踏

人类社会经济生活对地球自然环境的影响和消除这些影响所消耗的资源被形象地比喻为人类在地球上留下的脚印，这就是我们所说的"生态足迹"，它是衡量人类对地球可再生资源需求的工具。

它包括六大组分

碳足迹

耕地　草地　林地

渔业用地　建设用地

图 5-67　生态足迹概念示意
图纸来源：作者自绘。
资料来源：WWF 中国 http://www.wwfchina.org

---

① 资料来源：杨开忠，杨咏，陈洁. 生态足迹理论与方法 [J]. 地球科学进展，2000，15（6）：630-636.

在地球上留下的脚印。" 1996 年，生态足迹计算模型正式发表并用于衡量可持续发展。由于这种方法简单明了，被认为是近二十年来定量测量可持续发展领域最重要的进展。运用生态足迹法定量分析人类活动对城市生态环境所造成的影响程度，可以为生态城市规划研究提供丰富而可靠的依据。

5.11.3 生态足迹分析法的基本原理与运用

（1）基本原理 [①]

生态足迹理论认为，人类的所有消费理论上都可以折算成相应的生物生产型土地面积。比如说一个人的粮食消费量可以转换为生产这些粮食所需的耕地面积，他所排放的 CO_2 总量可以转换成吸收这些 CO_2 所需要的森林、草地或农田的面积。将人类所有消费需要转化为生物生产型土地面积，与要维持这些消费并吸收废弃物所需要的生物生产型土地面积进行比较，就能判断人类对自然资产的利用情况。根据各类土地生产力大小的不同，生物生产型土地可分为化石能源用地、可耕地、牧草地、森林、建筑用地、水域 6 大类（图 5-68）。

（2）操作流程：

生态足迹分析法的具体操作流程分为以下几个步骤（图 5-69）。

1）基础数据收集与整理

基础数据一般可分为生物资源、能源消费、进出口及国内贸易量等三类。其中，生物资源包括农产品、动物产品、水果和木材等几类。能源消费主要涉及煤、焦炭、燃料油、原油、汽油、柴油和电力。

收集的数据应具有权威性、及时性。通常以地方年鉴的数据查询为主，对于特殊的或缺失的数据也可以采用部门访谈的方法取得。

收集数据后应按分类进行 Excel 表格的录入，计算各主要消费项目的年消费量

图 5-68 生态足迹生物生产性土地构成示意
图片来源：作者自绘。

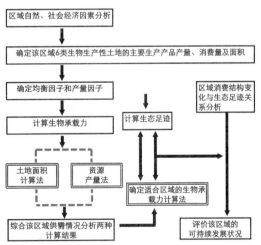

图 5-69 生态足迹分析法操作流程
图片来源：作者自绘，徐丽文制作。

资料来源：徐中民，程国栋，张志强．生态足迹方法的理论解析 [J]．中国人口．资源与环境，2006（6）．

---

① 资料来源：马爱慧．生态足迹理论与方法发展浅析 [C]．2008 年中国土地学会学术年会论文集．

和人均消费量。

2) 确定均衡因子和产量因子，将人类消费和废弃物排放转化成对应的土地面积

由于每一类土地类型的生产力不同，为了将不同类型的生物生产型土地面积转化为生物生产力相同的均衡面积，就要乘以一个相应的均衡因子。均衡因子可以查询联合国粮农组织发布的有关生物资源的世界平均产量，套用公式计算。也可以参考已有的计算结果，如 William 和 Wankernagel 于 1996 年以全球公顷法计算出的均衡因子、顾晓薇等于 2005 年以国家公顷法计算的中国均衡因子，以及由市公顷模型核算的均衡因子，见表 5—26 和表 5—27[①]。

中国土地各类型的产量因子　　　　　　　　　　　　　表 5—26

土地类型	全球	中国	产量因子
农地	425.00	741.47	1.74
林地	699.51	598.96	0.86
畜牧地	371.18	188.89	0.51
渔场	200.00	148.23	0.74
建筑用地			1.74
能源用地			0.00

等效因子比较（单位 hm²）　　　　　　　　　　　　　表 5—27

土地类型	全球公顷数	国家公顷数	市域公顷数
可用耕地	2.80	5.25	2.15
牧草地	0.50	0.09	1.53
林地	1.10	0.21	0.34
水域	0.20	0.14	0.03
化石能源用地	1.10	0.21	0.34
建筑用地	2.80	5.25	2.15

表格来源：作者根据资料制作。

产量因子可以消除不同国家或地区某类生物生产面积所代表的平均产量与世界平均产量的差异。Wackernagel 和 Rees（1996）计算了中国的产量因子（见表 5—28），这是最早的成果，在国内应用也非常广泛。刘某承、李文华、谢高地等学者基于净初级生产力也对中国生态足迹产量因子进行了测算，见表 5—29。

中国土地各类型的产量因子　　　　　　　　　　　　　表 5—28

土地类型	主要用途	产量因子				
		Wackernagel 和 Rees（1996）	谢高地等（2001）	刘建兴（2004）	陈敏等（2005）	张桂宾和王安周（2007）
农地	种植农作物	1.66	1.71	1.65	可变	2.02
林地	提供木材或林产品	0.91	0.95	0.55	0.60	0.91
畜牧地	提供畜产品	0.19	0.48	0.38	可变	0.19

① 刘某承，李文华，谢高地. 基于净初级生产力的中国生态足迹产量因子测算 [J]. 生态学杂志，2010，(3)：592–597.

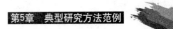

续表

土地类型	主要用途	产量因子				
		Wackernagel 和 Rees（1996）	谢高地等（2001）	刘建兴（2004）	陈敏等（2005）	张桂宾和王安周（2007）
渔场	提供水产品	1.00	0.51	262.29	可变	1.00
建筑用地	人类建筑和道路用地	1.66	1.71	1.65	可变	2.02
能源用地	吸收人类释放的 CO_2	0.00	0.00	0.00	0.60	0.00

表格来源：作者根据资料制作。

中国各省土地各类型的净初生产力及产量因子　　　　表5-29

	农地	因子	林地	因子	畜牧地	因子	渔场地	因子
	NPP $(gC \cdot m^{-2} \cdot a^{-1})$		NPP $(gC \cdot m^{-2} \cdot a^{-1})$		NPP $(gC \cdot m^{-2} \cdot a^{-1})$		NPP $(gC \cdot m^{-2} \cdot a^{-1})$	
中　国	741.47	—	598.96	—	188.89	—	148.23	—
北京市	615.28	0.83	355.78	0.59	366.20	1.91	287.36	1.91
天津市	483.733	0.65	424.88	0.71	312.38	1.65	245.13	1.65
河北省	672.67	0.91	412.09	0.69	293.54	1.55	230.35	1.55
山西省	355.59	0.48	337.86	0.56	265.10	1.40	208.03	1.40
内蒙古自治区	384.98	0.52	406.97	0.68	202.25	1.07	158.71	1.07
辽宁省	625.90	0.84	614.29	1.03	345.17	1.83	270.86	1.83
吉林省	615.41	0.83	847.21	1.41	190.29	1.01	149.32	1.01
黑龙江省	429.26	0.58	570.78	0.95	306.61	1.62	240.61	1.62
上海市	601.08	0.81	987.98	1.65	383.00	1.03	300.55	2.03
江苏省	952.89	1.29	363.46	0.61	351.40	1.86	275.75	1.86
浙江省	586.30	0.79	386.49	0.65	529.37	2.80	415.41	2.80
安徽省	756.63	1.02	570.78	0.95	316.50	1.68	248.36	1.68
福建省	746.14	1.01	941.91	1.57	599.42	3.17	470.38	3.17
江西省	992.85	1.34	634.77	1.03	395.00	2.09	309.96	2.09
山东省	835.55	1.13	675.72	1.13	364.06	1.93	285.69	1.93
河南省	1009.35	1.36	586014	0.98	353.50	1.87	277.40	1.87
湖北省	739.66	1.00	552.86	0.92	418.22	2.21	328.19	2.21
湖南省	1056.88	1.43	657.80	1.10	567.50	3.00	445.33	3.00
广东省	1223.45	1.65	614.29	1.03	512.33	2.71	402.04	2.71
广西壮族自治区	1029.21	1.39	716.67	1.20	494.14	2.62	387.76	2.62
海南省	110966	1.50	1003.34	1.68	718.50	3.80	563.82	3.80
重庆市	695.49	0.91	509.35	0.85	424.93	2.25	333.45	2.25
四川省	772.07	1.04	601.49	1.00	405.77	2.15	318.42	2.15
贵州省	387.42	0.52	606.61	1.01	425.95	2.26	334.25	2.25
云南省	688.19	0.93	790.90	1.32	556.08	2.94	436.36	2.91
西藏自治区	375.25	0.51	381.37	0.64	137.30	0.73	107.75	0.73
陕西省	380.75	0.51	499.11	0.83	407.45	2.16	319.74	2.16
甘肃省	266.79	0.36	401.85	0.67	238.17	1.26	186.89	1.26

续表

	农地	因子	林地	因子	畜牧地	因子	渔场地	因子
	NPP $(gC \cdot m^{-2} \cdot a^{-1})$		NPP $(gC \cdot m^{-2} \cdot a^{-1})$		NPP $(gC \cdot m^{-2} \cdot a^{-1})$		NPP $(gC \cdot m^{-2} \cdot a^{-1})$	
青海省	340.48	0.46	299.47	0.50	213.46	1.13	167.51	1.13
宁夏回族自治区	410.10	0.55	463.28	0.77	143.01	0.76	112.22	0.76
新疆维吾尔自治区	551.21	0.74	578.46	0.97	102.25	0.54	80.24	0.54
香港特别行政区	1223.45	1.65	614.29	1.03	512.33	2.71	402.04	2.71
澳门特别行政区	0.00	0.00	614.29	1.03	512.33	2.71	402.04	2.71
台湾地区	746.75	1.01	601.49	1.00	509.56	2.70	399.86	2.70

表格来源：作者根据资料制作。资料来源：刘某承，李文华．基于净初级生产力的中国各地生态足迹均衡因子测算[J]．生态与农村环境学报；刘某承，李文华，谢高地．基于净初级生产力的中国生态足迹产量因子测算[J]生态学杂志，ChineseJournalofEcology 2010, 29（3）：592—597。

3）计算生态承载力[①]

生态承载力计算公式：$EC=N×（ec）=N× \sum Na_j×\gamma_j×y_j$

式中：EC 为区域总生态承载力；N 为人口数量；ec 为人均生态承载力；a_j 为人均生物生产型土地面积；γ_j 为均衡因子；y_j 为产量因子。

4）计算生态足迹

计算人均生态足迹分量：$A_i=C_i/Y_i=（P_i+I_i-E_i）/（Y_i×N）$

式中：i 为消费项目的类型；A_i 为第 i 种消费项目折算的人均生态足迹分量(hm²／人)；C_i 为第 i 种消费项目的人均消费量，Y_i 为生物生产土地生产第 i 种消费项目的世界年均产量（kg·hm²）；P_i、i_i、E_i 分别为第 i 种消费项目的年生产量、年进口量和年出口量；N 为人口数。

计算人均生态足迹：$ef= \sum r_jA_i= \sum r_j（P_i+I_i-E_i）/（Y_i×N）$

式中：ef 为人均生态足迹（hm²／人）；A_i 为人均生态足迹分量；r_j 为均衡因子。

计算总的生态足迹：$EF=N×ef$

式中：ef 为人均生态足迹（hm²／人），N_i 为人口数。

5）结果分析

如果 $EF>EC$，表明出现生态赤字，该地区生态系统是不安全的，不可持续的。需从地区之外进口欠缺的资源以平衡生态足迹，或者通过消耗自然资本来弥补收入供给流量的不足。

如果 $EF>EC$，表明出现生态盈余，生态系统是安全的，可持续性的，即人类对自然生态系统的压力处于本地区所提供的生态承载力范围内。

知识点5-10：城市适度人口

城市适度人口是指在一定的生产力水平下，能够带来最大经济效益的稳定人口。此时，人口数量刚好适应环境容量，以致无论人口再增多或减少，收益（或劳动生

---

① 资料来源：杜斌,张坤民,温宗国,宋国君．城市生态足迹计算方法的设计与案例[J].清华大学学报(自然科学版)，2004（9）．

产率）都会下降（或递减），这种状态下的人口就是适度人口。也就是说，适度人口是能够使产业获得最大收益（或劳动生产率）的人口。

案例5-13：基于生态足迹模型的城市适度人口规模研究——以南京为例[①]

南京市生态足迹的计算主要包括生物资源消费和能源消费两个部分。

（1）生物资源消费生态足迹

生物资源消费生态足迹是根据2006年南京市统计年鉴中各农产品的生产量来计算的，利用生产力数据将各项资源或者产品的消费折算为实际生物生产面积。主要农产品有粮食、棉花、油料、蔬菜、水果、肉类、禽蛋、水产品等15种，具体计算过程和结果见表5-30。

2005年南京市生物资源消费生态足迹　　　表5-30

生物资源	全球平均产 （kg/hm²）	生产量 t	人均生态足迹 （hm²/人）	生产土地 类型
粮食	2744	965436	0.0591	耕地
棉花	1000	5920	0.0010	耕地
油料	1856	211685	0.0191	耕地
蔬菜	18000	3116210	0.0291	耕地
糖类	18000	66478	0.0006	耕地
瓜类	18000	354072	0.0033	耕地
猪肉	74	120039	0.2723	草地
牛肉	33	3982	0.0203	草地
羊肉	33	9392	0.0478	草地
禽肉	33	64649	0.3288	草地
禽蛋	400	83265	0.0349	草地
奶类	502	138034	0.0462	草地
水产品	29	180414	1.0442	草地
园林水果	3500	32495	0.0020	林地
木材	1.99m³/hm²	579000m³	0.0488	林地

说明：资料来源为2006年度南京统计年鉴

（2）能源消费生态足迹

南京市的能源消费主要有煤、焦炭、石油、汽油、柴油、燃料油、其他石油制品、热力和电力等，以世界上单位化石能源生产土地面积的平均发热量为标准，将南京市能源消费所消耗的热量折算成一定的化石能源土地面积或建筑用地面积，计算过程和结果见表5-31。

① 资料来源：包正君，赵和生. 基于生态足迹模型的城市适度人口规模研究——以南京为例[J]. 华中科技大学学报（城市科学版），2009（2）.

2005 年南京市能源消费生态足迹　　　　　表 5-31

能源	消费量 t	折算系数 (GJ/t)	全球平均能源足迹 (GJ/hm²)	人均毛生态足迹 (hm²/人)	生产土地类型
原煤	14605383	20.934	55	0.9300	化石能源用地
焦煤	3663862	28.470	55	0.3183	化石能源用地
燃油	652020	50.200	71	0.0774	化石能源用地
汽油	39222	43.124	3	0.0946	化石能源用地
煤油	10143	43.124	93	0.0008	化石能源用地
柴油	118481	42.705	93	0.0091	化石能源用地
电力	2466661	11.840	1000	0.0049	建筑用地

说明：资料来源为 2006 年度南京统计年鉴；＊单位为：104 kW·h

(3) 2005 年南京市生态足迹计算

表 5-32 所示为各生态足迹分量换算加和后得到的 2005 年南京生态足迹计算结果汇总表。

2005 年南京市生态足迹计算结果　　　　　表 5-32

	人均面积 (hm²/人)	均稀因子	人均均衡面积 (hm²/人)	总面积 /hm²
耕地	0.1122	2.82	0.3161	1884572.71
草地	0.7502	0.54	0.4051	2413601.87
林地	0.0509	1.14	0,0580	345524.21
建筑用地	0.0282	2.82	0.0795	473797.79
水域	1.0442	0.22	0.2297	1368641.85
化石能源用地	1.4382	1.14	1.6395	9768258.35
生态足迹	—	—	2.7282	16254396.775

说明：均衡因子采用联合国粮农组织 1993 年计算的有关生物资源的世界平均产量资料。

表格来源：作者根据资料重绘。

(4) 2005 年南京市生态承载力计算

1）2005 年南京市生物生产面积

南京市现有的耕地、林地、草地、水域是南京发展的本地生物生产空间，其数量和质量水平决定着南京市能够提供的生物空间，2005 年南京市能提高的生物生产面积见表 5-33。

2）产量因子和均衡因子

本文产量因子采用马希斯·威克那格（Mathis Wackernagel）等计算中国生态足迹时的取值，均衡因子采用联合国粮农组织 1993 年计算的有关生物资源的世界平均产量资料。

3）2005 年南京市生态承载力计算

将现有的耕地、牧草地、林地、建筑用地、水域等生物生产型土地的面积乘以相应均衡因子和当地的产量因子，就可以得到带有世界平均产量的世界平均生态空间面积———生态承载力，再减去12%生物多样性保护（在布兰特伦的报告《我们共同的未来》中，建议使用12%数值）的面积就是南京市能够为发展提供的总的生态空间。2005年南京市生态承载力的计算过程和结果见表5-34。

2005 年南京市生物生产面积　　　　　　　　　　　　表 5-33

	土地面积 (hm²)	占全市面积 (%)	人均面积 (hm²)
耕地	245600	37.3121	0.0412
草地	1670	0.2573	0.0003
林地	117580	17.8630	0.0197
建筑用地	167753	25.4854	0.0282
水域	47710	7.2482	0.0080

说明：资料来源为2006年度南京统计年鉴，部分数据进行类推得到
表格来源：作者根据资料重绘。

2005 年南京市生态承载力计算　　　　　　　　　　　表 5-34

	人均面积 (hm²/人)	均衡因子	产量因子	人均均衡面积 (hm²/人)	总值 (hm²)
耕地	0.0412	2.82	1.66	0.193	1149595.59
草地	0.0003	0.54	0.19	0.0000	183.38
林地	0.0197	1.14	0.91	0.0204	121760.74
建筑用地	0.0282	2.82	1.66	0.1320	786504.33
水域	0.0080	0.22	1.00	0.0018	10458.94
化石能源用地	0.0000	1.14	0.00	0.0000	0.00
承载力	—	—	—	0.3472	2068529.99
生物多样性保护面积	—	—	—	0.0417	248223.60
可利用生态承载力	—	—	—	0.3055	1820306.39

表格来源：作者根据资料重绘。

计算结果显示，2005年南京市人均生态足迹需求为2.7282hm²，远高于其生态承载力0.3055hm²，人均生态赤字高达2.4227hm²，总生态赤字高达14434090.38hm²，即至少需要相当于9个南京市版图大小的生物生产面积才能实现南京市的可持续发展。这一结果表明，在目前的人口规模下，南京市经济社会发展对自然生态系统的影响已超过其生态承载力的阈值，生态系统的超负荷运行是以对资源的过度消耗为代价的，城市发展处于不可持续的状态。

4）运用生态足迹计算适度人口规模

用生态承载力代表一个地区所能提供的资源环境条件，生态足迹代表人口

的消费水平。在生态承载力内，按照一定人均生态足迹计算的人口可以说是一个区域的生态适度人口，也可以说是一个区域的可持续人口容量，即基于生态足迹的适度人口规模。可以用公式表示为：

$$P=N \times ec/ef$$

式中，P 为区域的适度人口规模。将南京市数据代入公式可得 $P=667219$，即符合南京市目前生态足迹并在南京市生态承载力范围之内的人口规模应该是 66.72 万人。

5.11.4 生态足迹分析法的类型

按照生态足迹的分析过程，生态足迹分析法可以分为综合法和成分法。综合法由 Wackernagel 提出，通常用于国家级的生态足迹计算。成分法最早由 Simmons 等提出，以人类的衣食住行活动为出发点，通过物质流分析（MFA）得到主要消费品消费量及废物生产情况，核算了解物流带来的环境压力，适用于地方、企业、大学、家庭乃至个人的生态足迹核算。

按照研究尺度可以分为全球生态足迹、国家和区域生态足迹、个人与家庭生态足迹等。

5.11.5 生态足迹分析法的运用与限制

（1）适用范围

生态足迹分析法可用于评估城市生态质量，衡量城市的可持续发展的状况，为城市生态建设提供依据，包括：评判区域是否能维持较稳定的可持续发展；确定区域可以容纳的人口数量及相应的绿化面积、道路面积、公共设施占地面积等；根据生态足迹指导建立区域发展模型。

（2）运用限制

均衡因子和产量因子选择标准的不同会使得区域的生态承载力、生态足迹计算出现偏差。生态足迹法假定某一时刻、某一地块只能具有唯一的生物生产功能，而不能具有两种及以上的生物生产功能，忽略了使土地功能的多样性，从而产生生态足迹供给计算结果偏低的系统误差。生态足迹分析法以特定时间点的数据为计算基础，只能反映当时的生态状况，不具有动态性。生态足迹分析法注重于资源消耗，而对废弃物的污染关注不够。

专题 5-1：世界生态足迹状况简介[①]

（1）世界自然基金会的《2004 地球生态报告》

为了让各个国家在占用了多少自然资源上"有账可查"，2004 年，世界自然基金会（WWF）的《2004 地球生态报告》使用了"生态足迹"这一指标，

---

① 引自：全球可持续发展城市信息网 http://www.oursus.org.cn/。

并列出了一份"大脚黑名单"。这份由 WWF 和联合国环境规划署共同完成的报告于 2004 年 10 月 21 日在瑞士格兰德正式发布。十几位来自 WWF 总部、挪威管理学院、美国威斯康星大学和全球足迹网络的专家参与了研究，报告的数据来自联合国粮农组织、国际能源机构、政府间气候变化专门委员会以及联合国环境项目世界保护监测中心。

在这份"大脚黑名单"上，阿联酋以其高水平的物质生活和近乎疯狂的石油开采"荣登榜首"——人均生态足迹达 9.9hm^2，是全球平均水平（2.2hm^2）的 4.5 倍；美国、科威特紧随其后，以人均生态足迹 9.5 hm^2 位居第二。贫困的阿富汗则以人均 0.3hm^2 生态足迹位居最后。中国排名第 75 位，人均生态足迹为 1.5hm^2，低于 2.2hm^2 的全球平均水平。"但中国人口数目庞大，其人均生态承载能力（即大自然能够给予的消耗量）仅为 0.8hm^2，生态赤字高达 0.7hm^2，而全球的平均生态赤字为 0.4hm^2。"专家们认为，由于发展中国家的人均自然消耗量还将迅速增加，中国的整体生态形势更加不容乐观。报告显示，美国、日本、德国、英国、意大利、法国、韩国、西班牙、印度均是生态赤字很大的国家。"很简单，如果生态足迹超过了生态承载能力，就是不可持续的。为实现全球的可持续发展，每个人都有义务和责任来减少自然资源的消费，减小自身的生态足迹。"《报告》的主要作者、生态学家骆·乔森（Loh Jonathan）说。报告显示，巴西、加拿大、印度尼西亚、阿根廷、刚果、秘鲁、安哥拉、巴布亚新几内亚、俄罗斯、新西兰等国家由于国土面积辽阔、人口相对稀少或者位于热带亚热带地区，在"生态盈余（总生态足迹小于总生态承载容量）榜"上位居前列。"就在这些生态盈余国家的居民为全球生态环境作出贡献时，西方人正在以难以持续的极端水平消耗自然资源———北美人均资源消耗水平不仅是欧洲人的两倍，甚至是亚洲或非洲人的七倍。"专家们批评说，"如果全球的居民都达到美国居民的生活水平，人类将需要 5 个地球。"报告的作者们称，他们试图从另一角度寻找"谁应该对目前的全球生态危机负有更大责任"这一争论不休话题的答案。"那些生态赤字较大国家的资源消耗量已经超过了本国的资源再生能力，其结果就是加剧了环境恶化，或者将这种生态危机通过原材料进口等国际贸易方式转移到了其他国家或地区。"郝克明还担心，大大小小的环保组织如何说服人们为了追求高水平生活而不去高破坏地消耗地球资源。"在目前，使政府、工业界和公众转向可再生能源，推广节能的技术、建筑和交通系统具有至关重要的意义"，马丁说。

(2)《亚太区 2005 生态足迹与自然财富报告》

2006 年 4 月 19 日公布的《亚太区 2005 生态足迹与自然财富报告》显示，亚太区人民耗损资源的速度接近该地区自然资源复原速度的 2 倍，而居住在该地区的人类所需的地球资源比该地区生态系统可提供的资源量高出 1.7 倍。1961~2001 年，中国人均生态足迹的增长几乎超出了原来的一倍。亚洲是目前世界上经济发展最快、人口最多的区域，其整体生态足迹对全球影响深远，但欧洲人和北美洲人的平均足迹仍比亚洲人高 3~7 倍。在过去的 8 年里，中国的人均生态足迹比较稳定。

(3)《中国生态足迹报告》

国际环境组织世界自然基金会（WWF）与中国环境与发展国际合作委员会（China Council for International Cooperation on Environment and Development）共同发布了《中国生态足迹报告》。生态足迹通过农田、木材、水、煤炭以及垃圾处理用地等一系列自然资源的使用量，来衡量人类对大自然的需求状况。报告发现，中国的人均生态足迹仍在世界上居于较低水平；但自20世纪60年代以来，中国消耗的生态资源增加了近一倍。报告警告称，如果中国的人均资源消耗达到美国的水平，"那么中国将需要全球的可用生物承载力。"世界自然基金会发表声明称，报告主要使用了2003年的数据，这是目前可用的最新的全面数据。但报告作者表示，研究结果反映了目前仍在持续的趋势。报告称，中国2003年的人均资源消耗量居世界第69位，略低于叙利亚。美国在这项指标中排名世界第二，阿联酋高居第一，日本则位列第27位。根据报告的定义，一个国家的生态足迹指满足该国人口需求的、具有生物生产力的土地与水域的面积。

研究发现，中国人均生态足迹仅为 $1.6hm^2$，远低于 $2.2hm^2$ 的世界平均水平。但中国所能提供的自然资源经计算仅为人均 $0.8hm^2$，这意味着中国消耗了相当于其自身生态系统供给能力2倍的资源。为了弥补其中部分缺口，中国从加拿大、印度及美国等国家进口原材料。但研究发现，其中部分原材料随后又通过制成品的形式再出口到西方国家，这使得中国成为自然资源的净出口国。

报告建议，中国可以采取简单易行的短期措施，例如推广使用节能灯泡，同时着眼于长期规划。中国拥有"全球生物承载力"（提供有用生物材料与吸纳废物的能力）的15%，美国则消耗了大约20%。报告表示，未来10~20年内，中国的消耗水平可能仍将对其自身的生态系统构成威胁，并对全球生物承载力施加更大的压力。

参考文献：

著作：

[1] 黄书礼.生态土地使用规划[M].台北：詹氏书局，2000.

[2] 李和平，李浩.城市规划社会调查方法[M].北京：中国建筑工业出版社，2004.

[3] （丹麦）杨·盖尔.交往与空间[M].何人可译.北京：中国建筑工业出版社，2002.

[4] （英）比尔·希利尔.空间是机器——建筑组构理论（原著第3版）[M]杨滔译.北京：中国建筑工业出版社，2008.

[5] 段进，比尔·希列尔等.空间研究3——空间句法与城市规划[M].南京：东南大学出版社，2007.

文章：

[1] 王璐，汪奋强.空间注记方法的实证研究[J].城市规划2002，26（10）65-67.

[2] 戴菲，章俊华.规划设计学中的调查方法2——动线观察法[J].《中国园林》，2008.

[3] 郭金玉，张忠彬，孙庆云.层次分析法的研究与应用[J].中国安全科学学报，2008（5）.

[4] 冯长春 . 运用层次分析方法选择城市发展用地——以巢湖市为例 [J]. 城市规划，1987（6）.

[5] Ramanathan, R. A note on the use of the analytic hierarchy process for environmental impact assessment [J]. Journal of Environmental Management. 2001, 63：27-35.

[6] 李永，胡向红，乔箭 . 改进的模糊层次分析法 [J]. 西北大学学报：自然科学版，2005，35（1）.

[7] 唐海萍，陈海滨，李传哲，徐广才 . 基于 KJ 法的艾比湖流域生态环境综合治理研究 [J]. 干旱区地理，2007（3）.

[8] 戴菲，章俊华 . 规划设计学中的调查方法 7——KJ 法 [J]. 中国园林，2009（5）.

[9] 苟爱萍，王江波 . 基于 SD 法的街道空间活力评价研究 [J]. 规划师，2011，27（10）：102-106.

[10] 庄惟敏 . SD 法与建筑空间环境评价 [J]. 清华大学学报（自然科学版），1996，36（4）：42-47.

[11] 袁牧，张晓光，杨明 . SWOT 分析在城市战略规划中的应用和创新 [J]. 城市规划，2007（4）.

[12] 肖鹏飞，罗倩倩 . SWOT 分析在城市规划中的应用误区及对策研究 [J]. 城市规划学刊，2010（7）：78-82.

[13] 刘朝晖 . VSOD 方法在城市规划中的应用——对传统 SWOT 分析方法的改进 [C]. 2010 年城市发展与规划国际大会论文集 .

[14] 杨滔 . 说文解字：空间句法 [J]. 北京规划建设，2008（1）.

[15] B 希列尔，赵兵 . 空间句法——城市新见 [J]. 新建筑 . 1985（1）.

[16] 张愚，王建国 . 再论空间句法 [J]. 建筑师，2004（3）.

[17] 张红，王新生，余瑞林 . 空间句法及其研究进展 [J]. 地理空间信息，2006，4（4）.

[18] 傅搏峰，吴娇蓉，陈小鸿 . 空间句法及其在城市交通研究领域的应用 [J]. 国际城市规划，2009（1）.

[19] 王静文 . 空间句法研究现状及其发展趋势 [Z]. 中国建筑艺术年鉴，2010.

[20] 杨松 . 探究空间的句法 [N]. 中国社会科学报，2011（5）.

[21] 刘英姿，宗跃光 . 基于空间句法视角的南京城市广场空间探讨，规划师，2010（2）.

[22] 王斌，空间句法的介绍与应用——以苏州园林为例 [D]. 上海：同济大学，2009.

[23] 吴硕贤 . 建筑学的重要研究方向——使用后评价 [J]. 南方建筑，2009（1）.

[24] 韩静，胡绍学 . 温故而知新——使用后评价（POE）方法简介 [J]. 建筑学报，2006（1）.

[25] 赵东汉 . 使用后评价 POE 在国外的发展特点及在中国的适用性研究 . 北京大学学报，2007.

[26] 汪晓霞 . 使用后评估（POE）理论及案例研究——清华大学美术学院教学楼评价性后评估 [J]. 南方建筑，2011（2）.

[27] 杜斌，张坤民，温宗国，宋国君 . 城市生态足迹计算方法的设计与案例 [J]. 清华大学学报（自然科学版），2004（9）.

[28] 包正君，赵和生 . 基于生态足迹模型的城市适度人口规模研究——以南京为例 [J]. 华中科技大学学报（城市科学版），2009（2）.

[29] 刘某承，李文华 . 基于净初级生产力的中国各地生态足迹均衡因子测算 [J]. 生态与农村环境学报，2010，（5）：401-406.

[30] 刘某承，李文华，谢高地 . 基于净初级生产力的中国生态足迹产量因子测算 [J]. 生态学杂志，2010，29（3）：592-597.

[31] 杨开忠，杨咏，陈洁 . 生态足迹理论与方法 [J]. 地球科学进展，2000，15（6）：630-636.

[32] 马爱慧 . 生态足迹理论与方法发展浅析 [C].2008 年中国土地学会学术年会论文集 .

[33] 徐中民，程国栋，张志强 . 生态足迹方法的理论解析 [J]. 中国人口 . 资源与环境，2006（6）.

网络文献：

[1] 解释结构模型专业介绍 http：//www.93337.com/ism/

[2] 世界自然基金会官网 http：//www.wwfchina.org/

[3] 全球可持续发展城市信息网 http：//www.oursus.org.cn/

[4] 维基百科 http：//zh.wikipedia.org/wiki/

[5] 清华大学《系统工程导论》课件第三章 http：//wenku.baidu.com/link?url=IoMV 0WsSEgYVq0ZNSrQiZJ1TlRkrzrmtdWrznTck7C3WlTkeXWlUekVJoIFdP3jLILl_E_ Opu2vAlwPsgjtMb_2B07q0WTYrReF_nMsK-Fu

[6] 心理学空间 http：//www.psychspace.com/psych/viewnews-454

■ 思考题：

（1）空间注记法有哪些具体类型？它们各具有怎样的特点？

（2）空间注记操作设计的关键点何在？为什么？

（3）叠图分析的方法生成逻辑是怎样的？

（4）叠图分析法多因子叠合设计时应注意怎样的操作要点？

（5）叠图分析法主要的运用领域有哪些？

（6）动线分析的基本项目包括哪些？主要内容是什么？

（7）在动线分析过程中常用的观察方法有哪些？各有什么特点？

（8）AHP 层次分析法中应如何分解决策目标？

（9）如何建立 AHP 层次分析法的成对比较矩阵？

（10）用邻接矩阵表达下面的有向图。

（11）如何制作 ISM 解释模型的要素关系表？

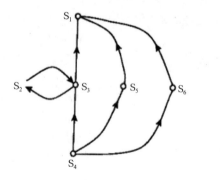 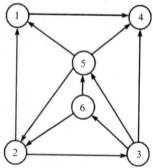

（12）KJ 法中如何对卡片进行分类整理？

（13）KJ 法适用于哪些问题的研究？请举 3 个具体案例。

（14）与 SD 法相类似的研究方法有哪些？各有什么优缺点？

（15）如何制作 SD 法的语义差异量表？

（16）运用空间句法如何绘制轴线图？

（17）空间句法有哪些使用缺陷？

（18）如何计算均衡因子和产量因子？

（19）生态足迹法有哪些使用缺陷？

■ 拓展练习：

（1）运用注记观察法调查城市中某一区域的应急避难通道的畅通状况。

（2）运用叠图分析法对某居住区公共服务设施服务便捷度进行评价。

（3）运用动线分析法对某社区公园进行使用效率和行为模式分析。

（4）试用 ISM 解释模型法分析城市交通拥堵的影响因素。

（5）试用 SD 法评价校园运动场地的使用情况。

（6）试对你所在城市（或片区）的发展进行 SWOT 分析。

（7）计算某一家庭的生态足迹，并分析生态足迹过高或较小的原因。

第6章　规划研究方法设计

本章要点：

- 研究方法设计的基本原则
- 研究方法设计流程及其操作设计要点
- 如何制定研究计划

研究工作本身就包含着非常多的不确定因素，因此我们不能简单地将之归结为可以严格按照某种计划开展的事务型活动——尽管众多研究者基于种种原因不得不制定着各种各样的"研究计划"，期望能在既定时间内有所斩获，但事实一再表明：不论是以"发现"为目标的探索客观世界的研究，还是以"创造"为目标的制造新型人工物品的研究，都很难真正被"计划"。诸多的成功研究案例一再表明，研究是一个艰苦的跋涉过程——在客观上需要充足的经费和时间，在主观上需要坚韧不拔的意志品质和勇于探索的创新精神。

　　绝大多数研究都是为了解决现实中存在的某些问题，这样的研究往往是基于现实的某些需求。因此这类研究往往处在既定的学科领域、有一定时限，研究目标明确、研究思路相对固定，研究方法比较成熟。当然，也有些研究看起来没有既定目标，仅仅就是基于某些人的求知欲和创造欲——这样的研究大多不能按照常规进行，需要人们勇于突破。因为没有既定目标，所以其研究进程往往由研究者自身控制。对于大多数热衷于研究的人而言，都会不自觉地强调"穷其义理"和"精益求精"。因此，这种类型的研究很难作出比较准确的经费、时间和人力投入的估算。它们对于人类的贡献在于其探索过程中的阶段性成果，这些成果有助于人类知识体系的拓展丰富和改造客观世界能力的提升。

　　尽管我们一再强调，研究效率难以从人的立场出发去控制，但是人类社会作为整体对研究还是有效率要求的。因为无论是研究者的"生命投入"还是社会对研究的"经济投入"都不可能完全没有限制，所以研究者必须在可能的情况下尽量提升研究效率。研究设计之所以具有特别重要的价值，就在于它能够提升知识获取和技能创造效率，这也是研究设计的终极目标。不可否认充足的经费投入和充裕的研究时间对于保障研究成果的精度和价值的重要性。但是每个研究者都很清楚，时间和经费都不可能是无限的。如何在有限的时间和经费支撑下获得更优质的成果，会直接影响到整个研究设计的思路——这需要积累丰富的研究经验。基于本教材所针对的初涉研究的学子而言，这是很难单纯通过理论学习来进行把握的。因此本章将讲授的重点放在如何设计具体的研究思路和操作方法，基于不同研究思路和相应的操作方法与时间和经费消耗的关系，仅仅作为"原则"提出并加以强调——至于其具体的"数量"关系，留待今后在具体的研究过程中通过实践来逐步积累。

6.1　方法设计的目标和原则

6.1.1　方法设计的目标

　　前文已经阐明，研究设计的终极目标是提高研究工作本身的效率。虽然研究本身有诸多不确定性，但是研究设计绝不是盲目的。研究中的方法设计与研究本身的目标相关。在此，我们需要首先明确什么是"研究目标"和"研究方法设计目标"。例如：在"某个城市生态环境状况研究"的课题中，"研究目标"通常是"了解该城市的生态环境状况，评价该城市生态环境状况的优势、劣势，明确维护该城市生态平衡的主导因素和环境可持续发展的路径与策略。"那么基于这样的研究目标，"研究方法设计目标"则通常是如下的"怎样获得该市生态环境状况的基本数据？如何评价环境状况的优劣——评价等级怎么划分，标准是什么？如何确定关键因素？如何遴选适宜本城市生态环境可持续发展的措施？"在这样的简要分析基础上，我们可以明确——"研究目标"是对一个具体课题内容成果的设想。而"研究方法设计的目标"则涉及研究过程本身的控制，是一步一步如何"从无到有"地获得研究基础资料，并如何进行思维加工，继而"创造"出"研究目标"所设定的成果。

6.1.2　方法设计的原则

研究方法设计涉及研究思路整理、阶段目标确定（研究时间和进程控制）、操作方法设计、研究工具设计、方法组合设计等几方面的内容。具体设计方案的选定大多是基于以下原则：

（1）效率

方法设计存在的根本价值就是在于它能够提升研究活动的效率。那么通常来讲效率涉及以下三方面内容：经济性上是最少的投入、时间性上是最短的研究周期、获得最大的知识收获。虽然本章一再强调对于效率的控制需要有丰富的实践经验，但是对于初学者也可以从以下几个问题入手去进行判断：

1）研究的目标是什么？

此处谈及"研究目标"的重点不是去考究各类申报书中以精炼的语言予以概括的"口号"式具体内容，而是从实现研究目标的难易程度入手去判断可能的研究工作量和时间需求。研究目标往往是效率的核心，它在客观上决定了研究经费和研究时间周期的相关需要，是研究方案生成的基础。与研究目标相关的具体因素通常涉及六个方面，包括研究对象、研究范围、研究深度（精度）、内容构成、研究层次以及研究要解决怎样的具体问题（是发现本质、掌握规律，还是运用规律进行人工干预）。具体研究设计方案时可以从上述六个方面进行评估。研究目标也应与既定研究类型和学科领域紧密结合。实践性研究的目标往往比较实在、指向明确，理论性研究的目标往往涵盖比较广泛的内容。研究对象越具体、范围越清晰（较小）、研究深度较浅、内容构成相对简单，研究工作的针对性越强，涉及模糊领域越少，研究所需经费投入就可能较少，其时间过程也就相对较短。而如果研究对象不确定、涉及相关领域较为模糊、研究范围大、要求研究深入而且数据精准、内容构成复杂，研究工作需要铺开相对更广的覆盖面，学科交叉和领域互相渗透，研究往往就需要消耗更多的时间去进行全面、系统的梳理，总体工作量大，时间周期也会较长。

2）你有多少时间来进行研究？

涉及研究耗时，通常会有两个时间概念。

一是正常开展研究工作需要消耗的时间。这个时间主要与研究对象特质、研究范围、研究精度、技术手段等因素相关。显然，如果一个客观事物本身的发育演进具有既定的时间周期，那么研究就应该呼应这一周期。例如，对全球大气组成状况变化的研究需要几十年的数据累积。又例如，不同自然生态系统演替具有特定的时间周期，那么基于自然修复的环境复建研究也必须与这样的周期结合。因此，一些对时间要求比较苛刻，特别是期望短期内即获得研究成果的研究资助是很难选择资助研究周期很长科研课题的；另外，复杂的研究对象比简单的研究对象、相对广泛的领域比相对单一的领域需要更多的时间；追求更高的精度和准确性，往往也会消耗更多的时间。时间因素除了受事物本身规律的影响之外，也与研究的技术手段相关。例如当年测绘地形图需要耗费众多人力和非常长的时间，而今在遥感技术和先进的测量仪器支持下测绘的时间周期已经大大缩短。研究周期也与研究的技术思路相关——例如有些研究需结合季节变化进行，那么如果这个研究周期在真实自然环境条件下开展，则至少需要 1 年的时间。如果需要获得多年度多个季节的对比数据，则需要更长的时间。那么如果在实验室纯粹人工模拟条件下进行研究，需要的时间就截然不同了。

二是作为研究的支持机构，能够有多大的"耐性"等你完成研究。通常每个研究经费支持都是附带有时间条件的，这是出于资助机构对自身资助行为效益的合理考虑。

涉及研究计划制定的时间要素时，研究者常常纠结于上述两个时间之间的矛盾——其焦点往往是研究固有耗时较长，而研究资助机构要求拿到成果的时间较短。研究者和资助者在研究耗时上的取向差异原因是前者需要更长的时间来保证研究质量，后者则要求在更短的时间内拿出研究成果来提升经费利用效率。这迫使研究者不得不一再自问——基于研究对象的特质，研究课题是否能在这个限定时间段内，达到既定的研究目标。基于研究活动开展的技术规律，哪种技术线路和具体方法能够提升效率。如果要采用缩短时间的技术路线和方法是否会需要额外的支持。因此，虽然固有的客观规律是研究周期生成的基础，但是基于目前的研究资助状况，研究课题的时间周期往往由资助周期主观确定——方法设计基于时间要素，重在比较不同的研究思路和技术手段能够在基本不再额外增加研究经费的基础上，尽快获得相对可靠的研究成果。

3）你的研究经费有多少？

毋庸置疑，经费充足是研究质量的基本保证——经费的多少通常是影响整个研究设计最关键的因素。在充裕的经费支持下，研究就能够顺理成章地在各个研究环节进行更广泛、深入、充分的数据收集和比较分析，从而在研究精度和深度上得到全面提升。如果经费相对紧张，研究设计就必须保障研究关键环节的经费使用，那么整个研究也许就必须经由一个完全不同的设计思路才能达成目标。

4）你对研究精度有什么样的要求？

研究精度通常与研究对象的特点相关，同时也与研究目标相关。作为纯粹为了发现"客观规律"的研究者，总是希望自己的研究能够最大限度地接近客观真实，研究精度的设定往往是基于研究对象的本质特征而来——在可能的情况下，研究精度越高，往往越接近客观真实。例如在天文学研究领域，正是基于对万有引力测算精度的逐步提升而从误差中发现了太阳系的海王星、天王星等处于较远位置的行星。但基于既定研究项目现实状况下（经费、时间、成果运用层面），研究精度却往往并不是越深越好——通常有一个最适宜的"精度"。确定适宜的研究精度是研究设计中的重要一环。

研究目标、研究经费、研究时间和研究精度四大方面具有交互影响的复杂机制，而这四方面又分别涉及许多具体因子。研究具体方案固然需要遵循既定研究领域的技术线路，但是最终往往是由这四方面条件限定的。现实中的研究课题往往会因为受困于四方面中的某个因素，而不得不对研究本身进行特殊考虑——或是因为研究经费不足，不得不将一个完整课题分为不同的研究部分，优先开展对现实更具意义部分的研究；亦或是研究时间紧迫，不得不对研究精度予以调整，减少验证研究的轮次。因此，尽管每个研究者都有着精益求精的理想，在具体研究中予以实施的研究方案却往往是多方因素相互制约基础上的"妥协方案"。

一个成功的研究设计就在于带着这些制约因素的"镣铐"，能够最大限度地保障研究"理想"的实现。正因为如此，研究设计往往是研究过程中最为耗费心力的阶段。为了保障研究工作开展的"效率"，一个恰当的研究设计方案应该是具有明确而适度的目标，既不会"目光短浅"也不会"好高骛远"；同时它的经费计划是高效而恰当的，能与研究具体操作思路紧密配合，将有限的经费运用在最为关键的研究环节上，发挥事半功倍的研究效果。最高境界是善于突破惯常研究思路，另辟蹊径，从而大大节约研究经费；这样的研究设计在时间安排上会结合研究精度要求，在遵循客观事物既有发展时间规律基础上合理调控研究节奏。

案例 6-1：空肥皂盒检定故事中蕴含的关键点确定对研究效率的影响

网上有一个著名的空肥皂盒故事——话说国内有一个著名的日化生产企业引进了一条全自动的肥皂生产线，该生产线实现了从最初的肥皂生产到最后的成品包装的全自动化生产。但是在使用的过程中发现最后包装环节存在一定的瑕疵，有极微量的空盒率。为此，该企业又聘请了一位博士领导了一个课题组来攻关解决这一问题，在历时半年、加班加点，运用了 X 光探测、自动控制等等一系列技术，在花费了数十万研究经费之后完善了自动分拣系统。当空盒通过流水线上一个精密的计重区时，空盒就会因重量不足被自动筛选出来。而与此同时，某乡镇企业也购入了一条类似的生产线，出现了同样的问题。该企业的老板十分恼火，因此大发雷霆对最终负责装箱的三个小工说："如果你三天之内不能解决这个问题，你就滚！"小工们十分惶恐，冥思苦想一宿之后，第二天到旧货市场花 60 元购入了一台大功率鼓风机，在生产线末端对着肥皂盒必经之路狂吹，没有装入肥皂的空盒都被吹了出去，圆满解决问题。企业老板高兴之余，奖励小工 1000 元。这个故事在网上引起了许多争论，主要是对聘请博士花几十万攻关是否值得，也有针对故事真实性的质疑，还有许多续集。这些都不是我们在此讲述这个故事的原因。此处讲述这个故事是基于如何把握研究关键，围绕其设计解决方案来提升研究效率——如果事实如故事所描述，就事论事而言我们可以说博士团队解决问题的效率低下。就简单应对原有生产线存在的瑕疵而言，显然博士团队南辕北辙，未能把握问题关键。博士团队的研究重点放在生产线的改良上，也就是怎样使生产线更"聪明"，用什么方法能够"自动"发现空盒，并将之移除。而小工的解决思路是针对产品本身，空盒与满盒存在重量差，只要找到一个快速移除空盒的方法就好。事实上，博士团队最后设计的生产线改良方案也是利用了空盒与满盒的重量差异来触发自动筛选装置的，但是显然博士团队并未将空盒与满盒的重量差视作关键，而是将"原来的生产线无法发现这个问题"作为关键。这个对关键认知着眼点的不同是带来后续解决问题方案存在巨大差异的根源。

> 但事实上这样一个故事中的两个"研究团队"不具有可比性。知名企业聘请博士团队的目的显然不是简单移除空盒，而是改良生产线。这也是为什么需要投入几十万和半年研究周期的主要原因。而乡镇企业的老板希望小工做到的仅仅是移除空盒。就既定研究任务而言，两个团队都在研究周期和经费要求下达到了目标，很好完成了相应的任务。因此一个研究方案的评价，不是简单地就事论事，而是如何协调目标、经费、时间和精度四者之间的关系。

（2）客观

没有客观的研究方案就没有客观的研究过程，那么就遑论客观的研究成果。研究设计需要制定立场客观（出发点和目标）、思路客观（推理逻辑）、方法客观（研究手段）的研究方案。

研究在人类认知过程中具有神圣的地位，它是以发现"真理"为最终目标的行为活动，其本身毫无疑问应该是客观的。人们进行研究的根本目标就是在于追求事实真相。但是人类社会运行过程中，"研究活动"本身还有许多附属在这个过程中的"社会功能"，这就使得研究有时变得"功利"——具有除发现"真理"之外的其他目的。例如：许多人是为了获得学位而进行研究；还有些人是为了晋升而进行研究；甚至有些人是为了给自己的某些主观想法寻找所谓的客观证据而进行研究；更有甚者研究沦为了某些人的谋生手段，是为了研究而研究。这样的研究活动所获得的研究成果，有多少能够反映客观真实，又有多少能够对于建设人类更美好的生存环境发挥相应的作用。正是由于研究活动会受制于相关社会群体的种种主观影响，保障研究本身对于人类社会重要价值的客观真实性原则在从事研究的过程中就显得更为重要。基于客观立场进行研究也成为了研究者开展研究活动的一条最基本准则——这在某种程度上是从事研究者的义务。客观性也是保证研究者的成果是否经得起历史检验的关键。

研究方案设计是否客观可以通过以下几个问题进行判断：

1）你对研究对象是否有陈见、偏见？

研究者个人的观点和立场是极其重要的，很难想象一个对研究带着陈见、偏见的研究者能够坦荡地克服心理不适，立足公允去进行研究。需要特别说明的是——不同的人在不同的社会环境中成长，对身外万物的看法都会不可避免地带上某些看法。因此，现实中不存在对任何事物都没有偏见的"圣人"。当然这里还需要提醒研究者另外一种偏见——可以称之为"偏心"或者"偏袒"。这是与通常被认为是贬义的"偏见"相对的一种心理状态。事实上，如果研究者对研究对象的情感认知几乎完全基于正面印象，也会造成研究立场不客观。尤其是面对阶段性研究成果与研究者的既有认知不符时，往往会导致他们自身对研究本身的强烈质疑，甚至在极端失落的心理状况下引发对研究过程的篡改。

绝大多数的偏见、陈见往往只是一时之见，是可以通过加深对客观事物的认知，在某种程度上加以改变的。因此，当研究者扪心自问是否存在偏见之时，并不一定因为存在偏见就"放弃"研究，而是应该去分析偏见产生的原因，有针对性地纠正偏见，使得正式进入研究阶段时能够以不偏不倚、较为平和的心态去进行研究。

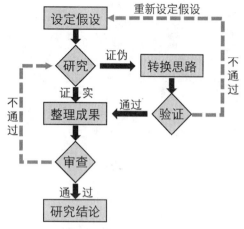

图 6-1　假设证实研究流程
图片来源：作者自绘，徐丽文制作。

2）你的研究是否有研究假设或者定向的成果预期？

有些时候研究者本身并不存在对研究对象的固定偏见，只是在某个阶段特别想得到一些特定的成果。这就是研究过程中常常遇见的成果预期问题，这种"渴望"有些时候会成为导致研究失去客观性的"执念"。虽然现实中存在这种偏离正轨的状况，但是在此我们首先需要特别说明的是：研究不可能是没有任何预期的，这种预期大多是与研究目标相关的。同时，研究预期又会影响研究过程中研究假设的设定。尤其有些研究特别需要研究假设来协助理清研究思路，又或者在阶段目标不明时寻找恰当的切入点。那么如何避免"执念"导致研究本身跑偏呢？答案是：研究者事实上需要明确研究假设和成果预期在什么样的状况下会干扰研究的客观性。

研究结果与研究假设相对比通常会出现两种状况：一是假设被证实；二是假设被证伪。从客观的角度出发，只要研究过程本身操作规范，经过证实没有主观瑕疵，无论怎样的研究结果都应该被接受。某次研究中研究者事先的主观研究预期可能是这两种状况之一：希望研究假设被证实或者被证伪。问题是当出现研究结果与预期不符时，研究者能不能平和地接受相应结果。此处需要说明的是研究欢迎质疑，不断地质疑可以促使研究更趋严密。对研究结果不符合预期的状况，研究者可以经过转换思路、寻找研究瑕疵的途径予以再次验证，但一旦证实结果证明了前面研究的客观性，研究者就应该接受相应的事实。唯有秉持这种精神，研究假设才能充分发挥引导研究，具有开启研究迷途锁钥的功效，而不是将研究导入歧途。因此，研究不欢迎非理性的，纯粹出于主观臆想的质疑（图6-1）。

3）你的研究支持机构是否有定向的成果预期？

研究活动是需要钱的，研究者自己往往没有足够的钱。许多时候研究者需要不得不面对的现实状况是——提供资金资助研究的机构往往不能保持对研究结果的"平常心"，尤其是当这些机构如果获得既定结果就会带来某些特定利益时，这些机构（包括部门或者个人）对研究的支持往往出于对特定研究结果的期待，那样的"研究结果"将支撑他们的某些特定决策，或者去说服另一些社会力量支持他们的某些特定行为。如果研究支持机构在研究开展之前就明确地表达了这种企图，很难说这种"渴望"会对那些不够"坚定"的研究者造成怎样的影响。这种状况造成的严重负面影响如何——我们可以从现在对所谓"专家"失格成为"砖家"的调侃戏称中窥得端倪。这种现象潜在的长期危害极其严重，不仅会造成某一次研究的失真，还会因此导致决策失误造成巨大的经济损失、人员伤亡、资源损耗和环境破坏。因此，有些时候人们不得不在法律层面或者行业规定中对"资助研究"进行约束——出资资助研究的机构不得干涉研究活动本身，来保证研究成果的客观真实。基于这样的前提，当研究者知道研究资助方对特定研究成果有预期时，一定要慎重评估这种期待给研究造成的"干扰"。

4）你的研究资料来源是否可靠，是否是由有偏见的机构提供？

研究往往需要采集大量的信息作为研究基础。如果基础资料采集存在严重瑕疵，将无法以此为依据获得客观、真实和准确的研究发现，也无法由此推导出事物可能的发展动态和方向，不能对现实进行恰当的引导。然而，现实中也的确存在某些部门和机构出于局部利益，刻意地收集和筛选有利于自身利益或者意识形态的相关资料，提供给相应的研究者，以导出有利于这些部门的研究结论。因此，为了保障研究的科学性，本着严谨治学的态度，研究还应该对于提供研究基础资料机构的状况进行审查。对于有相关利益纠葛方提供的研究资料要审慎使用，应更多地采用中立机构或者权威机构发布的公共信息。

（3）可重复性

研究方法本身也往往是研究的重要成果。对研究方法本身科学性、可靠性的验证在学界是对研究成果进行认定的重要依据之一。尤其是当研究成果是最新发现，缺乏已知客观参照系时，对研究方法的论证就往往成了判断研究成果价值最为重要的标准。因此针对某个研究编制的研究方案和设计的研究方法必须能够被他人重复，并能够得出相应的研究结果（并不一定是完全一致，但是确实有所关联），才能够通过他人对方法的检验，判断研究成果的有效性、客观性、适用性。

保证研究方法的可重复性，其根本还是要尽力避免研究者自身出于种种原因而给这一研究带来的人为因素影响和干扰。为了从主观和客观多方面避免干扰，可以通过以下几个简单问题来进行审视：

1）研究方法设计的限制条件中是否有人为因素？

现在，很多研究都是在人工设定的环境条件下开展的——主要是为了剔除自然环境条件下的干扰因素，便于判断事物本质的因果关系，利于提升研究效率。然而，一直以来困扰研究者的状况是——怎样设定研究（实验）条件才算是合理剔除了干扰因素，又同时保证了研究客观性呢？因此，研究方案设计中对于研究条件的设定往往是特别需要仔细斟酌的环节。它同时也是审查研究方案是否科学、客观、合理的关键指标。

具体限制条件的遴选、设定是研究设计的重点，亦需要严谨的推理和甄别——这与研究领域和实际课题状况相关，在此不予赘述。本节论述强调的是研究者是否存在主观，通过限制条件设定来故意操控研究的状况。也就是通过有意识地设定研究条件，排除某些不利于得出既定结论的信息进入研究过程，以期导出特定结论。这种设定（俗称"猫腻"）往往是基于一些既得利益，不能堂而皇之于明处，是以也就造成研究方案具有"先天"缺陷，很难被他人再次运用和证实。这种做法违背了学术研究道德，为研究者们所不齿。另外，还需注意研究条件设定过程中的无心之失——有些时候，排除干扰要素时可能会因为对客观状况掌握不深入，而误将一些重要信息排除，由此影响了研究成果的可靠度。但是这种状况往往可以通过多次重复验证，从系统性误差中寻得线索，只要研究者本身立场客观、研究态度严谨，就会有机会逐步在后续研究方案的设计中予以纠正。它通常只是会造成研究进程的时间延误。

2）研究器材使用的限制条件是什么？

工具的使用有时候在研究中也发挥着极其重要的作用。然而，既然是工具，就免不了有一定使用限制条件。例如现在的许多数码设备，在极端温度条件下就会出现运行不良，测量精度失准的状况。研究过程中使用的各种工具的器材限制，是有可能导致研究误差或者失准的外在因素，进行研究设计时必须根据研究方案预先了解。同时，在进行研究方案设计时也应根据研究开展的环境状况，在可能的条件下配置更为精准的工具，以保证研究成果质量。

3）研究误差是否可判断、推理？

任何研究都存在误差，如何尽量缩小研究误差是研究方法设计的核心。在有些情况下，正是由于新方法或者更先进工具的运用，缩小了误差而导出了新的重大发现。例如：建立在微观层面上的量子物理学的研究，因为测量指标的数量级非常微小，很大程度上都是在消除原先研究"系统误差"过程中逐渐深入的。因此设计研究方案时，研究者对于哪些研究环节可能存在系统误差，哪些操作容易出现偶发误差都应该事先有一定认知，并且尽力在方案中通过设计必要的环节——或是操作方法、或是额外的验证程序，去尽量消弭这种误差。

总之，对一个具体研究项目而言，由于研究实施过程中各种偶然因素叠合，其具体成果内容可能是唯一的。但是这一研究采用的相应方法却必须是可以被相关领域研究所借鉴和在同种类型研究项目中予以重复的。这种对于方法的探究和评价的特定要求，是衡量研究整体价值的重要指标。当然对于研究成果可信度的科学判定，在各个研究环节都还有其他相应的方法与规则，此处不再赘述。研究方法本身就是一个研究项目的重要成果：一个好的研究方法会因为对某个领域知识更新和充实的突出贡献而成为更具有推广运用价值的成果，甚至有些研究根本就是以获得某种方法为目标的。正是因为这个原因，设计研究方法（方案）必须秉持上述"效率"、"客观"、"可被重复"三大原则，以保证方法设计的科学性和适用性。

6.1.3 方法设计的基本步骤

方法设计可以分为设计前期和具体设计两个大的阶段。前期设计是由许多看起来不那么具有针对性，较为散乱，铺陈广泛的工作组成的。这一阶段对于研究者而言通常是思路混乱、迷茫的，由此他们在情绪上往往十分焦灼，常有空有一身力气而无处用功的感觉。事实上，这一阶段特别需要研究者平心静气地去广泛收集信息、全面了解研究领域的基本状况、仔细分析相关研究思路和方法。虽然此时往往还没有既定的研究目标和准确的研究对象，但却是知识储备、方法储备和领域发展趋势判定的关键期。具体方法设计阶段是整个研究过程中最重要的阶段。一方面万事开头难，在这个阶段研究逐渐从无序走向有序，需要尽快梳理出研究的整体脉络；另一方面需为这个研究拟定整体计划，包括确定研究的整体时间进程、经费用度，并设计详细的研究方案，落实每个步骤的具体操作方法，预估研究成果等。

（1）方法设计前期：研究积累与方法创新

大多数时候，开展研究是需要一定基础的，这就是通常所说的"积累"。有些积累是没有既定目标的，研究者或是出于某些兴趣爱好或是尤其长期致力于某个研究领域的相关工作，久而久之逐渐沉淀而成；大多数积累是有一定目标的，这种目标多数是因既定其他目标引发的。例如需要做学位论文、需要相应的科研成果，那么这种积累往往会聚焦于相对较为狭窄的研究领域和一定的领域发展阶段（时期）。不论哪种类型的积累，对于最终发现（研究成果）都具有良多裨益——站在巨人的肩上，才能看得更远、攀得更高。对知识的积累能够为研究者提供更开阔的视野和坚实的研究基础；对方法的积累能够为研究者提供更灵活的思路和更具效率的研究手段；对经验的积累能够让研究者具有更充分的应变能力和更细致入微的洞察力。因此，研究积累不能算是一个切实的研究步骤，但确实是非常重要的一个阶段。

积累只是研究中最为基础的事务型工作。如何制定研究方案？怎么开展具体研究？这才是研究开始时最常见的问题。在既定领域总是有一些形成惯例的研究流程范本。这些"范本"大多是这一领域历经长期积累、群体智慧的结晶。它们能够为后续的研究提供相应的参考。例如：在城乡规划领域对人居物质空间形态的研究，通常都会分析与自然环境、文化传统、建造技术等等方面的关系。然而，需要特别提醒的是——惯常研究线路和方法也会将后续的研究带入一个相对僵化的框架，这种框架有时也会制约研究，从而难以突破。方法设计真正的精髓就在于从常规的量变积累到突破性的质变那一个灵光乍现的瞬间，这有赖于研究者本身的创新能力。

方法设计需要创新思维。创新通常会从以下几方面切入：视角创新——从怎么的立场去切入研究？思路创新——研究推理逻辑是否需要改变？方法创新——具体研究操作过程中是否有新创造来提升研究效率？工具创新——是否有新的发明可以被利用到研究中来？这四个方面往往是具体研究方法设计中寻求突破切入点，也是我们在进行方法设计时不能回避的思考重点。"创新"不是天上的浮云——真正的创新是贴合研究本身需要，能够提升研究效率、简化研究流程、推进研究进程的。因此，不能为创新而创新，大多数创新往往是以传统研究思路为基础——既有的框架虽然可能成为桎梏，但同时也是创新的参照系。

方法设计前期亦有阶段性成果，通常是对前人研究状况的各种总结。在一般的研究立项报告中，这部分内容往往是以"国内外研究状况"、"研究领域发展状况"等名目出现。而在一般研究生的学习过程中，则体现为系统的专门理论和方法学习——协助学生在专业理论体系建立的基础上，对某个感兴趣的研究方向进行有针对性的探索，例如：一些专门的读书报告、前期调查研究或者专项试验。其目的都在于促使研究者熟悉研究领域整体状况和发展趋势，掌握最新的研究动向和新的研究方法，为后续设计研究方案进行知识、方法和经验积累。

专题 6-1：怎样进行研究选题

"好的开始，意味着成功了一半。"这一句耳熟能详的俗语常常被用作激励大家开始研究，但是究竟怎样才算好的开始呢？对于研究而言——好的开始就是好的选题！对于进入以"研究"为主题学习阶段的学生而言（例如本科学习高年级和研究生学习阶段），选题的好坏直接关系到他们的学习效率。事实上，"选题"一直是方法前期的工作重点和重要成果，也是整个研究的开端。

（1）选题前的思考

选什么题目对于每个准备开展研究的人而言都是一个挑战，毕竟即将开展的研究需要耗费研究者一段时间内大量的精力、物力、财力和时间。因此，一个题目最好能够给研究者带来一些研究之外的收获——例如：经济收益、快乐、成就感等等。在所有这些附加项中，为兴趣而研究往往最能赋予研究者极大动力，使人精益求精、乐此不疲。古语云："兴趣是最好的老师"。但是研究要能获得既定的成果、达成研究者所期望的目标，仅有兴趣是远远不够的。为了保证题目本身具有与研究目的相匹配的"功能"，在确定一个研究题目之前，研究者还需要从以下几个方面进行思考：

①你的研究动机：在此最需要分辨的是，即将开始的研究究竟是目的还是手段。研究本身就是目标的话，那么研究本身的价值是需要首先考虑的问题；如果研究只是手段，那么研究选题重点应怎样聚集在如何体现真正目标价值之上。例如，在本课程体系内研究是为了学习研究方法，那么选题就应该更倾向于能够更多学习研究方法的题目。

②你的期望：期望某种程度上是与研究动机相关的，但是有些时候你的期望可能会远远超出研究动机包含的内容，例如：有些学生希望在方法学习的过程中同时获得对某些领域知识的探索。

③你的专业和擅长：在自己擅长的领域工作，往往意味着手到擒来、事半功倍。虽然无穷的好奇心激励着人们不断去开拓自己的认知领域，但是知识的生产也有"效率"要求，每个人的天赋和后天成长过程中获得的经验是具有差异的，用自己的所长比单纯地跟随兴趣有时能带来更大的收益。

④你可以利用的时间：时间是不得不仔细考虑的事项。一方面不同的题目对时间的需要具有很大差异，另一方面作为一个人而言投入研究的时间也是有限的。你不得不考虑生活本身需要的时间与投入研究时间的恰当比例——并不鼓励过度忘我投身研究，而忽视自身健康和牺牲其他生活品质的行为。事实上，张弛有度更有利于保持思维的活跃，从而有利于提升研究效率。

如果作为研究者的你能够清晰地解答上述四个问题，并把这些问题的答案与你的兴趣点匹配，那么也就意味着你有多大的选择余地——在既定目标基础上，可以纳入你感兴趣的选题。

（2）给研究一个有意思的初步题目

给你的研究取一个名字，好的标题意味着很多。这样一个初步定题，可以彰显你的兴趣点，或者体现研究的关键。也可以通过"抓人眼球"的标题吸引他人研究的关注，又或者可以通过标题表达一种态度……凡此种种，一个初步的选题，并不一定要求特别严谨，它更多地表达了研究者在具有选题意向之后重点思考的方向。要确定初步选题，研究者往往还需要考虑以下问题：

①该领域既往的研究成果：不用在此过多解释，了解即将开展研究领域的既有研究状况，是避免重复研究，寻找研究切入点最为关键、基础的步骤和内容。

②你可能获得的支持：研究需要支持，这种支持有时并不仅仅是研究经费、研究设备等等物质层面的支持，更重要的是来自于周边人际关系中的柔性支

持——与老师、同学可能的互动，能在研究陷入僵局时为你提供来自共同领域的建议，这种启发有时是至关重要的。又比如来自父母、爱人、朋友的理解和其他帮助，可能带给你平和从容的研究心态，尤其是当研究进入某些不顺利阶段时，这种支持能够帮你克服焦躁。

③你可以利用的资源：研究需要大量资源，你是否具有保障研究顺利进行的人际关系和支撑环境？有时候这种资源意味着你能否有效率地获得研究所需的各种资料和数据——例如我校学生曾经进行过有关街面犯罪与街道状况的相关性调查，因为大多数犯罪数据都需要某种程度上的"保密"，所以要通过公安部门取得相应街道的犯罪数据是其中的难点。有幸的是，研究组中某位同学家长正好是供职于该系统的相应管理者，正是利用了这种特殊"资源"，研究小组顺利取得了研究基础资料。

④如何与你或者你团队的兴趣结合：现代研究往往需要来自各个领域、各种人才的相互配合，因此大多数研究都不是仅凭一个人的聪明才智就能完成的。研究往往需要构建相应团队，你能够找到适宜的合作者吗？或者你已有的研究团队成员本身的特点（性格、爱好、擅长、知识结构）能否支持你的研究。如果能够找到一群各有所长，又与你志同道合的团队成员将是最大的幸运。

上述四个问题往往是通常研究设计中很少拿上台面来进行探讨的。因为这些问题仿佛与研究本身并无直接关系，但事实上这四个问题却是在研究开始之前就决定了研究能否顺利开展，并影响研究效率的关键问题。

(3) 初步定题之后的思考

当以上"边际"条件都一一具备之后，研究者可以开始真正围绕既定的"目标"进行更深层面的前期思考了——也就是正式进入"开题阶段"。这个阶段最重要的工作内容是进行前期方法设计，主要包括以下几个方面：

①研究从哪里开始和入手：现在是真正的研究之始，是从兴趣开始，跟着感觉走？显然这不是理性的研究进程应该有的起始状态。思考研究开始的问题意味着你需要仔细思考与选题相关的各种要素，以及它们之间的相互关联。虽然，研究并不排除可以从兴趣点出发进行先期研究尝试，但是一旦进入需要严谨推理的科学研究阶段，就需要研究者基于研究的全过程进行系统性的思考。

②你的研究是否有研究假设，或者是否需要研究假设：关于研究假设的问题，在前面有关逻辑思维的章节已有详细叙述，此处从略。在此作者需要强调的是，并非所有的研究都需要研究假设，是否需要设定对后续方法设计至关重要——这与研究思路相关。

③你的团队情况如何：人力资源往往是研究能否顺利开展的重要因素，一个好的团队有时是可遇不可求的——你需要怎样的研究队伍？如何组建？这是需要仔细思考的。作为研究组织者，这种思考不仅仅集中于与研究相关的部分，还要考虑团队成员间的关系和相互配合情况如何。

如果上述三个问题都能提供满意的答案，那么也就意味着你已经有一个研究对象和研究途径相对明确的题目了。初步定题之后的思考是研究理性的重要体现，大家都知道放弃兴趣或者"理想"是一件极其痛苦的事，有时会严重影响研究者的情绪。将负面情绪带入研究，是极为危险的。这种思考是进一步提醒研究者"执着是必要的，但是不意味着执拗"。一旦初步选题未能通过上述评估，研究的初期你可以随时改变方向——不要沮丧，也许当初的意向不过后来一个更好选题的引子。在这里进行理性判断是最重要的。

（4）最终定题

定题是进行实质性研究工作的第一步，表面上看起来也许是拿出一个20字以内的短句，但事实上，这20个字往往是很长一段时间辛勤工作的成果——是由研究的关键词组成的。这些字眼涵盖了研究的领域、思路、关键点甚至主要方法。要确定这20个字，还需要思考以下主要研究内容：

①制定研究计划：研究计划制订在人们的常规思路中应该是定题之后的事，但事实并非如此。研究计划重点是仔细思考与研究相关的各种条件，包括时间与进度、经费、人员构成、精力分配，以此决定着一个题目能否最终付诸施行，所以制订研究计划往往与研究定题同时展开，相辅相成。

②研究方法设计：解决怎样具体操作的问题，是与研究计划互动的——有些方法必须根据研究组成员的特点、时间、经费的状况进行设计。

③研究成果设计：成果设计往往是一个被忽视的环节，但是你最终需要提交什么样的东西事实上不仅会影响整个研究周期，有时甚至会导致本来很成功的研究被无意间低评，例如：将发表作为研究成果时，你就必须考虑发表周期对研究周期的影响。

④解析难点：落实研究的内容主题和寻找技术关键。

当上述问题都已经有了明确的结果之后，也就意味着你获得了一个真正具有可操作性的最终研究题目，与此同时基于该题目的关键词也基本生成。因此，你会发现周详的计划和清醒的认知对于后续研究的开展十分重要。

综上所述，选题也许是整个研究过程中最艰难的阶段。这个阶段的深入思考对于整个研究进程具有特殊价值——恰当的题目可以有效减少不必要的重复劳动。由此，做到研究过程的知己知彼、百战不殆。

（2）方法设计的具体步骤

方法设计是一个寻求从已知领域到未知领域途径（阶梯、桥梁）的过程。在一定的研究条件下开展，涉及研究的诸多方面。抛开研究经费状况这样的外部条件，就研究本身而言，涉及确定"研究范围和研究对象"、"研究思路"、"研究阶段"、"研究精度"以及"设计具体每个研究步骤的具体操作方法"等五个方面。这五个方面除去研究阶段划分涉及一定外在因素影响，其他四个方面都是针对研究活动的主体，相互之间的关系极为密切。

1）确定研究范围和研究对象

研究对象是指某次研究目标的直接关联方。一次研究有可能涉及多个对象，但是这些对象在研究中的地位往往因为在研究逻辑中的重要性而有所不同。研究对象可能是某些客观存在的事物，例如：具体的某种类型城市空间或者具有某种特征的社会人群。但与此同时研究对象也可能是某种活动甚至是特定的"关系"，例如：

某种经济活动、社会关系，甚至是空间关系。确定研究对象仿佛是对一个课题进行初步解题，并寻找"题眼"的过程，它往往是开启一个研究的"钥匙"。对于一次研究而言，在可能的状况下研究对象越明确、数量越少越好——这样研究更为聚焦，其针对性越强。因此即使从研究本身来讲涉及多个研究对象，也应该根据课题的目标对这些研究对象进行评估，在分析这些研究对象相互关系的基础上，确定核心对象和次级对象。当然在有些研究过程中，由于层层深入、抽丝剥茧的研究机制需要，核心对象有可能并不是研究初始阶段的工作重点，但是它必然是研究主体阶段，尤其是分析阶段的核心。基于经验，一个研究通常只会有 1~2 个核心对象，次级对象应控制在 3~5 个。对象的层级应控制在 2~3 级。否则基于数学逻辑的级数关系，研究对象就会过多——这也意味着要么研究课题规模过大，需要多领域、大团队协同研究，这需要在详细研究计划中拆分子课题；要么就是研究对象确定不合理，需要再次进行深入的前期研究，以聚焦研究对象（图 6-2）。

研究范围除了涵盖研究对象本身之外，往往还涉及与研究对象存在直接和间接互动机制的相关领域。同样研究范围应该涵盖那些因素，拓展研究进行到怎样深度也是研究方法设计中需要仔细考虑的内容——定得过小，有些相关因素未能纳入研究领域，将会影响研究质量；定得过大、涵盖内容过多会严重影响研究效率，这样会由于掺杂了过多的"干扰"因素，不利于研究推理。同时，研究对象过多、研究范围过大往往意味着需要更多的研究经费支持和更长的时间周期。通常来讲，研究范围的确定应该在以下三方面进行拓展：首先，研究范围涵盖与研究核心对象相关的影响要素的研究；其次，为了寻找事物发展规律，通常会涵盖一定时间段范围内研究对象演化发展状况的历史研究；第三，涉及空间领域范畴的课题，应对研究对象所处地域环境的总体特征有所了解，包括自然因素和社会因素两个方面。总的来讲，研究范围涉及与研究对象相关的时间范围、空间范围和逻辑关系范围划定——每一种范围的划定，都需要相应的前期研究支撑，判定标准和推理关系需符合基本研究规则。

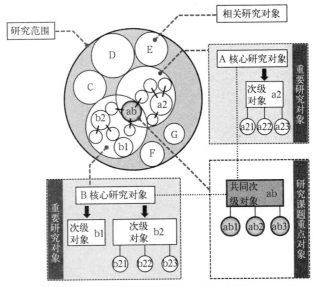

图 6-2　确定研究领域及研究对象

图片来源：作者自绘，徐萌制作。

在确定研究对象和研究范围时，一般的方法设计者常见的错误是混淆了研究对象和研究范围。这种混淆虽然在研究初始阶段进行研究信息收集时不会对研究造成太大的负面影响，但是随着研究深入到分析阶段之后，就会由于造成原因和结果判定困难，导致研究推理出现逻辑混乱。因此在进行研究设计时，一方面需要特别仔细地明确课题的研究对象，另一方面需按照一定的"线索"去拓展研究范围。由此，才能避免盲目研究，提升研究效率。

案例 6-4：如何确定《儿童对社区交往状况影响的空间机制研究》的研究对象和研究范围

社区营建一直以来是人居环境建设的重点领域。近年来社区营建的工作重点已经逐渐从单纯的物质空间建设品质提升转向了如何促进社区居民强化社会联系。不同的社会群体在社区构建中发挥的作用是不同的，他们对社区空间营建具有不同的需求和影响力。《儿童对社区交往状况影响的空间机制研究》课题的研究目标就在于了解儿童对社区交往将产生怎样的影响，以及基于这样的影响，如何在空间建设领域予以响应。这样一个看起来比较简单的课题事实上涉及的直观研究对象是比较多的，大致分为两个部分：一是以人为主体的社会群体和事件，如儿童、社会交往；二是空间领域的地域范围、场所，如社区空间。那么大多数研究者往往就顺着这样的思路将研究对象放了在这三个关键词上：儿童、社会交往和社区空间，而且以"儿童"为核心。针对这样的研究对象，研究者往往会将研究的重点放在与儿童相关的各种社会活动的发生和相应的场所需求上。那么研究的成果将主要集中在对社区空间范围内涉及儿童活动的各种场所营建的技术标准制定上。

然而，如果再根据研究目标仔细斟酌这一课题背后的潜藏各种对象，通常会发现——研究对象的确如前所述分为两个部分，但是在这两个部分的具体构成和重点确实是不同的。此次研究的终极目的是为了促进社区的社会交往。然而，就"社会交往"本身而言就会分为多个层次：既有不同社群之间的交往，也包含同一社区内部的交往。前一种解析研究对象的思路，是将研究重点置于"儿童"这一社群内部来进行研究设计的。事实上，该课题立题的核心在于探讨儿童对于社区的整体社会交往活动的影响状况。其重点应该更偏向于探讨儿童对于其他社群（尤其是不同成人群体）交往活动的影响力状况。那么基于这样的研究对象剖析，无论是"社会交往"还是"儿童"都不是此次研究的直接着力点——在这个课题中"儿童"分别是"社会交往"一组互动关系的前提和结果，"儿童对其他社群交往的影响"这种"作用关系"才应该是本次研究真正的核心对象。在此基础上，针对"社区空间"的研讨，也不应该仅仅局限于满足儿童开展各类活动的空间需求分析，而是空间如何利于儿童对成人交往活动的促进。从这个研究对象确定的案例发现：研究对象的确定是否恰当会对研究重点产生巨大的影响，同时也会带来研究思路和推理逻辑的变化。

针对这样的课题，研究范围的拓展可以按照前文所述思路予以拓展：①与研究对象逻辑相关的影响因素。例如儿童特点对于他们对其他社群交往的影响状况——这个方面主要包括儿童成长规律导致的年龄分组、行为特征总结，以及在此基础上与不同成人社群的互动关系研究；②与时间进程相关的范围拓展，包括人的因素和社区因素两大领域。前者重点针对随着孩子成长，相关成人社群交往状况随之变化的规律，后者则针对不同发育程度的社区（如成熟社区和新建社区）中儿童对相关成人社群交往影响状况差异研究。③与空间、场所相关的范围拓展，重点研究在不同空间环境条件下，不同儿童活动类型可能对不同成人社群交往状况存在影响差异。由于不同儿童活动发生场所具有差异，此处研究的重点是与社区空间范围相关的活动类型。从本案例研究范围确定来看，它不仅会对研究工作量产生影响，而且会对后续研究的具体方法设计产生影响，例如对空间研究范围重点领域的划定将会影响社会调查时调研地点的选择。

案例6-5：研究对象统一对研究成果的影响——《成都残疾人无障碍出行状况调查》调研过程分析

课题组对残疾人无障碍出行状况调查分为三个部分。

第一个部分是调查目前城市环境中的无障碍设施现状。通过对成都市中心城区部分街道、一些大型公共建筑、商业设施进行踏勘、观察，通过拍照、录像和绘图等方式进行记录。

第二个部分对残疾人进行调查，以了解目前出行难点和他们的出行意愿。针对出行难点采取两种方法进行信息收集：①访谈法，通过交流了解各类出行问题；②空间注记法，模拟盲人和肢残人按照指定路线出行，全程记录在这一过程中遇见的问题。

第三个部分对相关机构（重点包括民政机构负责残疾人事务的部门、残疾人联合会以及城乡环境建设有关部门）城市无障碍设施的建设理念和决策机构的建设重点进行调查。

课题组整理资料时发现，由于2008年以来《残疾人权益保障法》[1]中"第七章：无障碍环境"相关规定的要求，成都市新建的大型公共建筑和商业建筑中都注意了无障碍通行的要求。但是其中依然存在比较突出的问题，一是无障碍设计者本身对无障碍设施的使用缺乏真正的体验和真实的了解，导致设计适用性差；二是对无障碍设施的管理和维护不当，造成无法正常使用。而城市外部空间环境中的无障碍出行问题非常严重，几乎寸步难行。虽然城市中心区的主要街道都进行了全面的盲道和"坡道建设"，但几乎所有残疾人都表示这些盲道和坡道是无法顺利使用的。原因主要集中在以下几个方面：①无障碍通道设计不合

---

① 《残疾人权益保障法》，中华人民共和国2008年4月24日第3号主席令。来源：中华人民共和国政府网站，http://www.gov.cn/jrzg/2008-04/24/content_953439.htm。

理，没有考虑到残疾人使用的特点和要求。②无障碍通道建设存在安全隐患，建设过程中各种其他设施的设置没有考虑通道的特殊要求，从而导致无法使用。③各种随机的占道行为埋下各种隐患。因此调查反映，目前作为"十一五"无障碍建设先进城市的成都[1]，残疾人依然很难在没有陪同的情况下上街。特别是盲人对盲道的建设和使用状况的意见特别突出，这与"2156 条城市道路中……设置了盲道的达 1789 条，占城市道路的 83%。主干路、商业街、步行街全部设置了缘石坡道和盲道，盲道面积达到 97.65 万平方米。"[2]的辉煌建设成就和巨大投资极不相称。因此，目前真实的状况如下：一方面政府投入了巨资进行城市公共区域的无障碍物质环境建设；另一方面残疾人依然难以出行。

该课题的研究一波三折。

首先，调研过程中课题组的成员们注意到了盲道和缘石坡道的建设率很高但是适用性很差的事实。根据观察发现的问题，觉得出行困难的原因主要是由于"非法占道"。由此在调研中对此进行了专题分析，研究曾一度偏移了研究主题，以"占道"为关注重点。后来经过第二轮调查，特别是对比国外解决残疾人出行问题的研究成果时，课题组突然意识到整个研究出现了调查偏移。课题的核心是围绕"残疾人无障碍出行"而不是"无障碍环境的建设状况"。初步调研之后，课题组在整理资料时不知不觉地基于城乡规划专业关注物质空间的惯性，把所有的注意力都放了物质空间环境上。事实上，这个课题研究的核心是"残疾人的出行"，是"人"的问题。物质空间的硬件配套部分只是便于出行的"客观"环境要素而已，真正影响出行的原因更多的是在于"主观"要素。以"占据"盲道为例，很多是由于人们对残疾人的漠视——这里既有恶意的文化陋习中的"歧视"，也有非恶意不自觉的忽视。如果"关心残疾人"已经成为一种"自觉"的社会氛围，那么随意占用无障碍设施的行为自然就不会发生。

那么是不是全社会都对残疾人充满爱心，他们出行难的问题就真正解决了呢？对收集的信息进一步整理，让研究人员关注到一个细节——其实残疾人并不希望人们用特别的眼光来看待他们。事实上，有些时候他们甚至会刻意拒绝别人的帮助。原因只有一个，他们想证明自己具有在社会上生存的能力。极端的案例是有个美国盲人说过："城市环境中的盲道就是对残疾人的歧视——这是一种过度关注的歧视。我不需要你们时时刻刻提醒我看不见，我会用我自己的方式适应这个正常的、没有盲道的客观环境。我所需要的也许是学习怎样在一个普通的环境中行走。"由此课题组恍然大悟——无障碍的城市环境不是仅仅服务于所谓的少数"残疾人"的，而是所有城市人群。对于残疾人出行的研究更多应该关注"残疾人"本身，而不是残疾人之外的物质环境或者是其他社会人

---

① 资料来源：四川省残疾人联合会官方网站，"成都、资阳、攀枝花三地成功创建全国无障碍建设示范城市"，http://www.scdpf.org.cn/Content/ywgz/fzwq/cms_2130.html。

② 资料来源：成都市城市管理局官方网站，"努力创建全国无障碍建设城市，让残疾人共享社会文明发展成果——成都市城市道路无障碍建设工作获国家验收组好评"，http://www.cdcg.gov.cn/detail.jsp?id=5364&ClassI。

群的观念和做法。那么，在这个思路基础上，课题组再次重新整理调研资料发现了许多之前忽视了的信息。例如：虽然相关机构投入了大量的资金进行物质环境的改善，但是却忽视了对残疾人的培训。连帮助他们使用无障碍设施的起码培训都十分缺乏，更不要说适应正常环境的培训了。这可以从"中国导盲犬"的推广困境中就可见一斑。

因此从研究方法本身解读这次"成都市残疾人无障碍出行状况"调查，我们发现把握准确的研究对象对于研究成果的正确性是极其重要的。这个课题的核心是残疾人自身的出行意愿和需要。不是其他社会人群想当然的"爱心"，也不是出于这种"爱心"的各种物质帮扶。就好比当年"送温暖"的活动中有人说过的："他们需要的不是救济钱粮，而是自食其力的能力。"如果能够准确地把握研究对象，我们建设"平等社会"的重要决策也许就不是全面提供适应残疾人特点的城乡环境（这缺乏事实上的可行性），而是通过提供更多针对残疾人的康复训练和适应城乡环境的培训计划，以此来促使更多的残疾人能够自主独立地按自己的意愿在我们共同的生活环境中自由行走。

2）确定研究思路

研究思路是研究者根据研究领域的思维方式、课题本身特点以及自身的研究和思考习惯制定的工作线索。对于研究者而言，研究思路具有"量身定制"的特点，是极具个人（课题组）特色的重要思维"工具"——不同的研究者或者团队，面对同一课题，完全有可能拟定出不同的研究思路。因此，方法设计的工作内容之一是厘清研究思路——对于一个课题组而言，因为不同成员的思考习惯是不同的，所以最终的具体操作思路很有可能是在多条思路对比的基础上整合形成的。这样的研究思路必然一方面考虑的是研究领域本身的基础逻辑推理关系，另一方面需要协调参与研究的不同成员间的思维互动，从而确保尽可能全面、系统地涵盖所有的研究范围，同时研究重点突出，研究效率较高。

研究思路是引导研究工作开展的线索，它与研究者选定的研究推理逻辑关系相关。研究推理逻辑是设计研究思路的基础，它由人们针对不同问题进行思考和判断的思维方式组合而成。形象地描述研究思路，它是具有起点、终点和具有逻辑指向的串联思维方式的线索。思路的起点往往是研究对象的现实状况，表现形式通常是各种现实问题。而终点是课题的研究目标。具有逻辑指向的思路线索则是如何一步步运用不同的思维方式进行判断和推理，最终完成由起点到终点的推导。

简单的研究思路可以看作一条直线，具有连接起点与终点由此及彼的直接逻辑推理关系。这种直线型的研究思路往往会以一种思维方式来进行研究推理。例如当城市遭遇交通拥堵时，直线型研究思路的推理逻辑在于强调交通量与道路通行能力的匹配关系判断。这是基于最简单的"演绎思维"。

较为复杂的研究思路涉及多条线索的整合，通常涉及多个研究逻辑的整合。其间也会涉及多种思维方式的运用。仍然以研究城市交通拥堵为例：较为复杂的研究思路通常首先会思考不同交通出行方式及其组合关系对道路通行能力的影响，其次考虑不同的道路空间组合（通行板块划分）对通行能力的影响，第三会考虑不同时段的交通状况。然后考虑如何将这三方面的研究成果进行整合。其中第一、二点，是以计算为基础的"归纳思维"，而第三点是以调查为基础的"溯因思维"，最终的整合层面则是"演绎思维"。

更为复杂的研究思路会划分研究的层级，不同的层级之间涉及思路的转换。这样的研究在不同层级内往往具有不同研究逻辑，思维方式的运用也往往会更为复杂。还是以研究城市交通拥堵为例：首先研究的思路将发生一个跳转，从关注与城市拥堵现象本身转向深入了解城市拥堵发生的深层原因——研究不再由表现引导而转向刨根问底。也就是研究力求寻找"治本"之法，而不再停留在"治标"层面。那么研究整体思路从单线式"演绎推理"转向复合型的"发散、联想"，以期突破。那么在研究设计层面，会将整个研究过程划分为不同的层级：首先是根源解析，研究不同的生产、生活和社会交往方式的交通发生量和发生方式，尤其是结合现状城市特点和交通问题进行深入分析；其次进行城市功能空间组织与交通发生量之间的关系解析，研究重点在于了解不同城市功能组团之间基于固有的社会、经济关系和人类行为活动规律而产生的交通联系以及其时空分布状况；最后在理念层面，以减少交通发生量为终极目标，研究的重点在于如何调整城市的功能布局和空间结构，从根本上减少交通发生量，在满足现代城市正常运行和发展的同时，控制交通量的增长。这种研究思路的设计是基于对交通问题的本质理解，与前两种思路完全局限于交通问题本身是截然不同的。这个复杂的研究思路设计将研究划分了三个层次：一是本源层，探讨为什么会产生交通。在这一层面研究的推理逻辑是典型的"溯因思维"。二是组织层，总结交通发生量与城市空间组合之间的互动关系。这一层面的研究逻辑是以"归纳思维"为主导的。三是引导层，基于控制交通发生，研究各种干预手段的作用发生机制。这一层面的研究逻辑是集合"演绎"、"逆向"、"发散"、"移植"等各种思维方式。事实上在这个课题中，引导层内部还分为两个小的层次：一是概念设计，二是技术对策。为大家所熟悉的那些"绿色交通"、"微循环交通"、"轨道交通"等都是基于交通技术发展的概念研究。而结合相应概念和城市空间组织的技术方案研究则是相应的技术对策。

结合这一关于解决城市交通拥堵问题的研究思路设计，可以发现：简单思路通常针对的是一个点上的问题，复杂的思路更多是针对系统性的问题。某些城乡问题或许在表面上呈现的是一个点上的激烈矛盾冲突，但在事实上却是由于深层的整体性系统偏差造成的。因此针对某些城乡问题的研究，不同的思路设计往往是基于对客观对象不同的认知深度。当然，不可否认简化的研究思路设计也有可能是研究者囿于种种限制——从时间上、经济上无法拓展深入。

研究者在进行研究思路设计时，要尽量避免出现两种倾向：一是将一些系统性的复杂问题粗暴地简单处理。从研究直观的表面效率来看，越简单的思路研究逻辑关系越是相对明确，容易得出阶段性的结论。但是如果不管客观事实，仅仅为了在短期内化解一些表面矛盾就将一个牵连广泛的复杂问题简单化，有时会造成这个问题的深层矛盾激化，从而导致更严重的矛盾爆发。这种操作将造成事实上的"事倍功半"，甚至"尾大不掉"。另一种情形正好相反，就是将简单问题复杂化。许多用这种做法刻意凸显所谓研究深度的人，往往用"万物皆有联系"的哲学思辨来对自己的行为进行辩护——这在本质上就是一种诡辩。客观事物之间是否存在相关或者不相关的联系，是可以在对研究对象和研究范围有一定了解的状况下进行初步甄别的。基于提升研究效率的设计目标，拟定思路时为了更全面地涵盖各种"可能"，在研究时间和经费允许的状况下，可以适度拓展研究领域，探究一些间接因素之间的作用机制，但是不能盲目扩大、深化甚至臆造和虚构联系（见小技巧6-1）。

小技巧6-1：思维导图如何帮助研究者理清思路

　　研究通常被理解成为一个绝对理性的过程。因此，研究者在搭建研究基本框架时，往往会将研究本身拆解为若干个"线性"推理过程，再加以组合。但事实上无论是客观事物的发展还是人类自身的思考过程都不是一个简单的线性过程，由此研究者往往不得不同时面对混沌不清的客观事实和一团乱麻般的研究思绪。如何提升研究效率，首先应该从研究者自身出发，整理研究思绪是关键中的关键。许多研究者都认为研究思绪与研究对象相关，然而很多时候这种混乱更多是由于研究者对自身大脑的工作方式不够了解。

　　人类大脑的工作方式并不是线性的——之所以会产生这样的误解是由于思维的主要输出方式（语言和文字在交流的过程中）体现了线性特征。无论是对大脑运行的生理监测[1]还是一些思维试验，都证明了人类大脑的工作呈现发散式、点式活跃模式。基于研究思路拟定是为了提升研究效率这一事实，同时研究本身也是基于认知的不断思考，我们有必要遵循人脑本身的工作规律，而不是以已经习惯的线性思维模式来整理我们的思路。思维导图正是这样一个帮助我们整理发散式思维，使之有序化的重要工具。

　　"思维导图是以图解的形式和网状结构，用于储存、组织、优化和输出信息的思维工具。"一幅思维导图的创作是直接模仿大脑连接和加工信息的模式——研究者可以运用关键词和关键图像的方式来进行绘制[2]。那些关键词的产生除了基于研究领域本身的积累之外，重点在于抓住那些灵光乍现、火花式的片段思绪，用于启发新的思路。

　　人类思维延展的形态类似于树枝或者叶脉，由"中心"向外发散。思维导图的绘制参考了这种模式，它起始于一个中心概念（关键词），向外发散——这种更接近人脑自然活动方式的工具有助于人们捕捉与中心相关的各种飘忽的思绪。根据研究，人的思维是依托于"图像"的，如果能将思维导图中的每一个关键词转化为"关键图像"的话，将更利于提升思维效率——而这种模式对习惯于图示语言表达的城乡规划领域研究人员来说，应该是手到擒来的。

　　思维导图的制作具有一定规则，图中各种概念的组合需要一个"结构"。确定这个结构的过程，也就是针对某一研究逐步整理思路的过程。完成这项工作，

---

① 医学领域通过监测人们思考时的脑电波反映和脑部活跃区状况获得。有人根据监测图像形容工作时的大脑活跃区仿佛是夜空中随机绽放的焰火。

② 思维导图制作可以运用 imindmap 软件，详见 www.thinkbuzan.com。

首先需要确定关于这一研究的"基本分类概念"。这些概念是相关研究最简单、直接的信息链接节点，由此可以引出关于该研究领域的各种信息的联想。经过这样的梳理，主要概念被置于一些恰当的位置之上，而相对次要的概念可以相对自由地"流动"，从而帮助研究者更为自然、有序地思考。

综上所述，思维导图旨在突破过去"科学领域"强制性线性思维导致的思维惯性，摆脱僵化思路、提升信息记忆和运用效率。当人们面对研究一筹莫展或者试图寻求新突破时，可以尝试使用这种方法整理思路。

研究思路是引导研究开展的重要线索，既要以此确保研究进程的逻辑严密，还应在一个课题进行过程中尽量保持研究思路的连贯。但是在一个复杂的研究课题中，研究思路也并非完全一成不变。随着研究的进行，有时候某些阶段突破性的新发现会要求研究者及时调整研究思路——补充研究某些领域或者剔除某些领域，甚至对整个研究方向作出变动。只要这种变更符合研究客观规律，就是研究本身的需要。然而，无论怎样进行研究思路调整都是研究进行过程中的阶段性重大决策，需要慎之又慎。

总的来讲，城乡规划领域的研究思路设计依托的主要是逻辑思维，强调从客观现象进行分析、综合，抽象、概括，最终进行推理演绎，以发现客观规律。研究思路的确定对于后续研究进程控制、阶段划分和具体的操作方法确定都有指导意义。

3）划分研究阶段

划分研究阶段的目的是为了便于对研究进行时间管理。当事物处于一种"混沌"状态时，人们很难评价事物进行、发展的状况，也很难及时应对——这种"走到哪里算哪里，做到哪里算哪里"的状况，对于研究工作而言是无法被接受的。因为这种状态意味着无论是研究者还是研究资助方都无法控制和评价研究进程，所以也意味着最终的"低效率"。为了避免出现这种状况，形成对研究有效的管理和控制，研究需要在研究设计中强调研究阶段的划分。

划分研究阶段通常是以时间进程为主轴的，因此常常有一个初步的时间计划。这个时间计划上的相应节点首先是与一些研究本体之外的控制因素相关，例如：研究资助方在什么时候需要课题组的研究成果。这些要求大多表现为一个准确的日期，例如某年某月某一天。其次时间节点往往与研究活动开展的相关规律有关。例如：在信息收集阶段需要进行调研，而进行调研的时间周期至少需要 30 天。又例如在分析阶段需要进行试验，某些试验需要一定的时间周期。这种时间要求大多表现为一个相对准确的时间量的需要。第三时间节点与研究内容、研究活动的互动关系相关。例如：研究对象某个方面是一个不可再被分割的有机整体，涉及若干要素。开展这一方面的研究需要将这个部分视作一个整体。在这一过程中可能需要采用多种研究手段相互印证，那么可能这一时段的耗时将是这些研究行为耗时的总和。

划分研究阶段还应该考虑研究任务本身的特点，因此常常将一个任务拆分为若干个研究板块。这种拆分通常遵循研究思路的基本推理逻辑，与研究对象和研究领域的特点相结合。例如，进行城镇物质空间演进机制研究时，通常会根据空间生成影响要素关联性分为"自然"、"社会"、"经济"、"文化"等几个研究板块。这种划分方法比较利于对阶段性研究成果进行预设，方便在研究进行过程中参照既有预设标准，判读研究进行状况。

　　大多数研究者针对某个课题进行研究阶段划分时，都会综合考虑时间进程和研究本身两方面特点。研究阶段划分除了要确定相应的时间节点之外，还需要对一定研究阶段成果予以预判，同时拟定一个阶段成果清单。另外，更重要的是如果课题是以团队形式开展工作，还需要对时间节点的汇总方式进行约定，以便届时对各个研究小组的成果进行评价，并根据完成状况来修改和调整研究进程（图6-3）。

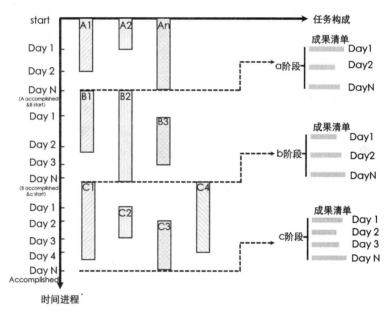

图6-3　研究进程控制
图片来源：作者自绘，徐丽文制作。

　　阶段成果评价的主要内容和制订要点参见小技巧6-2。

小技巧6-2：阶段性成果评价的清单

　　划分研究阶段是为了对研究项目进行时间管理。进行有效管理需要一个与相应时间消耗对应的标准，这就是此处要向大家介绍的"阶段成果评价清单"。这一清单不仅仅被用于验收，与此同时其制订过程也反映了在时间轴上的研究推理过程控制。这份清单涵盖两方面的主要内容：一是进度控制，也就是既定时间段内应该完成的任务；二是与进度对应的内容控制，也就是对一定时间内完成的任务进行质量评价。

　　①进度控制

　　进度控制相对简单一些：首先，是根据研究规律和任务要求在确定研究总时间的基础上划分研究阶段。其次，根据各个研究阶段的时间量和人物之间的内在逻辑关系，细化每个阶段具体研究任务，并计算各个任务的时间消耗以及相互间的配合关系。进度控制成果通常是一个依托时间轴的任务表。

②内容控制

内容控制相对要复杂一些，包括两大方面的内容：首先是对每个阶段成果的质量评价，也就是鉴定任务完成状况——成果能否达到继续研究的要求？还存在什么样不足？是否有严重的瑕疵？其次，是对研究过程的质量评价，主要在于防止由于操作不当导致研究成果失效——每一阶段各个任务的操作是否规范？方法执行状况如何？研究过程是否出现研究设计中未成考虑的状况？这些意外状况对研究有什么影响？操作误差的控制状况如何？

总之，研究内容控制需要制定一系列的"标准"，这些标准可以依托前人研究的成果来拟定。针对质量评价的标准筛选和确定的原则包括：全面、准确、适用三个主要方面，而针对操作状况的评价则主要包括：逻辑、规程和精度三个主要方面。

4）确定研究精度

在不同的研究领域，研究精度的含义是有区别的。在一些以试验为主体的研究项目中，研究精度意味着需要将测试数据精确到某个计量标准，提高研究精度往往意味着更苛刻的试验条件、更精准的测量仪器。一些以社会调查为主题的研究项目，研究精度意味着需要对研究对象进行总体和样本关系的把控，往往需要更多的样本来支持或者开展更多的调查轮次。与此同时，进行汇总和分析的结论可能需要更多的方法去相互印证和检验。无论是哪种研究课题，研究精度事实上都不是一个简单的数字精度，例如计算时精确到小数点后多少位，而意味着更多的时间、精力（人力）以及经费投入。

前文已经论及事实上研究精度并非越高越好。一方面会因为既有研究时间、经费和人员配置的限制，另一方面不同类型的研究往往也有各自适宜的研究精度，同时有些研究层面上也不需要过度地精益求精。尤其是一些针对现实中具体问题的应用型研究项目，过度追求研究深度和精度有可能造成研究成果应用失效，也就是由于事物本身处在不断发展变化过程之中，过度求精虽然研究成果更为准确，但是如果错失了运用的时机，研究本身的价值也就大打折扣。当然，在同一个领域的定性研究和定量研究相比而言，定量研究对精度要求相对更高，而且具有相对具体的衡量标准。然而在有些研究项目中，如果仅仅需要从定性角度进行判断，那么在研究设计时就完全没有必要将研究一定进行到可以精确量化的尺度。因此，对于研究精度的设计既要顾及前文曾经论及的经费、时间等客观因素，还要从研究目的和研究本身的固有规律等方面出发来综合考虑——力求在经费和时间允许的状况下，恰到好处地体现研究对象的真实状况和内在规律。这是一个具有一定难度任务、决定了研究进行程度的标准，同样需要具有一定深度的前期研究来支持相应的决策。

5）设计具体操作方法

具体的方法设计重点针对的是研究中各个层面具体行动方案的拟定。以调查研究为例，在方法设计前期既有研究的基础上，进行具体方法设计时需要对拟通过调查获得的资料作系统分析，包括：这些资料可能保存在哪里？这涵盖了信息保存地点或者知情人群的分析，可能为确定具体的调查地点和访问人群提供线索；获得这些资料的难点在哪里？如何去取得最难拿到的资料？这涉及对具体操作技巧的分析，即如何能够突破资料获得限制条件，如人们对自身隐私的保护心理，又如不同部门之间的信息"封锁"；这些前期分析旨在为后续的具体方法设计提出具有"限制条件"，一些操作方法的创新往往巧妙地突破了这些限制条件的束缚。例如后续案例中《芦田川景观分区规划》中的照片分析法就是突破了传统调研对复杂自然空间环境特色描述的限制，以涵盖全部信息要素的直观形象直接进入分析，避免了传统基于地理参数分区造成的对景观审美等无法直接纳入评价体系的弊端。以照片作为信息媒介，以众人（包括居民、专家相关行业从业者等）生活经验和专业知识为基础，基于共同文化背景的审美观，对自然环境的空间整体性及其为人所用的相关功能进行判定，弥补了单纯由少数专家从自身专业领域出发进行判断可能导致的疏漏，使得分区推理更切合地方实际。

具体操作方法设计通常包括两个部分：操作程序和关键控制参数。另外，在一些特殊研究方法设计中，还包括相应研究辅助工具的选用和制作。

一个具体的研究过程中往往会运用到许多成熟的操作方法，这些成熟的方法通常不需要研究者再次对方法的整体操作程序进行设计，研究者仅仅需要对方法在本研究中的适用性进行判断，并修订与本研究相对应的各种"参数"即可。以运用问卷调查为例，具体研究者已经不需要纠结什么是问卷调查法以及这种方法生成的思维逻辑合理性，而仅仅需要根据课题状况判断该方法是否适用。同时，对进行问卷调查的调查问卷、调查地点、调查时间、调查受访人群、调查样本数量等进行细化和落实就可以付诸实践了。

创新方法设计则相对复杂得多，首先需要按照研究思路对于这个阶段的推理逻辑设计相应的操作程序，其次再根据操作程序涉及的具体环节来确定相关"参数"。现仍以芦田川分区规划中运用照片分类法进行景观分区来进行阐述——这一方法的基本逻辑是让与地区发展相关的各类人群通过照片对芦田川流域的河流景观进行基于审美和游憩功能的初步分区。再根据具体分区的功能需要提出相应的规划要求，并在此基础上完成规划。此处重点阐述对第一阶段进行具体操作设计的内容。这一阶段操作包含具体三部分的工作内容：一是如何获得代表芦田川自然环境景观特征的照片；二是如何寻找来对之进行评价的人；三是按照怎样的规则对照片进行评价和分析。因此，基于上述逻辑和工作内容，在操作程序设计上首先是需要获得用以评价的素材照片，其次是制定相应的评价标准，然后是寻找评价参与人，最终是对众人的评价结论进行汇总分析（图6-4）。在这一程序中，第一步方法设计的核心是设计一个怎样的体系来保障所拍摄的照片具有代表性。在这一步中，研究者首先构建了一个照片拍摄标准，然后再此标准基础上获得的照片中按照一定规则筛选出用于分类的36张具有代表性的典型照片。第二步则是按照怎样的标准对景观照片进行判断。此处研究者强调基于空间特征进行判断，因此给出了一系列基于河流宽度、水面观感、人工构筑物观感等的判断标准并制定了相应的分类规则。第三步从与芦田川相关人群中选出一定数量的人群，对照片进行分类。研究者从居住在沿河5km范围内人群中抽出1800人参与调查，并在这些人中选出了150人对照片进行分类。最为关键在于第四步，怎样才能将分散的众人观点整合成可以被用于进行分区的依据。此处设计的关键参数是"相似度"，也就是参评的150人中有多少人将两张照片归入了同一组，并以某一相似度为标准，来进行分区。

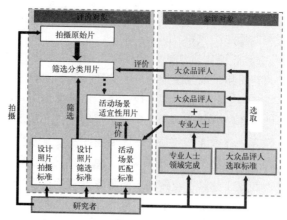

图6-4　芦田川照片分类法工作程序框图

图片来源：作者自绘，徐萌制作。

又如针对城市防恐问题[①]进行研究，课题组通过前期既有理论分析，认为特定的城市物质空间和人群关系对于恐怖袭击具有遏制作用，因此研究思路设计是基于如何通过建立良好的社会人际关系来发挥社会安全防护作用。课题组在研究重点上期望证明社会群体氛围对于社会安全具有影响作用。同时，这也是此次研究的难点，即如何对看不见、摸不着、说不清的社群心理氛围进行量化分析。基于这样的状况，这一研究的方法设计就围绕如何量化评价社会群体心理氛围展开。课题组认为社会群体的心理氛围可以从空间感受和行为表现两个方面来进行评判。就空间感受而言，可以通过问卷调查，在问卷设计上体现事先拟定评价体系，最终对后续的结论进行分析即可。而行为表现的评价比较困难，在前期试验性调研的过程中，课题组发现仅仅通过一般的问卷法和观察法只能获得一些表面和浅层信息，很难收获人们真正面对恐怖袭击时的行为反应有效信息。基于上述前期研究，课题组设计了情景试验，拟通过不同试验对象对情景试验各个环节行为选择的正确性进行深层防恐行为能力的判断。在这样一个试验环节中，课题组是这样设计试验操作程序的：第一步拟定试验场景的具体环境特点。由于恐怖袭击的规律，研究的场所重点集中在城镇公共空间，同时选定最容易发生群体伤亡事件的公共交通工具作为具体场景。第二步拟定情景状况，课题组选择了在公交车上发现不明包裹（疑似炸弹）的状况为行为背景。第三步针对人们在发现这种状况时可能采取的行为，根据这些行为可能造成的伤害状况，拟定评分体系。第四步分别采用情景模拟和问卷调查两种方式对开展调查。第五步对调查结果进行汇总分析。整个试验程序的设计遵循的是人们在应急状况下的行为逻辑。这个试验中每个参与者的行为如何转化成可以被用于进行系统分析的数据是整个研究的难点，为此课题组以每种行为可能的自身代价和社会受益状况为基础，同时采用打分法来决定不同行为之间的得分系数，最终换算成不同的行为得分，再根据分值高低评价不同地区和社会群体的防范意识和行为能力。这个评分环节和分值体系设计就是试验的关键参数设计。

在研究操作方法设计中还包括选取和制作研究辅助工具的内容。这里的研究辅

---

① 研究思路来自2014年西南交通大学城市规划专业2010级社会综合调查实习的课程团队。

助工具是一个广义的概念，它既包括各种具体的试验测量工具——例如进行化学成分分析的光谱分析仪，进行微观观测的显微镜，进行测量、定位和记录运行轨迹的 GPS 系统等；也包括为了记录各类信息而专门设计和制作的记录媒介，如表格、图纸等。

总之，具体操作方法设计是基于分析和判断的逻辑需要来设计具体行动次序和具体行动内容。关键参数设计则重点在于如何保障行动内容所获得的数据和信息是相对完整并具有代表性的或者是这些资料怎样才能够被分析和总结，因此常常表现为拟定一系列的标准或者设计相应的评判方法。评价一个具体实操方法，首先是评价该方法是否有利于获取全面、准确的信息。其次是这个方法的可操作性如何，是否简便易行。那么基于操作逻辑而言，在于程序设计符合客观事物的基本规律；就具体参数而言，是行为方式、测量工具和评价标准都符合既有科学常识并在操作时可控。这里需要特别强调：研究鼓励探索精神，但是不鼓励大无畏的牺牲精神——方法操作设计必须要注意安全因素。无论是实验室还是在客观环境中的操作都必须是安全的，一些特殊研究还需要专门设计安全预案。例如，前面提及的防恐课题组的调查曾经想到做一个相对真实的情景模拟试验，但是由于担心引发恐慌造成事故，不得不转换为以书面的情景描述进行模拟调查。

以下以城乡规划研究领域最常运用的社会调查方法为例，详细解释方法设计的全过程和相关要点。

案例 6-6：调查研究方法设计要点解析

调查研究是通过各种方式获取客观事物的相关真实信息，并在此基础上通过逻辑思维加工以获取有关其本质和发展规律的认知方法。获取信息的过程是"调查"，思维加工的过程为"研究"。调查研究本身就可以是一个完整的研究过程，其研究成果就是调研报告。它也可能仅仅是一个大课题的前期准备阶段，是后续研究的基础。调查研究是一种推理逻辑相对成熟的研究方法，但是由于具体操作方法具有多种类型，因此在拟采用这一方法的课题中，通常需要课题组根据课题特点梳理整体研究思路，根据研究思路划分研究阶段，确定研究精度并设计每个阶段的具体操作方法。

调查研究工作的操作逻辑具有循环的特点。大循环是整个调研过程的整体性循环，是一种阶段性的工作；小的循环在每个调研阶段内会反复进行，以利于研讨和资料补充。调研循环不是盲目循环，否则很难推进工作。在不同阶段和层面上，循环的特点和目的不同。因此，往往结合调研的循环特点划分研究阶段，并设计相应的阶段成果评价清单，以利于对每个阶段成果进行验收和推进工作。

调研方法设计包括设计前期的条件准备和后期的具体设计。

(1) 调查研究方法设计前期工作

调研方法设计的前期工作是发散性的，旨在为后续具体方法设计明确限制条件和寻找设计灵感及线索。工作重点包括：明确研究对象，划定研究范围，明确外部限制条件等。

①明确调研的动机：为什么调研？

一次调查研究可能仅仅是出于对某些事物感兴趣，想知其所以然；也有可能就是为了一些私人的目的，要达成某个目标而必须进行这一过程。还有就是研究作为一种取得信息的手段是某个综合课题的组成部分，那么对于最后的这种状况，最重要的是要明确这次调查研究在整个研究中的地位和价值。

②调研的期望（目标）：想通过调研获得什么东西？

调研的期望通常会与动机相关，但是由于最终目标设定不同可能会有不同的期望值，这与调研进行的深度和由此可能带来的预算和投入不同有关。

③调研进行的规则：保证研究能够顺利进行的外部因素。

了解开展不同的调研应遵循的相关法律、法规和行业规定、技术规范，甚至一些潜在的惯例。

④明确调研在整个研究计划中的地位：调研对整个研究开展的重要性和作用如何？

这决定了在调研活动中所应该投入的精力和资金，也决定对调研质量的控制标准。

⑤调研的时间：有多少时间可以用来开展调研活动？

根据调研在整个研究计划中的地位和研究的总时间安排，确定调研的时机和持续的时段。同时，根据既有经验，提供可能进行调查的轮次数，由此估计调研可能进行的深度和广度。

⑥调研的成本：估计要花费多少钱和人力资源来获得调研资料。

包括工作中的各种花销——例如：现场工作的差旅费；付给合作单位或机构的费用；购买书籍、报刊、资料的费用；各种耗材（纸张、磁带、磁盘、照片、电池等）；通信费用；特殊设备添置费用；其他不可预见的费用（大约会占到整个计划费用的 5%~10%）。

调研人员配备情况——需要多少人手来完成这个调研。

算出调研成本，看看这一研究活动是否能负担得起。

⑦调研可以利用的资源：有什么因素能够帮助你完成调研？

此处的资源是一个宽泛的概念。既包括可以直接带来信息的资源，例如图书馆；也可以是能够使你轻松调研的工具；甚至是可以在调研过程中帮助你的人际关系。

⑧特别提示：你的健康情况如何？

任何调研活动的开展都不要忘记计算健康成本，你的身体是否允许你进行这样的活动？是否有相关保障？如果不能，你需要什么特别的支持（生理的心理的）？

当上述8个问题都有了既定的答案，而且能够保证调研活动进行时，就可以开始真正制定相应的调研计划。否则，就需要对这些问题中无法有既定答案的问题进行进一步的思考，直到满足相应条件为止。

(2) 具体调研方法设计

具体调研方法设计是综合思路，构建行动纲领和具体行动方案的过程。这里既包含对研究整体逻辑的落实，也包含对操作细节的推敲。其中，梳理调研思路、划分研究阶段强调的是贯穿脉络的设计，以及各个部分之间的衔接与配合。具体方法设计和研究精度则立足阶段行动目标和操作要点。

1）梳理调研思路

梳理调研思路的工作核心在于按照调研逻辑选择适宜的调研路径——怎样开展相关调研？从调研工作开展条件来看涉及以下几方面的问题：

首先是关于研究进行。进行多少轮次？每一个轮次适宜采用怎样的具体方法？每一轮次调研之间需要进行哪些工作？其次是对研究调研成果进行的预估。需要获得什么样的资料？资料应该涵盖什么程度的信息？第三是对研究人员进行调配。涉及对调研工作量的分析，需要合理配备每个工作阶段的工作人员，而且要根据工作性质配备具有不同技能甚至性格的人员。这就是通常的细化分工。最终是具体研究任务的落实。根据分工状况将调研具体工作内容落实到人员，并建立相应项目的内部管控制度。

2）划分研究阶段

划分研究阶段需要结合研究时限的外在影响要素和具体调研方法本身的时间需要来进行。

调研的具体时间安排：选择什么时间调研？这是基于对客观事物发展时间特征的初步了解，选择最能够快速、全面获得信息的时段去调研。调研多长时间？根据调研方法本身的耗时需要，合理安排每个阶段的时间。例如，在现场工作的时间多久合适？后续信息汇总和数据检定需要多长时间？初步分析需要多长时间？阶段衔接的不确定性需要留出多少机动时间？

划分调研工作阶段：研究适宜划分为多少个阶段？每个工作阶段的重点是什么？阶段成果和验收标准是什么？如何进行节点控制？

3）明确研究精度

首先根据研究特征明确影响调研精度的主要因素是什么。例如是仪器的测量精度还是信息辨识精度？亦或是各种研究阶段的误差累计？同时，结合影响精度的外部条件，例如经费和时间等因素确定精度要求，并将这一要求反馈到方法设计的相关细节中去。例如，确定了抽样调查的精度，需要根据这个数据来确定相应的调研样本数量和确定样本的方法。同时，也会因为典型样本问题涉及对具体调研地点、场所和时间段的选择。

4）设计具体操作方法

具体操作方法重点涉及行动方案拟定，包括确定详细的场所、时间、方式、工具、人员等要素。

调研的具体方法设计：选定怎样的具体方法——通过文献、问卷、访问，还是观察、试验？调研对象如何筛选——是普查、典型调查，还是抽样调查？选择抽样要如何抽样，是随机、偶遇还是滚雪球？操作程序设计——重点是方法组合时，设计具体操作步骤。例如，怎样切入调研，调研工作如何开始？怎样建立与调研对象的联系？需要前期的铺垫工作吗？接触研究对象需要相应的特殊介绍或者引荐工作吗？又如信息检定后，后续是否需要回访？在怎样的状况下需要回访？

方法设计同时还包括对所需调研文件和辅助工具等等的设计、选定和制作。

选择调研场所：到哪里获得所需要的信息和资料？利用档案馆、图书馆、网络，还是到相关部门去调阅资料？亦或是需要直接到现场去？还是走访某些知情人？

调研时间细节控制：结合场所、研究对象、具体工作量细化设计时间进程控制表。

在具体方法设计时，有些问题是需要通过多种具体方案比较，在各个层面上相互协调，综合考虑才能予以确定的。因此，在设计过程中不能只立足于某一种方法的具体操作细节，而必须基于上一层面研究思路的有机整体性和系统性去进行最终决策。

如果当上述的一切都有了既定的回答，你和你的调研工作小组已经按照些问题安排了相应的对策，形成了周密的调研计划报告。建议进一步咨询有经验的前辈，如果在此基础上得到了肯定，并且资金和人员到位，就可以正式开展和实施调研了。

(3) 调研工具的配备和设计

不同类型的调查研究需要的工具有很大的差异。在城乡规划研究专业领域涉及的研究课题往往是复合型的，因此可能一个课题中因为采用多种方法而涉及多种工具的选取和使用条件确定。主要的工具类型如下：

①测量工具——掌握各种准确空间数据的必需。

各种尺子（皮卷尺、钢卷尺、小钢卷尺、软尺、卡尺）；标杆、标尺、测签；垂球；指南针（GPS）；高度仪；精密仪器（经纬仪、光电测距仪等）。

特别提示：垂球，经常用于对建筑定直、寻找构建重心、定坡度；用处很大，常常被忽视。不过现场很容易找到替代品，用一根绳子绑坠重物就可以制作简易垂球。指南针是野外工作的必备品，对测量工作而言它是用来测定方位的。而在通常情况下，可用于寻找方向，防止迷路。

②视觉辅助工具——以利于看得更远、更细、更清晰。

望远镜、放大镜、电筒（照明设备）。

特别提示：电筒也是野外工作的必备品，在夜间或者洞穴等情况下提供安全照明。但在调研过程中，一些光线较暗的地方往往也需要照明以获取更多、更准确的信息。例如：在进行一些古建筑的屋顶藻井测绘时，现在许多智能手机都有电筒功能，但是由于有时对辅助照明光照强度的特殊需要，还是专门配备更为妥当。

③绘图记录工具——记录信息所必需。

笔（铅笔、钢笔、马克笔等）；绘图工具（尺：直尺、三角板、小丁字尺；规：分规、圆规、量角器；图板、画板、记录板）；其他（橡皮、夹子、胶带、胶棒、订书机、曲别针、美工刀）。

特别提示：需要根据环境状况准备笔。笔是记录信息的最基本工具。但是野外带笔也是有相当讲究的。首先最好能够携带在不同条件下书写的笔，例如：在潮湿环境或者特殊材料上做记号的笔；其次为方便做各种不同性质记录而且简明易懂，最好携带四种以上不同颜色的笔（地图绘制的四色原理）；从低海拔地区到高海拔地区要避免携带密闭气压型的笔（吸水钢笔），以防因漏墨水而无法使用。圆珠笔是不错的选择，但如果气温太低就会因防冻问题不利于书写。通常情况下，较软的铅笔（2B~4B）是必备之选。

其他类的小工具中有许多都是具有多种用途的，例如：美工刀和夹子。美工刀既是文具，又可以作为常备的小刀使用。而夹子既可以用来夹纸张，还可以用来密封塑料袋等。

④文件、工具的保护、管理用具

笔盒、工具袋（盒）、图筒、记录夹、文件袋等。参见电影《泰囧》场景，就知道在极端气候和偶发事件状况下，保护好自己的关键资料是多么依赖这些工具。

⑤其他信息采集工具——用于收集其他多种信息的设备。

标本收集工具：标本夹、标本瓶、标本袋、捕捉器具（网、钓、捞等）、标本记录册等；温度计、分贝仪、光谱分析仪、Ph试纸等。

除了个别有针对性的专题规划，通常规划现场踏勘是很少专门收集标本的，所以一般不需要准备专用设备。但是当遭遇突发状况，如果没有专门准备收集用具，采用替代品实施有一定讲究。例如：外出收集水样，如果没有专门准备水样标本瓶，可以用饮料瓶替代。但是为了不影响标本的质量，应该首先选用纯净水瓶，不得以才用矿泉水瓶或其他饮料瓶（必须清洗）。

⑥影像、声音等辅助全信息记录设备——照相机、录像机、录音机及其辅助设备

所有的影像、声音资料都必须配备系统的文字记录，以标定资料的其他相关信息。例如：运用照片进行空间注记时，必须将每一张照片的拍摄时间地点进行详细登记。有些时候为更加科学地进行研究，还必须设计系统的拍照体系。

⑦其他辅助设备

便携式电脑、大容量的存储工具（活动硬盘）、便携的复印、打印设备。

多功能的电子产品目前能够很大限度地发挥复合功能，减少携带设备的数量，例如：带有拍摄、录音功能和大容量存储器的电脑和手机。

特别提醒：千万不能遗忘下列东西，紧急或意外情况发生时十分有用。没有特殊情况时，这些东西也能使你的野外调研变得更为轻松和舒适。

①通信工具——手机、对讲机等。

②后勤保障设备——适体的衣物（色彩鲜艳的）、鞋袜；雨具（雨伞、雨衣、雨鞋）；特殊护具，如手套（防护性手套和保护性的手套）、太阳镜、遮阳帽；紧急医药箱；休息用的小马扎、简易露营设施；绳子（粗的结实的绳子、细绳、

橡皮筋）；打火机（火柴）。

③身份证明文件。

（4）成果设计——调研报告的要点

①调研的目的和意义

为什么做调研？调研结果有什么功能和作用？它将解决什么问题，对什么有益？

②调研的方法及研究体系概况简介。

怎么调研——包括调研思路、研究途径、研究方法等等。

③对调研进行情况简介。

具体调研操作情况如何？怎么做的？调研过程中有无特殊情况发生？是否对原计划进行过修改？如有修改，主要涉及哪些方面？为什么？

④调研资料汇总和初步分析。

调研获得了些怎样的信息？它们说明了什么问题？对什么事物有怎样的作用？

⑤对此次调研的自我评价。

作为研究者评价此次调研的综合情况，特别要包含的对成果价值的点评。

⑥其他附属部分。

对调研科学性的补充说明。例如：调研问卷汇总、问卷、范例展示；期间的实验报告、采访记录等；调研资料来源状况简介等；还包括进一步基于调研的建议或意见。

总之，调研方法的设计是基于调研从事实出发，分析、总结相应规律的推理逻辑。设计的核心就在于如何在有限的时间和经费支持下，最大限度地获取有用信息。设计的过程就是将整个行动中的各种不确定性一一转化为可供执行的具有既定顺序的规程、一系列具体操作动作等能够被落实的行动。最终，通过这些行动将没有具体内容的研究目标落实为实实在在的具体信息和数据。

综上所述，方法设计大部分的具体工作内容都是在面对具体操作中若干繁琐的问题。但是，如果方法设计始终囿于这些细节问题，就会逐渐被种种操作条件僵化束缚，使得研究计划失去必需的灵活应变能力。一旦在研究过程中遭遇意料之外的不确定因素，研究就很难继续推进。因此，任何方法设计中最重要的是如何把握研究主线——也就是怎样依托研究思路构建研究框架，建立一个将研究具体内容和获取相关内容方法、措施有机对应起来的体系，并在这个框架指导下明确研究重点和关键点——当研究进行过程中出现非常情况时，能够迅速针对突发因素在整个研究进程中进行系统定位，从而更好地控制研究课题的整体状况（图6-5～图6-7）。研究框图制作的主要内容、要点参见小技巧6-3。

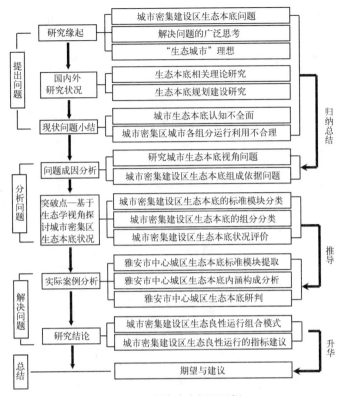

图 6-5 研究内容框图示例

图片说明：该框图是以城市密集建成区的生态本底状况为研究对象的研究内容框图，显示了在不同的研究阶段主要的研究内容。

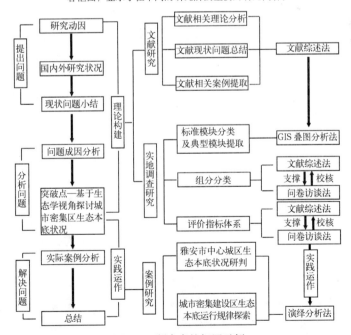

图 6-6 研究方法框图示例

图片说明：该框图是以城市密集建成区的生态本底状况为研究对象的研究方法框图，显示了在不同的研究阶段主要采用的不同方法以及方法之间的逻辑关系。

图片来源：图 6-6、图 6-7 依据西南交通大学建筑学院硕士研究生开题报告《城市密集建设区生态本地研究——以雅安市为例》相关内容绘制，徐丽文制作。

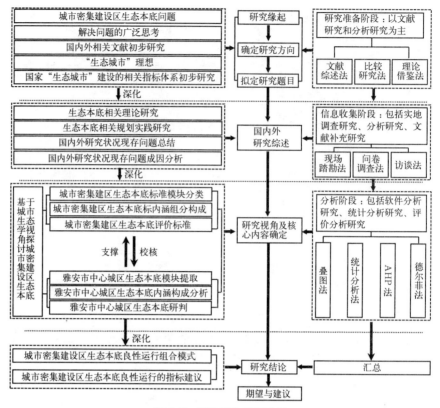

图 6-7　研究思路框图示例

图片来源：西南交通大学建筑学院硕士研究生开题报告
《城市密集建设区生态本底研究——以雅安市为例》徐丽文制作。

图片说明：该框图是以城市密集建成区的生态本底状况为研究对象的研究思路框图，显示了在不同的研究阶段主要的研究内容与所采用的不同方法之间的逻辑关系。

小技巧6-3：怎样制作研究框架图

　　研究框图是开展研究的重要辅助工具——它以一种简明的图示语言（由内容框和连接线组成）表达了研究不同方面的逻辑关系，对于整理研究的整体结构和梳理研究思路具有特殊作用。它同时也是研究前期最重要的研究成果。研究框图根据所表达重点不同，分为内容框图、方法框图和思路框图三种类型。

　　①内容框图

　　注重对研究本体的解析，涉及的重点是研究领域和研究内容。一个好的内容框图能够准确表达各个研究组成部分以及这些部分之间的结构关系。内容框图中还有一种类型是"理论框架图"，这种模式图重点是解析论文研究所在的知识领域的框架。目的是明确自己的研究内容在既有知识体系中的地位以及可能发挥的作用。这类框架图需要对自己的研究有比较全面、深刻的理解，才能做得比较好。

　　②方法框图

　　注重对研究进程和具体操作进行解析，涉及的重点是研究阶段划分，以及针对不同内容重点需采用的信息获取和分析方法。好的方法框图能够从技术层面明确研究操作的重点，对具体任务的工作量和时间进行控制。它同时也是保障研究进行的行动方案。

③思路框图

注重多研究推理逻辑的解析，涉及的重点是研究内容从已知的现实状况和理论基础如何推演到未来的新知发现和趋势预测的推理过程。好的思路框图能够使研究者清晰地引导研究的整体进程，保障研究不会偏离研究方向。

这三种框图不是独立存在的，不同框图之间具有一定的有机联系。其中思路框图往往是研究主线，方法框图与内容框图都需要配合思路框图的主体结构进行设计。简单的研究，常常将三种内容融合在一起绘制——把思路作为主线放在框图的核心部位，两侧分别是相应的内容和方法。复杂的研究由于需要表达的内容众多，很难用一张框图涵盖，往往会根据研究重点和难点所在单独绘制其中某种框图。常见的组合关系是将内容框图单独抽离，形成内容框图和方法思路框图两图模式。需要特别提醒的是：许多研究者都未能正确认识到方法框图和思路框图各自表达的重点是什么，而对研究逻辑的明确也往往是研究难点，因此思路框图往往被大家忽视了。这也是为什么研究容易出现方向偏离的主要原因。

6.2 研究方法设计案例解析

6.2.1 芦田川景观分区规划 ①

芦田川是位于日本广岛县东部备后地区的一条河流，流经福山市注入濑户内海。本项目是基于景观生态学的角度对西部芦田川流域进行景观分区规划。在这样一个分区规划中，将运用多种方法展开研究，以保障最终规划成果的科学性。在此实践型方法设计案例解析中，具体的研究时间进程控制和人员配置种种真实细节不是讲解的重点。基于此案例研究方法设计的剖析将重点置于总体研究思路的建构，尤其是基于研究思路的具体操作方法设计上。

（1）确定研究思路与划分研究阶段

景观分区规划过去被视作一种具有既定专业领域特点的技术性工作，这种认知在某种程度上造成由极少量人士就决定了相当数量的多数人生活区域未来的发展状况。这种决策机制源于所谓"精英决定论"的思维。这批"精英"通常包括政府管理机构人员、建设出资财团决策者和部分制定规划的专业技术人员团体。常规思路之下，景观分区规划是按照单纯的设计思路推进的，基本由专业技术人员具体操控——运用专业知识在现场踏勘的基础上，按照既定的景观分区原则，辅以功能定位按照规范划分各区，再进行细化设计。设计完成的初步方案在与管理方和出资方

---

① 资料来源：日本土木学会.滨水景观设计[M].孙逸增译.大连：大连理工大学出版社，2002：42~47.特别说明：对于文中案例设计方法设计缘由的阐述，是作者根据常规方法方案设计时的思维逻辑进行的推断，与项目设计者本身设计思路无关。

商榷之后，再进一步咨询相关专家团，汇总各方意见修改之后形成最终的建设实施方案。但是芦田川流域景观规划的方法设计研究思路却不是沿袭这样的传统模式。首先其总体思路的基本逻辑生成基于两个前提：首先，景观分区应遵循自然生态系统的自洽模式；其次，如何将相关社会人群的群体智慧纳入规划决策体系。简单而言，就是规划设计应遵循自然和尊重社会。这样两个原则通常是所有规划设计都予以强调的，然而不同规划思路的区别就在于如何贯彻。精英式的规划中对原则实施，无一例外是基于少数人的理解。难免有可能将个别人的意志凌驾于自然和相关社会之上。在一个真正遵循自然、尊重社会的规划编制过程中，规划师的作用是设计一种机制，让规划本身由自然的种种先决条件和社会群体各种意志互动衍生而成，从而最大限度地促使规划方案适地、适时、适用（图6-8）。

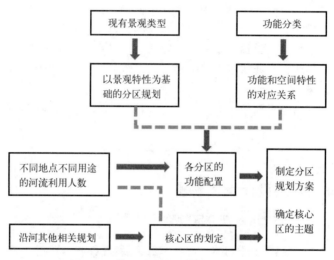

图6-8　芦田川景观分区规划研究框架
图片来源：作者改绘，徐萌制作。本土木学会．滨水景观设计[M]．孙逸增译．大
连：大连理工大学出版社，2002：47，图3-7。

芦田川流域景观规划首先在景观区划中强调分区是基于自然生态系统的自洽模式。基于这种观点，研究者认为：在一定的自然环境条件下，经过一段时间的演化发展，自然生态系统会达到一种平衡状态。这种平衡状态的直观形象在人类的认知系统中表现为一种具有既定风格的整体视觉现象，也就是通常所说的"景观"。因此，对于遵循自然而言，是如何将这种自洽模式下的结果通过人们辨识出来。既往"精英"规划采取的是利用"专业人士"基于"专业知识"进行辨识。芦田川景观规划中专业人士只是所有参加辨识人群中的一份子，而辨识的客观依据也并不是专业知识，而是更为直观、简单的视觉形象"相似"。

芦田川景观分区规划的整体工作过程大致划分为三个阶段：前期调查研究阶段、初步研究阶段和方案生成阶段。每一个阶段的工作重点不同，具体操作方法也有较大的差异。

（2）现场初步调查阶段的工作内容及方法选取

第一阶段为前期调查研究阶段。这一阶段研究的主要目的是全面掌握研究对象的现状特点，为后续的深入研究提供依据。

初步调研的主要目的是力求在现状陈述中尽可能地还原真实状况。该阶段需要根据研究任务确定调研的主要内容和相关方法；根据初步认识的状况，确定具体方法的实施细节和有关注意事项；同时，明确此次任务的难点，有针对性地进行特殊的方法设计或者方法组合设计。

1）初步调研内容

①了解芦田川的自然生物特性——重点进行自然环境的植被和鸟类调查。调研的具体任务主要包括以下两点：首先是发现需要特别保护的珍稀物种，作为本流域的天然纪念物；其次建立对流域自然景观状况的初步认识，并评价其目前的保护状况。

具体方法：实地踏勘法、观察法、采集标本法。

②了解芦田川的空间景观特性——进行河道空间状况勘绘，收集景观原始基础状况资料。

具体的主要任务包括以下几个方面：首先，了解河道本身的空间特点，测绘和编制规划所要利用的河道平面图、横剖面图、纵剖面图。同时，掌握河宽、低河道宽、水面宽、高河道宽和高、堤防高度等详细资料；其次，收集沿河景观原始状况，以便对其进行分类和评价；第三，收集沿河区域土地利用现状；第四，收集沿河地区名胜地分布状况；最后，在调研过程中征集当地居民有关城乡河流公园的改造构思和想法。

具体方法：实地踏勘法、测绘法、问卷调查。

③了解当地居民行为心理特征——重点在于了解居民对河流的使用现况和使用意愿。具体内容包括：首先，了解河流的利用状况，涉及人们利用河流的具体地点、季节、目的、到达方式以及使用时间等；其次，了解周边居民喜欢的河流地点；第三，了解当地居民对芦田川的形象认识，也就是人们对河流的景观审美的定位是怎样的；第四，了解人们对河流治理的相关要求。

具体方法：问卷调查法、访问调查法、实地观察法、集体访谈法。

④了解芦田川流域的社会、经济特征——重点在于了解河川的水资源利用状况。具体内容包括：了解流域的产业构成状况，特别是各类产业的用水特征；了解流域居民生活活动的用水基本状况；了解芦田川流域的生态用水状况。

具体方法：文献调查法；访问调查法。

⑤了解芦田川的历史文化特征——重点在于了解当地的地方风俗、历史文化特征。具体内容首先是了解流域内的寺庙、遗址遗迹和流域内举行各种祭典的场所分布状况；其次是了解流域内与河流相关的地方风俗、习惯，以及风俗习惯变迁的状况。

具体方法：文献调查法、访问调查法、集体访谈法、实地观察法。

2）特别说明和探讨

①设计前期需不需要做调研？为什么要做调研？

规划设计人员只有了解了事物本身以及其相应发展演进规律，才能对它未来可能的发展进行预测和模拟。因此，通过调查研究建立对研究对象的深入了解，是规划设计工作必不可少的过程。调查研究首先是了解研究对象的真实情况；其次初步调研要根据初步了解的印象，确定详细调查研究的框架，以提高后续研究的效率；最后前期调研内容和方法要与后期设计互动，引导后期设计。

以本案例涉及的景观规划为例，因为单个景观背后至少有 4 个相关学科的知识作为支撑，所以在调研前，学生要学会用拆解的方法去分析调研对象背后所涉及的学科，学会相关学科知识，然后根据具体学科知识获取的特点再来进行调研设计。

基础资料分析应强调全面，除了分析社会、经济的特征外，还应分地域解析自然、历史和文化特征。

②为什么要了解区域的自然环境特征？

人类对人居空间环境的建设无疑是基于当地自然生态环境的。随着人类改造自然能力的提升，人类的建设策略和技术方针发生了巨大变化——过去因受到建造技术水平制约而被动地结合自然进行规划设计的状况，被以人类需求和建造技术要求为中心的观点取代，也使得城镇越来越过度人工化，脱离了与地域原生环境的结合，继而造成了大量的资源和能源浪费。尤其是在过去的 30 年间，因城镇扩张导致区域生态环境退化的状况已经成为了一种较为普遍的现实困境，因此站在更高的层面上重新认识人居环境建设与地域原生自然环境的关系，并将相应的规律纳入相应的建设活动，对于人类社会整体的可持续发展具有重要意义。对一个地域自然环境特征的了解是基于城乡规划以下几个方面的考虑：

首先，基于生态保护的相关规律，地方珍稀物种对一个地区的生态安全整体性起到控制作用，具有巨大潜在价值。同时，这些珍稀物种也有可能成为地方的象征，对于提升"城镇"世界知名度具有重要价值，是城镇"软实力"的组成部分。例如：2010 年作者在美国进行学术交流，谈及"成都"许多普通美国人并无特别认识，但是提到"熊猫的故乡"，他们立刻就能够很好定位。其次，生态环境与地域文化具有互动特征——良好的生态环境发展状况有利于形成具有持续生命力的地域文化。

③该研究如何控制研究精度？收集资料的精度如何控制和确定？

基于城乡规划工作特点而言，对于研究精度的控制涉及时间和空间两个层面。与此同时，城乡规划领域不同对象具有不同的性状特征，需要结合上述两个方面考虑研究精度，并基于研究精度进一步确定资料收集的精度。例如本案例中测绘芦田川采用 200m 的控制精度。一方面应该是对应相应景观的地形尺度，另一方面是基于河流本身的流域尺度。另外，研究精度控制还体现在多个方面，例如本案例中对沿河 5km 范围内居民的 5%，约计 1800 人进行河川使用状况和景观需求调查，是基于统计分析的代表性计算的；还有精确的研究需要精密的系统进行配合，例如本案例中为了获得代表性的景观照片对照片拍摄进行了基于整体的系统设计，包含：拍摄地点、拍摄数量、拍摄方式等内容，使照片在作为资料用途时，具有的系统性和连续性。同时，也可以提升照片效率，在体系指引下能够用最少的照片说明最多的问题。

④调研涉及哪些人群？

城乡人居环境建设领域的规划设计应该尊重真正的使用者。城乡人居环境规划建设领域涉及的人群大致分为以下几种类型：一是规划设计技术工作者；二是相关项目的地方决策者；三是相关项目的地方管理者；四是具体项目的投资建设者；五是某个项目具体的使用者。这五类人群之间具有复杂的互动关系（图 6-9）在具体项目建设决策中发挥着不同的作用。从不同角度出发，他们也许会对同一事物得出完全不一样的结论。但是在这个过程中，真正的使用者往往由于种种原因无法参与先期决策，因此往往造成建设项目投入使用之后存在各种问题。规划师和设计师在

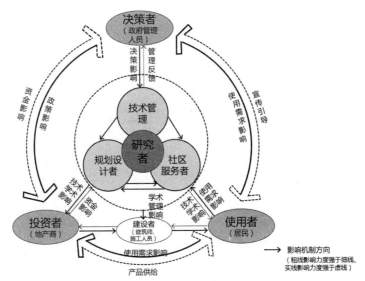

图6-9　城乡人居环境建设领域人群关系
图片来源：作者自绘，刘倩绘图。

某种程度上需要对使用者进行代言，这也是开展前期调研的主要目的。在芦田川案例中，研究者就特别强调了对流域范围内普通居民的意愿调查。

（3）初步研究阶段

初步研究阶段的主要任务是进行与后期规划相关的各种现状分析。它的成果表现为一系列现状分析图。

1）初步研究的具体内容

①景观分区研究：为了使得各个分区能够形成统一的景观风格，在"景观现状分类调查"的基础上，按照景观特性对河流空间作了基本类型分区。这是基于现状绘制的直接衍生图。

具体方法：照片分类法——利用现状调研阶段收集的景观照片进行景观分类。该方法分为资料准备、评判操作、结果整理三个具体的工作步骤。其中，资料准备的具体内容包括：剔除所收集照片中桥梁等人工构筑物的特写镜头，选出36幅照片。所有照片预先都进行了详细的拍摄地点和拍摄角度的登记。在照片遴选过程中，为了强调对流域整体景观状况的代表性，特别注意选入分析体系中的每个地点照片数量控制（同一地点不能太多），以获得最具代表性的图像。

评判操作的具体内容就是请人对照片进行分类。在此应特别注意要有足够多的人形成分组，从而使评判具有代表性和普遍性。在芦田川的景观分区分析中，项目组共请了150个参评者按感觉对照片是否相似进行分组。具体参评标准包括：河宽、低水面的观感、人工景物的观感、河流的剖面形状等；要求把所有照片分为不少于三个组的任意多个组。同时，每一组内必须包含两个以上地点的照片。

评判结果整理的具体工作内容是将对众人的评判结论进行统计、整理，形成原始景观相似度图。在任意的两幅照片的全部组合中，统计把一对照片放入同一组的参评者数。这个数目与同参评者总数的比叫作"相似度"。根据这种相似度，对河流进行景观分类，获得现状景观类型图（相似度图），如图6-10所示。

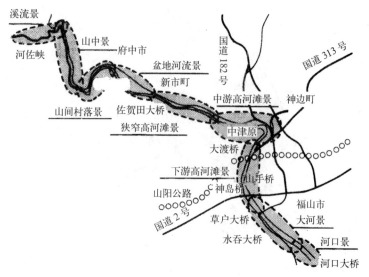

图 6-10 芦田川现状景观类型

图片来源：本土木学会．滨水景观设计 [M]．孙逸增译．大连：大连理工大学出版社，
2002：45，图 3-6。

②游憩功能分区研究：以景观分类为基础，对沿河可能开展的游憩活动进行初步定位。

具体方法：照片分类法——利用现状照片所体现的特点进行可能的功能定位。与前面一样，分为资料准备、分类操作和成果整理三个步骤。

资料准备是首先从景观评价中的 36 幅典型照片中进一步遴选出景观特质不同的 16 幅照片作为原始依据；其次根据现状调研总结并选定 15 种在芦田川流域经常发生的滨河活动类型。

分类操作则是请人对照片中的地域可能开展的活动进行评价，评价这些场所满足这些功能的程度。这一阶段请了 50 个参评者分别就 15 类功能在照片中所示地点可能开展的情况进行评价。参评者包括两组，一组是普通市民，另一组占总数 1/4，是专业的河流管理员。让所有的参与者根据自身经验对在上述 16 幅照片中所显示的场所开展这 15 种活动的适宜度评价。适宜度评价共划分为七个等级：很适宜、适宜、较适宜、尚可、不太适宜、不适宜、很不适。

评价结果整理则主要一方面是对照片中所显示地点适合的功能活动进行选择，另一方面总结影响活动开展的主要因素。最终，形成基于活动和场所对应关系的功能分区研究成果，包括功能定位原始图、功能与空间特性对应要素表（表 6-1）。

2）特别说明和探讨

①分析方法和调研方法的互动

研究过程中获取信息是为了进行分析研究，因此后期分析方法对于信息类型和品质的要求必然反映到前期的调研方法设计中。如本案例中，前期采集照片时进行的系统设计就是服务于后期的照片分析和评价体系的建构。

②如何控制分析过程中人为因素的干扰，保持研究的客观性。

研究者本人对于客观事物往往会有一些既成的看法，这种"陈见"有时也源于

芦田川功能—空间要素对应表　　　　　　　　表6-1

空间要素		河宽	流水		堤防		有无河中沙洲	高河滩		河滩的树木	有无堰塞	天空开阔	背景近山	背景山峦起伏	桥		铁塔公告板等各种人工景物		堤内树木
功能项目	具体功能		水势	宽阔	高度	坡面坡度		宽度	表面材质						颜色	形态	颜色	形态	
设人行道	散步	22	2	4	11	12	4	54	9	11	3	19	14	12	2	0	2	1	7
设跑步、自行车道	跑步	21	2	4	10	10	4	52	17	9	4	11	8	13	0	1	3	2	3
铺草坪设置座椅	休息	18	2	7	5	20	6	45	24	13	1	14	9	9	0	1	1	1	4
观看欣赏景物	眺望	11	4	8	5	1	10	5	3	18	4	27	24	54	1	3	4	7	7
儿童自由嬉戏	游戏	19	35	7	5	8	5	58	21	6	5	5	2	1	0	0	1	4	0
提供设施游戏场	小广场	18	13	7	7	7	4	66	12	12	2	9	6	2	0	0	1	2	2
水活动戏水摸鱼	戏水	35	61	28	2	7	18	8	2	4	3	1	3	1	0	0	1	1	1
保持水深及划船	划船	41	50	45	1	4	12	7	4	4	2	4	2	0	0	0	0	0	1
设小块运动场	小群体运动	17	3	5	10	8	3	77	27	11	2	5	2	0	0	0	3	2	3
设大型运动场	聚众体育运动	20	2	2	9	10	2	79	26	10	2	10	4	1	0	0	2	1	4
设较大型广场	祭典聚会	17	3	2	10	9	2	73	22	11	3	11	2	1	0	1	1	0	2
支流、小溪、池塘、洄游产卵地	钓鱼	30	56	38	1	9	16	5	1	5	1	0	9	5	0	0	1	1	2
设郊野山道和露营地	郊游	17	19	11	8	2	6	49	15	16	3	5	11	7	0	0	2	2	4
设花坛、花境	赏花	14	2	2	5	10	7	51	19	25	2	15	4	9	0	0	1	2	5
保持自然原貌观察生物	自然	9	15	4	1	5	13	14	8	33	2	14	21	17	0	0	1	4	19
备注		表中数字为合计分数。参评者非常重视的要素为2分，重视的要素为1分																	

表格来源：本土木学会．滨水景观设计 [M]．孙逸增译．大连：大连理工大学出版社，2002．

长期从事某些研究获取的"经验"。这种"经验"有时能够为研究提供直接的思路与方法，但有时也会因为"惯性"使研究很难突破。作为研究需要更客观地进行发现，研究方法设计过程就需要尽量避免过多的"经验"带来人为干扰。这也就是为什么面对同种类型的项目，依然需要严谨进行必要相关研究的原因。在本案例中，尤其是评价阶段的参与人员选择方面就特别注意了一方面对专业人士"经验"进行合理利用，另一方面尽量避免因专业人士过多造成主观干扰。

(4) 制定规划方案阶段

在现状分析研究的基础上制定具体规划，获得以景观为基础的芦田川流域分区规划图，包括景观分区、功能配置、发展分期等。

具体方法：景观分区秉持"最好所有的景观类型能够原封不动地成为一个功能区"的原则；然后，根据河流景观改造中的重点调整整个流域的景观分区，对流域进行景观宏观分区（图6-11）。

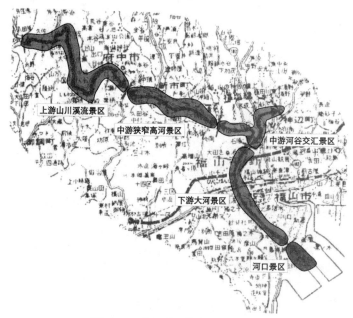

图 6-11　芦田川现状景观分区规划

图片来源：作者根据本土木学会．滨水景观设计 [M].孙逸增译．大连：大连理工
大学出版社，2002：47 图 3-8 改绘。

功能配置：根据功能调查的结构进行功能配置，并参考影响功能要素表对必要的地点提出有针对性的改造措施建议。具体的功能定位，见表6-2。

芦田川立足功能的河流空间分区　　　　表 6-2

分类		分区名	分区特点	主要利用目的
保护	趋向自然	保护生态分区	保护周边宝贵、自然的生态系统，同时加强周边区域的景观保护和创新的区域	眺望
		自然利用分区	以接触自然为目的，用作娱乐活动场所的区域	戏水、郊游、钓鱼等观察自然的活动
利用	趋向人工	运动、健康管理分区	在一个特别宽阔的空间中，许多人可以自由地娱乐。或者提供一个使人愉快的游戏、运动场地	散步、休息、人数较多的体育活动、大型的广场等
		局部利用分区	提供一个娱乐活动个场地，建设沿河居民使用的设施和场地	跑步、游憩小广场、儿童游戏场，人数较少的体育活动、观赏花木
		广域利用分区	提供一个以创作活动的场地，建设以广域居民为对象的设施和场地	游船、眺望

表格来源：作者根据本土木学会．滨水景观设计 [M].孙逸增译．大连：大连理工大学出版社，2002：47，表 3-5 改绘。

划定核心分区范围和治理主题确立：在宏观分区的基础上，每一个区内都要划出一个易于与沿河区域街道相连接，并能够方便地与水接触的"核心区"，并对此区域进行重点的整治研究。其中核心区的选定标准如下：首先，目前被很多人经常利用；其次，能够接触到水滨地区；第三，便于与沿河街区相互联系。而核心区的建设重点包括以下四个方面：首先，要确定该核心区的景观特性；其次，确定其功能特性；第三，确定其空间特点；第四，确定其管理和治理要点。

　　总之，芦田川景观规划的重点是设计一种"客观"的景观评价系统，将主观的河川景观审美与区域的城镇功能联动起来。从而为原先主要依托专业人士"专业知识"和经验进行判断的专业型规划能更好地基于其相应的社会服务功能进行更好、更准确的定位。这种方法对于专业领域的公众参与规划提供了新思路，也使规划编制更为客观、全面，是一种值得学习和推广的方法。

6.2.2　西湖"景—观"互动的规划与技术体系探索 [①]

　　西湖是杭州市最重要的自然和文化资产，它所具有的独特景观价值是世界的宝贵财富。维护西湖生态和景观品质，使其能够可持续地发挥相应的生态、景观和社会经济功能，一直以来是杭州城市发展建设过程中的重点和难点。过去对西湖的保护比较多的是从生态指标入手，例如对其水体品质的维护。虽然也强调对西湖周边视域环境的控制，例如通过视线分析确定西湖周边的建筑限高、划定建设边界等措施来尽力保护西湖周边景观环境，但是在经济高速发展、城市急速拓张、城市更新加速的背景状况下，各种建设性破坏时有发生，对西湖宜人的景观品质造成了严重的威胁。尤其是在杭州新一轮"钱江时代"的建设发展过程中，西湖对杭州市的景观和生态功能需要重新定位。与此同时，在2008年西湖申报"世界文化遗产"的背景下，西湖与杭州整体的景观品质提升成为现实的迫切需要——尤其是需要更为科学、系统、全面的方法来解决景观现状评价的技术难题。

　　（1）研究理念、思路及对象状况确定

　　1）研究范围

　　从原先 45km² 覆盖西湖和西湖东岸老城区中心的范围拓展到 1685km² 的整个主城区范围（图6-12）。

　　2）研究思路

　　提出"景—观"互动的双向规划理论，从"湖、城、人"三者关系解析入手，探讨西湖本身景观特征、西湖与城市的关系以及西湖与游人游憩行为的关系，以此为基础构建城市空间的 GIS 数字化平台。在分析城市最优高度形态分布状况的基础上，寻求对西湖周边实施控制的策略，包括城市

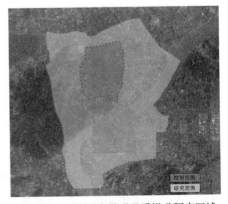

图6-12　西湖城市景观品质提升研究区域

图片来源：王建国，杨俊宴，陈宇，徐宁．西湖城市"景—观"互动的规划理论与技术探索［J］．城市规划，2013（10）：14-19.

---

① 资料来源：[1] 王建国，杨俊宴，陈宇，徐宁．西湖城市"景—观"互动的规划理论与技术探索［J］．城市规划，2013（10）：14-19，70．[2] 根据王建国"21世纪初中国城市设计发展略述"学术报告，西南交通大学，2014年4月11日，的案例内容整理。

总体空间形态、景观优化、游线优化、建筑改造层面等相应措施。简单来讲，研究内容分为两大板块：一是全面了解西湖景区"坐湖观城"的景观品质；二是城市区域空间发展在未来可能对西湖区域发展造成的影响。基于这两部分研究成果，为了维护和优化西湖区域的综合景观品质，提出对未来杭州老城区建设发展的相应策略、具体管控措施及相应方法。

3）研究理念

针对西湖区域"观城"景观评价——首先，以游人为中心的"城景互动"机制是此次景观优化研究的基础，重点是对西湖区域从以前单纯的被游赏静态对象（坐城观景），到目前对以游人为中心，多视点、多角度的全景式（坐景观城）整体景观认知模式的转变。其次，虽然审美依托于个体主观感受，但是对城市景观也存在基于群体共识的相对普适性美学标准，可以进行量化评价。这是本次研究景观评价机制设计的理论基础。整个研究的技术路线设计是基于对现状全面认知和评价的短板揭露，来制定相应的改进和弥补措施。

（2）研究技术方法设计

本次研究的技术要点在于设计了面域景观的"等视线"解析法和基于空间模型剖切的高层建筑景观解析法。

1）景观"等视线"法——基于 GPS 的湖面动态视觉解析

①方法设计的缘由：判断随机分布视点的湖面区域的景观质量

既往西湖游览路线以陆上游线为主，针对陆域视点的景观优化与改造已经有了一定的方法，主要是以游览线路为轴和基于某些关键视觉控制点的视线控制、视廊控制和视域控制。本研究尝试对这些影响范围内的景观进行评价，并针对所发现的问题进行优化方案设计或者提出改善策略。但是面状区域的景观质量评价一直缺乏相应的方法。以这次杭州西湖申报世界遗产的景观优化城市设计为例，首先课题组面临的难点就在于如何评价面状区域景观质量现状的问题——尤其是了解西湖湖面区域的景观质量现状问题。为此，课题组经过系统研究设计了"景观等视线"法，并用这一方法对西湖湖面的景观整体质量进行评估。

研究基于游人西湖观景规律的前期分析结论，本着全面、动态评价的原则，对西湖区域观景点的分布状况进行了研究，并以此为基础建立了景观图片资料收集体系。根据西湖特点，视点按照"点状、线状、面状"和"动态、静态"两套标准分类进行视点定位，收集影像资料，建立覆盖西湖景区全域的资料照片库（共拍摄130 张，遴选出 102 张用于评价）。

对资料库中的照片进行景观品质评鉴——采用理性评分法，分为三个部分评鉴城市天际轮廓线、建筑形态和视觉感受。具体方法如下：首先，根据视觉单元密度、单元面积差、单元高度首位差三项因子，评价城市轮廓线的优劣；其次，用建筑材质、立面和顶部三项因子评价建筑形态；第三，根据视觉层次丰厚度、人工与自然面积比、色彩协调度来评价视觉感受。虽然这样的九项指标并非绝对量化数据，但是可以比较客观、理性地基于照片对城市景观进行综合评价（表 6-3）。

城市整体景观评价指标体系一览表　　　　　　　表 6-3

分项	指标	内容	评价标准
城市轮廓	视觉单元密度	轮廓节奏	密度大——不好
	视觉单元面积差	轮廓识别	级差大——好
	单元高度首位差	轮廓波动	首位差达——好
建筑形态	同类材质首位差	建筑材质	首位差大——好
	同类立面首位差	建筑立面	首位差大——好
	同类顶部首位差	建筑顶部	首位差大——好
视觉感受	层次丰厚度	视觉层次	丰厚度高——好
	人工与自然面积比	视觉斑块	比值小——好
	色彩协调度	视觉色彩	协调度高——好

表格来源：作者制作。资料来源：王建国，杨俊宴，陈宇，徐宁. 西湖城市"景—观"互动的规划理论与技术探索 [J]. 城市规划，2013：16，图 3。

　　基于综合评价得分，对 102 个视点的景观进行排序和聚类分析，共分为四档：优秀，分值 80~90，共计 23 个点；良好，分值 60~79，共计 13 个点；一般，分制 30~59，共计 48 个点；较差，分值 10~29，共计 18 个点（图 6-13）。结果显示，无论是静态还是动态视点，点状、线状还是面状的视点，都存在景观质量较差的点。尤其是西湖湖面因开阔水面造成的景观层次缺乏，存在较大范围的景观较差区域。叠合现状湖面游船游览线路进行分析，其途经视觉环境欠佳区域的比例为 60%。因此，基于游客游览西湖的景观品质要求，需要对现有湖面游船线路进行调整。

　　②具体操作方法

　　第一步：室内作业。基于地形图将整个西湖湖面划分为 60m×60m 的网格，并确定每一个网格节点的坐标。

　　第二步：室外作业。通过 GPS 定位，乘船到每一个网格节点处，在该处拍摄评价景观质量所需的照片。

　　第三步：室内作业。按照前文所讲述的评价体系，对拍摄获得的照片运用照片评价法对每一个网格节点进行景观质量评分。

　　第四步：室内作业。将评分结果绘制在地形图上。在计算所得各景观点分值基础上，将这些数据作为"标高"输入 ARC-GIS 进行综合计算，以插值法生成西湖湖面不同数值的等值闭合曲线——得到与西湖坐标拟合的西湖湖面景观"等视线"（图 6-14 和图 6-15）。

　　③结论

　　通过该方法对西湖湖面的景观质量进行了综合评价，发现原先划定的西湖游船的湖面游览线路不尽合理，通过了大片景

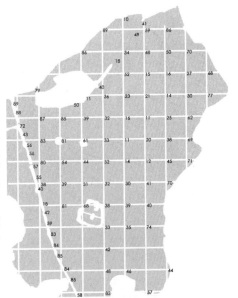

图 6-13　城市整体景观评价指标体系
图片来源：作者制作。资料来源：王建国，杨俊宴，陈宇，徐宁. 西湖城市"景—观"互动的规划理论与技术探索 [J]. 城市规划，2013（10）：16，图 3。

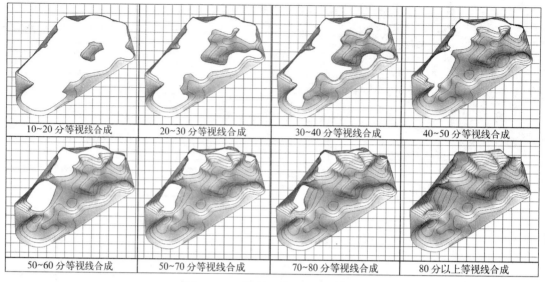

10~20 分等视线合成	20~30 分等视线合成
30~40 分等视线合成	40~50 分等视线合成
50~60 分等视线合成	50~70 分等视线合成
70~80 分等视线合成	80 分以上等视线合成

图 6-14　西湖景观等视线生成过程

图片来源：作者制作。资料来源：王建国，杨俊宴，陈宇，徐宁.西湖城市"景—观"互动的规划理论与技术探索 [J]. 城市规划，2013（10）：16，图 3。

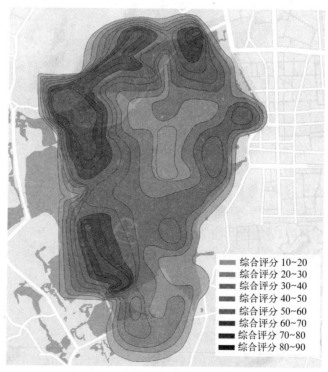

综合评分 10~20
综合评分 20~30
综合评分 30~40
综合评分 40~50
综合评分 50~60
综合评分 60~70
综合评分 70~80
综合评分 80~90

图 6-15　西湖景观品质等视线图

图片来源：作者制作。资料来源：王建国，杨俊宴，陈宇，徐宁.西湖城市"景—观"互动的规划理论与技术探索 [J]. 城市规划，2013（10）：16，图 3。

观质量一般甚至较差的区域。因此，在本次优化规划中对原湖面游船线路进行了调整，使其均通过景观质量优良的区域。此外，对景观评价中显示的景观质量欠佳的区域进行了深入的原因剖析，并有针对性地提出了解决策略和方法。

2）基于空间模型剖切法的高层建筑景观剖析

众所周知，城乡环境中很多特殊区域都需要进行视域控制，以保证某种特殊的景观视觉效果。例如：在一些历史街区和文物建筑的周围划分限制周边建筑高度的分区，以保证后续建设不影响这些地区的视觉艺术效果。但是，在寸土寸金的现代城市中心区，建筑限高也意味着土地空间价值无法充分开发——某些时候这种限制会影响城市特定区域的功能调整与发挥。究竟如何进行视域控制，怎样的视域范围才是合理的，这对于特定区域的保护十分重要，同时对于特定区域所在地区的空间发展也很重要。从西湖看城市，高层建筑往往是景观中的焦点。研究者在基于GIS技术评价城市建筑群叠合形成的西湖东岸立面整体景观解析基础上，为了分层次解析城市高层建筑与西湖景观的互动关系采用了空间模型剖切分析法。

①方法设计的缘由

如何评价动态发展状况下，城市高层建筑与西湖景区的景观互动关系；确定西湖周边景观视域控制以多大的范围为佳；视线廊道内的高层建筑景观现状应如何改善。

②具体操作方法

第一步：通过叠合形成的西湖东岸立面整体景观图像分析形成良好城市风景的西湖观城景观层次空间高度与距离数据，也就是确定成景数据。

第二步：基于西湖景区与城市不同功能区之间的高层建筑景观互动关系，确定主要的控制视廊，并有针对性地结合GIS数据平台进行轴向剖切。从而，发现不同城市功能区高层建筑对西湖景区景观品质的影响状况。

③结论

经过分析发现，过去针对西湖景观保护的近湖地区建筑高度控制是成功的。但是建筑群形成的城市界面、建筑单体体量、立面形式还有进一步进行景观优化的必要。现状影响西湖景观品质最为关键的是延安路以东的高层建筑群——就现状而言，高层分布结构不明确、单体体量过大、集群密度过高、建筑材料、立面形式、造型都缺乏整体意识，有待改观。虽然滨江新城的远景高层建筑目前对西湖景区的影响不大，但还应从发展的角度对可能出现的"新高层群"的高度和组群分布状况对西湖景区可能的影响进行提前谋划。

（3）视景概率预测

1）方法设计的缘由

视景概率的预测是基于杭州西湖申报世界遗产优化设计的一个特定方面而开展的，与上述历史保护区周边环境的控制类似——希望保持西湖景区的视觉纯净性。但是，在调研的过程中发现在空气能见度好的时候，十多公里之外钱江新城的高层建筑也会出现在西湖的视域范围内，对西湖的景观造成影响。因此，需要对西湖的视域控制进行更细致的讨论。

2）具体操作方法

第一步：通过当地气象局获取过去三年的详细气象资料，特别是空气质量和能见度方面的资料。

第二步：将不同能见度的可视距离换算出来，并表现在图纸上。

第三步：综合气象资料，换算出一年中不同距离的可视概率，形成西湖周边的视景概率图。

3）结论

根据视景概率图，调整不同区域的限高控制策略以及制定特定时段的西湖游览线路，以更好地展现西湖景观。例如：根据计算钱江新城的高层建筑出现在西湖景区视域范围内的视景概率是 51/365，也就是 13.97%，相对而言是一个较小概率的事件，因此就限高和视域控制而言，没有必要专门就西湖景区的景观纯净性对钱江新城的高层建筑建设进行专门的控制。但是，对于一些从视景概率分析结果显示可视概率极高的区域，就有必要制定相对严格的限高或者其他措施了。当有特殊需求的时候，可以选择景观纯净性更高的季节和时段进行观景，或者根据视域概率设计不同季节和气候条件下的观景线路。

新的方法往往是在解决一些具体问题的过程中"应运而生"的，例如本案例中的"等视线"法和"视景概率"。这样的方法如果有坚实的理论基础和技术支撑，往往会对同种类型的研究带来更多启发。事实上，这些新的方法也需要在今后不断运用的过程中寻找技术瑕疵，使其更为完善。在既有资料中对这两种方法运用也还存在许多不够明晰的方面，例如"等视线"法为什么采用 60m×60m 的 GIS 定位网格？又例如在既定视点拍摄照片是否有市域和视线的标准设置？再有，景观等视线会不会出现因不同品质景域交叉带来的不闭合状况？又例如：视景概率中视点是否有影响？或者视景概率图研究过程中是否需要确定视点？还是根据几个特殊的视点（例如最著名观景点）控制下的核心区来进行相应绘制？这些问题是研究旁观者无法解答的——因此一个新方法还需要有更多的人在更多领域运用，并在这一过程中不断对之进行完善，不断地弥补分析推理逻辑的漏洞，不断地完善技术支持系统才能逐渐成熟。

6.2.3 "反规划"技术体系探索 [①]

"反规划"不是"不规划"，也不是反对规划，本质上讲它是通过优先进行"不建设区域"的控制，来进行城市空间规划的方法。这种方法是一种基于景观规划途径的方法，源自于"设计遵从自然"的思想，强调规划设计时自然与绿地系统优先。据该方法原设计者的陈述，"反规划"事实上包含了四个方面的内容：其一是反思现状，强调对我国 21 世纪以来城市发展中一些系统性问题的反思；其二是反思在我国已经施行了数十年的传统规划方法；其三是主张采用逆向的规划程序，基于维护持久的公众利益而不是眼前的城市发展需求来做规划；最后负的规划成果，"反规划"提供给决策者一个强制不开发区域——也就是首先提出在城市发展过程中需要保护的区域，而不是传统指导城市怎样开发建设的区域。本文介绍"反规划"方法，旨在从方法设计的角度剖析这种方法产生的根源，以及其方法运用的特点，作为今后从业者有针对性地进行方法设计的参考。

（1）研究理念

"反规划"方法设计是基于规划理念转变，这种转变在于以下两方面：

首先是尊重土地的生命特征和既有结构——传统以经济、社会发展需求而开展的城镇物质空间规划，将"土地"单纯视作空间建设的"立地"资源，忽视了土地

---

① 资料来源：[1] 俞孔坚，李迪华，韩西丽，论"反规划"[J]. 城市规划，2005（9）：64—69 ；[2] 俞孔坚，李迪华，刘海龙. 反规划途径 [M]. 北京：中国建筑工业出版社，2005.

的生命特征，由此产生了野蛮、僵化的开发建设模式。而"反规划"方法产生的理念之源便是改变这种状况，强调开发建设要尊重土地本身的"生命"特征，顺应土地既有的空间格局和结构关系，保证土地所具有的生态功能。

其次是认识到尽管人类科学技术已经相当发达，但是依然远远未能达到随心所欲控制一切自然要素的程度。过去人类过分相信自己可以凭借高科技创造一个完全由人工控制的系统，来替代或者掌控自然过程。但事实证明，至少截至目前这种做法最终都只能带来自然环境的退化，造成生态安全危机——人类栖居地还不能脱离"自然服务"而独立存在。规划师在主导城乡人居环境建设的过程中，如何"有所为，有所不为"，才能逐步恢复已经退化的自然生态系统，增强城镇抵御各种灾害的能力。与此同时，尊重自然做功也意味着尊重既往人与自然互动的成果——在这种观念引导下，规划者需要更好地认知地方发展的自然过程和人地互动关系，沿承地域文化，解读地方风貌的形成原因及发展过程，在人地互动适应机制基础上探讨如何重建和谐的人地关系。

（2）研究思路

"反规划"方法是基于对常规规划方法的逆向思维——立足理念转变而形成的新视角，探寻现状规划方法体系存在的问题。反其道行之，重新设计规划思路和方法。

启发"反规划"方法设计的技术原因是方法设计者认为传统的"人口—性质—规模—布局"理性发展规划模式在指导城乡人居环境建设活动中存在普遍运行失效的状况——也就是按照传统理性规划模式根本无法基于社会、经济发展"科学预测"城镇、乡村的物质空间拓展和结构变迁，并且由于建设对"需求—响应"机制一味迁就，造成了不合理的城镇扩张，导致支持城镇发展的自然环境和乡村环境有机整体性被粗暴割裂，使其生态服务功能退化或丧失，继而影响了城镇的可持续发展潜力。而针对上述问题，在传统理性规划框架内的方法改革也由于没有认识到现在"规划基础"[①]的改变而收效甚微。因此，反规划倡导者提出应该在"方法论"层面上对传统规划进行全面变革——由"建设"规划方法论转为"不建设"规划方法论。也就是说，他们认为未来规划师的职责将从确定怎样规划建设转向优先制定不予建设地的规划。由此对城镇与自然所共同建构的人居环境营建从单纯的"以人为本"转向"系统融合"，规划目标在于城镇生态系统整体的健康、安全运行，而不是单纯的社会、经济发展。

这种研究思路是基于典型的"逆向思维"，不再以人口预测和经济发展需求预测的空间需求作为城镇空间正向推理的布局依据，而是从维护生态安全和保障生态服务功能的角度逆向确定城镇"可能"[②]的极限空间布局。其哲学出发点是——既然事实证明现有知识不足以判断人们该怎么做，但是至少可以告诉人们什么不能做。规划不再是引导人们怎么动的计划，而是制定行动不能逾越的规范。

（3）方法设计

①方法设计缘由

在这种理念前提下，"反规划"的空间规划必须面对这样的挑战——如何在"有

---

① 反规划的方法设计者认为现阶段的城乡规划的基础，不能是所谓的社会、经济发展需求，因为这些需求具有太多主观随意性——主要来自于开发商和市长们，而应该是维持城乡人居环境可持续发展的必要生态基础设施建设和保障城镇生态安全的景观生态格局的空间需要。
② 是指排除基于城镇生态安全需求和生态服务功能维护必需用地空间之后所剩余的空间范围。

限"的土地上建构一个高效保障生物进程、历史文化过程完整性和联系性的"生态基础设施",维护区域"景观安全格局",同时为城镇扩展留出足够的空间。在传统理性规划的正向思维无法预知基于社会和经济发展的空间边界前提下,需要通过"反规划"确定基于城镇生态安全和生态服务功能运行的空间边界。这样至少能够给决策者提供一个基于"底线"的弹性发展空间作为决策依据。"反规划"认为建设在保持了自然山水格局和生态服务功能基础上的城镇空间环境必然是发展动力充沛且富有生机的,这才是真正的规划"理性"。反规划的理性是建立在自然系统之上的,这是基于作为城镇发展"母体"的自然山水格局和自然演进过程本身在很大程度上是已知的,在这个基础上的城镇规划体现了与自然相适应的理性过程。

②操作方法

由于研究思路的变化,反规划方法的设计依托的研究理论依据发生了巨大变化。传统规划更多是基于社会—空间、经济—空间、文化—空间互动的各种相关理论,而反规划的基础理论是基于景观生态学的"生态基础设施"和"景观安全格局"理论。具体操作方法主要是运用基于 GIS 的叠图分析法。

首先,"反规划"基于相应基础理论确定需要着重分析和研究的领域。"生态基础设施[1]"是指维护生命土地安全和健康的关键空间格局,它是地域自然生态系统的基础结构,是为区域内的人类提供持续生态服务的基本保障。基于这样的重要性,"生态基础设施"所占据的土地应该是任何城镇扩张和单纯基于所谓社会、经济发展的土地开发都不能触动的"生态底线"。如何确定"生态基础设施"在区域内的空间占据状况,是"反规划"基于土地"生命特征"进行空间功能安置的工作重心。基于景观生态学领域的基础性研究——生态基础设施的空间结构往往呈现为基于地域自然环境特征的"斑块、廊道"所构筑的大地"绿色"网络系统,与此同时,根据地域自然环境状况和原生生态系统运行的需要,该绿网需占据足够的空间(土地)才能保障在系统正常运作的基础上提供相应生态服务功能。因此,生态基础设施的空间(土地)占据,需要从空间总量、功能单元(斑块和廊道)的形态及大小、网络总体结构等几个方面入手进行分析。当然也有研究认为,生态基础设施不仅仅是基于自然的空间维护,也可以运用人工手段进行建设——可以通过一些人工构筑(建设生物通道)来弥补区域内其他建设导致的自然空间破碎、斑块沟通不足的状况,这些发挥生态功能的人工措施基于其功能也属于生态基础设施。但是基于生态基础设施对于区域生态意义,这种以人工构筑替代自然廊道的做法往往仅仅是针对既有天然网络结构已经破坏状况下的弥补措施。某一地域生态基础设施的构建主要从以下几方面入手:

自然非生物过程分析——主要是区域内地貌及地质演进发展过程的解析,涵盖基于地质运动的地貌变化和基于水循环的水陆变迁状况。包括地质活动造成的地貌变化的历史过程解析,地质状况的演变过程,溪流、江河、湖海的发育进程,水陆演替,降水、径流、地下水、潮汐的影响机制等。具体分析重点是基于当地自然环境条件进行筛选的。

---

① 生态基础设施(Ecological infrastructure),该概念最早见于联合国教科文组织的"人与生物圈计划"的研究,在 1984 年的城市生态系统研究报告中,生态基础设施表示"自然景观和腹地对城市的持久支持能力"。后历经更多学者的研究,普遍认为它是指对系统运行及栖居者(包括人类)的持久生存具有基础性支持功能的资源或者服务。

自然生物过程分析——在对区域内原生生态系统生物群落构建状况解析的基础上，通过研究其中重要物种的生存与繁衍自然过程中的栖息和迁徙规律，分析人类活动对自然生物栖息地的影响机制，探讨如何协调人类发展与基于生物多样性保护的原生生境特征维护之间的关系。重点是基于生物栖居的核心栖息地范围和迁徙交流廊道空间划定。

人文过程分析——研究区域内城乡人居环境的演化发展历程，包括城镇拓展，乡村聚落变迁，人与自然互动（包括生产、生活、游憩），典型乡土景观的形成等。

其次，"反规划"基于"景观①安全格局"规划途径确定上述要素动态叠合的技术路径。景观安全格局是判别和建立生态基础设施的途径。它的分析重点在于通过模拟各种景观过程，来判定对于这些过程的安全和正常运行具有关键意义的景观格局。它可以基于资料收集，通过种种设定（不同的安全水平），选择恰当的模型（包括引力模型、潜能模型、扩散模型、随机模型等）来模拟各种景观过程，可以包括自然领域空气和水的流动、物种扩散、灾害过程和人工建设领域的城镇扩张等内容。从而，探寻影响区域发展或者维护区域生态安全的时空关键节点，以期在后续规划方案制定中予以重点关注。景观安全格局判定的具体操作分为以下几步：

第一步，景观表述。具体表述方式有三种——基于垂直分层的"千层饼"叠图模式、基于水平过程的"基质—斑块—廊道"模式和基于视觉感知的环境体验模式。这些具体表述通常是建立在各种基础资料收集基础上的，涵盖气象、水文、地质、植被、土地利用、景观等方面的具体内容。资料的获取可能源自各种自然状况记录、历史记述、社会经济发展的研究文献和统计资料以及现场踏勘和感受。通常，将这些信息依托地理信息系统转化为数字化图纸。

第二步，景观分析。分析的重点在于景观格局变化的过程，也就是针对生态基础设施建构必要的自然过程、生物过程和人文过程进行变化的动态分析。这三个过程是三个大的方面，针对不同目标的具体研究，其具体内容会有所不同。这个阶段是"反规划"方法操作的关键，其难点在于如何选择恰当的趋势表面和阻力模型。当然，也不是所有的过程都需要通过阻力面的分析来研究相应的发展趋势，也可以通过更简单的方法予以判断。

第三步，景观评价。重点评价现状景观格局对应于上述景观过程的价值和意义，也就是现状景观的生态服务功能是否能够适应这样景观演化发展过程的需要，由此寻找现状之于未来变化的短板。这个步骤的操作关键在于选择适宜的评价方法。通常，可供选择方法包括生态环境评价法、景观美学评价法、社会经济效益评价法等等。当然，研究者也可以根据研究的重点制定适用于这一具体项目的评价方法和配套标准。

第四步，景观改变。基于为获得更安全的景观演化过程提出如何对现状进行规划和改造。通常首先是在"高、中、低"三种不同的安全水平上，判断对不同景观

---

① 此处"景观"一词不是常规意义基于风景艺术审美的概念，而是基于景观生态学的科学术语。它的含义是指由于各种自然和人工过程在土地上形成的具有一定空间结构的地景形态。

过程具有战略意义的景观要素及其空间位置和规模。其次将不同景观过程和安全水平的景观安全格局进行组合，构建多套可供选择的景观安全格局方案——这就是不同安全水平上保障城镇和国土生态安全，持续提供相应生态服务功能的生态基础设施可能占据的土地（空间）范围和结构状态。这个步骤的操作技术难点在于如何确定哪些景观元素对于生态基础设施构建具有战略意义，以及这些景观元素"落地"的空间机制，以及怎样确定相应的安全水平。

第五步，影响评估。针对第四步形成的景观改造或者不同的生态基础设施方案，进行生态服务功能的综合影响力评估。重点评估这一方案对自然过程、生物过程和人文过程的影响状况是积极还是消极？能在多大程度上产生相应的作用？有些时候还需要对比不同的生态基础设施方案的差异，以供最后决策参考。这些评估目前可以通过不同的影响力模型来模拟或者利用实际观测数据来证实。评估还有一个重要的步骤是征求各个相关部门对于不同生态基础设施方案的意见，通常来讲不同的部门往往会关注不同过程的不同服务功能的运行效率，评估过程要着重关注不同部门意见的冲突点，并寻求建立对应协调机制，以构建最终的生态基础设施方案。

第六步，规划决策。决策者根据上述五步的研究成果，最终选定合适的实施生态基础设施方案。根据这一方案设定城镇空间拓展的"刚性"界限，并通过蓝线、绿线、紫线划定"不建设"区域，将之与法定规划形成互动，落实下去（图6-16）。

③特别说明

"反规划"是一种基于逆向思维的规划技术方法改变，在目前的规划编制体系下，还需要通过与传统规划的互动来达成其规划成果的落地实施。基于景观生态学对不同景观过程的尺度分析，生态基础设施分为宏观、中观、微观三种尺度，即对应于传统法定规划不同层面的总体规划、控制性规划、修建性规划的有关空间布局和形态控制的生态基础设施用地布局、形态与结构规划（表6-4）。

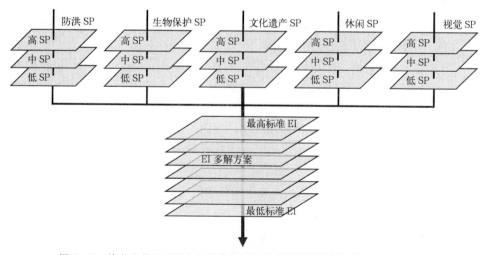

图6-16 综合多种景观安全格局的多解生态基础设施规划方法系统建构示意

图片来源：俞孔坚，李迪华，刘海龙. 反规划途径 [M]. 北京：中国建筑工业出版社，2005.

"反规划"与"正规划"关系　　　　　　　　　　　　　　表6-4

尺度	"反规划"内容（区域和城乡生态基础设施规划）	"正规划"内容（城乡物质空间建设规划）	互动关系
宏观 >100km²	区域生态基础设施总体规划：维护区域的基础生态结构，确定什么地方不可建设	城镇体系规划和城市总体规划：在什么地方建设具有什么功能城镇物质空间	前者作为城市总体空间发展规划的依据，重点在于对建设用地规模和城镇体系空间形态与结构的形态控制
中观 >10km²	城市分区生态基础设施规划：如何控制不建设区域和确定生态基础设施关键要素；生态基础设施关键要素的控制性规划：基于关键要素生态服务功能运行的土地空间格局规划	分区规划：对城市总体规划的细化，在什么地方建设什么具体功能空间的详细定位、定量；控制性详细规划：如何进行基于地块开发的具体建设控制，包括建设量、建设强度、具体物质空间总体形态等	前者作为城市分区规划和控制性详细规划的依据，重点是主导城市内部空间结构的生成
微观 <10km²	地段生态基础设施的修建性规划和设计：怎样将区域层面的生态服务功能导入城镇内部，如何优化局部地段的生态基础设施以达成生态服务功能的效率提升	城市地段的修建性详细规划或者实施性的城市设计：城镇物质空间建设成怎样的具体形态	前者作为具体指导建设活动开展的修建性详细规划的依据，主导地段的开发模式及基于生态要素流动的空间结构生成
说明	"反规划"确定的内容是"正规划"相应层面工作深入的前提和依据		

表格来源：俞孔坚，李迪华，刘海龙. 反规划途径[M]. 北京：中国建筑工业出版社，2005：33，表3-1。入选教材时有改动。

④结论

"反规划"是基于生态优先的思想，旨在为不同的景观尺度上对相应层面的"正规划"的编制提供为保障城镇生态安全的"生态基础设施"空间范围和结构形态的"刚性"要求，作为后续城镇"正规划"的编制依据。"反规划"的规划成果是划定"不建设"的土地范围。而这个"不建设"的土地与传统"正规划"中的"非建设"用地之间具有本质的区别（表6-5）。事实上，"反规划"中的不建设区域在景观生态学领域是具有内在结构的整体系统，它的功能是维护区域自然生态系统的基本景观特征，并为区域内的城镇、乡村的人居提供生态服务。而传统"正规划"中的非建设用地很难说具有固有的内在结构，而更多是响应城镇建设用地的形态控制需要，与此同时它们也没有基于这样一个空间（土地）形态结构的整体功能，大多是填充了一些辅助城镇密集建设空间运行的功能，如各类公园用地。简单来说，在反规划的逻辑中，"不建设"区域与"建设区域"是景观层面相辅相成的有机整体，"不建设"区域是具有系统和生命特征的。而传统的"非建设"区域只是机械的空间留白，用以限制城镇空间无序拓张，并无物理空间形态之外的内生机制和整体功能。

"反规划"成果与传统规划中有关部建设区域概念的本质差异　　　　表6-5

比较方面	"反规划"成果	传统规划中有关不建设区域
目的不同	以土地生命系统的内在联系为依据，是建立在自然过程、生物过程和人文过程分析基础上的以维护这些过程的连续性和完整性为前提的	把绿地作为实现"理想"城市形态和阻止城市扩展的"工事"，而绿地本身的存在与土地生态过程和文化遗产缺乏内在联系
次序不同	主动的优先规划：在城市建设用地规划之前确定，或优先于城市建设规划设计	被动、滞后的，绿地系统和绿化隔离带的规划是为了满足城市建设总体规划目标和要求进行的，是滞后的，是一项专项规划

续表

比较方面	"反规划"成果	传统规划中有关不建设区域
功能不同	综合的，包括自然过程、生物过程和人文过程（如文化遗产保护、游憩，视觉体验）	单一功能的，如沿高速环路布置的绿带，缺乏对自然过程、生物过程和文化遗产保护、游憩等功能的考虑
形式不同	系统的，是一个与自然过程。生物过程和遗产保护、游憩过程紧密相关的，是预设的、具有永久价值的网络，是大地生命机体的有机组成部分	零碎的，往往是迫于应付城市扩张的需要，并作为城市建设规划的一部分来规划和设计，缺乏长远的、系统的考虑，尤其是缺乏与大地肌体的本质联系

表格来源：俞孔坚，李迪华，刘海龙. 反规划途径 [M]. 北京：中国建筑工业出版社，2005.

6.3　结语：方法设计与研究效率

　　方法存在的价值是它们能够协助人们思考，更好地认知客观世界。针对不同类型的事物，认知方法会有所差异——更好的方法能够提升认知效率和增进认知深度。因此，方法设计就是要根据研究课题的特点寻找到更适合于这一领域的研究方法，以提升相应研究的效率。经过长期积累，人们在既定研究领域往往有一些相对固定的方法组合，我们将它们称为"研究模式"，这些模式大多是在一定客观条件下能够较为全面、深入、迅速解析这些领域的问题，发现相关规律。因此，不同专业领域的学习一方面是掌握该领域的知识，另一方面则是学习相应的方法。

　　人类的认知过程一方面是各个领域知识积累的过程，另一方面也是不断创造新研究方法的过程。每种方法都有相应的研究特点——有长处也有短处，不能简单地说某种方法是好还是不好，没有哪种方法能够应对所有未知领域的探索。这也是为什么人们需要进行方法设计的根本原因。人们通过遴选适宜的方法并将它们加以组合形成方法体系来扬长避短，探索某一事物不同方面的本质与发展规律，以全面、深入、系统地建立对这一事物的知识系统，并在未来人类发展的过程中加以应用。方法设计的根本目标是提升认知效率，包括知识发现的时间效率、范围效率、认知层面效率三个方面，好的方法能够更快、更全、更深地认知。俗语云"磨刀不误砍柴工"，方法设计就是研究领域的"磨刀"过程。

■ 参考文献：

著作：

[1]　吴志强，李德华. 城市规划原理 [M]. 北京：中国建筑工业出版社，2010.

[2]　（英）洛兰·布拉克斯特，（英）克里斯蒂娜·休斯，（英）马尔克姆·泰特. 怎样做研究（第二版）[M]. 戴建平，蒋海燕译. 顾肃校. 北京：中国人民大学出版社，2005.

[3]　（美）保罗·拉索. 图解思考——建筑表现技法（第三版）[M]. 邱贤丰，刘宇光，郭建青译. 北京：中国建筑工业出版社，2002.

[4]　（美）菲利普·伯克，（美）戴维·戈德沙克，（美）爱德华·凯泽，（美）丹尼尔·罗德里格斯. 城市土地使用规划（原著第五版）[M]. 吴志强译制组译. 北京：中国建筑工业出版社，2009年8月第1版.

[5]　日本土木学会. 滨水景观设计 [M]. 孙逸增. 大连：大连理工大学出版社，2002.

[6]　俞孔坚，李迪华，刘海龙. 反规划途径 [M]. 北京：中国建筑工业出版社，2005.

[7] 肖笃宁，李秀珍，高峻，常禺，张娜，李团胜 . 景观生态学（第二版）[M]. 北京 : 科学出版社，2010.

文章：

[1] 王建国，杨俊宴，陈宇，徐宁，西湖城市"景—观"互动的规划理论与技术探索 [J]. 城市规划，2013（10）：1

[2] 王建国 . 基于城市设计的大尺度城市空间形态研究 [J]. 中国科学 E 辑 : 技术科学，2009，39（5）：830—839.

[3] 王建国，高源，胡明星等 . 基于高层建筑观看的南京老城空间形态优化 [J]. 城市规划，2005（1）：45—51.

[4] 王建国 . 城市空间形态的分析方法 [J]. 新建筑，1994（1）：29—34.

[5] 陆希刚，"图"与"底"——关于城市非建设用地规划的思考 [J]. 城市规划学刊，2013（4）：68—72.

[6] 侯伟，徐苏宁 . 城市总体规划战略环境评价的"反规划"思维 [J]. 哈尔滨工业大学学报（社会科学版），2009，11（4）：18—23.

[7] 俞孔坚，乔青，袁弘，闫斌，李迪华，刘柯 . 科学发展观下的土地利用规划方法——北京市东三乡之"反规划"案例 [J]. 中国土地科学，2009，23（3）：24—31.

[8] 叶小群 . 正反两依依——谈"论'反规划'"[J]. 规划师，2007 23（1）：59—61.

[9] 张愚，王建国 . 再论空间句法 [J]. 建筑师，2004，（3）：33—44

[10] 俞孔坚，李迪华，韩西丽 . 论'反规划'[J]. 城市规划，2005（9）：64—69.

[11] 毕凌岚，黄光宇 . 对现行城市土地利用规划的生态反思 [J] . 城市规划汇刊，2003，5：52 – 58.

[12] 李江，郭庆胜 . 基于句法分析的城市空间形态定量研究 [J]. 武汉大学学报，2003，36（2）：69—73.

■ 思考题：

（1）方法设计的基本原则有哪些？为什么需要遵循这样的原则？

（2）决定方法设计"效率"的影响因素是哪些？它们之间具有怎样的相互影响机制？

（3）影响研究时间的因素有哪些？研究计划应怎样设计相应的控制机制？

（4）如何保障研究的客观性？

（5）研究方法设计包含了哪些步骤？

（6）方法设计前期的工作重点是什么？

（7）如何进行研究选题？

（8）研究对象与研究领域的关系是怎样的？

（9）怎样整理研究思路？

（10）划分研究阶段需要考虑的主要因素有哪些？

■ 拓展练习：

（1）拟订一个研究题目，并根据这个题目制订研究计划。

（2）拟定一个研究题目，并制定阶段验收清单。

（3）调研所在城市 2h 车程范围内某条河流的自然环境特征。

附 录

本章要点：
- ■ 附录 1：城市总体规划的调研内容与资料收集
- ■ 附录 2：详细规划的调研内容与资料收集
- ■ 附录 3：城乡规划学科领域常见分析图类型及其表达分析要点
- ■ 附录 4：附图目录
- ■ 附录 5：附表目录
- ■ 附录 6：其他

附录1：城市总体规划的调研内容与资料收集

　　城市总体规划是根据国家对城市发展和建设方针、经济技术政策、国民经济和社会发展的长远规划，在区域规划和合理组织区域城镇体系的基础上，按城市自身建设条件和现状特点，合理制定城市经济和社会发展目标，确定城市的发展性质、规模和建设标准，安排城市用地的功能分区和各项建设的总体布局，布置城市道路和交通运输系统，选定规划定额指标，制定规划实施步骤和措施。

城市总体规划资料搜集的特点

　　时间跨度大：时间方面包含历史资料、现状资料、发展设想三个层面，历史资料含编制时间前至少5年以内的统计资料，某些方面则需要10年内的统计数据，甚至更远的发展历程追述；现状资料指编制当前的数据状况；发展设想含5年内近期设想以及远景设想。

　　涵盖领域广：基于不同的学科领域，主要涵盖区域环境、历史、文化、自然生态、社会、经济、城乡土地的使用情况等几大方面；就地域层次划分而言，包括规划对象所在区域、市域和城区的各种现状资料。

城市总体规划资料搜集的主要方法

　　现场踏勘：主要用于了解规划对象所处地域的自然环境直观状况和物质空间环境建设的基本状况。这是城乡规划调查的最基本手段，分为踏勘性调查与专项性调查两种类型。

　　问卷或抽样调查：用于普遍了解某方面的现状，或者相关社群有关地域发展的期望和设想。其中，最具有可信度和说服力的是进行抽样调查。在总体规划阶段的两种主要形式：针对某个领域或者专项（方面）的部门（单位）调查，全面了解总体状况和意愿的居民调查。

　　访谈和专题座谈会：用于以下三种情况，其一了解尚无准确文字记载的重要历史信息；其二，唯有有针对性地解决某些问题和征集对未来发展的设想与愿望；其三，针对某些关于城市规划重要决策收集专业人士的意见。

　　文献查阅：用于汇集各个方面的各种资料，重点包括历年的统计资料、城市志、县志、专项志书、涉及历次城市规划的政府相关文件与大众传媒，已有的相关研究成果等。

城市总体规划资料搜集的内容与来源

　　(1) 综合资料

　　收集目的是为了进行基础研究，了解总体状况。

　　①统计年鉴（近十年），来自当地统计局或规划管理部门。

　　②国民经济与社会发展的五年规划来自当地发展和改革委员会（简称发改委）。有些地方经济发展与社会发展分别有由不同部门编制的更为详细的规划，这些部门有经开委、贸促局等。

　　③地方志，包括市、县志及专业志，例如：交通志、建设志、水利志等，来自

当地人民政府或者地方档案馆，有些公开出版的志书也可以购买或到当地图书馆查询、借阅。

④地方政府工作报告，来自当地人民政府。

⑤地方人口普查资料，来自当地公安局或者民政部。

⑥历次城镇体系规划及城市（镇）总体规划（文字和图纸），来自规划管理部门。

⑦土地利用规划及基本农田保护区的相关资料（文字和图纸），来自当地国土管理部门。

⑧各类专项规划（如交通规划、生态规划、旅游规划、给排水规划、防灾规划等），来自各个相关的部门，如交通局、水利局、环保局、林业局、旅游局等。

⑨行政区划图，来自民政局或者规划管理部门，也可以购买已经出版的区划图。

⑩ 1：5000 或 1：10000 地形图，来自规划管理部门。

11 卫星遥感影像图（针对不同城市而言），来自规划管理部门，也可通过网络获取，如 goolgl earth、百度地图等。

（2）类型资料

收集目的是为了开展专项研究，为总规如何进行土地利用和物质空间布局提供相应决策依据。有些类型资料是在综合资料基础上进行深入分析获得的。

①自然环境调查：资料的来源主要是市（县）志和相关专项研究报告，亦可向专门研究机构委托调查或者查询验证，主要包括地理状况（地质、地形等）、气候状况、生态系统状况（物种构成、珍稀物种、生物群落与环境互动等）、水文状况（包括水利）、自然资源等。

②经济环境调查：经济环境的调查是认识和解决城市问题的基础之一，主要内容涉及规划区域的整体经济发展状况和产业构成状况。资料来源主要是统计年鉴、国民经济与社会发展五年计划、政府工作报告等，包括城市经济总量及其增长变化情况、城市整体的产业结构、一二三次产业[①]的比例、工农业总产值及各自的比例等，以及就当地资源状况而言的优势产业与未来发展状况等内容。

③社会环境调查：主要是人口状况调查和区域发展状况两大部分。其中，人口状况的资料来源主要是统计年鉴、人口普查资料。调查的主要内容包括规划城市（镇域）的总人口、城区（镇区）的总人口，人口的历年变化情况（重点是人口的自然增长率、机械增长率），城镇人口总数（或非农业人口），年龄及性别构成、文化构成、行业构成，人口和流动人口数量等；区域发展状况调查主要包括镇域范围内各行政村、自然村名称、总人口、耕地面积、生产总值、特色农业等基本情况。

④城市（镇）用地的调查：主要落实城镇物质空间的建设现状，重点是十大类用地[②]的调查。资料来源于现场踏勘、地形图、卫星影像及各类专项规划对规划区范围的所有用地进行现场踏勘调查，需要对各类土地使用的范围、界限、用地性质

---

① 第一产业（指郊区）主要是农业的经济状况及主要农产品的地区优势等；第二产业主要是工业的经济状况及产业的构成以及主导产业（支柱产业）、主要工业产品的地区优势等；第三产业如商业、金融业、房地产业等的经济状况。

② 根据《中华人民共和国城市用地分类与规划建设用地标准》（GB 50137-2011）我国城市建设用地分类为：居住用地、公共管理与公共服务用地、商业服务业设施用地、工业用地、物流仓储用地、交通设施用地、公用设施用地、绿地共十大类。

等在地形图上进行标注，从而完成土地使用的现状图、权属图和用地统计表。

⑤历史环境调查：主要是对城镇发展历史文化状况进行了解，重点在于与城镇物质空间建设相关的地域或者建构筑物以及与这些地域和建构筑物相关的历史事实和地方风俗。这是历史文化名城、名镇规划必须要获取的资料。其来源主要是市（县）志、历史文化专项研究报告、现场踏勘、民间走访。主要调查内容包括：自然环境的特色，如地形、地貌、河道的形态及与城市的关系；文物古迹的特色，如历史遗迹等；城市格局的特色；城市轮廓景观，主要建筑物和绿化空间的特色；建筑风格；其他物质和精神的特色，如土产、特产、工艺美术、民俗、风情等。

专题1：XX市城市总体规划相关单位名录

政府办、发改委、规划局、建委、国土局、公安局、劳保局、统计局、财政局、交通局、科技局、工业经济发展服务局、商务局、民政局、农业局、林业局、水利局、气象局、环保局、河务局（港务局）、计生委、教育体育局、卫生局、文化广播电视局、旅游局、电业局、邮政局、网通公司、移动公司、联通公司、自来水公司、消防支队、地质矿产部门（能源部门）、文物部门、人防办、铁路部门、市辖各乡（镇）政府等。

特别说明：城镇总体规划涉及单位众多，此清单中各个单位的名录只是按照经验总结得来，随着政府本身的职能调整，上述单位的名称和实际行政单位的名称可能并不相符。例如规划局在有些地方可能与建委合并设置，成为"城建局"。还有些地方"计生委"已经并入"卫生局"，称"卫计委"。因此，实际调查时可能需要按照相应的政府职能落实具体的部门名称。

规划编制单位可以执相应公函到各个职能部门上门收集资料，也可以通过规划编制的职能部门或者上级牵头单位函告各个部门提供资料，汇总后再提供给规划编制单位。为了提高资料收集效率，需要针对各个单位的职能所在制作向这个单位征集资料的清单（参见案例1）。

专题2：XX城市总体规划基础资料收集清单（对国土局）

①最新的《土地利用总体规划》图纸及说明书。
②城市规划区范围内基本农田保护区位置、面积、土地使用性质，包括村镇居民点，以及农田（标明高产、低产田）、菜地、林地、园地、副食品基地布局及用地范围。
③现状土地开发利用的主要问题分析及发展设想。
④城市土地价格的级差分布状况。
⑤国土规划和土地普查情况。
⑥××××年土地详查资料（详查表、变更登记表或统计表），以能反映出该年全县各类用地总量数据为标准。

特别说明：上述六点是资料收集清单的主题内容，制作一份资料收集清单还应该包括对相关单位的函告内容（主要包括简要陈述资料收集的目的、用途）和经手单位的责任人、经办人的姓名、签字及联系电话等。

城市总体规划资料收集的成果及注意事项

城市总体规划资料收集的成果主要包括：一套城市现状图；一套现状基础资料报告；相关专题研究报告。

进行总体规划基础资料调查注意事项：

①严控资料质量，保证准确性、完整性、真实性和及时性。

②建立完善的人员管理体系，设立领导小组，明确责任人。总体规划编制是一项重要的政府任务，根据城镇级别不同，其总体规划本身就是相应的秘密等级。在其资料清单中许多涉及涉密资料的收集，为了保障资料安全，需要将责任予以明确。

③建立完善的对公函接制度。城镇总体规划的资料收集工作不是基于私人情谊的物品交换，是相关部门之间共同协调、配合才能完成的系统性工作。在这个过程中，需要按照行政部门之间正常的工作接洽制度开展工作，所有相互配合的工作步骤都需要有正式的函接，这些公函文件都需要加盖相应单位的公章。

④为了提升资料收集效率，需要按照当地社会、经济、自然状况事先精心设计调查内容。同时，还需根据地方政府职能分工状况，拟定详细调研清单。

附录2：详细规划的调研内容与资料收集

控制性详细规划是以量化指标和控制要求将城市总体规划的宏观控制转化为对城市建设的微观控制，并作为具体指导地段修建性详细规划、具体设计、土地出让的具体设计条件和控制要求。因为控制性详细规划的针对性较强，因此其资料收集涉及领域较总体规划小，但对一些重点资料品质要求较高，需要能够从定性、定量两个层面上对相应地域的环境及空间建设状况予以分析。

控制性详细规划资料收集的主要内容和来源

编制控制性详细规划应收集以下基础资料：

①城市总体规划或分区规划对本规划区的规划要求及相邻地段已批准的规划资料，来源：规划管理部门。

②土地利用现状图（1：1000~1：2000），其用地分类应分至小类和补充细分类，来源：规划管理部门，并经过现场踏勘核实修改。

③人口分布现状资料，包括规划区内的人口密度、人口分布、人口构成等，来源：当地公安局、街道办。

④建筑物现状资料，包括建筑物用途、产权、建筑面积、层数、建筑质量、保留建筑等；来源：通过卫星影像进行辨识，经过现场踏勘核准。

⑤公共设施规划与分布情况，由规划管理部门提供资料，经现场踏勘核准。

⑥工程设施及管网现状资料及专项工程规划资料，由规划管理部门和相关基础设施运行和管理部门提供资料，经现场踏勘核准。

⑦土地经济分析资料，主要包括地价等级、土地级差效益、有偿使用状况、开发方式等，来源：国土部门。

⑧建设历史及文化资源资料，包括规划地域范围内分布的重要历史街区、历史地段、文物建筑及重要特色景观，以及所在城市及地区历史文化传统、建筑特色等资料，来源：地方市县志、文化部门和现场调查。

⑨自然环境状况资料，所在城市气象、水文、地质、自然灾害（地质、气象等）、城市环境质量资料以及场地自然资料等，来源：相关各个政府职能部门（环保、林业）以及当地市县志和现场探勘。

⑩与有关部门核实对该地区发展要求、期望及近期即将建设项目内容，来源：座谈会及政府相关文件。

控制性详细规划资料收集阶段成果及注意事项

成果：一套城市现状图；一套现状基础资料报告。

进行控制性详细规划基础资料调查和整理的注意事项：

①准确、细致的资料整理和转换：控制性详细规划的资料收集非常琐碎，不仅来源部门很多，而且由于各个部门之间工作方法和关注点不同，为了保障后续规划能够准确落地，许多方面都需要基于城乡规划领域的技术特点进行再次解读（翻译），因此需要以细致的工作态度将相应的资料准确落实成为工作工具图。

②注重资料所含信息的更新与校核：各个部门的图纸和文字资料与现实的建设状况之间有时会因为建设活动开展时的各种突发事件而产生差异。准确的规划必须以准确的现状为基础，因此必须对重要的资料进行核实与更新。

③信息解读应立足城乡系统运行的有机整体性：现实表明许多城乡物质空间系统的运行失效都是因为对既有信息解读不够全面或者视角狭隘。因此，资料收集阶段不仅要尽量全面地掌握各种相关信息，同时也要为未来空间控制方案生成提供立场更为客观的前期分析。尤其是注重其他资源（例如：文化、景观等）的保护与再利用以及与地方社会建设相关的内容。

修建性详细规划的调研内容与资料收集

修建性详细规划主要任务是满足上一层次规划的要求，直接对建设项目作出具体的安排和规划设计，并为下一层次建筑、园林和市政工程设计提供依据。它的特点是空间范围小、具体。最终进行资料整理之后将获得一套比例尺为1：500～1：2000的城市局部地段现状图。

修建性详细规划需收集的基础资料，除控制性详细规划的基础资料外，还应增加：

①控制性详细规划对本规划地段的要求；

②工程地质、水文地质等资料；

③各类建筑工程造价等资料。

进行修建性详细规划基础资料调查和整理的注意事项有以下三点：

①资料的及时性：修建性详细规划的基础资料收集应当以反映编制当前的实际

情况为主，如现状建筑质量、高度、环境色彩等。

②注重现场踏勘、访谈的重要性：修建性详细规划是针对解决具体问题而制定的"行动方案"，因此现状已经意味着行动初始条件。因此必须进行深度踏勘，以掌握详细的现状科技信息。同时，需要针对既有地方社会进行调查，了解当地社群的发展意愿。

③现场影像采集的系统性、针对性：因为要详细记录相应的空间信息，所以影像技术往往被作为重要的辅助工具。但是拍摄影像的全信息模式往往会带来过多的其他信息，为分析增加难度，因此需要在采集图像时预先设计采集系统和规则，由此来增加信息分析的系统性，必要时进行现场测量、测绘工作。

附录3：城乡规划学科领域常见分析图类型及其表达分析要点

图示语言是人类的一种重要表达方式，它与肢体语言（包括舞蹈和行为）、文字语言、口头语言（说话）、音乐语言一同构成了人类的表达方式。图示语言是较早产生的一种沟通与交流方式。在文字产生之前，它是人类主要记述历史的书面形式。这是由于人类首先创造了绘画这种表达方式，然后再在此基础上将图形予以抽象，提炼出具有既定含义的符号，这些符号在运用过程中逐渐生成固定的表达结构，最终才形成文字。这种状况在孩子成长过程中也有体现：小孩大多在三岁左右就开始本能地运用图画来表达自己的情绪，而对文字的掌握往往需要在学龄后，通过系统地培养才能具备。由于文字具有更高效、准确的记述功能，逐渐取代了图示语言成为了人类的主要书面表达形式。但是图示语言具有一些文字所无法超越的优势，因此往往与文字配合记述和进一步说明文字未尽部分。而且在一些特殊的行业领域，由于其特定表达要求，有时图示语言具有更高的效率——这些行业往往有一套本领域的通用图示语言体系，以便于进行相应的交流。城乡规划领域正是这样的一个专业学科领域。

城乡规划的图示语言体系构成

有研究表明，人类大脑进行思考是依托图像展开的——文字虽然看起来具有更为严密的逻辑，但事实上大脑本身运行时首先需要将文字转化为"意念图像"，然后通过发散思维再进行加工。因此，图对思维的表达更为直观，不需要再次转化，有些时候图示语言可以大大提高思维效率。尤其是当思考对象本身的结构极为复杂或者进行创造性思维时，图示语言比文字语言的描述更为直接、准确、形象、生动。城乡规划设计领域对空间、功能以及城乡景观艺术造型的思考正是基于复杂系统的创造性思维，因此在这一技术领域，图示语言的表达优于文字。依托图示语言开展工作成为这一学科领域的重要技术特点。

通常来讲，城乡规划科学的图示语言体系分为"效果图""成果图"和"分析图"三大板块，每一板块具有不同的作用。

（1）效果图

效果图是展示和模拟所谓的物质空间建设活动成果的图。（当然，在目前发达的计算机技术支撑下，成果的展示已经不仅仅局限于纸质或者电子的静态画面，有时甚至可以通过动画进行虚拟场景和活动状况的演示）。效果图的作用一方面是对未来建设活动成果的直观表现。表达的重点是通过这种直观形象，向外行说明项目建成后的空间运营状况以及与周边既有环境的相互关系。另一方面也通过对最终空间效果的展示，将规划师或设计师对于该空间的理解和相应的设计理念进行艺术化的表述。通常来讲，效果图展示的都是项目最美好的一面。

当然现在计算机虚拟技术的发达，使得我们能够更加直观地了解相应建设行为可能产生的各种后果——通过相应软件对虚拟城市进行各种环境状况下的实景分析和展示，例如：对建筑日照、局地风等微气候环境状况的模拟，也可以对城市交通状况进行模拟。尽管目前我们还不可能通过计算机技术对真实的城市进行全面模拟，而且模拟的成果也不可能是对真实状况的全面预览（毕竟城市建设不可预见因素太多）。但是，我们已经可以根据一些重要影响因素进行模拟，从而给予我们决策以重要的支撑。

（2）成果图

成果图是完整的技术图纸。它一方面是行业内部进行技术沟通的主要工具。对于其表达内容和图纸绘制中具有特定含义的符号都是经过行业内部普遍探讨并约定俗成的。有时候为了避免交流歧义，甚至将其中的内容构成和主要符号以专门的技术守则和规范形式予以固化，形成通用语言。地方城乡规划领域地方管理部门往往会依托《城乡规划法》的相关规定对本地区的各种规划类型制定成果要求——通常是几图几书。例如：成都市的《城乡规划技术管理规定》就规定"村镇总体规划"的强制性成果内容包括"4图3书"。4图为"镇域总体规划图、城镇用地布局规划图、镇区道路及市政工程规划图和特色街区、重要节点建设规划图"，3书为"说明书、文本和基础资料汇编"。同时，规定中还对其中每幅图的主要表达内容提出了明确要求。与此同时，有些行业内部的重要单位还依托《城市规划制图标准》（CJJ/T 97-2003）对具体表达内容的表现方式进行了详细规定，以利于交流的便捷和准确。例如：不同色彩在规划术语规定中具有不同含义，"黄色系"代表居住类用地，"红色系"代表商业金融及公共服务设施类用地等等。成果图是既定规划编制成果重要的组成部分，通过审批的成果图是进行城乡规划管理的重要依据。因此，成果图的表达要准确、清晰、逻辑严密。

（3）分析图

分析图是表达研究者思考过程的图形辅助工具。它表达的重点是一个课题研究或者项目方案生成的逻辑思维和推理过程。在规划研究和项目设计过程中，不同阶段运用分析图的目的往往是不同的。在研究和项目前期的过程中，分析图主要作为研究者和设计者的工作工具。其重点在于一方面协助他们整理研究思路和明确方案生成机制，另一方面帮助他们更为全面、系统地解析现状，深入了解和掌握研究对象各个方面的本质及相应发展规律。因此，在这个阶段分析图大多用于内部探讨。从表达本身而言，并不强求其绘图艺术性和内容严谨性，而是在于能否清晰地突出分析重点和现状要点。在研究成果整理过程中，分析图则作为辅助的技术表达工具。其重点在于将成果中某一方面的要素、要点单独提出，以清楚地表达这些要点间的组织结构关系，并强调基于这些因素的思考过程，由此向同行或者外行更好地解释研究思路和方案特点。这时，分析图的表达不仅要强调突出重点，还要同时兼顾艺术性和学术严谨性。因为城乡规划研究涉及的因素极为复杂，好的分析图需要"图简意赅"地表达基于技术严谨性的重点信息，将研究和设计的主要思路和重点展现给别人，所以业内常有"绘制成果图易，制作分析图难"的俗话。

城乡规划领域常见分析图类型及其表达分析要点

城乡规划领域分析图的类型非常多，通常我们会根据分系统表达方式和绘制目的来进行分类。从表达方式而言，常用的类型有气泡图、循环图、关系图以及借鉴统计图的雷达图、柱状图、饼状图、统计地图等类型。而基于绘制目的而言，常常是针对研究或者项目方案生成的需要进行划分——就前文所提及的不同阶段分析图所发挥的不同作用来看，往往是针对不同的分析内容和研究阶段进行分类。在研究前期和研究过程中，分析图按照其作为工具的主要目的，分为思维图和对象分析图两大类。而其中思维图又分为思路框架图和理念生成图两种，对象分析图又基于分析层次和范围大小的差异分为区位分析图和现状分析图两种。而最终的成果解析图则针对表达重点分为理念解析图、思路解析图和系统解析图三种类型。

(1) 思维图

思路分析图

绘制思路分析图是为了让参与研究的伙伴或者有意愿了解相应研究的人员更为清晰、明了地掌握这个研究或者项目进行的思路。对于研究课题来说，思路解析需建立在严谨的逻辑推理基础之上，其表达的重点在于由旧知到新知的过程。对于项目设计而言，思路解析重点强调如何梳理与方案构思相关的各个方面之间的关系 (图1)。

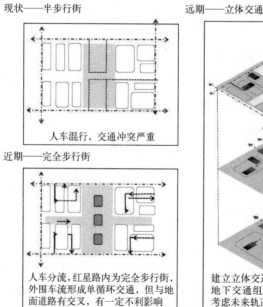
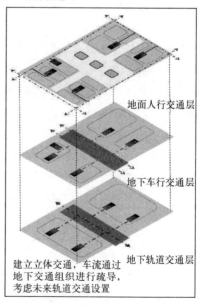

图1　成都市红星路商业街区交通组织设计思路解析

图片来源：成都谱城城市规划设计咨询有限公司之"成都市红星路商业街区改造规划"项目组提供，入选教材时有改动。

理念生成图

研究追求从已知事实到更多事实，不存在对知识的理念转化，因此理念生成是设计过程中一种独有分析模式——也就是如何将设计者的创造性思维用图示语言进行表现。所谓"理念"不仅仅只是一个简单的想法或者灵感火花，而是结合项目自身特点和设计者的追求，具有可实施性的。因此，理念生成图的主要作用是在方案没有形成之前，帮助设计者寻找设计突破口，在现状解析基础上进行自我认知，形成自己独到见解，帮助思维"解题"的工具。

作为城乡规划设计领域的理念生成图，必须要注意表达设计理念与以下几个方面的关系：与规划对象所处区位环境（涉及宏观的自然脉络、交通网络、经济系统等）的关系；与规划对象所在自然生态环境的关系（中观或者微观的自然生态要素）；与现状既有"空间—用地系统"的关系；与现状内在功能结构的关系（涉及社会、经济、人文、交通等）；与设计者理想之间的关系（例如：智能城市、生态城市、低碳城市、绿色交通等）。为了简化表达、突出重点，绘制理念生成图往往是脱离了具体现状地形关系和空间形态约束的，因此往往需要将相应的具体要素加以抽象。因为理念生成图不仅仅是作图者自己用于记录的工具，同时也是进行技术交流的工具，所以需要用大家都懂的图示语言来表达。基于以上功能，绘制理念图的难点在于如何进行"抽象"——于设计者自身而言，是在还没有实际方案情况下，如何抽象自己的思维逻辑；于交流而言，是如何基于图示语言本身构成要素（点、线、面、块、框），结合专业本身的主要技术要素和一些约定俗成的表达规则，设计一套具有普遍认同感的抽象标志系统——同行们基于共同的专业基础知识体系，配合相应的简单图例，能够理解设计者的思路和意图（图2~图5）。

（2）对象分析图

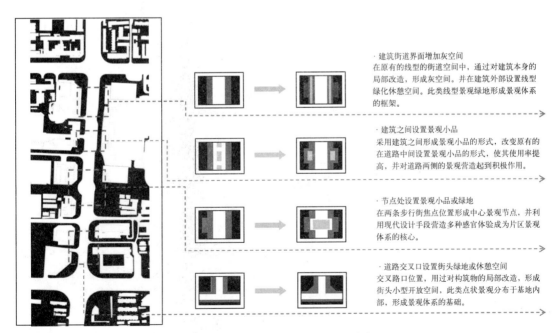

·建筑街道界面增加灰空间
在原有的线型的街道空间中，通过对建筑本身的局部改造，形成灰空间。并在建筑外部设置线型绿化休憩空间。此类线型景观绿地形成景观体系的框架。

·建筑之间设置景观小品
采用建筑之间形成景观小品的形式，改变原有的在道路中间设置景观小品的形式，使其使用率提高，并对道路两侧的景观营造起到积极作用。

·节点处设置景观小品或绿地
在两条步行街焦点位置形成中心景观节点，并利用现代设计手段营造多种感官体验成为片区景观体系的核心。

·道路交叉口设置街头绿地或休憩空间
交叉路口位置，用过对构筑物的局部改造，形成街头小型开放空间，此类点状景观分布于基地内部，形成景观体系的基础。

图2　街巷空间规划设计理念生成解析
图片来源：作者根据项目图纸改绘。

空间   行为   景观

·可移动构筑物形成开敞空间
  可移动构筑物分散排布，形成开敞空间，可营造展示、表演的氛围，景观效果较为开阔。

开敞   展示、表演

·可移动构筑物形成半围合空间
  可移动构筑物并排集中排布，可形成半围合空间，相对通透，可营造聚会、观赏的氛围，可形成视觉焦点。

半围合   聚会

·可移动构筑物形成围合空间
  可移动构筑物围合排布，可形成围合空间，相对私密，可营造休息、交流的氛围，吸引人停留。

围合   休息、交流

图3 街巷景观设计手法解析
图片来源：作者根据项目图纸改绘。

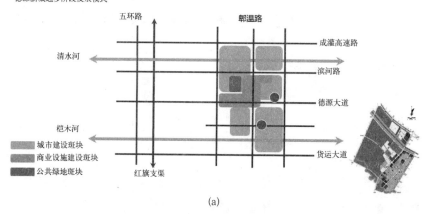

(a)

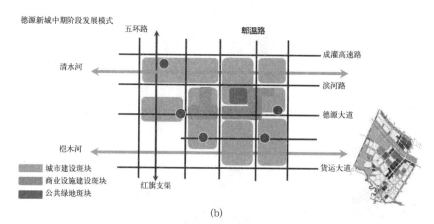

(b)

图4 城市分区发展过程解析
图片来源：作者根据"德源新城发展规划"项目组图纸改绘。

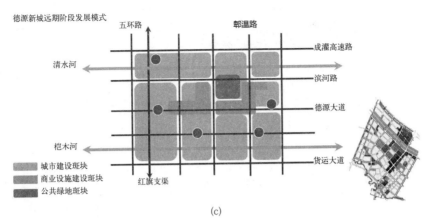

德源新城远期阶段发展模式

图4 城市分区发展过程解析（续）

图片来源：作者根据"德源新城发展规划"项目组图纸改绘。

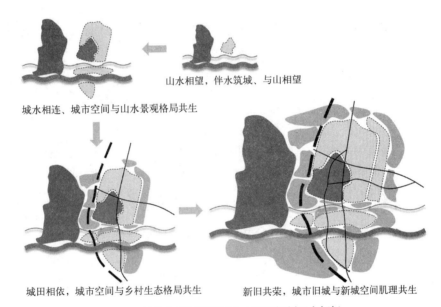

图5 城镇空间拓展区域山水格局规划理念解析

图片来源：作者根据项目图纸改绘。

1）区位分析图

区位分析图解析的重点在于研究对象作为整体在其所处更大范围的经济、社会、生态系统中的位置（空间位置或者系统位置）和作用（图6和图7）。

绘制区位分析图首先，要明确是分析领域——经济区位、生态区位、社会区位、交通区位，信息区位等与研究和设计相关的区位，是仅仅分析地理区位，还是要分析不同类型的区位。其次，确定基于研究对象特点的区位范围和层次——由于城镇区位生成基础是以地理位置为基础的，因此区位解析的层次与人们认知的地理层次相关。结合不同城镇行政管理区划（这决定了研究对象的社会运行和经济运行的对内、对外的主要作用范围），通常分为全球→大洲→国家→区域→省→市→县（乡）→镇→村，例如，全球→亚洲→中国→西部→四川省→成都市→

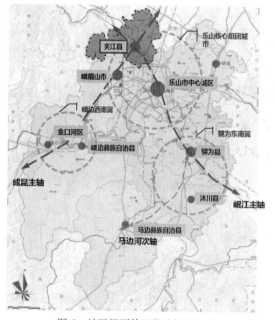

图 6　地区层面的区位分析图示例

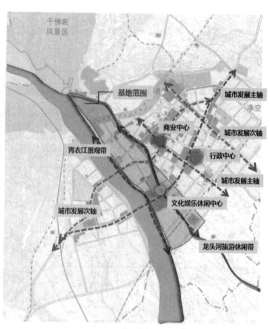

图 7　城市层面的区位分析图示例

图片来源：作者根据"乐山市夹江县青衣水城总体规划"项目组图纸改绘。

彭州市（县级市）→丽春镇→长廊村。但事实上区位分析没有必要纯粹拘泥于这种层级划分，而应该根据研究对象的影响力状况合理地划定分析范围。通常，基于研究对象本身状况上推 2~3 个层次就可以了。但是需要特别注意的是，如果这个城镇在某些方面具有特殊影响力，则需要另外考虑其区位分析的层次。例如：对于上海这样的城市，其经济区位分析无疑是需要从全球的角度进行解析的。但是对于义乌这样的城市而言，虽然从行政级别上来看它只是一个县级市，但是它在全球小商品批发领域无疑具有引领作用，其经济区位解析也需要从全球角度着手。而对于四川省成都市郫县犀浦镇这样的村镇，其经济区位解析只需要从地区范围入手就可以了。因此需要根据规划针对的目标决定城镇的区位分析层次。第三，特殊的区位关系分析需要基于相应领域的客观事实和规律，而不是仅仅局限于行政级别。例如都江堰市虽然只是成都市下辖的一个县级市，其行政地位并不算高，经济实力也没有像义乌那样的跨域影响力。但是从生态系统运行的角度出发，它地处青藏高原向四川盆地过渡的交界区，扼守岷江水脉咽喉，具有区域生态节点功能，十分重要。与此同时，它还具有丰厚的历史文化积淀，在中国传统文化发展历程中具有举足轻重的地位。所以，针对这样一个城市的文化区位和生态区位的分析,必须向上调整分析层次。第四，需要仔细思考相关要素与研究对象的层级、功能匹配关系——区位分析。是将研究对象作为一个整体置于宏观环境中予以分析，因此解析的相关要素必然是在功能层面、空间规模、区域影响力等方面都与研究对象相当的，这样解析才能真正有所发现。如果将研究对象与尺度不等的要素置于一个层面上进行解析，会导致规划整体定位失准。

2) 现状分析图

绘制现状分析图是为了更全面、深入、有针对性地了解研究对象自身的状况。常见的现状分析图有以下几种类型：

①用地状况分析图——主要基于各类建设活动而需要了解的基地的客观情况，包含地质状况（地质构造、承载力、地下水等）、地形状况（地貌、坡度、坡向等）、地灾状况三种类型。其合并分析的结果往往是某地"建设用地适应性评价图"（图8~图10）。

②生态环境状况分析图——主要是基于自然生态系统与人居环境系统互动过程中如何利于生态服务功能发挥而进行的分析。解析重点主要是各种生态要素，包括自然生境类型、珍稀物种分布、水系网络构成、空气流通自然廊道等。合并分析的成果往往是某一研究对象的"生态适应性分析图"或者"建设生态敏感性分析图"（图11）。

图8　规划用地坡度分析图示例

图片来源：作者根据"成都郫县环城生态带保护与发展规划"项目图纸改绘。

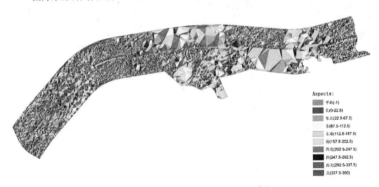

图9　规划用地坡向分析图示例

图片来源：作者根据"成都郫县环城生态带保护与发展规划"项目图纸改绘。

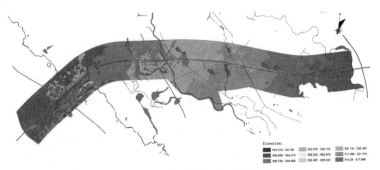

图10　规划用地高程分析图示例

图片来源：作者根据"成都郫县环城生态带保护与发展规划"项目图纸改绘。

图 11　规划用地生态敏感性分析图示例
图片来源：作者根据"成都郫县环城生态带保护与发展规划"项目图纸改绘。

③道路交通分析图——主要分析研究对象对内、对外交通组织状况。因此，常常分为"对外交通分析"和"道路交通分析"，前者重点针对研究对象与区外进行物资和人员流通的主要途径和枢纽状况，后者则强调分析研究对象区内的道路状况和交通组织状况。对于后者而言，还常常需要按照交通方式进行细化分析，例如：轨道交通、公共交通、非机动交通、私人小汽车。有时根据规划项目任务的需要，还需要分析静态交通状况（主要包括各种交通方式的停车分布及其容量和不同交通方式的换乘状况等）。道路交通分析的成果图纸非常多样，除了常规的"对外交通分析图"和"道路系统分析图"之外，还常常包括"静态交通（停车、换乘）分析图"、"公共交通系统分析图"，以及为了专门规划而进行的"步行和自行车交通分析图"等（图 12）。

④公共服务设施配置现状分析图——主要是基于城乡人居社会生活开展所需要的各类公共服务设施布点状况和它们相应的服务状况评价。因为涉及种类相对繁杂，此处分析的重点应集中在无法由"市场"全面提供，而且关乎社会公平的设施类型，例如：教育、医疗、养老、文化等，需要分析其布点、规模、服务半径、服务等级等内容。其成果往往是一系列不同设施类型的现状分析图（图 13）。

⑤市政基础设施现状分析图——分析支持城镇生态系统运行必需的各类市政系统的网络建设、服务覆盖现状和它们与其他城镇功能运行的矛盾。同时，还要基于未来发展趋势和需求，分析这些设施的应对潜力。主要涉及水循环（给水、排水、污水收集与处理、水资源循环）、能源（燃气、电力、石油、再生或绿色能源）、信息（有线通信及信号传送、无线通信、网络覆盖）、物质循环（垃圾收集与处置、废品回收和再利用）、物资传送（邮政、物流网络）等。随着城镇发展，市政基础设施需要涉及的内容日趋复杂，各个门类之间的交互影响以及与城镇其他功能运行之间的冲突点也越来越多，因此在现状分析中的地位也越来越重要（图 14）。

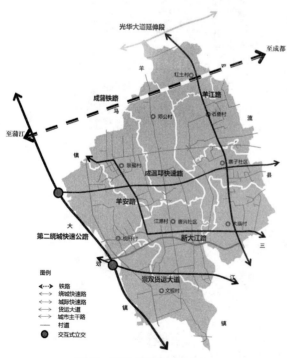

图 12　区域交通分析图示例
图片来源：作者根据"崇州市江源镇总体规划"项目图纸改绘。

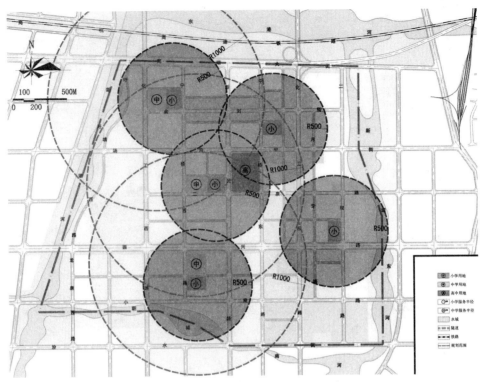

图 13　公共服务设施配套现状分析图示例
图片来源：作者根据网络资料图纸改绘，徐丽文制作。

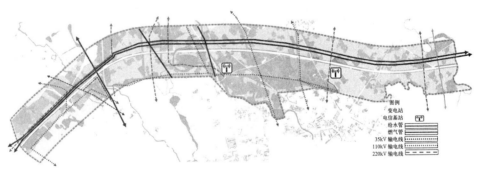

图 14　市政基础设施现状分析图示例
图片来源：作者根据"郫县环城生态带保护与发展规划"项目图纸改绘。

　　⑥历史文化遗存现状分析图——主要针对研究对象区内的历史文化资源及留存状况进行分析。这个分析需要结合相应的品质评价，而且重点往往是与物质空间相关的内容，例如：历史街区、历史建筑、文物建筑等。与此同时，有时还需要解析非物质性的历史及文化资源与物质空间的关系，例如分析重要历史事件发生场所、重要地方风俗行为开展场所的分布和开展状况等。历史文化遗存的分析是编制冠以"历史文化"名称的各级人居环境，如历史文化名城（镇、村）必须涵盖的重点内容，往往需要进行专题研究，大多包括相应的历史文化资源的评价标准、等级划分、保存状况、资源特色等一系列相关分析。其成果图的组成也比较多元，常有"历史文化资源分布状况"、"保存状况"、"资源类型"等（图15）。

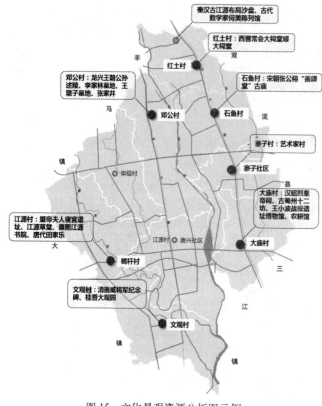

图中标注：

秦汉古江源布局沙盘、古代数学家何美陈列馆

红土村：西晋常会大祠堂墟 大祠堂 | 双

邓公村：龙兴王朝公孙述陵、李家林墓地、王墩子墓地、张家井

石鱼村：宋朝张公裕"善颂堂"古庙 | 流

羊 | 红土村

马 | 邓公村　石鱼村

镇 | 寮子村：艺术家村

崇福村 | 寮子社区

大庙村：汉昭烈皇帝庙、古蜀州十二坊、王小波战役遗址博物馆、农耕馆

江源村：望帝夫人寝宫遗址、江源草堂、康熙江源书院、唐代田家乐

大 | 江源村　唐兴社区

栀杆村

三

文观村：清振威将军纪念碑、桂香大观园

文观村 | 江

镇 | 镇

图 15　文化景观资源分析图示例
图片来源：作者根据"崇州市江源镇总体规划"项目图纸改绘。

⑦景观资源状况分析图——重点针对城乡人居环境空间建设的艺术性进行的既有资源及状况分析。这个分析同样需要与相应的品质评价相结合，因此分析难点往往集中于分析方法设计和品质标准确定两个方面。资源类型常常又分为自然资源和人文资源两大类型。其中自然资源分析与前面的生态环境状况的有些因素有交叉，人文资源分析与历史文化遗存状况分析亦有一些领域存在交叉，但此处分析的重点都是基于社会审美价值，而不是相应的生态服务价值和文化价值。

⑧开放空间现状分析图——基于现状城镇外部空间对相应人群的户外活动支持状况的分析。主要在中观或者微观层面，重点是针对城镇物质空间使用状况进行评价，涉及开放空间的功能、规模、艺术品质、互动关系、服务水平等。

⑨功能分区现状分析图——针对城乡人居环境的系统运行状况，重点解析既有物质空间与相应城乡功能的对应关系。这一解析是基于城乡规划学科领域对城乡物质空间运行规律的总结，除了对其中间相应功能空间位置、规模、既有状况进行分析之外，还需要对其演化发展历程、与自然环境互动、不同功能区之间互动进行分析。面临复杂人居环境系统研究时，有些时候还需要专门针对某一类功能进行单独解析，以保证研究更具针对性。例如：基于城市生产功能对其进行"产业形态布局分析"。又或者专门针对其中某些功能之间的关系进行解析，例如对生产与居住之间关系的"职住平衡"或者"产城融合"状况进行分析。

⑩物质空间结构及其组织——针对城乡人居环境的物质空间支持系统的建设运行状况，重点在于不同类型物质空间及其构建方式的解析。这一解析是主要基于人类的物质空间的建造水平和技术特点，分为水平延展模式和垂直构建模式两个解析方向。针对城镇空间的水平延展而言，城镇是组团模式还是带形模式？空间系统组织的核心结构是自然脉络（山脉、水脉）还是交通脉络或者是其他的复合型脉络，例如文脉？就垂直空间形态构建方面，那些区域已经呈现"立体城市"或者"分层城市"的状况。物质空间结构的形成往往与相应功能组织息息相关，从城乡人居环境构建角度分析，功能结构是内在结构而空间结构是外在结构。因此在对一些简单研究对象解析过程中，有时会将两者合并进行分析，绘制"功能—结构"分析图。

以上十大类现状分析图中，第一类和第二类是对基本原生条件的分析，第三类到第五类是对原有运行支撑系统的解析，第六类和第七类是对衍生资源状况的分析，第八类到第十类则是基于城乡规划学科领域对于城镇发展内在结构及其运行状况的复合分析。事实上，分析图绘制并不是拘泥于上述十类，根据研究者和设计者的研究和设计思路，他们有可能从中撷取部分具有"启发"意义的类型进行分析，也有可能专门跨类组合，以发现某些因素之间的关系。例如将生态环境状况与景观资源状况合并分析，又或者将用地现状和生态环境状况合并分析等等。正如前文所述，上述十类分析并不处于同一分析系统之下——它们只是作者针对目前常见的现状分析类型所作的综述，相互之间并无严谨的逻辑关系，在此必须予以强调，以防误解。

另外，还需特别说明的是既往的支撑系统现状研究中常常有一类"城市绿地（绿地系统）建设现状分析图"，这类分析图着重分析城镇空间范围内的绿地分布状况以及所谓的"系统功能"。在此，作者不建议进行这样的分析，原因是就城乡自然生态系统相应服务功能的内在运行机制而言，仅仅分析相应的绿地分布和构成不尽科学——这一分析只具有定位和数据价值，不能以此为依据推定城镇生态系统相应功能运行。因此，如果研究专门针对这一领域，建议需合并生态系统环境状况分析一同开展。

（3）成果解析图

成果解析图是成果图的一种类型。通常是研究者或者设计者为了更好地向公众、甲方或者评审专家介绍自己研究或设计成果时，有针对性地结合研究和设计重点而专门制作的。成果分析图分为三种类型：思路解析图、理念解析图和系统解析图。

思路解析图的表现重点在于展示研究过程的推理逻辑。这个"展示逻辑"是在总结整个研究基础上予以提炼的，它与前期的思维图之间具有内在联系。但是，因为在研究和设计不同阶段出现，它们的用途存在很大差异，也就造成两者表现上的差异。作为前期指导开展的思维图需要涵盖更多的细节，而在成果阶段的思路解析图则是立足向研究组、设计组之外的人员介绍研究和设计方案，因此其表述应该强调突出重点和主线。

理念解析图的表现重点在于展示与方案设计者"理想和追求"相关的最重要灵感是如何落实到设计方案之中的。设计前期，理念生成图的制作往往是推动设计灵感火花所在，但是经过各个领域的严谨技术实施性评价，最终能够落实的理念可能只是其中一部分。成果解析图展示的就是这些落实了的设计理念。

系统解析图的表现重点一方面是基于后续方案施行后相应对象各个支撑系统的实际运行状况进行的详细说明，例如专门将城镇交通组织或者城镇生态廊道系统加以分析。通常的系统解析图结合城乡规划的技术成果图涵盖的重点方面进行分解，尤其需要突出在成果图中无法直接体现的重要内容，例如：功能分区、空间结构、生态服务、开放空间等等。另一方面还会结合设计理念展示，专门针对之前提出的矛盾点、焦点、核心问题的相关系统作相应专题系统成果图，例如：围绕如何建设"低碳城市"，可能涉及城镇空间、功能结构优化、绿色交通和生态服务功能等多个方面，那么设计组可能由此专门制作"低碳城市建构系统分析图"。

总之，成果解析图与前期思维图和对象分析图存在一定的逻辑关系。有些时候，为了更为清晰地表达设计思路，设计师会将这些分析图予以组合，以突出在这一方案构思过程中的某些重点领域和方面的推理过程。

常见分析图示语言设计和表现要点

（1）图形涵义

在城乡规划领域，常见平面图示语言类型有点、线、面、块、框（边界）和箭头6种（表1、图16）。在语义运用方面，有以下常见约定：

点——点的运用通常分为两种类型：一种是符号或标志，用某一种形状的点表示某种特征的相应设施的布点状况，重点表达其相应的空间位置，或者结合其分布的密度、均匀度以及影响范围来判定其"服务覆盖度"或者"可达性"，常用于公共服务设施的布点分析。另一种是作为节点，用在各类模式图的表达中，表示某类系统构建的关键点。

面——有填充和部分边界的形状。主要用于表达对相应研究具有重要影响力的背景性区域要素，例如进行城镇生态环境状况分析，在对区域性生态背景影响分析时表示具有重要影响力的山体、水体的位置和形态进行的抽象表达等。

块——有明确边界和填充的完整形状。常常用于表达具有某种城镇功能区域，例如绘制城镇功能分区图是表达相应的居住区、商业区、工业区等，或者在此次研究分析中是相应研究主体的主要构成要素的内容，例如：进行城镇开放空间构成分析时，表示各个相对完整功能的空间场所，例如：广场、公园等。

框（边界）——封闭线条或者图面上并不封闭，但表达含义是"封闭"型的局部线条。常因为边界线条的表达方式分为"虚框"和"实框"两种类型。虚框通常首先是表达某种"势力范围"，并不是实际存在的边界。例如，绘制某种公共设施的服务半径或者某个研究对象所处的行政界域。在这种状况下，面边线的线型通常是参考地图的标准表达方式。其次在某些技术图纸中，具有标准的技术含义，例如规划红线。这种表达方式通常需要参考相应的技术表达规范。实框则重表达某些具有准确边界的城市空间单元，例如：居住组团、居住小区、公园、某些单位（工厂、科研机构）等。在绘制模式关系图时，虚框内组分之间的关系往往比较松散，只是某种类型要素的组合，例如生态型要素，可能是绿地、水域等；而实框内的组分之间往往具有既定的结构关系，例如由各个构成单元组成的城镇居住区。

线——或宽或窄的线条，有虚线和实线两种类型。虚线通常是某些实际上并不表现为"线形"但在功能上具有连通性的要素，例如：进行景观分析时的景观视廊或者生态要素分析时的绿廊；实线则表示在实际上呈现线形状态的具有切实连通性的要素，例如道路、河流等。有些时候在绘制模式关系图时，实线和虚线会用作表达相应事物之间的关系。其中，实线往往用于表达既定的、直接的联系，虚线则用于表达可能的、间接的联系。

箭头——分为单向箭头和双向箭头两种类型。箭头所指为某种要素的主要流向，因此在进行抽象表达时需要注意相应要素的流动关系。例如在生态要素的流动向表达时，绿廊中生物流是双向的，而河流的流向是沿水流方向单向表示。在进行空间模式关系表达时，单向箭头通常表示作用关系、双向箭头通常表示互动关系。

（2）逻辑关系

分析图的绘制不仅仅表达相应的空间位置，有些时候还应注重表达相应内容的逻辑关系。逻辑表达分为表达各种要素之间的关系，表达相应的推理逻辑、也可以表达数量。

城乡规划图示语言表达惯例　　　　　　　　　　　　　表 1

图形	规划要素涵义	常用颜色	形状	绘制经验
点	标志物、空间节点； 各类规划设施的空间点位； 重要的区域中心； 大尺度场域分析中的城、镇、村空间位置	纯度较高的亮色，如正红、橘黄、绿、紫	实心或者空心的几何形，以圆形、正方形为主	同种形状点表达同种性质的对象； 点的大小往往表达重要程度或影响力的差异 实心的话要有透明度
线	各种路径和廊道，如道路、河流等； 规划要素间可能的联系和作用	红、灰、绿、蓝等	实线、虚线、渐变、带箭头的线	虚线表示潜在联系； 实线表示存在实际要素流动的联系； 线的宽窄表示联系的强弱； 箭头指向作用方向，双箭头表示互动
	边界	红色、黑色	点划线	用于具有准确涵义的技术图纸
面	性质相对均匀的空间场域或自然要素，如组团、分区，水体（湖、海）、山林等	偏灰色调的各种颜色	较大的有框或者无框的各种完整形状	与地形图结合的表达可以在原始框线基础上予以柔化、简化，填充应有一定的透明度； 模式图可采用几何形状； 根据对象性质决定是否绘制边框
块	单一性质且有明确边界的空间，如各种功能区（居住区、工业区、文化区等）	各种纯度较高的颜色	有框的各种完整形状	边界与填充的色彩宜采用同一色系； 填充色彩透明度较低，有一定质量
说明	绘制分析图时艺术效果应服从规划技术语言逻辑；注重点线面块的在形态与色彩上的搭配			

表格来源：作者自绘，毕凌岚、李润瑶、徐丽文制作。

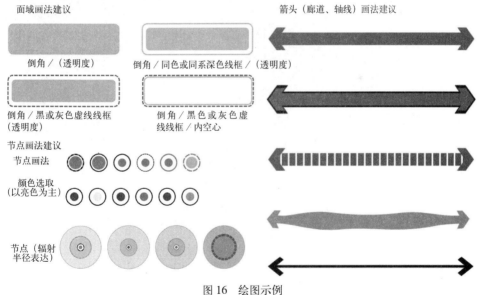

图 16　绘图示例

　　表达对象关系——图示语言可以表达的逻辑关系有关联、层级、涵盖几种类型。其中关联性表达可以通过对不同表达对象之间实际相互关系的抽象来达成，例如用图纸空间距离来表达两个要素之间的关联远近，或者通过两个对象之间连线性质来表达两者的关联程度。对于层级性的表达则往往是通过同种类型的图标的量级关系来进行示意，例如用不同大小的圆形表达城市商业网点的层级，越大的级别越高。用双线表示较高等级的道路，单线表示一般城镇道路。涵盖关系的表达则往往是运用图形的嵌套状况来进行说明。例如如果是完全包含在某一框线范围内，则意味着全包含。嵌套面积越多则意味着共同性要素越多。

表达对象数量——主要是通过图示语言中各种图形要素的大小、多少、宽窄来表达。例如用线条宽窄表示道路宽窄，用图形大小表示城镇人口多少等。

表达推理逻辑——图示语言也可以表达一定的推理关系，这种状况主要是通过在对象之间加连线和箭头加以表示，箭头的指向意味着思维的走向。

（3）色彩关系

城乡规划领域的分析图用色往往也会自觉遵循行业约定的表达规定——用黄色系表达与居住相关的内容，红色系表示公共设施，橙色系往往用于表达与居住相关的各类公共设施。也就是本领域分析图相应图形颜色以及相互之间的色彩关系反映的是既定对象指代的城镇空间和功能要素的相应性质和关系。这是分析图色彩设计通常必须遵守的前提（图17）。与此同时，图形色彩明度往往与表达重点相关，越鲜艳或者与背景对比突出的色彩往往用于表达分析的重点，相对暗淡或者融入背景的色彩用于表达相关性的其他内容。

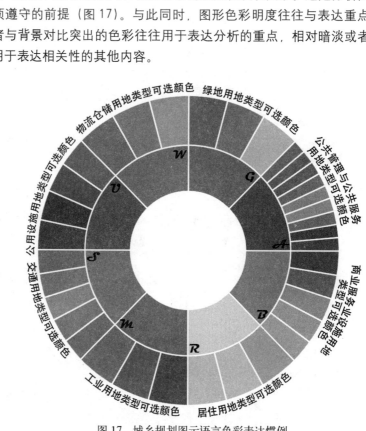

图 17　城乡规划图示语言色彩表达惯例
图片来源：作者自绘，帅夏云制作。

同一套图纸内，相关的同类要素必须用同一色系进行表达，以利于读者理解。

（4）艺术特质

虽然城乡规划领域的技术成果图和分析图都是技术图纸，对于其用色和图形指代都有一定的规定，但并不意味着图面表达不能进行艺术化处理。当然，成果图因为受到技术文件要求限制，进行艺术化的状况相对较少。但是其图面的整体色彩和图形对象的构图也往往会与设计者的审美趣味和项目特性相关。例如：工业区规划的图纸大多偏冷色系，居住区规划的图纸大多偏淡雅温馨。相比起成果图，分析图的表达有更多的艺术化形式，在遵循相应的技术语言基础上，可以有更多的风格追求（图18~图20）。

图 18　浪漫风格的分析图艺术形式示例
图片来源：作者根据"崇州市江源镇总体规划"项目
图纸改绘。

图 19　严谨风格的分析图艺术形式示例
图片来源：作者根据网络资料改绘。

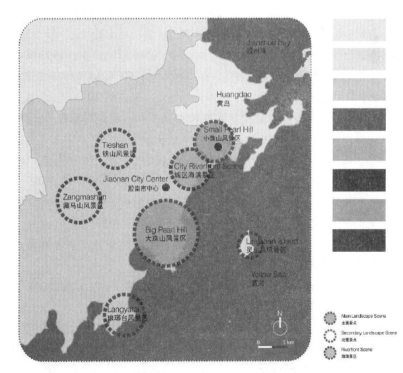

图 20　简约风格的分析图艺术形式示例
图片来源：作者根据网络资料改绘。

上述关于图示语言的表达内容大多是约定俗成的，并没有专门制度性的规定。但是遵循其中的相关惯例会让图纸能够更容易被同行甚至外行所理解，也让初学者在绘制分析图时更容易上手。

■ 参考文献：

网络文献：

[1] "城市规划论坛——国匠营城" http://bbs.caup.net/read-htm-tid-25512-page-1.html

■ 拓展练习：

学习绘制现状图和现状分析图。

附录 4：附图目录

图 2-2　交流产生新思想，图片来源：毕凌岚手绘，徐丽文制作。

图 2-3　拆解与综合以发现事物结构，图片说明：各种机械零件按照一定结构规律构成钟表，这种规律赋予钟表具有计时器的功能。而另一些机械零件按照另一种结构规律组成电话，这种规律赋予电话进行即时声音传送的功能。因此事物的结构在某种程度上赋予建构成果相应的功能。图片来源：http：//www．photofans．cn/gallery/show．php?gid=2175&p=7

图 2-4　推理的三种模式，图片来源：毕凌岚手绘，徐丽文制作。

图 2-5　推理的三种模式，图片来源：作者根据微信"上帝开了个药方"整理，徐丽文制作。

图 2-6　亚历山大的"树形"城市结构示意，图片来源：张正军绘制。

图 2-7　辖合显同示意，图片来源：毕凌岚手绘，徐丽文制作。

图 2-8　城乡规划领域学科构成，图片来源：作者自绘。根据赵万民，赵民，毛其智等．关于"城乡规划学"作为一级学科建设的学术思考[J]．城市规划，2010（6）：51 图 4 改绘，徐萌制作。

图 2-9　控制系统震荡提升系统演进效率，图片来源：作者自绘，韦玉臻制作。

图 2-10　理论研究准备阶段流程，图片来源：作者自绘，徐萌制作。

图 2-11　理论研究深入阶段流程，图片来源：作者自绘，徐萌制作。

图 2-12　理论研究升华阶段流程，图片来源：作者自绘，徐萌制作。

图 2-13　实践性研究流程，图片来源：作者自绘，徐萌制作。

图 2-14　城市规划理论体系构成，图片来源：徐萌绘制。

图 2-15　城乡规划理论体系与实践互动关系，图片来源：作者自绘，付鎏竹制作。

图 2-16　我国城乡规划编制体系构成，图片来源：作者改绘，徐萌制作。

图 3-1　各种类型的文献，图片来源：网络收集。

图 3-2　周王城示意，图片来源：《中国建筑图鉴》。

图 3-3　《成都街巷志》，图片来源：http：//www．winxuan．com/product/11550820

图 3-4　《我从战场归来》封面，图片来源：唐师曾．我从战场归来[M]．北京：中国人民大学出版社，2007．

图 3-5　文献研究的一般步骤，图片来源：作者自绘，张正军制作。

图 3-6　热舒适仪，图片来源：张樱子拍摄于拉萨。

图 3-7　超声成像木材检测，图片说明：为传统建筑保护做超声成像木材检测。图片来源：华南理工大学建筑学院网站。

图 3-8　实地研究法实施流程，图片来源：作者自绘，张正军制作。

图 3-9　套取衣物上纤维作为接触证据，图片来源：香港特别行政区政府　政府化验所官网　http：//www．govtlab．gov．hk/sc/home．htm。

图 3-10　调查研究流程，图片来源：作者自绘，张正军制作。

图 3-11　第一调查网主页，图片来源：http：//www．1diaocha．com。

图 3-12　艺术人生访谈现场，图片来源：http：//image．baidu．com。

图 3-13　访问调查法流程，图片来源：作者自绘，张正军制作。

图 3-14 集体访问法流程，图片来源：作者自绘，张正军制作。

图 3-15 安徽省智慧旅游总体规划调研会，图片来源：http：//www.whls.gov.cn/。

图 3-16 问卷调查法流程，图片来源：作者自绘，张正军制作。

图 3-17 调查问卷首语示例，图片来源：http：//www.zdiao.com/vtest_show.asp?testid=310472

图 3-18 单一实验程序，图片来源：作者自绘，张正军制作。

图 3-19 对照组实验程序，图片来源：作者自绘，张正军制作。

图 3-20 喷泉对周边环境影响实验照片，摄影：毛良河。

图 4-1 2006~2011 年全国居民人均纯收入及其实际增长速度

图 4-2 文字资料整理流程 图片来源：作者自绘，付鎏竹制作。

图 4-3 数字资料整理流程，图片来源：作者自绘。

图 4-4 统计表内容构成示意，图片来源：作者自绘，凌晨制作。

图 4-5 统计表构成要素示意，图片来源：作者自绘，凌晨制作。

图 4-6 数据可视化可以提高信息阅读效率，图片来源：作者根据微信"遇上图表妹"改绘，徐萌制作。

图 4-7 统计图构成要素示意，图片来源：作者根据微信"微博上的规划师"改绘，徐丽文制作。

图 4-8 选择恰当的统计图表达形式，图片来源：作者根据微信"遇上图表妹"改绘，徐萌制作。

图 4-9 条形图构成要素示意，图片来源：作者根据网络资料改绘，徐丽文制作。

图 4-10 图片来源：作者根据网络资料改绘，徐丽文制作。

图 4-11 2010 年中国人口构成，图片来源：作者根据网络资料改绘，徐丽文制作。

图 4-12 饼状图示意，图片来源：作者根据网络资料改绘，徐萌制作。

图 4-13 土地利用平衡表的饼状图表达，图片来源：作者根据《成都市崇州江源镇总体规划》用地平衡表绘制。

图 4-14 1960~2050 年世界人口增长趋势，图片来源：作者根据网络资料改绘，徐丽文制作。

图 4-15 雷达图示意，图片来源：作者自绘，张富文制作。

图 4-16 典型城市风玫瑰图，图片来源：作者自绘，张富文制作。

图 4-17 四川省生态文明建设二级指标得分雷达，图片来源：作者根据《中国生态文明发展报告》2014 版内容改绘。

图 4-18 象形图示意一，图片来源：2012 年西南交通大学社会调查报告《拾荒者生存状况调查》。

图 4-19 象形图示意二，图片来源：2012 年西南交通大学社会调查报告《拾荒者生存状况调查》，徐文聪制作。

图 4-20 人口统计地图示意一（反映人口特征），图片来源：http：//www.visawang.com/career/info/200912/6050.html，http：//www.toronto.ca/demographics/atlas/cma/2006/ct06_cma_chinese.pdf

图 4-21　人口统计地图示意二（同一性质对比），图片来源：作者根据王兴中等．中国城市社会空间结构研究 [M]．北京．科学出版社 2000：30，图 3.5 改绘，张富文制作。

图 4-22　统计地图示意三，图片来源：作者根据上海自动气象站网络图片改绘，徐丽文制作。

图 4-23　统计地图示意四，图片来源：北京市环境保护局官网之《2010 年北京市环境公报》http：//www.bjepb.gov.cn/bjepb/resource/cms/2014/06/20140619111150619578.pdf

图 4-24　调查问卷整理流程，图片来源：作者自绘，付鎏竹制作。

图 4-25　层级体系示意，图片来源：作者自绘，徐丽文制作。

图 4-26　基于变量的统计分析分类类型，图片来源：作者自绘，付鎏竹制作。

图 4-27　确定因果关系的流程，图片来源：作者自绘，徐萌制作。

图 4-28　因子分析的流程，图片来源：作者自绘，徐萌制作。

图 4-29　分类之子项标准确定的示意，图片来源：作者自绘，徐丽文制作。

图 4-30　云的分类及典型高度，图片来源：《中国国家地理》2012 年第 9 期 32 页。

图 5-1　地形图，资料来源：陕西省地图册，西安地图出版社。

图 5-2　空间注记法的基本操作流程，图片来源：作者自绘，徐萌制作。

图 5-3　叠图分析法原理示意，图片来源：作者自绘，张富文制作。

图 5-4　叠图分析法操作流程，图片来源：作者自绘，徐萌制作。

图 5-5　土地适应性相关因素归并分析，图片来源：根据黄书礼．生态土地使用规划 [M]．台北：詹氏书局，2000 年 1 月第一版，2002 年 3 月第二次印刷转绘，张富文制作。

图 5-6　叠加逻辑不当示意，图片来源：作者自绘，徐萌制作。

图 5-7　济南舜湖社区土地适应性分析简图，图片来源：作者根据网络资料改绘，张富文制作。

图 5-8　某住区居住适应性叠加分析示例，图片来源：作者根据网络资料改绘，张富文制作。

图 5-9　地震灾损估算叠图分析步骤，图片来源：作者根据网络资料改绘，付鎏竹制作。

图 5-10　地震灾损估算叠图分析流程示例，图片来源：作者根据网络资料改绘，张富文制作。

图 5-11　地震灾损估算叠图分析流程示例，图片来源：作者根据"郫县环城生态带保护与发展规划"设计项目组图纸改绘，张富文制作。

图 5-12　动线分析法操作流程，图片来源：作者自绘，徐萌制作。

图 5-13　六种活动类型分析简图，图片来源：作者根据资料转绘，张富文制作。

图 5-14　分析简图，图片来源：作者根据资料转绘，张富文制作。

图 5-15　标准层次模型示意，图片来源：作者自绘，付鎏竹制作。

图 5-16　居民购房决策 AHP 层次模型，图片来源：作者自绘，付鎏竹制作。

图 5-17　市民购房决策成对比较矩阵，图片来源：作者自绘，金彪制作。

图 5-18　市民购房之房价成对比较矩阵，图片来源：作者自绘。

图 5-19　市民购房之交通成对比较矩阵，图片来源：作者自绘。

云绘图。

图 5-48 SD7 段式评价尺度，图片来源:作者根据调查案例制作，帅夏云绘图。

图 5-49 语义排列示意，图片来源:作者根据调查案例制作，凌晨绘图。

图 5-50 草场门大街南街面活力评价折线，图片来源:作者根据资料重新制作，韦玉臻绘图。

图 5-51 马台街东街面活力评价折线

图 5-52 上海路西街面活力评价折线图，图片来源:作者根据资料重新制作。

图 5-53 SWOT 分析法流程，图片来源:作者根据袁牧、张晓光、杨明 .SWOT 分析在城市战略规划中的应用和创新 [J]. 城市规划，2007 (4)，徐萌重绘。

图 5-54 SWOT 分析矩阵，表格来源:作者自制，据袁牧，张晓光，杨明 .SWOT 分析在城市战略规划中的应用和创新 [J]. 城市规划，2007 (4)，徐萌重绘。

图 5-55 哥尼斯堡七桥拓扑分析图，资料来源:http://baike.baidu.com/。

图 5-56 轴线分析法，图片来源:作者根据张愚，王建国 .再论〝空间句法〞[J]. 建筑师，2004 (3) 内容重绘，徐萌绘图。

图 5-57 凸状分析法，图片来源:作者根据张愚，王建国 .再论〝空间句法〞[J]. 建筑师，2004 (3) 内容重绘，徐萌绘图。

图 5-58 视区分割法，图片来源:作者根据张愚,王建国,再论〝空间句法〞[J]. 建筑师，2004 (3) 内容重绘，徐萌绘图。

图 5-59 空间分割法特征一览，图片来源:作者绘制，徐萌重绘。资料来源:王斌 .空间句法介绍与应用——以苏州园林为例 [D]. 上海 .同济大学。

图 5-60 空间句法分析成果输出示意，图片来源:作者根据傅搏峰，吴娇蓉，陈小鸿 .空间句法及其在城市交通研究领域的应用 [J]. 国际城市规划，2009 (1) 中表重绘

图 5-61 南京老城周线图模型分析，图片来源:刘英姿，宗跃光 .基于空间句法视角的南京城市广场空间探讨 [J]. 规划师，2010 (2)。

图 5-62 南京老城实地调研城市广场分布图，图片来源:刘英姿，宗跃光，基于空间句法视角的南京城市广场空间探讨 [J]. 规划师，2010 (2)。

图 5-63 四种类型广场空间句法轴线分析，图片来源:作者根据刘英姿，宗跃光 .基于空间句法视角的南京城市广场空间探讨 [J]. 规划师，2010 (2) 重绘。

图 5-64 四种类型广场空间句法视域分析，图片来源:作者根据刘英姿，宗跃光 .基于空间句法视角的南京城市广场空间探讨 [J]. 规划师，2010 (2) 重绘。

图 5-65 调查问卷，图片来源:汪晓霞 .使用后评估(POE)理论及案例研究——清华大学美术学院教学楼评价性后评估 [J]. 南方建筑，2011 (2)。

图 5-66 BC 座各层平面沙龙空间使用后评估列表，图片来源:汪晓霞 .使用后评估 (POE) 理论及案例研究——清华大学美术学院教学楼评价性后评估 [J]. 南方建筑，2011 (2)。

图 5-67 生态足迹概念示意，图纸来源:作者自绘。资料来源:WWF 中国 http://www.wwfchina.org

图 5-68 生态足迹生物生成性土地构成示意，图片来源:作者自绘。

图 5-69 生态足迹分析法操作流程，图纸来源:作者自绘，徐丽文制作。资

料来源：徐中民，程国栋，张志强．生态足迹方法的理论解析 [J]. 中国人口．资源与环境，2006（6）．

图 6-1　假设证实研究流程，图片来源：作者自绘，徐丽文制作。

图 6-2　确定研究领域及研究对象，图片来源：作者自绘，徐萌制作。

图 6-3　研究进程控制，图片来源：作者自绘，徐丽文制作。

图 6-4　芦田川照片分类法工作程序框图，图片来源：作者自绘，徐萌制作。

图 6-5　研究内容框图示例，图片说明：该框图是以城市密集建成区的生态本底状况为研究对象的研究内容框图，显示了在不同的研究阶段主要的研究内容。

图 6-6　研究方法框图示例，图片说明：该框图是以城市密集建成区的生态本底状况为研究对象的研究方法框图。显示了在不同的研究阶段主要采用的不同方法以及方法之间的逻辑关系。图片来源：图 6-6、图 6-7 依据西南交通大学建筑学院硕士研究生开题报告《城市密集建设区生态本地研究——以雅安市为例》相关内容绘制，徐丽文制作。

图 6-7　研究思路框图示例，图片来源：西南交通大学建筑学院硕士研究生开题报告，《城市密集建设区生态本底研究——以雅安市为例》徐丽文制作。图片说明：该框图是以城市密集建成区的生态本底状况为研究对象的研究思路框图。显示了在不同的研究阶段主要的研究内容与所采用的不同方法之间的逻辑关系。

图 6-8　芦田川景观分区规划研究框架，图片来源：作者改绘，徐萌制作。本土木学会．滨水景观设计 [M]. 孙逸增译．大连：大连理工大学出版社，2002：47，图 3-7．

图 6-9　城乡人居环境建设领域人群关系，图片来源：作者自绘，刘倩绘图。

图 6-10　芦田川现状景观类型，图片来源：本土木学会．滨水景观设计 [M]. 孙逸增译．大连：大连理工大学出版社，2002：45，图 3-6．

图 6-11　芦田川现状景观分区规划，图片来源：作者根据本土木学会．滨水景观设计 [M]. 孙逸增译．大连：大连理工大学出版社，2002：47，图 3-8 改绘。

图 6-12　西湖城市景观品质提升研究区域，图片来源：王建国、杨俊宴、陈宇、徐宁．西湖城市"景—观"互动的规划理论与技术探索 [J]. 城市规划，2013（10）：14-19。

图 6-13　城市整体景观评价指标体系，图片来源：作者制作。资料来源：王建国，杨俊宴，陈宇，徐宁．西湖城市"景—观"互动的规划理论与技术探索 [J]. 城市规划，2013（10）：16，图 3。

图 6-14　西湖景观品质等视线图，图片来源：作者制作。资料来源：王建国，杨俊宴，陈宇，徐宁．西湖城市"景—观"互动的规划理论与技术探索 [J]. 城市规划，2013（10）：16页，图 3。

图 6-15　西湖景观品质等视线图，图片来源：作者制作。资料来源：王建国，杨俊宴，陈宇，徐宁．西湖城市"景—观"互动的规划理论与技术探索 [J]. 城市规划，2013（10）：16，图 3。

图 6-16　综合多种景观安全格局的多解生态基础设施规划方法系统建构示意，图片来源：俞孔坚，李迪华，刘海龙．反规划途径 [M]. 北京：中国建筑工业出版社，2005．

图 1　成都市红星路商业街区交通组织设计思路解析，图片来源：成都谱城城

市规划设计咨询有限公司之"成都市红星路商业街区改造规划"项目组提供，入选教材时有改动。

图 2　街巷空间规划设计理念生成解析，图片来源：作者根据项目图纸改绘。

图 3　街巷景观设计手法解析，图片来源：作者根据项目图纸改绘。

图 4　城市分区发展过程解析，图片来源：作者根据"德源新城发展规划"项目组图纸改绘。

图 5　城镇空间拓展区域山水格局规划理念解析，图片来源：作者根据项目图纸改绘。

图 6　地区层面的区位分析图示例

图 7　城市层面的区位分析图示例，图片来源：作者根据"乐山市夹江县青衣水城总体规划"项目组图纸改绘。

图 8　规划用地坡度分析图示例，图片来源：作者根据"成都郫县环城生态带保护与发展规划"项目图纸改绘。

图 9　规划用地坡向分析图示例，图片来源：作者根据"成都郫县环城生态带保护与发展规划"项目图纸改绘。

图 10　规划用地高程分析图示例，图片来源：作者根据"成都郫县环城生态带保护与发展规划"项目图纸改绘。

图 11　规划用地生态敏感性分析图示例，图片来源：作者根据"成都郫县环城生态带保护与发展规划"项目图纸改绘。

图 12　区域交通分析图示例，图片来源：作者根据"崇州市江源镇总体规划"项目图纸改绘。

图 13　公共服务设施配套现状分析图示例，图片来源：作者根据网络资料图纸改绘，徐丽文制作。

图 14　市政基础设施现状分析图示例，图片来源：作者根据"郫县环城生态带保护与发展规划"项目图纸改绘。

图 15　文化景观资源分析图示例，图片来源：作者根据"崇州市江源镇总体规划"项目图纸改绘。

图 16　绘图示例

图 17　城乡规划图示语言色彩表达惯例，图片来源：作者自绘，帅夏云制作。

图 18　浪漫风格的分析图艺术形式示例，图片来源：作者根据"崇州市江源镇总体规划"项目图纸改绘。

图 19　严谨风格的分析图艺术形式示例，图片来源：作者根据网络资料改绘。

图 20　简约风格的分析图艺术形式示例，图片来源：作者根据网络资料改绘。

附录 5：附表目录

附录 6：其他

案例目录

小技巧目录

知识点目录

专题目录

专题 5-1：世界生态足迹状况简介
专题 6-1：怎样进行研究选题
专题 1：XX 市城市总体规划相关单位名录
专题 2：XX 城市总体规划基础资料收集清单（对国土局）

后记：十年……

当 2015 年新年钟声即将响起的时候，《城乡规划方法导论》教材的编撰工作终于告一段落。我靠着书桌，从电脑上抬起酸涩的眼睛望向窗外雾气沉沉的城市，心中感慨万千！2003 年在广州召开的城市规划专业指导委员会年会期间，我在和与会各校老师交流的过程中萌生了编写一部关于城市规划专业领域方法教材的念头。2004 年博士毕业回到教学岗位之后，我便开始着手将这个念头转化为实际行动。在同事们的支持下，我们组建了城乡规划方法教学研究团队。陆续在教学活动中开展了许多基于方法教学的教学试验，经过不断试错和经验累积，逐渐汇集成今天的成果。这部编写了十年的教材，历经四次大纲调整，不断充实完善——回顾一路走来历程，每一步都饱浸汗水！

十年磨一剑，这是一个艰辛的过程——这十年间，编写组的每位成员都付出了巨大努力——肩负着家庭、教学、科研、实践的多重职责，奋力前行。期间有着各种成功和波折带来的欢欣与失落，喜悦和悲伤，恬淡和郁闷……一言难以尽数！但是，为了让更多城乡规划领域学生便捷地获得一个系统性方法习得方案，以提升他们学习和成长效率的信念支撑着我们，让我们义无反顾地将自己投入这个无法计算投入产出的教改研究课题。不可否认，学生们的肯定是鼓舞着我们一路行来的重要精神力量！！

写到此处，我的眼睛已经开始湿润。我需要特别感谢那些在这一过程中不断与我们争论的业界同仁。虽然有些时候的言论并不让人愉快，但是他们的诤言是促使我们不断思考并完善教材编写工作的动力！我还要代表编写小组感谢所有组员的家属们，没有他们的鼎力支持，我们便没有足够的勇气克服这十年间的种种波折，没有足够信念抵御外来的种种干扰，没有足够的精力心无旁骛专心致志地致力于这一探索！

从事城乡规划领域的工作需要自我奉献、服务社会的执业精神，从事城乡规划专业教育工作还需要自我牺牲、不计得失的布道精神。过去的十年，中国城乡发生了巨大变化，中国城乡规划学科得到了长足的发展，但是我们现在的人居环境还存在众多难题未能解决。未来……还有众多挑战！我辈任重而道远！

毕凌岚

2014 年 12 月 31 日
于雾霾指数（PM2.5）达 271 的灰蒙蒙成都冬日